W0256889

MONOGRAPHIEN AUS DEM GESAMTGEBIET DER PHYSIOLOGIE DER PFLANZEN UND DER TIERE

HERAUSGEGEBEN VON

M. GILDEMEISTER-LEIPZIG · R. GOLDSCHMIDT-BERLIN
C. NEUBERG-BERLIN · J. PARNAS-LEMBERG · W. RUHLAND-LEIPZIG

DREISSIGSTER BAND

PFLANZENTHERMODYNAMIK

VON

KURT STERN

SPRINGER-VERLAG BERLIN HEIDELBERG GMBH

PFLANZEN-THERMODYNAMIK

VON

KURT STERN

MIT 20 ABBILDUNGEN

SPRINGER-VERLAG BERLIN HEIDELBERG GMBH

ISBN 978-3-662-01760-9   ISBN 978-3-662-02055-5 (eBook)
DOI 10.1007/978-3-662-02055-5

Vorwort.

Wie bei meiner „Elektrophysiologie der Pflanzen" leitete mich
bei der Abfassung dieses Buches der Gedanke, der weiteren Durchforschung und Entwicklung eines wichtigen, aber arg vernachlässigten Teilgebietes der Pflanzenphysiologie die Wege zu ebnen.
Dazu mußten zunächst einmal dem Biologen die physikalischen
Grundlagen dieses Gebietes nähergebracht werden; denn auf wohl
keinem Teilgebiete der Physiologie sind diese für ihn durch Studium
der physikalischen Literatur so schwer zu erwerben wie auf diesem.

Der 1. Teil dieses Buches, den physikalischen Grundlagen der
Pflanzenthermodynamik gewidmet, will aber keine kleine Thermodynamik sein, er will nicht in Konkurrenz treten mit den zahlreichen
von Physikern und Chemikern geschriebenen Werken zur Einführung in die Thermodynamik. Deren Ziel ist, dem Leser das
Wichtigste der Thermodynamik zu lehren, hier wird ganz bewußt
der Stoff nicht nach seiner thermodynamischen Wichtigkeit,
sondern nach seiner derzeitigen Bedeutung für die Biologie behandelt. Wichtige Teilgebiete der Thermodynamik sind nicht
einmal erwähnt, wenn sie z. Z. keine biologisch bedeutsame Anwendung finden, thermodynamisch gesehen nebensächliche Teilgebiete sind breit ausgeführt, wenn sie biologisch wertvoll angewendet werden können. Außerdem mußte die Darstellung dahin
zielen, dem Biologen nicht nur thermodynamische Tatsachen zu
bringen, sondern diese Tatsachen so darzustellen, daß er etwas
mit ihnen anfangen kann, daß er hinreichende technische An-
weisungen für ihre Anwendung erhält.

Trotz der bewußt didaktischen Einstellung bedingt die Schwierigkeit der Materie, daß der 1. Teil des Buches keine leichte Lektüre
für den Biologen sein wird. Man kann hier dem Leser nur den Rat
geben, den auch LEWIS und RANDALL, die Verfasser der wohl am
weitesten verbreiteten Thermodynamik, ihren Lesern geben:
Über Stellen, die man beim ersten Lesen nicht versteht, lese man
hinweg und probiere durch mehrfaches Lesen besseres Verständnis
zu erzielen.

Der 2. Teil behandelt die bisherigen Ergebnisse der Pflanzenthermodynamik auf Grund fremder und eigener Untersuchungen. Eine ausreichende Darstellung dieses Gebietes fehlt bis jetzt vollkommen, weil eben — abgesehen von wenigen Auserwählten — den Biologen die grundlegenden physikalischen Kenntnisse fehlen, die eine über allgemeine qualitative Erörterungen hinausgehende Erfassung quantitativer Beziehungen im Energiewechsel der Pflanze ermöglichen. Auf Vollständigkeit wurde dabei kein Wert gelegt und auch manche wichtigen Teilgebiete des pflanzlichen Energiewechsels nicht berücksichtigt, weil sie bereits andererseits, besonders in den üblichen Lehrbüchern der Pflanzenphysiologie, hinreichend behandelt worden sind.

Ich hoffe, daß der 2. Teil den biologischen Leser für die Mühen beim Studium des 1. Teils entschädigen wird, daß er ihm ein überzeugendes Bild von der Wichtigkeit und Fruchtbarkeit der thermodynamischen Methoden für die Pflanzenphysiologie geben wird, und daß er andere zu weiteren Arbeiten auf diesem Gebiete anregen wird.

Im Oktober 1933.

KURT STERN.

Inhaltsverzeichnis.

Am Kopf eines jeden Kapitels befindet sich eine Übersicht
über dessen Inhalt.

Berichtigung.

S. 278, 14. Zeile von unten lies Kal statt cal.

Zeichenerklärung.

Allgemeine Zustandsfunktionen werden durch große Buchstaben gekennzeichnet, z. B. V, G = Volumen, thermodynamisches Potential.

Auf 1 Mol bezogen werden die gleichen Zustandsfunktionen durch die gleichen Buchstaben in kleinem, kursivem Druck gekennzeichnet, z. B. v, g = molares Volumen, molares thermodynamisches Potential, auf 1 Gramm bezogen durch die gleichen klein und steil gedruckten Buchstaben, z. B. v = Volumen von 1 gr.

Die molaren Zustandsfunktionen eines reinen Stoffes i werden durch den hochgestellten Index i gekennzeichnet, z. B. v^i, g^i (μ^i) = Molvolumen, molares thermodynamisches Potential des reinen Stoffes i.

Die partiellen molaren Zustandsfunktionen werden durch niedrig gestellten Index gekennzeichnet, z. B. v_i, g_i (μ_i) = partielles Molvolumen, partielles thermodynamisches Potential des Stoffes i in einer Mischphase.

Einem System zugeführte bzw. von einem System abgegebene Größen werden durch einen Apostroph unterschieden, z. B. Q, A bzw. Q′ = —Q, A′ = —A, die einem System zugeführte Wärme, Arbeit bzw. die von einem System abgegebene Wärme, Arbeit.

Beliebige bzw. unendlich kleine Zunahmen einer Größe werden durch Δ bzw. d gekennzeichnet, z. B. ΔV, ΔG = Zunahme des Volumens, des thermodynamischen Potentials. Die Abnahme der entsprechenden Größen werden durch beigesetzten Apostroph gekennzeichnet, z. B. ΔV′ = —ΔV, ΔG′ = —ΔG Abnahme des Volumens, Abnahme des thermodynamischen Potentials.

Größen, die sich auf einen Formelumsatz beziehen, werden durch Unterstreichen gekennzeichnet, z. B. $\underline{\Delta V}$, $\underline{\Delta G}$ Zunahme des Volumens, des thermodynamischen Potentials bei einem Formelumsatz.

Der hochgestellte Index ⁰ kennzeichnet alle Größen, die sich auf Standardzustände beziehen, z. B. $\underline{\Delta V^0}$, $\underline{\Delta G^0}$ Zunahme des Volumens, des thermodynamischen Potentials beim Formelumsatz einer Reaktion, an der alle Stoffe im Standardzustand teilnehmen.

Größen, die sich auf Restreaktionen (Übergang aus einem Standardzustand in einen beliebigen Zustand und umgekehrt) beziehen, werden durch Kleindruck gekennzeichnet, z. B. $\underline{\Delta v}$, $\underline{\Delta g}$ = Zunahme des Volumens, des thermodynamischen Potentials beim Formelumsatz einer Restreaktion.

Die Indizes 1, 2, 3 … sind Stoffbezeichnungen für die Stoffe 1, 2, 3 … in Mischphasen; 1 bezeichnet das Lösungsmittel.

Übersicht über die am häufigsten gebrauchten Symbole.

a oder [] Aktivität.

A Arbeit, die einem System zugeführt wird, aufgewandte Arbeit.

A' Arbeit, die von einem System abgeführt wird, geleistete Arbeit.

A_m (A_n) bzw. A_m' (A_n') die im Minimum aufzuwendende bzw. im Maximum gewinnbare Arbeit (Nutzarbeit).

$\underline{A_n} = A_n$ für einen Formelumsatz, $\underline{A_n^0}$ dto., wenn die Reaktionsteilnehmer am Umsatz im Standardzustand teilnehmen.

$(\underline{A_n^0})_B$ = Bildungsnutzarbeit.

c oder [] Konzentration.

cal Grammkalorie.

C Wärmekapazität, C_V bzw. C_P dto. bei konstantem Volumen bzw. Druck.

c Molare Wärmekapazität, c^i dto. des reinen Stoffes i; c_i partielle molare Wärmekapazität von i.

c Wärmekapazität pro Gramm.

C Celsius.

E Elektromotorische Kraft.

E Energie z. B. Lichtenergie.

e Elektron

F Farad.

f Freiheit.

f Flüchtigkeit, f^0 Flüchtigkeit im Standardzustand.

f_a Aktivitätskoeffizient.

F_H HELMHOLTZsche freie Energie, f_H dto. pro Mol, $\varDelta F_H$ Zunahme, $\varDelta F_H' = -\varDelta F_H$ Abnahme der HELMHOLTZschen freien Energie.

G Thermodynamisches Potential (Bei LEWIS und RANDALL F).

g dto. pro Mol, $g_i = \mu_i$ partielles molares thermodynamisches Potential des Stoffes i in einer Mischphase, $g^i = \mu^i$ molares thermodynamisches Potential des reinen Stoffes i.

$\varDelta G$ bzw. $\varDelta G'$ Zu- bzw. Abnahme des thermodynamischen Potentials.

H Wärmeinhalt, $\varDelta H$ bzw. $\varDelta H'$ Zunahme bzw. Abnahme von H.

$\varDelta H = W_P$ Zunahme des Wärmeinhalts bei einem Formelumsatz.

h molarer Wärmeinhalt.

h elementares Wirkungsquantum.

J mechanisches Wärmeäquivalent.

K Gleichgewichtskonstante K_p auf Partialdrucke bezogene Gleichgewichtskonstante.

M Molekulargewicht.

n Wertigkeit.

n Zahl von Molen, n_i Zahl der Mole des Stoffes i in einer Mischphase, n_1 Zahl der Mole des Lösungsmittels.

P Druck.

p Dampfdruck; p_g Sättigungsdampfdruck; p_g^0 Sättigungsdampfdruck eines reinen Stoffes.

Q Zugeführte Wärmemenge, Q_m maximale, bei reversibler Leitung eines Prozesses zugeführte Wärmemenge.

R Gaskonstante (bezogen auf 1 Mol).

S Entropie, ΔS bzw. $\Delta S'$ Zu- bzw. Abnahme der Entropie.

s molare Entropie, s^i dto. des reinen Stoffes i, s_i partielle molare Entropie des Stoffes i.

s spezifisches Gewicht.

T Absolute Temperatur, T_S = Siedepunkt, T_G = Gefrierpunkt, T_G^0 = Gefrierpunkt eines reinen Stoffes.

U Energieinhalt, innere Energie, ΔU bzw. $\Delta U'$ Zu- bzw. Abnahme von U; $\Delta U_V = \Delta U$ bei konstantem Volumen; $\Delta U_P = \Delta U$ bei konstantem Druck.

u molarer Energieinhalt; u^i dto. des reinen Stoffes i; u_i partieller molarer Energieinhalt des Stoffes i in Mischphase.

V Volumen; ΔV beliebige Volumenzunahme; $\underline{\Delta V}$ Volumenzunahme bei einem Formelumsatz; $\underline{\Delta V}$ dto. bei einer Restreaktion.

v Molvolumen; v^i Molvolumen des reinen Stoffes i; v_i partielles Molvolumen des Stoffes i in einer Mischphase.

v Volumen von 1 g.

W_V, W_V' Wärmetönung bei konstantem Volumen.

W_P, W_P' Wärmetönung bei konstantem Druck.

$(W_P)_B$ Bildungswärme bei konstantem Druck.

α Dissoziationsgrad.

∂ partielles Differential.

δ Variation.

ε thermodynamischer Potentialsprung.

ζ elektrokinetischer Potentialsprung.

λ molare Verdampfungswärme; $\lambda^0 = \lambda$ eines reinen Stoffes; λ_S Sublimationswärme.

λ Reaktionslaufzahl.

λ Wellenlänge.

μ chemisches Potential, $\mu^i = g^i$ chemisches Potential des reinen Stoffes i; $\mu_i = g_i$ partielles chemisches Potential des Stoffes i in Mischphase.

ν Äquivalenzzahl, $\nu_i = \nu$ des Stoffes i.

π Osmotischer Druck.

ϱ molare Schmelzwärme.

σ Oberflächenspannung.

Σ Summe

ω Oberfläche.

$\sim$ proportional.

$\approx$ ungefähr gleich.

$\oint$ Integral über einen Kreisprozeß.

Formeltabelle.

Fo. 1. $x^m x^n = x^{m+n}$ Fo. 6. $\log (x\,y) = \log x + \log y$

„ 2. $\dfrac{x^m}{x^n} = x^{m-n}$ „ 7. $\log \dfrac{x}{y} = \log x - \log y$

„ 3. $(x^m)^n = x^{m\,n}$ „ 8. $\log x^y = y \log x$

„ 4. $\sqrt[m]{x} = x^{\frac{1}{m}}$ „ 9. $\log 1 = 0$

„ 5. $x^{-m} = \dfrac{1}{x^m}$ „ 10. $\log \dfrac{1}{x} = -\log x$

„ 11. $\log x = \log e \cdot \ln x = 0{,}4343 \ln x$

„ 12. $\ln x = \ln 10 \cdot \log x = 2{,}3026 \log x$

Fo. 13. $d \operatorname{konst} = 0$ Fo. 19. $\int x^n\, dx = \dfrac{x^{n+1}}{n+1} + C$

„ 14. $d\,(x \pm y) = dx \pm dy$ „ 20. $\int \dfrac{dx}{x} = \ln x + C$

„ 15. $d\,(xy) = x\,dy + y\,dx$ „ 21. $\int (dx \pm dy) = \int dx + \int dy$

„ 16. $d\dfrac{x}{y} = \dfrac{y\,dx - x\,dy}{y^2},\ d\dfrac{1}{x} = -\dfrac{dx}{x^2}$ „ 22. $\int x\,dy = xy - \int y\,dx$

„ 17. $d\,x^n = n\,x^{n-1}\,dx$ „ 23. $\int\limits_{a_1}^{a_2} f(x)\,dx = -\int\limits_{a_2}^{a_1} f(x)\,dx$

„ 18. $d \ln x = \dfrac{dx}{x}$ „ 24. $\int\limits_{a}^{b} f(x)\,dx + \int\limits_{b}^{c} (fx)\,dx = \int\limits_{a}^{c} f(x)\,dx$

Fo. 25. Ist $\Phi(x)$ ein Integral von $f(x)$, so gilt

$$\int\limits_{a}^{x} f(x)\,dx = \Phi(x) + C.$$

Setzt man $x = a$, so geht diese Gleichung über in

$$0 = \Phi(a) + C, \quad C = -\Phi(a) \text{ und}$$

$$\int\limits_{a}^{x} f(x)\,dx = \Phi(x) - \Phi(a) = \Big|_{a}^{x} \Phi(x).$$

Fo. 26. $\ln \dfrac{p}{p'} = \ln \left(1 + \dfrac{p - p'}{p'}\right) = 0 + \dfrac{p - p'}{p'} - \dfrac{(p - p')^2}{2\,(p'^2)} \cdot\cdot$

Falls p und p' nicht sehr verschieden sind, kann man wegen der Geringfügigkeit der späteren Glieder der Reihe setzen $\ln \dfrac{p}{p'} = \dfrac{p - p'}{p'}$ und wegen der Geringfügigkeit des Zählers gegenüber dem Nenner $\dfrac{p - p'}{p'} = \dfrac{p - p'}{p}$.

I. Die physikalischen Grundlagen der Pflanzenthermodynamik.

Erstes Kapitel.

Thermodynamische Grundbegriffe und der 1. Hauptsatz der Thermodynamik.

„Thermodynamisch", eine Sprache mit vielen Dialekten S. 2. Thermodynamische Vokabeln: Zustandsgrößen S. 5. Phasen und Mischphasen S. 8. Energie und ihre Erhaltung S. 9. Energieäquivalente S. 11. Ideale Gasgesetze und Gaskonstante R S. 12. 1. Hauptsatz S. 14. Spezifische Wärme bei konstantem Volumen und Druck S. 21. Wärmeinhalt S. 25. Reversible Vorgänge S. 28. Arbeitsleistung idealer Gase bei isothermen und adiabatischen reversiblen Zustandsänderungen S. 29. Reaktionslaufzahl S. 31. Partielle molare Größen S. 32. Wärmetönung bei konstantem Volumen und Druck S. 36. Änderung der Wärmetönung mit der Temperatur S. 41.

Das, was wir heute als Arbeit bezeichnen — eine Größe von der Dimension Kraft mal Weg —, nannte man früher Kraft, Dynamis. Aus dieser Zeit noch stammt das Wort Thermodynamik. Thermodynamik ist also im engsten Wortsinn das Wissensgebiet, das die Beziehungen zwischen Wärme und Arbeit behandelt. Da durch Arbeit die verschiedensten Energieformen erzeugt werden können, so erweiterte sich der Inhalt der Thermodynamik zur Lehre von den Beziehungen der Wärme zu allen Energieformen, und im weitesten Sinne können wir unter Thermodynamik die Lehre von den Energieumwandlungen schlechthin, Energetik, verstehen, dies um so mehr, als in Verbindung mit den meisten Energieumwandlungen auch Wärme erzeugt oder verbraucht wird. In diesem Sinne soll der Begriff im folgenden verwendet werden.

Die Thermodynamik gehört trotz der fundamentalen Bedeutung, die ihre Begriffe und Gesetze offenbar für das Verständnis der Lebenserscheinungen der Pflanzen haben, doch zu denjenigen Teilgebieten der physikalischen Chemie, deren Kenntnis bei den meisten Pflanzenphysiologen nur äußerst lückenhaft ist, und das hat seine guten Gründe. Diese Gründe sind sachlicher und technischer Natur.

Sachlicher Grund ist, daß die meisten Begriffe, mit denen der Biologe operiert, einen anschaulich vorstellbaren Inhalt haben, daß dagegen die Begriffe der Thermodynamik vielfach anschaulich nicht vorstellbar, abstrakt, sind. Das Operieren mit solchen abstrakten Begriffen erfordert eine für den Biologen nicht leichte Umstellung. Technischer Grund ist erstens, daß das Studium der Thermodynamik eine gewisse Kenntnis der höheren Mathematik voraussetzt; jedoch sind die erforderlichen mathematischen Hilfsmittel verhältnismäßig einfach, und man kann sie sich leicht aneignen, weil es zahlreiche kleine Werke gibt, die in dies Gebiet einführen[1]. Technischer Grund ist zweitens, daß das Studium der Thermodynamik die Kenntnis einer neuen Sprache voraussetzt, wir wollen sie „thermodynamisch" nennen. Es ist eine Sprache mit zahlreichen Dialekten; denn fast jeder Autor spricht seinen eigenen Dialekt, eine sehr schwere Sprache, wie sich sogleich ergeben wird, und, was das Schlimmste ist, es gibt kein Lehrbuch, in dem diese Sprache gelehrt wird. So steht denn der Biologe, der sich in die Thermodynamik einarbeiten will, vor der Aufgabe, ein fremdes Wissensgebiet in einer fremden Sprache zu lernen, einer Sprache, für deren Übersetzung er nur unzureichende Hinweise erhält. Auf die philologische Schwierigkeit soll deshalb in der folgenden Darstellung besondere Rücksicht genommen werden, und, obwohl eine genauere Erörterung der einzelnen Vokabeln erst jeweils bei der Definition der betreffenden thermodynamischen Begriffe möglich ist, sollen schon jetzt einige Hinweise zeigen, wo die Schwierigkeiten des „Thermodynamischen" liegen.

Zunächst: Verschiedene Autoren bezeichnen mit dem gleichen Ausdruck verschiedene Dinge. Hat der Leser nach irgendeinem Werk sich Begriffe wie „Freie Energie", „Thermodynamisches Potential", „Aktivität" usw. klargemacht und bestimmte sie betreffende gesetzmäßige Beziehungen, so wird er wenig erfreut sein, zu finden, daß bei einem anderen Autor andere, mit den ersten Beziehungen unvereinbare über die „Freie Energie", das „Thermodynamische Potential", die „Aktivität" dargestellt werden. Der Grund liegt eben darin, daß beide Autoren verschiedene Größen mit den gleichen Worten bezeichnen, daß z. B. der eine das als freie Energie bezeichnet, was der andere thermodynamisches Potential

---

[1] Z. B. L. Michaelis: Einführung in die Mathematik für Biologen, 3. Aufl. Berlin 1927. — Walther, A.: Einführung in die mathematische Behandlung naturwissenschaftlicher Fragen. Berlin 1928.

nennt, während ein dritter Autor wieder etwas anderes als die beiden ersten mit den beiden Worten bezeichnet. Eine weitere Eigentümlichkeit des Thermodynamischen ist folgende: Durch gewisse Indizes, z. B. v oder p neben einer Größenbezeichnung wird angedeutet, unter welchen Bedingungen die betreffende Größe gemessen werden soll. Z. B. pflegt man mit c_V bzw. c_P die spezifische Wärme bei konstantem Volumen (V) bzw. konstantem Druck (P) zu bezeichnen. An irgendeiner Stelle wird nun eine Größe, z. B. U = Änderung der Gesamtenergie eingeführt und von U_V bzw. U_P gehandelt. Der Leser glaubt, daß darunter analog zur Terminologie bei der spezifischen Wärme die Änderung der Gesamtenergie bei konstantem Volumen bzw. Druck zu verstehen sei. Das trifft aber nur für U_V zu, während der Autor mit U_P eine Größe bezeichnet, die meist von der Änderung der Gesamtenergie bei konstantem Druck verschieden ist, nämlich die Wärmetönung bei konstantem Druck, und auf diese terminologische Eigenheit entweder gar nicht oder so versteckt hinweist, daß es dem Anfänger entgoht.

Eine andere Schwierigkeit bringt die Vorzeichengebung. Viele Autoren kennzeichnen durch das Vorzeichen + oder −, ob eine Größe, z. B. Wärmemenge als aufgenommen oder abgegeben zu gelten hat. Aber der eine Autor bezeichnet die aufgenommenen, der andere die abgegebenen Größen als positiv, und manche Autoren bezeichnen einzelne Größen als +, wenn sie abgegeben werden, z. B. $+A =$ geleistete Arbeit, dagegen andere Größen als +, wenn sie aufgenommen werden, z. B. $+Q =$ aufgenommene Wärme. Sehr beeinträchtigt wird die Verständlichkeit des Thermodynamischen auch dadurch, daß der gleiche Ausdruck oder das gleiche Symbol in mehreren Bedeutungen gebraucht wird. So werden wir noch eine Reihe von Bedeutungen für den Ausdruck „bei konstantem Volumen" kennenlernen. Natürlich stimmt nur eine davon mit dem gewöhnlichen Sprachgebrauch überein, der mit dieser Bezeichnung die Bedingung verknüpfen würde, daß das Volumen sich überhaupt nicht ändern darf. So ist, um noch ein Beispiel für Symbole herauszugreifen, bei vielen Vorgängen die maximal zu gewinnende Arbeit verschieden, je nachdem ob der Vorgang sich bei konstantem Druck oder konstantem Volumen abspielt, aber die wenigsten Autoren führen hier die Kennzeichnung durch die Indizes v und p ein, sondern es wird dem Leser überlassen, sich das Richtige entsprechend dem Zusammenhang zu denken. Will man von dieser Forderung ganz absehen und für jede verschiedene Größe und jede verschiedene Bedingung ein besonderes Symbol einführen, so bedeutet dies zwar zweifellos eine gewisse Verständniserleichterung, bedingt aber andererseits eine solche Fülle von Symbolen und Indizes, daß ihr unverwirrtes Auseinanderhalten eine Anstrengung erfordert, die wohl für viele Leser noch lästiger ist als diejenige, die dadurch bedingt wird, daß sie sich die Bedeutung eines Symbols dem Zusammenhang entsprechend klarmachen müssen. Deshalb ist auch im folgenden wie bei allen thermodynamischen Darstellungen ein Kompromiß gewählt, um die Zahl der Symbole nicht zu stark anschwellen zu lassen. Insbesonders sind Indizes, die sich aus dem Zusammenhang ergeben, vielfach weggelassen. Darauf wird später noch im speziellen eingegangen.

Schließlich sind im Thermodynamischen einige Bezeichnungen grundlegender Begriffe sehr unzweckmäßig gewählt. Als Beispiel seien die Ausdrücke exotherm bzw. endotherm genannt, die den Eindruck erwecken, als sollten damit Vorgänge gekennzeichnet werden, die stets unter Wärmeabgabe bzw. Wärmeaufnahme verlaufen und oft auch mit einer ähnlichen Erklärung eingeführt werden. An anderen Stellen findet man dann wieder Sätze wie: Wir haben es hier also mit einem exothermen Vorgang zu tun, der unter Wärmeaufnahme verläuft. Die Kopfschmerzen, die der Anfänger beim Lesen dieses Satzes bekommt, könnte man ihm ersparen, wenn man statt exotherm und endotherm die zweckmäßigeren Ausdrücke exoenergetisch und endoenergetisch einführen würde; denn exotherm und endotherm bedeuten unter Energieabgabe bzw. -aufnahme verlaufend. Wird bei dem betrachteten Vorgang keine Arbeit geleistet, verläuft er in der Kalorimeterbombe, so gehen Wärmeabgabe und Energieabgabe parallel, verläuft der Vorgang aber unter Arbeitsleistung, so ist dies, wie wir noch sehen werden, nicht immer der Fall. Vielmehr können dann jene exothermen Vorgänge auftreten, die mit Wärmeaufnahme verbunden sind. Diese Erörterung einiger Eigentümlichkeiten des Thermodynamischen dürfte hinreichen, um dieser Sprache gegenüber wenigstens die richtige Einstellung zu geben. Thermodynamisch ist eben wie jede andere Sprache durch eine historische Entwicklung geworden und nicht allein mit logischen Maßstäben zu begreifen; nachdem die Entwicklung der Thermodynamik zu einem gewissen Abschluß gekommen ist, besteht freilich die Möglichkeit, eine einheitlich und logisch aufgebaute Terminologie, sozusagen ein thermodynamisches Esperanto zu schaffen, wie dies auch eine Nomenklaturkommission zur Zeit versucht. Jedoch sind gerade die Werke mit der konsequentesten Terminologie (LEWIS, SCHOTTKY, ULICH) recht schwer zu verdauen und für Anfänger ungeeignet.

Wir beginnen jetzt mit einigen thermodynamischen Vokabeln. Die Thermodynamik beschäftigt sich mit dem Zustand und Zustandsveränderungen von materiellen Systemen. Sie muß also zunächst einmal den Zustand eines Systems, mit dem sie es zu tun hat, charakterisieren. Sie tut dies dadurch, daß sie den Eigenschaften, die den Zustand des Systems beschreiben, bestimmte Werte zuordnet, z. B. einen Zustand durch den Druck $P = 1$ atm, die Temperatur 25^0 C usw. kennzeichnet. Die Größen, die den Zustand des Systems bestimmen, nennt man Zustandsgrößen. Ihr Wert ist, gleichviel ob man ihn zahlenmäßig angeben kann oder nicht, seinem Wesen nach nur vom zu beschreibenden Zustand des Systems und nicht von dessen Vorgeschichte abhängig, er ist unabhängig von dem Wege, auf dem das System in den Zustand gelangt ist. Man unterscheidet extensive (additive) und intensive (spezifische) Eigenschaften. Der Wert der ersteren z. B. Volumen, Masse, ist ceteris paribus der Größe des Systems proportional, der Wert der letzteren z. B. Temperatur, Gewicht der Masseneinheit, ist davon unabhängig. Es scheint zunächst, daß zur Charakterisierung eines Zustandes die Angabe des Wertes außerordentlich zahlreicher Zustandsgrößen erforderlich ist, z. B. des Wertes von Druck, Volumen, Temperatur, Masse und stofflicher Zusammensetzung, von Größe und Form der Oberfläche, von verschiedenen optischen und elektrischen Eigenschaften wie Lichtbrechungs- und Reflexionsvermögen, Dielektrizitätskonstante und Permeabilität usw. Müßten wir den Zustand eines Systems für unsere thermodynamischen Zwecke dadurch festlegen, daß wir allen diesen Eigenschaften bestimmte Werte zuordnen, so wäre dies eine äußerst komplizierte Aufgabe, die die thermodynamische Behandlung irgendwelcher Systeme sehr erschweren würde. Glücklicherweise haben wir diese komplizierte Beschreibung nicht nötig, sondern können uns darauf beschränken, einen Zustand durch die Angabe des Wertes einiger weniger Zustandsgrößen zu kennzeichnen, und zwar aus folgenden Gründen.

Die einzelnen Eigenschaften eines Systems sind nicht alle voneinander unabhängig, sondern, wird der Wert einiger festgelegt, z. B. der Druck und die Temperatur, so ist es auch der Wert einer Anzahl anderer. Erstere bezeichnet man als unabhängige, letztere als abhängige Zustandsgrößen. Veränderliche Zustandsgrößen bezeichnet man als Zustandsvariable, während man diejenigen, die während einer Zustandsänderung konstant bleiben, Zustandsparameter nennt. Eine Eigenschaft eines Systems, z. B. seine chemische Zusammensetzung, tritt also je nach der Art der Zustandsänderung, der das System unterworfen wird, bald als Variable, bald als Parameter auf. Welche Zustandsgrößen man als unabhängige wählt, ist im Prinzip beliebig und wird durch praktische Erwägungen bestimmt. Hat man aber bestimmte Größen als unabhängige Zustandsgrößen ausgesucht, so werden dadurch eine Reihe bestimmter anderer Eigenschaften zu abhängigen, und es genügt zur Charakterisierung des Systems die Angabe des Wertes der gewählten unabhängigen Zustandsgrößen, da durch diese Angabe auch die Werte der abhängigen gegeben sind. Dadurch vereinfacht sich die thermodynamische Beschreibung des Systems wesentlich.

Eine weitere Vereinfachung tritt dann ein, wenn es sich bei der zu lösenden thermodynamischen Aufgabe, wie es die Regel ist, nicht um die Beschreibung eines Zustandes als Selbstzweck handelt, sondern um die Charakterisierung einer Zustandsänderung; denn wir brauchen uns dann nicht mit allen unabhängigen Zustandsgrößen des Systems zu beschäftigen, sondern nur mit denen, die mit der betreffenden Zustandsänderung in Verbindung stehen, und selbst von diesen können wir noch diejenigen unberücksichtigt lassen, die zwar einen Einfluß auf die betreffende Zustandsänderung haben, aber einen so geringen, daß er bedeutungslos ist. Eine solche Zustandsgröße ist z. B., wenn es sich um Veränderungen größerer Körper handelt, in vielen Fällen die Oberfläche. Erwärmen wir bei Atmosphärendruck 1 kg-Gewicht Eisen von 10^0 auf 500^0, so wird außer der Temperatursteigerung und Volumenänderung eine Vergrößerung der Oberfläche eintreten. Die gestellte thermodynamische Aufgabe sei die Feststellung der Energieänderung des Eisens bei der Erwärmung. Ein Teil dieser Energieänderung wird dadurch bedingt, daß sich die Oberflächengröße des Eisens ändert, aber es hat sich gezeigt, daß dieser Teil relativ so gering ist, daß er nicht berücksichtigt zu werden braucht, daß man die wirkliche Energieänderung mit ausreichender Genauigkeit erhält, wenn man diesen Teilbetrag gleich Null setzt. Deshalb braucht man für die gestellte Aufgabe den Wert der Zustandsgröße: Oberfläche des Eisens weder im Anfangs- noch im Endzustand zu kennen.

Sofern wir von speziellen thermodynamischen Aufgaben absehen, genügt es aus den angeführten Gründen, den Zustand eines Systems von gegebener Menge, bei dessen Zustandsänderungen die stoffliche Zusammensetzung konstant bleibt, durch zwei Zustandsvariable zu charakterisieren, z. B. durch seinen Druck P und seine Temperatur T oder durch sein Volumen V und T oder durch P und V. Dabei sind die drei Variablen P, V und T derart miteinander verknüpft, daß, wenn wir zwei beliebige davon als unabhängige wählen, die dritte abhängig ist. Die Gleichung, die die Beziehung zwischen den Zustandsgrößen P, V und T für das betrachtete System angibt, heißt seine Zustandsgleichung. Sind thermodynamische Oberflächeneffekte zu berücksichtigen, so müssen wir als weitere Zustandsvariable die Oberfläche einführen. Unterliegt das System während der Veränderung chemischen Umsetzungen, so müssen wir noch chemische Zustandsvariable einführen. Dies soll erst gegen Ende des Kapitels geschehen, und hier nur eine kurze Orientierung über die verschiedenen Möglichkeiten des stofflichen Aufbaus der zu behandelnden Systeme gegeben werden.

Stoffmengen geben wir im allgemeinen in Molen, selten in Gramm an. 1 Mol ist diejenige Menge eines Stoffes in Gramm, die seinem Molekulargewicht entspricht, also 1 Mol H_2O, kurz geschrieben H_2O, $= 18$ g. Eigenschaften, die auf 1 Mol einer Substanz bezogen sind, nennen wir molare, also ist das molare Volumen von Wasser, auch Molvolumen genannt, $= 18$ cm^3, da 1 g 1 cm^3 einnimmt. Wir bezeichnen in dieser Darstellung in Übereinstimmung mit Eucken[1] Quantitätsgrößen, sofern sie sich auf 1 Mol beziehen, durch kleine, kursive Typen (v), sofern sie sich auf 1 g beziehen, durch kleine steile (v), und sofern sie sich auf beliebige Mengen beziehen, durch große Typen (V). Wenn von einem beliebigen Stoffe die Rede ist, so wird er mit i bezeichnet und sein Molvolumen durch v^i.

Eine Stoffmenge ohne Unstetigkeitsflächen nennt man homogen. Sie stellt ein System dar, das aus einer Phase besteht. Heterogen nennt man ein System, das aus mehreren verschiedenen Phasen besteht; die Grenzflächen, die seine einzelnen homogenen Bestandteile voneinander trennen, nennt man Phasengrenzflächen. Wir unterscheiden makro- und mikroheterogene Systeme, je nachdem ob die Phasengrenzen größere oder kleinere homogene Gebiete voneinander trennen; scharfe Grenzen lassen sich bei dieser

---

[1] Eucken, A.: Lehrbuch der chemischen Physik. Leipzig 1930.

Unterscheidung wohl kaum ziehen. Die allgemeine Thermodynamik bezieht den Begriff „heterogenes System" zunächst auf makroheterogene Systeme, das sind solche, in denen die einzelnen homogenen Stoffgebiete so groß sind, daß sie bereits der bloßen Sinneswahrnehmung als solche erscheinen. Für mikroheterogene Systeme, das sind solche, bei denen erst optische Mittel die Inhomogenität erkennen lassen, z. B. kolloide Suspensionen, treten zu den allgemeinen thermodynamischen Gesetzen noch spezielle Beziehungen hinzu, die wir erst im Kapitel Oberflächenenergie erörtern. Unscharf wie die Grenze zwischen makro- und mikroheterogenen Systemen ist auch die Grenze zwischen mikroheterogenen- und Mischphasen, das sind Phasen, die im Gegensatz zu reinen Phasen, z. B. Wasser, nicht nur aus einem, sondern aus mehreren Stoffen, z. B. Wasser und Zucker, aufgebaut sind. Wenn wir eine reine Phase dadurch charakterisieren, daß wir sagen, sie enthält nur einen reinen Stoff, so ist dies nicht dahin zu verstehen, daß nur eine Molekülgattung in ihm vertreten sein darf. Wir nennen z. B. Wasser einen reinen Stoff, obwohl wir wissen, daß in ihm sowohl Dissoziationsprodukte (H·, OH′) wie Assoziationsprodukte und freie Radikale vorhanden sind, weil in reinem Wasser bei gegebenem Druck und Temperatur zwischen diesen verschiedenen Teilchenarten ein ganz bestimmtes Mengenverhältnis besteht, das sich momentan einstellen würde, wenn wir unter den gleichen Bedingungen zunächst ein fiktives, nur aus H_2O-Molekülen bestehendes Wasser vor uns hätten. Eine strenge Abgrenzung zwischen reinen und Mischphasen ist aber ohne ganz willkürliche Festsetzungen ebensowenig möglich wie zwischen homogenen und heterogenen Systemen, insbesondere zwischen mikroheterogenen und homogenen Mischphasen. Unter diesen pflegt man diejenigen durch eine besondere Bezeichnung zu charakterisieren, bei denen eine Komponente in einem überragenden Mengenanteil vorhanden ist. Man bezeichnet sie als Lösungen, verwendet jedoch diesen Ausdruck auch gelegentlich allgemein statt Mischphase. Während bei gegebener Menge z. B. 1 Mol einer reinen Substanz der Zustand durch Angabe von Druck bzw. Volumen und Temperatur festgelegt ist, ist für Mischphasen noch die Angabe der Zusammensetzung erforderlich.

Solange man nicht eine spezielle Mischphase im Auge hat, sondern allgemein über Mischphasen diskutiert, bezeichnet man die sie zusammensetzenden Stoffe als 1, 2, 3 usw., und zwar ist der Stoffindex 1 für denjenigen Stoff reserviert, den man als Lösungsmittel zu bezeichnen hat, sofern eine solche Unterscheidung möglich ist. In jeder wäßrigen Lösung wird also Wasser als 1 bezeichnet, die gelösten Stoffe als 2, 3 usw. Die thermodynamisch brauchbarste Angabe der Zusammensetzung einer Mischphase wird durch Angabe ihrer Molenbrüche geliefert. Unter Molenbruch (x) versteht man die Zahl der Mole einer Substanz in der Mischphase dividiert durch die Summe der Molzahlen aller in der Mischphase anwesenden Substanzen. In einer Lösung, die 1 Mol Zucker auf 1000 g Wasser enthält, ist der Molenbruch des Zuckers

$$x_2 = \frac{1}{56,5}, \quad \text{der des Wassers} \quad x_1 = \frac{55,5}{56,5},$$

weil 1000 g Wasser $\frac{1000}{18} = 55,5$ Mole Wasser enthalten.

Bezeichnen wir die Molzahlen der Teilnehmer einer Mischung mit $n_1, n_2, n_3 \ldots$, so gilt also für deren Molenbrüche

$$x_1 = \frac{n_1}{n_1 + n_2 + n_3 \ldots}, \quad x_2 = \frac{n_2}{n_1 + n_2 + n_3 \ldots}, \quad x_3 = \frac{n_3}{n_1 + n_2 + n_3 \ldots} \ldots \text{etc.},$$

$x_1 + x_2 + x_3 + \ldots = 1$, für eine binäre Mischung $x_1 + x_2 = 1$ $x_1 = 1 - x_2$ [0]. Ist $n_1 + n_2 + \ldots = 1$, also $x_1 = n_1$, $x_2 = n_2$, so haben wir 1 Mol der Lösung, und die Eigenschaften dieser Menge bezeichnen wir als molare, z. B. ihr Volumen als Molvolumen der Lösung oder auch mittleres Molvolumen.

Außer durch Angabe der Molenbrüche wird die Zusammensetzung einer Mischphase bisweilen auch durch Angabe der Volumen- oder der Gewichtskonzentration gekennzeichnet. Unter Volumenkonzentration versteht man die Zahl der Mole oder Gramme gelöster Substanz pro Liter der Lösung, unter Gewichtskonzentration die Zahl der Mole oder Gramme der gelösten Substanz pro 1000 g des Lösungsmittels. Da für verdünnte Lösungen das spezifische Gewicht der Lösung dem des reinen Lösungsmittels sehr nahe kommt, so ist bei verdünnten wäßrigen Lösungen die Zahl, die die molare Gewichtskonzentration oder Molarität des gelösten Stoffes angibt, nahezu gleich der Zahl, die die molare Volumenkonzentration angibt.

Als Energie bezeichnet man eine Größe von der Dimension Kraft mal Weg gleich Arbeit oder eine solche, die durch Arbeit erzeugt werden oder Arbeit erzeugen kann. Verschiedene Formen von Energie sind z. B. die Wärme, die elektrische, chemische, osmotische und Oberflächenenergie. Einheit der Arbeit ist das Erg, definiert als diejenige Arbeit, welche die Einheit der Kraft (1 Dyn) verrichtet, wenn sich ihr Angriffspunkt nach ihrer Richtung um die Einheit des Weges (1 cm) verschiebt. Diese Definition, die man fast in jedem Physikbuch findet, ist allerdings nur für denjenigen brauchbar, der bereits weiß, daß in ihr das Wesentlichste weggelassen ist, daß nämlich der Kraft dabei eine Gegenkraft entgegenwirken muß, die nur unendlich wenig von ihr verschieden ist; denn, wenn man sich z. B. ein Gas denkt, das in einem Behälter eingeschlossen ist, der mit einem reibungslosen, beweglichen, schwerelosen Stempel verschlossen ist, und das sich im Vakuum expandiert, so verschiebt sich zwar der Angriffsort der Expansionskraft in deren Richtung, weil aber im Vakuum keine Gegenkraft vorhanden ist, so leistet sie dabei auch keine Arbeit.

Bisweilen werden auch andere Arbeitseinheiten verwendet, wie das Meterkilogramm, die zur Hebung von 1 kg um 1 m im Schwerefeld der Erde erforderliche Arbeit, oder die Literatmosphäre, die Arbeit, die gegen den Atmosphärendruck geleistet werden muß, um einen Hohlraum um einen Liter zu vergrößern. Einheit der Wärme ist die Grammkalorie (cal) oder die Kilogrammkalorie (Kal), diejenige Wärmemenge, die ein Gramm oder ein Kilogramm Wasser von $14,5^0$ auf $15,5^0$ C erwärmt. Einheit der elektrischen Energie ist das Volt-Coulomb gleich Wattsekunde. Es ist diejenige Arbeit, die die Einheit der elektrischen Kraft, die Feldstärke oder das Potentialgefälle (Volt/cm) leistet, wenn sie die Einheit der Elektrizitätsmenge, 1 Coulomb, um 1 cm verschiebt. Beträgt also die Potentialdifferenz eines Elementes E Volt, die beim Stromfluß in ihm von 1 Mol n-wertiger Ionen transportierte Elektrizitätsmenge nF Coulomb, so beträgt die geleistete elektrische Arbeit EnF Volt-Coulomb, da sich die Größe des Weges weghebt; denn sie erscheint zur Berechnung des Potentialgefälles im Nenner, zur Berechnung der Strecke, über die die Kraft wirkt, im Zähler. Da die Stromstärke (Einheit: 1 Ampere) als die in der Zeiteinheit durch den Querschnitt fließende Elektrizitätsmenge definiert ist, ist 1 Ampere-Sekunde (1 Ampere mal 1 Sekunde) = 1 Coulomb und 1 Volt mal 1 Ampere-Sekunde = 1 Wattsekunde = 1 Volt-Coulomb.

Wird Arbeit in andere Energieformen verwandelt oder Arbeit aus anderen Energieformen erzeugt, so erfolgt diese Umwandlung derart, daß ein ganz bestimmtes Verhältnis zwischen der Zahl der erzeugten bzw. verbrauchten Arbeitseinheiten einerseits und der Zahl der verbrauchten bzw. erzeugten Energieeinheiten andererseits besteht, und daß dies stets der Fall ist, daß Energie nicht entstehen und nicht verschwinden kann, sondern immer nur in ganz bestimmten Proportionen verwandelt werden kann, das ist der Inhalt des ersten Hauptsatzes der Thermodynamik, des Gesetzes von der Erhaltung der Energie, das wir noch in den verschiedensten Formulierungen kennenlernen werden. Werden z. B. A Arbeitseinheiten in Wärme verwandelt, so ist die Zahl der entstehenden Wärmeeinheiten Q dadurch bestimmt, daß das Verhältnis A/Q jenen ganz bestimmten Verhältniswert haben muß. Dieser Wert wird mit J oder als mechanisches Äquivalent der Wärme bezeichnet. Er beträgt $4{,}186 \cdot 10^7$, wenn man die Arbeitseinheiten in Erg, die Wärmeeinheiten in cal mißt. Man kann also das mechanische Äquivalent der Wärme auch definieren als diejenige Anzahl Arbeitseinheiten, Erg, die zur Erzeugung von einer Wärmeeinheit, einer Grammkalorie, erforderlich sind. Entsprechend heißt diejenige Anzahl Erg, die zur Umwandlung von Arbeit in die Einheit irgendeiner anderen Energieform als Wärme notwendig ist, das mechanische Äquivalent der anderen Energieform, z. B. der Elektrizität. Die folgende Tabelle gibt eine Übersicht über eine Anzahl solcher Äquivalentwerte.

Tabelle 1. Energieäquivalente.

	Abs. Maßs. Erg.	Mechanisches Maß		Elektr. M. Wattsek.	Wärmemaß Grammcal.
		Literatm.	kg-Meter		
1 Erg. $=$	1	$9{,}869 \cdot 10^{-10}$	$1{,}0198 \cdot 10^{-8}$	10^{-7}	$2{,}389 \cdot 10^{-8}$
1 Wattsek. $=$	10^7	$9{,}872 \cdot 10^{-3}$	$1{,}0198 \cdot 10^{-1}$	1	$2{,}389 \cdot 10^{-1}$
1 g-kal. $=$	$4{,}186 \cdot 10^7$	$4{,}131 \cdot 10^{-2}$	$4{,}269 \cdot 10^{-1}$	4,185	1
1 Literatm. $=$	$1{,}0133 \cdot 10^9$	1	10,332	$1{,}0133 \cdot 10^2$	24,205
1 kg-Meter $=$	$9{,}806 \cdot 10^7$	$9{,}678 \cdot 10^{-2}$	1	9,804	2,342
R $=$	$8{,}313 \cdot 10^7$	$8{,}203 \cdot 10^{-2}$	$8{,}481 \cdot 10^{-1}$	8,313	1,986

Diese Tabelle ist so zu lesen, daß in jeder Horizontalreihe für die in der ersten Spalte stehende Größe, z. B. 1 Wattsekunde, die mechanischen, elektrischen und Wärme-Äquivalente angegeben sind, und zwar die mechanischen sowohl für den Fall, daß als mechanische Einheit das Erg gewählt wird wie die Literatmosphäre oder das Meterkilogramm. Man benutzt diese Tabelle stets, wenn man irgendwelche mathematischen Beziehungen zwischen Mengen verschiedener Energien formulieren will. Will man z. B. eine Wärmemenge und eine Arbeitsmenge addieren, so kann man dies nur, wenn man beide Größen in der gleichen Einheit ausdrückt, also entweder beide als Kalorien oder beide als Erg oder Literatmosphären oder Kilogrammeter. Nehmen wir den ersten Fall, so haben wir die Arbeitsmenge, die in Erg gegeben sei, in Kalorien umzurechnen. Dann lehrt uns die Tabelle, daß 1 Erg $= 2{,}389 \cdot 10^{-8}$ cal ist, also x Erg $= x \cdot 2{,}389 \cdot 10^{-8}$ cal, und diesen in Kalorien ausgedrückten Arbeitsbetrag können wir nun zu dem ebenfalls in Kalorien ausgedrückten Wärmebetrag addieren. Im folgenden wollen wir uns derartige Umrechnungen, wo sie erforderlich sind, im allgemeinen ohne besondere Erwähnung ausgeführt denken, also ohne weiteres z. B. Arbeits- und Wärmemengen addieren und subtrahieren.

Einer Erläuterung bedarf die Größe R, die in der untersten Reihe angeführt ist. Man bezeichnet sie als Gaskonstante. Sie ist abgeleitet aus den Gesetzen, die für die Beziehungen zwischen Volumen, Druck und Temperatur idealer Gase gelten, wobei als „ideal" Gase bezeichnet werden, die sich in einem solchen Zustand befinden, daß sie die folgenden Gesetze erfüllen.

1. Das BOYLEsche Gesetz. Es besagt, daß bei konstanter Temperatur der Druck P und das Volumen V einer gegebenen Menge idealen Gases sich umgekehrt proportional ändern also

$$P \cdot V = \text{konst}. \tag{1}$$

2. Das DALTONsche Gesetz. Es besagt, daß in einem Gemisch idealer Gase der Partialdruck jedes Gases, das Produkt aus seinem Molenbruch im Gemisch und dem Gesamtdruck des Gemisches, gleich ist dem Druck, den das Gas ausüben würde, wenn es im Volumen des Gemisches allein vorhanden wäre.

3. Das GAY-LUSSACsche Gesetz. Es besagt, daß bei variabler Temperatur Druck, Volumen und Temperatur einer gegebenen Menge idealen Gases in folgender Beziehung stehen:

$$P \cdot V = P_0 \cdot V_0 \cdot (1 + \alpha t) = P_0 \cdot V_0 (1 + t/273) = P_0 \cdot V_0 \cdot \frac{273 + t}{273}.$$

In dieser Gleichung bedeuten P_0 und V_0 Druck und Volumen der Gasmenge bei 0^0 C, P und V bei t^0 C.

Führt man statt der Celsiusgrade t die absolute Temperatur T ein, die durch die Gleichung $T = 273 + t^0$ C definiert ist, so ist für 0^0 C $T = 273$, wenig glücklich statt T_{273} meist bezeichnet als T_0, während der Nullpunkt der T-Skala als absoluter Nullpunkt bezeichnet wird und notabene ebenfalls T_0 geschrieben wird. Die Gleichung geht dann über in

$$P \cdot V = P_0 \cdot V_0 \cdot \frac{T}{T_{273}} \qquad [2]$$

$$\frac{P \cdot V}{T} = \frac{P_0 \cdot V_0}{T_{273}}.$$

Die Größe $\frac{P_0 \cdot V_0}{T_{273}}$ ist für eine bestimmte Gasmenge konstant, da ja $P_0 \cdot V_0$ nach dem BOYLESchen Gesetz konstant ist. Wählt man als Gasmenge 1 Mol, d. h. die Anzahl von Grammen, die gleich ist dem Molekulargewicht des Gases, so wird, da erfahrungs-gemäß 1 Mol jedes undissoziierten idealen Gases bei 0^0 C und dem Druck von 1 atm 22,41 Liter einnimmt, in unserer S. 7 angegebenen Schreibweise

$$\frac{P_0 \cdot v_0}{T_{273}} = \frac{1 \cdot 22,41}{273} = 0,082 \text{ Literatmosphären pro Grad.}$$

Diese Größe bezeichnet man als R, und ihr Wert ist in der untersten Reihe unserer Tabelle 1 in verschiedenen Maßeinheiten angegeben. Wir erhalten also

$$Pv = R \cdot T, \qquad [3]$$

die sog. Zustandsgleichung idealer Gase für 1 Mol. Für n Mole gilt

$$P \cdot V = n \, R \, T \; [4], \text{ worin } V = n \, v \text{ ist.}$$

Gase, die diesen Zustandsgleichungen nicht entsprechen, be-zeichnet man als reale Gase. Reale Gase sind z. B. alle kompri-mierten Gase. Ihr Verhalten und — bei niedrigen Drucken und hohen Temperaturen — auch das der Flüssigkeiten wird annähernd dargestellt durch die VAN DER WAALSsche Zustandsgleichung

$$\left(P + \frac{a}{v^2}\right) \cdot (v - b) = R\,T. \qquad [5]$$

Auf deren Ableitung sei hier nicht eingegangen, sondern nur so viel gesagt, daß die Konstante b dem Umstand Rechnung trägt, daß das Volumen, das den Molekülen bei ihrer Molekularbewegung zur Verfügung steht, um den Betrag kleiner ist als das Gesamt-volumen v, der von den Molekülen selbst eingenommen wird, während die Konstante a dem gegenseitigen Anziehungsbestreben der Moleküle Rechnung trägt, das ja komprimierend wirkt und damit in derselben Richtung wie eine Erhöhung des Außendrucks. Diese Erläuterung zeigt bereits, daß das Verhalten der realen Gase sich

um so mehr den Gesetzen idealer Gase annähern wird, je „verdünnter" sie sind, je kleiner also der Druck und je höher die Temperatur, unter der sie stehen. Eine allgemein gültige Zustandsgleichung für feste Körper gibt es nicht.

Nach dieser durch die Erläuterung der Größe R in unserer
Energietabelle bedingten Abschweifung kommen wir wieder zur
Betrachtung des Gesetzes von der Erhaltung der Energie zurück,
das besagt (S. 11):

Es finden in der Natur keine Vorgänge statt, bei
denen Energie entsteht oder vergeht, sondern nur
solche, bei denen Energie ihre Verteilung und Form
verändert.

Daraus folgt:

1. Eine Maschine, die dauernd Energie aus nichts erzeugt, ein
sog. Perpetuum mobile erster Art, ist unmöglich.

2. In einem abgeschlossenen System, d. h. in einem System, das
mit seiner Umgebung keine Energie austauschen (aufnehmen oder
abgeben) kann, bleibt bei allen möglichen Veränderungen die
Energie konstant.

3. Die Energie eines Systems in einem bestimmten Zustand Z,
bezogen auf einen bestimmten Nullzustand, hat einen bestimmten
Wert. Hierbei ist unter Nullzustand nicht etwa der Wert des
Systems zu verstehen, in dem sein Energieinhalt den Wert 0 hat,
sondern ein bestimmter aber beliebig wählbarer Zustand des
Systems, etwa nach Art des Nullzustandes am Zimmerthermo-
meter. Zum Beweis denkt man sich das System aus dem Zustand Z
auf einem beliebigen Weg in den Nullzustand N überführt. Dabei
trete eine Energieänderung a auf. Dann bringe man es auf einem
beliebigen Wege wieder zurück in den Zustand Z. Die Energieänderung hierbei betrage b, also die Energieänderung bei dem
gesamten Prozeß a + b. Einen derartigen Prozeß, bei dem ein
System von einem Anfangszustand ausgehend beliebige Zustandsänderungen durchmacht, um dann wieder in den Anfangszustand
zurückzukehren, nennt man Kreisprozeß. Wäre die eingangs 3.
aufgestellte Behauptung nicht richtig, so müßte es einen anderen
Weg von Z nach N geben, bei dem die Energieänderung einen
anderen Wert a′ hätte und bei Zurückführung von N in Z auf dem
gleichen Wege wie beim ersten Kreisprozeß müßte die Gesamt-
energieänderung bei diesem zweiten Kreisprozeß a′ + b betragen.
Da dann a + b und a′ + b verschieden wären, müßte einer der

beiden Werte von 0 verschieden sein und man würde, ohne daß sich etwas am System geändert hätte, Energie erzeugt oder verbraucht haben. Da man diesen Vorgang beliebig oft wiederholen könnte, hätte man in dem System ein Perpetuum mobile erster Art und das ist nach 1. unmöglich. Folglich muß a = a′ sein, und das ist der mathematische Ausdruck für die eingangs Ziffer 3 aufgestellte Behauptung.

4. Wird ein materielles System aus einem Zustand in einen anderen überführt, so ist die Größe der dabei auftretenden Energieänderung unabhängig vom Wege, auf dem die Überführung stattgefunden hat. Der Beweis ergibt sich entsprechend der Beweisführung für Ziffer 3; denn wir können ja den Nullpunkt, den wir in 3 benutzt haben, beliebig wählen, also auch den Zustand, aus dem das System in den zweiten Zustand überführt werden soll, als solchen annehmen. Dann ist aber Behauptung 4 mit Behauptung 3 identisch.

Der Betrag der Energie eines Systems in einem gegebenen Zustand, auch sein Energieinhalt oder seine innere Energie in diesem Zustand genannt, ist also eine Größe, die unabhängig ist von seiner Vorgeschichte, vom Wege, auf dem das System in den Zustand gelangt ist, und die nur von den Eigenschaften des betreffenden Zustandes abhängt. Den Wert dieses Betrages können wir nicht angeben, da wir lediglich Energieänderungen messen können. Der Energieinhalt eines Körpers ist also nur bis auf eine nicht bestimmte Konstante bekannt, die den Wert des Energieinhaltes des Körpers in dem Zustand bezeichnet, der als Nullzustand gewählt worden ist, aus dem der Körper in den vorliegenden Zustand gebracht worden ist. Diese Unbestimmtheit hat für unsere thermodynamischen Betrachtungen wenig Bedeutung, da es uns fast stets nur auf Veränderungen von Energiegrößen ankommt und deren Meßbarkeit von der Unbestimmtheit der Konstante nicht berührt wird. Erwärmen wir z. B. einen Körper um 1⁰, so ist es für die Messung der bei dem Vorgang auftretenden Energieänderung gleichgültig, welchen absoluten Wert der Energieinhalt des Körpers vor dem Erwärmen besaß.

Mathematisch gesprochen ist nach dem Gesagten die Energie eine Zustandsfunktion, die von den Zustandsvariablen abhängt, und zwar ist sie nach S. 14 (2.) diejenige Zustandsfunktion, die in einem abgeschlossenen System bei allen möglichen Veränderungen der Zustandsvariablen konstant bleibt.

Es ist schon erörtert worden, daß der Zustand eines Systems bei Ausschluß chemischer-, elektrischer-, Oberflächenreaktionen als bestimmt durch nur zwei unabhängige Zustandsvariable angesehen werden kann, entweder durch den Druck P und das Volumen V oder durch P und T oder V und T. Bei bestimmtem Druck und bestimmter Temperatur ist dann auch das Volumen eines Systems bestimmt, bei bestimmtem Volumen und bestimmter Temperatur auch sein Druck. Wir können also, wenn wir mit U bzw. U_0 den Energieinhalt eines Systems in einem bestimmten Zustand bzw. im Nullzustand und mit f „eine Funktion" bezeichnen, schreiben:

$$\left. \begin{array}{l} U = f\,(V,\ T) + U_0 \\ U = f\,(P,\ T) + U_0 \\ U = f\,(V,\ P) + U_0. \end{array} \right\} \qquad [6]$$

Aus diesen Gleichungen wollen wir einige mathematische Folgerungen ziehen, und, obwohl hier die Grundzüge der Differential- und Integralrechnung als bekannt vorausgesetzt werden, sei an einige Punkte erinnert, die für das Folgende wesentlich sind. Wir haben in der Energie eines Systems eine Größe kennengelernt, deren Wert lediglich von dem Zustand des Systems abhängt, von ihm vollständig bestimmt ist, die aber nicht von dem Wege abhängig ist, auf dem das System in den Zustand gelangt ist. Eine sehr kleine Änderung einer derartigen Größe bezeichnet die Differentialrechnung als vollständiges Differential: d. dU, die sehr kleine Änderung, die U erfährt, wenn sich die unabhängigen Zustandsvariablen (z. B. V und T) um einen sehr kleinen Betrag ändern (im Beispielsfalle um dV und dT), ist also das vollständige Differential der Energie. Die Differentialrechnung lehrt, daß man ein vollständiges Differential darstellen kann als Summe von partiellen Differentialen. Die partiellen Differentiale einer Größe sind diejenigen sehr kleinen Veränderungen, die die betreffende Größe erfährt, wenn man jeweils nur eine ihrer unabhängigen Zustandsvariablen sehr wenig ändert, dabei aber die übrigen konstant hält. In unserem Falle also ist dU gleich der Summe der beiden sehr kleinen Veränderungen, die U erfährt, wenn man a) die Temperatur T des Systems konstant hält und nur sein Volumen um die sehr kleine Größe dV ändert, b) das Volumen V konstant hält und nur die Temperatur T um die sehr kleine Größe dT ändert. Man ersetzt also die sehr kleine Änderung, die U durch die gleichzeitige sehr kleine Änderung von V und T erfährt, durch die

Summe der sehr kleinen sukzessiven Änderung, die U dann erfährt, wenn man einmal nur V, das andere Mal nur T um einen sehr
kleinen Betrag ändert. Bei diesem Ersatzverfahren wird lediglich
eine sog. unendlich kleine Größe zweiter Ordnung vernachlässigt.
Dieser Ausdruck ist so zu verstehen: Da man die sehr kleinen Größen,
um die man beim Differenziieren endliche Größen ändert, beliebig klein wählen kann und sie aus mathematischen Gründen
möglichst klein wählt, so bezeichnet man sie als unendlich kleine
Größen. Eine Größe, die das Produkt zweier solcher Größen darstellt, bezeichnet man als eine unendlich kleine Größe zweiter
Ordnung. Man erkennt an einem Beispiel ohne weiteres, warum
man solche unendlich kleinen Größen zweiter Ordnung im allgemeinen vernachlässigen kann. Man denkt sich ein Gewicht von
1 g. Eine sehr kleine Änderung des Gewichts um $\frac{1}{1000}$ darf man
beim Arbeiten mit einer Analysenwaage noch nicht vernachlässigen, aber das Produkt zweier solcher sehr kleiner Änderungen,
also $\frac{1}{1000} \cdot \frac{1}{1000} = \frac{1}{1000000}$ darf man ohne weiteres vernachlässigen; denn eine solche Änderung des Gewichtes kann man beim
Arbeiten mit einer Analysenwaage ja gar nicht nachweisen. Von der
Vernachlässigung unendlich kleiner Größen zweiter Ordnung
werden wir noch oft Gebrauch machen. Doch nun zurück zu
unserem totalen Differential dU. Wir können es darstellen als
Summe der partiellen Differentiale von U, aber dazu müssen wir
diese erst berechnen.

Offenbar ist doch die sehr kleine Änderung, die U erfährt,
wenn, bei konstantem T, V um dV geändert wird, dV mal so
groß wie die Änderung, die U erfährt, wenn V um eine Einheit
geändert wird, wobei vorausgesetzt wird, daß die Änderung von
U dabei gleichförmig sei. Unter dieser Voraussetzung ist aber,
die Änderung von U bei Änderung von V um eine Einheit gleich
dem Differentialquotienten $\left(\frac{\partial U}{\partial V}\right)_T$, weil ja das Verhältnis von
Energie- und Volumenänderung das gleiche ist, gleichviel ob wir
es mit endlichen oder unendlich kleinen Änderungen zu tun haben.
Dabei soll durch das Einklammern und Beisetzen von T rechts
neben die Klammer ausgedrückt werden, daß während der Änderung
T konstant gehalten wird, und durch das Zeichen ∂ statt d, daß
es sich hier um einen partiellen Differentialquotienten handelt,
nämlich um die unendlich kleine Änderung von U nur nach V.

Die gesuchte Änderung von U, wenn, bei konstantem T, V und dV geändert wird, ist also $\left(\frac{\partial U}{\partial V}\right)_T dV$ und die entsprechende Änderung von U, wenn, bei konstantem V, T um dT geändert wird $\left(\frac{\partial U}{\partial T}\right)_V dT$. Die Summe der beiden partiellen Differentiale ergibt das totale Differential, also

$$dU = \left(\frac{\partial U}{\partial V}\right)_T dV + \left(\frac{\partial U}{\partial T}\right)_V dT. \qquad [7]$$

Ganz entsprechend ergibt sich, wenn wir V oder T statt P als abhängige Variable wählen,

$$dU = \left(\frac{\partial U}{\partial P}\right)_T dP + \left(\frac{\partial U}{\partial T}\right)_P dT, \quad dU = \left(\frac{\partial U}{\partial V}\right)_P dV + \left(\frac{\partial U}{\partial P}\right)_V dP \; [7a, b].$$

Da es, wie bereits S. 15 ausgeführt, weder experimentell möglich noch notwendig ist, den gesamten Energieinhalt eines Systems zu bestimmen, sondern nur die Differenz der Energieinhalte eines Systems in zwei verschiedenen Zuständen experimentell bestimmt und benötigt wird, so führt man statt der Funktion U, dem Gesamtenergieinhalt, die Funktion $U_2 - U_1 = \Delta U$, die Zunahme des Energieinhaltes, ein, wobei U_1 und U_2 den Energieinhalt des Systems im Anfangszustand 1 und Endzustand 2 bedeuten. Erwärmen wir z. B. 1 ccm Quecksilber von 15^0 C um 1^0, so können wir zwar nicht den Energieinhalt des Kubikzentimeters Quecksilber bei 16^0 experimentell bestimmen, wohl aber die Größe der Energieänderung, die er bei der Erwärmung erfahren hat. Wir betrachten also den Energieinhalt des Kubikzentimeters Quecksilber bei 15^0 als Nullzustand und die meßbare Energiezunahme ΔU ist gleich $U_{16} - U_{15}$, wenn mit U_{16} bzw. U_{15} der Energieinhalt bei 16^0 bzw. 15^0 bezeichnet wird. Da nach S. 15 (4.) $d\Delta U$ ebenso wie dU ein vollständiges Differential ist, so ergibt eine analoge Rechnung wie für dU

$$d\Delta U = \left(\frac{\partial \Delta U}{\partial V}\right)_T dV + \left(\frac{\partial \Delta U}{\partial T}\right)_V dT, \qquad [8]$$

$$d\Delta U = \left(\frac{\partial \Delta U}{\partial P}\right)_T dP + \left(\frac{\partial \Delta U}{\partial T}\right)_P dT \qquad [8\,a]$$

$$d\Delta U = \left(\frac{\partial \Delta U}{\partial P}\right)_V dP + \left(\frac{\partial \Delta U}{\partial V}\right)_P dV. \qquad [8\,b]$$

Im physikalischen Sinn kann „Zunahme" des Energieinhalts eine Zunahme wie eine Abnahme im gewöhnlichen Sprachsinne bedeuten. Im letzteren Falle ist es eben eine negative Energiezunahme.

Wir können also eine Zu- bzw. Abnahme des Energieinhaltes um 50 cal schreiben $\Delta U = 50$ cal bzw. $\Delta U = -50$ cal. Die Abnahme des Energieinhaltes im physikalischen Sinne bezeichnen wir unter Verwendung eines von EUCKEN eingeführten Index mit $\Delta U'$. Besteht also bei einem Vorgang die Energieänderung in der Abgabe von 50 cal, so schreiben wir $\Delta U' = 50$ cal, wir können aber auch schreiben $\Delta U = -50$ cal. Für einen bestimmten Vorgang ist stets $\Delta U = -\Delta U'$. Besteht der Vorgang in einer Energiezunahme um 50 cal, so können wir statt $\Delta U = 50$ cal auch $\Delta U' = -50$ cal oder $-\Delta U' = 50$ cal schreiben. Diese Schreibweise hat einen doppelten Vorteil. Einerseits entspricht sie dem Sprachgebrauch, der ja entsprechend der Schreibweise $\Delta U = 50$ cal bzw. $\Delta U' = 50$ cal sagt „die Zunahme bzw. die Abnahme der Energie beträgt 50 cal". Andererseits gestattet sie leicht den Anschluß an die Schreibweise und Vorzeichengebung anderer Autoren. Kennzeichnet ein anderer Autor die Energieabgabe durch negative Werte, so setzen wir dafür $\Delta U'$ mit den gleichen positiven Werten, kennzeichnet ein dritter Autor die Energieaufnahme mit negativen Worten, so setzen wir seine Werte mit positivem Vorzeichen als ΔU ein. Die Kennzeichnung der Aufnahme bzw. Abgabe einer Quantitätsgröße durch deren ungestrichenes bzw. mit dem Strichindex ' versehenes Symbol verwenden wir ganz allgemein, so daß stets $x = -x'$. So bezeichnen wir im folgenden eine aufgenommene bzw. abgegebene Wärmemenge mit Q bzw. Q' oder mit dQ bzw. dQ', wenn es sich um eine unendlich kleine Wärmemenge handelt, eine von einem System aufgenommene, von ihm verbrauchte, an ihm geleistete, aufgewendete Arbeit als A, eine von dem System abgegebene, geleistete, aufgewendete Arbeit mit A' oder mit dA bzw. dA', wenn es sich um unendlich kleine Arbeitsmengen handelt, und ganz entsprechend bezeichnen wir eine beliebige oder unendlich kleine Volumenzunahme bzw. -abnahme als ΔV oder dV bzw. $\Delta V' = -\Delta V$ oder $dV' = -dV$.

Nach diesen terminologischen Festsetzungen, deren Kenntnis für das Verständnis des folgenden Voraussetzung ist, wollen wir jetzt die übliche mathematische Formulierung des ersten Hauptsatzes geben. Um sie recht einfach zu gestalten, denkt man sich, daß alle möglichen Energieveränderungen, die mit dem System vor sich gehen, auf das der erste Hauptsatz angewendet wird, beschränkt sind auf Aufnahme bzw. Abgabe von Wärme und Arbeit.

Trotz dieser Beschränkung umfaßt die darauf aufgebaute Formulierung auch die Aufnahme bzw. Abgabe aller möglichen Energieformen, weil man, wie wir noch erörtern werden, jede Energie, die in einer anderen Form als Wärme oder Arbeit auftritt, in Arbeit oder teils in Arbeit teils in Wärme verwandeln kann, und durch eine solche Verwandlung eine Energiebilanz erhält, die nur Wärme und Arbeit enthält.

Führen wir einem System eine sehr kleine Wärmemenge dQ zu und leistet es dabei, indem es sich ausdehnt, eine sehr kleine äußere Arbeit dA', so ist die sehr kleine Energiezunahme dU, die das System erfährt, gleich der zugeführten Wärmemenge vermindert um die geleistete, abgegebene äußere Arbeit. Wir sprechen von äußerer Arbeit, weil, wenn sich das System ausdehnt, im allgemeinen nicht nur äußere Arbeit geleistet wird, sondern auch innere Arbeit gegen die Anziehungskräfte, welche die Teile des Systems aufeinander ausüben. Den Teil der zugeführten Wärme, der dieser inneren Arbeit äquivalent ist, und der demnach keine Temperaturerhöhung bewirkt, bezeichnet man als latente Wärme. Wollen wir die soeben in Worten gegebene Anwendung des ersten Hauptsatzes auf sehr kleine Energieänderungen mathematisch ausdrücken, so müssen wir eine Vorbemerkung bezüglich unserer Schreibweise machen. Hier liegt nämlich einer derjenigen Fälle vor, in denen wir der Einfachheit halber gleiche Symbole für verschiedene Größen verwenden wollen. dU ist, wie wir bereits festgestellt haben, ein vollständiges Differential, d. h. eine vom Wege, auf dem sich die Energieänderung vollzieht, unabhängige, durch Anfangs- und Endzustand des Systems vollständig bestimmte Größe. Bezeichnen wir aber die sehr kleine zugeführte Wärmemenge mit dQ, die entsprechende geleistete kleine äußere Arbeit als dA', so daß $dU = dQ - dA'$ [9], so sind dQ und dA' für einen bestimmten Anfangs- und Endzustand abhängig vom Wege, auf dem sich die Zustandsänderung vollzieht und nicht durch den Zustand vollständig bestimmt, da eine bestimmte Zustandsänderung bei ganz verschiedenen Werten von dQ und dA' erreicht werden kann, wenn nur die Differenz dieser verschiedenen Werte jedesmal den gleichen Wert hat. dQ und dA' sind nicht vollständige Differentiale. Diese Verschiedenheit prägt sich mathematisch darin aus, daß für vollständige Differentiale gewisse Rechenoperationen erlaubt sind, die für nicht vollständige unzulässig sind. In Übereinstimmung mit der Schreibweise von NERNST und SCHÖN-

FLIES[1] sehen wir aber hier von einer besonderen Kennzeichnung ab und wollen uns nur merken, daß wir mit einer durch d bezeichneten Größe gegebenenfalls verschieden verfahren müssen, je nachdem ob sie ein vollständiges Differential darstellt oder nicht. Sind die betrachteten energetischen Vorgänge am System beliebig groß, so geht unsere Gleichung über in $\Delta U = Q - A'$. Folglich ist auch $\Delta U = Q + A$ oder $\Delta U' = Q' + A'$ [10].

In Worten besagt die letzte Gleichung: Die von einem System abgegebene Energie ist gleich der von ihm abgegebenen Wärme + der von ihm abgegebenen Arbeit. Vergleichen wir noch mit unserer Schreibweise die einiger anderer Autoren: Von HABER werden mit U, A, Q bzw. —U, —A, —Q die betreffenden, von einem System abgegebenen bzw. ihm zugeführten Mengen bezeichnet, von NERNST aber wird diese Bezeichnung nur für U und A gewählt, während er Q bzw. —Q meist gerade in der umgekehrten Bedeutung, nämlich als zugeführte bzw. abgegebene Wärmemenge, verwendet. In der NERNSTschen Vorzeichengebung würde also unsere Gleichung $\Delta U' = A' + Q'$ lauten $U = A - Q$. Wir können aber letztere Schreibweise NERNSTs auch so formulieren: Die von einem System abgegebene Energie ist gleich der von ihm abgegebenen Arbeit weniger der von ihm aufgenommenen Wärme. Dann ist —Q gleich —(+Q). In unserer Schreibweise würde diese Formulierung lauten $\Delta U' = A' - Q$. Wir könnten noch eine Reihe anderer Formulierungen des ersten Hauptsatzes geben und mathematisch ausdrücken, z. B., wenn wir statt der vom System abgegebenen Energie die von ihm aufgenommene Energie betrachten würden, aber nach dem Gesagten erübrigt es sich wohl darauf einzugehen.

Die erste Anwendung, die wir vom ersten Hauptsatz machen wollen, ist die Ableitung einiger Beziehungen über die Wärmekapazität und spezifische Wärme. Unter Wärmekapazität C verstehen wir das Verhältnis einer einem System zugeführten unendlich kleinen Wärmemenge zur dadurch erzielten Temperatursteigerung $C = \frac{dQ}{dT}$ [11]. Die auf eine spezielle Stoffmenge, z. B. 1 g bzw. 1 Mol, bezogene Wärmekapazität nennen wir spezifische Wärmekapazität und schreiben sie c bzw. c, wobei $c = M \cdot c$, wenn M das Molekulargewicht bezeichnet. Man nennt c auch molare Wärmekapazität. Sind mit der Erwärmung keine chemischen Verände-

---

[1] W. NERNST, und A. SCHÖNLFIES, Einführung in die mathematische Behandlung der Naturwissenschaften. München. Zahlreiche Aufl.

rungen verknüpft — im weitesten Sinne des Wortes, also auch kein
Schmelzen und Verdampfen —, so ist die spezifische Wärmekapazität gleich der als spezifische Wärme bezeichneten Größe. Bezieht
man die spezifische Wärme auf 1 Mol, so nennt man sie auch
Molwärme. Unter der Voraussetzung, daß während einer Wärmezufuhr, die die Temperatur des Systems um 1^0 steigert, das Verhältnis von zugeführter Wärmemenge zu der dadurch bedingten
Temperatursteigerung konstant bleibt, ist c (c, C) auch gleich dem
Verhältnis der Wärmemenge, die eine Temperatursteigerung um
einen Grad bedingt zur Temperatursteigerung um einen Grad, oder
gleich der Wärmemenge, die eine Temperatursteigerung um einen
Grad bedingt. Letztere Definition wird vielfach gewählt, da die
Voraussetzung im allgemeinen annähernd erfüllt ist. Bei der Untersuchung in größeren Temperaturintervallen als 1^0 zeigt sich aber
deutlich, daß das Verhältnis von zugeführter Wärme zu erzielter
Temperatursteigerung nicht konstant ist, sondern temperaturabhängig.

Das Verhältnis zwischen der Wärmemenge, die eine Temperatursteigerung um mehrere Grade hervorruft, zu der Zahl dieser Tempe-
raturgrade bezeichnet man als mittlere Wärmekapazität.

Es zeigt sich, daß die Wärmekapazität eines Systems abhängt von
den Bedingungen, unter denen die Erwärmung vor sich geht. Im
allgemeinen wird sie bei konstantem Druck oder bei konstantem
Volumen bestimmt: $C_P = \left(\dfrac{\partial Q}{\partial T}\right)_P$, $C_V = \left(\dfrac{\partial Q}{\partial T}\right)_V$ [12] bestimmt, und
zwar erstere meist experimentell, letztere meist theoretisch. Weil
zwischen beiden Größen thermodynamisch ableitbare Beziehungen
bestehen, so können die berechneten Werte von C_V an den experimentell bestimmten von C_P geprüft werden. Da bei einer Erwärmung bei konstantem Volumen äußere Arbeit von dem erwärmten
System nicht geleistet wird, ist nach Gl. [10] die Zunahme seines
Energieinhaltes gleich der zugeführten Wärme, also ist

$$C_V = \left(\frac{\partial U}{\partial T}\right)_V. \qquad [13]$$

Wollen wir dagegen C_P bestimmen, so müssen wir berücksichtigen,
daß ein bei konstantem Druck erwärmter Körper eine Volumenänderung, meist eine Volumenzunahme, erfährt. Bei dieser Volumenzunahme muß der auf dem System lastende Außendruck
überwunden werden, der sich ausdehnende Körper leistet gegen
den Außendruck Arbeit. Die bei konstantem P zugeführte Wärme

wird zum Teil zur Leistung von äußerer Arbeit verwendet. In diesem Falle gilt nach dem ersten Hauptsatz: $dQ = dU + dA'$. Diese Gleichung, bezogen auf 1 Mol und nach T differenziert unter der Bedingung konstanten Druckes, ergibt, da wir ja molare Größen durch kursive kleine Buchstaben ausdrücken

$$\left(\frac{\partial Q}{\partial T}\right)_P = c_P = \left(\frac{\partial u}{\partial T}\right)_P + \left(\frac{\partial A'}{\partial T}\right)_P. \qquad [14]$$

Die bei der Erwärmung gegen den konstanten Druck geleistete äußere Arbeit ist hierbei, wenn dV die Zunahme des Volumens V bei der Ausdehnung unter dem Außendruck P bezeichnet, PdV, wie wir uns am Beispiel eines sich ausdehnenden Gases klarmachen wollen. Wir denken uns dazu eine beliebige Menge Gas in einem starren Zylinder vom Querschnitt q cm² befindlich, der oben durch einen gasdichten beweglichen Stempel verschlossen sei, auf dem der Druck P lastet. Lassen wir jetzt das Gas sich ein wenig ausdehnen, wobei es eine kleine Arbeit leistet, indem es den Stempel um die kleine Höhe dh hebt, so ist die gegen P geleistete Arbeit = Kraft mal Weg. Die Kraft ist in unserem Falle, da Druck = Kraft pro Flächeneinheit ist, $P \cdot q$, der Weg, den der Stempel in der Richtung der Kraft zurücklegt dh, also ist die geleistete Arbeit $P \cdot q \cdot dh = PdV$. Durch entsprechende Betrachtungen ergibt sich ganz allgemein, daß bei einer endlichen Volumenzunahme eines beliebigen Systems, das unter dem konstanten Druck P steht, die zur Überwindung von P geleistete äußere Arbeit $P\varDelta V$ ist, wobei $\varDelta V = V_2 - V_1$ den Volumenzuwachs ausdrücken soll, wenn das Volumen von V_1 in V_2 übergeht. Je nachdem, ob bei der Volumenänderung das Volumen sich vergrößert oder verkleinert (negativer Volumenzuwachs), hat $\varDelta V$ bzw. für unendlich kleine Änderungen dV einen positiven oder negativen Wert. Im letzteren Falle hat auch die geleistete äußere Arbeit einen negativen Wert, d. h. es wird negative Arbeit geleistet, was dasselbe ist wie: es wird positive Arbeit aufgewendet, dem System zugeführt. Demnach geht unsere auf 1 Mol bezogene Gleichung über in

$$c_P = \left(\frac{\partial u}{\partial T}\right)_P + P\left(\frac{\partial v}{\partial T}\right)_P. \qquad [15]$$

Dabei ist vorausgesetzt, daß die Arbeit gegen den Außendruck die einzige geleistete äußere Arbeit ist.

Um eine Beziehung zwischen c_V und c_P zu erhalten, die es uns gestattet, aus einer der Größen die andere zu berechnen, ersetzen wir $\left(\frac{\partial u}{\partial T}\right)_P$ in folgender Weise. Es ist nach Gl. [7]

$$du = \left(\frac{\partial u}{\partial T}\right)_V dT + \left(\frac{\partial u}{\partial v}\right)_T dv\,.$$

Dividieren wir diese Gleichung durch dT, so ergibt sich unter der Bedingung P = const.

$$\left(\frac{\partial u}{\partial T}\right)_P = \left(\frac{\partial u}{\partial T}\right)_V + \left(\frac{\partial u}{\partial v}\right)_T\left(\frac{\partial v}{\partial T}\right)_P,$$

$$\text{also } c_P = \left(\frac{\partial u}{\partial T}\right)_V + \left(\frac{\partial v}{\partial T}\right)_P\left[P + \left(\frac{\partial u}{\partial v}\right)_T\right].$$

Da nach [13]

$$c_V = \left(\frac{\partial u}{\partial T}\right)_V, \text{ so ist } c_P - c_V = \left(\frac{\partial v}{\partial T}\right)_P\left[P + \left(\frac{\partial u}{\partial v}\right)_T\right]. \qquad [16]$$

Beziehen wir diese Gleichungen statt auf 1 Mol auf 1 g, so haben wir statt der Molwärmen c_V und c_P die Grammwärmen c_V und c_P zu setzen, wobei $c_P = c_V \cdot M$ und $c_P = c_P \cdot M$ ist, wenn M das Molekulargewicht der betreffenden Substanz ist, und entsprechend haben wir auch auf der rechten Seite unserer Gleichungen alle Größen statt auf molare Mengen auf 1 g zu beziehen. Diese Gleichungen gelten ganz allgemein für beliebige gasförmige, flüssige und feste Substanzen. Sie nehmen eine besonders einfache Form an für den Fall idealer Gase. GAY-LUSSAC hat nämlich gezeigt, daß der Energieinhalt idealer Gase vom Volumen unabhängig ist, daß für sie gilt $\left(\frac{\partial u}{\partial v}\right)_T = 0$ [17]. Er ließ eine Gasmenge aus einem Behälter durch einen Hahn in einen zweiten gleich großen überströmen, der evakuiert war. Das Volumen des Systems im Augenblick des Öffnens des Hahns, wenn also das Gas erst einen Behälter erfüllte, ist gleich dem Volumen des Systems am Ende des Überströmens, nämlich gleich dem Volumen der beiden Behälter. Äußere Arbeit wurde also nicht geleistet, da das Volumen des Systems konstant blieb. Durch Temperaturmessung wurde aber festgestellt, daß nach Ablauf des Vorganges auch keine Wärme vom System aufgenommen oder abgegeben war. Also war $\Delta U = A + Q = 0$, der Energieinhalt einer gegebenen Menge eines idealen Gases ist also nicht vom Volumen, also auch nicht vom Druck, unter dem es steht, abhängig, sondern lediglich von der Temperatur. Demnach gilt für 1 Mol eines idealen Gases wegen

$$\left(\frac{\partial u}{\partial v}\right)_T = 0 \text{ nach Gl. } [16] \quad c_P = c_V + P\left(\frac{\partial v}{\partial T}\right)_P.$$

Da nach Gl. [3] für ideale Gase v (das Volumen eines Mols) gleich

$\dfrac{RT}{P}$, also $\left(\dfrac{\partial v}{\partial T}\right)_P = \left(\dfrac{\partial \dfrac{RT}{P}}{\partial T}\right)_P = \dfrac{R}{P}$, so gilt für die Molarwärmen idealer Gase

$$c_P - c_V = R .\qquad [18]$$

Stellen wir das vollständige Differential des molaren Energieinhalts eines idealen Gases als Summe seiner partiellen Differentiale nach V und T dar, setzen also

$$du = \left(\dfrac{\partial u}{\partial v}\right)_T dv + \left(\dfrac{\partial u}{\partial T}\right)_V dT ,$$

so ist wegen Gl. [17]

$$\dfrac{du}{dT} = \left(\dfrac{\partial u}{\partial T}\right)_V = c_V, \quad du = c_V\, dT .\qquad [19]$$

Besonders einfach können wir die spezifische Wärme bei konstantem Druck darstellen, wenn wir den sogleich erläuterten Begriff des „Wärmeinhaltes" (Enthalpie) einführen. Ebenso wie wir den Energieinhalt eines Systems nicht angeben können, sondern nur die Änderungen seines Energieinhaltes, so können wir auch den Absolutbetrag des Wärmeinhaltes eines Systems nicht messen, sondern nur Änderungen seines Wärmeinhalts, wenn es bestimmten Veränderungen unterzogen wird. Erwärmen wir ein System bei konstantem Druck — praktische Gleichheit des Außendrucks und Innendrucks, d. h. des vom System auf die Umgebung ausgeübten Drucks, vorausgesetzt —, so ist, wenn äußere Arbeit nur gegen den Außendruck geleistet wird, nach dem ersten Hauptsatz $\varDelta U = Q - P \varDelta V$, $Q = \varDelta U + P \varDelta V$. Die Größe Q, die die dem System bei dem isobaren Vorgang zugeführte Wärme mißt, stellt das dar, was der Sprachgebrauch als Zunahme des Wärmeinhalts bezeichnet, also $Q = \varDelta H$, wenn wir mit H den Wärmeinhalt (heat content) kennzeichnen. Es ist also die Zunahme des Wärmeinhalts $\varDelta H = \varDelta U + P \varDelta V = U_2 - U_1 + PV_2 - PV_1 = (U_2 + PV_2) - (U_1 + PV_1) = H_2 - H_1$ [20], wenn wir mit den Indizes 1 und 2 den Anfangs- und Endzustand des Systems charakterisieren, also U_1, V_1 Energieinhalt und Volumen im Anfangszustand bedeuten, während die Größen $U_2 + PV_2 = H_2$ bzw. $U_1 + PV_1 = H_1$, generell $U + PV = H$ [21], offenbar die unbekannten absoluten Beträge des Wärmeinhalts darstellen. Ist $H_2 < H_1$, so findet eine negative Zunahme, eine Abnahme des Wärmeinhaltes statt, die wir entsprechend $\varDelta U'$ als $\varDelta H'$ bezeichnen. Beträgt also die Abnahme des Wärmeinhalts 50 cal, so schreiben wir $\varDelta H' = 50$ cal oder $\Delta H = -50$ cal, so daß wiederum $\Delta H = -\Delta H'$ und allgemein für einen isobaren Vorgang $\Delta H = \Delta U + P\Delta V$, $\Delta H' = \Delta U' - P\Delta V$.

Da H wie U durch die Zustandsvariablen vollständig bestimmt ist, wie ja aus der Definitionsgleichung hervorgeht, und nicht vom Wege abhängig ist, so ist, wenn wir P und T als unabhängige Variablen wählen,

$$dH = \left(\frac{\partial H}{\partial P}\right)_T dP + \left(\frac{\partial H}{\partial T}\right)_P dT, \qquad [22]$$

$$d\Delta H = \left(\frac{\partial \Delta H}{\partial P}\right)_T dP + \left(\frac{\partial \Delta H}{\partial T}\right)_P dT. \qquad [23]$$

Nach dem ersten Hauptsatz ist für einen unter dem konstanten Druck verlaufenden Vorgang $Q = \Delta U + A'$. Genauer könnten wir schreiben $Q_P + \Delta U_P + A'_P$. Wo jedoch aus dem Zusammenhang hervorgeht, welcher Index einzusetzen ist, läßt man ihn häufig fort. Es bezeichnen also, wie ausdrücklich hervorgehoben sei, ΔU, Q usw. Größen, die je nach dem Zusammenhang z. B. $V = Konst.$ oder $P = Konst.$ etwas Verschiedenes bedeuten. Wenn A' lediglich in Volumenarbeit infolge Ausdehnung des Systems gegen den Druck besteht, also $Q = \Delta U + P\Delta V$, so ist nach Gl. [20] $\Delta H = Q$, d. h. ΔH ist die Wärmemenge, die man bei einem unter konstantem Druck verlaufenden Prozeß zuführen muß, dessen äußere Arbeitsleistung lediglich in Volumenarbeit besteht. Man erkennt die Berechtigung des Satzes, mit dem wir die Einführung des Begriffes Wärmeinhalt begründet hatten, daß er eine besonders einfache Darstellung von C_P gestatten würde; denn wir haben ja für die Bestimmung von C_P vorausgesetzt, daß als äußere Arbeit lediglich Volumenarbeit geleistet werden darf, und es ist also

$$C_P = \left(\frac{\partial Q}{\partial T}\right)_P = \left(\frac{\partial H}{\partial T}\right)_P. \qquad [24]$$

Da, wie wir sahen, die idealen Gase besonders einfache Verhältnisse bieten, so wollen wir an ihnen noch einige Anwendungen des ersten Hauptsatzes besprechen, nämlich diejenigen, die sich bei ihrer Expansion und Kompression ergeben. Denkt man sich die Ausdehnung oder Zusammenpressung eines idealen Gases bei konstanter Temperatur vorgenommen, so spricht man von isothermer Expansion oder Kompression. Bei jeder in Wirklichkeit vorgenommenen Volumenänderung eines Gases werden kleine

Temperaturdifferenzen auftreten. Man kann aber eine isotherme Volumenänderung dadurch im Gedankenexperiment verifizieren, daß man sich den Gasbehälter mit einem reibungslos beweglichen Stempel versehen und in einem Wärmebehälter von unendlich großer Wärmekapazität befindlich vorstellt. Dann werden Temperaturdifferenzen infolge Reibungswärme nicht auftreten, und, wenn wir uns den Stempel unendlich langsam bewegt denken, werden auch etwaige bei der Expansion oder Kompression des Gases aufgenommene oder abgegebene Wärmemengen wegen der Langsamkeit des Wärmeaustausches nicht zu endlichen Temperaturdifferenzen zwischen Wärme- und Gasbehälter führen. Die Arbeit, die das Gas bei Volumenänderungen leistet, bzw. die Arbeit, die bei Volumenänderungen an dem Gas geleistet wird, ist dann gleich dem Produkt aus dem zu überwindenden Druck und der Volumenänderung, die das Gas erfährt, hängt also bei gleicher Volumenänderung und gegebener Temperatur nur von dem zu überwindenden Druck ab. Ist der auf dem Stempel lastende Außendruck höher als der Druck im Innern, so wird Kompressionsarbeit am Gas geleistet, ist er niedriger, so leistet das Gas Expansionsarbeit, ist er gleich dem Innendruck, so herrscht Gleichgewicht. Ist der Außendruck gleich 0, so wird gar keine Arbeit geleistet. Leistet das Gas Ausdehnungsarbeit, so ist diese bei gleicher Volumenzunahme um so größer, je größer der Außendruck ist, weil sie ja dem zu überwindenden Außendruck proportional ist. Die maximale Arbeit leistet das Gas bei seiner Ausdehnung deshalb offenbar, wenn der Außendruck nur unendlich wenig kleiner als der Innendruck ist. Da nun bei der Ausdehnung des Gases gemäß der Gleichung $PV = $ konst der von innen auf den Stempel wirkende Gasdruck P abnimmt, so kann in letzterem Falle eine endliche Ausdehnung nur stattfinden, wenn jedesmal nach einer unendlich kleinen Ausdehnung der Außendruck um unendlich wenig vermindert wird, so daß er ständig hinter dem jeweiligen Innendruck um einen unendlich kleinen Betrag zurückbleibt. Der ganze Ausdehnungsvorgang eines Gedankenexperimentes zur Gewinnung der maximalen Ausdehnungsarbeit setzt sich also aus einer Kette von dem Gleichgewicht unendlich nahe kommenden Zuständen zusammen. Jeder Übergang von einem Zustand in den Nachbarzustand, dabei kann durch eine unendlich kleine Änderung, eine Erhöhung des Außendrucks über den Innendruck, dazu gebracht werden, im umgekehrten Sinne zu verlaufen, und die bei einer unendlich kleinen Expansion geleistete Arbeit ist gleich der bei dem umgekehrten Vorgang aufzuwendenden Arbeit, der Vorgang kann wieder vollständig rückgängig gemacht werden. Man nennt einen solchen vollständig rückgängig zu machenden Vorgang einen umkehrbaren oder reversiblen, und zwar ist für einen reversiblen Vorgang wesentlich, daß nicht nur einzelne Teile des am Vorgang beteiligten Systems wieder genau in den Anfangszustand zurückkehren können, also z. B. in unserem Falle das Gas, sondern alle beteiligten Körper, also z. B. auch der Wärmebehälter.

Wir berechnen jetzt die Arbeit, die bei der isothermen reversiblen Expansion bzw. Kompression eines Mols eines idealen Gases gewonnen bzw. aufgewendet wird. Da der Vorgang isotherm verlaufen soll und die Energie eines idealen Gases nur von der Temperatur, nicht vom Volumen abhängt, so wird für unseren Fall in der Gl. [10] $\Delta U' = 0$, also $A' = -Q' = Q$. Es wird also als Äquivalent für die geleistete Arbeit Wärme aufgenommen, und wir haben hier einen Fall vor uns, in dem Wärme vollständig in Arbeit verwandelt wird. Es sei dies deshalb hervorgehoben, weil uns der zweite Hauptsatz lehren wird, daß dies im allgemeinen nicht möglich ist. Ferner sehen wir, daß der betrachtete Vorgang tatsächlich unserer Definition eines „reversiblen" entspricht. Denn bei der Umkehr der Expansion wird nicht nur das Gas dadurch in den Anfangszustand gebracht, daß die geleistete Arbeit ihm wieder zugeführt wird, sondern auch der Wärmebehälter kehrt wieder in den Anfangszustand zurück, dadurch, daß die ihm bei der Arbeitsleistung des Gases entzogene Wärme bei der Arbeitszufuhr an das Gas von diesem wieder an den Behälter abgegeben wird. Angenommen die Ausdehnung finde vom Volumen v_1 auf v_2 ($v_2 > v_1$) statt, so ist, da die bei der Ausdehnung des Mols um dv geleistete Arbeit $P dv$ ist, für den ganzen Vorgang

$$A' = \int_{v_1}^{v_2} P dv. \qquad [25]$$

Hierbei ist P der zu überwindende Außendruck. Dieser ist nach unseren Voraussetzungen — reversibler isothermer Prozeß — praktisch gleich dem Gasdruck, also ist P nach der Gleichung $Pv = RT$ [3] mit $\dfrac{RT}{v}$ einzusetzen und wegen Formel 25, 18, 7,

$$A' = RT \int_{v_1}^{v_2} \frac{dv}{v} = RT\,(\ln v_2 - \ln v_1) = RT \ln \frac{v_2}{v_1}. \qquad [26]$$

Sind statt der Anfangs- und Endvolumina v_1 und v_2 die Anfangs- und Enddrucke P_1 und P_2 ($P_1 > P_2$) gegeben, so ergibt sich, da bei konstanter Temperatur nach dem BOYLEschen Gesetz [1] $\dfrac{P_1}{P_2} = \dfrac{v_2}{v_1}$,

$$A' = \mathrm{RT} \ln \frac{P_1}{P_2}. \qquad [27]$$

A' [26, 27] ist die bei der isothermen reversiblen Expansion eines Mols gewonnene Arbeit, bei der Umkehrung des Vorganges, der Kompression, ist unter gleichen Bedingungen der gleiche Arbeitsbetrag aufzuwenden; denn wir haben dabei einerseits entsprechend der Umkehr des Vorgangs in umgekehrter Richtung zu integrieren, also zwischen v_1 und v_2 als End- und Anfangsvolumen, andererseits das Integral über $\mathrm{P} d v' = - \mathrm{P} d v$ statt $\mathrm{P} d v$ zu nehmen, da das Volumen bei der Kompression abnimmt. Folglich ist für die Kompression

$$A = - \mathrm{RT} \int_{v_2}^{v_1} \mathrm{P} d v = \mathrm{RT} \int_{v_1}^{v_2} \mathrm{P} d v = \mathrm{RT} \ln \frac{v_2}{v_1} = \mathrm{RT} \ln \frac{P_1}{P_2}. \qquad [28]$$

Dies ist die Arbeit für 1 Mol, für n-Mole ist sie n-mal so groß.

Wir haben gesehen, daß die Arbeit, die das ideale Gas bei reversibler Ausdehnung leistet, die maximale Arbeit ist, die es bei einer bestimmten Ausdehnung leisten kann. In diesem Falle reicht das geleistete Arbeitsquantum noch gerade aus, um den Vorgang wieder rückgängig zu machen, bei nicht reversibler Leitung reicht es — da kleiner — nicht mehr. Entsprechend ist die bei reversibler Kompression aufzuwendende Arbeit die minimale; denn bei irreversibler Kompression wird ja ein Teil der aufgewandten Arbeit zur Erzeugung von Reibungswärme und Temperaturdifferenzen verbraucht, und nur der übrigbleibende Teil der aufgewandten Arbeit kann zur Rückführung in den Anfangszustand dienen. Diese Beziehungen gelten nicht nur für die Arbeitsleistungen bei idealen Gasen, sondern ganz allgemein liefert ein Vorgang das Maximum an Arbeit und verbraucht das Minimum, wenn er reversibel geleitet wird.

Adiabatische Prozesse nennt man Prozesse, bei denen kein Wärmeaustausch mit der Umgebung stattfinden kann. Im Gedankenexperiment verwirklicht man solche Prozesse dadurch, daß man sich vorstellt, sie würden innerhalb einer wärmeundurchlässigen Hülle ablaufen. Wenn bei einem solchen adiabatischen

Prozeß ein ideales Gas sich ausdehnt bzw. komprimiert wird, so ist, da in der Gleichung $\Delta U = A + Q$ nach Voraussetzung $Q = 0$, $\Delta U = A$. Das Gas erfährt also eine Energieänderung, die gleich der geleisteten bzw. aufgewendeten Arbeit ist, und die, da letztere Wärme verbraucht bzw. erzeugt, zu einer Temperaturerniedrigung bzw. -erhöhung führt. Es muß also bei adiabatischen Vorgängen eine funktionelle Beziehung bestehen zwischen Volumenänderungen und Temperaturänderungen. Die Bestimmung dieser funktionellen Beziehung ergibt sich aus folgender Überlegung für den Fall reversibler Veränderung, also unter der Voraussetzung, daß das Gas eine Reihe von Gleichgewichtszuständen durchläuft, bei denen der Außendruck und der Innendruck einander gleich sind. Da nach Voraussetzung $\Delta U = A$, also $dU' = dA' = PdV$, und für 1 Mol eines idealen Gases nach Gl. [3, 19] $P = \dfrac{RT}{v}$ und $dU = c_V dT$,

so ist $dA' = -c_V dT = RT \dfrac{dv}{v}$ [29] und, wenn mit T_1 und v_1 bzw. T_2 und v_2 Anfangs- bzw. Endtemperatur und -volumen bei der adiabatischen Erwärmung des Mols bezeichnet werden, ergibt die Integration dieser Gleichung zwischen T_1 und T_2 unter der Voraussetzung, daß $T_2 - T_1$ so gewählt ist, daß in ihm c_V als konstant betrachtet werden kann,

$$- c_V \int_{T_1}^{T_2} \frac{dT}{T} = R \int_{v_1}^{v_2} \frac{dv}{v}, \quad c_V \ln \frac{T_1}{T_2} = R \ln \frac{v_2}{v_1} \quad \text{und wegen } c_P - c_V = R \text{ [18]}$$

$$\ln \frac{T_1}{T_2} = \left(\frac{c_P}{c_V} - 1 \right) \ln \frac{v_2}{v_1}.$$

Man bezeichnet $\dfrac{c_P}{c_V}$, das Verhältnis der Molarwärmen bei konstantem Druck und Volumen mit $\varkappa$, also

$$\ln \frac{T_1}{T_2} = (\varkappa - 1) \ln \frac{v_2}{v_1}, \quad \frac{T_1}{T_2} = \frac{v_2^{\varkappa - 1}}{v_1^{\varkappa - 1}}. \tag{30}$$

Damit haben wir die gesuchte funktionelle Beziehung zwischen Volumen und Temperatur bei adiabatischer reversibler Expansion idealer Gase gefunden. Ersetzen wir v_2 und v_1 mit Hilfe der Gleichung $Pv = RT$, so ergibt sich, da sich R weghebt,

$$\frac{T_1}{T_2} = \frac{P_1^{\varkappa - 1} \cdot T_2^{\varkappa - 1}}{P_2^{\varkappa - 1} \cdot T_1^{\varkappa - 1}}, \quad \frac{T_1^\varkappa}{T_2^\varkappa} = \frac{P_1^{\varkappa - 1}}{P_2^{\varkappa - 1}} \tag{31}$$

und durch Einsetzen von Gl. [31] in Gl. [30] und einige Umformungen

$$\frac{P_1}{P_2} = \frac{v_2{}^{\varkappa}}{v_1{}^{\varkappa}} \,. \qquad\qquad [32]$$

Bis jetzt haben wir nur physikalische Zustandsänderungen betrachtet. Wollen wir auch chemische erörtern, so müssen wir zunächst zwei Größen besprechen, die man als chemische Zustandsvariable eingeführt hat. Entweder faßt man den Reaktionsablauf selbst als solche auf, oder die durch den Reaktionsablauf bedingten Änderungen der Molzahlen n_1, n_2 der reagierenden Stoffe 1, 2... Wir wollen diesen zunächst vielleicht wenig verständlichen Satz sogleich an einem konkreten Beispiel erläutern, der Reaktion

$$3\,H_2 + 1\,N_2 = 2\,NH_3.$$

Diese Gleichung bedeutet, daß sich 3 Mole reiner Wasserstoff und 1 Mol reiner Stickstoff zu 2 Molen reinen NH_3 umsetzen. Einen solchen Reaktionsablauf nennt man **molaren Umsatz oder Formelumsatz.** Verfolgen wir die Reaktion von ihrem Beginn an, so ist der Reaktionsablauf am Beginn gleich 0, nach einer gewissen Zeit wird die Reaktion um ein Viertel, dann um zwei Viertel, drei Viertel und schließlich bis zu ihrem Ende um vier Viertel gleich 1 fortgeschritten sein. Wir bezeichnen nun mit Schottky die Zahl, die den Ablauf, das Fortschreiten der Reaktion angibt, die „**Reaktionslaufzahl**", mit λ, dann ist, wenn wir wieder das Zeichen $\varDelta$ zur Bezeichnung einer beliebigen Zunahme einer Größe verwenden, für einen molaren Umsatz $\varDelta\lambda = 1$, für einen halben Formelumsatz $\varDelta\lambda = {}^1\!/_2$ und für einen unendlich kleinen Umsatz haben wir den Fortschritt des Reaktionsablaufes mit $d\lambda$ zu bezeichnen. Da bei jedem Umsatz Reaktionsteilnehmer entstehen und verschwinden, so ändern sich mit dem Fortschreiten der Reaktion, also mit dem Werte von λ, auch die Werte der Molzahlen n der Reaktionsteilnehmer. Bezeichnen in unserem Falle n_1, n_2, n_3 die Molzahlen von H_2, N_2 und NH_3, so sind offenbar für molaren Umsatz $\varDelta\lambda = 1$, $\varDelta n_1 = -3$, $\varDelta n_2 = -1$, $\varDelta n_3 = 2$; denn die Änderung der Molzahlen ist ja beim Ablauf der Reaktion für die Ausgangsstoffe eine Abnahme ($\varDelta n$ negativ), für die Endprodukte eine Zunahme ($\varDelta n$ positiv). Die Zunahmen der Molzahlen der Reaktionsteilnehmer bei einem Formelumsatz ($\varDelta\lambda = 1$) bezeichnet man auch als Äquivalenzzahlen ν, so daß also für $\varDelta\lambda = 1 : \varDelta n_1 = \nu_1$, $\varDelta n_2 = \nu_2\ldots$, für $\varDelta\lambda = 2 : \varDelta n_1 = 2\,\nu_1$, $\varDelta n_2 = 2\,\nu_2$ ... und für beliebige bzw. unendlich kleine Änderungen von λ ($\varDelta\lambda$ bzw. $d\lambda$) $: \varDelta n_1 = \nu_1 \varDelta\lambda$ bzw. $d n_1 = \nu_1 d\lambda$, $\varDelta n_2 = \nu_2 \varDelta\lambda$ bzw. $d n_2 = \nu_2 d\lambda$, allgemein

$$\frac{\varDelta\, n_i}{\varDelta\, \lambda} = \nu_i, \quad \frac{d\, n_i}{d\, \lambda} = \nu_i \, . \qquad\qquad [33]$$

Man schreibt also chemisch die Gleichung für Ammoniakbildung

$$3\,H_2 + 1\,N_2 = 2\,NH_3,$$

thermodynamisch schreibt man diese Gleichung allgemein

$$\nu_1\,H_2 + \nu_2\,N_2 = \nu_3\,NH_3$$

und bei Einsetzen der Zahlenwerte für ν_1, ν_2, ν_3

$$(-3\,H_2) + (-1\,N_2) = +2\,NH_3.$$

ν_i **hat also für verschwindende Stoffe stets negatives, für entstehende stets positives Vorzeichen.**

Betrachten wir Änderungen irgendwelcher extensiver Eigenschaften, z. B. des Volumens, bei einer chemischen Reaktion mit **reinen** Stoffen. Sei v^i das Molvolumen eines beliebigen Stoffes i in **reiner** Phase, so ist die Zunahme seines Volumens, wenn dn Mole von ihm umgesetzt werden, $dV = v^i\,dn = v^i\nu_i\,d\lambda$ [34] und bei molarem Umsatz $\varDelta\lambda = 1$ $\varDelta V = \nu_i v^i$ [35]. Offenbar gelten entsprechende Ansätze wie für das Volumen für **alle** extensiven Zustandsgrößen, die sich bei Reaktionen zwischen reinen Stoffen ändern. Wir haben es dann statt mit dem molaren Volumen, z. B. mit dem molaren Energieinhalt u^i zu tun, worauf wir im Kap. 4 zurückkommen.

Bei Reaktionen, an denen Stoffe in **Mischphasen** beteiligt sind, treten für diese Stoffe statt der molaren Größen die **partiellen molaren Größen** auf. Betrachten wir als Beispiel einer solchen Reaktion diejenige, die durch folgende Gleichung ausgedrückt wird

$$Zn + CuSO_{4(0.01)} = Cu + ZnSO_{4(0.01)}.$$

Diese Gleichung bedeutet in der Thermodynamik, daß bei konstantem P und T 1 Mol festes Zn verschwindet, und 1 Mol $CuSO_4$ aus einer 0,01 molaren $CuSO_4$-Lösung, wobei deren Volumen so groß gedacht wird, daß die Entnahme des gelösten Mols die Konzentration der Lösung nicht merklich ändert, und daß, abgesehen von der Entstehung von 1 Mol festem Cu, 1 Mol $ZnSO_4$ einer 0,01 molaren Lösung von $ZnSO_4$ durch die Reaktion zugeführt wird, wobei das Volumen dieser Lösung wieder so groß gedacht wird, daß dabei keine zu berücksichtigende Konzentrationsänderung auftritt. Es ist wichtig, sich diese Bedeutung der Gleichung klarzumachen und nicht etwa fälschlich anzunehmen, es sei das Entstehen bzw.

Verschwinden von 1 Mol 0,01 molarer $CuSO_4$- bzw. $ZnSO_4$-Lösung
gemeint. Bei Ablauf der Reaktion ändert sich offenbar das Volumen
der Zinksulfatlösung um eine Größe, die dadurch charakterisiert
ist, daß sie die Volumenänderung der Lösung darstellt, wenn bei
Konstanz der Molzahl des Wassers 1 Mol $ZnSO_4$ ihr zugefügt wird,
das Volumen der Kupfersulfatlösung ändert sich um den Betrag,
der dadurch bedingt wird, daß bei Konstanz der Molzahl des
Wassers 1 Mol $CuSO_4$ aus ihr entfernt wird. Haben wir kein so
großes Volumen, daß wir 1 Mol $ZnSO_4$ hinzufügen können, ohne
die Konzentration merklich zu ändern, sondern können wir unter
dieser Bedingung nur dn Mole zuführen, wobei die Volumen-
zunahme dV auftritt, so stellt $\dfrac{\partial V}{\partial n_{ZnSO_4}}$ die auf 1 Mol Zusatz von
$ZnSO_4$ extrapolierte Volumenzunahme der Lösung dar, wobei
vorausgesetzt ist, daß sich nur die Molzahl des $ZnSO_4$ ändert,
während P, T und die Molzahl des Wassers konstant bleiben. Eine
derartige Größe wie $\dfrac{\partial V}{\partial n_i}$, wobei i einen beliebigen Teilnehmer einer
Mischphase bedeutet, nennt man als partielle molare Größe,
partiell, weil sie die Änderung einer Mischphaseneigenschaft
nach nur einer Variablen ausdrückt, und molar, weil $\dfrac{\partial V}{\partial n_i}$ die auf
Zusatz von ein Mol extrapolierte Volumenzunahme darstellt, da
bei Zusatz von dn_i die Volumenzunahme dV auftritt, anders aus-
gedrückt: $\dfrac{\partial V}{\partial n_i}$ ist die in einem sehr großen Mischphasenvolumen
bei Zusatz von 1 Mol des Stoffes i auftretende Volumenzunahme.
Man erkennt, daß ganz allgemein bei Mischphasenreaktionen der-
artige partielle molare Größen auftreten werden, etwa $\dfrac{\partial U}{\partial n_i}$, der
partielle molare Energieinhalt von i oder $\dfrac{\partial H}{\partial n_i}$, der partielle molare
Wärmeinhalt von i in der Lösung. Wir schreiben sie abgekürzt auch
u_i, h_i, also $\dfrac{\partial U}{\partial n_i} = u_i$, $\dfrac{\partial H}{\partial n_i} = h_i$ [36], im Gegensatz zu den molaren
Größen u^i, h^i, ..., die den Wert einer Eigenschaft für 1 Mol
eines reinen Stoffes angeben.

Mit diesen partiellen Größen, die bei allen thermodynamischen
Betrachtungen über Veränderungen in Mischphasen immer wieder
auftreten, müssen wir uns noch etwas näher befassen. Dabei soll
als Beispiel einer Zustandsgröße, deren partielle molare Ableitungen
betrachtet werden, das Volumen gewählt werden, weil diese Wahl

keine thermodynamischen Vorkenntnisse voraussetzt. Die folgenden Betrachtungen gelten aber, wie sich aus ihrem Charakter von selbst ergibt, für die partiellen molaren Ableitungen beliebiger Zustandsgrößen, also auch der Entropie, des thermodynamischen Potentials usw., die wir später definieren werden. Zur Bestimmung des partiellen molaren Volumens gibt es verschiedene Möglichkeiten, von denen hier nur eine erörtert sei. Vorausgesetzt ist dabei, daß man das Volumen der Mischphase in seiner Abhängigkeit von n_i bei Konstanthaltung der übrigen unabhängigen Variablen kennt. Man braucht dann nur für die verschiedenen auf einer Abszisse aufzutragenden Werte von n_i die zugehörigen Werte von V als Ordinaten aufzuzeichnen. Die Kurve, die die Ordinatenspitzen verbindet, zeigt die Änderung des Volumens mit n_i und der Tangens des Neigungswinkels, den die Kurve gegen die Abszissenachse bildet, ist, wie man ohne weiteres aus der Abb. 1 erkennt, gleich $\dfrac{\partial V}{\partial n_i}$.

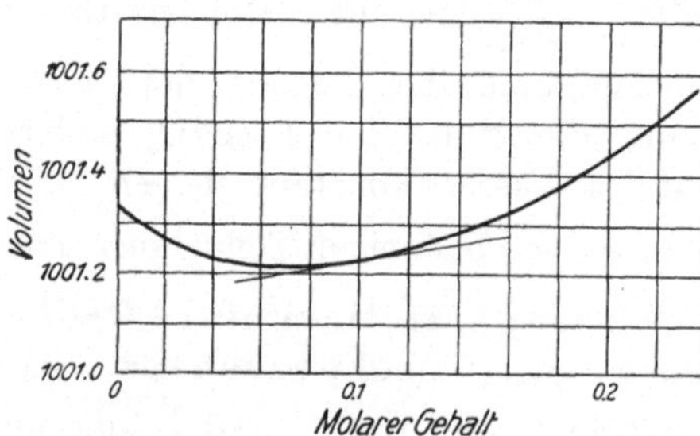

Abb. 1. Aus LEWIS u. RANDALL, Thermodynamik.

Da V eine Zustandsgröße ist, ist dV ein vollständiges Differential, also gilt bei konstantem P und T für eine Mischphase mit den Komponenten 1, 2 ... wegen [36]

$$dV = \frac{\partial V}{\partial n_1} dn_1 + \frac{\partial V}{\partial n_2} dn_2 \cdots = v_1 dn_1 + v_2 dn_2 . \qquad [37]$$

dV können wir auch als kleines Volumenelement der Lösung auffassen und, da v_1, v_2 ... offenbar in jedem Volumenelement einer Lösung bestimmter Konzentration, bestimmten Drucks und bestimmter Temperatur die gleichen sind, also konstant, können wir die Summe aller dV, $\Sigma dV = V$, bilden als

$$\Sigma dV = V = v_1 \Sigma dn_1 + v_2 \Sigma dn_2 = v_1 n_1 + v_2 n_2 \ldots \qquad [38]$$

Aus dieser Gleichung folgt wiederum nach Formel 15

$$dV = v_1 dn_1 + n_1 dv_1 + v_2 dn_2 + n_2 dv_2 \ldots \qquad [39]$$

folglich wegen Gl. [37]

$$n_1 dv_1 + n_2 dv_2 = 0 \qquad [40]$$

und wenn wir nach n_1 differenzieren

$$n_1 \frac{\partial v_1}{\partial n_1} + n_2 \frac{\partial v_2}{\partial n_1} \cdots = 0 \qquad [41]$$

An dieser Gleichung können wir eine weitere wichtige Umformung vornehmen, wenn wir berücksichtigen, daß die Größen v_1, v_2 ... bereits Differentialquotienten vorstellen und die Reihenfolge der Differentiation vertauscht werden darf. Wir erhalten dann

$$\frac{\partial v_2}{\partial n_1} = \frac{\partial \frac{\partial V}{\partial n_2}}{\partial n_1} = \frac{\partial \frac{\partial V}{\partial n_1}}{\partial n_2} = \frac{\partial v_1}{\partial n_2} \qquad [42]$$

folglich aus Gl. [41]

$$n_1 \frac{\partial v_1}{\partial n_1} + n_2 \frac{\partial v_1}{\partial n_2} \cdots = 0. \qquad [43]$$

Handelt es sich statt um ein beliebiges Volumen um das Volumen von 1 Mol Lösung

$$v = \frac{V}{n_1 + n_2 \cdots}$$

so erhalten wir, da dann Gl. [38] infolge Division durch $n_1 + n_2 + \ldots$ in $v = v_1 x_1 + v_2 x_2 \ldots$ [44] übergeht, worin x den Molenbruch bezeichnet, die Gl. [41] entsprechende Gleichung

$$x_1 \frac{\partial v_1}{\partial x_1} + x_2 \frac{\partial v_2}{\partial x_1} \cdots = 0 \qquad [45]$$

und für binäre Mischphasen, für die $d x_1 = - d x_2$ (wegen [0] S. 9)

$$\frac{\frac{\partial v_1}{\partial x_1}}{\frac{\partial v_2}{\partial x_1}} = - \frac{x_2}{x_1} \quad \text{und} \quad \frac{\frac{\partial v_1}{\partial x_2}}{\frac{\partial v_2}{\partial x_2}} = - \frac{x_2}{x_1}. \qquad [46]$$

Eine andere sehr wichtige Gleichung über partielle Zustandsgrößen in binären Lösungen erhalten wird durch Differentiation von Gl. [44] nach x_2. Es ist nämlich wegen $d x_1 = - d x_2$ und Fo. 15

$$\frac{\partial v}{\partial x_2} = - v_1 + x_1 \frac{\partial v_1}{\partial x_2} + v_2 + x_2 \frac{\partial v_2}{\partial x_2} \qquad [47]$$

$$\frac{\partial v}{\partial x_2} = v_2 - v_1. \qquad [48]$$

Die letzte Anwendung des ersten Hauptsatzes, die wir hier besprechen wollen, bezieht sich auf chemische Reaktionen. Wir wählen als Mengeneinheit das Mol und betrachten die betreffenden Vorgänge bei molarem Umsatz. Diese Bezeichnungsweise ist indessen noch nicht ganz eindeutig. Untersuchen wir beispielsweise die Bildung von Wasserdampf aus gasförmigem Wasserstoff und Sauerstoff, so kann man als molaren Umsatz einen Umsatz bezeichnen, der mit Mengen verläuft, die durch die Gleichung $H_2 + {}^1/_2\,O_2 = H_2O$ ausgedrückt werden, bei dem also 1 Mol Wasserstoff verbraucht wird, wie einen Umsatz, der nach der Gleichung $2\,H_2 + O_2 = 2\,H_2O$ verläuft, bei dem 1 Mol Sauerstoff verbraucht wird. Eine generelle Festsetzung läßt sich hier kaum treffen, da auch auf der rechten Seite der Reaktionsgleichung mehrere Produkte mit verschiedenen Molzahlen auftreten können. Es muß also im Zweifelsfalle stets besonders angegeben werden, welche Mengen der Autor als molaren Umsatz bezeichnet. Wir denken uns den molaren Umsatz zunächst unter der Bedingung durchgeführt, daß dabei chemische Energie lediglich in Wärme umgewandelt werden darf. Dann muß die Reaktion bei konstantem Volumen vor sich gehen; denn Volumenänderungen würden ja Leistung oder Aufwand von Arbeit erfordern. Einen Vorgang, der diesen Bedingungen genügt, kann man in vielen Fällen in einer kalorimetrischen Bombe realisieren. In diesem Fall geht die Gleichung des ersten Hauptsatzes $\Delta U' = A' + Q'$ über in $\underline{\Delta U'_V} = \underline{Q'_V}$ [49], wobei das Unterstreichen anzeigen soll, $\overline{\text{daß}}$ wir molaren Umsatz ins Auge fassen. Diese Bedeutung soll dem Unterstreichen auch bei anderen auf chemische Umsätze bezogenen Größen zukommen. Für $\underline{Q'_V}$ führen wir das Zeichen W'_V ein, das außer der Bedingung molaren Umsatzes[1] auch die Bedingung kennzeichnen soll, daß bei dem Vorgang chemische Energie lediglich in Wärme verwandelt wird; denn wir können z. B. auch einen molaren chemischen Umsatz bei konstantem Volumen in einem galvanischen Element vornehmen. Auch hierbei wird im allgemeinen Wärme ausgetauscht, die man im Falle der Wärmeabgabe auch als $\underline{Q'_V}$ zu bezeichnen hätte, und die natürlich verschieden von dem in der Kalorimeterbombe realisierten W'_V für dieselbe chemische Reaktion wäre, weil ja ein Teil der chemischen Energie elektrische erzeugt. Lassen wir denselben molaren Umsatz, den wir in der Kalorimeterbombe bei konstantem Volumen haben vor sich gehen lassen, bei konstantem Druck vor sich gehen, z. B. in einem Kalorimeter, das mit einem Stempel verschlossen ist, so wird im allgemeinen eine Volumenänderung eintreten. Hierbei wird aber eine gewisse äußere Arbeit

---

[1] Weil wir W lediglich auf molaren Umsatz bezogen verwenden — im Gegensatz zu Q — ist es unnötig W zu unterstreichen.

umgesetzt, nämlich diejenige, die durch die Volumenänderung bedingt ist, welche das System infolge der vorgeschriebenen Druckkonstanz erfährt. Diese Arbeitsleistung werde reversibel geleitet. Die Gleichung des ersten Hauptsatzes $\Delta U' = A' + Q'$ lautet für diesen Fall $\Delta U'_P = P\Delta V + Q'_P = P\Delta V + W'_P$ [50], wenn wir eine W'_V analoge Größe $\overline{W'_P}$ einführen. Die Größen W'_V bzw. W'_P und $W_V = -W'_V$ bzw. $W_P = -W'_P$ bezeichnen wir als Wärmetönung bei konstantem Volumen bzw. konstantem Druck. Die Größe W_P ist identisch mit $\underline{\Delta H}$, also $W_P = \underline{\Delta H}$ [51], wie man aus Gl. [20] erkennt, wobei das Unterstreichen wieder kennzeichnet, daß ΔH für molaren Umsatz gemeint ist. W_V und W_P sind als Energie- bzw. Enthalpieänderung Zustandsgrößen, die vom Wege unabhängig sind, d. h. bei gegebener Anfangs- und Endtemperatur haben W'_V bzw. W'_P für irgendwelche Reaktionen ganz bestimmte Werte. Wir drücken dies dadurch aus, daß wir z. B. für die Bildung von 1 Mol HCl von 25^0 C $= 298^0$ T aus $\frac{1}{2}$ Mol H_2 und $\frac{1}{2}$ Mol Cl_2 von 298^0 T schreiben: $\frac{1}{2} H_2 + \frac{1}{2} Cl_2 = HCl$, $W'_P = \underline{\Delta H'} = 22$ Kal. [52] oder $W_P = \Delta H = -22$ Kal. Den Index $_P$ bei $\underline{\Delta H}$ lassen wir als überflüssig fort, weil $\underline{\Delta H}$ im Gegensatz zu W meist bei isobaren Prozessen angewendet wird. Gl. [52] bedeutet also: Der Enthalpieinhalt von 1 Mol gasförmigem HCl ist um 22000 cal kleiner als der von $\frac{1}{2}$ Mol gasförmigen Wasserstoffs plus $\frac{1}{2}$ Mol gasförmigem Chlor, und zwar bei Atmosphärendruck und 25^0 C. Da diese Reaktion ohne Volumenänderung vor sich geht, so ist dieser Wert auch gleich der Abnahme des Energieinhaltes $(\underline{\Delta U'} = W'_V)$ bei Ablauf der Reaktion unter den gleichen Bedingungen. Manche Autoren bezeichnen als Wärmetönung bei chemischen Reaktionen nur die abgegebene Wärmemenge, während nach unserer Definition Wärmetönung ein Begriff ist, der hinsichtlich des Vorzeichens unbestimmt ist.

Wir hatten früher die Energie eines Systems als Funktion von Druck, Volumen, Temperatur betrachtet und die Änderungen anderer Zustandsvariablen ausgeschlossen, also nur Systeme betrachtet, in denen keine chemischen Vorgänge stattfinden. Dadurch ergab sich für die Energie des betrachteten Systems von gegebener Masse $U = f(V, T) + U^0$ und $dU = \left(\frac{\partial U}{\partial V}\right)_T dV + \left(\frac{\partial U}{\partial T}\right)_V dT$. Besteht die gegebene Masse aus n-Molen, so ist $U = n\,u$, wenn u den Energieinhalt eines Mols bezeichnet; denn da der Energieinhalt eines

Systems unabhängig vom Wege ist, können wir uns den Energieinhalt des Systems U auch dadurch entstanden denken, daß wir n gleiche Systeme von der Energie u zusammenfügen. Wollen wir nunmehr auch Systeme einbeziehen, bei denen ein chemischer Umsatz stattfindet, so kommen als neue Zustandsvariablen offenbar die Molzahlen der Reaktionsteilnehmer hinzu; denn die Energie des Systems wird ja verschieden sein, je nachdem, wieviel von den einzelnen Teilnehmern im System vorhanden ist, wieweit die Reaktion fortgeschritten ist.

Wir erhalten also, wenn n_1, n_2, n_3 ... die Molzahlen der Teilnehmer sind Gl. [53]:

$$dU = \left(\frac{\partial U}{\partial V}\right) d V + \left(\frac{\partial U}{\partial T}\right) d T + \left(\frac{\partial U}{\partial n_1}\right) d n_1 +$$
$$+ \left(\frac{\partial U}{\partial n_2}\right) d n_2 + \left(\frac{\partial U}{\partial n_3}\right) d n_3 .$$

n_1, n_2, n_3 sind aber nicht unabhängig voneinander. Betrachten wir wieder die Gleichung der Wasserdampfbildung $H_2 + \frac{1}{2} O_2 = H_2O$, wobei n_1, n_2, n_3 die Molzahlen der Reaktionsteilnehmer in der Reihenfolge der Gleichung bedeuten mögen; wenn wir berücksichtigen, daß allgemein $dn_i = \nu_i d\lambda$ (Gl. [33]) und für unsere Reaktion $\nu_1 = -1$, $\nu_2 = -\frac{1}{2}$, $\nu_3 = 1$, so erhalten wir Gl. [54]:

$$d U = \left(\frac{\partial U}{\partial V}\right)_{T, n_1 ..} d V + \left(\frac{\partial U}{\partial T}\right)_{V, n_1 ..} d T +$$
$$+ \left(\frac{\partial U}{\partial n_3} - \frac{\partial U}{\partial n_1} - \frac{1}{2} \frac{\partial U}{\partial n_2}\right)_{V, T} d \lambda .$$

Bei konstantem Volumen und konstanter Temperatur fallen die beiden ersten Glieder von Gleichung weg. Hier kommen wir zur zweiten Bedeutung, die der Ausdruck „bei konstantem Volumen" oder „bei konstanter Temperatur" besitzt. Die Energieänderung eines Systems ist ja eine Zustandsfunktion, also unabhängig vom Wege, auf dem ein System von einem Zustand in einen zweiten gelangt. Haben wir 1 Mol H_2 und $\frac{1}{2} O_2$ bei bestimmter Temperatur und bestimmten Volumen, und überführen wir es in 1 Mol H_2O von dem gleichen Volumen und der gleichen Temperatur, so ist es gleichgültig, auf welchem Wege es in diesen Zustand gelangt ist, ob also dieser Weg wirklich bei konstantem Volumen und konstanter Temperatur zurückgelegt wurde, d. h. ohne daß während der Umwandlung eine Volumen- oder Temperaturänderung auftrat, oder ob dies nicht der Fall war und Volumen und Temperatur nur in dem Sinne „konstant" sind, daß Anfangsvolumen und Anfangstemperatur gleich sind dem Endvolumen und der Endtemperatur. Tatsächlich wird bei der Messung einer Energieänderung in der kalorimetrischen Bombe zwar das Volumen während des ganzen Vorgangs konstant sein, dagegen treten Temperaturänderungen während des Vorgangs auf.

Ganz analog zu Gl. [54] erhalten wir Gl. [55]

$$d H = \left(\frac{\partial H}{\partial P}\right)_{T, n_1} d P + \left(\frac{\partial H}{\partial T}\right)_{P, n_1} d T +$$

$$+ \left(\frac{\partial H}{\partial n_3} - \frac{\partial H}{\partial n_1} - \frac{1}{2}\frac{\partial H}{\partial n_2}\right)_{P, T} \cdot d\lambda,$$

worin die beiden ersten Glieder wieder bei konstantem Druck und konstanter Temperatur wegfallen.

Ist $\left(\frac{\partial U}{\partial \lambda}\right)_{V, T} = \left(\frac{\varDelta U}{\varDelta \lambda}\right)_{V, T}$, und dies trifft, von Spezialfällen abgesehen, zu, so ist für $\varDelta \lambda = 1$, also molaren Umsatz $\left(\frac{\partial U}{\partial \lambda}\right)_{V, T} =$ $\varDelta U_{V, T} = W_V$ [56]. Unter gleicher Voraussetzung ist wegen [51] $\left(\frac{\partial H}{\partial \lambda}\right)_{P, T} = \underline{\varDelta H} = W_P$ [57]. Der Unterschied zwischen Wärmetönung bei konstantem Druck und Volumen ist einfach darzustellen bei Gasreaktionen. Für die Berechnung setzen wir voraus, daß die Gase sich ideal verhalten. Betrachten wir die Reaktion $H_2 + \frac{1}{2} O_2 =$ H_2O_g bei konstantem Druck, z. B. 1 atm, so bedeutet dies thermodynamisch: Es entsteht aus 1 Mol H_2 und $\frac{1}{2}$ Mol O_2 1 Mol Wasserdampf, alles bei $P = 1$, also aus dem Volumen, das $1^1/_2$ Mol Gas bei $P = 1$ einnehmen, entsteht ein Volumen von nur 1 Mol. Folglich leistet bei der Reaktion die Atmosphäre Druckarbeit über das Volumen von $\frac{1}{2}$ Mol Gas, also die Arbeit $\frac{1}{2} Pv = \frac{1}{2} RT =$ $-\varSigma v_i RT$, da in unserem Falle $v_1 = -1$, $v_2 = -\frac{1}{2}$, $v_3 = +1$, und diese Arbeit ist bei Gasreaktionen allgemein $-\varSigma v_i RT = -\varSigma v_i v_i P$ $= -P\varDelta V = P\varDelta V'$ [57a], da $-\varSigma v_i v_i$ die Differenz: Anfangs- minus Endvolumen bei der Reaktion angibt, und die Volumenabnahme des reagierenden Gassystems, $-\varSigma v_i v_i$, gleich dem Volumen ist, über das der Außendruck Arbeit leistet. Derartigen Summen wie $\varSigma v_i v_i$ werden wir bei unseren Rechnungen noch sehr oft begegnen.

Dabei bedeutet stets $\Sigma v_i x_i$, wenn x irgendeine molare Eigenschaft darstellt und an der Reaktion verschiedene Stoffe a, b, ... i mit den Äquivalenzzahlen v_a, v_b ... v_i beteiligt sind, daß die Summe $v_a x_a + v_b x_b$ ... $v_i x_i$ zu bilden ist, und es ist der Ausdruck Summe im thermodynamischen Sinne zu verstehen, der darunter auch die Differenzen des gewöhnlichen Sprachgebrauchs subsummiert, nämlich als Summen positiver und negativer Größen.

Die von der Atmosphäre, allgemein vom Außendruck, geleistete Volumenarbeit wird verwandelt in Kompressionswärme. Die gesamte Wärmetönung bei konstantem Druck ist also die Summe derjenigen Wärmemenge, die der chemischen Energieabnahme entspricht und der Kompressionswärme. Geht die Reaktion bei konstantem V vor sich, so nimmt das entstandene eine Mol Wasserdampf ein größeres Volumen $\left(\frac{3}{2}v\right)$ ein, bei entsprechend geringerem Druck $P\left(\frac{2}{3}\text{Atm}\right)$. Die Energieabnahme, die in diesem Falle nur in Abnahme der chemischen Energie besteht, ist gleich der Wärmetönung W'_V. Da nach S. 24 der Energieinhalt eines Gases unabhängig vom Volumen ist, so muß, da wir uns die Reaktion auf beiden Wegen bei ein und derselben Temperatur ablaufend denken wollen, diese Energieänderung, die durch W'_V gemessen wird, die gleiche sein wie die chemische Energieänderung bei der unter konstantem Druck ablaufenden Reaktion. Es muß also sein $W'_P = W'_V - \Sigma v_i RT = W'_V - P\Delta V$ [58], wenn $\Delta V = V_2 - V_1$ die in unserem Falle negative Volumenzunahme des Gasgemisches bei der Reaktion unter konstantem Druck bedeutet.

Es ist einleuchtend, daß bei Gasreaktionen unter konstantem Druck, bei denen eine Volumenvermehrung auftritt, W'_P um das Wärmeäquivalent der geleisteten Volumenarbeit gegenüber W'_V vermindert sein muß, also bei $P = 1$ und Volumenvermehrung um nv um das von nRT. Da R in kalorischem Maß 1,986, so ist bei Zimmertemperatur RT etwas kleiner als 600 cal. Obwohl die Gleichung $W'_P = W'_V - \Sigma v_i RT$ streng nur für ideale Gasreaktionen gilt, während für beliebige Reaktionen, wie hier nicht abgeleitet,

$$W'_P = W'_V - \left[\left(\frac{\partial U}{\partial V}\right)_{T,\lambda} + P\right]\Delta V_{T,P} \quad [59]$$ kann für die meisten Zwecke erstere Gleichung praktisch in der Form $W'_P = W'_V - \Sigma(v_i)_g RT$ [60] für beliebige Reaktionen verwendet werden, wobei der Index $_g$ anzeigt, daß nur über die gasförmigen Reaktionsteilnehmer zu summieren ist; denn bei Reaktionen zwischen flüssigen und festen

Substanzen ist der Unterschied zwischen W_P' und W_V' meist so gering, daß er vernachlässigt werden kann und bei Reaktionen, an denen neben festen oder flüssigen Stoffen auch Gase beteiligt sind, braucht deshalb in der Regel lediglich die Änderung des Gasvolumens berücksichtigt werden. Entsteht z. B. bei T_{273} aus 1 Mol H_2 und $\frac{1}{2}$ Mol O_2 1 Mol flüssiges Wasser, so kann auch das Volumen des entstandenen Wassers von 18 ccm (Molekulargewicht des Wassers $= 18$) gegenüber den verschwundenen $\frac{3}{2} \cdot 22410$ ccm Gas unberücksichtigt bleiben.

Die Wärmetönung der H_2O-Bildung ist offenbar davon abhängig, ob Wasserdampf oder flüssiges Wasser gebildet wird. Ganz allgemein ist die Wärmetönung einer Reaktion vom Aggregatzustand ihrer Teilnehmer abhängig. Lassen wir aus 1 Mol Wasserstoffgas und $\frac{1}{2}$ Mol Sauerstoffgas 1 Mol flüssiges Wasser entstehen, so ist die Wärmetönung dieser Bildungsreaktion offenbar um den Wärmebetrag größer als im Falle der Wasserdampfbildung, der bei der Kondensation von 1 Mol Wasserdampf zu 1 Mol flüssigem Wasser entsteht. Sind also, wenn man von einer Wärmetönung spricht, Zweifel über Aggregatzustand einer beteiligten Substanz möglich, so muß man diesen kennzeichnen. Dies geschieht für fest (solidus), flüssig (liquidus), gasförmig durch die Indizes s, l, g und für sehr verdünnt wäßrig gelöst durch aq.

Bei Stoffen, die bis auf einen kleinen Bereich tiefer Temperaturen gasförmig sind, sieht man von einer besonderen Kennzeichnung ihres gasförmigen Zustandes ab. Man schreibt z. B. $2 H_2 + O_2 = 2 H_2O_l + 137$ Kal oder $2 H_2 + O_2 = 2 H_2O_l$, $\underline{\varDelta H} = W_P = -137$ Kal oder $-\varDelta H = \underline{\varDelta H'} = W_P' = 137$ Kal. Diese Gleichung besagt demnach: 2 $\overline{\text{Mole}}$ gasförmiger Wasserstoff vereinigen sich mit 1 Mol gasförmigen Sauerstoffs zu 2 Molen flüssigen Wassers unter Abgabe von 137 000 cal.

Schließlich wollen wir noch die Abhängigkeit der Wärmetönung von der Temperatur erörtern. Sie ist mit Hilfe des ersten Hauptsatzes leicht berechenbar. Gegeben sei eine Reaktion

$$\nu_a\, a + \nu_b\, b = \nu_c\, c + \nu_d\, d,$$

worin ν_a, ν_b .. die Äquivalenzzahlen bedeuten, mit der die Stoffe a, b .. an der Reaktion teilnehmen. Ihre Wärmetönung bei konstantem Volumen und T sei W_V'. Die molaren Wärmekapazitäten der Reaktionsteilnehmer bei konstantem Volumen und bei T seien mit $(c_V)_a$, $(c_V)_b$ .. bezeichnet, die gesamte Wärmekapazität der Ausgangssubstanzen bzw. der Endprodukte mit $-(\Sigma \nu c_V)_A$ bzw. $(\Sigma \nu c_V)_E$, weil ja nach S. 32 die ν für die Ausgangsstoffe einer Reaktion negatives Vorzeichen haben. Es ist also $(\Sigma \nu c_V)_A = \nu_a (c_V)_a + \nu_b (c_V)_b$, $(\Sigma \nu c_V)_E = \nu_c (c_V)_c + \nu_d (c_V)_d$. Zunächst seien nur reine Stoffe oder ideale Gase in Gasmischungen beteiligt. Bei Lösungen und nichtidealen Gasmischungen hat man statt der molaren Wärmekapazitäten die partiellen molaren Wärmekapazitäten zu setzen (s. S. 32). Wir wollen nun bei konstantem Volumen auf zwei verschiedenen Wegen von einem Anfangszustand $-\nu_a a - \nu_b b$ bei T in einen Endzustand $\nu_c c + \nu_d d$ bei T + dT übergehen. Auf dem ersten Weg erwärmen wir zunächst $-\nu_a a - \nu_b b$ um dT, wozu wir die Wärme $-(\Sigma \nu c_V)_A$ dT zuführen müssen, dann lassen wir bei T + dT die Reaktion zu $\nu_c c + \nu_d d$ eintreten. Dabei wird entsprechend der geänderten Temperatur eine etwas andere Wärmetönung als W'_V, die Wärmetönung bei T, auftreten. Diese bei T + d T auftretende Wärmetönung sei mit $W'_V + d W'_V$ bezeichnet. Auf dem zweiten Wege lassen wir bei T die Umwandlung von $-\nu_a a - \nu_b b$ in $\nu_c c + \nu_d d$ vor sich gehen, wobei die Wärmetönung W'_V auftritt, und erwärmen dann das System um dT, wozu die Wärme $(\Sigma \nu c_V)_E$ dT zugeführt werden muß. Da die Energieänderung nach dem ersten Hauptsatz bei gleichem Anfangs- und Endzustand unabhängig vom Wege sein muß, und da bei konstantem Volumen Energie- und Wärmeänderung gleich sind, so ist

$$-(\Sigma \nu c_V)_A \, dT - (W'_V + d\,W'_V) = (\Sigma \nu c_V)_E \, dT - W'_V \quad [61] \text{ und}$$

$$\frac{d\,W_V}{d\,T} = \left(\frac{\partial\,W_V}{\partial\,T}\right)_V = (\Sigma \nu c_V)_A + (\Sigma \nu c_V)_E = \Sigma \nu_i (c_V)_i \quad [62].$$

Dabei soll der Index i jeden beliebigen an der Reaktion beteiligten Stoff bezeichnen und in Verbindung mit dem Summenzeichen Σ, daß die Summation über alle beteiligten Stoffe vorzunehmen ist (s. S. 39, 40). Man bezeichnet Gl. [62] und [64] als KIRCHHOFFsche Gleichungen.

Wegen $\underline{\Delta U_V} = W_V$ gilt auch $\left(\dfrac{\partial\,(\underline{\Delta U})_V}{\partial\,T}\right)_V = \Sigma \nu_i (c_V)_i$ [63], wo statt der Wärmetönung W_V allgemeiner die Energiezunahme $\underline{\Delta U_V}$ bei molarem Umsatz gesetzt ist. Entsprechende Ableitungen wie für W_V ergeben für W_P $\left(\dfrac{\partial\,\underline{\Delta H}}{\partial\,T}\right)_P = \left(\dfrac{\partial\,W_P}{\partial\,T}\right)_P = \Sigma \nu_i (c_P)_i$ [64]. Der Beweis wird hier nicht nochmals ausgeführt, sondern nur kurz bemerkt, daß die Berechtigung zu einer entsprechenden Ableitung für W_P darin liegt, daß in Gleichung (59) sowohl $\underline{\Delta V}$ wie $\left(\dfrac{\partial U}{\partial V}\right)_{T_1 n}$ vom Wege unabhängig sind; denn $\underline{\Delta V}$ hängt nur vom Anfangs- und Endvolumen ab, der Differentialquotient ebenfalls, da ja U eine Zustandsfunktion ist. Dagegen darf W_P nicht gleich ΔU_P gesetzt werden, da ja $W_P = \Delta H$ nach Gleichung [50] $\Delta U_P + P\Delta V$ ist. Ich weise auf diesen Punkt deshalb besonders hin, weil vielfach in der Literatur außer der Energieänderung auch die Wärmetönung mit U bezeichnet wird und deshalb bei dieser Bezeichnung U_P unserem W_P' entspricht. Man muß sich also, um vor Verwechslungen geschützt zu sein, vor Augen halten, daß bei konstantem Druck Energieänderung und Wärmetönung im allgemeinen verschieden sind.

Die Wärmetönung beim Lösen von 1 Mol eines Stoffes heißt molare Lösungswärme. Als Bildungswärme bezeichnet man diejenige auf molaren Umsatz bezogene Wärmetönung, die mit der Bildung einer Verbindung aus ihren Elementen verknüpft ist, und zwar bezeichnet man als Bildungswärme schlechthin die „molekulare Bildungswärme", bei der es sich um die Bildung einer Verbindung aus ihren Elementen im molekularen Zustand handelt, als „atomare Bildungswärme" diejenige, bei der es sich um die Bildung der Verbindung aus ihren Elementen im atomaren Zustand handelt. Als Verbrennungswärmen bezeichnet man die Wärmetönungen bei der vollständigen Oxydation brennbarer Stoffe. Die Wärmemengen, die beim reversiblen Sublimieren, Verdampfen, Schmelzen von 1 Mol einer Substanz aufgenommen werden, bezeichnet man als Sublimations-, Verdampfungs-, Schmelzwärme (vgl. Kapitel 3).

Zweites Kapitel.

Der 2. Hauptsatz der Thermodynamik.

Arbeitsfähigkeit S. 74. Gleichgewichtsbedingungen S. 75. Chemisches Potential S. 81.

Die Thermodynamik klassifiziert die Systeme, die sie behandelt, nach ihrer Größe in kosmische, makroskopische und mikroskopische. Kosmisch sind die riesigen Systeme, mit denen sich die Astronomie beschäftigt. Von ihnen ist bei unseren Betrachtungen nirgends die Rede und wenn hier irgendwelche Gesetzmäßigkeiten besprochen werden, so soll damit über ihre Gültigkeit oder Ungültigkeit bei kosmischen Systemen nichts gesagt sein. Letzteres gilt aber — zunächst wenigstens — auch für die mikroskopischen Systeme. So bezeichnen wir Systeme, deren Größe etwa unter $10\,\mu^3$ liegt. Die Gesetze, die für sie gelten, weisen Besonderheiten auf gegenüber den Gesetzen, die für makroskopische Systeme gelten, das sind diejenigen, deren Größe zwischen kosmischen und mikroskopischen liegt. Makroskopische Systeme sind gemeint, wenn hier von Systemen schlechthin gesprochen wird und den sie beherrschenden Gesetzen und, wenn wir von Natur, Naturvorgängen und allgemein gültigen Gesetzen sprechen, so ist damit das Bereich der makroskopischen Systeme gemeint.

Der erste Hauptsatz schränkt die Zahl aller in der Natur möglichen Vorgänge dadurch ein, daß er als nicht vorkommend solche Vorgänge erklärt, bei denen Energie geschaffen oder vernichtet wird. Die Erfahrung lehrt, daß die Zahl der Vorgänge, die trotz dieser Einschränkung noch stattfinden können, eine weitere Verringerung durch ein zweites allgemein gültiges Prinzip erfährt, das als zweiter Hauptsatz bezeichnet wird. Das Walten des zweiten Hauptsatzes verringert die Zahl der möglichen Naturvorgänge dadurch, daß es nur solche Vorgänge gestattet, die in einer bestimmten Richtung verlaufen. Ein heißer Körper in kalter Umgebung kühlt sich ab, indem er Wärme abgibt. Der heiße Körper kühlt sich so lange ab, bis seine Temperatur im Gleichgewicht mit der seiner Umgebung ist. Es tritt also, wenn kein Wärmegleichgewicht herrscht, von selbst ein Wärmeausgleichsvorgang ein und dauert so lange, bis sich das Wärmegleichgewicht eingestellt hat. Besteht zwischen den Polen eines galvanischen Elementes eine Spannungsdifferenz, so geht Elektrizität vom Pol höherer zu dem niedrigerer Spannung über, sowie durch Schließen der Kette dazu die Möglichkeit gegeben wird, und dieser Spannungsausgleich geht so lange weiter, bis die Potentialdifferenz sich ausgeglichen hat, bis beide Pole auf gleichem Potential sind. Es tritt also auch hier

von selbst ein Vorgang ein, der in der Richtung auf Erreichung
eines Gleichgewichts liegt. Fällt ein Körper, so geht er von einer
Lage höherer potentieller Energie in eine solche niedrigerer über,
er macht beim Auftreffen auf seine Unterlage noch einige Schwin-
gungen um seine spätere Gleichgewichtslage, um schließlich in
einen Gleichgewichtszustand überzugehen, in dem weitere Bewegungen nicht mehr stattfinden. In allen drei Fällen tritt also
ein Vorgang in der Richtung nach einem Gleichgewichtszustand
ein, der dadurch charakterisiert ist, daß in ihm weitere Vorgänge
von selbst nicht mehr eintreten. Einen solchen Zustand bezeichnet
man als thermodynamisches Gleichgewicht. Die Erfahrung
hat gezeigt, daß das, was hier an einigen Beispielen erläutert wurde,
ganz allgemein gilt. Wir dürfen also dem zweiten Hauptsatz
folgende Formulierung geben, die klar erkennen läßt, inwiefern
er die Zahl der möglichen Naturvorgänge einschränkt:

Nur diejenigen von den bei Wahrung des 1. Hauptsatzes möglichen Naturvorgängen können eintreten,
die in der Richtung nach Erreichung des thermodynamischen Gleichgewichtes liegen. Durch das Wort
„können" tragen wir dem Umstand Rechnung, daß infolge
von Reaktionshemmungen durchaus nicht immer die Ausgleichs-
vorgänge auch ablaufen, die ein bestehendes Ungleichgewicht
zum Gleichgewicht führen. Das offene galvanische Element
behält seine Spannungsdifferenz zwischen den Polen, weil der hohe
Luftwiderstand das Zustandekommen des Spannungsausgleichs
hemmt. Kohle ist bei Zimmertemperatur mit dem Sauerstoff der
Luft keineswegs im chemischen Gleichgewicht, sondern müßte auch
bei Zimmertemperatur verbrennen, wenn eben nicht, wie im Falle
des galvanischen Elementes, Hemmungen vorliegen würden, die
den Verlauf des Oxydationsvorganges bei Zimmertemperatur unendlich langsam machen, so daß die Kohle praktische unverändert
bleibt. In solchen Fällen zeigt also die fehlende Veränderung des
Systems kein echtes Gleichgewicht an, sondern nur ein scheinbares.
Um ein echtes thermodynamisches Gleichgewicht von einem scheinbaren unterscheiden zu können, nimmt man irgendeine Veränderung der Bedingungen vor, unter denen das System steht,
durch die das Gleichgewicht etwas verschoben wird. Eine solche
Veränderung sei z. B. eine Temperaturerniedrigung, die durch sie
bedingte Gleichgewichtsverschiebung die Bildung von Oxydationsprodukten. War das Gleichgewicht ein echtes, so ruft die entgegen-

gesetzte Veränderung, also im Beispielsfalle die gleich große Temperatursteigerung, die entgegengesetzte Verschiebung des Gleichgewichts hervor, also Reduktion, die Zersetzung von Oxydationsprodukten. Lag hingegen nur ein scheinbares Gleichgewicht vor, so würde eine eintretende Verschiebung stets nur in der Richtung auf Erreichung des echten Gleichgewichts liegen, im Falle von Kohlenstoff und Sauerstoff bei Zimmertemperatur in der auf Oxydation von Kohlenstoff. Dagegen würde eine Reduktion von oxydiertem Kohlenstoff durch entgegengesetzte Veränderung der Bedingungen nicht eintreten, es würde sonst ein Vorgang von selbst ablaufen, der vom thermodynamischen Gleichgewicht wegführt, und gerade das verbietet der zweite Hauptsatz. Das thermodynamische Gleichgewicht ist also auch dadurch charakterisiert, daß eine in diesem Zustand vorgenommene kleine Veränderung des Systems reversibel ist.

Es ist nach dem Gesagten kaum noch notwendig, zur Vermeidung von Mißverständnissen auf zwei Punkte aufmerksam zu machen. Der erste Punkt: Das thermodynamische Gleichgewicht, von dem wir sprechen, darf natürlich nicht verwechselt werden mit dem mechanischen Gleichgewicht. Das galvanische Element ist im Augenblick des Stromschlusses bereits ebenso im mechanischen Gleichgewicht wie nach Ablauf des Stromflusses, der den Spannungsausgleich bewirkt. Aber obwohl es im mechanischen Gleichgewicht ist, ist es anfangs noch nicht im thermodynamischen, und erst der Spannungsausgleich führt es in dieses über. Der zweite Punkt: Wenn auch in den angeführten Beispielen Wärme von höherer Temperatur auf tiefere überging, Elektrizität von höherem auf niedrigeres Potential, Masse von höherer auf niedrigere potentielle Energie, so besagt doch der zweite Hauptsatz keineswegs, daß der Übergang von Wärme, Elektrizität oder Masse immer in dieser Richtung verlaufen muß, und nicht auch umgekehrt Wärme von niedrigerer auf höhere Temperatur, Elektrizität von niedrigerem Potential auf höheres usw. gebracht werden kann. Der zweite Hauptsatz verbietet letzteres nur für den Fall, daß der ganze Vorgang lediglich, alleinig, aus dem Wärme- oder Elektrizitätstransport besteht; denn in diesem Falle hätten wir in der Tat einen Vorgang, der vom thermodynamischen Gleichgewicht wegführt; anders, wenn der Wärme- oder elektrische Vorgang lediglich einen Teilvorgang eines Prozesses darstellt, der von einem Ungleichgewichtszustand ins Gleichgewicht führt. Die Anwendung des zweiten Hauptsatzes auf einen Naturvorgang setzt voraus, daß man alle an ihm beteiligten Körper, den ganzen Vorgang, betrachtet, und es ist sehr wohl möglich, daß der ganze Vorgang zu einem Gleichgewicht führt, auch wenn in einzelnen Teilvorgängen Wärme von niedrigerer auf höhere Temperatur, Elektrizität von niedrigerem auf höheres Potential übergeht. Haben wir z. B. auf -1^0 unterkühltes Wasser in einem Behälter, der in einer Umgebung von -1^0 steht, und heben durch Einwerfen eines Eiskristalls die Unterkühlung auf, so erwärmt sich durch die bei der Eisbildung freiwerdende Wärme zunächst der Gefäßinhalt etwas über seine Umgebung. Trotzdem er vorher gleiche Temperatur wie diese hatte, und trotzdem sich demnach durch die Erwärmung eine Entfernung vom Wärmegleichgewicht einstellt, steht dieser Vorgang keineswegs im Widerspruch zum zweiten Hauptsatz. Das wäre nur dann der Fall, wenn als einziger Vorgang nichts anderes stattgefunden hätte als die Entfernung vom Warmegleichgewicht. In unserem Falle aber ist diese ja verknüpft mit einem anderen zum thermodynamischen Gleichgewicht führenden Prozeß, dem Auskristallisieren des unterkühlten Wassers. Ebenso kühlen sich manche chemisch reagierenden Systeme zeitweise unter die Temperatur ihrer Umgebung ab, wenn nämlich in ihnen die Bedingungen für den Ablauf einer chemischen Reaktion gegeben sind, bei der das Gleichgewicht unter Wärmeaufnahme erreicht wird. CLAUSIUS formuliert den vorliegenden Tatbestand durch den Satz: Wärme kann nicht ohne Kompensation aus einem kälteren in einen wärmeren Körper übergehen. Von diesem Satz werden wir bald eine wichtige Anwendung machen.

Verknüpft mit dem Streben nach Gleichgewicht ist die Erfahrungstatsache, daß die in der Natur verlaufenden Vorgänge irreversibel sind, d. h., wenn in der Natur irgendein Prozeß von einem Zustand A in einen Zustand B geführt hat, so ist es nicht mehr möglich, den Zustand A wieder vollständig herzustellen, vollständig, d. h. ohne daß irgendeine Änderung in der Natur übriggeblieben ist. Wenn der Vorgang von A nach B verlaufen ist, so muß B dem Gleichgewicht näher liegen als A, folglich müßte der umgekehrte Vorgang von B nach A vom Gleichgewicht wegführen, was ja nach unserem Satz vom Gleichgewichtsstreben der Natur verboten ist. Wohl kann irgendein Teilvorgang einer Zustandsänderung rückgängig gemacht werden, z. B. ein gefallener Stein wieder gehoben werden, eine von höherer Temperatur auf niedere übertragene Wärmemenge wieder von der niedrigen auf höhere Temperatur gebracht werden, aber nicht ohne Kompensation, nicht ohne daß irgendeine Änderung in der Natur zurückbleibt.

Die Tatsache, daß in der Natur nur die Vorgänge verlaufen, die in der Richtung auf ein Gleichgewicht liegen, aber nicht die Vorgänge, die von einem Gleichgewicht weg zu einem Ungleichgewicht führen, zeigt, daß in der Natur nicht alle Zustände gleich wahrscheinlich sind. Denkbar wäre auch eine Natur, in der alle theoretisch möglichen Zustände gleich wahrscheinlich wären. Aber unsere Natur, soweit sie der Erfahrung zugänglich ist[1], ist keine solche. Deshalb formuliert BOLTZMANN den zweiten Hauptsatz: Die Natur strebt aus einem unwahrscheinlicheren in einen wahrscheinlicheren Zustand. Ein Zustand, der überhaupt nicht eintreten kann, obwohl er nach dem ersten Hauptsatz möglich wäre, hat die Wahrscheinlichkeit 0, ein Zustand B, der aus einem anderen A irreversibel entsteht, hat die größere Wahrscheinlichkeit als der, aus dem er hervorgeht; denn, wenn B die gleiche oder geringere Wahrscheinlichkeit hätte als A, so könnte ja der Übergang von A in B nicht irreversibel sein, sondern es müßte auch wieder B in A ohne Kompensation übergehen können. Wenn wir also eine physikalische Größe kennen würden, die als Maß der Wahrscheinlichkeit der Naturzustände verwendet werden kann, so hätten wir in ihr eine Größe, die uns eine Aussage darüber gestattet, ob ein Naturprozeß in der Richtung von einem Zustand in den anderen verlaufen wird oder nicht, ein Maß dafür, in welcher Richtung sich ein Zustand in einen anderen aller Wahrscheinlichkeit nach verändern wird.

Eine physikalische Größe, die als Maßgröße für die Wahrscheinlichkeit der Naturzustände verwendet werden kann, muß natürlich alle Charakteristika der Wahrscheinlichkeit von Zuständen wiedergeben.

1. Diese Größe muß also in erster Linie wie die Wahrscheinlichkeit eines Zustandes selbst eine für diesen charakteristische physikalische Größe sein und darf nicht etwa für ein und denselben Zustand verschieden sein, je nach dem Weg, auf dem der Zustand erreicht ist.

2. Diese Größe muß konstant bleiben, wenn man sich einen idealen Prozeß konstruiert, der nicht wie alle realen Naturprozesse

---

[1] Es sei daran erinnert, daß eingangs vom Gültigkeitsbereich dieser Betrachtungen kosmische und mikroskopische Zustände ausgeschlossen wurden.

von einem Ungleichgewicht zum Gleichgewicht verläuft, sondern aus einer Kette von Gleichgewichtszuständen besteht, einen reversiblen Prozeß, wie wir ihn bei Berechnung der reversiblen Expansions- und Kompressionsarbeiten idealer Gase bereits kennengelernt haben. Denn in einer solchen Kette von Gleichgewichten ist ja jeder Zustand gleich wahrscheinlich, da dann ebensogut ein Übergang von A nach B wie von B nach A möglich ist.

3. Diese Größe muß, da ein Zustand, der aus einem anderen irreversibel entsteht, die größere Wahrscheinlichkeit hat als der, aus dem er hervorgeht, bei jedem in der Natur verlaufenden Prozeß zunehmen, wobei man natürlich alle an dem Prozeß irgendwie beteiligten Körper berücksichtigen muß. Da es schwierig ist, bei einer physikalischen Untersuchung die Veränderungen aller an einem Prozeß beteiligten Körper zu messen, weil dann auch die ganz kleinen Veränderungen irgendwelcher nur ganz indirekt betroffenen Körper berücksichtigt werden müssen, denkt man sich vielfach den zu untersuchenden Prozeß in einem abgeschlossenen System vor sich gehen, in einem System, das keine Energie mit der Umgebung austauschen kann. Es muß dann gelten:

4. Die Meßgröße der Wahrscheinlichkeit eines in einem abgeschlossenen System verlaufenden Vorganges muß bei irreversiblem Verlauf zunehmen, bei reversiblem konstant bleiben.

Wenn wir eine Größe finden, die den Bedingungen 1.—4. entspricht, so können wir sie als Meßgröße der Wahrscheinlichkeit benutzen und aus der Differenz ihrer Werte in verschiedenen Zuständen auf die Richtung des Geschehens zwischen diesen Zuständen schließen. Eine solche Meßgröße liegt, wie im folgenden begründet wird, in der von CLAUSIUS eingeführten und „Entropie" benannten Zustandsgröße vor. Man kann dann infolge 3. den zweiten Hauptsatz statt als Gesetz von der Irreversibilität der Naturvorgänge oder vom Streben nach thermodynamischem Gleichgewicht auch als das Gesetz von der Zunahme der Entropie dem ersten Hauptsatz als dem Gesetz von der Erhaltung der Energie gegenüberstellen und so formulieren:

Jeder in der Natur stattfindende Prozeß verläuft in dem Sinne, daß die Summe der Entropien aller an dem Prozeß beteiligten Körper vergrößert wird (PLANCK).

Um diese Formulierung zu verstehen und zu beweisen, müssen wir zunächst einmal kennenlernen, wie die Entropie physikalisch definiert ist, sodann müssen wir zeigen, daß die Entropie die Eigenschaften hat, die wir als notwendig für eine Größe postuliert hatten, die als Maß der Wahrscheinlichkeit von Naturzuständen dienen kann. Dazu wollen wir den Weg wählen, der die Wissenschaft historisch auf den Entropiebegriff geführt hat.

Die Erfindung und Verbreitung der Dampfmaschine, in der aus Wärme Arbeit erzeugt wird, hatte die für die Praxis grundlegende Frage entstehen lassen: Wieviel Arbeit kann im günstigsten Falle aus einer bestimmten Wärmemenge in einer solchen Maschine gewonnen werden. Wie groß kann der maximale Nutzeffekt einer solchen Maschine werden? Diese Fragen beantwortete CARNOT durch folgende Betrachtung: In der Dampfmaschine macht das Wasser einen Kreisprozeß durch, bei dem es vom Kessel aus verdampft und durch eine Reihe von Veränderungen hindurch wieder zum Kessel zurückkehrt. Dabei wird Wärme von einer Wärmequelle höherer Temperatur, der Feuerung, auf einen Körper niederer Temperatur, den Kondensator, übertragen, und mit diesem Wärmeausgleich ist der Arbeitsgewinn der Maschine verbunden. CARNOT erkannte, daß j e d e r Wärmeausgleich von höherer zu tieferer Temperatur Arbeit leisten kann, und daß folglich die maximale Arbeit, der maximale Nutzeffekt, bei einer derartigen Maschine nur dann erreicht werden kann, wenn j e d e r bei ihr stattfindende Wärmeausgleich von höherer zu tieferer Temperatur auch wirklich mit Arbeitsleistung verbunden ist, wenn also die in der Dampfmaschine stets stattfindenden Wärmeausgleichsvorgänge durch Leitung, Strahlung und Reibung, die keine Arbeit liefern, ausgeschlossen sind. Wenn auch eine solche ideale Maschine nicht wirklich hergestellt werden kann, so kann sie doch im Gedankenexperiment verwirklicht werden. Dieses Gedankenexperiment vollzog CARNOT in dem nach ihm benannten Kreisprozeß.

Der CARNOTsche Kreisprozeß, den wir uns im folgenden mit einem idealen Gas ausgeführt denken wollen, besteht in einer Reihe von reversiblen, isothermen und adiabatischen Zustandsänderungen des Gases, nach deren Ablauf sich das Gas wieder im Anfangszustand befindet. Um Zustandsänderungen i s o t h e r m verlaufen lassen zu können, denken wir uns das Gas mit Wärmereservoiren verbunden, deren Kapazität so groß sei, daß die Wärmemengen, die das Gas bei seinen Expansionen bzw. Kompressionen aus ihnen aufnimmt bzw. an sie abgibt, keine merklichen Temperaturänderungen verursachen. Um Zustandsänderungen a d i a b a t i s c h ablaufen lassen zu können, denken wir uns die Verbindung mit dem Wärmereservoir gelöst und das Gas mit einer wärmeundurchlässigen Hülle umgeben. Die Zustandsänderungen wollen wir uns in einem rechtwinkligen Koordinatensystem aufzeichnen, dessen X-Achse das Volumen, dessen Y-Achse den Druck bedeute (Abb. 2). Der Anfangszustand des Gases, von dem wir 1 Mol nehmen wollen, sei a, sein Volumen dabei $oe = v_1$, der Druck $ea = P_1$. Da durch Druck und Volumen der Zustand des idealen Gases eindeutig bestimmt ist, ist es auch die Temperatur. Sie sei mit T_1 bezeichnet. Das Gas sei mit dem Wärmereservoir K_1 von der Temperatur T_1 verbunden. Zunächst dehne es sich isotherm und reversibel von v_1 bis $v_1' = of$ aus. Dabei nimmt es die der geleisteten äußeren Arbeit äquivalente Wärmemenge Q_1 aus Reservoir K_1 auf (S. 28). Dieser Zustandsänderung entspricht die Kurve ab.

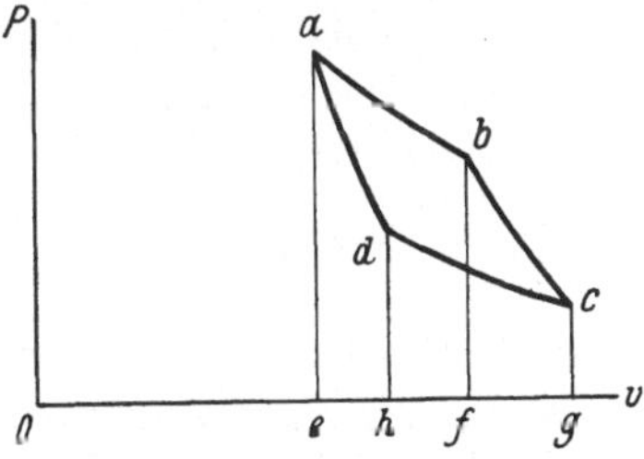

Abb. 2. CARNOTscher Kreisprozeß. Nach CLAUSIUS.

Von v_1' dehne es sich weiter reversibel bis $v_2' = og$ aus, aber adiabatisch. Deshalb kühlt es sich bei dieser Ausdehnung ab, die erreichte Temperatur heiße T_2. Dieser Zustandsänderung entspricht die Kurve bc. Nunmehr wird das Gas wieder komprimiert, und zwar wiederum in zwei Abschnitten, einem isothermen und einem darauf folgenden adiabatischen. Bei der isothermen Kompression werde die Wärmemenge Q_2', die der zur Kompression aufgewendeten Arbeit äquivalent ist, an ein Wärmereservoir K_2 von der Temperatur T_2 abgegeben. Das Volumen $v_2 = oh$, bis zu dem isotherm komprimiert wird, werde so gewählt, daß die nun folgende adiabatische Kompression zum Anfangsvolumen v_1 gerade ausreicht, um soviel Wärme zu erzeugen, daß das Gas sich wieder von T_2 auf T_1 erwärmt. Da das Gas in diesem Falle Anfangsvolumen und Anfangstemperatur besitzt, muß es auch, da die zwei Zustandsvariablen v und T auch die Größe von P bestimmen, wieder den Druck P haben, und die Kurve der adiabatischen Kompression von d wieder nach a zurückführen.

Unser Diagramm zeigt nicht nur die Zustandsänderungen des Gases, sondern auch, da wir als Koordinatenachsen P und v gewählt haben, die geleisteten bzw. aufgewendeten Arbeiten, die

4*

ja jeweils $\int P \, dv$ bzw. $- \int P \, dv$ entsprechen. Die bei den Expansionen ab und bc geleisteten Arbeiten werden durch die Flächen abfe bzw. bcgf dargestellt, die bei den Kompressionen cd und da aufgewendeten Arbeiten durch die Flächen dcgh und adhe. Die bei dem Kreisprozeß insgesamt geleistete Arbeit ist gleich der Summe der bei seinen Teilprozessen geleisteten Arbeiten abzüglich der Summe der bei seinen Teilprozessen aufgewendeten Arbeiten oder, da wir letztere auch als geleistete negative Arbeiten betrachen können, gleich der Summe der bei seinen Teilprozessen geleisteten Arbeiten. Die bei den adiabatischen Volumenänderungen geleistete bzw. aufgewendete Arbeit ist gleich und hebt sich weg. Denn es gilt ja für sie nach Gl. [29]

$$A'_{ad} = \int\limits_{T_1}^{T_2} - c_V \, dT \quad \text{bzw.} \quad A_{ad} = \int\limits_{T_2}^{T_1} c_V \, dT, \quad A'_{ad} - A_{ad} = 0. \quad [65]$$

Es verbleibt für den ganzen Kreisprozeß als Überschuß der geleisteten über die aufgewendete Arbeit die geleistete Arbeit A'_m, die durch die Fläche abcd dargestellt wird, und die gleich ist der Differenz der bei der isothermen Expansion geleisteten und der bei der isothermen Kompression aufgewandten Arbeit. Da bei den adiabatischen Veränderungen kein Wärmeaustausch stattgefunden hat, besteht die Wärmeaufnahme des Gases bei dem Kreisprozeß nur in der Aufnahme von Q_1, die Wärmeabgabe nur in der Abgabe von Q'_2. Da am Schluß des Kreisprozesses das Gas wieder im Anfangszustand ist, muß es wieder denselben Energieinhalt haben wie bei Beginn des Prozesses. Folglich muß die während des Prozesses von ihm aufgenommene Energie, die lediglich in Q_1 besteht, vermindert um die während des Prozesses von ihm abgegebene Energie gleich 0 sein. Die abgegebene Energie setzt sich zusammen aus der abgegebenen Wärme Q'_2 und der abgegebenen, d. h. geleisteten, Arbeit A'_m.

$$Q_1 - (Q'_2 + A'_m) = 0, \quad Q_1 = A'_m + Q'_2, \quad A'_m = Q_1 - Q'_2. \quad [66]$$

Es ist also bei dem ganzen Prozeß die Wärmemenge Q_1 aus dem wärmeren Reservoir K_1 aufgenommen worden und teils — nämlich im Betrage Q'_2 — an das kältere Reservoir K_2 abgegeben worden, teils in die Arbeit A'_m verwandelt worden, deren Äquivalenzwert $Q_1 - Q'_2$ ist.

Man kann den Kreisprozeß auch umgekehrt verlaufen lassen. Dabei läßt man das Gas zunächst sich adiabatisch ausdehnen bis zum Volumen $v_2 = oh$, wobei seine Temperatur von T_1 auf T_2 sinkt.

Dann läßt man eine isotherme Ausdehnung bis $v'_2 = og$ folgen, wobei aus dem Reservoir K_2 von der Temperatur T_2 die Wärmemenge Q_2 aufgenommen wird, komprimiert adiabatisch bis $v'_1 = of$, wobei die Temperatur des Gases auf T_1 steigt, und schließlich isotherm bis $v_1 = oe$, wobei das Gas die Wärmemenge Q'_1 an das Reservoir K_1 von der Temperatur T_1 abgibt. Die Zustandsänderungen des Gases bei diesem umgekehrten Verlauf des Kreisprozesses werden durch die Kurve ad — dc — cb — ba dargestellt, die bei den Expansionen geleisteten Arbeiten durch die Flächen adhe und dcgh, die bei den Kompressionen verbrauchten Arbeiten durch bcgf und abfe. Letztere sind, da die isotherme Kompression bei höherer Temperatur stattfand als die Expansion, größer als erstere. Es ist also die durch die Fläche abcd dargestellte Arbeit im Überschuß verbraucht worden. Die sonstigen Energieänderungen bestehen lediglich in der Wärmeaufnahme Q_2 und der Wärmeabgabe Q'_1, und das Gas hat am Ende des Kreisprozesses wieder denselben Zustand, also dieselbe Energie, wie am Anfang. Also muß die verbrauchte, dem Gas zugeführte Arbeit verwendet worden sein zur Erzeugung von abgegebener Wärme, so daß Q'_1 entstanden ist aus der Summe der aus K_2 aufgenommenen und nach K_1 überführten Wärme und der verbrauchten Arbeit A_m. Es gilt demnach in diesem Falle entsprechend den Gleichungen [66]

$$Q'_1 = Q_2 + A_m \qquad A_m = Q'_1 - Q_2. \qquad [67]$$

Nach dieser Beschreibung des CARNOTschen Kreisprozesses wollen wir uns zunächst wieder die Fragestellung vergegenwärtigen, die uns auf ihn geführt hat. Diese Fragestellung lautete: Wie groß ist der maximale Nutzeffekt, der bei einem Kreisprozeß erreicht werden kann? Zur Beantwortung dieser Frage müssen wir zunächst den Nutzeffekt unseres umkehrbaren Kreisprozesses berechnen, d. h. das Verhältnis der von ihm geleisteten Arbeit zu der bei der höheren Temperatur aus dem Wärmereservoir entnommenen Wärmemenge also $\frac{A'_m}{Q_1} \cdot A'_m = A'_{m_1} - A_{m_2}$ [68], wenn A'_{m_1} die bei der Expansion von v_1 auf v'_1 geleistete, A_{m_2} die bei der Kompression von v'_2 auf v_2 aufgewendete Arbeit ist; denn die bei den adiabatischen Zustandsänderungen geleistete bzw. verbrauchte Arbeit ist gleich und hebt sich auf. Nun ist wegen Gl. [26]

$$A'_{m_1} = Q_1 = R\,T_1 \ln \frac{v'_1}{v_1}, \quad A_{m_2} = Q'_2 = R T_2 \ln \frac{v'_2}{v_2}. \qquad [69]$$

Ferner ist nach Gleichung [30] für die adiabatische Volumen-änderung idealer Gase in unserem Falle zu setzen

$$\frac{T_2}{T_1} = \left(\frac{v_1}{v_2}\right)^{\varkappa-1} \qquad \frac{T_2}{T_1} = \left(\frac{v_1'}{v_2'}\right)^{\varkappa-1} \quad \text{also} \quad \frac{v_1'}{v_1} = \frac{v_2'}{v_2}. \qquad [70]$$

Folglich ist

$$A_m' = A_{m_1}' - A_{m_2} = Q_1 - Q_2' = R\,(T_1 - T_2)\ln\frac{v_1'}{v_1} \qquad [71]$$

$$\frac{A_m'}{Q_1} = \frac{T_1 - T_2}{T_1}, \qquad \frac{A_m'}{Q_2'} = \frac{T_1 - T_2}{T_2}. \qquad [72]$$

Hierin ist A_m' die vom Kreisprozeß geleistete Arbeit, Q_1 die bei der höheren Temperatur vom System aufgenommene Wärme-menge. Der maximale Nutzeffekt des CARNOTschen Kreisprozesses ist also bestimmt als der Quotient aus der Differenz der absoluten Temperaturen, zwischen denen sich der Prozeß abspielt, und der absoluten Anfangstemperatur. Es läßt sich nun zeigen, daß dieser Nutzeffekt unseres reversiblen Kreisprozesses keineswegs auf ein ideales Gas als arbeitenden Körper beschränkt ist, sondern daß er ganz unabhängig von der Natur des arbeitenden Körpers ist und nur von den Temperaturen der Wärmereservoire abhängt. Mit anderen Worten: Wenn bei Anwendung zweier verschiedener „arbeitender" Körper in einem umkehrbaren Kreisprozeß zwischen zwei bestimmten Temperaturen die geleistete Arbeit gleich ist, so muß auch die bei höherer Temperatur aufgenommene Wärmemenge Q_1 und folglich auch die von der höheren auf die niedere Temperatur übergegangene Wärmemenge Q_2' gleich sein. Der Beweis hierfür ergibt sich mit Hilfe jenes bereits erwähnten, von CLAUSIUS aus-gesprochenen, Erfahrungssatzes, der nur eine Spezialanwendung des zweiten Hauptsatzes auf den Wärmeübergang zwischen zwei Temperaturen darstellt.

„Wärme kann nicht ohne Kompensation aus einem kälteren in einen wärmeren Körper übergehen."

Die Worte „ohne Kompensation" erläutert CLAUSIUS dahin: „Wärme kann von einem wärmeren zu einem kälteren Körper übergehen, ohne daß irgendeine andere Veränderung eintritt als eben dieser Wärmeübergang. Dagegen muß immer, wenn Wärme aus einem kälteren in einen wärmeren Körper übergeht, entweder ein entgegengesetzter Wärmeübergang aus einem wärmeren in einen kälteren Körper stattfinden oder eine sonstige Veränderung eintreten, welche die Eigentümlichkeit hat, daß sie nicht rück-gängig gemacht werden kann, ohne ihrerseits, sei es unmittelbar oder mittelbar, einen solchen entgegengesetzten Wärmeübergang zu veranlassen. Dieser gleichzeitig stattfindende entgegengesetzte Wärmeübergang oder die sonstige Veränderung, welche einen entgegengesetzten Wärmeübergang zur Folge hat, ist dann als Kompensation jenes Wärmeübergangs von dem kälteren zum wärmeren Körper zu betrachten."

Der zitierte Erfahrungssatz von CLAUSIUS schließt es aus, daß der Nutzeffekt eines umkehrbaren Kreisprozesses von der Natur der arbeitenden Körper abhängt. Denn, wenn wir zwei solche Körper M bzw. N hätten, die bei gleichem A_m' ungleiche Wärmemengen, z. B. Q_{II}, bzw. Q_2 von einem Wärmereservoir nach dem anderen übertragen würden, so könnte $Q_{II} > Q_2$ oder $Q_{II} < Q_2$ sein. Nehmen wir zunächst $Q_{II} < Q_2$, so können wir den Körper M seinen Kreisprozeß in der Richtung durchlaufen lassen, in der er Arbeit leistet und die Wärme Q_{II} von K_1 nach K_2 überträgt, dann den Körper N den Kreisprozeß in umgekehrtem Sinne durchlaufen lassen, wobei er die gewonnene Arbeit wieder verbraucht und Q_2 aus K_2 aufnimmt und nach K_1 überträgt. Da sich nach Ablauf beider Kreisprozesse M und N wieder im Anfangszustand befinden, und insgesamt keine Arbeit geleistet oder verbraucht worden ist, so sind arbeitende Körper und Umgebung wieder im Ausgangszustand, abgesehen davon, daß eine Wärmemenge $Q_2 - Q_{II}$ im Überschuß vom kälteren K_2 nach dem wärmeren K_1 übertragen worden ist. Dies aber als einzige Veränderung ist nach dem Satz von CLAUSIUS nicht möglich, also kann nicht $Q_{II} < Q_2$ sein. Angenommen $Q_{II} > Q_2$, so könnten wir zuerst N in der arbeitleistenden Richtung arbeiten lassen, dann M in der arbeitverbrauchenden und hätten $Q_{II} - Q_2$ ohne Kompensation vom kälteren K_2 nach dem wärmeren K_1 übertragen, was wieder im Widerspruch zum Satz von CLAUSIUS stünde. Es ist also der Quotient $\dfrac{A_m'}{Q_2'}$ beim umkehrbaren Kreisprozeß unabhängig von der Natur des arbeitenden Körpers, also auch wegen Gl. [71]

$$ 1 + \frac{A_m'}{Q_2'} = \frac{Q_2' + A_m'}{Q_2'} = \frac{Q_1}{Q_2'} \qquad [73] $$

und folglich auch

$$ \frac{Q_1 - Q_2'}{Q_1} = \frac{A_m'}{Q_1} . \qquad [74] $$

Nicht nur von der Natur des arbeitenden Körpers, auch von der Form des reversiblen Kreisprozesses muß der Nutzeffekt unabhängig sein, sofern der Prozeß nur zwischen den gleichen Temperaturen durchgeführt wird. Wir wollen z. B. mit unserem idealen Gas statt des CARNOTschen Kreisprozesses einen anderen reversiblen ausführen, indem wir es wiederum isotherm und reversibel expandieren, bis es die Wärmemenge Q_1 aufgenommen hat, dann aber nicht adiabatisch expandieren, sondern bei konstantem Volumen reversibel von T_1 auf T_2 abkühlen, nunmehr isotherm und reversibel bis zum Anfangsvolumen komprimieren und es dann bei konstantem Volumen reversibel auf T_1 erwärmen. Da dann das Gas das gleiche Volumen und die gleiche Temperatur wie am Anfang hat, so muß es auch den gleichen Druck haben wie am Anfang, d. h. genau in den Anfangszustand zurückgekehrt sein. Würde der Nutzeffekt dieses Kreisprozesses zwischen T_1 und T_2 von dem des CARNOTschen zwischen T_1 und T_2 verschieden sein, so ließe sich zeigen, daß als Folge eine dem zweiten Hauptsatz widersprechende kompensationslose Überführung von Wärme von einem kälteren zu einem wärmeren Reservoir eintreten könnte, und zwar durch dieselbe Überlegung, durch die wir dies für den Fall gezeigt haben, daß der Nutzeffekt des CARNOTschen Kreisprozesses für verschiedene Körper verschieden wäre. Es folgt also aus dem zweiten Hauptsatz, daß der Nutzeffekt eines reversiblen Kreisprozesses sowohl von der Natur des arbeitenden Körpers wie von der Form des Kreisprozesses unabhängig ist und lediglich von den Temperaturen abhängt, zwischen denen sich der Kreisprozeß abspielt. Der mathematische Ausdruck hierfür ist der, daß der Nutzeffekt des reversiblen Kreisprozesses sich einfach als $\dfrac{T_1 - T_2}{T_1}$ ergibt, d. h. als ein Ausdruck, in dem lediglich Temperaturen, aber keine anderen Größen vorkommen, z. B. solche, die Funktionen der Form des Kreisprozesses sind.

Der Nutzeffekt eines reversiblen Kreisprozesses ist der maximale Nutzeffekt, den ein Kreisprozeß zwischen den gegebenen Temperaturen erzielen kann. Es ist also die Arbeit, die er leistet, größer als die eines jeden Kreisprozesses, an dem irgendwelche irreversiblen Zustandsänderungen beteiligt sind, wenn beide Kreisprozesse zwischen denselben Temperaturen verlaufen und dieselbe Wärmemenge bei höherer Temperatur aufnehmen. Deshalb haben wir auch diese Arbeit stets mit A'_m = maximale Arbeit bezeichnet. Daß dem so ist, erkennt man durch folgende Überlegung. Die Arbeitsleistung des Kreisprozesses beruht auf der Umwandlung von

Wärme in Arbeit. Denken wir uns eine bestimmte Wärmemenge vom arbeitenden Körper aufgenommen, so wird sie bei reversibler Leitung der Umwandlung das Maximum an Arbeit liefern, also bei irreversibler weniger Arbeit, d. h. der Nutzeffekt der Umwandlung wird für diese aufgenommene Wärmemenge bei irreversibler Leitung kleiner sein. Eine entsprechende Überlegung können wir — cum granu salis hinsichtlich des Vorzeichens — für jeden beliebigen Teilprozeß des ganzen Kreisprozesses anstellen. Damit ist gezeigt, daß wir, wenn wir bei einem bestimmten Kreisprozeß, an dem irreversible Prozesse beteiligt sind, die irreversiblen Prozesse durch reversible bei gleichen T ersetzen, größeren Nutzeffekt erzielen. Da wir aber bereits bewiesen haben, daß der Nutzeffekt reversibler Kreisprozesse unabhängig von Form und Natur der arbeitenden Substanz ist und nur von den Temperaturen abhängt, zwischen denen der Kreisprozeß sich abspielt, so können wir auch sagen, daß jeder reversible Kreisprozeß zwischen zwei Temperaturen einen größeren Nutzeffekt haben muß als jeder irreversible, der bei gleichen T abläuft, d. h. bei gegebenen Temperaturen ist der Nutzeffekt des reversiblen Kreisprozesses der maximale.

Unsere Gleichung über den maximalen Nutzeffekt reversibler Kreisprozesse gestattet einige wichtige Schlußfolgerungen. Jede periodisch arbeitende Maschine, eine Maschine also, die nach einem Arbeitsgang wieder in ihren Ausgangszustand zurückgekehrt ist, macht einen Kreisprozeß durch. Daraus ergibt sich:

Es ist unmöglich, eine periodisch arbeitende Maschine herzustellen, deren einzige Wirkung in der Verwandlung von Wärme in Arbeit besteht.

Der Beweis dieses Satzes, der auch als Satz von der Unmöglichkeit eines Perpetuum mobile zweiter Art bezeichnet wird, ergibt sich folgendermaßen. Arbeitet die Maschine isotherm, so kann sie im Endeffekt überhaupt keine Arbeit leisten, denn ihre maximale Arbeit $A'_m = Q_1 \frac{T_1 - T_2}{T_1}$ [72] ist ja für $T_1 = T_2$ gleich 0.

Ein isothermer reversibler Kreisprozeß kann also keine Arbeit leisten. Arbeitet aber die Maschine zwischen zwei verschiedenen Temperaturen, so tritt außer der Verwandlung der Wärme in Arbeit stets ein Wärmeübergang von höherer zu niederer Temperatur ein, die Verwandlung von Wärme in Arbeit ist also nicht der einzige Effekt der Maschine. Lediglich für den Fall, daß der Nutzeffekt der Maschine 100% wäre, würde ein

Perpetuum mobile möglich sein. Man sieht aus der Gleichung für den Nutzeffekt reversibler Kreisprozesse, daß dieser Fall nur dann eintreten könnte, wenn die tiefere Temperatur der absolute Nullpunkt wäre, da dann $A'_m = Q_1$ wird. Es läßt sich mit Hilfe des später erörterten dritten Hauptsatzes zeigen, daß es unmöglich ist, den absoluten Nullpunkt zu erreichen, aber wir können von dem Beweis hierfür absehen, da wir ja bereits festgestellt haben, daß alle natürlichen Prozesse irreversibel sind, und deshalb selbst bei einer bis zum absoluten Nullpunkt periodisch arbeitenden natürlichen Maschine der Nutzeffekt kleiner als 100% wäre, d. h. der Satz von der Unmöglichkeit des Perpetuum mobile zweiter Art zu Recht bestehen würde.

Als weitere Folgerung ergibt sich: Die maximale Arbeit eines reversiblen isothermen Prozesses zwischen einem Anfangs- und einem davon verschiedenen Endzustand besitzt einen vom Weg unabhängigen bestimmten Wert; denn, wenn dies nicht der Fall wäre, sondern die maximale Arbeit beim reversiblen und isothermen Übergang von einem Zustand in einen anderen, je nach dem Wege, verschiedene Werte annehmen könnte, so könnte man einen isothermen Kreisprozeß konstruieren, der in der arbeitleistenden Richtung mehr Arbeit leistet als man in der umgekehrten Richtung zur Rückgängigmachung aufwenden muß, und hätte dann am Schluß einen Arbeitsüberschuß. Dem ersten Hauptsatz würde ein solches Verhalten nicht widersprochen; denn der Prozeß, der mehr Arbeit leistet, würde auf dem Hinweg mehr Wärme verbrauchen als der weniger Arbeit verbrauchende auf dem Rückweg abgeben würde. Es würde also im Gesamtergebnis Wärme in Arbeit verwandelt worden sein, und wir hätten eine periodisch und isotherm arbeitende Maschine, die lediglich Wärme in Arbeit verwandeln würde. Eine solche Vorrichtung widerspricht aber dem Satz von der Unmöglichkeit eines Perpetuum mobile zweiter Art. Die Arbeit eines reversiblen isothermen Prozesses zwischen einem bestimmten Anfangs- und Endzustand ist also vom Wege unabhängig. Da auch die Energie des Anfangs- und Endzustandes durch diese Zustände eindeutig bestimmt ist, so besitzt in den Gleichungen

$$\Delta U' = A'_m - Q, \quad A'_m = \Delta U' + Q, \quad \Delta U = A_m - Q', \quad A_m = \Delta U + Q' \quad [75],$$

wenn sie sich auf einen beliebigen reversiblen isothermen Prozeß zwischen zwei Zuständen beziehen, mit ΔU und A auch Q einen ganz bestimmten eindeutigen Wert, d. h. immer, wenn sich zwischen zwei gegebenen Zuständen ein reversibler und isothermer Prozeß abspielt, hat auch die dabei aufgenommene bzw. abgegebene Wärme einen ganz bestimmten Wert. Diesen Wert, den wir als Q_m bzw. Q'_m bezeichnen wollen, können wir nun dadurch als Funktion von A'_m und T bestimmen, daß wir uns den Prozeß zu einem CARNOTschen Kreisprozeß ergänzt denken; dabei soll die Temperatur T_2 des kälteren Reservoirs nur um den sehr kleinen Betrag dT von der des wärmeren und damit der unseres ursprüglichen Prozesses verschieden sein. Dann ist wegen [72]

$$\frac{d(A'_m)_C}{Q_m} = \frac{dT}{T}, \qquad Q_m = T\frac{d(A'_m)_C}{dT}, \qquad [76]$$

folglich nach [75]

$$A'_m = \varDelta U' + T\frac{d(A'_m)_C}{dT}$$

$$\varDelta U' = A'_m - T\frac{d(A'_m)_C}{dT}. \qquad [77]$$

In dieser Gleichung ist $d(A'_m)_C$ die im CARNOTschen Kreisprozeß von dem betreffenden System geleistete Arbeit, wenn die Temperaturdifferenz der Wärmereservoire dT beträgt. Will man also in einem speziellen Falle Q_m gemäß Gleichung [76] bestimmen, so muß man $d(A'_m)_C$ die Fläche der von den 4 Kurven des betreffenden CARNOTschen Kreisprozesses umgrenzten Figur ermitteln. Dies ist zwar in dem Falle, daß der arbeitende Körper ein ideales Gas ist, einfach, in anderen Fällen aber oft schwierig. Deshalb ersetzt man zur Ermittlung von Q_m in der Regel $\dfrac{d(A'_m)_C}{dT}$ durch den experimentell leichter zugänglichen Temperaturkoeffizienten der maximalen Arbeit des isothermen Prozesses „bei konstantem Volumen" $\left(\dfrac{\partial A'_m}{\partial T}\right)_V$. Hier stoßen wir auf die dritte Bedeutung des Ausdrucks „bei konstantem Volumen". Auf Grund seiner zweiten Bedeutung, nämlich der Bedingung, daß Anfangs- und Endvolumen bei dem betrachteten Vorgang gleich sein müssen, könnte man zunächst denken, daß der Temperaturkoeffizient so bestimmt werden solle, daß bei zwei um dT verschiedenen Temperaturen die maximale Arbeit unter der Bedingung gemessen werden solle, daß bei jeder der beiden Temperaturen Anfangs- und Endvolumen des Vorgangs, der die maximale Arbeit liefert, gleich sein müssen. Dies ist indessen hier nicht der Sinn des Ausdrucks, diese Bedingung wäre unzureichend, vielmehr ist gemeint, daß bei jeder der beiden Temperaturen das System das gleiche Anfangsvolumen und bei jeder der beiden Temperaturen das gleiche Endvolumen hat. Man könnte dies etwa durch die Schreibweise $\left(\dfrac{\partial\,A'_m}{\partial\,T}\right)_{V_1\,V_2}$ andeuten. Da jedoch die andere Schreibweise fast allgemein verwendet wird, so möge der Hinweis zu ihrem Verständnis genügen. Daß man diesen Temperaturkoeffizienten $\left(\dfrac{\partial\,A'_m}{\partial\,T}\right)_V$ statt $\dfrac{d\,(A'_m)_C}{d\,T}$ setzen kann, muß erst bewiesen werden. Es ergibt sich folgendermaßen: Anstatt den isothermen reversiblen Vorgang, dessen Q_m wir berechnen wollen, zu einem CARNOTschen Kreisprozeß zwischen T und T—dT zu ergänzen, ergänzen wir ihn zu einem Kreisprozeß derart, daß wir nach Ablauf des Prozesses ohne Volumenänderung um dT reversibel abkühlen, dann isotherm und reversibel bis zum Anfangsvolumen komprimieren und schließlich ohne Volumenänderung reversibel um dT erwärmen. Da dann Anfangsvolumen und -temperatur erreicht sind, ist auch der Anfangsdruck und damit der Anfangszustand wieder erreicht. Der Nutzeffekt dieses reversiblen Kreisprozesses ist, da ja der Nutzeffekt reversibler Kreisprozesse zwischen gleichen Temperaturen unabhängig von ihrer Form ist, gleich dem des entsprechenden CARNOTschen Kreisprozesses, und da bei beiden Kreisprozessen die bei höherer Temperatur aufgenommene Wärmenge Q_m die gleiche ist, ist auch $d\,(A'_m)_K = d\,(A'_m)_C$, wenn $d\,(A'_m)_C$ und $d\,(A'_m)_K$ die kleinen maximalen Arbeiten des CARNOTschen und des zweiten Kreisprozesses bezeichnen. Es ist also

$$\frac{d\,(A'_m)_C}{Q_m} = \frac{d\,T}{T} = \frac{d\,(A'_m)_K}{Q_m}, \quad T\,\frac{d\,(A'_m)_C}{d\,T} = T\,\frac{(d\,A'_m)_K}{d\,T}. \qquad [78]$$

$d\,(A'_m)_K$ ist, da bei den Temperaturübergängen keine Arbeit geleistet wird, gleich der Differenz der bei T geleisteten isothermen Arbeit $(A'_m)_{K1}$ und der bei T — dT zur Kompression aufgewandten isothermen Arbeit. Letztere ist aber gleich der Arbeit, die ein Expansionsvorgang leisten würde, der bei T — dT in umgekehrter Richtung, also in der Richtung des bei T ablaufenden Prozesses, vonstatten ginge, und zwar vom gleichen Anfangsvolumen wie dieser und zum gleichen Endvolumen. Bezeichnen wir diese Arbeit mit $(A'_m)_{K2}$, so ist $d\,(A'_m)_K = (A'_m)_{K1} — (A'_m)_{K2}$ und das ist die Differenz der beiden isothermen maximalen Arbeiten, die geleistet werden, wenn unser Vorgang einmal bei T, das andere Mal bei T — dT „bei konstantem Volumen" (S. 60) abläuft, und die, dividiert durch dT, den Temperaturkoeffizienten $\left(\dfrac{\partial A'_m}{\partial T}\right)_V$ unseres Prozesses darstellt. Also ist

$$\frac{d\,(A'_m)_C}{d\,T} = \frac{d\,(A'_m)_K}{d\,T} = \left(\frac{\partial A'_m}{\partial T}\right)_V \qquad [79]$$

wie zu beweisen war, und:

$$\varDelta\,U' = A'_m - T\left(\frac{\partial A'_m}{\partial T}\right)_V. \qquad [80]$$

Diese Formel hilft uns zwar in vielen Fällen, in denen wir wegen Unkenntnis von $\dfrac{d\,(A'_m)_C}{d\,T}$ Gleichung [77] nicht anwenden können, aber auch sie läßt uns im Stich, wenn wir den Temperaturkoeffizienten $\left(\dfrac{\partial A'_m}{\partial T}\right)_V$ nicht kennen, und dies ist häufig der Fall. Haben wir z. B. bei T unter Atmosphärendruck ein Knallgaselement, einen Elektrolyten, in den eine mit Wasserstoff und eine mit Sauerstoff beladene Elektrode tauchen, so wird es bei T — dT und Atmosphärendruck ein anderes Volumen einnehmen, besonders wegen der Volumenabhängigkeit der beteiligten Gase von der Temperatur. Wenn wir in der Kette reversibel, also unter Leistung maximaler Arbeit, einen molaren Umsatz bei T und T — dT vornehmen würden, so würde die Differenz der geleisteten Arbeiten dividiert durch die Temperaturdifferenz nicht den Temperaturkoeffizienten „bei konstantem Volumen" geben, da ja der Vorgang nicht bei beiden Temperaturen vom gleichen Anfangs- zu gleichem Endvolumen verläuft. Dennoch können wir auch in solchen Fällen, in denen $\left(\dfrac{\partial A'_m}{\partial T}\right)_V$ unbekannt ist, Q_m durch einen zugänglichen Temperaturkoeffizienten ausdrücken, wenn es nur möglich ist, einen reversiblen Temperaturübergang von T auf T — dT so vorzunehmen, daß dabei der Druck konstant bleibt, „bei konstantem Druck", während der Vorgang, der die maximale Arbeit liefert, selbst nicht notwendig isobar sein muß, der Vorgang also bei beiden Temperaturen von P_1 bis P_2 verlaufen kann. Wir betrachten also einen beliebigen isothermen reversiblen Prozeß, der bei T von A (P_1, V_1) nach B (P_2, V_2) führt, wobei die Wärmemenge Q_m aufgenommen werde. Dann ergänzen wir den Prozeß erstens zu einem CARNOTschen Kreisprozeß zwischen T und T — dT, dessen maximale Arbeit wir mit $d(A'_m)_C$ bezeichnen wollen, so daß

$$\frac{d(A'_m)_C}{Q_m} = \frac{d\,T}{T}\,, \quad \frac{d(A'_m)_C}{d\,T} = \frac{Q_m}{T}\,,$$

zweitens zu einem reversiblen Kreisprozeß zwischen T und T — dT mit Temperaturübergängen bei konstantem Druck. Wir kühlen

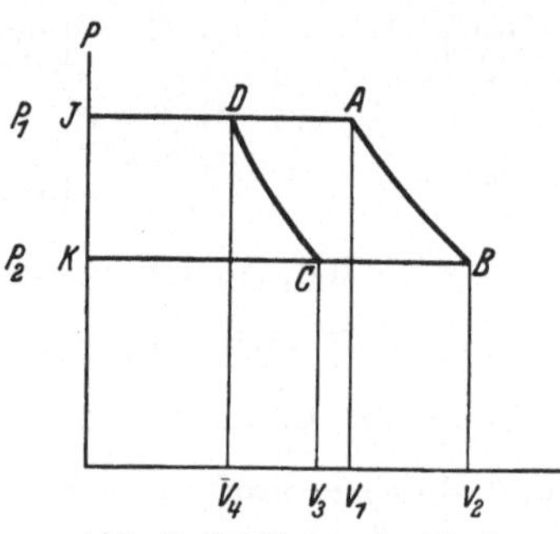

Abb. 3. Erklärung im Text.

also unter Aufrechterhaltung des Druckes reversibel um dT ab, wobei das kleinere Volumen V_3 erreicht wird (Abb. 3), darauf komprimieren wir isotherm auf den Druck P_1, bei dem das Volumen V_4 betrage, und erwärmen bei konstantem Druck P_1 um dT. Dadurch wächst das Volumen wieder auf V_1, da der arbeitende Körper bei gleichem Druck und gleicher Temperatur wie bei Beginn des Kreisprozesses auch das gleiche Volumen einnehmen muß. Die Fläche ABCD, die wir als $d(A'_m)_{K_P}$ bezeichnen wollen, ist nach dem zweiten Hauptsatz gleich

$$d(A'_m)_C, \text{ da } \frac{d(A'_m)_{K_P}}{Q_m} = \frac{d\,T}{T}, \text{ also } \frac{d(A'_m)_C}{d\,T} = \frac{d(A'_m)_{K_P}}{d\,T} = \frac{Q_m}{T}. \;[81]$$

Sie läßt sich darstellen als die Differenz der Flächen ABKI und DCKI und diese Flächen sind die Größen $-\int V\,dP$ für die Vorgänge $\overrightarrow{AB}$ und $\overrightarrow{DC}$ bei T und T — dT. Das Integral hat negatives Vorzeichen, weil beim Ablauf des Vorganges in der Richtung des Pfeils der Druck abnimmt, während das Volumen zunimmt. Bezeichnen wir die Flächen ABKI und DCKI als $(A'_n)_T$ und $(A'_n)_{T-dT}$, ihre Differenz als dA'_n, so ist

$$d\,A'_n = d(A'_m)_{K_P} = d(A'_m)_C \;[82] \text{ also } \frac{d\,A'_n}{d\,T} = \frac{d(A'_m)_C}{d\,T} \qquad [83]$$

$$\frac{d\,A'_n}{d\,T} = \left(\frac{\partial A'_n}{\partial T}\right)_P \frac{d\,T}{d\,T} + \left(\frac{\partial A'_n}{\partial P}\right)_T \frac{d\,P}{d\,T}.$$

Da nach Voraussetzung die Temperaturübergänge bei konstantem Druck erfolgen sollen, ist $\frac{d\,P}{d\,T} = 0$, also

$$\frac{d\,A'_n}{d\,T} = \left(\frac{\partial A'_n}{\partial T}\right)_P = \frac{d(A'_m)_C}{d\,T}. \qquad [84]$$

Der Temperaturkoeffizient von A_n' ist also der S. 61 erwähnte, der es uns gestattet, auch bei mangelnder Kenntnis von $\dfrac{d\,(A_m')_C}{d\,T}$ oder $\left(\dfrac{\partial A_m}{\partial T}\right)_V$ den Wert von Q_m zu bestimmen, denn wir brauchen ihn dazu nur gemäß [84] in [76] einzusetzen. Die Rolle, die der Größe A_n' hiermit zufällt, umfaßt aber nur einen kleinen Teil ihrer thermodynamischen Bedeutung. Diese ist außerordentlich groß, und deshalb müssen wir uns noch näher mit ihr befassen. Es ist nämlich, wie hier nicht bewiesen wird, für jeden isothermen isobaren reversiblen Prozeß $A_n' = A_m' - P\varDelta V$ [86], wobei P den Atmosphärendruck bedeutet, unter dem der Prozeß verlaufe, und statt A_m' bzw. A_n' genauer $(A_m')_P$ bzw. $(A_n')_P$ zu setzen wäre. Atmosphärendruck ist dabei im Thermodynamischen nicht unbedingt als Druck von 1 atm zu verstehen, sondern im Vakuum ist der „Atmosphärendruck“ 0, bei Vorgängen, die unter konstantem Außendruck von 10 atm verlaufen, ist er 10 atm.

A_n' ist also gleich der maximalen Arbeit des betreffenden isothermen isobaren Prozesses A_m' abzüglich der gegen den Atmosphärendruck geleisteten Volumenarbeit $P\varDelta V$, und, da letztere bei einem unter Atmosphärendruck verlaufenden Prozesse nicht nutzbringend verwertet werden kann, sondern lediglich eine Begleiterscheinung des Prozesses ist, so stellt die um die „Atmosphärenarbeit“ verminderte maximale Arbeit diejenige Arbeit dar, die wir bei einem isobaren Prozesse im Maximum nutzbringend verwerten können. Deshalb wird A_n' als Nutzarbeit bisweilen auch als Nettoarbeit[1] oder reine Arbeitsleistung eines isobaren, isothermen reversiblen Prozesses bezeichnet. Ist das Volumen bei einem isobaren Vorgang konstant ($\varDelta V = 0$), oder kann wenigstens die Volumenänderung vernachlässigt werden, so folgt aus Gl. [86], $A_n' = (A_m')_V$ [86a], maximale Nutzarbeit und -Arbeit eines ohne Volumenänderung verlaufenden Prozesses sind gleich. Wie die maximale Arbeit ist auch die maximale Nutzarbeit eines isothermen Prozesses vom Wege unabhängig, denn sie

---

[1] Englisch: net work, französisch: travail net. Deshalb erscheint der Index n viel zweckmäßiger als der von EUCKEN (l. c. S. 7) gewählte und auch im LANDOLT-BÖRNSTEIN benutzte m. Unser A_m wird in diesen Werken als A_r (r = reversibel) bezeichnet, ebenfalls unzweckmäßig, da doch auch A_n sich auf reversible Prozesse bezieht.

unterscheidet sich ja von jener nur durch eine Größe, deren Wert vom Druck und Volumen des Ausgangs- und Endzustandes abhängt, und diese wieder sind lediglich durch den Ausgangs- und Endzustand selbst bestimmt. Verändert sich bei dem reversiblen Prozeß das Volumen, so wird gegen den Außendruck Arbeit geleistet, deren Größe $P \Delta V$ angibt. Diese Arbeit ist positiv, wenn das Endvolumen größer als das Anfangsvolumen ist, negativ im umgekehrten Falle, da ja dann ΔV einen negativen Wert hat. Denken wir uns z. B. bei Atmosphärendruck und 0^0 C die Reaktion $2\,H_2 + O_2 = 2\,H_2O_g$ ablaufen, bei der aus 3 Molen Gas 2 Mole entstehen, so ist die Volumenabnahme (Anfangs- — Endvolumen) des Systems gleich der um das Volumen, das 1 Mol Gas bei dieser Temperatur und Atmosphärendruck einnimmt, also gleich der um $\dfrac{R\,T}{1} = 22{,}41$ L und $P \Delta V$ gleich — 22, 41 Literatmosphären (La). Die maximale Nutzarbeit dieser Gasreaktion ist gleich ihrer maximalen Arbeit abzüglich der gegen den Außendruck geleisteten, in unserem Falle negativen Arbeit, d. h. $A'_n = A'_m — P \Delta V = A'_m — (— 22{,}41) = A'_m + 22{,}41$ La, wobei natürlich auch A'_n und A'_m in Literatmosphären anzugeben sind. Man drückt dies manchmal auch so aus, daß man sagt, die maximale Nutzarbeit ist gleich der maximalen Arbeit eines Prozesses bei „konstantem Volumen", womit gemeint ist, „wenn dieser ohne Volumenänderung verlaufen wäre". Hier haben wir wieder eine neue Bedeutung, in der der Ausdruck „bei konstantem Volumen" von manchen Thermodynamikern gebraucht wird. Demgemäß wird er sowohl für die Arbeit realer Prozesse verwendet, bei denen Anfangs- und Endvolumen gleich ist, wie für die fiktiver, die von den ihnen entsprechenden realen sich durch die Fiktion unterscheiden, daß bei ihnen keine Atmosphärenarbeit geleistet wird. Die angeführte Definition der Nutzarbeit scheint mir wenig glücklich und leicht zu Irrtümern zu führen, jedenfalls muß man im Auge behalten, daß bei vielen Reaktionen der Ablauf „bei konstantem Volumen" nur fiktiv realisiert werden kann, z. B. bei der Reaktion $2\,H_2 + O_2 = 2\,H_2O_1$, und daß, wenn wir den Zusammentritt von $2\,H_2$ und $1\,O_2$ zu flüssigem H_2O in der Kalorimeterbombe ablaufen lassen, das Ergebnis nicht streng dem entspricht, was die Gleichung $2\,H_2 + O_2 = 2\,H_2O_1$ „bei konstantem Volumen" thermodynamisch besagt; denn bei der realen Reaktion wird außer H_2O_1 noch H_2O_g gebildet. Denken wir uns einen Formelumsatz der Reaktion

$2 H_2 + O_2 = 2 H_2O_1$ bei Atmosphärendruck und 0^0 in einem reversiblen galvanischen Element ablaufen, so ist $P\varDelta V = P$ $(V_2 - V_1) = -1 \cdot 3 \cdot 22{,}41 = -3 RT_{273}$ La, da wir das gebildete Wasservolumen V_2 von 36 ccm ($2 \cdot 18$ ccm, 18 g Molekulargewicht von H_2O) gegenüber V_1 vernachlässigen dürfen. Die vom Element geleistete elektrische Arbeit beträgt EnF (s. Kap. 5), die von ihm geleistete Volumenarbeit $-3 RT$, seine gesamte maximale Arbeit also $A'_m = EnF + (-3 RT) = EnF - 3 RT$, $A'_n = A'_m - (-3 RT) = EnF$. Die maximale Nutzarbeit unseres Knallgaselementes ist folglich gleich der geleisteten elektrischen Arbeit. Die elektrische Arbeit aber ist es, die wir nutzbringend verwenden können, während wir die mit ihr verknüpfte Volumenarbeit gegen die Atmosphäre nicht verwerten können, und gerade um diese nicht nutzbare Atmosphärenarbeit unterscheidet sich wie in diesem Falle auch bei chemischen, Oberflächenreaktionen usw. stets die maximale Arbeit von der maximalen Nutzarbeit.

Wegen

$$\frac{d\,(A'_m)_C}{d\,T} = \left(\frac{\partial\,A'_n}{\partial\,T}\right)_P$$

ergibt sich

$$A'_m - \varDelta U' = T \frac{d\,(A'_m)_C}{d\,T} = T\left(\frac{\partial\,A'_m}{\partial\,T}\right)_V = T\left(\frac{\partial\,A'_n}{\partial\,T}\right)_P \cdot \qquad [87]$$

Führen wir in diese Gleichung die Abnahme des Wärmeinhalts $\varDelta H' = \varDelta U' - P\varDelta V$ ein, so ergibt sich

$$A'_m - P\varDelta V - \varDelta U' + P\varDelta V = (A'_m - P\varDelta V) -$$
$$- (\varDelta U' - P\varDelta V) = A'_n - \varDelta H' \qquad [88]$$

$$A'_n - \varDelta H' = T\left(\frac{\partial A'_n}{\partial\,T}\right)_P, \quad \varDelta H' = A'_n - T\left(\frac{\partial A'_n}{\partial\,T}\right)_P \cdot \qquad [89]$$

Die Gleichungen [87, 89], die zuerst von GIBBS abgeleitet wurden, werden auch als GIBBS-HELMHOLTZsche bezeichnet und sind diejenige Ausdrucksform des zweiten Hauptsatzes, in der er wohl am häufigsten in der physikalischen Chemie zur Anwendung gelangt. Sie drücken seinen Inhalt aus unter Benutzung der Begriffe: maximale Arbeit und Nutzarbeit. Da wir indes von dem Gedankengang ausgegangen waren, wie man den zweiten Hauptsatz mittels einer anderen Funktion, der Entropie, auszudrücken hat, müssen wir sehen, von unserem Ausgangspunkt, dem CARNOTschen Kreisprozeß, zu dieser zu gelangen. Dies geschieht folgendermaßen:

Der maximale Nutzeffekt des umkehrbaren Kreisprozesses ist unabhängig von der Natur des arbeitenden Körpers und der Form des Prozesses

$$\frac{A'_m}{Q_{m_1}} = \frac{Q_{m_1} - Q'_{m_2}}{Q_{m_1}} = \frac{T_1 - T_2}{T_1},$$

wobei wir entsprechend den Ausführungen S. 59, auch bei den Wärmemengen durch den Index m hervorheben, daß es sich bei den bisher als Q_1, Q_2 .. bezeichneten Größen um reversible Wärmemengen handelt.

Durch eine leichte Umformung erhalten wir

$$\frac{Q_{m_1}}{Q'_{m_2}} = \frac{T_1}{T_2}, \quad \frac{Q_{m_1}}{T_1} = \frac{Q'_{m_2}}{T_2}$$

und, indem wir $-Q'_{m_2} = Q_{m_2}$ setzen,

$$\frac{Q_{m_1}}{Q_1} + \frac{Q_{m_2}}{T_2} = 0. \tag{90}$$

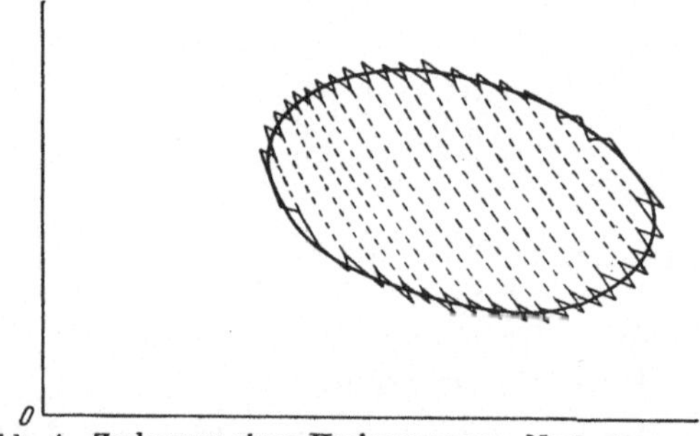

Abb. 4. Zerlegung eines Kreisprozesses. Nach CLAUSIUS.

Um diese Gleichung bequem in Worte fassen zu können, wollen wir einige Definitionen einführen:

1. Man nennt einen Kreisprozeß einen „einfachen", wenn in ihm nur bei zwei verschiedenen Temperaturen Wärme ausgetauscht wird.

2. Eine Wärmemenge, dividiert durch die absolute Temperatur, bei der sie zwischen einem System und seiner Umgebung ausgetauscht wird, heißt reduzierte Wärmemenge.

Dann lautet unsere Gleichung in Worten: Bei einem einfachen reversiblen Kreisprozeß ist die Summe der zugeführten reduzierten Wärmemengen gleich 0.

Haben wir statt eines einfachen einen komplizierteren umkehrbaren Kreisprozeß, in dessen Verlauf bei zahlreichen Temperaturen

Wärmeaustausch stattfindet, so können wir uns diesen Prozeß angenähert in eine Anzahl von einfachen Kreisprozessen zerlegt denken, wie dies Abb. 4 zeigt. Da die gestrichelt gezeichneten Zustandsänderungen einmal in der einen Richtung, das andere Mal in der anderen Richtung durchlaufen werden, so heben sich die dabei ausgetauschten Wärmemengen auf, und es bleiben nur diejenigen Wärmemengen, die bei den durch die gezackte ausgezogene Linie dargestellten Zustandsänderungen ausgetauscht werden. Bei den einzelnen Kreisprozessen werden bei den Temperaturen T_1, T_2, T_3 ... Wärmemengen ausgetauscht, wozu natürlich eine entsprechende Anzahl entsprechend temperierter Wärmereservoire vorhanden sein muß, und, da für jeden einzelnen Kreisprozeß der oben ausgesprochene Satz gilt, so ist auch

$$\sum \frac{Q_{m_1}}{T_1} + \frac{Q_{m_2}}{T_2} + \frac{Q_{m_3}}{T_3} + \frac{Q_{m_4}}{T_4} + \ldots = 0. \qquad [91]$$

Der Ersatz des komplizierten Kreisprozesses durch die zahlreichen einfachen Kreisprozesse läßt sich um so vollkommener durchführen, in je mehr einfache Kreisprozesse wir zerlegen, je kleiner und zahlreicher die Zacken der gebrochenen Linie werden, die die gebogene des ursprünglichen Kreisprozesses ersetzt, je kleiner demnach der Wärmeaustausch bei jeder einzelnen Temperatur wird. Der Ersatz wird vollkommen, wenn wir den Wärmeaustausch bei jeder Temperatur unendlich klein machen. In diesem Falle geht die Gl. [91] über in $\oint \frac{d\,Q_m}{T} = 0$ [92], wobei der Index $_m$ auf die Bedingung des reversiblen Wärmeaustausches hinweisen soll, der Kreis im Integralzeichen darauf, daß über den ganzen Kreisprozeß zu integrieren ist. Verläuft der Kreisprozeß nicht reversibel, sondern irreversibel, und dazu genügt, daß irgendein Teilprozeß irreversibel ist, so ist sein Nutzeffekt kleiner als bei reversibler Leitung. Es ist dann, wie hier nicht näher ausgeführt wird

$$\frac{Q_{ir_1} - Q_{ir_2}'}{Q_{ir_1}} < \frac{T_1 - T_2}{T_1},$$

folglich $\frac{Q_{ir_1}}{T_1} + \frac{Q_{ir_2}}{T_2} < 0$ und allgemein $\oint \frac{d\,Q_{ir}}{T} < 0$ [93], wobei der Index $_{ir}$ die Irreversibilität kennzeichnet.

Bei reversibler Leitung ist nicht nur der Gesamtwert des Integrals $\oint \frac{d\,Q_m}{T}$ bei Durchführung eines Kreisprozesses konstant ($= 0$) und vom Wege unabhängig, sondern auch der Wert, den das

Integral zwischen zwei beliebigen Zuständen A und B hat, muß stets gleich sein. Um dies zu zeigen, ergänzen wir beliebige reversibel durchlaufene Wege von A nach B (I, II ...) durch ein und denselben von B nach A (III) zu reversiblen Kreisprozessen (Abb. 5). Würden wir für den einen reversiblen Weg von A nach B (I) einen anderen Wert des Integrals erhalten als für einen anderen (II), so müßte gelten

$$\oint \frac{d\,Q_m}{T} = \int_A^B{}_I \frac{d\,Q_m}{T} + \int_B^A{}_{III} \frac{d\,Q_m}{T} = 0$$

$$\oint \frac{d\,Q_m}{T} = \int_A^B{}_{II} \frac{d\,Q_m}{T} + \int_B^A{}_{III} \frac{d\,Q_m}{T} = 0\,.$$

Hieraus folgt $\int_A^B{}_I.. = \int_A^B{}_{II}..$, da die übrigen Größen in beiden Gleichungen identisch sind, d. h. der Wert der Integrale $\int_A^B \dfrac{d\,Q_m}{T}$

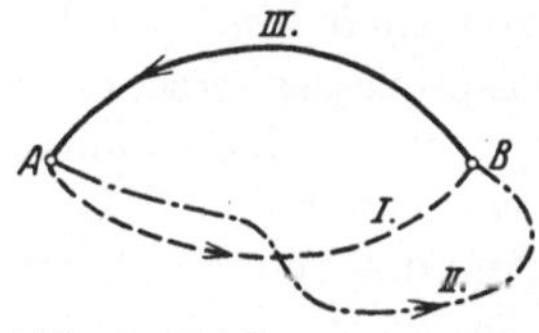

Abb. 5. Erklärung im Text.

zwischen zwei beliebigen Zuständen A und B ist, wie behauptet, vom Wege unabhängig. Ist dies aber der Fall, so kann er nur von den Eigenschaften der Zustände A und B selbst abhängen, und es muß eine vom Wege unabhängige Größe geben, eine Zustandsgröße, deren Wertdifferenz in den Zuständen B und A gleich $\int_A^B \dfrac{d\,Q_m}{T}$. Diese Größe wurde von CLAUSIUS „Entropie" genannt. Wir wollen sie mit S bezeichnen. Dann ist

$$S_B - S_A = \varDelta S = \int_A^B \frac{d\,Q_m}{T}\,. \tag{94}$$

Für zwei Zustände, für die $S_B - S_A$ unendlich klein ist, gilt

$$d\,S = \frac{d\,Q_m}{T}\,, \tag{95}$$

folglich ist $S = \int \dfrac{d\,Q_m}{T} + \text{Konst}$ [96].

$\varDelta S$ ist also für eine bestimmte Zustandsänderung gleich der Summe (dem Integral) aller zugeführten Wärmemengen, dividiert

durch die jeweilige Zuführungstemperatur, wenn wir uns die
Zustandsänderung reversibel vorgenommen denken. Man
ersieht hieraus, daß die Entropie eine additive Zustandsgröße
(S. 5) ist; denn verdoppeln wir die Masse des Systems, so müssen
wir wegen der verdoppelten Wärmekapazität ceteris paribus
doppelte Wärmemengen zuführen, und $\varDelta S$ erhält den doppelten
Wert.

Haben wir es mit einem Kreisprozeß zu tun, der von A nach B
irreversibel und von B nach A reversibel verläuft, so gilt nach
Gl. [93] für den ganzen Kreisprozeß

$$\oint \frac{d\,Q_{ir}}{T} = \int_A^B \frac{d\,Q_{ir}}{T} + \int_B^A \frac{d\,Q_m}{T} < 0\,.$$

Da nach Gleichung [94]

$$\int_B^A \frac{d\,Q_m}{T} = -\int_A^B \frac{d\,Q_m}{T} = -(S_B - S_A)\,, \text{ folgt}$$

$$\int_A^B \frac{d\,Q_{ir}}{T} - (S_B - S_A) < 0\,, \quad S_B - S_A > \int_A^B \frac{d\,Q_{ir}}{T}\,. \qquad [97]$$

Ist das System, in dem sich eine Zustandsänderung abspielt,
abgeschlossen, d. h. kein Energieaustausch mit der Umgebung
möglich, so wird $dQ = 0$, also gilt für jede reversible Zustandsänderung des Systems nach Gl. [94] $S_B = S_A$ [98], d. h. S ist bei
allen reversiblen Zustandsänderungen eines abgeschlossenen Systems
konstant, $\varDelta S = 0$. Für jede irreversible Zustandsänderung unseres
Systems gilt nach Gl. [97] $\varDelta S = S_B - S_A > 0$, $S_B > S_A$ [99],
d. h. bei allen irreversiblen Zustandsänderungen eines abgeschlossenen Systems nimmt S zu.

Betrachten wir bei einem in der Natur verlaufenden, also irreversiblen, Prozeß die Summe der Entropien aller an dem Prozeß
beteiligten Körper, so muß sie zunehmen; denn, wenn wir alle an
dem betreffenden Prozeß beteiligten Körper berücksichtigen, so
sind ja keine andern mehr in Betracht zu ziehen, die irgendwie
von außen einwirken, d. h. der Naturprozeß verläuft wie in einem
abgeschlossenen System. Je mehr sich ein derart betrachteter
Naturprozeß dem reversiblen Verlauf nähern würde, um so geringer
wäre die Zunahme von S, und im Idealfalle des reversiblen Verlaufs
wäre sie gleich 0.

Die Größe S, die Entropie, hat also folgende Eigenschaften:
Sie ist eine Zustandsgröße, d. h. für einen Körper in einem
bestimmten Zustand eindeutig bestimmt durch diesen, und unabhängig davon, auf welche Weise der Körper in den Zustand gelangt
ist. In einem abgeschlossenen System bleibt sie bei allen reversiblen
Veränderungen konstant und nimmt bei allen irreversiblen Veränderungen zu. Bei jedem realen Naturprozeß nimmt die Summe
der S aller beteiligten Körper zu, bei einem reversiblen gedachten
Naturprozeß würde sie konstant bleiben.

Die Entropie erfüllt also alle Bedingungen, die wir an eine
Größe gestellt hatten (S. 48), die man als Maß für die Wahrscheinlichkeit von Naturzuständen verwenden kann. Wir können sie
also als solches verwenden. Damit ist aber nur gesagt, daß sie in
irgendeinem funktionellen Zusammenhang mit der Wahrscheinlichkeit der Naturzustände stehen muß, derart, daß jeder Wert von
S eindeutig einen Wert der Wahrscheinlichkeit W bedingt und
umgekehrt: $S = f(W)$. Welche funktionelle Beziehung aber
zwischen S und W besteht, muß erst ermittelt werden. Dies geschieht durch folgende Betrachtung. Gegeben seien zwei voneinander unabhängige Systeme 1 und 2 mit den Wahrscheinlichkeiten
W_1 und W_2. Dann sind ihre Entropien $S_1 = f(W_1)$ und $S_2 = f(W_2)$.

Wir setzen diese beiden Systeme zusammen, so daß ein einziges
entsteht. Dabei soll unter dem entstehenden System lediglich das
verstanden werden, das im Augenblick des Zusammenbringens der
beiden Teile entsteht, ohne daß irgendwelche weiteren entropie-
ändernden Veränderungen erlaubt sind. Dann gilt für dieses System,
dessen Wahrscheinlichkeit mit W, dessen Entropie mit S bezeichnet
werde,

$$S = f(W) = S_1 + S_2 = f(W_1) + f(W_2).$$

Denn die Entropie eines Systems ist als Zustandsgröße unabhängig davon, auf welchem Wege das System entstanden ist. Nun
ist nach einem Satz der Wahrscheinlichkeitsrechnung die Wahrscheinlichkeit, daß zwei Systeme von der Wahrscheinlichkeit W_1
und W_2 gleichzeitig existieren, also die Wahrscheinlichkeit unseres
zusammengesetzten Systems, $W_1 \cdot W_2$, also ist

$$S = f(W_1 \cdot W_2) = f(W_1) + f(W_2).$$

Die einzige Funktion, die dieser Beziehung genügt, ist der
Logarithmus, für den gilt $\ln(ab) = \ln a + \ln b$. Also ist $S = k$
$\ln W$, da diese Gleichung allein die Bedingung der darüberstehenden

für S erfüllt. Die Entropie eines Systems ist also proportional dem Logarithmus seiner Wahrscheinlichkeit. Durch den Nachweis, daß die Entropie eine Maßgröße für die Wahrscheinlichkeit von Naturzuständen darstellt, haben wir die Berechtigung der Formulierung des zweiten Hauptsatzes mit Hilfe des Entropiebegriffes gezeigt. Diese Formulierung, die wir bereits gegeben haben, lautet:

Jeder in der Natur stattfindende, also jeder irreversible, Prozeß verläuft in dem Sinne, daß die Summe der Entropien aller an dem Prozeß beteiligten Körper vergrößert wird.

Beziehen wir auf ein abgeschlossenes System, so können wir sagen:

Bei allen in einem abgeschlossenen System verlaufenden Vorgängen wächst die Entropie des Systems, wenn die Vorgänge irreversibel sind, und bleibt die Entropie konstant, wenn die Vorgänge reversibel sind.

Aus diesem Satz können wir eine weitere Folgerung ableiten über die Entropie im Gleichgewichtszustand eines energetisch abgeschlossenen Systems. Ist das thermodynamische Gleichgewicht erreicht, so gehen ja definitionsgemäß (S. 45) keine weiteren irreversiblen Vorgänge in ihm vonstatten, seine Entropie kann also nicht mehr weiter wachsen, sie ist im Maximum. Der mathematische Ausdruck dafür, daß eine Größe im Maximum bzw. im Minimum ist, lautet $\delta x = 0$, wobei das Zeichen δ eine Variation, eine gedachte, mit den Systembedingungen vereinbare Veränderung der Größe x bezeichnet, also ist $\delta S = 0$ die Gleichgewichtsbedingung eines abgeschlossenen Systems. Umgekehrt wird sich ein abgeschlossenes System solange nicht im Gleichgewicht befinden, werden also in ihm von selbst solange Vorgänge ablaufen, als seine Entropie noch zunehmen kann. Man kann daher über die Möglichkeit des Eintretens eines Vorganges in einem abgeschlossenen System dann Aussagen machen, wenn man die Entropiedifferenz des Systems in den in Frage kommenden Zuständen kennt. Die Entropiedifferenz zweier Zustände können wir auf zwei Wegen kennenlernen, erstens durch Berechnungen der Wahrscheinlichkeiten der Zustände, zweitens, indem wir auf die Bedeutung zurückgehen, die die Entropiedifferenz zweier Zustände

nach Gleichung [94] hat, $S_B - S_A = \int\limits_A^B \dfrac{d\,Q_m}{T}$, nämlich die des

Integrals über alle Wärmemengen, die man dem System bei

reversiblem Übergang von A nach B zuführen muß, jede dividiert durch ihre Austauschtemperatur. Für isotherme Vorgänge geht wegen der Konstanz von T der Ausdruck $\Delta S = \int \mathrm{d}\frac{Q_m}{T}$ in

$\Delta S = \frac{Q_m}{T}$ [100] über, der die **Entropiezunahme** bei dem Vorgang darstellt **als die durch die gegebene Temperatur dividierte Wärmemenge, die hätte zugeführt werden müssen, wenn die Zustandsänderung reversibel vorgenommen worden wäre.**

Wir müssen jetzt noch zwei weitere Zustandsfunktionen besprechen, deren Benutzung in vielen Fällen bequemer ist als die der Entropie und gerade für die biologische Thermodynamik von größter Bedeutung ist: Es sind dies die **freie Energie** und das **thermodynamische Potential.** Wir waren zu der Zustandsfunktion Entropie durch die Überlegung gelangt, daß es, weil der Wert des Integrals $\int_A^B \mathrm{d}\frac{Q_m}{T}$ unabhängig vom Wege ist, eine Größe geben müsse, die lediglich durch die Zustände A und B bestimmt ist, und deren Änderung durch das Integral $\int_A^B \mathrm{d}\frac{Q_m}{T}$ gemessen wird. Diese Größe nannten wir Entropie. Eine entsprechende Schlußfolgerung ergibt sich, wenn man davon ausgeht, daß die maximale Arbeit (bei konstantem V) bzw. Nutzarbeit (bei konstantem P) eines **isothermen** Übergangs von A nach B vom Wege unabhängig ist. Es muß dann auch Zustandsfunktionen geben, die in den Zuständen A und B eben durch diese Zustände bestimmte Werte haben, und deren Wertänderungen beim isothermen Übergang von A nach B durch den Wert der maximalen Arbeit bzw. Nutzarbeit gemessen werden. Die Zustandsgröße, deren Änderung bei isothermen Prozessen durch die maximale Arbeit bei konstantem Volumen gemessen wird, bezeichnet man als freie Energie, auch HELMHOLTZsche freie Energie, F_H (auf 1 Mol bezogen f_H). Man nennt sie freie Energie deshalb, weil ihr Wert für ein System in einem bestimmten Zustand, dessen Absolutbetrag ebenso wie der der Gesamtenergie nicht angegeben werden kann, ein Maß für die frei in Arbeit verwandelbare Energie, für die Arbeitsfähigkeit des Systems bei konstantem V darstellt. Haben wir z. B. bei 25^0 reines H_2O (Zustand 1) und H_2O als Lösungsmittel einer Zuckerlösung (Zustand 2), so ist $f_{H1} - f_{H2} = \Delta f'_H$, die Abnahme der freien Energie von 1 Mol Wasser beim isochoren, d. h. ohne Volumenänderung verlaufenden, Übergang aus dem Zustand 1 in 2, gleich der maximalen Arbeit, die bei diesem Übergang gewonnen werden kann, und f_{H1} bzw. f_{H2} eine — freilich ihrem Absolutwert nach unbestimmte — Maßgröße der frei in Arbeit verwandelbaren Energie des Mols H_2O in den Zuständen 1 und 2. Wir haben bereits bei Besprechung des CARNOTschen Kreisprozesses gesehen, daß Energie, z. B. Wärme, nicht immer frei in Arbeit verwandelt werden kann, und deshalb ist die freie Energie eines Systems von seinem Energieinhalt, seiner inneren Energie, seiner Gesamtenergie, zu unterscheiden.

Wie die Unabhängigkeit der maximalen Arbeit eines isothermen Prozesses bei konstantem V die Einführung der Zustandsfunktion F_H veranlaßt, so die der maximalen Nutzarbeit bei isothermen und isobaren Prozessen die Einführung des thermodynamischen Potentials G. Weil die maximale Nutzarbeit eines isothermen und isobaren Übergangs von Zustand 1 nach 2 unabhängig vom Wege des Übergangs ist, müssen die Zustände 1 und 2 selbst durch eine für sie charakteristische Größe gekennzeichnet sein, deren Änderung bei diesem Übergang durch die maximale Nutzarbeit gemessen wird. Diese Größe ist das thermodynamische Potential G, also ist für einen isothermen Prozeß bei konstantem P bzw. V

$$\Delta G = G_2 - G_1 = A_n = A_m + P \Delta V, \quad \Delta F_H = F_2 - F_1 = A_m \quad [101].$$

In Worten: Die Zunahme des thermodynamischen Potentials bzw. der freien Energie bei einem isothermen, isobaren bzw. isochoren Prozeß ist gleich der reversiblen, minimalen Nutzarbeit bzw. Arbeit, die hätte aufgewendet werden müssen, wenn er reversibel geleitet worden wäre. Ob der Prozeß in Wirklichkeit reversibel oder irreversibel abläuft, ist für den Wert von ΔG bzw. ΔF_H gleichgültig, da er nur vom Anfangs- und Endzustande des Systems abhängt. Die reversible Leitung ist nur ein Mittel zur Bestimmung dieses Wertes. Die Gleichungen $\Delta G = A_n$, $\Delta G' = A'_n$, $\Delta F_H = A_m$, $\Delta F'_H = A'_m$ sind grundlegende Gleichungen, von denen wir immer wieder Gebrauch machen werden.

Nach dem ersten Hauptsatz und Gl. [76, 87, 89, 100] ist für einen isothermen Prozeß

$$A_m = \Delta U - Q_m = \Delta U - T\Delta S = U_2 - U_1 - T(S_2 - S_1) \quad [102]$$
$$A_n = \Delta H - Q_m = \Delta H - T\Delta S = H_2 - H_1 - T(S_2 - S_1) \quad [103]$$

und wegen Gl. [101]

$$G_2 - G_1 = \Delta G = H_2 - H_1 - T(S_2 - S_1) = A_n =$$
$$(H_2 - TS_2) - (H_1 - TS_1), \text{ allgemein } G = H - TS. \quad [104]$$
$$F_{H_2} - F_{H_1} = \Delta F_H = U_2 - U_1 - T(S_2 - S_1) = A_m =$$
$$(U_2 - TS_2) - (U_1 - TS_1), \text{ allgemein } F_H = U - TS. \quad [105]$$

Gl. [104, 105] stellen die Definitionsgleichungen der freien Energie und des thermodynamischen Potentials dar. Die Bezeichnung der durch $U - TS$ bzw. $H - TS$ definierten Größen ist wieder ein merkwürdiges Beispiel der Verschiedenheit thermodynamischer Dialekte. Lewis[1], dessen Nomenklatur international weit verbreitet ist, bezeichnet nämlich unser thermodynamisches Potential als „Freie Energie" und mit dem Buchstaben F, demnach unser ΔG mit ΔF, während er für unser F_H — von ihm als A bezeichnet — keinen Namen angibt. Die deutschen Thermodynamiker gebrauchen jedoch in den meisten Fällen die auch hier gewählte historische Namengebung, da Helmholtz den Namen freie Energie für die Größe $U - TS$ einführte. Nicht genug damit, kommt noch eine zweite Unklarheit daher, daß viele Autoren unser F_H mit F_V, unser G mit F_P bezeichnen, eine Bezeichnung, die mir deshalb unzweckmäßig erscheint, weil entsprechend dem allgemeinen Gebrauch der Indizes V und P, z. B. bei C_V und C_P, der Anfänger leicht geneigt sein wird, unter F_P eine Größe zu verstehen, für die analog $\Delta F'_V = \Delta F'_H = (A'_m)_V$ gelten würde $\Delta F'_P = (A'_m)_P$, während in Wirklichkeit der Autor meint $\Delta F'_P = (A'_m)_P - P\Delta V$. Man muß ferner zum Verstehen thermodynamischer Abhandlungen wissen, daß zwar im allgemeinen zwischen der Arbeit bei einem Vorgang und seiner Nutzarbeit = Nettoarbeit = reine Arbeitsleistung unterschieden wird $(A'_n = A'_m - P\Delta V)$, daß man aber, wenn man von der „Arbeitsfähigkeit" eines Vorganges spricht, eine Unterscheidung in Arbeitsfähigkeit und Nutzarbeitsfähigkeit nicht zu machen pflegt, vielmehr unter Arbeitsfähigkeit eines unter konstantem Druck verlaufenden Vorganges seine Fähigkeit versteht, Nutzarbeit zu leisten, und unter arbeitsfähiger Energie bei einem isotherm und isobar verlaufenden Vorgang die bei seinem Ablauf gewinnbare maximale Nutzarbeit $A'_n = \Delta G'$

---

[1] Lewis-Randall: Thermodynamik. Wien 1927.

versteht. In diesem allgemein üblichen Sinne werden wir auch im folgenden, insbesonders im biologischen Teil, stets von arbeitsfähiger Energie sprechen, während wir von freier Energie sprechen, wenn wir die durch F'_H gemessene Größe bezeichnen wollen.

Lassen wir z. B. ein galvanisches Element unter Atmosphärendruck P isotherm und reversibel arbeiten, und wird dabei die Volumenarbeit $P\varDelta V$ geleistet außer der elektrischen A'_E, die wir allein nutzbringend verwerten können, so interessiert uns zur Kennzeichnung seiner „Arbeitsfähigkeit" lediglich seine Fähigkeit, elektrische Arbeit zu leisten. Hat das reversibel arbeitende Element die maximale Arbeit $A'_E + P\varDelta V$ geleistet, die Nutzarbeit $A'_E + P\varDelta V - P\varDelta V = A'_E$, so war seine Arbeitsfähigkeit im thermodynamischen Sinne im Anfangszustand um A'_E größer als im Endzustand; denn als Maß für die Abnahme der Arbeitsfähigkeit eines Systems zwischen zwei Zuständen von gleichem T und P betrachtet man die maximale Nutzarbeit, die beim Übergang vom Anfangs in den Endzustand geleistet werden kann. Da diese maximale Nutzarbeit unabhängig vom Wege ist und nur vom Anfangs- und Endzustand abhängt, gilt dies auch von der Arbeitsfähigkeit des Systems. Das System verliert also beim Übergang von einem Zustand in einen zweiten stets gleichviel an Arbeitsfähigkeit, ob nun der Übergang unter Leistung der maximalen Nutzarbeit stattgefunden hat, oder ob er irreversibel war. Daraus folgt wegen $A'_n = \varDelta G'$, $A'_m = \varDelta F'$:

Verläuft ein isothermer Vorgang bei konstantem P bzw. V, so ist die Abnahme seiner Arbeitsfähigkeit gleich der Abnahme seines thermodynamischen Potentials $\varDelta G'$ bzw. seiner freien Energie $\varDelta F'_H$.

Wir hatten als Gleichgewichtsbedingung eines abgeschlossenen Systems — für das ja stets U und H konstant — gefunden, daß seine Entropie im Maximum sein muß. Aus den Definitionsgleichungen für F_H und G [104, 105] und nach S. 71 folgt dann:

a) In einem abgeschlossenen System ist im Gleichgewicht die freie Energie und das thermodynamische Potential im Minimum:

$$\delta F'_H = \delta A'_m = 0, \ \delta G' = \delta A'_n = 0. \qquad [106]$$

b) In einem abgeschlossenen System nehmen bei jedem isothermen irreversiblen Prozeß freie Energie und thermodynamisches Potential ab. Als Anwendung von b) ergibt sich: Jeder in der Natur stattfindende isotherme Prozeß verläuft in dem Sinne, daß die Summe der freien Energien bzw. thermodynamischen Potentiale sämtlicher an dem Prozeß irgendwie beteiligten Körper abnimmt; denn die Einbeziehung aller an einem Prozeß beteiligten Körper in ein System ist identisch mit der Charakterisierung des Systems als abgeschlossen.

Gl. [106] gilt nicht nur für abgeschlossene, sondern auch für nicht abgeschlossene Systeme. Dies ergibt sich folgendermaßen: Im thermodynamischen Gleichgewicht ist ein beliebiges System erst dann, wenn keine irreversiblen Vorgänge in ihm mehr von selbst ablaufen können. Folglich können im Gleichgewicht in einem nichtabgeschlossenen System bei gegebenem T nur isotherme reversible Prozesse vor sich gehen. Bei letzteren wird aber insgesamt keine Nutzarbeit (bei konstantem P) bzw. Arbeit (bei konstantem V) geleistet; denn die Reversibilität des Vorganges bedingt, daß einem Teil des Systems ebenso viel Arbeit zugeführt wird, wie ein anderer Teil abgibt. Ein Gas leistet zwar bei seiner isothermen reversiblen Ausdehnung Arbeit an dem reversiblen Stempel (S. 27), aber die Arbeit, die es abgibt, wird dem Stempel zugeführt. Das Gas erfährt eine Abnahme seines thermodynamischen Potentials, die wegen Gleichung [101] der von ihm abgegebenen, geleisteten Nutzarbeit gleich ist, $\Delta G'_1 = A'_{n1}$, der Stempel erfährt eine Zunahme seines G, die der an ihm geleisteten, ihm zugeführten Nutzarbeit gleich ist, $\Delta G_2 = A_{n2}$. Da der Vorgang umkehrbar ist, ist die abgegebene gleich der zugeführten Nutzarbeit $A'_{n1} = A_{n2}$, folglich die gesamte geleistete Nutzarbeit $A'_n = \Delta G' = A'_{n1} + A'_{n2} = 0$, die gesamte aufgewandte Nutzarbeit $A_n = \Delta G = A_{n1} + A_{n2} = 0$, wobei sich ΔG ($\Delta G'$) und A_n (A'_n) auf den Gesamtvorgang beziehen. Also gilt für jedes nicht abgeschlossene System bei gegebenem T und P bzw. T und V als Gleichgewichtsbedingung

$$\Delta G = A_n = 0 \quad \text{bzw.} \quad \Delta F_H = A_m = 0, \qquad [107]$$

weil bei ihm im Gleichgewicht nur isotherme reversible Prozesse möglich sind. Unsere Gleichgewichtsbedingungen sind grundlegend dadurch, daß wir mit ihrer Hilfe Aussagen darüber machen können, ob und in welcher Richtung sich ein System bei gegebenen Außenbedingungen, z. B. bei 25⁰ und 1 atm, verändern wird, und ob und unter welchen Umständen eine bestimmte Veränderung oder ein bestimmter Zustand des Systems erzielt werden kann. Weil nämlich im Gleichgewicht das G des Systems im Minimum ist, und weil jeder von selbst verlaufende Vorgang in der Richtung zum thermodynamischen Gleichgewicht verläuft, so muß sich das System, sofern keine Reaktionshemmungen vorliegen, in der Richtung verändern, daß dabei sein thermodynamisches Potential abnimmt. Der von selbst verlaufende Prozeß geht unter Abnahme von G vor sich, unter Abnahme der Arbeitsfähigkeit, folglich kann er bei geeigneter Leitung Arbeit leisten.

Ferner wird ein gedachter Zustand des Systems bei 25^0 C und 1 atm nur dann von einem beliebig gewählten Zustand des Systems bei gleichem P und T in einem von selbst verlaufenden Prozeß erreicht werden können, wenn bei dem Übergang nach diesem gedachten Zustand eine Abnahme des thermodynamischen Potentials stattfindet, wenn für den Vorgang Δ G' positiv, Δ G negativ ist. Finden wir z. B. für den Übergang von $1\ H_2O_1 \rightarrow 1\ H_2O_s$ bei 25^0 und 1 atm einen positiven Wert von $\overline{\Delta G}$, so wissen wir, daß das Gefrieren des Wassers unter diesen Umständen von selbst nicht eintreten kann. Wir können aber weiter fragen, wie wir die Bedingungen wählen müssen, damit dieser Vorgang von selbst eintritt. Die Antwort lautet, daß wir sie so wählen müssen, daß Δ G negativ wird oder mindestens 0. Im letzteren Falle ist ein reversibler Übergang vom flüssigen zum festen Zustand möglich. Da sich Δ G sowohl mit der Temperatur wie mit dem Druck ändert, so können wir dies sowohl durch eine Druck- wie eine Temperaturänderung oder durch gleichzeitige Änderung von P und T erreichen.

Für isotherme reversible Prozesse folgt aus den Definitionsgleichungen

$$F_H = \ \ U - TS, \qquad G = H - TS$$
$$\Delta F_H = \Delta U - T\Delta S, \ \Delta U' = \Delta F'_H - T\Delta S. \qquad [108]$$
$$\Delta G = \Delta H - T\Delta S, \ \Delta H' = \Delta G' - T\Delta S. \qquad [109]$$

Die Gleichungen zeigen, daß die Abnahme der freien Energie bzw. des thermodynamischen Potentials bei einem isothermen reversiblen Prozeß durchaus nicht kleiner als die Abnahme der Gesamtenergie bzw. von H dabei zu sein braucht, dies ist nur dann der Fall, wenn bei dem Vorgang die Entropie abnimmt, also Δ S negatives Vorzeichen hat. Findet aber eine Entropiezunahme statt, so ist die Abnahme der freien Energie größer als die Abnahme der Gesamtenergie. Durch Vergleich der Gl. [101, 108, 109] mit den GIBBS-HELMHOLTZschen Gl. [87, 89] ergibt sich

$$\Delta F' - \Delta U' = T \cdot \left(\frac{\partial \Delta F'}{\partial T}\right)_V, \ \Delta G' - \Delta H' = T \cdot \left(\frac{\partial \Delta G'}{\partial T}\right)_P. \ [110]$$

$$\left(\frac{\partial A_m}{\partial T}\right)_V = \left(\frac{\partial A_n}{\partial T}\right)_P = -\varDelta S. \qquad [111]$$

Da für eine reversible Zustandsänderung die geleistete Arbeit unabhängig vom Wege ist, so können wir uns bei solchen Zustandsänderungen die Arbeitsleistung auf die verschiedenste Weise zustande gekommen denken, ohne irgendwie in der Anwendung der für die maximale Arbeit, Nutzarbeit, Entropieänderung usw. reversibler Prozesse aufgestellten Gleichungen beschränkt zu sein.

Eine jede unendlich kleine Änderung können wir als reversibel betrachten. Nun gilt für reversible Zustandsänderungen allgemein nach dem ersten Hauptsatz, daß die Zunahme der Energie gleich der Summe von zugeführter reversibler Arbeit und zugeführter reversibler Wärme ist. Diese beiden reversiblen Größen sind aber nur für isotherme reversible Prozesse vom Wege unabhängig. Für nicht isotherme Prozesse sind sie solange nicht vollständig bestimmt, solange nicht ein bestimmter Weg für die betreffende reversible Änderung vorgeschrieben ist. Einen solchen Weg schreiben wir aber vor, wenn wir festsetzen, daß mit einem System nur eine unendlich kleine nicht isotherme Zustandsänderung derart vorzunehmen ist, daß lediglich eine unendlich kleine Temperaturänderung gestattet ist und kein Umweg — man kann ja auch auf einem langen Weg von einem Punkt zu einem ganz naheliegenden gelangen. Unter dieser Bedingung dürfen wir die bei dieser reversiblen Zustandsänderung auftretenden kleinen reversiblen Wärme- und Arbeitsmengen als vollständige Differentiale ansehen, weil, wie hier nicht bewiesen wird, durch diese Annahme nur unendlich kleine Größen zweiter Ordnung vernachlässigt werden. Für derartige infinitesimale Zustandsänderungen dürfen wir also in der Gleichung $dU = dQ_m + dA_m$ alle Größen als vollständige Differentiale betrachten. Wir setzen ferner nach Gleichung [100] $dQ_m = TdS$. Dann ergibt sich, wenn wir noch die Beziehungen $dA_m = dA_n - PdV$ und $dH = dU + PdV + VdP$ verwenden, aus den Definitionsgleichungen für F_H und G

$$dF_H = dU - TdS - S\,dT = dQ_m + dA_m - dQ_m - S\,dT = dA_m - S\,dT$$

$$dF_H = -S\,dT - P\,dV + dA_n \quad [112] \text{ und}$$

$$dG = dH - T\,dS - S\,dT = dU + P\,dV + V\,dP - S\,dT - T$$

$$dS = dQ_m + dA_m + P\,dV + V\,dP - S\,dT - dQ_m$$

$$dG = -S\,dT + V\,dP + dA_n \quad [113].$$

Wir können aber auch $\mathrm{d}\,F_H$ bzw. $\mathrm{d}\,G$ als Summe ihrer partiellen Differentiale darstellen. Dabei wollen wir als unabhängige Variable V bzw. P, T und λ wählen.

Dann ist

$$\mathrm{d}\,F_H = \left(\frac{\partial F_H}{\partial T}\right)_{V,\lambda} \mathrm{d}\,T + \left(\frac{\partial F_H}{\partial V}\right)_{T,\lambda} \mathrm{d}\,V + \left(\frac{\partial F_H}{\partial \lambda}\right)_{V,T} \mathrm{d}\,\lambda, \qquad [114]$$

$$\mathrm{d}\,G = \left(\frac{\partial G}{\partial T}\right)_{P,\lambda} \mathrm{d}\,T + \left(\frac{\partial G}{\partial P}\right)_{T,\lambda} \mathrm{d}\,P + \left(\frac{\partial G}{\partial \lambda}\right)_{P,T} \mathrm{d}\,\lambda. \qquad [115]$$

Durch Vergleich der Koeffizienten in den Gl. [112, 113] und [114, 115] erhält man

$$\left(\frac{\partial F_H}{\partial T}\right)_{V,\lambda} = \left(\frac{\partial G}{\partial T}\right)_{P,\lambda} = -S, \quad \left(\frac{\partial F_H}{\partial V}\right)_{T,\lambda} = -P, \quad \left(\frac{\partial G}{\partial P}\right)_{T,\lambda} = V,$$

$$\left(\frac{\partial F_H}{\partial \lambda}\right)_{V,T} = \left(\frac{\partial G}{\partial \lambda}\right)_{P,T} = \frac{\mathrm{d}\,A_n}{\mathrm{d}\,\lambda}. \qquad [116]$$

Da $\mathrm{d}\,A_n$ die minimale Nutzarbeit darstellt, die einem Reaktionssystem zugeführt werden muß, wenn die Reaktion in ihm um $\mathrm{d}\,\lambda$ fortschreitet, so stellt $\frac{\mathrm{d}\,A_n}{\mathrm{d}\,\lambda}$ diese Nutzarbeit dar, wenn der Prozeß um eins, um die Einheit des Reaktionsablaufes fortschreitet, also die zugeführte minimale Nutzarbeit bei einem Formelumsatz. Hierfür wollen wir entsprechend der S. 36 eingeführten Bezeichnungsweise A_n schreiben. A_n' stellt also die maximale Nutzarbeit für molaren Umsatz eines isothermen chemischen Prozesses bei konstantem Druck dar und, wenn der Prozeß ohne Volumenänderung verläuft, so daß maximale Nutzarbeit und maximale Arbeit des Prozesses gleich werden, so gibt der Wert von A_n' auch die maximale Arbeit des Prozesses bei konstantem Volumen an. Einen Index $_P$ zur Bezeichnung der Druckkonstanz fügen wir A_n' nicht bei, da wir den Begriff Nutzarbeit nur auf isobare Prozesse beziehen. Außer der Reaktionsaufzahl λ hatten wir als chemische Zustandsvariable noch die Molzahl n kennengelernt. Wir müssen also, nachdem wir die Beziehungen von F_H bzw. G zu λ kennengelernt haben, auch noch deren Beziehungen zu n betrachten.

Bezeichnen f_H^i, g^i, s^i, h^i freie Energie, thermodynamisches Potential, Entropie und Wärmeinhalt eines Mols eines reinen Stoffes i, so gilt offenbar für eine Menge dieses Stoffes, die n Mole enthält $F_H = nf_H^i$, $G = ng^i$, $S = ns^i$, $H = nh_i$ [117] und bei gegebenem Volumen bzw. Druck und gegebener Temperatur stellen die molaren Zustandsfunktionen reiner Stoffe f_H, g, s, h usw.

spezifische konstante Größen dar. Also ist für einen reinen Stoff i

$$\mathrm{d}\,F_\mathrm{H} = \mathrm{d}\,\mathrm{n}\,f_\mathrm{H}^i = f_\mathrm{H}^i\,\mathrm{dn},\quad \left(\frac{\partial\,F_\mathrm{H}}{\partial\,\mathrm{n}}\right)_{\mathrm{V,\,T}} = f_\mathrm{H}^i,\quad \left(\frac{\partial\,G}{\partial\,\mathrm{n}}\right)_{\mathrm{P,\,T}} = g^i,\quad \frac{\partial\,S}{\partial\,\mathrm{n}} = s^i.\quad [118]$$

Bei Reaktionen in Mischphasen treten, wie wir gesehen haben, an Stelle der Differentialquotienten nach n diejenigen nach n_1, n_2 usw. auf, wenn 1, 2 usw. die die Mischphase zusammensetzenden Stoffe sind: Die partiellen molaren Größen (S. 32). Wir hatten als Beispiel die Reaktion des Daniellelementes

$$\mathrm{Zn} + \mathrm{CuSO}_{4(0,01)} = \mathrm{Cu} + \mathrm{ZnSO}_{4(0,01)}$$

betrachtet. Bei einem unendlich kleinen Umsatz $\mathrm{d}\lambda$ wird die Mischphase $\mathrm{ZnSO}_{4(0,01)}$ derart verändert, daß bei Aufrechterhaltung von n_1, der Molzahl des Wassers, $\mathrm{d}\mathrm{n}_2$ $\mathrm{ZnSO}_{4(0,01)}$ neu auftreten. Die Reaktionsgleichung soll sich auf konstanten Druck und Temperatur beziehen. Bezeichnet G das thermodynamische Potential der Zinksulfatlösung vor dem Umsatz, so ist es nach dem Umsatz, wenn sich n_2 um $\mathrm{d}\mathrm{n}_2$ geändert hat, $G + \mathrm{d}G$. $\mathrm{d}G$ ist die Zunahme des thermodynamischen Potentials der Lösung nach Änderung der Molzahl um $\mathrm{d}\mathrm{n}_2$. Ändert sich die Molzahl um 1, so ist die Zunahme $\left(\frac{\partial\,G}{\partial\,\mathrm{n}_2}\right)_{\mathrm{n}_1,\,\mathrm{P,\,T}}$. Dabei setzen wir, wie stets bei derartigen Umrechnungen von unendlich kleinen Änderungen auf die Einheit der Änderung, Proportionalität der sich ändernden Größen voraus, in unserem Falle $\frac{\partial\,G}{\partial\,\mathrm{n}_2} = \frac{\Delta\,G}{\Delta\,\mathrm{n}_2}$ für $\Delta\,\mathrm{n}_2 = 1$, eine Voraussetzung, die wir uns dadurch realisiert denken können, daß das System, in dem die Reaktion stattfindet, so groß gewählt wird, daß eine Änderung einer Molzahl um 1 oder von λ um 1 noch als unendlich klein betrachtet werden darf, also keine merkliche Konzentrationsänderung hervorruft. Man erkennt, daß mit der Änderung $\frac{\partial\,G}{\partial\,\mathrm{n}_2}$ auch eine Änderung $\frac{\partial\,S}{\partial\,\mathrm{n}_2}, \frac{\partial\,H}{\partial\,\mathrm{n}_2}$ . . (partielle molare Entropie, Wärmeinhalt usw.) verknüpft ist. Wir erhalten die partiellen molaren Zustandsfunktionen durch Differenzieren von S, H .. usw. nach n_1, n_2... n. Diese partiellen molaren Größen bezeichnen wir mit den gleichen Buchstaben wie die molaren, jedoch mit niedrig statt hoch gesetztem Stoffindex, also $s_i = $ partielle molare Entropie des Stoffes i in einer Mischphase, $s^i = $ molare Entropie des reinen Stoffes i. Eine der wichtigsten Beziehungen zwischen diesen Größen drückt folgende Gleichung aus

$$\left(\frac{\partial\,G}{\partial\,\mathrm{n}_i}\right)_\mathrm{P} = \left(\frac{\partial\,F_\mathrm{H}}{\partial\,\mathrm{n}_i}\right)_\mathrm{V} = \mu_i = g_i = (f_\mathrm{H})_i.\qquad [119]$$

Die Bezeichnung μ_i, die von GIBBS stammt, ist gewählt, weil sie international weit verbreitet ist.

Beweis: G und F_H mögen wieder das thermodynamische Potential und die freie Energie einer Zinksulfatlösung bedeuten. Da wegen [21, 104, 105] $G = F_H + PV$, so ist

$$\left(\frac{\partial G}{\partial n_i}\right)_P = \left(\frac{\partial F_H}{\partial n_i}\right)_P + P\left(\frac{\partial V}{\partial n_i}\right)_P, \qquad [120]$$

ferner ist

$$d F_H = \left(\frac{\partial F_H}{\partial n_i}\right)_V d n_i + \left(\frac{\partial F_H}{\partial V}\right)_{n_i} d V,$$

$$\left(\frac{\partial F_H}{\partial n_i}\right)_P = \left(\frac{\partial F_H}{\partial n_i}\right)_V + \left(\frac{\partial F_H}{\partial V}\right)_{n_i}\left(\frac{\partial V}{\partial n_i}\right)_P \text{ und } \left(\frac{\partial F_H}{\partial V}\right)_{n_i} = -P.$$

Dies folgt aus Gl. [116], da für konstantes n_i infolge von $d n_i = \nu_i d\lambda$ auch λ konstant ist. Also ergibt sich beim Einsetzen in [120]

$$\left(\frac{\partial G}{\partial n_i}\right)_P = \left(\frac{\partial F_H}{\partial n_i}\right)_V = \mu_i.$$

Wir haben für die Differentialquotienten der Gleichung [119] die Bezeichnung μ_i eingeführt. Man nennt μ_i auch das **chemische Potential des Stoffes in einer Mischphase.** Für reine Stoffe, die wir auch als Mischphasen auffassen können, in denen die Molzahlen irgendwelcher anderer Stoffe unendlich klein sind, geht Gleichung (119) über in

$$\left(\frac{\partial G}{\partial n}\right)_{P,T} = \left(\frac{\partial F_H}{\partial n}\right)_{V,T} = \mu^i = g^i = f_H^i. \qquad [121]$$

μ^i **ist also das chemische Potential oder das molare thermodynamische Potential des reines Stoffes** i. Wir haben im 1. Kapitel unter Benutzung des Volumens als Beispielseigenschaft eine Reihe von Gleichungen für Mischphasen abgeleitet und bereits darauf hingewiesen, daß wir diese Gleichungen auf jede Zustandsgröße einer Mischphase anwenden dürfen. Demnach ergibt sich aus Gl. [37] und [38] bei konstantem P und T für eine binäre Mischphase aus den Stoffen 1 und 2

$$dG = \mu_1 dn_1 + \mu_2 dn_2 \qquad [122]$$

und

$$G = n_1\mu_1 + n_2\mu_2. \qquad [123]$$

Sind P und T variabel, so ist wegen $\left(\frac{\partial G}{\partial P}\right)_{T,n} = V$ und $\left(\frac{\partial G}{\partial T}\right)_{P,n} =$ $-S$ [116] $dG = \mu_1 dn_1 + \mu_2 dn + VdP - SdT.$ $\qquad [124]$

Mit Hilfe des Satzes von der Vertauschbarkeit der Reihenfolge der Variablen beim Differenzieren ergeben sich eine Reihe weiterer Beziehungen z. B.

$$\left(\frac{\partial \mu_1}{\partial n_2}\right)_P = \left(\frac{\partial \mu_2}{\partial n_1}\right)_P, \quad \left(\frac{\partial \mu_1}{\partial T}\right)_P = -\left(\frac{\partial S}{\partial n_1}\right)_P \qquad [125]$$

und zwar gelten beide Gleichungen sowohl für konstantes Volumen wir für konstanten Druck. Ferner erhalten wir wegen Gl. [116]

$$\frac{\partial \mu_1}{\partial P} = \left(\frac{\partial V}{\partial n_1}\right)_P = v_1. \qquad [126]$$

Zum Abschluß dieses Kapitels soll noch kurz auf die eingangs hervorgehobene Beschränkung der Gültigkeit des zweiten Hauptsatzes auf makroskopische Systeme eingegangen werden. Wir haben gesehen, daß die Gültigkeit des zweiten Hauptsatzes auf der Erfahrungstatsache des Gleichgewichtsstrebens in der Natur beruht, die wir gedeutet haben als die Tendenz vom Übergang unwahrscheinlicher in wahrscheinlichere Zustände. Haben wir zwei durch einen Hahn verbundene Gasbehälter, so wird, wenn bei geschlossenem Hahn nur ein Behälter gasgefüllt war, beim Öffnen Gas solange in den anderen überströmen, bis die Teilchenzahl in dem einen Behälter gleich der im anderen Behälter ist. Kleine Schwankungen in der Teilchenzahl durch die Molekularbewegung werden wohl vorkommen, aber sie werden so gering sein, daß eine merkliche prozentische Abweichung von der Gleichheit ganz unwahrscheinlich ist, praktisch als nicht vorkommend betrachtet werden kann. Ganz anders sind aber die Verhältnisse, wenn wir uns den Behälter so klein gewählt denken, daß er nur wenige Teilchen enthält. Dann wird es, da es für jedes Teilchen ebenso wahrscheinlich ist, daß es sich in der einen wie in der anderen Hälfte des Behälters aufhält, häufig vorkommen, daß die Teilchenzahl in beiden Hälften nicht gleich ist, ja bisweilen, daß alle Teilchen sich in einer Hälfte befinden, während die andere leer ist, ein Zustand der beim großen Behälter praktisch nie vorkommt. Bei dem kleinen Behälter wird keine bestimmte Gleichgewichtsverteilung eintreten, kein Übergang aus ganz unwahrscheinlichen in sehr viel wahrscheinlichere Zustände. Die Voraussetzungen des zweiten Hauptsatzes fehlen also, und damit wird er in diesem Falle auch ungültig. Je mehr die Teilchenzahl wächst, um so mehr nähern wir uns dem Gültigkeitsbereich des zweiten Hauptsatzes. Immerhin können wir noch im Ultramikroskop beobachten, daß die Teilchenzahl eines Kolloids keineswegs im ganzen Bereich einer beobachteten Zone seiner Lösung konstant ist, sondern, daß sie in einzelnen wahrnehmbaren Bezirken zu gleicher Zeit und in jedem Bezirk zeitlich aufeinanderfolgend erkennbare Schwankungen aufweist. Das bedeutet, daß gelegentlich einmal ein von selbst verlaufender Übergang von niedriger zu höherer Konzentration stattfindet, und zwar ohne Kompensation (s. S. 48, 54). Da wir bei reversibler isothermer Leitung eines solchen Vorganges Arbeit aufwenden müßten, findet bei ihm eine Zunahme der freien Energie und des thermodynamischen Potentials statt, ΔF_H und ΔG haben positive Werte. Daß dieser Vorgang von selbst abläuft, widerspricht also dem zweiten Hauptsatz, aber nur scheinbar, weil dieser eben nur für makroskopische Systeme als gültig aufgestellt ist. Wenn wir es mit sehr kurzfristigen lokalen Zellvorgängen zu tun haben, so dürfen wir die thermodynamischen Gesetze zweifellos nicht anwenden. Die Physiologie hat aber solche Vorgänge noch kaum in ihren Bereich gezogen, während die von ihr im allgemeinen behandelten Vorgänge sich entweder auf größere Stoffbereiche oder, wo dies nicht der Fall ist, doch auf Zeitbereiche erstrecken, die die Anwendung der thermodynamischen Gesetze als zulässig erscheinen lassen. Damit ist natürlich nichts über die biologische Bedeutung gesagt, die Abweichungen des Verhaltens von der makroskopischen Gesetzlichkeit in Zellbestandteilen haben können. Hier sei vor allem auf den Versuch FREUNDLICHs[1] hingewiesen, die Entstehung von Mutationen aus solchen Abweichungen herzuleiten.

Drittes Kapitel.

Phasenregel und Phasenübergänge.

Phasenregel S. 87. Gleichung von CLAUSIUS-CLAPEYRON S. 90. Siedepunkterhöhung S. 94. Gefrierpunkterniedrigung S. 97. Osmotischer Druck S. 99. HENRYsches Gesetz S. 114. NERNSTscher Verteilungssatz S. 116. Abhängigkeit des Sättigungsdampfdrucks und Schmelzpunkts vom Druck S. 117. Flüchtigkeit und absolute Aktivität S. 121. Standardzustände S. 123. Relative Aktivität S. 124.

Eine in sich homogene Stoffmenge, die gegen ihre Umgebung durch Grenzflächen abgesetzt ist, nennt man eine Phase. Eis, Wasser, Wasserdampf sind Phasen, und zwar drei Phasen, welche ein und dieselbe chemische Komponente, nämlich H_2O, bildet. Eine Zuckerlösung ist eine Phase, die aus zwei Komponenten,

---

[1] H. FREUNDLICH, Naturwiss. **7**, 832 (1919).

Zucker und Wasser, besteht. Die einfachste Regel, die wir über das Gleichgewicht verschiedener Phasen aussprechen können, lautet: Sind 2 Phasen mit einer dritten im Gleichgewicht, so sind sie miteinander im Gleichgewicht. Zum Beweis denken wir uns die drei Phasen A, B und W mittels Heberverbindungen ringförmig angeordnet (Abb. 6). Nach Voraussetzung seien sowohl A wie B mit W im Gleichgewicht. Die Behauptung ist dann, daß auch A und B miteinander im Gleichgewicht sind. Wäre die Behauptung falsch und bestünde zwischen A und B kein Gleichgewicht, so müßte sich das Gleichgewicht in einem von selbst verlaufenden Vorgang herzustellen suchen. Sind z. B. A, B und W Lösungen, die als Lösungsmittel Äther, Benzol und Wasser enthalten, als gelöste Stoffe die beiden Komponenten, mit denen sie in Berührung stehen, und hat sich sowohl zwischen A und W wie zwischen B und W das Verteilungsgleichgewicht hergestellt, aber

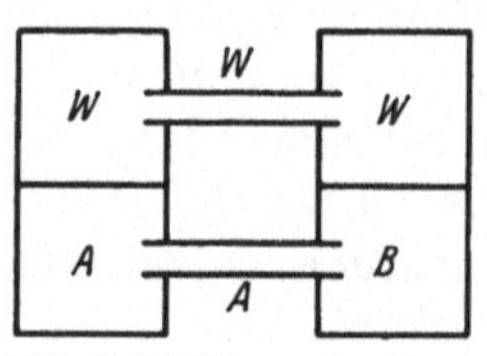

Abb. 6. Erklärung im Text.

nicht zwischen A und B, sondern wäre z. B. die Wasserkonzentration in B höher als es dem Gleichgewicht mit A entsprechen würde, so würde Wasser von B nach A diffundieren. Dadurch würde sowohl das Gleichgewicht zwischen B und W wie zwischen A und W gestört werden, und es müßte auch Wasser von A nach W und von W nach B diffundieren, also eine Diffusion von Wasser im Kreis herum stattfinden. Da wir aber jeden freiwillig verlaufenden Prozeß bei Benutzung einer geeigneten Vorrichtung Arbeit leisten lassen können (S. 77) — eine Vorrichtung, die den freiwilligen Konzentrationsausgleich zwischen zwei Lösungen Arbeit leisten läßt, den semipermeablen Stempel, werden wir in Kürze kennenlernen — und da wir den ganzen Vorgang isotherm ablaufen lassen können, so könnten wir, falls unsere Gleichgewichtsregel unrichtig wäre, eine periodisch arbeitende isotherme Vorrichtung konstruieren, die dauernd Arbeit leisten würde, wozu dauernd Wärme der Umgebung in Arbeit verwandelt werden müßte. Dies ist nach dem zweiten Hauptsatz unmöglich.

Indessen könnte man gegen den angeführten Beweis einen Einwand erheben. Denkt man sich das System zuerst ohne den mit A gefüllten Heber, und hat sich in diesem Zustand Gleichgewicht zwischen W und A bzw. B eingestellt, so könnte man argumentieren: Es besteht die Möglichkeit, daß, wenn wir nunmehr eine Verbindung von A und B mittels des Hebers herstellen, das Gleichgewicht zwischen W und A bzw. B eine Verschiebung erfährt. Dann brauchten B und A nicht sofort bei ihrer Verbindung durch den Heber im Gleichgewicht zu sein, sondern es könnte vielleicht das Gleichgewicht zwischen ihnen so liegen, daß zunächst eine gewisse Diffusion nach A stattfinden kann, bis sich Gleichgewicht zwischen B und A eingestellt hat. Trotzdem brauchte es in diesem Falle nicht zu einem Kreisprozeß der Diffusion zu kommen, sondern der Vorgang könnte damit beendet sein, wenn nämlich das neue Gleichgewicht zwischen W und A bzw. B, das der Verschiebung des früheren infolge der Heberverbindung A entspräche, gerade so liegen würde, daß es für A durch die hinzudiffundierte, für B durch die hinwegdiffundierte Menge erreicht wird. Dazu ist folgendes zu sagen: Wenn zwischen W und A bzw. B Gleichgewicht herrscht, so ist an der Grenzfläche zwischen beiden Phasen ein bestimmtes Konzentrationsverhältnis vorhanden. Kinetisch wird man es sich so vorstellen, daß in der Zeiteinheit an der Grenzfläche ebensoviel von jeder Stoffgattung von W nach A bzw. B wie von A bzw. B nach W übertritt. Wenn das Gleichgewicht zwischen W und A bzw. B durch das Anbringen des Hebers A gestört werden würde, so müßte man eine Fernwirkung der durch das Anbringen neugebildeten Berührungsstelle auf die Grenzflächen W/A bzw. W/B annehmen, derart, daß nunmehr dort bei einem anderen Konzentrationsverhältnis Gleichgewicht bestünde. Derartige Fernwirkungen sind zwar denkmöglich, werden aber bei allen unseren thermodynamischen Betrachtungen ausgeschlossen, als nicht realisiert betrachtet. Die Voraussetzungen der thermodynamischen Betrachtungen wurzeln in der Erfahrung. Die Schlußfolgerungen führen zu Ergebnissen, die nicht nur, immer wieder an der Erfahrung geprüft, sich als richtig erwiesen haben, sondern auch in zahlreichen Fällen es ermöglicht haben, Tatsachen richtig vorauszusagen. Deshalb behalten wir die von der Thermodynamik gemachten Voraussetzungen bei, bis sich etwa neue Erfahrungen ergeben sollten, die irgendwelche bisher angenommenen Voraussetzungen als unrichtig erweisen. Es ist einleuchtend, daß man die Betrachtung, die wir an einem Beispiel durchgeführt haben, für jeden Fall durchführen kann, in dem zwei Phasen mit einer dritten im Gleichgewicht stehen. Stets ergibt sich die Möglichkeit, ein Perpetuum mobile zweiter Art zu konstruieren, wenn in diesem Falle die zwei Phasen nicht auch untereinander im Gleichgewicht sind. Der hiermit bewiesene Satz: Sind zwei Phasen mit einer dritten im Gleichgewicht, so sind sie auch miteinander im Gleichgewicht, ist einer mannigfachen Anwendung fähig. Jedoch gibt er uns die Antwort auf die Frage nach den Bedingungen des Gleichgewichts zwischen verschiedenen Phasen nur für einen Spezialfall, eben den, daß die Phasen mit einer dritten im Gleichgewicht sind. Wie aber steht es mit den Bedingungen des Gleichgewichts, wenn ein solcher Spezialfall nicht vorliegt, sondern wir nur eine beliebige Anzahl Phasen und Komponenten gegeben haben? Auch dann lassen sich über die Bedingungen des Gleichgewichts Aussagen machen.

Betrachten wir zunächst ein System, das nur eine Komponente enthält, z. B. H_2O. Soll in diesem System nur eine Phase vorhanden sein, z. B. Wasserdampf, so steht es uns innerhalb gewisser Grenzen frei, zwei Zustandsvariable willkürlich zu wählen, ohne die Stabilität des Systems zu beeinträchtigen. Man nennt ein solches System daher bivariant. Wir können z. B. die Temperatur 110^0 oder 150^0 wählen und bei jeder dieser Temperaturen den Druck variieren, z. B. von $^1/_2$ auf $^1/_4$ oder $^1/_{10}$ atm. Besteht das System aber aus zwei Phasen, so steht es uns nur noch frei, eine Zustandsvariable willkürlich zu wählen, wenn das System stabil sein soll, wenn zwischen den beiden Phasen Gleichgewicht herrschen soll, und auch dies nur innerhalb gewisser Grenzen. Das System ist also monovariant. Sind die zwei Phasen flüssiges Wasser und Wasserdampf, und wählen wir die Temperatur willkürlich z. B. 30^0, so ist der Druck nicht mehr wie beim Vorhandensein von nur einer Phase frei wählbar, sondern nur bei einem ganz bestimmten Druck, den man als Gleichgewichts- oder Sättigungsdampfdruck, kurz auch Dampfdruck des Wassers, bei der gegebenen Temperatur bezeichnet, ist das System im Gleichgewicht und stabil. Wird der Druck bei der festgesetzten Temperatur vergrößert, so wird aller Wasserdampf in flüssiges Wasser verwandelt, wird der Druck unter den Sättigungsdampfdruck bei der betreffenden Temperatur verkleinert, so wird alles flüssige Wasser verdampft. Vorausgesetzt ist hierbei natürlich, daß der Druck während des ganzen Vorganges größer oder kleiner als der Sättigungsdampfdruck bei der betreffenden Temperatur gehalten wird. Soll schließlich das System aus drei Phasen bestehen, also aus Eis, Wasser und Wasserdampf, so ist es nonvariant, d. h. wir können weder Druck noch Temperatur frei wählen, wir haben gar keine „Freiheit" mehr in der Wahl der Zustandsbedingungen, sondern es gibt nur eine Temperatur und einen Druck, bei dem ein solches System beständig ist, bei dem Gleichgewicht zwischen den drei Phasen des Wassers herrscht. Man bezeichnet diesen Punkt als **Tripelpunkt**. Da Wasser und Eis an ihm miteinander im Gleichgewicht stehen und das Eis unter seinem Sättigungsdampfdruck, ist er auch als Schmelzpunkt des Eises unter seinem Sättigungsdampfdruck zu bezeichnen. Er liegt ein wenig höher als der zum Thermometerfixpunkt gewählte Eisschmelzpunkt unter Atmosphärendruck, da, wie wir später sehen werden, der Schmelzpunkt des Eises sich etwas mit dem Druck verschiebt, und zwar mit abnehmendem Druck nach höheren Temperaturen zu. Das angeführte Beispiel zeigt uns, daß eine ganz bestimmte Beziehung zwischen der Zahl der miteinander im Gleichgewicht stehenden Phasen eines Systems und der seiner Freiheiten, der Möglichkeiten, seine Zustandsbedingungen willkürlich zu wählen, besteht. Die Summe beider Zahlen ist nämlich in unserem Falle des aus einer Komponente bestehenden Systems stets 3. Bei 1 Phase hatten wir 2 Freiheiten, bei 2 Phasen 1 Freiheit, bei 3 Phasen 0 Freiheit. Bezeichnen wir also mit n die Zahl der Komponenten des Systems, mit m bzw. f die Zahl der Phasen bzw. Freiheiten, so ergibt sich für unseren Fall nämlich $n = 1$,

$$n + 2 = m + f. \qquad\qquad [127]$$

Es läßt sich zeigen, daß diese von GIBBS aufgestellte „Phasenregel" ganz allgemein gilt, für Systeme beliebig vieler Komponenten und Phasen: **Die um zwei vermehrte Zahl der Komponenten ist gleich der Zahl der miteinander im Gleichgewicht stehenden Phasen plus der dabei bestehenden Freiheiten.** Doch soll der etwas umständliche Beweis für diesen Satz hier nicht gegeben werden, sondern wie beim ersten und zweiten Hauptsatz begnügen wir uns damit, die Richtigkeit des Satzes vorauszusetzen und lediglich Sinn und Anwendungsmöglichkeit zu erläutern.

Unsere erste Anwendung der Phasenregel soll der Aufklärung der scheinbar paradoxen Tatsache dienen, daß wir soeben bewiesen haben, daß Eis, Wasser und Wasserdampf nur bei einem bestimmten Druck und bei einer bestimmten Temperatur, nur bei einem Tripelpunkt, miteinander im Gleichgewicht stehen, während wir aus der Erfahrung wissen, daß dies bei recht verschiedenen Drucken und Temperaturen möglich ist. Diese Möglichkeit ist nämlich dann vorhanden, wenn das System nicht nur die eine H_2O-Komponente enthält, sondern noch eine zweite: Luft. Luft können wir, obwohl sie chemisch ein Komponentengemisch ist, thermodynamisch solange als eine Phase ansehen, als sie sich wie ein einheitliches Gas verhält, also z. B. Bedingungen ausgeschlossen sind, unter denen einzelne Bestandteile der Luft sich verflüssigen. Die Phasenregel nimmt dann in unserem Falle die Form $2 + 2 = 3 + f$ an, d. h. wir haben bei Anwesenheit von allen drei Phasen des H_2O und Luft noch eine Freiheit. Wir können also innerhalb eines bestimmten Bereiches z. B. den Druck willkürlich wählen, dann erhalten wir zu jedem Druck eine bestimmte Gleichgewichtstemperatur, bei der alle drei Wasserphasen im Gleichgewicht sind, oder wir können die Temperatur willkürlich wählen und erhalten dann einen je nach der gewählten Temperatur verschiedenen Gleichgewichtsdruck für die drei H_2O-Phasen. Derartige Gleichgewichte, die nicht auf einen Punkt beschränkt sind, bezeichnet man als vollständige Gleichgewichte.

Betrachten wir ein anderes Zweikomponentensystem, nämlich Wasser und Zucker. Es sind vier Phasen möglich. Möglich ist nur eine gasförmige Phase; denn selbst, wenn der Zucker einen merklichen Dampfdruck hätte, so würden doch die beiden Komponenten Wasser und Zucker, ja beliebig viele Komponenten, nur eine gasförmige Phase bilden können infolge der völligen Mischbarkeit aller Gase miteinander. Da jedoch der Zucker nur einen minimalen Dampfdruck besitzt, so wird die gasförmige Phase einfach als Wasserdampf betrachtet werden können. Möglich sind ferner zwei feste Phasen, Zucker und Eis, und eine flüssige, nämlich wäßrige Zuckerlösung. Die Phasenregel gestattet uns sofort eine wichtige Aussage über das System, nämlich die, daß es einen Punkt geben muß, bei dem alle vier möglichen Phasen unseres Systems miteinander im Gleichgewicht existieren; denn die um zwei vermehrte Zahl der Komponenten ist ja gleich vier. Wenn also $f = 0$, so ist $n + 2 = m + f$ und das System im Gleichgewicht. An diesem Punkt, der durch ein bestimmtes T und P charakterisiert ist, ist die Lösung mit dem Zucker im Gleichgewicht, also gesättigt, und es muß beim Ausfrieren ein Gemisch von Zucker und Eis in demselben Mengenverhältnis ausfrieren, in dem Zucker und Wasser in der Lösung vorhanden sind, da ja sonst die Lösung nicht gesättigt bleiben würde. Deshalb glaubte man früher, daß an diesem Punkt eine Verbindung des gelösten Stoffes mit dem Lösungsmittel, bei Wasser ein Hydrat, ausfiele und nannte ihn den kryohydratischen und das, was ausfiel, Kryohydrat. Heute, wo wir wissen, daß es sich nur um ein Gemisch handelt, sind wohl die besonders bei

Metallegierungen benutzten Ausdrücke eutektischer Punkt und eutektisches Gemisch besser am Platze. Den Punkt, an dem alle 4 Phasen im Gleichgewicht sind, nennt man auch **Quadrupelpunkt**, oder man spricht vom Schmelzpunkt der gesättigten Lösung unter ihrem eigenen Dampfdruck.

Haben wir Wasser oder Eis im Gleichgewicht mit Wasserdampf, bzw. die Lösung eines Stoffes im Gleichgewicht mit ihrem Dampf, so haben wir nach der Phasenregel in den beiden Fällen 1 bzw. 2 Freiheiten $(f = 1_{(n)} + 2 - 2_{(m)}$ bzw. $2_{(n)} + 2 - 2_{(m)})$.

Daraus folgt umgekehrt, daß, wenn wir im ersten Falle die eine freie Bedingung festlegen, also z. B. eine bestimmte Temperatur, auch der Sättigungsdampfdruck festgelegt ist, d. h. daß ein aus Wasser oder Eis und Wasserdampf bestehendes System bei einer bestimmten Temperatur einen ganz bestimmten Sättigungsdampfdruck hat. Im zweiten Falle haben wir aber noch eine Freiheit übrig, wenn wir die Temperatur festgelegt haben, und als zweite festzulegende Bedingung wählt man dann bei Lösungen im allgemeinen die Konzentration. Ist außer der Temperatur auch noch die Konzentration festgelegt, so hat die Lösung einen ganz bestimmten Sättigungsdampfdruck. Dieser ist nach der Phasenregel von der Stoffmenge unabhängig, solange wir als Zustandsvariable unseres Systems lediglich Druck, Konzentration und Temperatur anzusehen brauchen. Ist diese Voraussetzung nicht mehr zulässig, sondern beeinflußt z. B. die Oberflächengröße die thermodynamischen Eigenschaften des Systems so stark, daß wir sie nicht mehr vernachlässigen dürfen, sondern in Rechnung stellen müssen, wie dies z. B. bei kleinen Tropfen der Fall ist, so hat eine Lösung bei Festlegung von Konzentration und Temperatur noch eine Freiheit, nämlich die Oberflächengröße, und solange diese nicht festgelegt ist, ist auch der Dampfdruck nicht festgelegt. Vielmehr hat eine große Menge Lösung im allgemeinen einen geringeren Dampfdruck als ein sehr kleiner Tropfen derselben Lösung. Da wir diese Erscheinungen in einem späteren Kapitel gesondert betrachten, sehen wir hier von einer Berücksichtigung von Grenzflächenerscheinungen ab.

Aus der Phasenregel folgt, wie wir am Beispiel Wasser, Eis bzw. wäßrige Lösung gezeigt haben, daß eine flüssige oder feste Phase aus nur einer Komponente bei gegebener Temperatur, eine flüssige oder feste Phase aus mehreren Komponenten bei gegebenen Konzentrationen und gegebener Temperatur einen bestimmten

Sättigungsdruck hat. Wir fragen weiter: Wie hängt dieser Dampfdruck von der Temperatur und von der Konzentration ab, und wie hängt er mit anderen Größen zusammen?

Die erste dieser Fragen beantwortet die Gleichung von CLAUSIUS-CLAPEYRON, zu deren Ableitung wir uns mit einer verdampfenden kondensierten Substanz folgenden Kreisprozeß reversibel vorgenommen denken, wobei im Falle, daß die verdampfende Substanz eine Mischphase ist, ihr Volumen so groß gewählt werden muß, daß durch Bildung eines Mols Dampf keine merkliche Konzentrationsänderung in ihr eintritt.

1. Die kondensierte Substanz befinde sich bei der Temperatur T unter ihrem Sättigungsdruck (Gleichgewichtsdruck) p_g (A Abb. 7). Bei konstanter Temperatur und konstantem Dampfdruck wird so viel verdampft, daß 1 Mol Dampf entsteht (B Abb. 7). Die Wärmemenge Q_m, die dazu erforderlich ist, die molare Verdampfungs- bzw. Sublimationswärme, je nachdem, ob es sich um eine flüssige oder feste Substanz handelt,

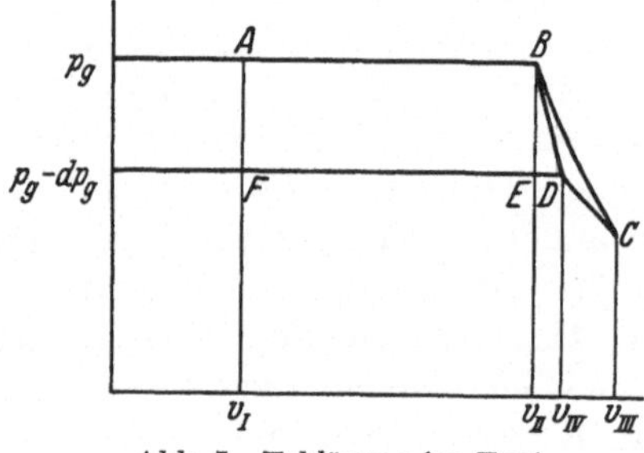

Abb. 7. Erklärung im Text.

sei mit λ bezeichnet. Die bei dem Vorgange geleistete Arbeit beträgt $p_g (v_{II} - v_I)$, wenn mit v_{II} das Molarvolumen des entstandenen Gases bei T und dem Druck p_g bezeichnet wird, mit v_I das Volumen, um das sich das Volumen der kondensierten Substanz ändert, wenn bei der Verdampfung aus ihr 1 Mol Dampf entsteht.

2. Der Dampf wird adiabatisch ausgedehnt, bis er sich auf $T - dT$ abgekühlt hat (C), er wird dann nicht gesättigt sein. Nunmehr wird er isotherm komprimiert, bis er den Sättigungsdruck bei $T - dT$, $p_g - dp_g$, erreicht (D).

3. Der gesättigte Dampf wird beim Druck $p_g - dp_g$ und der Temperatur $T - dT$ kondensiert (F). Infolge der etwas tieferen Temperatur wird das dabei entstehende Volumen kondensierter Substanz nicht ganz genau mit v_I übereinstimmen. Wir wollen jedoch die Temperaturabhängigkeit von v_I hier vernachlässigen, da diese Volumenänderung bei kondensierten Substanzen selbst pro 1^0 sehr klein ist und diese sehr kleine Änderung in unserem Falle

noch mit der sehr kleinen Temperaturdifferenz dT zu multiplizieren ist, also z. B. für $dT = \dfrac{1}{1000}$ mit $\dfrac{1}{1000}$.

4. Die kondensierte Substanz wird um dT auf T erwärmt. Da wir für das Bereich einer sehr kleinen Temperaturveränderung dT ihr Volumen infolge der eben eingeführten Vernachlässigung als konstant ansehen, hat die Flüssigkeit jetzt wieder Anfangsvolumen und -temperatur, also auch wieder den Sättigungsdampfdruck p_g.

Die Berechnung der Arbeit dieses reversiblen Kreisprozesses, die durch die von der Kurve $ABCF$ umschlossene Fläche dargestellt wird, ist deshalb einfach, weil wir die kleine Fläche BCE vernachlässigen können und die Arbeit des Kreisprozesses gleichsetzen können der durch die Fläche $ABEF$ dargestellten; denn jede Seite von BCE wird um so kleiner, je kleiner dT gewählt wird. Ohne daß wir also diese Fläche zu berechnen brauchen, können wir sagen, daß in dem Ausdruck, der sie darstellt, dT in quadratischer Form eingehen muß, d. h. diese kleine Fläche ist eine unendlich kleine Größe zweiter Ordnung. Wir können also die von dem Kreisprozeß umschlossene Fläche als $(v_{II} - v_I)\, dp_g$ ansetzen und erhalten dadurch für unseren Kreisprozeß nach Gl. [72]

$$\frac{dA'}{Q_m} = \frac{(v_{II} - v_I)\, dp_g}{\lambda} = \frac{dT}{T} \qquad [128]$$

und

$$\frac{dp_g}{dT} = \frac{\lambda}{T\,(v_{II} - v_I)}. \qquad [129]$$

Wir haben bisher zur Kennzeichnung des verdampfenden Flüssigkeits- und entstehenden Dampfvolumens die allgemeinen Bezeichnungen v_I und v_{II} benutzt. Ist die verdampfende Substanz eine reine kondensierte Phase, so bedeuten sie die Molvolumina der Substanz im kondensierten und gasförmigen Zustand. Ist die verdampfende Substanz eine Mischphase, z. B. eine wäßrige Lösung, aber der Dampfdruck der gelösten Stoffe praktisch gleich Null, so können wir statt v_{II} bzw. v_I v_g^1 bzw. v_1 schreiben (s. S. 33), wobei v_1 das partielle Molvolumen des Wassers in der Lösung, v_g^1 das Volumen eines Mols gasförmigen (Index $_g$) reinen (hochgestellter Index ^{1}) Wassers ist.

Bei der im Gleichgewicht mit der flüssigen Phase erfolgenden Bildung eines Mols Dampf einer bestimmten chemischen Substanz,

z. B. Wasserdampf, muß eine verschiedene Wärmemenge zugeführt werden, je nachdem ob die verdampfende Substanz als reine Flüssigkeit oder in einer Mischphase (Lösung) gegeben ist. Den Wert der molaren Verdampfungswärme im ersten Falle wollen wir als λ^0 bezeichnen, im letzten Falle als λ. Den Unterschied zwischen λ^0 und λ kann man durch folgende Überlegung finden, bei der wir, wie auch bei den folgenden Betrachtungen, stets nur den Fall ins Auge fassen wollen, daß die gelösten Körper keinen zu berücksichtigenden Dampfdruck über der Lösung haben, der Dampfdruck der Lösung also gleich dem Dampfdruck des Lösungsmittels über der Lösung ist, daß der Dampf den idealen Gasgesetzen folgt, und daß das Molvolumen der reinen Flüssigkeit oder das partielle Molvolumen des Lösungsmittels in der Lösung, gegenüber dem sehr viel größeren Molvolumen des Dampfes v vernachlässigt werden kann. Die Energiezunahme bei der Überführung einer Ausgangssubstanz von bestimmtem Druck, bestimmter Temperatur und Zusammensetzung in 1 Mol Dampf von bestimmtem Druck, bestimmter Temperatur und Zusammensetzung ist unabhängig vom Wege. Wir nehmen eine derartige Überführung auf zwei isothermen Wegen vor. Erster Weg: Direkte isotherme Verdampfung eines Mols der reinen Flüssigkeit unter ihrem Dampfdruck bei T, Energiezunahme $\varDelta U = Q_m - A'_m = \lambda^0 - RT$, weil die Arbeit $P \varDelta V$, die bei der reversiblen Bildung von 1 Mol Dampf gegen die Atmosphäre (P = 1) geleistet wird, wegen der Vernachlässigung des verschwindenden Molvolumen der kondensierten Phase $1 \cdot v = RT$ (S. 13) ist. Zweiter Weg: Zuführung des Mols reiner Flüssigkeit zu einem sehr großen Volumen Lösung. Dabei wird keine zu berücksichtigende Arbeit geleistet, aber Wärme aufgenommen, die übrigens positives oder negatives Vorzeichen haben kann, molare Lösungs- oder Verdünnungswärme λ_{ve}. Dann wird das Mol aus der Lösung unter ihrem Dampfdruck verdampft, wozu die Wärmezufuhr λ erforderlich ist und die Arbeit RT geleistet wird. Schließlich wird das Mol Dampf auf den Dampfdruck des reinen Lösungsmittels komprimiert, wodurch der gleiche Zustand wie auf dem ersten Wege erreicht wird. Da die Energie eines idealen Gases vom Volumen unabhängig ist, findet bei der Kompression keine Energieänderung statt. Es ist also $\lambda^0 - RT = \lambda_{ve} + \lambda - RT$, $\lambda_{ve} = \lambda^0 - \lambda$ [130].

Unter Vernachlässigung des Flüssigkeitsvolumens erhalten wir für die isotherme Verdampfung der Lösung bzw. des reinen

Lösungsmittels unter ihrem Dampfdruck p_g bzw. p_g^0 aus der
CLAUSIUS-CLAPEYRONschen Gleichung

$$\frac{d\,p_g}{d\,T} = \frac{\lambda}{T\,v}\,, \qquad \frac{d\,p_g^0}{d\,T} = \frac{\lambda^0}{T\,v^0} \tag{131}$$

worin v bzw. v^0 das Volumen eines Mols des gesättigten Dampfes
beim Druck p_g bzw. p_g^0, dem Sättigungsdampfdruck der Lösung
bzw. des reinen Lösungsmittels, und der Verdampfungstemperatur
bedeuten.

Da bei Gültigkeit der idealen Gasgesetze für den Dampf

$$v = \frac{R\,T}{p_g}\,, \quad v^0 = \frac{R\,T}{p_g{}^0}\,,$$

ergibt sich nach Fo. 18 durch Einsetzen in Gl. [131]

$$\frac{\dfrac{d\,p_g}{p_g}}{d\,T} = \frac{d\ln p_g}{d\,T} = \frac{\lambda}{R\,T^2} \tag{132}$$

$$\frac{\dfrac{d\,p_g^0}{p_g{}^0}}{d\,T} = \frac{d\ln p_g^0}{d\,T} = \frac{\lambda^0}{R\,T^2} \tag{133}$$

und wegen Gl. [130] durch Subtraktion der Gl. [133] von
Gl. [132]

$$\frac{d\ln\dfrac{p_g}{p_g{}^0}}{d\,T} = -\frac{\lambda_{ve}}{R\,T^2} = \frac{\lambda'_{ve}}{R\,T^2}\,. \tag{134}$$

Die Integration dieser Gleichungen gestattet uns die Aufstellung einer Beziehung zwischen Dampfdruckerniedrigung und
Siedepunkterhöhung von Lösungen. Daß der Siedepunkt einer
Lösung höher liegt als der des reinen Lösungsmittels, ist, wie
die beistehende Abb. 8 zeigt, dann der Fall, wenn der Dampfdruck
der Lösung kleiner ist als der des Lösungsmittels, und dies trifft
zu, wenn der Dampfdruck des gelösten Stoffes so klein ist, daß er
gleich 0 gesetzt werden darf. In diesem Falle ist nämlich der
Dampfdruck der Lösung gleich dem Dampfdruck des Lösungsmittels
über der Lösung, und es ist zu beweisen, daß der letztere kleiner
sein muß als der des reinen Lösungsmittels. Er muß kleiner sein,
weil wir sonst einen isothermen arbeitleistenden Kreisprozeß
konstruieren könnten, was dem zweiten Hauptsatz widerspricht.
Dazu denken wir uns eine Lösung von ihrem reinen Lösungsmittel
durch einen halbdurchlässigen (nur für das Lösungsmittel durchlässigen) Stempel getrennt. Dann besteht kein thermodynamisches

Gleichgewicht, sondern die Lösung sucht sich in einem von selbst
verlaufenden Prozeß zu verdünnen und kann dabei Arbeit leisten,
den Stempel heben. Wäre der Dampfdruck des Lösungsmittels
über der Lösung größer als der des reinen Lösungsmittels, so könnte
andererseits Lösungsmittel von der Lösung zum reinen Lösungsmittel von selbst hinüberdestillieren und dadurch einen Kreisprozeß bewirken. Der Siedepunkt, der Punkt, an dem der Dampfdruck der siedenden Flüssigkeit gleich dem Atmosphärendruck P

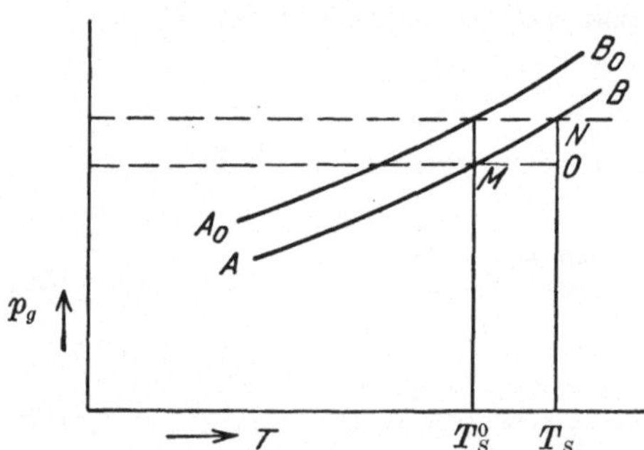

Abb. 8. *A B* bzw. *$A_0 B_0$* Dampfdruckkurve der
Lösung bzw. des reinen Lösungsmittels. Erklärung im Text. Nach SACKUR, Thermochemie.

ist, ist in unserem Falle für
das reine Lösungsmittel bereits erreicht, wenn für die
einen geringeren Dampf-
druck zeigende Lösung der
Atmosphärendruck noch
größer ist als der Dampf-
druck. Siedet das reine
Lösungsmittel bei T_S^0 (s.
Abb. 8), ist also der Atmosphärendruck $P = (p_g^0)_{T_S^0}$,
so siedet die Lösung erst
bei T_S, wo $(p_g)_{T_S} = P$ ist.

Integrieren wir Gleichung [132] zwischen T_S^0 und T_S, so erhalten
wir, indem wir λ in dem Temperaturbereich $T_S - T_S^0$ als konstant
ansehen, wegen Fo. 16, 25

$$\ln \frac{(p_g)_{T_S}}{(p_g)_{T_S^0}} = \frac{\lambda}{R} \int_{T_S^0}^{T_S} \frac{dT}{T_2} = -\frac{\lambda}{R} \int_{T_S^0}^{T_S} d\frac{1}{T} = -\frac{\lambda}{R}\left(\frac{1}{T_S} - \frac{1}{T_S^0}\right) =$$

$$= \frac{\lambda}{R} \frac{T_S - T_S^0}{T_S \cdot T_S^0}, \quad [135]$$

$$R T_S^0 \ln \frac{(p_g)_{T_S}}{(p_g)_{T_S^0}} \left[(T_S - T_S^0) + T_S^0\right] = \lambda (T_S - T_S^0), \quad [136]$$

$$T_S - T_S^0 = \frac{R (T_S^0)^2 \ln \dfrac{(p_g)_{T_S}}{(p_g)_{T_S^0}}}{\lambda - R T_S^0 \ln \dfrac{(p_g)_{T_S}}{(p_g)_{T_S^0}}} \quad [137]$$

Diese Gleichung gilt unter den bei der Ableitung angezogenen
einschränkenden Voraussetzungen unabhängig von der Konzen-

tration der Lösung. Für verdünnte Lösungen nimmt sie eine besonders einfache Form an, da dann erstens $\lambda_{ve} = 0$ gesetzt werden kann und demnach wegen Gleichung [130] statt λ in die Gleichung [137] λ^0 eingesetzt werden darf, zweitens, da dann $\dfrac{(p_g)_{T_S}}{(p_g)_{T_S^0}}$ nahe bei 1 liegt, $\ln \dfrac{(p_g)_{T_S}}{(p_g)_{T_S^0}}$ nahe bei 0, nach einem mathematischen Satz (Fo. 26),

$$\ln \frac{(p_g)_{T_S}}{(p_g)_{T_S^0}} = - \ln \frac{(p_g)_{T_S^0}}{(p_g)_{T_S}} = - \frac{(p_g)_{T_S^0} - (p_g)_{T_S}}{(p_g)_{T_S}} = \frac{(p_g)_{T_S} - (p_g)_{T_S^0}}{(p_g)_{T_S}} \qquad [138]$$

drittens das Glied $R T_s^0 \ln \dfrac{(p_g)_{T_S}}{(p_g)_{T_S^0}}$ gegen λ — nicht absolut — vernachlässigt werden kann.

Dadurch ergibt sich

$$T_S - T_S^0 = \frac{R (T_S^0)^2}{\lambda^0} \frac{(p_g)_{T_S} - (p_g)_{T_S^0}}{(p_g)_{T_S}}. \qquad [139]$$

$(p_g)_{TS}$, der Sättigungsdampfdruck der Lösung an ihrem Siedepunkt ist gleich dem Atmosphärendruck P, also auch gleich dem Dampfdruck des Lösungsmittels bei T_S^0: $(p_g^0)_{T_S^0}$, d.h. $(p_g)_{T_S} = (p_g^0)_{T_S^0}$ [140].

$$T_S - T_S^0 = \frac{R (T_S^0)^2}{\lambda^0} \frac{(p_g^0) T_S^0 - (p_g) T_S^0}{(p_g^0)_{T_S^0}} =$$

$$= \frac{R (T_S^0)^2}{\lambda^0} \ln \left(\frac{p_g^0}{p_g} \right)_{T_S^0} - \frac{R T_S T_S^0}{\lambda^0} \ln \left(\frac{p_g^0}{p_g} \right)_{T_S^0}, \qquad [140\,a]$$

weil $T_S T_S$ bei verdünnten Lösungen praktisch gleich $(T_S^0)^2$

$$\frac{(p_g^0) T_S^0 - (p_g) T_S^0}{(p_g^0)_{T_S^0}}$$

ist das Verhältnis der Differenz der Dampfdrucke von reinem Lösungsmittel und Lösung am Siedepunkt des reinen Lösungsmittels zum Dampfdruck des reinen Lösungsmittels an seinem Siedepunkt. Es wird als relative Dampfspannungserniedrigung bezeichnet. Unsere Gleichung gibt also eine Beziehung zwischen Siedepunkterhöhung und relativer Dampfdruckerniedrigung von Lösungen. Dabei ist, wie bereits bemerkt, stets vorausgesetzt, daß der gelöste Stoff keinen zu berücksichtigenden Dampfdruck über der Lösung hat, also nicht flüchtig ist. Andernfalls braucht bei Lösungen keine Siedepunkterhöhung einzutreten. Wenn vielmehr der Partialdruck des flüchtigen gelösten Stoffes über der Lösung größer ist als die Dampfspannungserniedrigung des Lösungsmittels durch das Auflösen des betreffenden Stoffes, so ist der Gesamtdampfdruck der Lösung größer als der des reinen Lösungsmittels, und der Siedepunkt wird erniedrigt.

Eine Gleichung, die ganz derjenigen entspricht, die die Beziehung zwischen Siedepunkterhöhung einer Lösung und ihrer relativen Dampfspannungserniedrigung ausdrückt, läßt sich auch für die Beziehung zwischen der Änderung des Gefrierpunkts der Lösung gegenüber dem des reinen Lösungsmittels und der relativen Dampfspannungsänderung ableiten. Nur tritt an Stelle der Siedepunkterhöhung eine Gefrierpunkterniedrigung. Zur Ableitung betrachten wir eine Lösung, an deren Gefrierpunkt reines Lösungsmittel ausfriert, wobei wir wieder die gleichen Voraussetzungen betreffs der Eigenschaften von Lösung und ihrem Dampf zugrunde legen wie zur Gewinnung von Gleichung [137]. Für das feste Lösungsmittel gilt nach der Gleichung von CLAUSIUS-CLAPEYRON

$$\frac{d \ln p_{g_s}}{d\,T} = \frac{\lambda_s}{R\,T^2}\,,$$

wobei wir durch den Index s noch hervorheben, daß es sich um den Dampfdruck und die Verdampfungs- (Sublimations-) Wärme einer festen Substanz (s = Solidus) handelt.

Integrieren wir zwischen T_G^0, dem Gefrierpunkt des reinen Lösungsmittels, und der beliebigen benachbarten Temperatur T, so erhalten wir entsprechend Gleichung [135]

$$\ln (p_{g_s})_T = \ln (p_{g_s})_{T_G^0} - \frac{\lambda_s}{R}\left(\frac{1}{T} - \frac{1}{T_G^0}\right). \qquad [141]$$

Entsprechend ergibt sich für die Lösung, integriert zwischen T_G^0 und T

$$\ln (p_g)_T = \ln (p_g)_{T_G^0} - \frac{\lambda}{R}\left(\frac{1}{T} - \frac{1}{T_G^0}\right). \qquad [142]$$

Der Gefrierpunkt der Lösung T_G ist nun diejenige Temperatur T, bei der die Dampfdrucke über der Lösung und dem ausgefrorenen reinen Lösungsmittel gleich sind (Abb. 9). Dies folgt aus dem S. 84 abgeleiteten Satz über das Gleichgewicht zwischen drei Phasen, da am Gefrierpunkt Lösung und Ausgefrorenes im Gleichgewicht miteinander stehen. Folglich ist an ihm $\ln (p_{g_s})_{T_G} = \ln (p_g)_{T_G}$ und

$$\left(\frac{1}{T_G} - \frac{1}{T_G^0}\right)\frac{\lambda - \lambda_s}{R} = \ln\left(\frac{p_g}{p_{g_s}}\right)_{T_G^0}, \quad \frac{1}{T_G} - \frac{1}{T_G^0} = \frac{R}{\lambda - \lambda_s}\ln\left(\frac{p_g}{p_{g_s}}\right)_{T_G^0}. \qquad [143]$$

Nach Gleichung [130] ist $\lambda = \lambda'_{ve} + \lambda^0$. Ferner ist nach dem HESSschen Gesetz (s. Kap. 4), $\lambda_s = \lambda^0 + \varrho$, wenn mit ϱ die molare Schmelzwärme des Lösungsmittels bezeichnet wird, also $\lambda - \lambda_s = \lambda'_{ve} - \varrho$ [144],

$$\frac{1}{T_G} - \frac{1}{T^0_G} = \frac{R}{\lambda'_{ve} - \varrho} \ln \left(\frac{p_g}{p_{g_s}}\right)_{T^0_G}$$

und wir erhalten die Gefrierpunkterniedrigung

$$T^0_G - T_G = \frac{R\,T_G\,T^0_G}{\lambda'_{ve} - \varrho} \ln \left(\frac{p_g}{p_{g_s}}\right)_{T^0_G}. \qquad [145]$$

Für sehr verdünnte Lösungen kann man in dieser Gleichung die sehr kleine Verdünnungswärme gegenüber ϱ vernachlässigen und ebenso statt $R\,T_G\,T^0_G$ setzen $R\,(T^0_G)^2$, da die Differenz dieser beiden Ausdrücke bei sehr verdünnten Lösungen vernachlässigt werden kann, ferner für den logarithmischen Ausdruck den Gleichung [138] entsprechenden Quotienten einführen. Dann geht Gleichung [145] über in

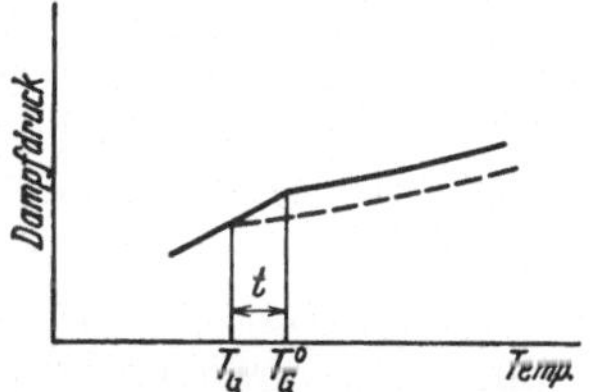

Abb. 9. Ausgezogene Kurve = Dampfdruckkurve reines Wasser — Eis, gestrichelte Kurve = Dampfdruckkurve der Lösung. Erklärung im Text.

$$T^0_G - T_G = \frac{R(T_G^0)^2}{\varrho}\;\frac{(p_{g_s})T^0_G - (p_g)T^0_G}{(p_{g_s})_{T^0}}. \qquad [146]$$

In Gleichung (146) können wir noch $(p_{g_s})_{T^0_G}$, den Dampfdruck des Eises bei seinem Schmelzpunkt durch $(p^0_g)_{T^0_G}$, den Dampfdruck des reinen Wassers bei dieser Temperatur ersetzen; denn am Schmelzpunkt ist sowohl der gesättigte Dampf über dem Eis (p_{g_s}) wie das reine Wasser mit dem Eis im Gleichgewicht, also nach S. 84 die Dampfphase über dem Eis auch mit der Wasserphase im Gleichgewicht, d. h. sie hat den Sättigungsdampfdruck des reinen Wassers p^0_g an dessen Schmelzpunkt:

$$(p_{g_s})_{T^0_G} = (p^0_g)_{T^0_G}. \qquad [147]$$

Dadurch geht die Gleichung der Gefrierpunkterniedrigung über in die der Gl. [140a] für die Siedepunkterhöhung ganz analoge

$$T^0_G - T_G = \frac{R\,(T^0_G)^2}{\varrho} \ln \left(\frac{p^0_g}{p_g}\right)_{T^0_G} = \frac{R\,(T^0_G)^2}{\varrho}\;\frac{(p^0_g)T^0_G - (p_g)\,T^0_G}{(p^0_g)T^0_G}. \qquad [148]$$

Bei den gegebenen Ableitungen sind wir davon ausgegangen, daß der gelöste Körper keinen merklichen Dampfdruck über der

Lösung hat, daß deren Dampfdruck also gleich dem Partialdruck des Lösungsmittels über der Lösung ist, und daß beim Gefrieren der Lösung reines Lösungsmittel ausfriert. Läßt man diese Voraussetzungen fallen, so können sich gänzlich andere Verhältnisse ergeben; denn der Dampfdruck der Lösung kann dann entweder wie bei den bisher betrachteten Fällen geringer sein als der des reinen Lösungsmittels oder ihm zufällig gleich sein oder größer sein und ihr Siedepunkt bzw. Gefrierpunkt kann höher, niedriger oder ebenso hoch als der des reinen Lösungsmittels liegen.

Über die Beziehung zwischen Dampfdruck und Konzentration einer Lösung läßt sich nach der Phasenregel so viel sagen, daß dieser Dampfdruck in funktioneller Abhängigkeit von der Konzentration stehen muß. Die Form dieser Beziehung zwischen Konzentration und Dampfdruck von Lösungen geht aber aus der Phasenregel nicht hervor. Um generell bei beliebiger Temperatur und Konzentration einer Lösung ihren Dampfdruck angeben zu können, müßten wir eine Gleichung zwischen diesen drei Zustandsgrößen aufstellen, etwa, wenn wir p_g als abhängige Variable betrachten, eine Gleichung aufstellen, in der p_g durch T und c ausgedrückt wird. Eine solche Gleichung wäre die Zustandsgleichung einer Lösung. Sie kann nicht thermodynamisch abgeleitet werden, sondern nur entweder aus Messungen oder aus theoretischen Überlegungen, die den molekularen Aufbau der Lösung berücksichtigen, und deren Ergebnis dann an der Erfahrung kontrolliert wird. Beide Wege sind eingeschlagen worden und haben für verdünnte Lösungen zu übereinstimmenden Ergebnissen geführt, während für konzentrierte Lösungen beide Wege nur in Spezialfällen Ergebnisse gezeitigt haben, so daß also eine generelle Zustandsgleichung für beliebig konzentrierte Lösungen beliebiger Zusammensetzung nicht existiert.

Die diesbezüglichen Messungen wie theoretischen Überlegungen knüpfen meist an den Begriff des osmotischen Druckes an, zu dem man durch folgende Überlegung gelangt. Überschichtet man eine Lösung, z. B. eine wäßrige blaue Kupfersulfatlösung, mit reinem Lösungsmittel, so zeigt die allmähliche Blaufärbung der ganzen Flüssigkeit, daß das Kupfersulfat sich über das ganze Flüssigkeitsvolumen gleichmäßig zu verteilen sucht. Die Kraft, die diese Ausbreitung des Kupfersulfats, allgemein eines jeden gelösten Stoffes, bewirkt, nennt man osmotische Kraft. Wir haben es hier also mit einer Erscheinung zu tun, die zum mindesten äußerlich eine gewisse Analogie zu den Erscheinungen an Gasen bietet, die ja wie der gelöste Stoff sich stets in dem ganzen ihnen zur Verfügung stehenden Raum gleichmäßig auszubreiten streben. Die Kraft, mit der sie dies tun und die maximale Arbeit, die wir dabei gewinnen können, haben wir im Gedankenexperiment dadurch gemessen, daß wir das Gas in einen Zylinder einbrachten, den wir uns mit einem reibungslos und gasdicht schließenden Stempel verschlossen dachten. Entsprechend mißt man auch im Gedankenexperiment die osmotische Kraft, indem man sich die Lösung innerhalb von reinem Lösungsmittel in einen Zylinder

eingebracht denkt, der mit einem reibungslos laufenden Stempel verschlossen ist, der sozusagen „gasdicht" für den gelösten Stoff ist, d. h. es verhindert, daß dieser jenseits des Stempels ins reine Lösungsmittel gelangt. Denn wie jeder Gasverlust durch Undichtigkeit des Stempels den Gasdruck vermindern und damit die Messung der maximalen Ausdehnungsarbeit des Gases verhindern würde, so würde auch jedes Hindurchtreten von gelöstem Stoff ins reine Lösungsmittel den osmotischen Druck der Lösung und damit die osmotische Arbeitsfähigkeit vermindern. Man denkt sich also

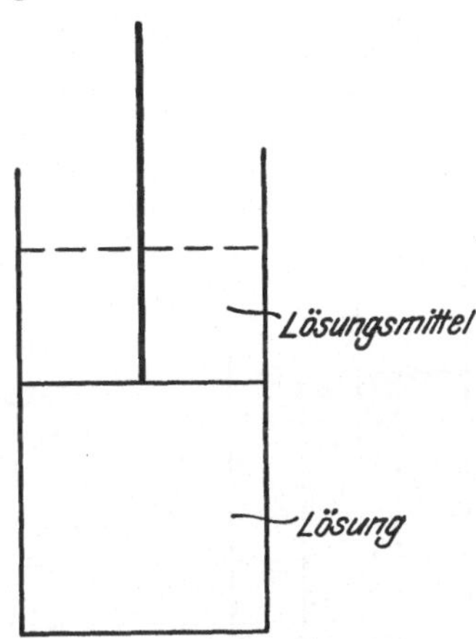

Abb. 10. Osmotischer Stempel. Nach SACKUR, Thermochemie.

einen für das Lösungsmittel durchlässigen Stempel mit einer Membran überzogen, die für den gelösten Stoff undurchlässig ist, einer „semipermeablen" Membran. Da wir eine ganze Anzahl solcher semipermeabler Membranen herstellen können, so kann unser Gedankenexperiment annähernd realisiert werden (Abb. 10). Der osmotische Druck wird in diesem Experiment wie der Gasdruck gemessen, und ist also definiert als der Druck, mit dem wir den gewichtlos gedachten semipermeablen Stempel belasten müssen, um eine Ausdehnung der Lösung — durch Aufnahme von reinem Lösungsmittel — zu verhindern.

Bisweilen wählt man auch folgende Meßanordnung: Man taucht eine mit semipermeabler Membran versehene und mit Lösung gefüllte Tonzelle (PFEFFERsche Zelle) in das reine Lösungsmittel und verschließt die Zelle statt mit einem Stempel mit einem kapillaren Steigrohr. Das Bestreben des gelösten Stoffes, ein möglichst großes Volumen einzunehmen, führt dann zum Eindringen von reinem Lösungsmittel in die Zelle und damit zum Steigen der Lösung im Steigrohr. Je höher aber die Lösung im Kapillarrohr steigt, um so größer wird auch ihr hydrostatischer Druck, der ja Niveaugleichheit der Flüssigkeit innerhalb und außerhalb der Zelle herzustellen sucht, und es stellt sich schließlich ein Gleichgewichtszustand ein, in welchem der hydrostatische Druck gerade den osmotischen kompensiert und ein weiteres Steigen im Steigrohr verhindert. Bei dieser Vorrichtung wird also der osmotische Druck gemessen und definiert durch den hydrostatischen, der ihm das Gleichgewicht hält. Will man allerdings mit dieser Methode den osmotischen Druck messen, den die Lösung in ihrem Anfangszustande hatte, so muß man ihr Volumen sehr groß nehmen; denn es tritt durch Einströmen des Lösungsmittels eine Verdünnung ein, die andernfalls nicht als unendlich klein vernachlässigt werden kann. Nachdem sich Gleichgewicht hergestellt hat, kann man das Steigrohr entfernen und statt dessen einen semipermeablen Stempel anbringen, der mit einem Druck belastet ist, der gleich ist dem hydrostatischen Druck der Flüssigkeitssäule im Steigrohr. Dann muß wiederum Gleichgewicht herrschen; denn es wirkt ja dem osmotischen Druck in beiden Fällen der gleiche Druck entgegen, und man erkennt, daß die beiden angeführten Definitionen des osmotischen Drucks das gleiche besagen.

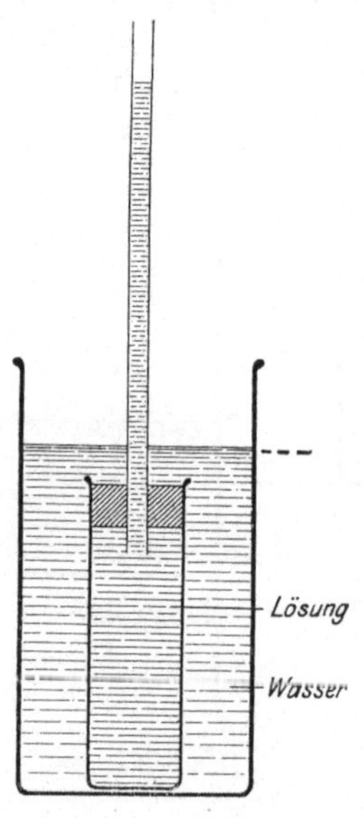

Abb. 11. Osmotischer Stempel. Nach Sackur, Thermochemie.

Für die thermodynamischen Betrachtungen wollen wir zunächst voraussetzen, daß wir es mit Lösungen nicht flüchtiger Stoffe zu tun haben, deren Dampfdruck über der Lösung so klein sei, daß wir ihn vernachlässigen können, und den Dampfdruck der Lösung dem Dampfdruck des Lösungsmittels über der Lösung gleichsetzen. Betrachten wir den Gleichgewichtszustand der Pfefferschen osmotischen Zelle, so erkennen wir, daß der Dampfdruck über der Lösung p_g kleiner sein muß als der des reinen Lösungsmittels p_g^0 unmittelbar über dem reinen Lösungsmittel (Abb. 11). Denn im Gleichgewicht muß der Dampfdruck des reinen Lösungsmittels in der Höhe des Flüssigkeitsspiegels im Steigrohr gleich sein dem Dampfdruck der Lösung p_g dort, da bei ungleichem Dampfdruck entweder von der Lösung in den Dampfraum oder vom Dampfraum zur Lösung Lösungsmittel destillieren müßte und somit die Voraussetzung des thermodynamischen Gleichgewichts nicht erfüllt wäre, weil Diffusion ein irreversibler Vorgang ist. Der Dampfdruck des reinen Lösungsmittels in dieser Höhe ist aber kleiner als der des reinen Lösungsmittels an seiner Oberfläche (p_g^0), und zwar um den Druck einer Dampfsäule, deren Höhe h der Niveaudifferenz zwischen dem Flüssigkeitsspiegel der Lösung im Steigrohr und dem des Lösungsmittels entspricht. Es ist also, wenn das spezifische Gewicht des Dampfes s'' unter Vernachlässigung seiner Veränderung mit der Höhe konstant gesetzt wird, $p_g^0 - p_g = h s''$. Diese Dampfdruckerniedrigung steht in einer leicht zu berechnenden Beziehung zum osmotischen Druck π der Lösung, für den nach seiner Definition $\pi = h s'$ [149] gilt, wenn s' das spezifische Gewicht der Lösung ist; denn aus diesen beiden Gleichungen folgt

$$p_g^0 - p_g = \pi \frac{s''}{s'} . \qquad [150]$$

Diese Gleichung können wir noch umformen, indem wir statt s'', dem Gewicht der Volumeneinheit, den reziproken Wert des spezifischen Volumens, des Volumens der Gewichtseinheit, setzen, also $s'' = \dfrac{1}{v \cdot 1000}$, wobei mit v das in Litern gemessene Volumen eines Grammes Dampf bezeichnet wird. Ersetzen wir v gemäß $p_g^0 v = p_g^0 v M = R T$ durch $\dfrac{R T}{p_g^0 \cdot M}$, worin M das Molekulargewicht des Lösungsmittels im dampfförmigen Zustande ist, so erhalten wir $\dfrac{1}{s''} = \dfrac{R T \, 1000}{p_g^0 \cdot M}$, also $\pi = \dfrac{p_g^0 - p_g}{p_g^0} \dfrac{R T \, s' \, 1000}{M}$ [151]. Diese von ARRHENIUS herrührende Ableitung ist zwar recht anschaulich, aber nur für verdünnte Lösungen gültig, und da für verdünnte Lösungen s' nicht wesentlich verschieden von dem spezifischen Gewicht des reinen Lösungsmittels s, so kann man in Gleichung [151] auch s statt s' einsetzen. Für verdünnte Lösungen gilt also

$$\pi = \frac{p_g^0 - p_g}{p_g^0} \frac{R T \, s \cdot 1000}{M} . \qquad [152]$$

Für konzentrierte Lösungen, bei denen die Steighöhe sehr beträchtlich ist, sind eine Reihe von Momenten zu berücksichtigen wie die Höhenveränderlichkeit der Dichte des Dampfes einerseits, der Konzentration, des Dampfdrucks und hydrostatischen Drucks der Lösung andererseits. Da dadurch die Ableitung einer Formel für den osmotischen Druck beliebig konzentrierter Lösungen auf diesem Wege schwierig ist, wählen wir hierfür einen von VAN T'HOFF angegebenen Weg.

Die Lösung L sei vom reinen Lösungsmittel durch einen semipermeablen Stempel getrennt (Abb. 10). Sie zieht reines Lösungsmittel an, übt auf den Stempel einen Druck aus, hebt ihn und leistet dabei Arbeit. Die maximale Arbeit erhalten wir bei reversibler Leitung, und reversible Leitung, wenn wir den Stempel mit einem Druck belasten, der gleich π, dem osmotischen Druck der Lösung, ist (s. S. 27). Diesen Fall wollen wir betrachten. Das reine Lösungsmittel stehe unter seinem eigenen Dampfdruck p_g^0, der Stempel insgesamt also unter dem Druck $P = \pi + p_g^0$. Das System befinde sich in einem Bade konstanter Temperatur, so daß alle Vorgänge isotherm verlaufen. Wir denken uns durch Zutritt von dn Molen Lösungsmittel in den Lösungsraum vom Volumen V den Stempel um dV gehoben, wobei dn so klein gewählt sei, daß sich die Konzentration der Lösung während des Vorgangs nicht merklich ändert. Die minimale Volumenarbeit, die bei einer etwaigen Volumenänderung des Systems Lösung + Lösungsmittel bei dem Vorgang gegen den „Atmosphären"druck p_g^0 geleistet wird, kann unberücksichtigt bleiben. Dann ist die bei diesem isothermen reversiblen Vorgang vom osmotischen Druck π geleistete Arbeit bzw. Nutzarbeit $dA_m' = dA_n' = \pi\,dV$. Dieselbe Arbeit müssen wir nach dem zweiten Hauptsatz erhalten, wenn wir dn Mole reinen Lösungsmittels vom Dampfdruck p_g^0 der Lösung vom Volumen V und Druck P auf irgendeinem anderen reversiblen isothermen Wege zuführen, z. B. durch Hinzudestillation. Zur Berechnung der auf diesem Wege gewinnbaren Arbeit denken wir uns in einem Wärmereservoir konstanter Temperatur ein Gefäß mit reinem Lösungsmittel und reibungslosem Stempel. Der Stempel sei so belastet, daß er einen Druck p_g^0 gleich dem Dampfdruck des Lösungsmittels bei der gegebenen Temperatur ausübe, so daß also das Ab- oder Hinzudestillieren reversibel erfolgen kann. Bezeichnen wir mit v_I das Volumen von 1 Mol gesättigten Dampfes beim Druck p_g^0, so ist $v_I\,dn$ das Volumen gesättigten Dampfes, das wir erhalten, wenn wir dn Mole Lösungsmittel verdampfen lassen, und $p_g^0 v_I dn = RT dn$ die Arbeit, die wir bei dieser Verdampfung leisten, wenn wir wieder das Volumen der verdampften Flüssigkeit gegenüber dem gebildeten Dampfvolumen vernachlässigen. Dabei wird vorausgesetzt, daß das Lösungsmittel als Gas und Flüssigkeit das gleiche Molekulargewicht hat. Hätte es z. B. als Gas nur das halbe Molekulargewicht, so würden wir bei der Verdampfung $dn' = 2 dn$ Mol Dampf erhalten, und dem wäre auch bei der folgenden Betrachtung Rechnung zu tragen. Die dn Mol Dampf vom Druck p_g^0 lassen wir sich isotherm und reversibel ausdehnen, bis ihr Druck gleich p_g, dem Dampfdruck des Lösungsmittels über der Lösung L, geworden ist, wenn diese unter ihrem eigenen Dampfdruck steht. Das Volumen eines Mols Dampf bei p_g sei v_{II}, dann ist nach Gleichung [28], Gültigkeit der idealen Gasgesetze vorausgesetzt, die maximale Arbeit, die 1 Mol bei der Ausdehnung von v_I auf v_{II} bzw. p_g^0 auf p_g leisten kann und, da der Atmosphärendruck 0, die maximale Nutzarbeit hierbei

$$A'_m = A'_n = \int_{v_I}^{v_{II}} p\, dv = RT \int_{v_I}^{v_{II}} \frac{dv}{v} = RT \ln \frac{v_{II}}{v_I} = RT \ln \frac{p_g^0}{p_g} \quad [153]$$

und die maximale Arbeit, die dn Mole bei der Ausdehnung von p_g^0 auf p_g leisten können, $dn RT \ln \frac{p_g^0}{p_g}$. Jetzt kondensieren wir reversibel und isotherm die dn Mole Dampf vom Druck p_g und Volumen $v_{II} dn$ über einem Volumen der Lösung, die zunächst unter ihrem Dampfdruck stehe, wobei wir die Arbeit $p_g v_{II} dn = RT dn$ aufwenden müssen; dabei wird wieder die Volumenänderung der Lösung bei der Kondensation gegenüber dem zu kondensierenden Gasvolumen vernachlässigt. Dann erhöhen wir den Druck der Lösung von p_g auf $P = \pi + p_g^0$. Ist die Flüssigkeit inkompressibel, so wird hierbei keine Kompressionsarbeit geleistet, und diesen Fall wollen wir zunächst setzen. Die bei der Verdampfung und Kondensation von dn Mol Lösungsmittel geleisteten bzw. aufgewendeten Arbeiten heben sich gegeneinander auf, und es wird bei dem ganzen Prozeß die Arbeit bzw. Nutzarbeit $dA'_m = dA'_n = RT dn \ln \frac{p_g^0}{p_g}$ [154] geleistet. Also erhalten wir

$$\pi\, dV = RT\, dn \ln \frac{p_g^0}{p_g}, \quad \pi = RT \left(\frac{\partial n}{\partial V} \right)_T \ln \frac{p_g^0}{p_g}. \quad [155]$$

Um die Größe $\left(\dfrac{\partial n}{\partial V}\right)_T$, die nach S. 33 das reziproke partielle Molvolumen des Wassers in der Lösung darstellt, experimentell bestimmbar zu machen, ersetzen wir sie durch eine ihr gleiche Differenz zweier meßbarer Größen mit Hilfe folgender Überlegung. Bezeichnen wir mit M bzw. M′ das Molekulargewicht des Lösungsmittels bzw. des gelösten Stoffes, und enthält die Lösung vom Volumen V in Litern und spezifischen Gewicht s′ auf n Mole Lösungsmittel 1 Mol gelösten Stoff, so beträgt ihr Gewicht M′ + nM, das Gewicht eines Liters der Lösung $\dfrac{M' + nM}{V}$ und s′, das Gewicht eines Kubikzentimeters ist gleich $\dfrac{M' + nM}{1000\,V}$. Also M′ + nM = 1000 Vs′, beiderseits differenziert, wegen der Konstanz von M und M′

$$d\,n = \frac{1000\,d\,(s'\,V)}{M} = \frac{1000}{M}\,(V\,d\,s' + s'\,d\,V) \qquad [156]$$

$$\left(\frac{\partial n}{\partial V}\right)_T = \frac{1000}{M}\left[V\left(\frac{\partial s'}{\partial V}\right)_T + s'\right] = \frac{1000}{M}\left[s' - \left(\frac{\partial s'}{\partial c}\right)_T c\right], \qquad [157]$$

wenn wir mit $c = \dfrac{1}{V}$ die Konzentration der Lösung in Molen pro Liter = Zahl der im Lösungsvolumen gelösten Mole, 1, pro Lösungsvolumen in Litern (V), bezeichnen und Fo. 16 berücksichtigen. Demnach ergibt sich

$$\pi = \frac{1000}{M}\left[s' - \left(\frac{\partial s'}{\partial c}\right)_T c\right] R\,T \ln \frac{p_g^0}{p_g}. \qquad [158]$$

Berücksichtigt man noch die Kompressibilität der Flüssigkeit, so ist, wie hier nicht bewiesen wird, $\pi + \dfrac{\beta}{2}\,\pi^2$ statt π zu setzen, worin β den in Atmosphären auszudrückenden Kompressibilitätskoeffizienten der Lösung bedeutet. Jedoch beträgt für wäßrige Lösungen selbst bei Drucken von 100 atm der Betrag dieser Korrektur nur etwa $^1/_4\%$. Es ist also möglich, den osmotischen Druck auf thermodynamischem Wege aus den Dampfdrucken von Lösung und Lösungsmittel, der Dichte der Lösung, ihrer Änderung mit der Konzentration und dem Molekulargewicht des Lösungsmittels zu berechnen. Für verdünnte Lösungen vereinfacht sich unsere Gleichung dadurch, daß c, die Anzahl Mole pro Liter, gegen 0 konvergiert und ihre Dichte s′ gegen die Dichte des Lösungsmittels s. Also ergibt sich

$$\pi = \frac{1000}{M}\,s\,R\,T \ln \frac{p_g^0}{p_g} \qquad [159]$$

und, da für verdünnte Lösungen $\dfrac{p_g^0}{p_g}$ nahe bei 1 liegt, gilt $\ln \dfrac{p_g^0}{p_g} = \dfrac{p_g^0 - p_g}{p_g^0}$, und unsere Gleichung wird in diesem Falle identisch mit der von ARRHENIUS abgeleiteten Gl. [152].

Die für den osmotischen Druck thermodynamisch abgeleiteten Gleichungen gestatten uns, Beziehungen zwischen osmotischem Druck und Siedepunkt bzw. Gefrierpunkt von Lösungen aufzustellen.

Nach Gl. [145] gilt für die Beziehung zwischen Dampfdruck und Gefrierpunkt von Lösungen

$$T_G^0 - T_G = \frac{R\,T_G\,T_G^0}{\varrho - \lambda\dot{\text{v}}\text{e}} \ln \left(\frac{p_{g_s}}{p_g} \right)_{T_G^0}$$

und, da $(p_{g_s})_{T_G^0} = (p_g^0)_{T_G^0}$ [147] ergibt sich durch Einsetzen in die auf T_G^0, den Gefrierpunkt des reinen Lösungsmittels, bezogene Gleichung für den osmotischen Druck

$$\pi = \frac{1000}{M} \left[s' - \left(\frac{\partial s'}{\partial c} \right)_{T_G^0} c \right] \frac{(\varrho - \lambda\dot{\text{v}}\text{e})(T_G^0 - T_G)}{T_G} \qquad [160]$$

und für verdünnte Lösungen

$$\pi = \frac{1000\,s\,\varrho\,(T_G^0 - T_G)}{M\,T_G^0} . \qquad [161]$$

Analog gilt für verdünnte Lösungen wegen Gleichung [140]

$$\pi = \frac{1000\,s\,\lambda^0\,(T_S - T_S^0)}{M\,T_S^0} . \qquad [162]$$

Die Gleichung [158] gibt zwar den osmotischen Druck beliebig konzentrierter Lösungen an und insofern eine Beziehung zwischen osmotischen Druck und Konzentration, aber außer der Konzentration muß auch der Dampfdruck der Lösung bekannt sein, wenn man mit ihrer Hilfe den osmotischen Druck berechnen will. Eine Gleichung, die den osmotischen Druck einer Lösung bei gegebener Temperatur ohne solche Dampfdruckbestimmung lediglich aus ihrer Konzentration zu berechnen gestattet, gibt es für beliebig konzentrierte Lösungen nicht. Sie könnte auch nicht rein thermodynamisch abgeleitet werden, sondern es bedarf zu ihrer Aufstellung irgendwelcher molekulartheoretischer Annahmen oder experimenteller Bestimmungen. Während für beliebig konzentrierte Lösungen weder die Ergebnisse der experimentellen noch die der theoretischen Forschung für Aufstellung einer allgemeingültigen sicheren Beziehung zwischen Konzentration und osmotischem Druck ohne Kenntnis des Dampfdrucks der Lösung ausreichen, ist dies für verdünnte Lösungen der Fall. Es gilt hier — durch direkte und indirekte Messungen, wie durch theoretische Überlegungen fest begründet — das VAN T'HOFFsche Gesetz: Der osmotische Druck eines Stoffes in verdünnter Lösung ist gleich dem Druck, den er bei gleicher Konzentration und Temperatur als ideales Gas ausüben würde. Es ist also

$$\pi = \frac{RT}{v} = RTc, \qquad [163]$$

worin v das Volumen derjenigen Lösung ist, die 1 Mol des gelösten Stoffes enthält und c die Anzahl der gelösten Mole im Liter der Lösung angibt.

Wird also eine Lösung, die einen gelösten Stoff in der Konzentration c_1 enthält, dessen osmotischer Druck π_1 beträgt, reversibel und isotherm auf c_2 verdünnt, wobei der osmotische Druck auf π_2 sinkt, so kann pro Mol des gelösten Stoffes maximal die osmotische Arbeit $RT \ln \frac{\pi_1}{\pi_2}$ geleistet werden entsprechend der maximalen Arbeit, die geleistet werden kann, wenn 1 Mol idealen Gases vom Druck p_1 reversibel und isotherm auf p_2 überführt wird Gleichung [27].

Wird bei der Verdünnung, die wir uns isobar bei $P = 1$ vollzogen denken, insgesamt keine Arbeit gegen den Atmosphärendruck geleistet, nimmt also bei ihr das Lösungsvolumen um ebensoviel zu, wie das Volumen des reinen Wassers, von dem zur Verdünnung entnommen wird, abnimmt, so ist die gesamte maximale Arbeit gleich der maximalen osmotischen und beide gleich der maximalen Nutzarbeit des Vorgangs. Ist jedoch die Verdünnung insgesamt mit Volumenzunahme ΔV verknüpft, so wird außer osmotischer auch Arbeit gegen den Atmosphärendruck geleistet. Es gilt also bei isothermer reversibler Verdünnung von π_1 auf π_2 pro Mol

$$A'_m = RT \ln \frac{\pi_1}{\pi_2} + P\Delta V \text{ und}$$

$$\text{(nach Gl. [86a]) } A'_n = (A'_m)_V = RT \ln \frac{\pi_1}{\pi_2}. \qquad [164]$$

Wegen $\pi = RTc$ gilt ferner

$$A'_n = (A'_m)_V = RT \ln \frac{\pi_1}{\pi_2} = RT \ln \frac{c_1}{c_2}. \qquad [164a]$$

Dies ist die grundlegende Gleichung für die reversible Nutzarbeitsleistung bei Konzentrationsänderungen in idealen Lösungen. Wollen wir zu anderen Konzentrationsmaßen übergehen, so haben wir folgende Überlegung anzustellen. Der Molenbruch einer Lösung, die den Stoff 2 gelöst enthält, ist $x_2 = \dfrac{n_2}{n_1 + n_2}$, wenn n_1 bzw. n_2 die Molzahlen des Lösungsmittels bzw. gelösten Stoffes im Liter der Lösung bezeichnen. Da in verdünnten Lösungen n_1 viel größer als n_2 kann bei diesen $x_2 = \dfrac{n_2}{\text{konst}} = \dfrac{c}{\text{konst}'}$, gesetzt werden, d. h. der Molenbruch eines verdünnt gelösten Stoffes ist der Volumenkonzentration c proportional, folglich gilt in diesem Falle auch $R\,T \ln \dfrac{c_1}{c_2} = R\,T \ln \dfrac{x_1}{x_2}$ [165]. Bezeichnet m die Zahl der Mole eines Stoffes 2 pro 1 kg Lösungsmittel, ist also $m - n_2$ pro Kilogramm Lösungsmittel, so ist, da 1 kg H_2O 1 Liter einnimmt, und in verdünnten wäßrigen Lösungen die Zahl der Mole H_2O pro Liter Lösung annähernd gleich ist der Zahl der Mole pro Liter reines H_2O $\left(\dfrac{1000}{18} = 55{,}5\right)$, der Wert von c und m annähernd gleich, und es gilt dann auch

$$R\,T \ln \frac{c_1}{c_2} = R\,T \ln \frac{m_1}{m_2} \,. \qquad [166]$$

Die besprochenen Gleichungen gelten für Lösungen nicht dissoziierender Stoffe. Die Erfahrung wie die kinetische Theorie hat ergeben, daß der Gasdruck idealer Gase wie der osmotische Druck ideal gelöster Stoffe der Teilchenzahl des Gases bzw. gelösten Stoffes proportional ist, und für die Teilchenzahl ist die Volumenkonzentration c nur dann ein Maß, wenn der gelöste Stoff weder dissoziiert noch assoziiert, sondern aus Teilchen besteht, deren Gewicht dem zugrunde gelegten Molekulargewicht entspricht. Bezeichnet bei einem in der Lösung dissoziierenden Stoff α den Dissoziationsgrad, d. h. das Verhältnis der Zahl der in Ionen gespaltenen Moleküle zu der Zahl der insgesamt — also vor der Dissoziation — vorhandenen, und n die Zahl der Teilchen, die aus einem dissoziierenden Molekül entstehen, so entstehen aus 1 Mol des dissoziierenden Stoffes $n\alpha$ Mol dissoziierte Teilchen und bleiben undissoziiert $1 - \alpha$ Mol Teilchen. Insgesamt sind also statt 1 Mol gelöste Teilchen in der dissoziierten Lösung $1 + \alpha\,(n-1) = i$ Mole Teilchen. Also beträgt die wirkliche molare Teilchenkonzentration, wenn c die nach dem

undissoziierten Molgewicht berechnete ist, i c und der osmotische
Druck des dissoziiert und ideal gelösten Stoffes $\pi = iRTc$.
Die elektrischen Ladungen der Ionen bedingen es, daß bei Elektrolyten Abweichungen vom idealen osmotischen Verhalten leichter
auftreten als bei Nichtelektrolyten. Man hat diesen Abweichungen
durch Einführung osmotischer Koeffizienten Rechnung getragen,
auf die hier nicht näher eingegangen wird.

Unter Berücksichtigung dieser Verhältnisse kann man sagen:
Bei verdünnten Lösungen ist der osmotische Druck unabhängig
von der chemischen Natur der gelösten Teilchen, und bei gleicher
Molarität bzw. — bei Dissoziation der gelösten Stoffe — bei
gleicher Teilchenzahl ist ihr osmotischer Druck gleich.

Das van t'Hoffsche Gesetz erlaubt einige Beziehungen zwischen
Konzentration und relativer Dampfspannungserniedrigung, Siede-
punkt- und Gefrierpunktänderungen von Lösungen aufzustellen,
die sich ihm gemäß verhalten. Setzen wir nämlich in Gleichung [159]
und [152] $\pi = RTc$, so ergibt sich

$$\pi = R\,T\,c = \frac{1000\,s\,R\,T}{M} \ln \frac{p_g^0}{p_g} \qquad [167]$$

$$c = \frac{1000\,s}{M} \frac{p_g^0 - p_g}{p_g^0} . \qquad [168]$$

$\dfrac{1000\,s}{M}$ stellt die Zahl n_1 der Mole des Lösungsmittels pro Liter
des reinen Lösungsmittels dar, c bezeichnet die Zahl n_2 der Mole
gelösten Stoffes im Liter Lösung.

Da in verdünnten Lösungen die Anzahl der Mole Lösungsmittel
pro Liter nicht wesentlich verschieden ist von der Anzahl der
Mole Lösungsmittel im Liter reinen Lösungsmittels, so können
wir statt $\dfrac{1000\,s}{M}$ auch c^0, die molare Konzentration des Lösungsmittels in der Lösung, setzen und erhalten

$$\frac{n_2}{n_1} = \frac{c}{c^0} = \frac{p_g^0 - p_g}{p_g^0} = \frac{p_g^0 - p_g}{p_g} , \qquad [169]$$

da man wegen des geringen Unterschiedes von p_g und p_g^0 auch
derart umformen darf. Aus dieser Gleichung ergeben sich mehrere
Sätze, die übrigens bereits vor Aufstellung der van t'Hoffschen
Gleichung auf Grund experimenteller Befunde vor allem von
Raoult gefunden worden waren.

1. Die relative Dampfspannungserniedrigung verdünnter Lösungen ist unabhängig von der Temperatur und der Natur des

gelösten Stoffes; denn diese beiden Größen kommen in unserer Gleichung nicht vor.

2. Die relative Dampfspannungserniedrigung verdünnter Lösungen ist proportional der Konzentration der Lösung und gleich dem Quotienten aus der Zahl der Mole der gelösten Substanz durch die Zahl der Mole des Lösungsmittels, bezogen auf 1 Liter der Lösung. Durch eine leichte Umformung erhalten wir aus Gleichung [169], wenn wir mit x_1 bzw. x_2 den Molenbruch des Lösungsmittels bzw. gelösten Stoffes bezeichnen,

$$\frac{c}{c + c^0} = x_2 = \frac{p_g^0 - p_g}{p_g^0} \quad [170] \quad \text{und wegen Gl. [0]} \quad 1 - x_2 = x_1 = \frac{p_g}{p_g^0} . \quad [171]$$

Aus den Gleichungen für den osmotischen Druck verdünnter Lösungen erhalten wir ferner Beziehungen zwischen Konzentration und Gefrierpunkt- bzw. Siedepunktänderungen derselben, indem wir π durch $R\,T\,c$ ersetzen. Es ist, indem wir statt $\frac{1000\,s}{M}$ wieder c^0 einführen, die Siedepunkterhöhung nach [162]

$$T_S - T_S^0 = \frac{R\,T\,T_S^0\,c}{\lambda^0\,c^0} . \quad [172]$$

Hierin ist $\lambda^0\,c^0$ die molare Verdampfungswärme mal Zahl der Mole pro Liter = Verdampfungswärme pro Liter Lösungsmittel. Statt $T_S\,T_S^0$ können wir wegen der geringen Differenz zwischen T_S und T_S^0 auch $(T_S^0)^2$ setzen, also

$$T_S - T_S^0 = \frac{R\,(T_S^0)^2\,c}{\lambda^0\,c^0} \quad [173]$$

Ganz entsprechend ergibt sich für die Gefrierpunkterniedrigung aus Gleichung [161]

$$T_G^0 - T_G = \frac{R\,(T_G^0)^2\,c}{\varrho\,c^0} . \quad [174]$$

Gefrierpunkterniedrigung und Siedepunkterhöhung verdünnter Lösungen nicht merklich flüchtiger Stoffe sind also der molaren Konzentration der Lösungen proportional.

Die Konzentrationshöhe, bis zu der das VAN T'HOFFsche Gesetz noch gut die tatsächlichen Verhältnisse wiedergibt, beträgt durchschnittlich etwa $^1/_2$ Mol. Für biologische Verhältnisse wird man also auch mit Abweichungen rechnen müssen. Daß und wie die Konzentrationsgrenze für die Gültigkeit des VAN T'HOFFschen Gesetzes von der Natur der Lösung abhängt, zeigt folgende Betrachtung[1]. Die Gleichung [158]

---

[1] Nach O. SACKUR, Lehrbuch der Thermochemie. Berlin 1928. S. 205 ff.

$$\pi = \frac{1000}{M}\left[s' - \left(\frac{\partial\,s'}{\partial\,c}\right)_T c\right] R\,T\ln\frac{p_g^0}{p_g}$$

geht dadurch in die Gleichung für verdünnte Lösungen über, daß
wir den in der Klammer stehenden Ausdruck durch s, das spezifische
Gewicht des reinen Lösungsmittels, ersetzen können. Dies ist
aber nicht nur bei verdünnten Lösungen der Fall, sondern auch dann
bei konzentrierten, wenn deren spezifisches Gewicht proportional
der Konzentration wächst; denn für solche Lösungen gilt erstens
$\left(\frac{\partial\,s'}{\partial\,c}\right)_T = $ konst, zweitens

$$s' = s'_{c=0} + \int_{c=0}^{c}\left(\frac{\partial\,s'}{\partial\,c}\right)_T d\,c = s + \left(\frac{\partial\,s'}{\partial\,c}\right)_T c, \quad s = s' - \left(\frac{\partial\,s'}{\partial\,c}\right)_T c. \quad [175]$$

Bei den meisten Lösungen wächst aber die Dichte nicht proportional der Konzentration sondern stärker an, und dies bedingt
eine Abweichung von der Proportionalität zwischen osmotischem
Druck und Konzentration; denn es ist dann

$$s' - \left(\frac{\partial\,s'}{\partial\,c}\right)_T c < s\,.$$

Da nun, falls die linke Seite dieser Ungleichung gleich s ist,

$$\pi = \frac{1000}{M}\left[s' - \left(\frac{\partial'\,s}{\partial\,c}\right)_T c\right] R\,T\ln\frac{p_g^0}{p_g} = R\,T\,c\,,$$

so ist, falls sie $< s$,

$$\pi = \frac{1000}{M}\left[s' - \left(\frac{\partial\,s'}{\partial\,c}\right) c\right] R\,T\ln\frac{p_g^0}{p_g} < R\,T\,c\,. \qquad [176]$$

Der osmotische Druck derartiger konzentrierter Lösungen ist
also kleiner als der, den man bei Proportionalität mit der Konzentration erhalten würde. Die Konzentration c der Lösungen
haben wir in Molen gelösten Stoffes pro Liter Lösung angegeben
(volumennormal). Wählt man die von RAOULT eingeführte
Zählung nach Gewichtsnormalität, gibt man also die Konzentration
in Molen gelöster Substanz pro Kilogramm Lösungsmittel an, so
erhält man vielfach einen höheren Wert für die Konzentration, z. B.
ist eine etwa 0,8 volumennormale wäßrige Rohrzuckerlösung 1,0
gewichtsnormal. Wenn also in solchen Fällen bei volumennormaler
Angabe der Konzentration der osmotische Druck kleiner ist als
der Proportionalität mit der Konzentration entspricht, so wird
bei gewichtsnormaler Zählung der Konzentration sich der Wert
des osmotischen Druckes wieder der Proportionalität nähern können,

und in der Tat ist bei manchen Lösungen, z. B. den biologisch so wichtigen Rohrzuckerlösungen, eine gute Proportionalität zwischen osmotischem Druck und gewichtsnormaler Konzentration gefunden worden. Generell darf aber nicht etwa für konzentrierte Lösungen bei gewichtsnormaler Zählung eine derartige Proportionalität postuliert werden.

Bei den bisherigen Betrachtungen über den osmotischen Druck sind wir von der anschaulichen VAN T'HOFFschen Vorstellung ausgegangen, die diesen Druck als eine Eigenschaft des gelösten Stoffes ansieht. Wir können aber der Erklärung des osmotischen Drucks auch eine andere Vorstellung zugrunde legen, die auf dem Begriff des chemischen Potentials beruht (S. 81). Haben wir eine Lösung des Stoffes 2 im Lösungsmittel 1 und durch eine semipermeable Membran von ihr getrennt reines Lösungsmittel, Lösung und reines Lösungsmittel unter gleichem Druck, so hat das chemische Potential des Lösungsmittels in der Lösung, das partielle molare thermodynamische Potential $\left(\dfrac{\partial G}{\partial n_1}\right) = g_1 = \mu_1$, einen anderen Wert als das chemische Potential des Lösungsmittels im reinen Zustand, das molare thermodynamische Potential $g^1 = \mu^1$. Dies folgt aus der Verschiedenheit der Dampfdrucke von 1 über Lösung und reinem Lösungsmittel; denn diese Verschiedenheit bedingt, daß wir, wenn wir eine beliebige Menge, etwa 1 Mol, Lösungsmittel aus dem reinen Lösungsmittel in die Lösung überführen, Nutzarbeit gewinnen können, z. B. wenn wir die Überführung durch isotherme reversible Destillation vornehmen. Dieser Nutzarbeit entspricht wegen Gleichung [101] eine Abnahme des thermodynamischen Potentials $\Delta G'$, die gleich der Abnahme des thermodynamischen Potentials des Mols Lösungsmittel bei seiner Überführung sein muß. Vor der Überführung ist das thermodynamische Potential des Mols μ^1, da es ja in reinem Zustand vorliegt, nach der Überführung ist es $\mu_1 = \left(\dfrac{\partial G}{\partial n_1}\right)_{P,\,T,\,n_2\ldots}$, da es ja jetzt in Lösung vorliegt, und $\dfrac{\partial G}{\partial n_1}$ die Zunahme des thermodynamischen Potentials der Lösung bei Zufuhr von 1 Mol des Stoffs 1 — unter Konstanz der n der gelösten Stoffe, von T und P — gerade das chemische Potential von 1 Mol des Stoffes 1 in der Lösung ausdrückt. Also ist $\Delta G' = \mu^1 - \mu_1$ [177].

Da wir als Gleichgewichtsbedingung $\Delta G' = 0$ kennengelernt haben, tritt ein von selbst verlaufender Vorgang ein, der auf Erreichung des thermodynamischen Gleichgewichts gerichtet ist.

Da dies erst erreicht ist, wenn $\Delta G' = 0$, also $\mu_1 = \mu^1$ [178], muß ein Vorgang eintreten, bei dem entweder μ^1 verkleinert oder μ_1 vergrößert wird. Wegen der Semipermeabilität der Membran kann ein μ^1 verkleinernder Übertritt des gelösten Stoffes in das reine Lösungsmittel nicht erfolgen, folglich tritt ein Vorgang ein, der μ_1 solange vergrößert, bis es gleich μ^1 geworden ist, der Übertritt von reinem Lösungsmittel in die Lösung. Ist dieser in merklichem Maße dadurch verhindert, daß das Volumen der Lösung sich nicht vergrößern kann, so führt das Streben nach Erreichung des thermodynamischen Gleichgewichts zu einer Druckerhöhung der Lösung, die so lange andauert, bis das chemische Potential des Lösungsmittels in der Lösung durch die Druckerhöhung so gestiegen ist, daß es μ^1 gleich geworden ist. Der osmotische Druck ist also nach dieser Auffassung der Überdruck gegenüber dem reinen Lösungsmittel, der sich bei verhinderter Verdünnungsmöglichkeit der Lösung einstellt, um den Wert des chemischen Potentials des Lösungsmittels in der Lösung ins Gleichgewicht zu bringen mit seinem Wert im reinen Lösungsmittel. Hieraus ergibt sich eine einfache Ableitung des Wertes des osmotischen Drucks. War der Anfangsdruck von Lösung und Lösungsmittel P_0, so ist der Wert von μ_1 bei einer Drucksteigerung auf den beliebigen Druck P

$$(\mu_1)_P = (\mu_1)_{P_0} + \int_{P_0}^{P} \frac{\partial \mu_1}{\partial P}\, dP \qquad [179]$$

wofür wir nach Gl. [126] schreiben dürfen $(\mu_1)_{P_0} + \int_{P_0}^{P} v_1\, dP$. Stellt P den Druck der Lösung nach Erreichung des Gleichgewichts dar, so muß wegen der Gleichgewichtsbedingung $(\mu_1)_P = (\mu^1)_{P_0}$ [178] gelten

$$(\mu_1)_{P_0} + \int_{P_0}^{P} v_1\, dP = (\mu^1)_{P_0} \qquad [180]$$

Vernachlässigen wir die Druckabhängigkeit von v_1, dem partiellen Molvolumen von 1 in der Lösung, wodurch wir keinen größeren Fehler begehen, so ist $(\mu^1)_{P_0} - (\mu_1)_{P_0} = v_1 \int_{P_0}^{P} dP = v_1 (P - P_0)$ [181].

Führen wir für den Überdruck $P - P_0$ unsere Bezeichnung π für den osmotischen Druck ein, so ist $\pi = \dfrac{\mu^1 - \mu_1}{v_1}$, wobei alle Werte der rechten Seite auf P_0 zu beziehen sind. Die Abnahme des thermodynamischen Potentials bei einem isothermen isobaren Vorgang ist gleich der maximalen Nutzarbeit, die bei seinem Ablauf gewonnen werden kann ($\Delta G' = A'_n$, Gleichung [101]). Für die isobare, isotherme Überführung von reinem Lösungsmittel in Lösung haben wir A'_n implizit schon S. 102, 103 berechnet, nämlich pro Mol zu $RT\ln\dfrac{p^0_g}{p_g}$, also wegen [177] $\mu^1 - \mu_1 = RT\ln\dfrac{p^0_g}{p_g}$ [182], $\pi = \dfrac{RT}{v_1}\ln\dfrac{p^0_g}{p_g}$. Das ist aber genau unsere Gleichung [155], da $\left(\dfrac{\partial n}{\partial V}\right)_T$ in dieser der reziproke Wert des partiellen Molvolumens des Wassers in der Lösung $\left(\dfrac{\partial V}{\partial n}\right)_T = v_1$ ist.

Wir waren zur Behandlung des osmotischen Druckes veranlaßt worden durch die Frage nach der Beziehung zwischen Dampfdruck und Konzentration einer Lösung. Wir hatten gesagt, daß man generell eine Beziehung lediglich zwischen diesen beiden Größen nicht angeben kann, also nicht ohne weiteres bei einer Lösung beliebiger Konzentration den Dampfdruck oder bei gegebenem Dampfdruck einer Lösung deren Konzentration angeben kann. Wir haben gesehen, daß auch zwischen osmotischem Druck und Konzentration eine derartige generelle Beziehung, die die eine Größe bei gegebenem T lediglich als Funktion der anderen darzustellen gestattet, nicht besteht, wohl aber besteht sie im speziellen Falle der verdünnten Lösungen, für die ja $\pi = RTc$, und mittels dieser Gleichung und der Phasenregel können wir nun auch für verdünnte Lösungen Aussagen über die Beziehungen zwischen Dampfdruck und Konzentration machen, und wir können auch mit ihr einige wichtige Sätze über die Verteilung von Stoffen zwischen verschiedenen Phasen ableiten. Voraussetzung ist hierbei aber stets, daß sowohl die gelösten Stoffe wie die Dämpfe den idealen Gasgesetzen gehorchen. Wir hatten bereits für einen Fall einer verdünnten Lösung eine Beziehung zwischen Dampfdruck und Konzentration abgeleitet, nämlich für den, daß der gelöste Stoff nicht flüchtig ist und also keinen Dampfdruck über der Lösung hat. In diesem Falle gilt

$$\frac{c}{c^0} = \frac{p^0_g - p_g}{p^0_g}.$$

Wir wollen jetzt noch den Fall betrachten, daß ein flüchtiger Körper gelöst ist.

Wir berechnen $(A'_m)_V = A'_n$ [86a] für den Vorgang der isothermen Überführung von dn Mol eines gelösten Stoffes aus einer Lösung von der Konzentration c_1 in eine Lösung von der niedrigeren Konzentration c_2. Verdünnen wir ein beliebiges Volumen der Lösung von c_1 auf c_2, so beträgt $(A'_{mV}) = A'_n$ nach S. 106 pro Mol $RT \ln \dfrac{c_1}{c_2}$, für dn Mol also $dn\, RT \ln \dfrac{c_1}{c_2}$.

Die gleiche Arbeit müssen wir nach dem zweiten Hauptsatz auf jedem anderen isothermen reversiblen Wege gewinnen, auf dem wir dn Mol des gelösten Stoffes von c_1 auf c_2 bringen. Als zweiten Weg wählen wir, wie bei der Berechnung der maximalen osmotischen Arbeit, den Weg der isothermen reversiblen Destillation. Wir verdampfen also dn Mol des gelösten Stoffes aus einem großen Volumen der Lösung 1 (c_1), die wir uns mit einem nur für den Dampf des gelösten Stoffes durchlässigen Stempel verschlossen denken, und zwar reversibel unter einem Druck, der gleich dem Dampfdruck p_1 des gelösten Stoffes über der Lösung ist, dann expandieren wir die dn Mol Dampf von p_1 auf p_2, den Dampfdruck des gelösten Stoffes über der Lösung von der Konzentration c_2, wobei wir die Arbeit $dn\, RT \ln \dfrac{p_1}{p_2}$ gewinnen, und kondensieren den expandierten Dampf reversibel in ein großes Volumen der Lösung von der Konzentration c_2. Die bei der Verdampfung und Kondensation geleistete bzw. aufgewandte Arbeit, die bei Vernachlässigung der Volumenänderung der Lösung ja $dn\, RT$ beträgt, hebt sich gegeneinander auf, und es bleibt als bei der Destillation geleistete Arbeit $dn\, RT \ln \dfrac{p_1}{p_2}$. Wir können auch sagen: A'_n ist für Verdampfung und Kondensation unter Sättigungsdampfdruck je 0, da der Atmosphärendruck hierbei der konstante Dampfdruck p_1 bzw. p_2, also $A'_n = A'_m - P\Delta V = dn\, RT - dn\, RT$. Folglich ist

$$(A'_m)_V = A'_n = dn\, R\, T \ln \frac{c_1}{c_2} = dn\, R\, T \ln \frac{p_1}{p_2}$$

$$\frac{c_1}{c_2} = \frac{p_1}{p_2}, \quad \frac{c_1}{p_1} = \frac{c_2}{p_2} = \frac{c}{p} = \text{konst}, \qquad [183]$$

d. h. der Dampfdruck eines gelösten Gases ist seiner Konzentration proportional (HENRYsches Gesetz). Voraussetzung für Gültigkeit des HENRYschen Absorptionsgesetzes in dieser einfachen Form ist, daß der gelöste Stoff im Lösungsmittel und im Dampfzustand die gleiche Molekulargröße hat. Ist die Molekulargröße z. B. in der Lösung doppelt so groß als im Dampfzustand, so ergibt sich, da dann die isotherme Destillation von nur $1/2$ Mol der gelösten Substanz bereits die Arbeit

$$\mathrm{R\,T}\ln\frac{p_1}{p_2}\ \text{leistet, die Gleichung}$$

$$\mathrm{R\,T}\ln\frac{p_1}{p_2} = {}^1/_2\,\mathrm{R\,T}\ln\frac{c_1}{c_2} = \mathrm{R\,T}\ln\left(\frac{c_1}{c_2}\right)^{1/2}$$

$$\frac{p_1}{\sqrt{c_1}} = \frac{p_2}{\sqrt{c_2}} = k\,. \qquad [184]$$

Das HENRYsche Gesetz wollen wir zur Ableitung eines Satzes über die Verteilung eines gelösten Stoffes in verschiedenen miteinander im Gleichgewicht stehenden Lösungsmitteln benutzen. Denken wir uns zwei miteinander im Gleichgewicht stehende, nicht völlig mischbare Lösungsmittel I und II, z. B. Wasser und Äther, und irgendeinen Stoff in einem von beiden gelöst, so folgt aus dem HENRYschen Gesetz, daß er sich so zwischen den beiden Lösungsmitteln verteilt, daß das Verhältnis seiner Konzentrationen in den beiden Lösungsmitteln unabhängig von der Höhe der Konzentration stets das gleiche ist, also $\frac{c_I}{c_{II}}=$ konst, vorausgesetzt, daß es sich um Konzentrationsbereiche handelt, für die das HENRYsche Gesetz gilt. Denn im Gleichgewicht muß der Dampfdruck des gelösten Stoffes über beiden Lösungen der gleiche sein, andernfalls könnte man einen isothermen Kreisprozeß konstruieren, der Arbeit leistet, was nach dem zweiten Hauptsatz unmöglich ist. Man brauchte nur ein Quantum des gelösten Stoffes aus der Lösung, über der er den höheren Dampfdruck hat, unter seinem Dampfdruck zu verdampfen, unter Arbeitsleistung auf den Dampfdruck zu expandieren, den er über der anderen Lösung hat, und bei diesem Dampfdruck über der zweiten Lösung, wieder zu kondensieren. Da sich die Verdampfungs- und Kondensationsarbeiten gegeneinander aufheben — pro Mol betragen sie RT —, so bleibt die geleistete Expansionsarbeit. Da durch die Kondensation des gelösten Stoffes sein Verteilungsgleichgewicht zwischen I und II gestört wäre, würde er wieder zurückdiffundieren, und damit wäre ein isothermer Kreisprozeß mit Arbeitsfähigkeit durchgeführt. Der Dampfdruck p des gelösten Stoffes über den beiden miteinander im Gleichgewicht stehenden Lösungen ist also der gleiche. Nach dem HENRYschen Gesetz ist aber

$$\frac{p}{c_I} = k_1,\ \ \frac{p}{c_{II}} = k_2,\ \text{folglich}\ \frac{c_I}{c_{II}} = \frac{k_2}{k_1} = K\,. \qquad [185]$$

Dieser Satz wird als NERNSTscher Verteilungssatz bezeichnet. Aus seiner Ableitung geht hervor, daß verschiedene
Voraussetzungen für seine Gültigkeit gegeben sein müssen.

1. Der gelöste Stoff muß in der Lösung dem HENRYschen
Gesetz, im Dampfzustand den idealen Gasgesetzen gehorchen.

2. Der gelöste Stoff muß in beiden Lösungsmitteln die gleiche
Molekulargröße besitzen. Andernfalls gilt $\dfrac{c_I}{\sqrt[n]{c_{II}}} = K'$, wenn n die
Zahl angibt, mit der die Molekulargröße in I multipliziert die
Molekulargröße in II ergibt, also z. B. bei Bildung von Doppel-
molekülen in II gegenüber einfachen Molekülen in I:

$$\frac{c_I}{\sqrt[2]{c_{II}}} = K'. \qquad\qquad [186]$$

Nachdem wir bisher einige Beziehungen zwischen Dampfdruck
einerseits, Temperatur und Konzentration andererseits betrachtet
haben und sich daraus ergebende Folgerungen, gehen wir zur
Erörterung der Beziehungen zwischen Dampfdruck und äußerem
Druck über. Bei Erörterung der Phasenregel hatte sich ergeben,
daß bei Angabe von Temperatur und Zusammensetzung einer
kondensierten Phase auch ihr Dampfdruck bestimmt ist, daß also
eine reine Phase oder eine Lösung bestimmter Konzentration bei
einer gegebenen Temperatur auch einen bestimmten Dampfdruck
hat. Als Voraussetzung für die Anwendbarkeit der Phasenregel
hatten wir indes Gleichgewicht zwischen den betrachteten Phasen
angegeben. Wir haben aber noch eine stillschweigende Voraussetzung gemacht, nämlich die, daß in allen Teilen des Systems,
auf das die Phasenregel angewendet wird, gleicher Druck herrscht.
Im allgemeinen ist diese Bedingung mit der Bedingung des Gleichgewichts zwischen den Teilen eines Systems identisch; denn solange
Druckunterschiede bestehen, suchen diese sich auszugleichen, und
im allgemeinen ist erst Gleichgewicht erreicht, wenn die Tendenz
zum Druckausgleich zur Gleichheit des Drucks im ganzen System
geführt hat. Deshalb sind im allgemeinen Fälle, bei denen innerhalb eines Systems Druckunterschiede anscheinend konstant bestehen bleiben, Fälle scheinbaren Gleichgewichts, in denen die Erreichung des echten Gleichgewichts durch irgendwelche Reaktionswiderstände gehemmt ist. Es gibt aber auch Fälle, bei denen durch
die Wirkung einer Kraft auf das System, z. B. der Schwerkraft,
im echten Gleichgewicht Druckunterschiede bestehen. Ein typischer
Fall dieser Art ist z. B. eine hohe Wassersäule in einem Zylinder,

dessen einzelne Wasserschichten im Gleichgewicht unter einem Druck stehen, der mit der Höhe der über ihnen befindlichen Wassersäule wächst. Für den Fall, daß keine Druckgleichheit zwischen kondensierter Phase und Dampf vorliegt, besteht offenbar eine Freiheit mehr als im Falle der Bedingung gleichen Druckes im ganzen System, weil ja eben die die Freiheit des Systems einschränkende Bedingung der Druckgleichheit fehlt. Frei wählbar ist dann noch die Größe der diese Ungleichheit des Druckes bewirkenden Kraft, sei es, daß sie direkt oder sei es, daß sie indirekt durch Angabe ihrer Druckwirkung gekennzeichnet wird. Dementsprechend ist in derartigen Fällen durch Angabe der Temperatur und Zusammensetzung der kondensierten Phase noch nicht deren Dampfdruck festgelegt, sondern je nach dem Druck,

unter dem letztere infolge von Kraftwirkung steht, ist ceteris paribus ihr Dampfdruck verschieden. Wie sich ein bestimmter Dampfdruck bei einem echten Gleichgewicht bei gegebener Temperatur und Zusammensetzung einer kondensierten Phase einstellt, so wird

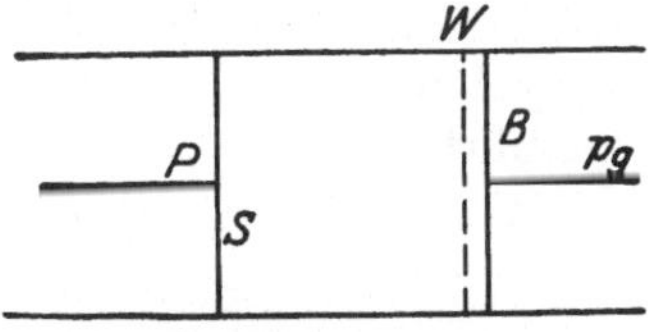

Abb. 12. Erklärung im Text. Nach SACKUR, Thermochemie.

sich ein solcher auch einstellen, wenn die kondensierte Phase nur im scheinbaren Gleichgewicht vorliegt, die Dampfphase also unter einem Druck steht, der nicht im Gleichgewicht ist, mit dem Druck der kondensierten Phase; denn die Einstellung des Dampfdruckes können wir als schnell verlaufenden Vorgang ansehen gegenüber dem langsamen Druckausgleich zwischen den Phasen beim scheinbaren Gleichgewicht, d. h. die Einstellung des Dampfdrucks erfolgt auch im scheinbaren Gleichgewicht bei konstantem Druck der kondensierten Phase. Wir haben also die Frage zu beantworten: Wie hängt der Dampfdruck einer kondensierten Phase vom äußeren Druck ab, unter dem sie steht? Zur Beantwortung dieser Frage denken wir uns eine Flüssigkeit in einem Zylinder eingeschlossen (Abb. 12), der einerseits durch den Stempel S, andererseits durch die Wand W abgeschlossen sei, die nur für den Flüssigkeitsdampf nicht die Flüssigkeit selbst, durchlässig sein möge. Dieser Wand liege zu Beginn des Kreisprozesses, den wir mit der Flüssigkeit vornehmen wollen, der Stempel B unmittelbar an, und der Stempel S stehe unter dem Druck P_1, der Stempel B unter dem Druck p_{g1}, der dem Sättigungsdampfdruck der Flüssigkeit beim Druck P_1

entspricht. Wir nehmen folgende isothermen und reversiblen Zustandsänderungen vor.

1. Ein Mol Flüssigkeit wird verdampft. Dadurch wird B gehoben und, wenn v_{g1} das Molvolumen des Dampfes beim Druck p_{g1} bezeichnet, die Arbeit $p_{g1} v_{g1}$ geleistet. Da inzwischen das Flüssigkeitsvolumen um 1 Mol abnimmt, wird auch S unter dem Druck P_1 nach innen verschoben und dadurch dem System die Arbeit $P_1 v_1$ zugeführt, wenn v_1 das Molarvolumen der Flüssigkeit bezeichnet. Insgesamt leistet also das System hierbei die Arbeit

$$A_1' = p_{g1}\, v_{g1} - P_1\, v_1.$$

2. Der Druck, unter dem das System steht, wird erhöht, indem P_1 auf P_2 gesteigert wird. Dadurch ändere sich p_{g1} auf p_{g2} und gleichzeitig steige der Druck von B bis auf p_{g2}. Dann wird, da wir die Flüssigkeit als inkompressibel betrachten wollen, nur der Stempel B nach innen verschoben, wobei dem System die Arbeit zugeführt wird

$$A_2 = -\int_1^2 p_g\, d\, v_g.$$

3. Bei konstantem Druck wird das verdampfte Mol wieder kondensiert unter Zuführung von Arbeit an das System von

$$A_3 = p_{g2}\, v_{g2} - P_2 v_1.$$

4. Der Druck beider Stempel wird wieder auf den Anfangsdruck verkleinert, was wegen der Inkompressibilität der Flüssigkeit nicht mit Arbeit verbunden ist. Dadurch ist der Anfangszustand wieder hergestellt, und, da wir einen isothermen Kreisprozeß haben, muß die Summe der vom System geleisteten abzüglich der ihm zugeführten Arbeiten gleich 0 sein, also

$$p_{g1}\, v_{g1} - P_1\, v_1 + \int_1^2 p_g\, d\, v_g + P_2\, v_1 - p_{g2}\, v_{g2} = 0.$$

Ist der Dampfdruck so niedrig, daß er den idealen Gasgesetzen folgt, so ist

$$p_{g1}\, v_{g1} = p_{g2}\, v_{g2} \quad \text{und} \quad v_g = \frac{R\,T}{p_g}, \quad \text{also}$$

$$\int_1^2 p_g\, d\, v_g = \int_1^2 p_g\, R\,T\, d\,\frac{1}{p_g} = -R\,T \int_1^2 \frac{d\, p_g}{p_g} = -R\,T \ln\frac{p_{g2}}{p_{g1}} = v_1\,(P_1 - P_2)$$

$$\ln\frac{p_{g2}}{p_{g1}} = \frac{v_1\,(P_2 - P_1)}{R\,T}. \tag{187}$$

Dies ist die gesuchte Formel, die die Abhängigkeit des Dampfdrucks einer Flüssigkeit von dem Außendruck, unter dem sie steht, ausdrückt. Handelt es sich nicht um eine reine Flüssigkeit, sondern um eine Mischphase, so gilt für jeden Bestandteil derselben Gl. [187], wenn wir unter p_{g2} bzw. p_{g1} seine Partialdampfdrucke verstehen und v_1, das Molvolumen der reinen Flüssigkeit, durch v_i, das partielle Molvolumen des betreffenden Stoffes i in der Mischphase ersetzen, z. B. durch das partielle Molvolumen von Wasser, wenn dies das Lösungsmittel bildet. Der Sättigungsdampfdruck bei 0° C für Wasser unter Atmosphärendruck berechnet sich aus ihr zum 1,0008fachen desjenigen unter Vakuum. Erst bei Druckunterschieden von mehreren Atmosphären erhält man also eine beachtliche Änderung des Dampfdrucks.

Im Anschluß an die Berechnung der Druckabhängigkeit des Sättigungsdampfdrucks wollen wir auch diejenige des Schmelzpunkts betrachten. Ebenso wie aus der Phasenregel folgt, daß bei gegebener Temperatur Wasser oder eine Lösung von gegebener Zusammensetzung nur mit Dampf von ganz bestimmtem Druck, dem Sättigungsdampfdruck bei der betreffenden Temperatur, im Gleichgewicht sein kann, folgt auch, daß es bei gegebener Temperatur nur mit Eis von ganz bestimmtem Druck im Gleichgewicht sein kann. Deshalb gilt die gleiche Beziehung, die zwischen Gleichgewichtstemperatur und -druck der flüssigen und Dampfphase herrscht, auch im Verhältnis von flüssiger und fester Phase, d. h. die Gleichung von CLAUSIUS-CLAPEYRON regelt auch die Beziehung die zwischen Gleichgewichtstemperatur, d. h. Schmelztemperatur, und Gleichgewichtsdruck, d. h. Druck am Schmelzpunkt, für das System fest/flüssig besteht, nur haben wir an Stelle der molaren Verdampfungswärme λ die molare Schmelzwärme ϱ einzuführen. Während man jedoch beim System flüssig/gasförmig meist die Gleichgewichtstemperatur willkürlich festlegt und danach fragt, welcher Sättigungsdampfdruck der festgelegten Temperatur entspricht, fragt man beim System flüssig/fest in der Regel nach dem reziproken Verhältnis, nach der Gleichgewichtstemperatur, d. h. dem Schmelzpunkt, wenn man den Druck willkürlich festlegt. Wir benutzen also zur Berechnung der gesuchten Druckabhängigkeit an Stelle der Gleichung $\dfrac{d\,p_g}{d\,T} = \dfrac{\varrho}{T\,(v_{II} - v_I)}$ die Gleichung $\dfrac{d\,T_g}{d\,P} = \dfrac{T\,(v_{II} - v_I)}{\varrho}$ [188], in der T_g den Schmelzpunkt (Gleichgewichtstemperatur) unter dem willkürlich gewählten Druck P darstellt, unter dem zwischen fester und flüssiger Phase Gleichgewicht herrschen soll, v_I das Molvolumen der festen Phase, v_{II} das Molvolumen der flüssigen Phase bzw. das partielle molare Volumen des in die flüssige Phase übergehenden Stoffes in dieser. Für das Gleichgewicht Eis/Wasser ist also v_{II} das Molvolumen des reinen Wassers am Schmelzpunkt, für das Gleichgewicht Eis/wäßrige Lösung das partielle Molvolumen des Wassers in der Lösung bei T_g. Da zum Schmelzen stets Wärme zugeführt werden muß, so ist $\dfrac{d\,T_g}{d\,P}$ positiv, solange $v_{II} > v_I$, und wird negativ, sofern $v_{II} < v_I$. Letzteres ist bekanntlich beim Wasser der Fall. Wasser, das in einer Eisenkugel eingeschlossen ist, dehnt sich beim Gefrieren so stark aus, daß es die Kugel zersprengen kann. Folglich sinkt die Schmelztemperatur von Wasser mit steigendem Druck, jedoch beträgt diese Erniedrigung für eine Druckerhöhung von 10 atm nur 0,075°C.

Wir haben bei allen unseren bisherigen Betrachtungen vorausgesetzt, daß Gase und gelöste Stoffe sich den idealen Gasgesetzen gemäß verhalten. Sie zeigen aber in Wirklichkeit mehr oder weniger große Abweichungen vom idealen Verhalten, die vor allem auf Wechselwirkungen zwischen ihren eigenen Teilchen oder auf Wirkungen von anderen anwesenden Gasen, gelösten Stoffen, Lösungsmittelteilchen beruhen, und demnach sich im allgemeinen um so stärker bemerkbar machen, mit je höheren Konzentrations- und Dampfdruckgebieten wir es zu tun haben, während bei verdünnten Gasen und Lösungen die Abweichungen des realen vom idealen Verhalten meist vernachlässigt werden können. Wenn man die Verteilung eines nicht idealen Stoffes auf verschiedene Phasen oder die maximale Arbeitsleistung beim Verdünnen eines realen Gases oder einer realen Lösung aus Dampfdruck bzw. Konzentration so berechnet, als ob die idealen Gasgesetze gelten würden, begeht man also einen Fehler. Damit die Rechnungen richtig werden, müßte man offenbar Dampfdrucke und Konzentrationen mit Korrektionsfaktoren versehen, die den Abweichungen des realen vom idealen Zustand Rechnung tragen. Die so korrigierten Dampfdrucke und Konzentrationen würden dann bei Anwendung der Formeln und Gesetze, die wir für ideale Gase und Lösungen entwickelt haben, zu richtigen Ergebnissen führen. Diese Korrektionsfaktoren nennt man „Aktivitätskoeffizienten" und bezeichnet sie mit f_a. Der Wert von f_a ändert sich nach dem Gesagten mit dem Dampfdruck bzw. der Konzentration des Stoffes und mit der

Anwesenheit anderer Stoffe. Für ein ideales Gas oder eine ideale Lösung, praktisch für sehr verdünntes Gas oder Lösung, ist $f_a = 1$, da ja dann $f_a p = p$, $f_a c = c$. Der mit f_a multiplizierte Dampfdruck p eines Stoffes $f_a p$, der „korrigierte" Dampfdruck wird „absolute" Flüchtigkeit f, kurz Flüchtigkeit, des Stoffes genannt, die mit f_a multiplizierte Konzentration $f_a c$ die „absolute" Aktivität. Also gilt allgemein $f_a p = f$ [189], $f_a c = a_{abs}$. [190]. Dabei hat f_a in Verbindung mit p eine andere Bedeutung und im allgemeinen auch einen anderen Wert als in Verbindung mit c. Im ersteren Falle ist es ein Maß für die Kräfte, die die Abweichungen des Dampfes vom idealen Verhalten bewirken, im letzteren Falle für die, die das Abweichen des gelösten Stoffes vom idealen Zustand bedingen. Die „absolute Aktivität" wird in der biologischen Literatur häufig als „Aktivität" schlechthin bezeichnet, während in der Physik dieser Begriff überhaupt kaum noch verwendet wird, sondern statt seiner die „relative" Aktivität, die, wie sich sogleich zeigen wird, den gleichen Wert hat, wie die „relative" Flüchtigkeit. Wie und warum man zu diesen Begriffen gelangt, erkennt man aus folgender Betrachtung:

Wir denken uns bei T zwei sehr große mit idealen Gasgemischen gefüllte Gasbehälter unter gleichem Druck. In dem einen sei der Partialdruck eines zu betrachtenden Gases des Gemisches p, im anderen p'. Wir überführen, in allen Teilvorgängen reversibel und isotherm, 1 Mol dieses Gases aus dem Behälter, in dem es den Partialdruck p hat, in den anderen. Wir entnehmen dazu ersterem Behälter 1 Mol vom Druck p, expandieren es auf p', wobei wir nach Gl. [153]

$$A_n' = R\,T \ln \frac{p}{p'}$$

gewinnen, und fügen es dem Gas in dem anderen Behälter zu. Die Nutzarbeiten bei der reversiblen Entnahme und Zuführung zu den Behältern sind 0 (vgl. S. 114). Also gilt für den gesamten Überführungsvorgang

$$A_n' = R\,T \ln \frac{p}{p'}. \qquad [191]$$

Die maximal geleistete Nutzarbeit eines isothermen reversiblen Prozesses ist aber nach Gleichung [101] gleich der Abnahme des thermodynamischen Potentials bei dem Prozesse. Diese Abnahme $\varDelta G'$ ist aber, wenn g bzw. g' das molare thermodynamische

Potential des Gases im Anfangs- bzw. Endzustand der Expansion darstellt $g - g'$, folglich

$$A'_n = \varDelta\, G' = g - g' = R\,T \ln \frac{p}{p'}. \qquad [192]$$

Soll diese Gleichung für beliebige, also nicht ideale, Gase gelten, so haben wir nach dem eben Ausgeführten statt der Dampfdrucke die Flüchtigkeiten der Gase zu setzen, also

$$A'_n = \varDelta\, G' = g - g' = R\,T \ln \frac{f}{f'} \qquad [193]$$

$$A_n = \varDelta\, G = g' - g = R\,T \ln \frac{f'}{f} \qquad [194]$$

Diese Gleichung gilt für die Überführung des Gases von beliebigen Ausgangs- zu beliebigen isothermen Endzuständen. Aus ihr folgt

$$g' = R\,T \ln f' + \text{Konst} \qquad [195]$$

$$g = R\,T \ln f + \text{Konst}, \qquad [196]$$

worin Konst eine Konstante sein muß, die nur von der Temperatur abhängt, weil ja Gl. [193, 194] für beliebige isotherme Anfangs- und Endzustände gelten. Die Gl. [195, 196] zeigen, daß die Flüchtigkeit nicht nur die Bedeutung einer bequemen Rechengröße hat, als welche wir sie zunächst eingeführt hatten, sondern daß sie auch eine wichtige thermodynamische Bedeutung hat. Sie ist ein Maß des molaren thermodynamischen Potentials einer Substanz, und der Quotient der Flüchtigkeiten einer Substanz in zwei Zuständen ist nach Gl. [193, 194] ein Maß der Änderung des thermodynamischen Potentials beim Übergang von einem Zustand zum anderen. Da die „absolute" Flüchtigkeit und „absolute" Aktivität eingeführt wurden, um die für ideale Gase und Lösungen geltenden Gesetze auch auf reale anwenden zu können, so muß für diese Größen das HENRYsche Gesetz gelten. Es muß also für beliebige Lösungen eines Stoffes von den absoluten Aktivitäten a_{abs}, a'_{abs}, a''_{abs} und seine zugehörigen gesättigten Dämpfe von den absoluten Flüchtigkeiten f, f', f'' gelten

$$\frac{f_a\, p}{f_a\, c} = \frac{f}{a_{abs}} = \frac{f'}{a'_{abs}} = \frac{f''}{a''_{abs}} = \text{konst}, \qquad [197]$$

Folglich gilt auch

$$\frac{f}{f'} = \frac{a_{abs}}{a'_{abs}}. \qquad [198]$$

Eine der Ableitung von Gl. [191] analoge ergibt für die isotherme, isobare, reversible Überführung von 1 Mol eines **ideal** gelösten Stoffes von der Konzentration c auf c' (c > c')

$$A'_n = RT \ln \frac{c}{c'} \qquad [199]$$

Wir erhalten also für die Zunahme des thermodynamischen Potentials beim isobaren und isothermen Überführen eines **beliebig gelösten** Stoffes von der absoluten Aktivität a auf die absolute Aktivität a' wegen Gl. [190]

$$A_n = \Delta G = RT \ln \frac{a'_{abs}}{a_{abs}} = RT \ln \frac{f'}{f}, \qquad [199a]$$

wobei f' bzw. f die Flüchtigkeit des gelösten Stoffes über der verdünnten bzw. konzentrierteren Lösung bedeuten.

Wir werden im nächsten Kapitel sehen, daß es zur Berechnung der Arbeitsgrößen bei chemischen Prozessen zweckmäßig ist, für jede chemische Substanz „Standardzustände" einzuführen (LEWIS), in denen die Substanz ganz bestimmte Eigenschaften hat, weil die Zustände durch Angabe der Zustandsgrößen hinreichend charakterisiert sind. Welche Zustände man als Standardzustände wählt, hängt von der Problemstellung ab. Vor allem werden folgende Zustände als Standardzustände verwendet:

1. Für reine feste und flüssige Stoffe: Der reine Zustand bei 25^0 und 1 atm.

2. Für Gase: Das ideal gedachte Gas bei 1 atm Druck und 25^0 C, also, da ein Gas sich bei diesem Druck nicht mehr streng ideal verhält, ein fiktiver Zustand.

3. Für gelöste Stoffe unterscheiden wir drei Standardzustände, je nach dem Konzentrationsmaß, das wir zur Kennzeichnung der Lösung benutzen:

a) Standardzustand: Ideale Lösung, die 1 Mol gelöster Substanz auf 1000 g Lösungsmittel enthält.

b) Standardzustand: Ideale Lösung, die 1 Mol gelöster Substanz auf 1 Liter Lösung enthält.

c) Standardzustand: Ideale Lösung, in der der Molenbruch des gelösten Stoffes gleich 1 ist, d. h. ein fiktiver Zustand, in dem der gelöste Stoff rein vorliegt, aber mit den Eigenschaften einer idealen Lösung.

Die auf Standardzustände bezüglichen Größen kennzeichnen wir durch den hochgestellten Index ^{0}. Die gleichen Zustände bei

einer anderen Temperatur bezeichnet LEWIS[1] ebenfalls als Standardzustände, während SCHOTTKY, ULICH, WAGNER[2] derartige Zustände Grundzustände nennen und nur die auf 25⁰ C und 1 atm
spezialisierten Grundzustände Standardzustände. Wir folgen hier
der Terminologie von LEWIS und bemerken noch, daß wir die
Angabe der Temperatur, auf die sich der Standardzustand bezieht,
nur dann hinzufügen, wenn diese von 25⁰ C abweicht.

Eine in der chemischen Thermodynamik immer wiederkehrende
Aufgabe ist die Berechnung der minimalen isothermen Nutzarbeit,
die man aufwenden muß, um 1 Mol eines Stoffes aus seinem
Standardzustand, in dem er die Flüchtigkeit f^0 habe, in irgendeinen
anderen Zustand zu überführen, in dem seine Flüchtigkeit f sei.
Dabei denken wir uns so große Volumina für beide
Zustände, daß Konzentrationsänderungen durch die
Entnahme und Zufuhr des Mols nicht auftreten und
beide Volumina auf gleichem elektrischem Potential.
Die Nutzarbeit ist dann wegen Gleichung [194]

$$\underline{A_n} = \underline{\Delta G} = g_i - g_i^0 = \mu_i - \mu_i^0 = R\,T \ln \frac{f}{f^0}. \qquad [200]$$

Der Grund für den Kleindruck von $\underline{A_n}$ und $\underline{\Delta G}$ wird noch erläutert. Den Quotienten Flüchtigkeit eines Stoffes in einem
beliebigen Zustand : Flüchtigkeit des Stoffes im Standardzustand,
$\frac{f}{f^0}$, nennt man „relative Flüchtigkeit" oder, da wegen des HENRY-
schen Gesetzes $\frac{f}{f^0} = \frac{a_{abs}}{a_{abs}^0}$ auch „relative Aktivität". Die „relative"
Aktivität des Standardzustandes ist also stets 1. Wählt man den
Standardzustand so, daß auch seine absolute Aktivität gleich 1
ist, also z. B. eine Lösung des betreffenden Stoffes, die 1 Mol
auf 1 kg enthält und sich ideal verhält ($f_a^0 = 1$), so hat die „absolute"
Aktivität, also die von den Biologen vielfach als Aktivität bezeichnete Größe den gleichen Zahlenwert wie die „relative" Aktivität, die die Physiker im allgemeinen schlechthin als Aktivität
und mit dem Buchstaben $a \left(\frac{f}{f^0} = a\ [201] \right)$ bezeichnen. Da die Physiker die absolute Aktivität nicht zu verwenden pflegen, unter-
scheiden sie also nur

1. Flüchtigkeit = „absolute" Flüchtigkeit = Dampfdruck des
betreffenden Stoffes mal Aktivitätskoeffizienten des Dampfes.

---

[1] LEWIS und RANDALL, l. c. S. 74.
[2] SCHOTTKY, ULICH, WAGNER: Thermodynamik. Berlin 1929.

2. Aktivität = „relative“ Flüchtigkeit = „relative“ Aktivität.

Wir werden diese Bezeichnungsweise im folgenden verwenden und, soweit wir die Größe f_a c benutzen, sie als „absolute“ Aktivität gegenüber der „Aktivität“ schlechthin kennzeichnen. Man erkennt, daß die Aktivität eines Stoffes in einem bestimmten Zustand keine ein für alle Mal gegebene Größe ist, sondern von der Wahl des Standardzustandes abhängt. So ist, je nachdem welchen unserer drei Standardzustände für den gelösten Stoff wir in einem Spezialfall wählen, auch die Aktivität des gelösten Stoffes in seinem vorliegenden Zustand eine andere; denn es ist ja einerseits nach Gl. [200, 201] $\underline{A}_n = RT \ln a$ [202], andererseits die maximale Nutzarbeit natürlich verschieden, wenn man aus zwei verschiedenen Standardzuständen 1 Mol einer Substanz in ein und denselben realen Zustand überführt. Man kann aber, worauf hier nicht eingegangen wird, die auf einen Standardzustand bezogenen Aktivitäten in die auf einen anderen bezogenen umrechnen. Strenggenommen müßte man also bei gelösten Stoffen die Aktivität nicht mit a, sondern etwa mit a_c, a_m, a_x kennzeichnen, je nachdem ob man als Standardzustand a), b) oder c) wählt. Jedoch ergibt sich im allgemeinen aus dem Zusammenhang, welche Aktivität gemeint ist, oder ergibt sich die abgeleitete Beziehung für jede der in Frage kommenden Aktivitäten, so daß man von dieser Kennzeichnung abzusehen pflegt. Aus dem gleichen Grunde wollen wir auch davon absehen, die Aktivität eines Stoffes, z. B. von Zucker, durch zwei verschiedene Symbole zu kennzeichnen, je nachdem ob sie sich auf festen Zucker oder auf 1 molig ideal gelösten Zucker als Standardzustand bezieht, und nur bemerken, daß SCHOTTKY, ULICH, WAGNER letztere Aktivität gegenüber der ersteren (a) als „punktierte“ ($\dot{a}$) kennzeichnen.

Alle isothermen Reaktionen, bei denen ein Stoff aus seinem Standardzustand in einen abgesehen von T beliebigen Zustand überführt wird, bezeichnen wir nach SCHOTTKY, ULICH, WAGNER[1] als **Restreaktionen**. Alle thermodynamischen Effekte bei Restreaktionen wollen wir durch Kleindruck kennzeichnen, wie teilweise bereits geschehen, also z. B. $\underline{A}_n$, Δ G usw. für die maximale Nutzarbeit, die Zunahme des thermodynamischen Potentials usw. bei der isothermen Überführung eines Mols (deshalb unterstrichen!) aus dem Standardzustand in einen vorliegenden, z. B. in

---

[1] SCHOTTKY, ULICH, WAGNER: l. c. S. 124.

eine $\frac{n}{10}$ Lösung dieses Stoffes, schreiben. Nach Gleichung [202] ist

$$\underline{A_n} = R\,T \ln a, \quad a = e^{\frac{A_n}{R\,T}}. \tag{203}$$

Die Aktivität eines Stoffes in einem vorliegenden Zustand ist also auch ein Maß seiner molaren Restnutzarbeit, d. h. der Nutzarbeit, die man aufwenden muß, um 1 Mol von ihm aus seinem Standardzustand in den vorliegenden Zustand zu bringen. (Diese kann natürlich einen negativen Wert haben!) Ferner gilt nach Gleichung [200, 201] $\underline{A_n} = \Delta\,G = g - g^0 = \mu - \mu^0 = R\,T \ln a$ [204]. Handelt es sich z. B. um die Überführung eines Mols reinen Wassers (1) in eine wäßrige Lösung, so ist in unserer Schreibweise $\mu^0 = \mu^1$, dem chemischen Potential des reinen Wassers, $\mu = \mu_1$, dem chemischen Potential des als Lösungsmittel dienenden Wassers, seinem partiellen molaren thermodynamischen Potential, also $\mu_1 - \mu^1 = R\,T \ln a$, und, da μ^1 bei gegebenem T eine Konstante, so ist bei gegebenem T die Aktivität eines Stoffes in einem Zustand ein Maß seines chemischen Potentials in diesem Zustand. Wird reines Wasser von T_x in die Lösung von T überführt, so berechnet man zunächst μ_T^{1} aus $\mu_{T_x}^{1}$ durch die Gleichung

$$\mu_T^1 = \mu_{T_x}^1 + \int_{T_x}^{T} \frac{\partial\,\mu^1}{\partial\,T}\,dT, \quad \text{dann } (\mu_1)_T - \mu_T^1 = R\,T \ln a. \tag{205}$$

Es sei hier erwähnt, daß wir zwar die Ausdrücke Restreaktionen, Resteffekte usw. von Schottky übernehmen, aber die Definition der Aktivität von Lewis, während die genannten Autoren eine von dieser etwas abweichende Definition der Aktivität einführen, die teils enger ist als die von Lewis, insofern sie sich nur auf isobare Prozesse bezieht, teils weiter, insofern als sie an Stelle der auf $P = 1$ atm spezialisierten Standardzustände von Lewis die mit jedem Druck verträglichen „Grundzustände" einführen. Die Folge davon ist, daß unsere Restnutzarbeiten unter Umständen auch einen der Änderung des thermodynamischen Potentials mit dem Druck entsprechenden Nutzarbeitsbetrag enthalten.

Die Aktivitätskoeffizienten gelöster Stoffe sind im Gegensatz zu den Aktivitäten unabhängig vom Konzentrationsmaß; denn es ist, da wir als Standardzustände gelöster Stoffe nur solche gewählt haben, deren absolute Aktivität $f_a c = 1$, wegen [203]

$$\underline{A_n} = R\,T \ln \frac{f_a c}{f_a^0 c^0} = R\,T \ln \frac{f_a c}{1} = R\,T \ln \frac{c}{1} + R\,T \ln f_a. \tag{206}$$

Diese Gleichung bedeutet in Worte gefaßt: Wir denken uns die gesamte Restnutzarbeit zerlegt in die Überführung von 1 Mol gelösten Stoffes aus dem Standardzustand in eine Lösung gleicher Konzentration wie die gegebene, aber von idealem Verhalten. Die hierzu im Minimum aufzuwendende Nutzarbeit ist $RT \ln \frac{c}{1}$. Dann werde das Mol aus der idealen Lösung von der Konzentration c in die reale von gleicher Konzentration übertragen. Da die gesamte reversible Nutzarbeit $RT \ln \frac{f_a c}{1} = \underline{A_n}$ unabhängig vom Wege ist, muß $RT \ln f_a$ die Nutzarbeit für die letztere Überführung darstellen, und diese muß, da es sich ja um eine ganz bestimmte Arbeit handelt, unabhängig vom Konzentrationsmaß sein, in dem wir die Konzentration der Lösung messen. Weil wir als Standardzustände für Gase und gelöste Stoffe nur solche gewählt haben, für die die absolute Aktivität 1 ist, so können wir in alle Gleichungen in denen die Aktivität von gelösten Stoffen bzw. Gasen auftritt, falls sich diese ideal verhalten, ihre Konzentrationen bzw. Partialdrucke einsetzen und in alle Gleichungen, die wir für ideale Lösungen und Gase abgeleitet haben, statt der Konzentrationen bzw. Partialdrucke nicht nur die „absoluten" Aktivitäten, sondern auch die relativen einsetzen, und sie dadurch auch für nicht ideal gelöste Stoffe und sich nicht ideal verhaltenden Gase gültig machen. Dadurch wird es möglich, Gleichungen zu gewinnen, mit deren Hilfe man die Aktivität gelöster Stoffe aus dem osmotischen Druck, Gefrierpunktserniedrigung usw. von Lösungen bestimmen kann, worauf hier nicht eingegangen wird. Die Aktivität des Lösungsmittels bestimmt man vielfach mittels der für binäre Mischphasen geltenden Gleichung [171] bei 25^0 und $P = 1$:

$$1 - x_2 = x_1 = \frac{p_g}{p_g^0},$$

worin x_1 den Molenbruch des Lösungsmittels (1) bedeutet, p_g den Dampfdruck desselben über der Lösung, da wir bei Ableitung dieser Gleichung dem gelösten Stoff keinen merklichen Dampfdruck zuschrieben, p_g^0 den Dampfdruck des reinen Lösungsmittels. Verhält sich der Dampf des Lösungsmittels ideal, was z. B. für den Wasserdampf über Wasser unter Atmosphärendruck zutrifft, so können wir setzen $\frac{p_g}{p_g^0} = \frac{f}{f^0} = a_1 = x_1$ [207] und so aus den meßbaren Dampfdrucken die Aktivität (Molenbruchaktivität) des Lösungsmittels bestimmen.

Viertes Kapitel.

Chemische Energie.

Reaktionen zwischen reinen Substanzen S. 129. Bildungsnutzarbeit und -wärmetönung S. 131. Tabellarisierung derselben S. 133. Gleichgewichtsbedingung für die chemischen Potentiale der Reaktionsteilnehmer S. 135. Reaktionen in Mischphasen S. 137. Gleichgewichtskonstante und Berechnung der maximalen Nutzarbeit im Standardzustand S. 142. Änderung der maximalen Nutzarbeit mit Temperatur und Druck S. 144. Berechnung der maximalen Nutzarbeit mit dem NERNSTschen Wärmetheorem S. 146. Allgemeine Dampfdruckformel S. 152. Näherungsgleichungen S. 154.

Die Grundfragen der chemischen Thermodynamik sind folgende: Wenn wir irgendwelche Stoffe unter gegebenen Versuchsbedingungen zusammenbringen, tritt eine Reaktion ein oder nicht, und wovon hängt dies ab? In welcher Richtung verläuft eine eintretende Reaktion? Welche thermodynamischen Effekte, z. B. welche maximale Arbeit bzw. Nutzarbeit kann sie hervorbringen?

Zu den ersten Fragen können wir auf Grund der Darlegungen über den zweiten Hauptsatz ohne weiteres sagen: Es tritt dann eine Reaktion ein, wenn die zusammengebrachten Stoffe unter den gegebenen Bedingungen nicht im thermodynamischen Gleichgewicht sind, wobei freilich über die Geschwindigkeit des Reaktionsablaufes nichts gesagt werden kann (evtl. Reaktionshemmungen). Die Richtung der Reaktion ist diejenige, die zum thermodynamischen Gleichgewicht hinführt. Die gesuchten thermodynamischen Effekte können wir mit Hilfe folgender Überlegungen bestimmen, für die der Umstand grundlegende Bedeutung hat, daß Volumen, Energie, Wärmeinhalt, Entropie, freie Energie und thermodynamisches Potential und bei isothermen Reaktionen ihre Änderungen Zustandsfunktionen sind. Die Änderungen der Zustandsfunktionen bei Reaktionen variieren natürlich mit den umgesetzten Mengen. Man hat sich deshalb darauf geeinigt, sie für eine bestimmte Reaktion auf „molaren Umsatz" oder einen „Formelumsatz" bezogen anzugeben, auf $\Delta \lambda = 1$ (s. S. 31). Haben wir die Reaktion $6\,CO_2 + 6H_2O = C_6H_{12}O_6 + 6\,O_2$, und geben wir die Änderung einer der oben genannten thermodynamischen Funktionen bei dieser Reaktion an, so bedeutet dies diejenige Änderung, die auftritt, wenn 6 Mol CO_2 mit 6 Molen H_2O sich in 1 Mol $C_6H_{12}O_6$ und 6 Mole O_2 umwandelt, wenn 6 Mol H_2O und 6 CO_2 verschwinden und an ihrer Stelle 1 Mol $C_6H_{12}O_6$ und 6 Mole H_2O entstehen. Die thermodynamischen Effekte hierbei sind von Druck und Temperatur abhängig, und deshalb bezieht man die Angabe dieser Effekte stets auf bestimmtes T und P.

Wir unterscheiden drei Gruppen von Reaktionen:

1. Es sind nur reine Substanzen an der Reaktion beteiligt, keine Mischphasen, so daß jede Phase konstante Zusammensetzung besitzt, die Konzentration jeden Stoffes sozusagen konstant und als Molenbruch angegeben gleich 1 ist.

2. Es sind nur Stoffe in Mischphasen beteiligt, so daß bei jeder Reaktion die Zusammensetzung der Mischphasen, die Konzentration der beteiligten Stoffe sich ändert.

3. Es sind reine Stoffe und Stoffe in Mischphasen an der Reaktion beteiligt.

a d 1. Betrachten wir die Reaktion $6\,CO_2 + 6\,H_2O = C_6H_{12}O_6 + 6\,O_2$ bei konstantem P und T, so ist die Volumenzunahme bei dieser Reaktion offenbar gleich dem Volumen der Endprodukte minus dem Volumen der Ausgangsstoffe, d. h. $v_{C_6H_{12}O_6} + 6\,v_{O_2} - 6\,v_{CO_2} - 6\,v_{H_2O}$; denn das Volumen jedes der beteiligten reinen Stoffe ist gleich seinem Molvolumen bei dem betreffenden T und P multipliziert mit der Zahl der Mole, die von ihm bei einem Formelumsatz umgesetzt werden, also für $C_6H_{12}O_6 : 1$, für $H_2O : 6$. Erinnern wir uns unserer Festsetzung, daß wir die Äquivalenzzahlen v der verschwindenden Stoffe mit negativem, die der entstehenden Stoffe mit positivem Vorzeichen rechnen, so ist in unserem Falle $v_{CO_2} = -6$, $v_{H_2O} = -6$, $v_{C_6H_{12}O_6} = 1$, $v_{O_2} = 6$. Bezeichnen wir für einen beliebigen reinen Stoff i das Molvolumen mit v^i, und die Volumenzunahme für einen Formelumsatz mit ΔV — die Unterstreichung weist auf molaren Umsatz hin —, so ist $\underline{\Delta V} =$

$$\left(\frac{\partial V}{\partial \lambda}\right)_{P,T} = \Sigma\,v_i v^i \quad [208].$$

Ganz entsprechende Gleichungen müssen offenbar für isotherme Änderungen jeder Zustandsfunktion gelten, da deren Wert vom Wege unabhängig ist. Also ist für isotherme Reaktionen die Zunahme des Wertes jeder der genannten Zustandsfunktionen gegeben durch den Wert der Funktion im Endzustand abzüglich ihres Wertes im Anfangszustand, und diese Werte müssen sich bei reinen Stoffen für jede Zustandsfunktion in entsprechender Weise wie

beim Volumen aus den molaren Werten der betreffenden Zustandsgrößen zusammensetzen lassen.

Wir erhalten also, indem wir wiederum die auf einen Formelumsatz bezogenen Änderungen der Zustandsfunktionen durch
Unterstreichen kennzeichnen, für isotherme Reaktionen analog
zu $\underline{\Delta V}$

$$\underline{\Delta H} = \frac{\partial H}{\partial \lambda} = \Sigma\, v_i h^i, \quad \frac{\partial C_P}{\partial \lambda} = \Sigma\, v_i\, c_P^i, \quad \underline{\Delta S} = \frac{\partial S}{\partial \lambda} = \Sigma\, v_i s^i,$$

$$\underline{\Delta G} = \left(\frac{\partial G}{\partial \lambda}\right)_P = \Sigma\, v_i\, g^i = \Sigma\, v_i\, \mu^i = \underline{A_n}, \quad \underline{\Delta F_H} =$$

$$= \left(\frac{\partial F_H}{\partial \lambda}\right)_V = \Sigma\, v_i\, f_H^i = \underline{A_m}. \quad [209]$$

Die zweite wichtige Folgerung, die wir aus dem Charakter der
angeführten Funktionen als Zustandsgrößen ziehen können, ist
die, daß wir durch Addition und Subtraktion von Gleichungen
für Reaktionen, deren thermodynamische Eigenschaften wir kennen,
die zunächst unbekannten thermodynamischen Eigenschaften von
Reaktionen kennenlernen können, deren Reaktionsgleichungen
sich durch die Addition oder Subtraktion ergeben. Dies wurde
für die Wärmetönungen zuerst von HESS erkannt, nach dem die
zugrunde liegende Gesetzmäßigkeit für Wärmetönungen als
HESSsches Gesetz bezeichnet wird. Haben wir z. B. bei $P = 1$
und $T = 298$

a) $C + O_2 = CO_2, \quad \underline{\Delta G} = \underline{A_n} = -94{,}26\ \text{Kal};$

b) $C + \tfrac{1}{2}\, O_2 = CO, \quad \underline{\Delta G} = \underline{A_n} = -32{,}51\ \text{Kal}$

so erhalten wir durch Subtraktion

a) $-$ b) $\tfrac{1}{2}\, O_2 + CO = CO_2, \quad \underline{\Delta G} = \underline{A_n} = -61{,}75\ \text{Kal}.$

Jedes chemische Symbol unserer Gleichung repräsentiert eben
bei gegebenem P und T einen Zustand mit ganz bestimmtem
Wert der Zustandsgrößen, z. B. ein bestimmtes Volumen, einen
bestimmten Wert des thermodynamischen Potentials usw., und die
einzelnen Werte können wir bei isothermen Reaktionen addieren
und subtrahieren, weil bei letzteren die Änderungen der Zustandsfunktionen vom Wege unabhängig sind.

Besonders wichtig ist dieser Aufbau von thermodynamischen
Reaktionsdaten aus den Daten von Teilreaktionen für den Weg
über die Bildungsreaktionen der Teilnehmer. Wie dies gemeint

ist, soll wieder am Beispiel der Reaktion $6\,CO_{2g} + 6\,H_2O_1 = C_6H_{12}O_{6s} + 6\,O_{2g}$ dargelegt werden. Beziehen wir diese Reaktionsgleichung auf 25^0 C und 1 atm, und wollen wir die maximale Nutzarbeit $\underline{A_n}$ der Reaktion kennenlernen, so müssen wir letztere reversibel bei 1 atm und 25^0 C ablaufen lassen, wobei wiederum verschiedene Wege denkbar sind. Von diesen möglichen Wegen wählen wir denjenigen, der darin besteht, daß wir die Ausgangsstoffe CO_2 und H_2O in ihre Elementarbestandteile zerlegen, also die Reaktionen $6\,CO_{2g} = 6\,C_s + 6\,O_{2g}$ und $6\,H_2O_1 = 6\,H_{2g} + 3\,O_{2g}$, beide bei $P = 1$, $T = 25^0$C durchführen, und dann die Reaktion $6\,C + 6\,H_2 + 3\,O_2 = C_6H_{12}O_6$ ($P - 1$, $T = 25^0$ C), so daß wir schließlich $C_6H_{12}O_6 + 6\,O_2$ ($P = 1$, $T = 25^0$ C) wie gewünscht erhalten. Die Teilreaktionen, in die wir die ursprüngliche Reaktion zerlegt haben, sind die Bildungsreaktion ihrer Ausgangsprodukte mit umgekehrtem Vorzeichen und die Bildungsreaktion ihrer End produkte mit normalem Vorzeichen. Man sieht, daß man jede Reaktion zwischen reinen Stoffen in dieser Weise in Teilreaktionen zerlegen kann, die lediglich Bildungsreaktionen von Einzelstoffen sind und zwar gilt, wie unser Beispiel zeigt, daß man jede Reaktion darstellen kann als Summe der für jeden Reaktionsteilnehmer mit seiner Äquivalenzzahl ν multiplizierten Bildungsreaktion pro Mol, als Summe, weil ν für die verschwindenden Teilchen negatives Vorzeichen hat. Da nun für die Bildungsreaktionen sehr vieler Stoffe die $\varDelta\,G = \underline{A_n}$ und $\underline{\varDelta H} = W_P$ bei 25^0 C und 1 atm tabellarisiert sind, so kann man mit $\overline{\text{Hilfe}}$ dieser grundlegenden Tabellen die thermodynamischen Effekte einer ungeheuren Anzahl Reaktionen für 25^0 C und 1 atm berechnen. Kennzeichnen wir die reversible Bildungsnutzarbeit bzw. die Bildungswärme von 1 Mol einer Verbindung $_i$ bei $T = 298$ und $P = 1$, die sich ja nach unserer Wahl der Standardzustände (S. 123) auf Reaktionen im Standardzustand (^{0}) beziehen, durch $(\underline{A_n^0})_{B_i}$ bzw. $(W_P^0)_{B_i}$, so erhalten wir für Reaktionen zwischen verschiedenen Verbindungen $a, b, c, \ldots i$

$$\underline{A_n^0} = \varSigma\,\nu_i\,(\underline{A_n^0})_{B_i}, \quad \underline{A_n'^0} = \varSigma\,\nu_i\,(\underline{A_n'^0})_{B_i}$$

$$W_P^0 = \varSigma\,\nu_i\,(W_P^0)_{B_i}, \quad W_P'^0 = \varSigma\,\nu_i\,(W_P'^0)_{B_i}.$$

Wir wollen die Berechnung von A_n^0 und W_P^0 bei der Reaktion $6\,CO_{2g} + 6\,H_2O_1 = C_6H_{12}O_{6s} + 6\,O_{2g}$ (25^0 C, 1 atm) durchführen. Die dazu nötigen Daten für die $(\underline{A_n^0})_B$ und $(W_P^0)_B$ der Bildungsreaktionen der 4 Reaktionsteilnehmer entnehmen wir in Kal der Tabelle 3.

Tabelle 2.

	$(\underline{A_n^0})_B$	$(W_P^0)_B$
$C_6H_{12}O_6\,s =$	—216	—303
$O_2 \quad =$	0	0
$H_2O\,l \quad =$	— 56,56	— 68,33
$CO_2\,g \quad =$	— 94,26	— 94,25
$6\ H_2O\,l \quad =$	—339,36	—409,98
$6\ CO_2\,g \quad =$	—565,56	—565,50

Wir erhalten also

$$\Sigma \nu_i\, (\underline{A_n^0})_{B_i} = + 565,56$$
$$+ 339,36$$
$$\underline{- 216,00}$$
$$A_n^0 = + 688,92\ \text{Kal}$$
$$\underline{A_n'^0} = - 688,92\ \text{Kal}$$
$$\Sigma \nu_i\, (W_P^0)_{B_i} = + 565,50$$
$$+ 409,98$$
$$\underline{- 303,00}$$
$$W_P^0 = + 672,48\ \text{Kal}$$
$$W_P'^0 = - 672,48\ \text{Kal}$$

Tabelle 3. Kal-Werte der Bildungsnutzarbeiten und -wärmen im Standardzustand.

Erläuterungen zu Tabelle 3: Es bedeutet $H_{2\,(g)}$ die Bildungsreaktion von 1 Mol $H_{2\,(g)}$ aus 1 Mol $H_{2\,(g)}$ im Standardzustand, $CH_{4\,(g)}$ die Standardbildungsreaktion $C_{(Graphit)} + 2\,H_{2\,(g)} = CH_{4\,(g)}$, d. h. eine Reaktion, bei der 1 Mol Graphit im Standardzustand und 2 Mole $H_{2\,(g)}$ im Standardzustand verschwinden und 1 Mol $CH_{4\,(g)}$ im Standardzustand entsteht. Es bedeutet $H_2S_{(aq.\,und.)}$ die Bildungsreaktion $H_{2\,(g)} + S_{(rhomb.)} = H_2S_{(aq.\,und.)}$, d. h. eine Reaktion, bei der 1 Mol $H_{2\,(g)}$ und 1 Mol $S_{(rhomb.)}$, beide im Standardzustand, verschwinden, und 1 Mol H_2S, in Wasser in Standardkonzentration (1 Mol pro 1000 g H_2O) gelöst, entsteht und zwar undissoziiert. Man stellt sich eine solche Reaktion vor, indem man sich zunächst sehr große Mengen $H_{2\,(g)}$, $S_{(rhomb.)}$ und $\frac{n}{1}$ gewichtsnormaler undissoziiert angenommener H_2S-Lösung denkt, dann eine Reaktion ablaufend, bei der die großen Mengen $H_{2\,(g)}$ und $S_{(rhomb.)}$ um je 1 Mol abnehmen, während die große Menge des undissoziiert gelösten H_2S um 1 Mol zunimmt.

Bei den Ionen bedeuten die in der Tabelle aufgeführten Symbole nicht einfach die Bildungsreaktion der Ionen aus ihren elektroneutralen Formen, weil solche Reaktionen wegen der auftretenden hohen elektrostatischen Kräfte nur in Verbindung mit Reaktionen möglich sind, durch die die Elektroneutralität der gesamten Reaktion gewährleistet wird. Deshalb bedeutet das Symbol eines Ions in Tabelle 3 die Standardbildungsreaktion dieses Ions in Verbindung mit der eines anderen Ions, die die Elektroneutralität der ganzen Reaktion durch Kompensation der Ladungen herstellt, und zwar hat man als solche kompensierende Bildungsreaktion die Reaktion $\frac{1}{2}\,H_{2\,(g)} = H^{\cdot}$ oder die inverse $H^{\cdot} = \frac{1}{2}\,H_{2\,(g)}$ gewählt, je nachdem, ob es sich um die Entstehung von Anionen oder Kationen handelt. Es bedeutet also das Symbol $H^{\cdot}$ bzw. Cl' in Tabelle 3 die Standardbildungsreaktion.

$$\left[\frac{1}{2}\,H_{2\,(g)} = H^{\cdot}\right] + \left[H^{\cdot} = \frac{1}{2}\,H_{2\,(g)}\right] \text{ bzw. } \left[\frac{1}{2}\,Cl_{(g)} = Cl'\right] + \left[\frac{1}{2}\,H_{2\,(g)} = H\right]$$

$(A_{\underline{n}}^0)_B$ und $(W_P^0)_B$ für die Reaktion $\frac{1}{2} H_{2(g)} = H^{\cdot}$ und damit auch für die inverse werden willkürlich gleich 0 gesetzt. $(A_{\underline{n}}^0)_B$ für einen total dissoziierten Elektrolyten ist gleich der Summe der $(A_{\underline{n}}^0)_B$ für seine Ionen. Der Index aq. wird bei den Ionen weggelassen, da sich alle Zahlenwerte auf wäßrig gelöste Ionen beziehen. Als Standardzustand gelöster Stoffe ist in der Tabelle 3 stets der der Gewichtsnormalität (1 Mol pro 1 kg H_2O) gewählt.

Die Zahlenwerte der Tabelle 3 sind den umfassenderen Tabellen im 2. Erg.-Bd. des II. Teils von LANDOLT-BÖRNSTEIN entnommen, die von H. ULICH bearbeitet sind, und den Tabellen in der „Chemischen Thermodynamik" (Dresden 1930) dieses Autors.

	$(A_{\underline{n}}^0)_B$	$(W_P^0)_B$
H_2 (g)	0	0
O_2 (g)	0	0
H_2O (g)	— 54,507	— 57,836
H_2O (l)	— 56,560	— 68,330
H_2O (s)	— 56,418	— 69,991
S (l)	+ 0,093	+ 0,360
S (rhomb.)	0	0
H_2S (g)	— 7,84	— 4,76
H_2S (aq, undiss.)	— 6,49	— 9,32
H_2S (aq, diss. 1. St.)	+ 2,98	— 3,4
H_2S (aq, diss. 2. St.)	+ 23,45	+ 10,0
H_2SO_4 (aq, diss. 2. St.)	—176,5	—212,4
$H_2S_2O_3$ (aq, diss. 2. St.)	—125,11	—141,0
N_2 (g)	0	0
NH_3 (g)	— 3,91	— 10,98
NH_3 (aq)	— 6,30	— 19,35
NH_4OH (aq, diss.)	— 56,385	— 86,25
HNO_2 (aq, undiss.)	— 13,07	—
HNO_2 (aq, diss.)	— 8,50	—
HNO_3 (g)	— 18,21	— 34,40
HNO_3 (aq, diss.)	— 26,50	— 49,79
C (Graphit)	0	0
CO (g)	— 32,51	— 26,15
CO_2 (g)	— 94,26	— 94,25
H_2CO_3 (aq, undiss.)	—148,81	—168,74
H_2CO_3 (aq, diss. 1. St.)	—140,00	—164,6
H_2CO_3 (aq, diss. 2. St.)	—125,76	—161,1
CH_4, Methan (g)	— 12,8	— 18,3
CH_3OH, Methylalkohol (l)	— 42,97	— 60,30
C_2H_5OH, Äthylalkohol (l)	— 41,74	— 66,34
C_2H_5OH, Äthylalkohol (g)	— 40,20	— 56,24
C_3H_7OH, n-Propylalkohol (l)	— 41,30	— 73,30
C_3H_7OH, i-Propylalkohol (l)	— 46,1	— 79,0
C_4H_9OH, n-Butylalkohol (l)	— 40,8	— 80,0
C_4H_9OH, tert.-Butylalkohol (l)	— 47,7	— 89,6

Tabelle 3 (Fortsetzung).

	$(\underline{A}_n^0)_B$	$(W_P^0)_B$
$C_2H_4(OH)_2$, Glykol (1)	— 80,25	—111,7
$C_3H_5(OH)_3$, Glyzerin (1)	—113,8	—159,3
$C_4H_6(OH)_4$, Erythrit (s)	—149,5	—215,0
$C_6H_8(OH)_6$, Mannit (s)	—222,6	—317,0
HCOOH, Ameisensäure (1)	— 84,7	— 99,9
HCOOH, Ameisensäure (aq, undiss.)	— 88,58	—101,8
CH_3COOH, Essigsäure (1)	— 94,3	—117,0
C_3H_7COOH, n-Buttersäure (1)	— 93,1	—130,4
$C_{15}H_{31}COOH$, Palmitinsäure (s)	— 86,0	—222,0
$(COOH)_2$, Oxalsäure (s)	—166,0	—196,8
$(CH_3)_2CO$, Azeton (1)	— 35,1	— 57,3
$C_6H_{12}O_6$, Glucose (s)	—216,0	—303,0
$CO(NH_2)_2$, Harnstoff (s)	— 47,28	— 78,60
$CO(NH_2)_2$, Harnstoff (aq)	— 48,84	— 75,15
C_6H_6, Benzol (1)	+ 28,85	+ 11,12
$C_6H_5 \cdot CH_3$, Toluol (1)	+ 26,40	+ 1,93
$C_6H_4O_2$, Chinon (s)	— 21,80	— 45,55
$C_6H_4(OH)_2$, Hydrochinon (s)	— 53,0	— 87,91
$C_6H_4O_2 \cdot C_6H_4(OH)_2$, Chinhydron (s)	— 78,0	—137,82
$H^{\cdot}$	0	0
$Na^{\cdot}$	— 62,588	— 57,53
$K^{\cdot}$	— 67,431	— 60,31
$Ag^{\cdot}$	+ 18,448	+ 24,9
$Cu^{\cdot\cdot}$	+ 15,912	+ 16,5
$Mg^{\cdot\cdot}$	—108,55	—110,2
$Ca^{\cdot\cdot}$	—133,7	—129,5
$Zn^{\cdot\cdot}$	— 34,984	— 36,6
$Hg^{\cdot\cdot}$	+ 36,854	+ 40,2
$Fe^{\cdot\cdot}$	— 20,350	— 20,8
$Fe^{\cdot\cdot\cdot}$	— 3,120	— 9,6
$Al^{\cdot\cdot\cdot}$	—116,9	—127,0
$NH_4^{\cdot}$	— 18,930	— 31,72
OH'	— 37,455	— 54,53
Cl'	— 31,345	— 39,55
Br'	— 24,595	— 28,59
J'	— 12,367	— 13,32
HS'	+ 2,98	— 3,6
HSO_3'	—123,92	—147,5
S''	+ 23,45	+ 10,0
SO_3''	—116,68	—146,9
SO_4''	—176,5	—209,79
S_2O_3''	—125,11	—141,0
NO_2'	— 8,5	— 25,6
NO_3'	— 26,5	— 49,79
HCO_3'	—140,00	—164,6
CO_3''	—125,76	—161,1

ad 2. Während sich bei Reaktionen mit reinen Stoffen die isotherme Zunahme einer Zustandsfunktion x als $\Delta\mathrm{x} = \Sigma \nu_i \mathrm{x}^i$ ergibt, worin x^i den molaren Wert der Zustandsgröße für den reinen Stoff i darstellt, treten, wie bereits im 1. Kapitel besprochen, bei Reaktionen in Mischphasen an Stelle der molaren Größen x^i die partiellen molaren Größen $\dfrac{\partial \mathrm{x}}{\partial \mathrm{n}_i} = x_i$.

Die Volumenänderung bei einer Mischphasenreaktion ist gleich der Volumenzunahme durch die entstehenden Stoffe zuzüglich der negativen Volumenzunahme durch die verschwindenden Stoffe.

Entsteht aber in einer Mischphase 1 Mol einer Komponente, so ist die Volumenzunahme nicht gleich seinem v^i, sondern gleich der Zunahme des Volumens der Mischphase V, wenn sie 1 Mol mehr enthält als vorher, also $\dfrac{\partial \mathrm{V}}{\partial \mathrm{n}_i} = v_i$, da das Volumen von V auf $\mathrm{V} + \mathrm{dV}$ zunimmt, wenn die Mischphase statt n_i Mole $\mathrm{n}_i + \mathrm{dn}_i$ Mole i enthält. Die gesamte Volumenzunahme beim Formelumsatz einer isothermen und isobaren Mischphasenreaktion ist also offenbar

$$\underline{\Delta \mathrm{V}} = \left(\frac{\partial \mathrm{V}}{\partial \lambda}\right)_{\mathrm{P,T}} = \Sigma \nu_i \left(\frac{\partial \mathrm{V}}{\partial \mathrm{n}_i}\right)_{\mathrm{P,T}} = \Sigma \nu_i v_i. \qquad [212]$$

Entsprechend ist für die auf Formelumsatz bezogenen Änderungen der übrigen Zustandsgrößen bei isothermen Mischphasenreaktionen

$$\underline{\Delta \mathrm{H}} = \frac{\partial \mathrm{H}}{\partial \lambda} = \Sigma \nu_i h_i, \quad \frac{\partial \mathrm{C_P}}{\partial \lambda} = \Sigma \nu_i c_{\mathrm{P}i}, \quad \underline{\Delta \mathrm{S}} = \frac{\partial \mathrm{S}}{\partial \lambda} = \Sigma \nu_i s_i,$$

$$\underline{\Delta \mathrm{G}} = \underline{\mathrm{A_n}} = \left(\frac{\partial \mathrm{G}}{\partial \lambda}\right)_{\mathrm{P}} = \Sigma \nu_i g_i = \Sigma \nu_i \mu_i, \quad \underline{\Delta \mathrm{F_H}} =$$

$$= \left(\frac{\partial \mathrm{F_H}}{\partial \lambda}\right)_{\mathrm{V}} = \Sigma \nu_i (f_{\mathrm{H}})_i = \Sigma \nu_i \mu_i. \quad [213]$$

Aus den Gleichungen $\underline{\mathrm{A_n}} = \Sigma \nu_i \mu^i$ bzw. $\underline{\mathrm{A_n}} = \Sigma \nu_i \mu_i$ ergibt sich eine wichtige Folgerung für Gleichgewichtszustände. Für diese ist nach S. 76 $\underline{\mathrm{A_n}} = 0$, also ist im Gleichgewicht

$$\Sigma \nu_i \mu^i = 0 \text{ (bei Reaktionen zwischen reinen Stoffen) und } \Sigma \nu_i \mu_i = 0$$
$$\text{(bei Mischphasenreaktionen).} \qquad [214]$$

Betrachten wir z. B. die Verteilung eines gelösten Stoffes i auf zwei Phasen A und B, so muß im Gleichgewicht für den Übergang von B nach A gelten

$$\Sigma \nu_i \mu_i = \nu_i^{\mathrm{A}} \mu_i^{\mathrm{A}} + \nu_i^{\mathrm{B}} \mu_i^{\mathrm{B}} = 0, \quad \nu_i^{\mathrm{A}} \mu_i^{\mathrm{A}} = -\nu_i^{\mathrm{B}} \mu_i^{\mathrm{B}}, \qquad [215]$$

wenn mit dem Index A bzw. B die Zugehörigkeit des Stoffes zu der Phase A bzw. B gekennzeichnet wird. Besitzt der Stoff in beiden Phasen gleiches Molekulargewicht, d. h. finden sich beim Übertritt von dn Mol des Stoffes aus einer Phase in die andere in letzterer diese als dn Mol wieder, ist er also z. B. in der 2. Phase nicht assoziiert, so ist $\nu_i^A = - \nu_i^B$ und im Gleichgewicht $\mu_i^A = \mu_i^B$ [216], d. h. es herrscht dann Gleichgewicht für eine Verteilungsreaktion, wenn das chemische Potential des sich verteilenden Stoffes — gleichen Wert von ν für alle Phasen vorausgesetzt — in allen Phasen gleich ist. Es ist dies ein für das Verständnis der Stoffverteilung im Organismus grundlegend wichtiger Satz.

Bisweilen werden wir ihn im biologischen Teil auch in etwas anderer Formulierung verwenden. Nach S. 124 ist nämlich $\mu_i = \mu_i^0 + RT \ln a_i$, worin μ_i^0 das chemische Potential des Stoffes im Standardzustand ist. Wählen wir also für i in Phase A und B den gleichen Standardzustand, z. B. den reinen Stoff bei dem betreffenden T und 1 atm, so folgt aus Gl. [216] auch $RT \ln (a_i)^A = RT \ln (a_i)^B$, $(a_i)^A = (a_i)^B$ [217], d. h.: Steht ein Stoff in zwei Phasen im Gleichgewicht, so ist seine Aktivität, bezogen auf gleichen Standardzustand, in beiden Phasen gleich. So ist z. B. die Aktivität des Zuckers in gesättigter Zuckerlösung gleich der des mit ihm im Gleichgewicht stehenden festen Zuckers, vorausgesetzt, daß wir in beiden Fällen die Aktivitäten auf den gleichen Standardzustand, z. B. reinen festen Zucker vom gleichen T und P, beziehen. Die Aktivität des Zuckers in der gesättigten Lösung wie die des mit ihr im Gleichgewicht stehenden festen Zuckers ist bei dieser Wahl des Standardzustandes 1. Wählen wir zwei verschiedene Standardzustände, z. B. als Standardzustand für den Zucker in gesättigter Lösung eine ideal gedachte Zuckerlösung, die 1 Mol pro 1 kg H_2O enthält, als Standardzustand für den festen Zucker reinen festen Zucker, so sind die Aktivitäten des Zuckers in beiden Phasen einander proportional. Unabhängig dagegen von der Wahl der Standardzustände muß die Flüchtigkeit eines Stoffes in zwei miteinander im Gleichgewicht stehenden Phasen gleich sein.

Dies ergibt sich folgendermaßen: Sei ein gelöster Stoff in zwei Phasen A und B im Gleichgewicht, so gilt für die isotherme und isobare Überführung eines Mols des Stoffes von A nach B $\Delta G = 0$ (Gleichung [107]); damit durch die Überführung das Gleichgewicht nicht gestört wird, denken wir uns die Volumina der Phasen so groß, daß keine merkliche Konzentrationsänderung mit ihr verbunden ist. $\Delta\,G$ ist vom Wege unabhängig. Einer der möglichen Wege ist folgender: Das Mol wird aus A in seinen Standardzustand überführt, also in ein sehr großes Volumen, das den Stoff im Standardzustand gelöst enthält. Für diesen Vorgang (1) ist nach Gleichung [194] $\Delta\,G_1 = \mu^0 - \mu^A = RT\ln\frac{f^0}{f^A}$. Aus dem Standardzustand wird das Mol nach B überführt. Für diesen Vorgang (2) ist nach Gleichung [194] $\Delta\,G_2 = \mu^B - \mu^0 = RT\ln\frac{f^B}{f^0}$, folglich für den ganzen Vorgang $\Delta\,G = \Delta\,G_1 + \Delta\,G_2 = RT\ln\frac{f^B}{f^A} = 0$, $RT\ln f^B - RT\ln f^A = 0$, $f^A = f^B$ [218], was zu beweisen war.

Während die Größen ΔV, ΔH, ΔS, A_n für Reaktionen zwischen reinen Substanzen bei gegebenem T und P ganz bestimmte Werte haben, sind diese Werte für Reaktionen in Mischphasen noch unbestimmt; denn v_i, s_i, h_i usw. hängen ja von der Konzentration der Mischphase ab. Z. B. ist der thermodynamische Zustand von 1 Mol reinen Zuckers durch die Angabe „bei 25⁰ C, 1 atm" völlig festgelegt; liegt aber der Zucker in einer Mischphase vor, so ist trotz der Angabe: „1 Mol Zucker in Wasser gelöst bei 25⁰ C und 1 atm" der Zustand des Zuckers noch nicht bestimmt, seine thermodynamischen Eigenschaften sind im Gegensatz zu denen des reinen, festen Zuckers konzentrationsabhängig, und erst durch Angabe der Konzentration werden sie bestimmt. Während man also die Bildungsnutzarbeit und -wärme für 1 Mol reinen Zuckers bei 25⁰ C und 1 atm durch eine Zahlenangabe festlegt und dadurch für alle Reaktionen bei 25⁰ C und 1 atm, an denen reiner Zucker teilnimmt, die Reaktionsteileffekte für Zucker kennt, müßte man, um das gleiche für in Wasser gelösten Zucker zu erreichen, die $(A_n)_B$ und $(W_P)_B$ für jede Zuckerkonzentration bei 25⁰ und 1 atm tabellarisieren und entsprechend für jeden anderen gelösten Stoff, der an irgendwelchen Reaktionen beteiligt ist, die man berechnen will. Diese ungeheure Arbeit hat man sich erspart und auch für gelöste Stoffe nur bei einer Konzentration, der Konzentration im Standardzustand (s. S. 123), die $(A_n^0)_B$ und $(W_P^0)_B$ tabellarisiert, wobei der Index ^{0} den Standardzustand kennzeichnen soll. Wählt man als Standardzustand der Konzentration z. B. 1 Mol gelöst in 1000 g H_2O, so bedeutet $(A_n^{\prime 0})_{B_i}$ bzw. $(W_P^{\prime 0})_{B_i}$ die maximale gewinnbare Nutzarbeit bzw. die Wärmetönung bei konstantem Druck, wenn in einem sehr großen Volumen gewichtsnormaler wäßriger Lösung des Stoffes i ein weiteres Mol entsteht. Durch die Tabellarisierung dieser Standardwerte kennt man zunächst einmal auch die $\underline{A}_n^0$ und W_P^0 für alle Reaktionen, an denen in der Tabelle enthaltene gelöste Stoffe im Standardzustand der Konzentration teilnehmen; denn, kennen wir für den gewählten Standardzustand die $(\underline{A}_n^0)_B$ und $(W_P^0)_B$ der Stoffe a, b und c, so ergeben sich $\underline{A}_n^0$ und $\overline{W_P^0}$ für die Reaktion $\nu_a\,a + \nu_b\,b = \nu_c\,c$ ganz entsprechend wie bei reinen Stoffen als $\Sigma\nu_i\,(\underline{A}_n^0)_{B_i}$ oder $\Sigma\nu_i\,(W_P^0)_{B_i}$.

Im allgemeinen werden die gelösten Stoffe natürlich nicht gerade in der tabellarisierten Standardkonzentration vorliegen. Wir können aber in diesem Falle die thermodynamischen Effekte der Mischphasenreaktionen berechnen. Dabei fassen wir im folgenden zunächst Reaktionen bei 25^0 und 1 atm ins Auge und besprechen erst später, wie man von dem für diese Bedingungen berechneten Werte zu den Werten bei anderen P und T gelangt. Wir denken uns statt direkt aus dem Ausgangszustand der Mischphase in ihren Endzustand überzugehen, also aus beliebiger Konzentration in beliebige, folgenden Umweg. Wir überführen zunächst jeden der gelösten Ausgangsteilnehmer getrennt aus der Mischphase in seinen Standardzustand der Konzentration, dann lassen wir die Ausgangsstoffe jeden in seinem Standardzustand zu den Reaktionsprodukten, jedes in seinem Standardzustand, reagieren. Für die Berechnung der Reaktionseffekte im Standardzustand geben uns vielfach Tabellen Material (s. Tabelle 3 oder LANDOLT-BÖRNSTEINs Tabellen 2. Erg.-Bd., 2. Teil). Schließlich denken wir uns die Endprodukte aus dem Standardzustand getrennt in den Endzustand der Mischphase überführt. Dadurch wird die ganze Reaktion zerlegt in eine Standardreaktion und eine Reihe von „Restreaktionen" (S. 125), die darin bestehen, daß ein gelöster Stoff entweder aus einer Mischphase, in der er in beliebiger Konzentration vorliegt, getrennt in seinen Standardzustand der Konzentration überführt wird, oder daß ein gelöster Stoff aus seinem Standardzustand der Konzentration in eine Mischphase überführt wird, in der er evtl. neben anderen Stoffen in beliebiger Konzentration vorhanden ist. Die Restreaktionen sind Reaktionen, bei denen es sich stets darum handelt, einen Stoff von einer Konzentration auf eine andere zu bringen, und die mit ihnen verknüpften Effekte sind demgemäß konzentrationsabhängig, während umgekehrt die Standardreaktionen auch gelöster Stoffe konzentrationsunabhängig und nur von P und T abhängig sind, weil eben die Konzentration im Standardzustand ein für alle Mal festgelegt ist.

Für die Effekte der Restreaktionen wählen wir kleingedruckte Buchstaben. Das Vorzeichen wählen wir so, daß A_n bzw. A_n' die bei reversibler Leitung aufzuwendende bzw. geleistete Nutzarbeit bedeutet, ΔH bzw. $\Delta H'$ die Zunahme bzw. Abnahme des Wärmeinhalts, wenn 1 Mol aus dem Standardzustand in die beliebige Konzentration überführt wird. Dann ergibt sich, wie sogleich bewiesen wird, für eine beliebige Mischphasenreaktion, die wir uns ja in eine Standardreaktion und eine Reihe von Restreaktionen zerlegt denken $\underline{A_n} = \underline{A_n^0} + \Sigma \nu_i\, {}_{\underline{A}}{}_{n\,i}$ [219] und wegen Gl. [203] $\underline{A_n} = \underline{A_n^0} + \Sigma \nu_i\, R\, T \ln a_i$ [220]

$$W = W^0 + \Sigma \nu_i\, w_i\,, \quad \underline{\Delta H} = \underline{\Delta H^0} + \Sigma \nu_i\, {}_{\Delta H_i}$$

$$\underline{\Delta S} = \underline{\Delta S^0} + \Sigma \nu_i\, {}_{\Delta S_i} \quad \underline{\Delta V} = \underline{\Delta V^0} + \Sigma \nu_i\, {}_{\Delta V_i}\,.$$

Die Effekte der Restreaktionen unterstreichen wir wie die beliebiger Reaktionen, wenn sie sich auf molaren Umsatz beziehen, d. h. auf die Überführung von 1 Mol.

Daß das Zusatzglied zu A_n^0 usw. $\Sigma \nu_i \underline{A}_{n\,i}$ usw. sein muß, ergibt sich daraus, daß die außer $\underline{A_n^0}$ aufzuwendende Nutzarbeit sich zusammensetzt:

1. Aus den Nutzarbeiten, die aufgewendet werden müssen, um die bei der Reaktion verschwindenden Stoffe aus dem gegebenen Anfangszustand getrennt in ihren Standardzustand zu bringen. Diese Arbeit ist für ein Mol des Stoffes i — 1 $A_{n\,i}$ da sie wegen unserer soeben eingeführten Vorzeichenwahl für den Vorgang in umgekehrter Richtung $\underline{A}_{n\,i}$ ist. Verschwinden von einem Stoffe 3 Mol bei einem Formelumsatz der Reaktion, so ist die Nutzarbeit, die aufgewendet werden muß, um diese in den Standardzustand zu überführen — 3 $\underline{A}_{n\,i}$. Nach S. 32 ist aber für diesen während der Reaktion bei molarem Umsatz verschwindenden Stoff $\nu_i = -3$. Folglich kommt von seiten der verschwindenden Stoffe zu A_n^0 ein Zusatzglied $\underset{A}{\Sigma} \nu_i \underline{A}_{n\,i}$, wobei das A unter dem Summenzeichen andeutet, daß die Summe über alle Ausgangsstoffe zu bilden ist.

Das entsprechende Zusatzglied für die Endprodukte E lautet $\underset{E}{\Sigma} \nu_i \underline{A}_{n\,i}$; denn diese müssen aus dem Standardzustand in den Endzustand der Mischphase überführt werden, wozu pro Mol $\underline{A}_{n\,i}$ aufzuwenden ist, und für jeden entstehenden Stoff ist bei $\overline{\Delta \lambda} = 1$ $\Delta n_i = \nu_i$.

Die Summe der außer $\underline{A}_n^0$ im Minimum aufzuwendenden Nutzarbeiten beträgt also $\underset{A}{\Sigma}\nu_i\underline{A}_{ni} + \underset{E}{\Sigma}\nu_i\underline{A}_{ni} = \Sigma\nu_i\underline{A}_{ni}$, was zu beweisen war.

ad 3. Es ergibt sich nunmehr ohne weiteres, wie zu verfahren ist, wenn an einer Reaktion bei 25^0 und 1 atm Stoffe sowohl im reinen Zustand wie mit beliebigem Partialdruck bzw. in beliebiger Konzentration in Mischphase teilnehmen. Man überführt diejenigen Ausgangsstoffe, die in Mischphase teilnehmen, in ihren Standardzustand (Gase) bzw. in ihren Standardzustand der Konzentration (gelöste Stoffe), die reinen Teilnehmer befinden sich bereits im Standardzustand. Dann läßt man die Reaktionen im Standardzustand ablaufen, wobei teils reine Endprodukte, teils Endprodukte im Standardzustand der Konzentration entstehen. Für diese Standardreaktionen gilt nach Gleichung [210] und den diesbezüglichen Ausführungen $\underline{A}_n^0 = \Sigma\nu_i(\underline{A}_n^0)_{B_i}$, wobei für $(\underline{A}_n^0)_{B_i}$, je nachdem ob der Teilnehmer i rein oder im Standardzustand der Konzentration vorliegt, der Wert für die Bildungsnutzarbeit des reinen Stoffes i oder für die des im Standardzustand gelösten Stoffes i einzusetzen ist. Nunmehr überführen wir die in Mischphase teilnehmenden Stoffe aus ihrem Standardzustand getrennt in die Mischphase, die als Endzustand der Reaktion entsteht. Insgesamt ist also auch hier

$$\underline{A}_n = \underline{A}_n^0 + \Sigma\nu_i\underline{A}_{ni}$$

jedoch ist der zweite Summand nur auf diejenigen Stoffe zu beziehen, die in oder aus dem Standardzustand der Konzentration überführt werden. Man kann auch sagen, für die anderen Stoffe, z. B. die reinen, wird $\underline{A}_{ni} = 0$. An derartigen Reaktionen werden stets mehrere Phasen beteiligt sein, man nennt sie deshalb h e t e r o g e n e.

Während die Standardwerte $(\underline{A}_n^0)_B$ bereits für sehr viele reine und gelöste Stoffe tabellarisiert sind, muß man die $\underline{A}_{ni}$-Werte für eine gegebene Reaktion erst berechnen oder messen. Diese Aufgabe wird dadurch erleichtert, daß $\underline{A}_{ni}$ in einer ganz bestimmten Beziehung zur Aktivität steht, welch letztere aus meßbaren Größen, wie Dampfdrucken, Gefrierpunkterniedrigungen, Konzentrationen usw. bestimmt werden kann. Man sieht also, daß die Einführung der Aktivität die Bestimmung der Restnutzarbeiten und damit der maximalen Nutzarbeiten beliebiger Reaktionseffekte in Mischphasen ermöglicht und erleichtert. Die Beziehung zwischen $\underline{A}_n$ und $\underline{a}$ haben wir bereits abgeleitet (s. S. 124, 125)

$$\underline{A}_{ni} = RT \ln a_i = \underline{\Delta G_i}. \tag{221}$$

In hinreichend verdünnten Lösungen ist $a = c$, folglich $\underline{A}_{ni} = RT \ln c_i$, so daß in diesen Sonderfällen die Bestimmung von $\underline{A}_n$ eine recht einfache Aufgabe ist. Voraussetzung für die Gültigkeit von $a = c$ ist, wie bereits S. 121, 124 gezeigt,

1. daß die absolute Aktivität der Lösung $f_a\, c = c$ ist, $f_a = 1$, d. h., daß die Lösung sich ideal verhält, bzw. daß Abweichungen des Wertes für f_a von 1 vernachlässigt werden dürfen;

2. daß der Standardzustand so gewählt wird, daß für ihn $f_a^0 \cdot c^0 = 1$ ist. Das ist dann der Fall, wenn, wie wir es getan haben, als Standardzustand des gelösten Stoffes eine Lösung gewählt wird, die diesen Stoff in der Konzentration 1 enthält, und die sich ideal verhält. Je nachdem, welches Konzentrationsmaß wir wählen (Volumen-, Gewichtsnormalität, Molenbruch) wird der Wert der Aktivität einer gegebenen Lösung verschieden. Wählen wir ausnahmsweise einen anderen Standardzustand für den gelösten Stoff, z. B. den betreffenden Stoff im reinen festen Zustand, so ist a auch bei idealen Lösungen nicht gleich c.

Wir haben gesehen, daß wir die Größe $\underline{A}_n = \underline{\Delta G} = \left(\dfrac{\partial G}{\partial \lambda}\right)$ für Reaktionen bei 25^0 C und 1 atm dann angeben können, wenn wir für die Reaktion die $\Sigma \nu_i\, \underline{A}_{ni}$ und $\underline{A}_n^0$-Werte kennen und wie man ersteren Wert berechnet. Wir müssen aber noch erörtern,

1. wie man zu den $\underline{A}_n^0$-Werten gelangt;

2. wie man von den thermodynamischen Reaktionseffekten (Wärmetönung, Nutzarbeit usw.) bei 25^0 C und 1 atm zu den entsprechenden Werten gelangt, wenn die Reaktion bei anderen T und P abläuft.

Wir erörtern zunächst den 1. Punkt: Die maximale Arbeit bzw. Nutzarbeit, die eine Reaktion leisten kann, ist diejenige, die wir erhalten würden, wenn wir die Reaktion reversibel leiteten. Dies ist aber nur in Einzelfällen möglich, nämlich bei Reaktionen, die zum Betrieb reversibler galvanischer Ketten benutzt werden können. Die maximale Nutzarbeit der chemischen Reaktion ist in diesem Falle gleich der geleisteten elektrischen Arbeit (s. Kapitel Elektrische Energie). Trotzdem können wir auch in denjenigen Fällen, in denen es nicht gelingt, eine Reaktion reversibel ablaufen zu lassen, ihre maximale Arbeit angeben, und zwar prinzipiell auf zwei Wegen. Der eine Weg ist durch den sog. dritten Hauptsatz der Thermodynamik oder das NERNSTsche Wärmetheorem gegeben. Er gestattet die maximale Arbeit einer Reaktion aus rein thermischen Eigenschaften der beteiligten Stoffe zu berechnen (spezifische Wärme, Wärmetönung). Der zweite Weg basiert darauf, daß nach dem zweiten Hauptsatz die maximale Arbeit bzw. Nutzarbeit einer Reaktion im Gleichgewicht Null ist, also im Gleichgewicht $\underline{A}_n = 0$ und bei Reaktionen, die bei konstantem Volumen verlaufen, $A_m = 0$. In diesem Falle geht nämlich unsere Gl. [220] über in $0 = \underline{A}_n^0 + \Sigma \nu_i RT \ln \underline{a}_i$, $\underline{A}_n^0 = - \Sigma \nu_i RT \ln \underline{a}_i$ [222], worin $\underline{a}_i$ die durch Unterstreichen gekennzeichneten Aktivitäten der an der Reaktion beteiligten Stoffe im Gleichgewicht sind. Da $\underline{A}_n^0$ bei gegebenem T und P einen konstanten Wert hat, ist $- \Sigma \nu_i RT \ln \underline{a}_i = - RT \Sigma \ln \underline{a}_i^{\nu_i} = $ Konst. [223]. Für eine Reaktion, deren Formelumsatz $n_o\, o + n_p\, p = n_q\, q + n_r\, r$ ist, ist also, da bei gegebenem T auch RT konstant ist, $\Sigma \ln \underline{a}_i^{\nu_i} = \ln \underline{a}_o^{\nu_o} + \ln \underline{a}_p^{\nu_p} + \ln \underline{a}_q^{\nu_q} + \ln \underline{a}_r^{\nu_r} = \ln \underline{a}_o^{\nu_o} \cdot \underline{a}_p^{\nu_p} \cdot \underline{a}_q^{\nu_q} \cdot \underline{a}_r^{\nu_r}$ konstant, und berücksichtigen wir noch, daß nach S. 31, 32 $\nu_o = - n_o$, $\nu_p = - n_p$, $\nu_q = n_q$, $\nu_r = n_r$, so gilt wegen des konstanten Logarithmus auch

$$\frac{\underline{a}_q^{\nu_q} \cdot \underline{a}_r^{\nu_r}}{\underline{a}_o^{-\nu_o} \cdot \underline{a}_p^{-\nu_p}} = \frac{\underline{a}_q^{n_q} \cdot \underline{a}_r^{n_r}}{\underline{a}_o^{n_o} \underline{a}_p^{n_p}} = K \qquad [224]$$

und es ist $\underline{A}_n^0 = - RT \ln K$, $A_n'^0 = RT \ln K$. $\qquad$ [225]

Die Konstante K nennt man Gleichgewichtskonstante, das durch die Gleichung [224] ausgedrückte Gesetz das Massenwirkungsgesetz, weil man a, dessen Wert für eine Substanz nach Gl. [220] ja maßgebend für die chemische Wirkung derselben ist, maßgebend für deren „Aktivität" ist, auch die aktive Masse nennt. Für Gase bzw. Lösungen, die sich ideal oder annähernd ideal verhalten, dürfen wir wegen der Wahl unserer Standardzustände statt der Gleichgewichtsaktivitäten nach S. 121, 124 die Gleichgewichtspartialdrucke der betreffenden Gase bzw. die Gleichgewichtskonzentrationen einsetzen, für nicht ideale die mit den Aktivitätskoeffizienten multiplizierten Gleichgewichtspartialdrucke bzw. -konzentrationen $\underline{f}_{a_i}\, \underline{p}_i$ bzw. $\underline{f}_{a_i}\, \underline{c}_i$ (Gleichgewicht durch Unterstreichen gekennzeichnet). Je nachdem, in welchem Konzentrationsmaß wir messen, erhalten wir, wie bereits mehrfach hervorgehoben, verschiedene Aktivitäten, und demnach unterscheidet man auch die Gleichgewichtskonstante als K_x, K_c, K_m, K_p, je nachdem, ob sie sich auf Aktivitäten bezieht, die auf Molenbrüche, Liternormalitäten, Kilogrammnormalitäten oder auf Partialdrucke bezogen sind. Das Auftreten der Gleichgewichtskonstanten besagt, daß im Gleichgewicht die Aktivitäten der Reaktionsteilnehmer nicht in einem beliebigen Verhältnis stehen, sondern gesetzmäßig, eben durch das Massenwirkungsgesetz, miteinander verknüpft sind. Wenn wir also die Aktivitäten der Ausgangsteilnehmer während einer Reaktion konstant halten, ein Fall, der in unseren biologischen Anwendungen immer wiederkehrt (z. B. Partialdruck des O_2, N_2, CO_2 in der Luft), so erhalten wir im Gleichgewicht, sofern sich nur ein Reaktionsprodukt bildet, eine ganz bestimmte Aktivität desselben. Ändern wir jetzt die Aktivität eines Ausgangsteilnehmers, so ändert sich auch die Aktivität des Endproduktes im Gleichgewicht, und, wenn wir die Gleichgewichtskonstante der Reaktion kennen, können wir diese Aktivität aus denen der Ausgangsteilnehmer berechnen. Die Gleichgewichtskonstanten sind grundlegend wichtige Naturkonstanten; daß dies in unserer Darstellung sowohl in diesem Kapitel wie in dem über die chemischen Reaktionen in der Pflanze äußerlich wenig erkennbar ist, liegt daran, daß es für unsere praktischen Zwecke nicht nötig ist, auf sie zurückzugehen, weil die Physiko-Chemiker den Biologen im allgemeinen diese Arbeit bereits abgenommen haben, indem sie ihr Zahlenmaterial an K-Werten verarbeitet haben zu den Tabellenwerten (s. Tabelle 3) der $(\underline{A}_n^0)_B$; denn diese tabellarisierten Werte sind zum allergrößten Teil gewonnen durch Berechnung aus der gemessenen Gleichgewichtskonstante K mittels der Gleichung $\underline{A}_n^0 = -\,RT\ln K$. Die $\underline{A}_n^0$-Werte sind zwar für uns außerordentlich bequeme Rechenmittel, haben aber nicht etwa die primäre wissenschaftliche Bedeutung wie die Naturkonstanten darstellenden Gleichgewichtskonstanten. Mit diesen Ausführungen ist unsere Frage 1, S. 141, beantwortet. Führen wir noch in Gleichung [220] $\underline{A}_n^0$ nach Gleichung [225] ein, so ergibt sich

$$\underline{A}_n = -\,RT\ln K + RT\varSigma\nu_i\ln a_i = \underline{A}_n^0 + RT\varSigma\nu_i\ln a_i \quad [226]$$

$$\underline{A}_n' = RT\ln K - RT\varSigma\nu_i\ln a_i = \underline{A}_n'^0 - RT\varSigma\nu_i\ln a_i. \quad [227]$$

Die a in diesen Gleichungen dürfen natürlich nicht verwechselt werden mit den $\underline{a}$ in Gl. [222, 224], die die Aktivitäten im Gleichgewichtszustand bedeuten, während sie in den Gleichungen [226, 227] die Aktivitäten der Reaktionsteilnehmer in den beliebig wählbaren Anfangs- und Endzuständen der Reaktion bedeuten.

Die vorstehenden Betrachtungen haben gezeigt, wie man bei $P = 1$ und $T = 298$ den Wert von $\underline{A}_n$ für eine Reaktion mit Teilnehmern in sonst beliebigen Zuständen finden kann, wobei gilt

$\underline{A_n} = A_n^0 + \Sigma \nu_i \underline{A_{ni}}$ [220]. A_n^0 kennt man, wenn man die Gleichgewichtskonstante der Reaktion kennt, die $\underline{A_{ni}}$, wenn man die Aktivitäten der beteiligten Stoffe kennt. Auf die Methoden zur Bestimmung der Gleichgewichtskonstanten wird hier nicht näher eingegangen, auch für die Bestimmung der Aktivitäten mögen die S. 127 gegebenen sowie einige spätere Hinweise genügen. Setzen wir die Kenntnis dieser beiden Größen für bestimmtes T und P voraus, so kennen wir auch das $\underline{A_n}$ der Reaktion für diesen Druck und diese Temperatur, d. h. ihre maximale Nutzarbeit bei einem Formelumsatz. Diese ist aber ein Maß der chemischen Kraft, die den Ablauf der Reaktion treibt, ein Maß ihrer Affinität. Wollen wir $\underline{A_n}$ für andere Temperaturen und andere Drucke kennenlernen als diejenigen, für die Gleichgewichtskonstante und Aktivitäten bestimmt sind, so brauchen wir keineswegs deren Werte für die gewünschten Temperaturen und Drucke nochmals experimentell zu bestimmen, sondern die Thermodynamik liefert uns Gleichungen, mit deren Hilfe wir die Temperatur- und Druckabhängigkeit von $\underline{A_n}$, A_n^0 und $\underline{A_n}$ bestimmen können. Damit ist zugleich die Temperaturabhängigkeit von Gleichgewichtskonstante und Aktivität gegeben, da ja gilt

$$\mathrm{RT\,ln\,K} = \underline{A_n'^0}, \quad \mathrm{R}\,\frac{d\,\ln K}{d\,T} = \frac{d\,\dfrac{A_n'^0}{T}}{d\,T} \qquad [228]$$

$$\mathrm{R\,T\,ln\,a} = \underline{A_n}, \quad \mathrm{R}\,\frac{d\,\ln a}{d\,T} = \frac{d\,\dfrac{A_n}{T}}{d\,T}. \qquad [229]$$

Die Temperaturabhängigkeit von $\underline{A_n}$ ergibt sich durch folgende kleine Rechnung

$$\frac{\partial\,\dfrac{A_n}{T}}{\partial\,T} = \frac{T\,\partial\,A_n - A_n\,\partial\,T}{T^2\,d\,T} = \frac{1}{T}\,\frac{\partial\,A_n}{\partial\,T} - \frac{A_n}{T^2}$$

und wegen $\underline{A_n} = \Delta H - T\underline{\Delta S}$ (Gl. [109]) und $\dfrac{\partial\,\underline{A_n}}{\partial\,T} = -\underline{\Delta S}$ (Gl. [111])

$$\frac{\partial\,\dfrac{A_n}{T}}{\partial\,T} = -\frac{\Delta S}{T} - \frac{\Delta H - T\,\Delta S}{T^2} = -\frac{\Delta H}{T^2} = -\frac{W_P}{T^2}. \qquad [230]$$

Integrieren wir diese Gleichung zwischen zwei Temperaturen T_1 und T_2, so ergibt sich

$$\int\limits_{T_1}^{T_2} d\,\frac{A_n}{T} = \frac{A_{n_2}}{T_2} - \frac{A_{n_1}}{T_1} = -\int\limits_{T_1}^{T_2} \frac{W_P}{T^2}\,d\,T. \qquad [231]$$

Für einen kleinen Temperaturbereich, also für einen geringen Unterschied zwischen T_1 und T_2 dürfen wir W_P als konstant ansetzen und erhalten dann bei Kenntnis des Wertes von $\underline{A_{n_1}}$ bei T_1 den Wert von $\underline{A_{n_2}}$ bei T_2 durch die Gleichung

$$\frac{A_{n_2}}{T_2} = \frac{A_{n_1}}{T_1} - W_P \int_{T_1}^{T_2} \frac{dT}{T^2} \; .$$

Für größere Intervalle muß man W_P entsprechend seiner Temperaturabhängigkeit als Temperaturfunktion darstellen. Nach der Kirchhoffschen Gleichung (Gl. [64]) ist

$$\left(\frac{\partial W_P}{\partial T}\right)_P = \Sigma \nu_i c_{Pi}{}^1, \text{ also } (W_P)_{T_2} = (W_P)_{T_1} + \int_{T_1}^{T_2} \Sigma \nu_i c_{Pi} \, dT \quad [232]$$

und

$$\frac{A_{n_2}}{T_2} = \frac{A_{n_1}}{T_1} - \int_{T_1}^{T_2} \frac{(W_P)_{T_1}}{T^2} \, dT - \int_{T_1}^{T_2} \frac{dT}{T^2} \int_{T_1}^{T_2} \Sigma \nu_i c_{Pi} \, dT =$$

$$= \frac{A_{n_1}}{T_1} + \frac{(W_P)_{T_1}}{T_2} - \frac{(W_P)_{T_1}}{T_1} - \int_{T_1}^{T_2} \frac{dT}{T^2} \int_{T_1}^{T_2} \Sigma \nu_i c_{Pi} \, dT \; . \quad [233]$$

Kennt man also $\underline{A_n}$ für eine Temperatur (T_1), so kann man es für eine beliebige andere Temperatur (T_2) berechnen, wenn man die Wärmetönung bei T_1 und die molaren bzw. partiellen molaren Wärmekapazitäten der reinen bzw. gelösten Teilnehmer der Reaktion zwischen T_1 und T_2 kennt. Voraussetzung war bisher, daß $\underline{A_{n_2}}$ und $\underline{A_{n_1}}$ sich auf den gleichen Druck beziehen. Soll $\underline{A_{n_2}}$ für einen anderen Druck (P_2) bestimmt werden als $\underline{A_{n_1}}$ (P_1), so ist noch die Druckabhängigkeit von $\underline{A_n}$ zu berücksichtigen. Allgemein gilt wegen Gl. [116]

$$\left(\frac{\partial A_n}{\partial P}\right)_T = \left(\frac{\partial \frac{\partial G}{\partial \lambda}}{\partial P}\right)_T = \left(\frac{\partial \frac{\partial G}{\partial P}}{\partial \lambda}\right)_T = \left(\frac{\partial V}{\partial \lambda}\right)_T = \underline{\Delta V} \; . \quad [234]$$

Für eine Druckänderung von P_1 auf P_2 ist die Änderung von $\underline{A_n}$

$$\int_{P_1}^{P_2} \frac{\partial A_n}{\partial P} \, dP = \int_{P_1}^{P_2} \underline{\Delta V} \, dP \; . \quad [235]$$

---

[1] Bei reinen Stoffen geht c_{Pi} über in c_P^i.

Die Änderung von $\dfrac{A_n}{T}$ dabei ist $\dfrac{1}{T}$ davon, also erhält bei Berücksichtigung der Druckabhängigkeit unsere Gleichung [233] die Gestalt

$$\frac{A_{n2}}{T_2} = \frac{A_{n1}}{T_1} - \frac{(W_P)_{T_1}}{T_1} + \frac{(W_P)_{T_1}}{T_2} -$$

$$- \int\limits_{T_1}^{T_2} \frac{dT}{T_2} \int\limits_{T_1}^{T_2} \Sigma\, \nu_i\, c_{Pi}\, dT + \frac{1}{T} \int\limits_{P_1}^{P_2} \underline{\Delta V}\, dP\,. \qquad [236]$$

Die Berechnung der maximalen Nutzarbeit einer chemischen Reaktion auf dem bisher geschilderten Wege setzt die Kenntnis der Gleichgewichtskonstanten K der Reaktion voraus, sei es direkt, wenn wir zu dieser Berechnung den ersten Ausdruck der Gleichung [226] benutzen, sei es indirekt, wenn wir den zweiten Ausdruck der Gleichung [226] verwenden; denn in dem $\underline{A_n^0}$ steckt ja der Wert der Gleichgewichtskonstanten. Die experimentelle Bestimmung von K ist aber häufig nicht möglich, weil die Konzentration bzw. der Partialdruck einzelner Reaktionsteilnehmer im Gleichgewicht so klein ist, daß sie mit unseren Hilfsmitteln nicht gemessen werden kann. Derartige Reaktionen sind z. B. die Oxydationen von Kohlehydraten und Fetten durch Sauerstoff. Sie verlaufen so weit in der Richtung der Reaktionsprodukte, daß im Gleichgewicht der Partialdruck des Sauerstoffs auf einen unmeßbar kleinen Betrag gesunken ist. Es ist deshalb von grundlegender Bedeutung, daß es durch ein von NERNST aufgestellte Wärmetheorem (3. Hauptsatz) möglich ist, die maximale Arbeit isothermer Prozesse auch ohne experimentelle Bestimmung der Gleichgewichtskonstanten zu berechnen, und zwar lediglich auf Grund der Kenntnis thermischer Größen wie spezifischer Wärmen und Wärmetönungen.

Daß die Möglichkeit hierzu besteht, ersieht man, wenn man in Gleichung [233]

$$\frac{A_{n1}}{T_1} - \frac{(W_P)_{T_1}}{T_1} = \frac{A_{n1} - (W_P)_{T_1}}{T_1} -$$

gemäß der GIBBS-HELMHOLTZschen Gleichung [89] und Gl. [57] [111] durch $- \underline{\Delta S}_{T_1}$ ersetzt, so daß sich ergibt

$$\frac{A_{n2}}{T_2} = - \underline{\Delta S}_{T_1} + \frac{(W_P)_{T_1}}{T_2} - \int\limits_{T_1}^{T_2} \frac{dT}{T^2} \int\limits_{T_1}^{T_2} \Sigma\, \nu_i\, c_{Pi}\, dT\,. \qquad [237]$$

Die rechte Seite von Gl. [237] enthält nur thermische Daten, bei deren Kenntnis man $\underline{A}_{n_2}$ berechnen kann. Insbesonders gilt, wenn man als untere Temperatur T_1 den absoluten Nullpunkt wählt, den wir im folgenden einfach durch den Index $_0$ kennzeichnen wollen,

$$\frac{A_{n_2}}{T_2} = -\varDelta S_0 + \frac{(W_P)_0}{T_2} - \int\limits_0^{T_2} \frac{d T}{T^2} \int\limits_0^{T_2} \Sigma \, \nu_i \, c_{Pi} \, d\,T \,. \qquad [238]$$

Das NERNSTsche Wärmetheorem besagt nun: Die Entropieänderung beim Ablauf einer Reaktion zwischen kondensierten, d. h. nicht gasförmigen Stoffen am absoluten Nullpunkt ist Null.

$$\left(\frac{\partial\,\underline{A}_n'}{\partial\,T}\right)_{P,\,T\,=\,0} = \left(\frac{\partial\,\underline{A}_m'}{\partial\,T}\right)_{V,\,T\,=\,0} = \underline{\varDelta S_0} = 0 \,. \qquad [239]$$

Der Sinn dieser Gleichungen wird klar aus der beistehenden Abb. 13. Die $\varDelta\,U'$-Kurve gebe den Verlauf von $\varDelta\,U'$ in seiner Abhängigkeit von der Temperatur wieder. Dann besagt Gleichung [87], daß am absoluten Nullpunkt der Wert von A_m' für das betreffende System, A_{m_0}', zusammenfallen muß mit $\varDelta\,U_0'$. Dieser Bedingung genügen alle gestrichelt gezeichneten A_m'-Kurven. Gleichung [239] besagt, daß jedoch diese ver-

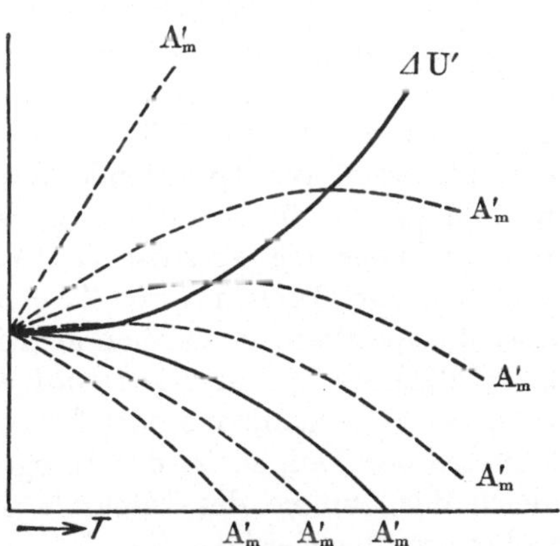

Abb. 13. Erklärung im Text. Nach SACKUR, Thermochemie.

schiedenen denkbaren A_m'-Kurven nicht realisiert sind, sondern nur diejenige — ausgezogen gezeichnete —, die die $\varDelta\,U'$-Kurve am absoluten Nullpunkt asymptotisch berührt.

Durch Einsetzen des Wertes 0 für $\varDelta S_0$ gemäß dem NERNSTschen Wärmetheorem geht Gleichung [238], indem wir T_2 und $\underline{A}_{n_2}$ durch die Zeichen T und $\underline{A}_n$ für eine beliebige Temperatur ersetzen, über in

$$\underline{A}_n = (W_P)_0 - T \int\limits_0^T \frac{d T}{T^2} \int\limits_0^T \Sigma \, \nu_i \, c_{Pi} \, d\,T \,. \qquad [240]$$

Damit ist das Problem der Berechnung von $\underline{A_n}$ lediglich aus thermischen Daten gelöst, sofern man die Größen der rechten Seite der Gleichung kennt, und dies ist bereits für sehr viele Reaktionen der Fall. $(W_P)_0$ ist durch die KIRCHHOFFsche Gleichung bekannt, sofern man $(W_P)_T$ für irgendeine Temperatur T kennt und die Wärmekapazitäten der Teilnehmer für alle Temperaturen vom absoluten Nullpunkt bis T; denn es ist nach Gl. [64]

$$\left(\frac{\partial W_P}{\partial T}\right)_P = \Sigma \nu_i\, c_{Pi}, \ \text{ also } \ (W_P)_T = (W_P)_0 + \int\limits_0^T \left(\frac{\partial W_P}{\partial T}\right)_P dT,$$

$$(W_P)_0 = (W_P)_T - \int\limits_0^T \Sigma \nu_i\, c_{Pi}\, dT. \qquad [241]$$

Ebenso ist zur Bestimmung des Integrals von Gleichung [240] die Kenntnis der Wärmekapazitäten der Reaktionsteilnehmer vom absoluten Nullpunkt bis T erforderlich. Bei Einführung der Begriffe „spezifische Wärmekapazität“ und „spezifische Wärme“ war gesagt worden (S. 22), daß letztere nur dann mit ersterer übereinstimmt, wenn die betreffende Substanz keine chemischen Umwandlungen — im weitesten Sinne des Wortes — erfährt. Das Integral über die spezifischen Wärmekapazitäten eines Stoffes zwischen zwei Temperaturen T_1 und T_2 ist also nur dann mit dem über die spezifischen Wärmen identisch, wenn in dem Temperaturintervall, über das integriert wird, keine Umwandlung stattfindet, z. B. kein Übergang aus dem festen in den flüssigen Zustand. Ist letzteres der Fall, so ist das Integral über die Wärmekapazitäten gleich der Summe des Integrals über die spezifischen Wärmen, wobei im Beispielsfalle für den festen Zustand von T_1 bis zum Schmelzpunkt, für den flüssigen vom Schmelzpunkt bis T_2 zu integrieren ist, plus der Umwandlungswärme (z. B. Schmelzwärme).

Die spezifische Wärme kann man bis zu sehr tiefen Temperaturen herab messen. Darüber hinaus läßt sie sich bei festen Körpern mittels einer von DEBYE aufgestellten Beziehung interpolieren. Diese Beziehung besagt, daß die spezifischen Wärmen aller festen Körper in der Nähe des absoluten Nullpunkts proportional T^3 verschwinden. Bei Gasen läßt sie sich als Temperaturfunktion mittels Formeln darstellen, in denen eine als Θ bezeichnete „charakteristische Temperatur“ eine grundlegende Rolle spielt. Jedoch soll hier der Hinweis genügen, daß die für die Anwendung des NERNSTschen Theorems erforderlichen thermischen Daten in vielen Fällen bekannt sind, während dafür, wie deren Beschaffung im einzelnen erfolgt, auf die einschlägige physikalisch-chemische Literatur verwiesen sei.

Obwohl das NERNSTsche Wärmetheorem nur für kondensierte Systeme — im folgenden durch den Index kond. gekennzeichnet — aufgestellt ist, gelingt es doch mit seiner Hilfe auch die maximale Arbeit bzw. Nutzarbeit von homogenen Gasreaktionen und heterogenen Reaktionen, an denen Gase beteiligt sind, zu berechnen. Hierzu hilft uns wieder die Überlegung, daß die maximale Arbeit bzw. Nutzarbeit einer isothermen Reaktion unabhängig vom Wege ist. Wir denken uns nämlich als ersten Weg Ablauf der Gasreaktion im Gasraum, als zweiten isothermen Weg: Kompression der Gase auf ihren Sättigungsdampfdruck bei der gegebenen Temperatur, Kondensation der gesättigten Gase, Reaktion in der kondensierten Phase zu kondensierten Endprodukten, Verdampfung der Endprodukte unter ihrem Sättigungsdampfdruck und Expansion der gesättigten Dämpfe auf diejenigen Drucke, die die Endprodukte bei der Reaktion auf dem 1. Wege ausüben. Die Arbeit bzw. Nutzarbeit auf dem 2. Wege können wir berechnen, da bei ihm die chemische Reaktion in kondensierter Phase stattfindet und deshalb der dritte Hauptsatz anwendbar ist. Damit wir diese beiden Wege isotherm durchführen können, müssen wir die Gasreaktion bei einer so tiefen Temperatur ablaufen lassen, daß alle Reaktionsteilnehmer bei ihr auch in kondensiertem Zustand existenzfähig sind. Damit wir der Berechnung die idealen Gasgesetze zugrunde legen können, wollen wir annehmen, daß die Temperatur so tief sei, daß der Dampfdruck der kondensierten Phasen so gering ist, daß für ihre gesättigten Dämpfe noch die idealen Gasgesetze gelten.

Bezeichnen wir Anfangs- bzw. Enddrucke der Reaktionskomponenten mit P, die Sättigungsdrucke mit p_g, so gilt nach Gleichung [226] für die Gasreaktion, für den 1. Weg:

$$A_n = RT \Sigma \nu_i \ln P_i - RT \ln K_P. \qquad [242]$$

Die Berechnung der reversiblen Nutzarbeit des zweiten Weges bereitet keine Schwierigkeiten, trotzdem der zweite Weg sich aus einer ganzen Reihe aufgewandter und geleisteter Nutzarbeiten zusammensetzt; denn sowohl die bei der Kondensation wie Verdampfung unter Sättigungsdampfdruck aufgewandte Nutzarbeit ist 0, weil der gesättigte Dampf mit der festen Phase im Gleichgewicht steht und wir als Gleichgewichtsbedingung $\underline{A_n} = 0$ kennengelernt haben. Es bleibt also 1. die im Minimum aufzuwendende

Nutzarbeit der chemischen Reaktion in der kondensierten Phase

$$\underline{A_{n1}} = (W_P)_{0,\,kond} - T \int\limits_0^T \frac{dT}{T^2} \int\limits_0^T \Sigma\,\nu_i\,(c_P)_{i,\,kond}\,dT \quad [243] \quad \text{(wegen}$$

Gl. [240]); 2. die negative Nutzarbeit, die bei der Expansion der gesättigten Dämpfe der Endprodukte E auf die Enddrucke vom System aufgewendet wird; $RT\Sigma\nu_E\ln\left(\dfrac{P}{p_g}\right)_E$, zuzüglich der Nutzarbeit, die zur Kompression der Ausgangsstoffe A von ihren Anfangsdrucken auf den Sättigungsdruck aufzuwenden ist, $-RT\Sigma\nu_A\ln\left(\dfrac{p_g}{P}\right)_A-$, weil für 1 Mol eines verschwindenden Stoffes i gilt $-\nu_i = 1$.

Bezeichnen wir die Summe der minimalen Expansions- und Kompressionsarbeiten mit $\underline{A_{n2}}$, so ist also

$$\underline{A_{n2}} = R\,T\left[\Sigma\,\nu_E\ln\left(\frac{P}{p_g}\right)_E - \Sigma\,\nu_A\ln\left(\frac{p_g}{P}\right)_A\right] =$$
$$= R\,T\,[\Sigma\,\nu_i\ln P_i - \Sigma\,\nu_i\ln(p_g)_i]\,, \quad [244]$$

folglich, da wegen des 2. Hauptsatzes $\underline{A_{n1}} + \underline{A_{n2}} = \underline{A_n}$

$$(W_P)_{0,\,kond} - T\int\limits_0^T \frac{dT}{T^2}\int\limits_0^T \Sigma\,\nu_i\,(c_P)_{i,\,kond}\,dT + R\,T\,[\Sigma\,\nu_i\ln P_i -$$
$$- \Sigma\,\nu_i\ln(p_g)_i] = R\,T\,\Sigma\,\nu_i\ln P_i - R\,T\ln K_p \quad [245]$$

$$\ln K_p = \frac{(W_P')_{0,\,kond}}{R\,T} + \Sigma\,\nu_i\ln(p_g)_i +$$
$$+ \frac{1}{R}\int\limits_0^T \frac{dT}{T^2}\int\limits_0^T \Sigma\,\nu_i\,(c_P)_{i,\,kond}\,dT\,. \quad [246]$$

In dieser Gleichung ersetzt man noch den Ausdruck $\Sigma\nu_i\ln(p_g)_i$, der die Sättigungsdampfdrucke enthält, durch Einführen von thermischen Größen. Man geht dabei aus von der vereinfachten Gleichung von CLAUSIUS-CLAPEYRON Gl. [132]

$$\frac{d\ln p_g}{dT} = \frac{\lambda}{R\,T^2}\,.$$

Durch Integration zwischen dem absoluten Nullpunkt und der beliebigen Temperatur T erhält man

$$\ln p_g = \frac{1}{R}\int\limits_0^T \frac{\lambda\,dT}{T^2} + i\,, \quad\quad [247]$$

worin i eine temperaturunabhängige, für jeden Stoff spezifische, nur von seiner chemischen Zusammensetzung abhängige Integrationskonstante darstellt, die deshalb als „chemische Konstante" bezeichnet wird. Für kleine Temperaturintervalle kann man λ als temperaturunabhängig, also konstant, ansehen, und erhält dann für ein solches Temperaturintervall $T_2 - T_1$

$$\ln p_g = \frac{\lambda}{R} \int\limits_{T_1}^{T_2} \frac{dT}{T^2} = -\frac{\lambda}{R} \left(\frac{1}{T_2} - \frac{1}{T_1} \right). \qquad [248]$$

Bei größeren Temperaturintervallen darf jedoch λ nicht als konstant betrachtet werden, sondern muß als Temperaturfunktion dargestellt werden. Dies geschieht folgendermaßen. Die molare Verdampfungswärme $\lambda = \underline{\Delta H}$ ist definiert als diejenige Wärmemenge, die wir 1 Mol der zu verdampfenden Substanz zuführen müssen, um sie bei konstanter Temperatur unter ihrem Gleichgewichtsdampfdruck in 1 Mol Dampf zu verwandeln. Sie stellt also die bei einem isothermen reversiblen Prozeß aufgenommene Wärme dar, und ist als solche nach unseren Betrachtungen beim zweiten Hauptsatz vom Wege unabhängig. Ihr Differential ist also ein vollständiges und wir können für eine beliebige reine Substanz schreiben

$$d\lambda = \left(\frac{\partial \lambda}{\partial T} \right)_P dT + \left(\frac{\partial \lambda}{\partial P} \right)_P dP \text{ und}$$

$$\frac{d\lambda}{dT} = \left(\frac{\partial \lambda}{\partial T} \right)_P + \left(\frac{\partial \lambda}{\partial P} \right)_T \frac{dP}{dT}. \qquad [249]$$

Der erste Summand dieser Gleichung ist gemäß dem KIRCHHOFFSCHEN Satz

$$\left(\frac{\partial \underline{\Delta H}}{\partial T} \right)_P = \left(\frac{\partial \lambda}{\partial T} \right)_P = \Sigma \, \nu_i \, (c_P)_i = (c_P)_{\text{Gas}} - (c_P)_{\text{kond}} \qquad [250]$$

Der zweite Summand wird, wie hier nicht ausgeführt wird, sehr klein und ist zu vernachlässigen, solange P klein ist. Diese Voraussetzung haben wir aber bereits gemacht, indem wir für den Dampf die Gültigkeit der idealen Gasgesetze vorausgesetzt haben. Also ergibt sich

$$\frac{d\lambda}{dT} = \Sigma \, \nu_i \, (c_P)_i = (c_P)_{\text{Gas}} - (c_P)_{\text{kond}} \qquad [251]$$

$$\lambda = \int\limits_0^T [(c_P)_{\text{Gas}} - (c_P)_{\text{kond}}] \, dT + \text{konst}. \qquad [252]$$

Den Wert der Konstanten hält man, wenn man für T den Wert 0 einsetzt, d. h. die fiktive Verdampfungswärme am absoluten Nullpunkt λ_0 berechnet. Dann geht Gl. [252] über in $\lambda_0 =$ konst., folglich

$$\lambda = \int\limits_0^T [(c_P)_{Gas} - (c_P)_{kond}]\, dT + \lambda_0 . \qquad [253]$$

Durch Einsetzen des Wertes, der λ als Temperaturfunktion darstellt in Gl. [247], erhalten wir

$$\ln p_g = \frac{1}{R} \int\limits_0^T \frac{\int\limits_0^T [(c_P)_{Gas} - (c_P)_{kond}]\, dT + \lambda_0}{T^2}\, dT + i$$

$$= -\frac{\lambda_0}{RT} + \frac{1}{R} \int\limits_0^T \frac{\int\limits_0^T [(c_P)_{Gas} - (c_P)_{kond}]\, dT}{T^2}\, dT + i . \qquad [254]$$

An dieser Gleichung pflegt man noch eine weitere Umformung vorzunehmen, die darin besteht, daß die Molwärme $(c_P)_{Gas}$ in zwei Teile zerlegt wird, einen temperaturunabhängigen $(c_P)_{0,\,Gas}$ und einen temperaturabhängigen $(c_s)_{Gas}$, so daß $(c_P)_{Gas} = (c_P)_{0,\,Gas} + (c_s)_{Gas}$. Auf die theoretische Begründung dieser Zerlegung soll hier nicht eingegangen werden. Durch ihre Einführung ergibt sich die sog. „allgemeine Dampfdruckformel"

$$\ln p_g = -\frac{\lambda_0}{RT} + \frac{(c_P)_{0,\,Gas} \ln T}{R} +$$

$$+ \frac{1}{R} \int\limits_0^T \frac{dT}{T^2} \int\limits_0^T [(c_s)_{Gas} - (c_P)_{kond}]\, dT + i . \qquad [255]$$

Ersetzt man in Gleichung [246] p_g durch seinen Wert gemäß der allgemeinen Dampfdruckformel, so ergibt sich

$$\ln K_p = \frac{(W'_P)_{0,\,kond} - \Sigma \nu_i (\lambda_0)_i}{RT} + \frac{\Sigma \nu_i [(c_P)_0]_{i,\,Gas} \ln T}{R} +$$

$$+ \frac{1}{R} \int\limits_0^T \frac{dT}{T^2} \int\limits_0^T [\Sigma \nu_i (c_s)_{i,\,Gas} - \Sigma \nu_i (c_P)_{i\,kond}]\, dT + \Sigma \nu_i i_i +$$

$$\frac{1}{R} \int\limits_0^T \frac{dT}{T_2} \int\limits_0^T \Sigma \nu_i (c_P)_{i,\,kond}\, dT . \qquad [256]$$

Der Ausdruck $-\Sigma \nu_i (\lambda_0)_i$ stellt die Summe der fiktiven Verdampfungswärmen der kondensierten Ausgangsstoffe am absoluten Nullpunkt dar, vermindert um die fiktiven Verdampfungswärmen der kondensierten Reaktionsprodukte. Da die zur Verdampfung aufgewendeten Wärmen gleich den bei der Kondensation abgegebenen Wärmen sind, so können wir auch sagen, der Ausdruck im Zähler der ersten Klammer stellt dar: die Kondensationswärmen der gesättigten Dämpfe der Ausgangsstoffe und die Wärmetönung der Reaktion der kondensierten Ausgangsstoffe zu den kondensierten Endprodukten $(W'_P)_{0,\ \text{kond}}$ minus den Verdampfungswärmen der Reaktionsprodukte, alles bezogen auf absolute Nullpunkttemperatur. Nach dem Hessschen Satz (S. 130) ist aber diese Größe gleich der Wärmetönung der Reaktion der gesättigten Dämpfe im Gaszustand am absoluten Nullpunkt. Da wir die Gültigkeit der idealen Gasgesetze vorausgesetzt haben, ist der Energieinhalt und demnach die spezifische Wärme der Gase vom Volumen unabhängig, d. h. die Wärmetönung ist unabhängig davon, ob die Dämpfe gesättigt sind oder beliebig expandiert, sie ist die Wärmetönung der betreffenden Gasreaktion am absoluten Nullpunkt schlechthin, die wir mit $(W'_P)_{0\ \text{Gas}}$ bezeichnen wollen. Ferner heben sich die zwei Glieder, die die Wärmekapazitäten der kondensierten Stoffe enthalten, weg, und es bleibt

$$\ln K_p = \frac{(W'_P)_{0,\ \text{Gas}}}{R\,T} + \frac{\Sigma \nu_i\,[(c_P)_i]_{0,\ \text{Gas}}\ln T}{R} +$$
$$+ \frac{1}{R} \int_0^T \frac{d\,T}{T^2} \int_0^T \Sigma \nu_i (c_s)_{i,\ \text{Gas}} + \Sigma \nu_i i_i .$$

Durch eine ganz analoge Betrachtung wie für homogene Gasreaktionen ergibt sich die Berechnung der Gleichgewichtskonstante und damit der maximalen Nutzarbeit von heterogenen Reaktionen an denen Gase beteiligt sind. Die auftretenden Gleichungen werden aber noch verwickelter und sollen hier nicht besprochen werden.

Weil die Berechnung der maximalen Nutzarbeit einer Reaktion mit derartigen Gleichungen eine recht komplizierte Aufgabe ist, die die Kenntnis einer großen Anzahl Daten erfordert, hat man versucht, sie durch Einführung von Näherungsgleichungen zu vereinfachen, von denen zwei von Nernst angegebene vielfach verwendet wurden. Sie sollen hier ohne Ableitung wiedergegeben werden, wobei, wie üblich, an Stelle der natürlichen die dekadischen Logarithmen benutzt sind.

Für die allgemeine Dampfdruckformel setzt Nernst

$$\log p_g = \frac{\lambda_0}{4{,}6\,T} + 1{,}75 \log T + C \qquad [258]$$

und mit Hilfe dieser Gleichung berechnet er, zunächst gültig für eine Gasreaktion,

$$\Sigma\, \nu_i \log \underline{p}_i = -\frac{W_P}{4{,}6\,T} + (\Sigma\, \nu_i\, 1{,}75 \log T + \Sigma\, \nu_i\, C)\,. \qquad [259]$$

Hierin bedeuten $\underline{p}_i$ die Partialdrucke der Reaktionsteilnehmer im Gleichgewicht. W_P bedeutet die Wärmetönung der betreffenden Reaktion bei T, jedoch setzt man dafür einfach deren Wert bei 25^0 C ein. Die Größe C wird im Gegensatz zu i der „chemischen Konstanten" als „konventionelle chemische Konstante" bezeichnet und beträgt für die meisten Gase etwa 3, für H_2 etwa 1,5.

Nun haben wir gesehen, daß auch für heterogene Reaktionen gilt (S. 140).

$$\underline{A}_n = \underline{A}_n^0 + \Sigma \nu_i \ln \mathfrak{a}_i,$$

also im Gleichgewicht $\underline{A}_n^0 = -\,RT \Sigma \nu_i \ln \underline{\mathfrak{a}}_i$.

Haben wir also eine heterogene Reaktion vor uns, an der außer Gasen auch reine feste oder flüssige Substanzen beteiligt sind, so sind ja für diese die $\underline{\mathfrak{a}}_i = 1$, also die $\ln \underline{\mathfrak{a}}_i = 0$, so daß wir bei der Summe $\Sigma \nu_i \ln \underline{\mathfrak{a}}_i$ in diesem Falle nur die gasförmigen Teilnehmer zu berücksichtigen brauchen. Betrachten wir die Gase als ideal, so gilt also in diesem Falle für die heterogene Reaktion bei Gleichgewicht (s. Gl. [225]) $\underline{A}_n^0 = -\,RT \Sigma \nu_i \ln \underline{p}_i = -\,RT \ln K_P$ [260], d. h. K_P ist die Gleichgewichtskonstante der heterogenen Reaktion, die wir kennen, wenn wir $\Sigma \nu_i \log \underline{p}_i$ gemäß Gleichung [259] kennen und aus K_P können wir dann A_n für die heterogene Reaktion bei gegebenen Anfangs- und Endaktivitäten der Reaktionsteilnehmer finden.

Die Ergebnisse bei Anwendung dieser Näherungsformeln stimmen zwar oft außerordentlich gut mit den durch exakte Berechnung gewonnenen überein, in anderen Fällen aber sind die Abweichungen außerordentlich groß, so daß im allgemeinen die Anwendung der Näherungsformeln nur als Mittel zur Abschätzung der in Frage kommenden Größenordnung betrachtet werden kann.

Fünftes Kapitel.

Elektrische Energie.

Wir messen das elektrische Potential an einem Punkte durch die Arbeit, die wir im Minimum aufwenden müssen, um die Mengeneinheit der **positiven** Elektrizität vom Potential 0 auf den betreffenden Punkt zu bringen. Diese Arbeit ist gleich der, die wir maximal gewinnen können, wenn wir die Einheit der **negativen** Elektrizitätsmenge vom Potential 0 ebendorthin bringen.

Dementsprechend messen wir die elektrische Arbeit, die wir beim Übergang von Elektrizität von einem Ort höheren Potentials A auf einen Ort niedrigeren Potentials B gewinnen können, durch das Produkt aus der Potentialdifferenz A—B (A/B) und der transportierten Elektrizitätsmenge. Je nach dem Vorzeichen der Ladung der letzteren hat die gewonnene Arbeit einen positiven oder negativen Wert. Die Potentialdifferenz A/B ist entgegengesetzt gerichtet gleich der Potentialdifferenz B/A, hat also das entgegengesetzte Vorzeichen wie diese. Da elektrische Energie im Gegensatz zu Wärme im Prinzip zu 100% arbeitsfähig ist, brauchen wir zwischen arbeitsfähiger elektrischer Energie und elektrischer Energie im allgemeinen nicht zu unterscheiden.

Da wir Potentialdifferenzen in Volt, Elektrizitätsmengen in Coulomb ausdrücken, ist die Einheit der elektrischen Energie das Voltcoulomb oder die Voltamperesekunde (Wattsekunde), d. h. diejenige Energie, die ein Strom von 1 Ampere Stromstärke und 1 Volt Spannung (EMK = 1 V) während einer Sekunde liefert. In kalorischem Maße ausgedrückt ist ein Voltcoulomb 0,239 cal. Die Elektrizitätsmenge 96494 Coulomb $= 23062 \frac{\text{cal}}{\text{Volt}}$ wird als FARADAYsches elektrochemisches Äquivalent F bezeichnet. Es ist diejenige Elektrizitätsmenge, die beim Stromfluß in einem Element mit 1 Mol einwertiger Ionen an Anode und Kathode reagiert, also in Form von Elektronen von 1 Mol einwertiger Kationen an der Kathode aufgenommen, von 1 Mol einwertiger Anionen an der Anode abgegeben wird. Wenn ein galvanisches Element von der EMK E beim Stromfluß 1 Mol n-wertiger Ionen an Anode und Kathode umsetzt, so setzt es die Elektrizitätsmenge nF und die elektrische Energie EnF um.

Elemente, die elektrische Energie aus osmotischer erzeugen, werden als Konzentrationsketten bezeichnet. Eine solche Konzentrationskette ist z. B. die Kombination

$$Ag \,/\, Ag\,N\,O_3 \,/\, Ag\,N\,O_3 \,/\, Ag$$
$$/ \quad c_1 \quad / \quad c_2 \quad /$$

Dieses Schema soll ausdrücken, daß in jede von zwei miteinander in Berührung stehenden verschieden konzentrierten $AgNO_3$-Lösungen ($c_1 > c_2$) ein Silberstab taucht. Verbindet man die beiden Silberstäbe metallisch, so fließt ein Strom, der im Inneren des Elementes von der verdünnten zur konzentrierten Lösung geht, im äußeren Stromkreis vom Silberstab in der konzentrierten zum Silberstab in der verdünnten Lösung, wenn wir als Richtung des Stromes die Richtung des positiven Stromes bezeichnen. Dabei wird die verdünnte $AgNO_3$-Lösung konzentrierter, indem $Ag^{\cdot}$-Ionen an ihrem Silberstab in Lösung gehen und NO_3'-Ionen in sie hineinwandern, die konzentrierte $AgNO_3$-Lösung wird verdünnter, indem $Ag^{\cdot}$-Ionen sich aus ihr an dem in sie tauchenden Silberstab niederschlagen und NO_3'-Ionen aus ihr wegwandern. Mit dem Fließen des Stromes ist demnach eine Verringerung des Konzentrationsunterschiedes zwischen den beiden Lösungen verbunden, allgemeiner formuliert die Überführung eines Elektrolyten von höherer auf niedrigere Konzentration; denn wenn wir die Lösungsvolumina sehr groß oder den Stromfluß sehr klein wählen, werden bei dieser Überführung keine merklichen Konzentrationsänderungen auftreten.

Man kann den Vorgang im Element auch in umgekehrter Richtung ablaufen lassen dadurch, daß man eine gegenelektromotorische Kraft an die Klemmen des Elementes legt, die einen Ladestrom erzeugt, der entgegengesetzt dem Entladestrom fließt, den Konzentrationsausgleich wieder rückgängig macht und somit Konzentrationsdifferenzen schafft. Die geschilderte Konzentrationskette ist also eine „reversible“ Kette, wobei reversibel zunächst im praktisch-technischen Sinne zu verstehen ist. Könnten wir alle Vorgänge bei der Stromentnahme durch die Ladung vollständig rückgängig machen, ohne daß eine Veränderung der beteiligten Körper zurückbleibt, so hätten wir ein Element, das reversibel im streng thermodynamischen Sinne wäre. Diesen Idealfall können wir aber ebensowenig verwirklichen wie den irgendeines anderen reversiblen Prozesses; denn auch abgesehen davon, daß in der Regel irreversible Vorgänge an den Elektroden auftreten, bedingt doch die beim Fließen des Stromes stets erzeugte Wärme Temperaturdifferenzen und damit irreversiblen Wärmeaustausch. Diese Irreversibilität können wir zwar dadurch verkleinern, daß wir die Entladung möglichst langsam ablaufen lassen, indem wir gegen das Element eine elektromotorische Kraft schalten, die die seine beinahe kompensiert. Den theoretischen Grenzfall erhalten wir jedoch erst dann, wenn wir den Vorgang unendlich langsam ablaufen lassen, also die EMK des Elementes durch eine ihr gleiche, entgegengesetzt gerichtete gerade kompensieren. Messen wir also die EMK E eines reversiblen Elementes, indem wir ihr eine gleichgroße entgegenschalten und sie dadurch so kompensieren, daß das Element praktisch stromlos ist, d. h. sich unendlich langsam entlädt, so gibt das Produkt EnF die bei molarem Umsatz und reversiblem Ablauf erzeugte elektrische Energie an. Wird bei der reversiblen Entladung keine andere Arbeit geleistet als elektrische, und entstehen keine anderen in Arbeit verwandelbare Energieformen, so ist EnF gleich der maximalen Arbeit, die der sich gleichzeitig im Element abspielende osmotische Prozeß leisten kann. Dies beruht darauf, daß die elektrische Energie praktisch quantitativ in mechanische verwandelbar ist; denn man kann sich einmal den osmotischen Vorgang direkt reversibel mechanische Arbeit leistend vorstellen, das andere Mal reversibel zunächst elektrische Arbeit erzeugend und dann die gewonnene elektrische quantitativ in mechanische verwandelt. Dann muß nach dem 2. Hauptsatz in beiden — isotherm gedachten — Fällen A'_m, da unabhängig vom Wege, gleich sein.

Da wir Elemente meist bei konstantem Druck, Atmosphärendruck arbeiten lassen, so wird, falls bei Stromfluß eine Volumenänderung eintritt, außer der elektrischen Arbeit auch Arbeit vom bzw. gegen den Atmosphärendruck geleistet. Letztere Arbeit, die wir ja nicht nutzbringend verwerten können, wird nach unserer Definition für die Berechnung der Nutzarbeit außer Betracht gelassen. Es ist also die Nutzarbeit eines unter konstantem Druck reversibel arbeitenden Elementes gleich der von ihm geleisteten elektrischen Arbeit $\underline{A'_n} = \mathrm{En\,F}$ [261], während $(\underline{A'_m})_P = \mathrm{En\,F} + P\varDelta V$ [262]. Bei Elementen, die keine gasförmigen Reaktionsteilnehmer enthalten, sind die Volumenveränderungen bei konstantem Druck so minimal, daß sie außer Ansatz bleiben können. In diesem Falle ist also $(\underline{A'_m})_P = \underline{A'_n}$. Wir wollen im folgenden stets unseren Ableitungen die Berechnung der maximalen Nutzarbeit zugrunde legen; sofern keine gasförmigen Reaktionsteilnehmer vorhanden sind, würden wir aber nach dem Gesagten praktisch das gleiche Ergebnis bei Berechnung der maximalen Arbeit erhalten. Außerdem wollen wir zunächst mit idealen Lösungen rechnen.

Da der osmotische Vorgang beim Stromfluß die Überführung eines Elektrolyten von einer Konzentration auf eine andere ist, besteht die osmotische Nutzarbeit einer reversiblen Konzentrationskette in der maximalen Nutzarbeit, die bei dieser Überführung gewonnen werden kann. Diese läßt sich folgendermaßen berechnen, wobei wir den von selbst ablaufenden stromliefernden Prozeß in unserer $AgNO_3$-Kette betrachten. Vernachlässigen wir den Stromtransport durch Ionen des Wassers, so wird der gesamte Stromtransport durch die beiden Ionen des Elektrolyten übernommen, und zwar von jedem nach Maßgabe seiner Beweglichkeit. Bezeichnet u und v die Ionenbeweglichkeit von Kat- und Anion, so werden also beim Durchgang von 1 F durch die $Ag^{\cdot}\ \dfrac{u}{u+v}\,F$, durch die $NO_3'\ \dfrac{v}{u+v}\,F$ transportiert.

Es wird demnach beim Durchgang von 1 F in die verdünnte Lösung 1 Äquivalent $Ag^{\cdot}$ an der Elektrode eintreten, aus der verdünnten Lösung $\dfrac{u}{u+v}$ Äquivalent $Ag^{\cdot}$ an der Grenzfläche gegen die konzentrierte Lösung austreten, d. h. die Zahl der $Ag^{\cdot}$-Äquivalente in der verdünnten Lösung um $1 - \dfrac{u}{u+v} = \dfrac{v}{u+v}$ zunehmen. Um ebensoviel wird die Zahl der NO_3'-Äquivalente in ihr sich vermehren, da beim Durchgang von 1 F durch die Lösung $\dfrac{v}{u+v}$ Äquivalente NO_3' aus der konzentrierten in die verdünnte Lösung übertreten.

In der verdünnten Lösung (c_2) nimmt also die Teilchenzahl um so viel zu als $\dfrac{2\,v}{u+v}$ Äquivalenten entspricht, folglich, da es sich um einwertige Teilchen handelt, um $\dfrac{2\,v}{u+v}$ Mole. Um ebensoviel Mole nimmt der Gehalt der konzentrierteren Lösung (c_1) ab. Die Volumina der Lösungen denken wir uns so groß, daß ihre Konzentrationen durch den Vorgang nicht merklich geändert werden. Die osmotische Nutzarbeit ist dann in unserem Falle gemäß der Gleichung [199]

$$A_n' = m\,R\,T\ln\frac{c_1}{c_2}\,,$$

in der m die Zahl der Mole bezeichnet, die von c_1 auf c_2 gebracht werden,

$$A_n' = \frac{2\,v}{u+v}\,R\,T\ln\frac{c_1}{c_2}\,. \qquad [263]$$

Dieser osmotischen Nutzarbeit ist die elektrische $E\,n\,F$ gleich — in unserem Falle ist $n = 1$ —, also

$$E\,n\,F = \frac{2\,v}{u+v}\,R\,T\ln\frac{c_1}{c_2}\,. \qquad [264]$$

Anschaulicher ergibt sich die Berechnung der osmotischen Nutzarbeit von Konzentrationsketten mit Hilfe des von NERNST aufgestellten Begriffes des „Lösungsdruckes" von Elektroden. NERNST nimmt an, daß jedes Metall eine bestimmte Tendenz hat, in den Ionenzustand überzugehen, einen bestimmten Lösungsdruck P_L, dessen Größe von der Natur des Metalls und des Lösungsmittels, in welches das Metall eintaucht, abhängt. Der Lösungsdruck bewirkt, daß ein in reines Wasser tauchender Silberstab Ag· an die Lösung abgibt. Dadurch lädt er selbst sich negativ auf, und diese negative Ladung verhindert durch ihre Anziehungskraft die weitere Abgabe von positiven Ionen, bevor meßbare Ionenmengen aus dem Metall ausgetreten sind. Es bildet sich an der Grenzfläche Metall/Lösung eine elektrische Doppelschicht. Wie das Metall einen Lösungsdruck hat, der Ionen erzeugt, so haben nach der NERNSTschen Vorstellung umgekehrt die Metallionen ein Bestreben, aus dem Ionenzustand in den atomaren überzugehen, sich also am Metall niederzuschlagen. Dieses Bestreben wird um so größer sein, je größer der osmotische Druck π der Ionen, also auch je größer ihre Konzentration c bzw. bei nicht idealen Lösungen ihre Aktivität ist. Je nachdem, ob der Lösungsdruck den osmotischen Druck überwiegt oder umgekehrt, wird es beim Eintauchen eines Metalls in eine Lösung, die seine Ionen enthält, als Endeffekt entweder zu einer Abgabe oder Aufnahme von Ionen durch das Metall kommen, und nur bei einer Konzentration C, auch Sättigungstension genannt, wird als Endeffekt keiner dieser Vorgänge eintreten, nämlich bei der, bei der der osmotische Druck der Metallionen der Lösung gerade dem Lösungsdruck des Metalls das Gleichgewicht hält.

Da edle Metalle einen relativ geringen Lösungsdruck haben, unedle einen relativ großen, so wird im Falle eines in $AgNO_3$-Lösung merklicher Konzentration tauchenden Silberstabs der osmotische Druck der $Ag^{\cdot}$ den Lösungsdruck überwiegen und den eingetauchten Silberstab positiv aufladen. Der in die konzentrierte Lösung tauchende Stab wird entsprechend dem höheren osmotischen Druck seiner $Ag^{\cdot}$ stärker positiv geladen als der in die verdünnte Lösung tauchende, und dadurch erklärt sich die beobachtete Stromrichtung, wenn man die beiden Silberstäbe metallisch verbindet.

Wir wollen jetzt wieder unserer Konzentrationskette reversibel und isotherm die elektrische Energie EnF entnehmen, wobei E die Spannung des Elementes im kompensierten Zustand sei und die dabei geleistete osmotische Arbeit nunmehr nach der NERNSTschen Theorie berechnen. EnF ist in unserem Falle gleich EF, da wegen der Einwertigkeit von $Ag^{\cdot}$ und NO_3' $n = 1$. Die Gesamtspannung des Elementes E setzt sich aus drei Potentialsprüngen zusammen, nämlich den zwei Potentialsprüngen an der Grenze Ag gegen $AgNO_3$-Lösung und einem Potentialsprung an der Grenze zwischen den beiden verschieden konzentrierten Flüssigkeiten. Ein derartiger als Diffusionspotential bezeichneter Potentialsprung tritt an der Grenze zweier Elektrolytlösungen stets auf, wenn die Wanderungsgeschwindigkeiten der gelösten An- und Kationen verschieden groß sind, weil bei der Diffusion an der Grenze von konzentrierter gegen verdünnte Lösung die schnelleren Ionen vorauseilen, die entgegengesetzt geladenen langsameren zurückbleiben, wobei sie auf die voreilenden eine anziehende elektrische Kraft ausüben, die ihre Geschwindigkeit verlangsamt. Da NO_3' schneller als $Ag^{\cdot}$ ist, so wird durch sein Vorauseilen eine Potentialdifferenz an der Grenzfläche der beiden $AgNO_3$-Lösungen geschaffen, die so liegt, daß die verdünnte Lösung negativ gegen die konzentrierte wird.

Da bei reversibler isothermer Stromentnahme eine Kette von Gleichgewichtszuständen durchlaufen wird, und bei m Gleichgewicht verlaufenden Vorgängen keine Änderung des thermodynamischen Potentials G stattfindet, so muß die gewonnene elektrische Energie EF gleich der verbrauchten osmotischen Arbeit sein. Diese Arbeit setzt sich aus drei Teilarbeiten A'_{n1}, A'_{n2}, A'_{n3} zusammen, die darin bestehen, daß 1. an dem in c_1 tauchenden Silberstab 1 Äquivalent Ag· niedergeschlagen (A'_{n1}), 2. an dem in c_2 tauchenden Silberstab 1 Äquivalent Ag· in Lösung gebracht wird (A'_{n2}); 3. innerhalb der Lösung durch die Grenzfläche der beiden Lösungen $\dfrac{u}{u+v}$ Äquivalent Kationen von c_2 auf c_1, $\dfrac{v}{u+v}$ Äquivalent Anionen von c_1 auf c_2 ($c_1 > c_2$) gebracht werden; denn die Stromleitung verteilt sich auf die Ionen nach Maßgabe ihrer Beweglichkeiten (u bzw. v = Beweglichkeit von Kat- bzw. Anion, Stromleitung durch die Ionen des Wassers wird wieder vernachlässigt). Hierbei wird die Nutzarbeit gewonnen

$$A'_{n3} = \frac{u}{u+v}\,R\,T\ln\frac{c_2}{c_1} + \frac{v}{u+v}\,R\,T\ln\frac{c_1}{c_2}$$

$$= \frac{u-v}{u+v}\,R\,T\ln\frac{c_2}{c_1} = -\frac{u-v}{u+v}\,R\,T\ln\frac{c_1}{c_2}. \qquad [265]$$

Ferner ist

$$A'_{n1} = R\,T\ln\frac{c_1}{C} \qquad [266]$$

$$A'_{n2} = R\,T\ln\frac{C}{c_2} = -\,R\,T\ln\frac{c_2}{C}. \qquad [267]$$

Dies ergibt sich folgendermaßen: Man denkt sich die Nutzarbeitsleistung beim reversiblen Niederschlagen von 1 Äquivalent Ag· aus c_1 so verlaufend, daß es zunächst auf C reversibel verdünnt wird, wobei die Nutzarbeit $R\,T\ln\frac{c_1}{C}$ gewonnen wird, und dann niedergeschlagen, wobei keine Nutzarbeit geleistet oder verbraucht wird, da der Vorgang bei Gleichgewicht, nämlich bei der Gleichgewichtskonzentration C, eintreten soll. Die für diesen Weg berechnete maximale Nutzarbeit des Vorganges ist seine maximale schlechthin — hier zeigt sich wieder der große Wert der thermodynamischen Betrachtungsweise — gleichviel, ob sich der Vorgang in Wirklichkeit in der reversiblen Kette so abspielt oder nicht, gleichviel, ob die NERNSTsche Vorstellung vom Lösungsdruck der Ionen zutreffend ist oder nicht; denn die maximale Nutzarbeit eines isothermen Prozesses ist unabhängig vom Wege. Durch einen ganz entsprechenden Gedankengang erhalten wir den Wert für A'_{n2}. Wir gewinnen demnach insgesamt die osmotischen Nutzarbeiten

$$A'_{n1} + A'_{n2} + A'_{n3} = R T \left(\ln \frac{c_1}{c_2} - \frac{u - v}{u + v} \ln \frac{c_1}{c_2} \right)$$

$$= R T \frac{2\,v}{u + v} \ln \frac{c_1}{c_2} = E F . \qquad [268]$$

Für den Fall n-wertiger Stromträger erhalten wir in Übereinstimmung mit unserer ersten Ableitung (Gl. [264])

$$E \, n \, F = R T \frac{2\,v}{u + v} \ln \frac{c_1}{c_2} . \qquad [269]$$

Besteht an der Grenzfläche der beiden Lösungen von vornherein kein zu berücksichtigender Potentialsprung oder wird ein bestehender nachträglich ausgeschaltet, was durch Zusatz einer starken KCl-Lösung erreicht werden kann (s. S. 165), so fällt A'_{n3} fort und es ergibt sich

$$E \, n \, F = R T \ln \frac{c_1}{c_2} . \qquad [270]$$

Die Potentialdifferenz zwischen den Polen des Elements ist offenbar gleich der Summe der Potentialdifferenzen: 1. + Elektrode/Lösung c_1 (E_1), 2. Lösung c_1/Lösung c_2 ($E_{1/2}$), 3. Lösung c_2/— Elektrode (— E_2, wenn wir mit E_2 die Potentialdifferenz—Elektrode/Lösung c_2 bezeichnen). Im Gleichgewicht gilt für jede Teil-EMK wie für das ganze Element $E \, n \, F = A'_n$, also wegen Gl. [265—267]

$$E_1 = \frac{A'_{n1}}{n\,F} = \frac{R\,T}{n\,F} \ln \frac{c_1}{C} \qquad [271]$$

$$- E_2 = \frac{A'_{n2}}{n\,F} = \frac{R\,T}{n\,F} \ln \frac{C}{c_2} \qquad [272]$$

$$E_{1/2} = \frac{A'_{n3}}{n\,F} = \frac{u - v}{u + v} \frac{R\,T}{n\,F} \ln \frac{c_2}{c_1} . \qquad [273]$$

Dies gilt für Elektrodenstoffe, die positive Ionen in Lösung senden. Bei einem Stoff, der negative Ionen abgibt, kehren sich die Vorzeichen der Gl. [271], [272] um gegenüber denen bei gleichen Konzentrationsverhältnissen zwischen c und C bei einem Stoff, der positive Ionen aufnimmt bzw. entsendet; denn statt der transportierten Elektrizitätsmenge $+ n F$ haben wir dann $- n F$ zu setzen. Im Falle nicht idealer Lösungen haben wir nach den Ausführungen S. 121 statt der Konzentrationen Aktivitäten einzusetzen. Wir schreiben dann etwa statt Gleichung [271] $E_1 = \frac{R\,T}{n\,F} \ln \frac{a_1}{a_s}$, wobei sich a_1 und a_s (Sättigungsaktivität) in unserem Beispielsfalle auf Aktivitäten von Ag· bezieht.

Manche Metallelektroden, besonders mit Platinschwamm überzogene Platinelektroden, haben die Fähigkeit, sich mit Gasen zu beladen. Sie wirken dann wie Elektroden, die aus dem betreffenden Gas bestehen, und wir können so reversible Gaselektroden erhalten. Wie die Metallelektroden Metallionen, senden die Gaselektroden Ionen des Gases in eine angrenzende Lösung. So sendet eine Wasserstoffelektrode $H^{\cdot}$ in Lösung, und zwar mit einem Lösungsdruck, der der Aktivität der Wasserstoffatome in der beladenen Elektrode proportional ist. Für diese Aktivität $[H]$ gilt nach dem Massenwirkungsgesetz wegen $H_2 = 2\,H$: $\dfrac{[H]^2}{[H_2]} = K$, $[H] = \sqrt{K[H_2]}$, worin $[H_2]$ die Aktivität der Wasserstoffmolekeln in der Elektrode ist. Wir erhalten also die Lösungstension $C \backsim [H] \backsim \sqrt{[H_2]} \backsim [H_2]^{\frac{1}{2}}$ [274] und aus der allgemeinen Gleichung $E = \dfrac{R\,T}{n\,F} \ln \dfrac{c}{C}$ im Falle der Grenzfläche einer Wasserstoffelektrode gegen eine $H^{\cdot}$ enthaltende Lösung

$$E = \frac{R\,T}{F} \ln \frac{[H^{\cdot}]}{k\,[H_2]^{\frac{1}{2}}} = \frac{R\,T}{F} \ln \frac{[H^{\cdot}]}{[H_2]^{\frac{1}{2}}} - \frac{R\,T}{F} \ln k\,. \qquad [275]$$

Indem wir das negative bei gegebenem T konstante zweite Glied gleich E_0 setzen, — wir wählen die Normaltemperatur $T - 298$ — erhalten wir

$$E = \frac{R\,T}{F} \ln \frac{[H^{\cdot}]}{[H_2]^{\frac{1}{2}}} + E^0\,. \qquad [276]$$

Die Bedeutung von E^0 ergibt sich, wenn wir $\dfrac{[H^{\cdot}]}{[H_2]^{\frac{1}{2}}} = 1$ setzen. Dann fällt der erste Summand wegen $\ln 1 = 0$ fort und es wird $E = E^0$. Es ist also E^0 das Potential einer Wasserstoffelektrode, die mit H_2 von der Aktivität 1, ungenauer ausgedrückt mit H_2 von 1 atm im Gleichgewicht steht und in eine $H^{\cdot}$-Lösung von der $H^{\cdot}$-Aktivität 1 taucht. Eine solche Elektrode bezeichnet man als „Normalwasserstoffelektrode", benutzt sie als Vergleichselektrode für die EMK anderer Systeme und setzt willkürlich ihr Potential $E^0 = 0$. Für die EMK einer Wasserstoffelektrode von der H_2-Aktivität 1 (praktisch vom Druck $p_{H_2} = 1$) gegen eine wäßrige Lösung von der Wasserstoffionenaktivität $[H^{\cdot}]$, gemessen gegen eine Normalwasserstoffelektrode ergibt sich also bei Ausschaltung des Diffusionspotentials

$$E_{H_2} - E^0 = E_{H_2} = \frac{R\,T}{F} \ln \frac{[H^{\cdot}]}{[H_2]^{\frac{1}{2}}} = \frac{R\,T}{F} \ln [H^{\cdot}]\,. \qquad [277]$$

Diese Gleichung gibt die Möglichkeit, die für die Physiologie so wichtige Bestimmung der $[H^{\cdot}]$ wäßriger Lösungen mittels

Potentialbestimmungen auszuführen. Man ersieht aus ihr ohne weiteres, daß das E_{H_2} von sauren, neutralen und alkalischen Lösungen sehr verschiedene Werte haben muß entsprechend deren verschiedener $[H^{\cdot}]$. Die Größe $-\log [H^{\cdot}] = -\log a_{H^{\cdot}} = \log \dfrac{1}{[H^{\cdot}]} = -\ln[H^{\cdot}] \cdot 0{,}4343$ wird als p_H bezeichnet.

Für eine mit Sauerstoff beladene Elektrode, die in eine OH' enthaltende Lösung taucht, erhält man eine entsprechende Formel — indem man statt $H_2 = 2\,H$ der Ableitung die Gleichung $O_2 + 2\,H_2O = 4\,OH_{neutral}$ zugrunde legt —

$$E_{O_2} = \frac{R\,T}{F} \ln \frac{[O_2]^{\frac{1}{4}}}{[O\,H']} + E^{0'}, \qquad [278]$$

wobei ' des $E^{0'}$ andeuten soll, daß es sich um eine andere Konstante handelt als um E^0 bei der Wasserstoffelektrode. $E^{0'}$ kann man wieder bestimmen, indem man $\dfrac{[O_2]^{\frac{1}{4}}}{[OH']} = 1$ macht, und zwar ergibt sich die EMK dieser Normalsauerstoffelektrode gegen die Normalwasserstoffelektrode $E^{0'} - E^0 = +\,0{,}41$ V [279]. Taucht man je eine Wasserstoff- und Sauerstoffelektrode in eine wäßrige, also $H^{\cdot}$ und OH' enthaltende Lösung, so erhält man ein Element, das als Knallgaskette bezeichnet wird. Ihre EMK E_K ist bei Ausschaltung von Diffusionspotentialen die Potentialdifferenz zwischen ihrem positiven und negativen Pol, und diese ist, da der Sauerstoffpol der positive ist, gleich der Potentialdifferenz E_{O_2} zwischen Sauerstoffelektrode und Lösung plus der Potentialdifferenz zwischen Lösung und Wasserstoffelektrode, welche $-E_{H_2}$ ist, da E_{H_2} die EMK zwischen Wasserstoffelektrode und Lösung ist. Es ist also $E_K = E_{O_2} - E_{H_2}$

$$= \frac{R\,T}{F} \left(\ln \frac{[O_2]^{\frac{1}{4}}}{[O\,H']} - \ln \frac{[H^{\cdot}]}{[H_2]^{\frac{1}{2}}} \right) + 0{,}41 \qquad [280]$$

$$= 1{,}983 \cdot 10^{-4}\,T \left(\log \frac{[O_2]^{\frac{1}{4}}\,[H_2]^{\frac{1}{2}}}{[H^{\cdot}]\,[OH']} \right) + 0{,}41$$

$$= 1{,}983 \cdot 10^{-4}\,T \left(\log [O_2]^{\frac{1}{4}}\,[H_2]^{\frac{1}{2}} - \log [H']\,[OH^{\cdot}] \right) + 0{,}41\,,$$

wobei man zur Gewinnung der Zahlenwerte für R sein elektrisches Äquivalent einzusetzen hat und zur Gewinnung der dekadischen Logarithmen mit $\ln 10 = 2{,}3$ zu multiplizieren hat. Die elektrische Energie dieser Kette wird geliefert durch die Vereinigung von Wasserstoff und Sauerstoff zu Wasser, wird also aus chemischer Energie gewonnen. Derartige Ketten werden wir noch näher behandeln, zunächst soll aber noch kurz das bereits erwähnte

Diffusionspotential erörtert werden, das sich an der Grenze zweier verschieden konzentrierter Lösungen gleicher Elektrolyte oder an der beliebig konzentrierter verschiedener Lösungen ausbildet.

Seinen Wert für den Fall der Diffusion eines binären Elektrolyten haben wir bereits bei der Berechnung der Gesamt-EMK der Konzentrationskette (Gleichung [273]) angegeben mit

$$E_{1/2} = \frac{u - v}{u + v} \frac{R\,T}{n\,F} \ln \frac{c_2}{c_1} \,. \tag{281}$$

Man ersieht aus dieser Gleichung, daß das Vorzeichen des Diffusionspotentials davon abhängt, ob das Kation oder das Anion schneller wandert. Im ersten Fall ist u — v positiv, also da $c_2 < c_1$ die verdünnte Lösung positiv gegen die konzentrierte, im zweiten Falle ist sie negativ. Auch für den Fall des Aneinandergrenzens verschiedener Elektrolyte läßt sich das Diffusionspotential berechnen. Grenzen zwei binäre Elektrolyte 1 und 2 gleicher Ionenkonzentration aneinander, so ergibt sich

$$E_{1/2} = \frac{R\,T}{n\,F} \frac{u_1 + v_2}{u_2 + v_1} \,. \tag{282}$$

Die Diffusionspotentiale in wäßrigen Lösungen sind im allgemeinen gering, einige Millivolt. Nur bei konzentrierten Säuren und Alkalien treten wegen der besonders hohen Beweglichkeit von H· und OH′ hohe Diffusionspotentiale auf. Man kann sie nahezu ausschalten, indem man dem Wasser in den verschieden konzentrierten Lösungen einen indifferenten Elektrolyten mit möglichst wenig verschiedenem u und v in hoher Konzentration zusetzt, z. B. KCl, bei dem u und v fast gleich sind. Warum ein solcher Zusatz das Diffusionspotential so stark vermindert, erkennt man am besten bei der Betrachtung der Berechnung des Diffusionspotentials, die wir für die $AgNO_3$-Konzentrationskette durchgeführt haben (S. 161, 162). Es hatte sich dort $E_{1/2}F$ gleich der osmotischen Arbeit ergeben, die beim Stromdurchgang durch die Grenzfläche geleistet wird. Durch den Zusatz erreicht man, daß die Stromleitung hauptsächlich von dem zugesetzten Elektrolyten übernommen wird. Deshalb leistet der Strom beim Fließen durch die Grenze im wesentlichen nur osmotische Arbeit beim Transport von K· und Cl′. Diese Arbeit ist aber als Differenz von zwei wegen der annähernden Gleichheit von u und v annähernd gleichen Arbeiten nahezu 0, demnach ist auch das Diffusionspotential nahezu 0.

Bei den Diffusionspotentialen wie bei den Gaselektroden haben wir Fälle kennengelernt, bei denen der Sitz einer EMK nicht die

Grenzfläche Metall/Lösung ist, sondern eine nichtmetallische Grenzfläche ist. Es läßt sich zeigen, daß dies kein Sonderfall ist, sondern daß ganz allgemein an der Grenze zweier Phasen eine elektrische Phasengrenzkraft auftreten wird. Alle Moleküle sind aus positiv und negativ geladenen Teilchen aufgebaut. Ferner verläuft nach der kinetischen Theorie der Materie jede Reaktion also auch die Bildung neutraler Moleküle aus den geladenen Bestandteilen nach beiden Richtungen und infolgedessen niemals bis zum völligen Verschwinden aller geladenen Teilchen. Wir dürfen deshalb annehmen, daß in jeder Phase mindestens eine sehr kleine Anzahl positiv und negativ geladener Teilchen vorhanden ist. Bringt man eine Phase mit einer anderen in Berührung, so werden die in der Grenzschicht befindlichen Teilchen sich auf beide Phasen zu verteilen suchen, und zwar wird dies jede Sorte geladener Teilchen entsprechend ihrer spezifischen chemischen Natur tun. Demnach werden im allgemeinen die positiven Teilchen einer Phase in einem anderen Verhältnis auf die zweite Phase überzugehen suchen als die negativen, also z. B. verhältnismäßig mehr positive Teilchen als negative von der ersten in die zweite übertreten. Dadurch wird die zweite Phase gegen die erste geladen, in unserem Beispiel positiv. Es entsteht eine elektrische Phasengrenzkraft, eben die, deren Auftreten gezeigt werden sollte. Die elektrostatische Anziehung der entgegengesetzten Elektrizitäten wirkt dem Fortschreiten des Verteilungsprozesses entgegen, und es wird sich ein Gleichgewichtszustand einstellen, bei dem die elektrische Phasengrenzkraft gerade dem aus den verschiedenen Verteilungskoeffizienten positiv und negativ geladener Teilchen entstehenden Trennungsbestreben der Teilchen die Waage hält. Die Erkenntnis von der Allgemeinheit des Auftretens elektrischer Phasengrenzkräfte ist deshalb von so großem Interesse für die Biologie, weil ja im Organismus durch steten Wechsel von wäßrigen Lösungen und Plasmamembranen, allgemeiner durch die zahlreichen Phasengrenzflächen seines kolloiden Systems, auch ein entsprechendes Auftreten von elektrischen Phasengrenzkräften gegeben sein muß. Es sollen deshalb noch an einigen speziellen Beispielen derartige elektromotorische Phasengrenzkräfte an Membranen berechnet werden.

Wir beginnen mit Membranen aus Glas, die zuerst von CREMER[1] zur Erzeugung elektrischer Ketten benutzt wurden, dann vor allem

---

[1] Betreffs Literaturangaben für dieses Kapitel sei auf K. STERN, Elektrophysiologie der Pflanzen, Berlin 1924, verwiesen.

von HABER und KLEMENSIEWICZ. Die Glasmembran, die etwas in Wasser quillt, faßt HABER als eine Phase auf, in der nicht nur wie in Wasser das Produkt $[H^\cdot][OH']$ = konst, sondern auch einzeln $[H^\cdot]$ = konst, $[OH']$ = konst sein soll. Sie verhält sich also nach dieser Anschauung, von der sich übrigens die Deutung neuerer Untersucher wesentlich unterscheidet, wie eine Wasserstoffelektrode von konstantem Lösungsdruck und wir erhalten den Potentialsprung zwischen ihr und einer angrenzenden wäßrigen Lösung I, deren Wasserstoffionenkonzentration mit $[H^\cdot]_I$ bezeichnet sei

$$E_1 = \frac{R\,T}{F}\ln\frac{[H^\cdot]_I}{C_{Gl}}, \qquad [283]$$

wobei mit C_{Gl} die Lösungstension der Glasmembran für $H^\cdot$ bezeichnet sei. Trennt die Glasmembran die Lösung I von einer wäßrigen Lösung II mit der Wasserstoffionenkonzentration $[H^\cdot]_{II}$ so ist der Potentialsprung Glasmembran gegen letztere Lösung

$$E_2 = \frac{R\,T}{F}\ln\frac{[H^\cdot]_{II}}{C_{Gl}}. \qquad [284]$$

Leiten wir mittels $\frac{n}{1}$ KCl Kalomelelektroden von den beiden Lösungen ab, so erhalten wir eine Kette

Elektrode / Lösung I / Glas / Lösung II / Elektrode.

Da die Potentialsprünge an den Kalomelelektroden entgegengesetzt gleich sind, heben sie sich weg, die Diffusionspotentiale der Elektrodenflüssigkeiten gegen die Lösungen I und II können wir vernachlässigen, da sie wegen der Verwendung von $\frac{n}{1}$ KCl minimal sind. Es ist also die EMK der Kette

$$E = -E_1 + E_2 = \frac{R\,T}{F}\ln\frac{[H^\cdot]_{II}}{[H^\cdot]_I}. \qquad [285]$$

E ist positiv, d. h. die an Lösung I grenzende Kalomelelektrode positiv gegen die an Lösung II grenzende, wenn $[H^\cdot]_{II} > [H^\cdot_I]$, wenn z. B. $[H^\cdot]_I$ alkalisch, $[H^\cdot]_{II}$ sauer ist. Es wird also eine saure Lösung, die an die Membran grenzt, galvanometrisch negativ gegen eine schwächer saure oder alkalische. Wir können im Falle alkalischer und saurer Lösungen demnach auch schreiben

$$E = \frac{R\,T}{F}\ln\frac{[H^\cdot]_s}{[H^\cdot]_a}, \qquad [286]$$

wenn mit $[H^\cdot]_s$ bzw. $[H^\cdot]_a$ die $[H]$ der sauren bzw. alkalischen Lösung bezeichnet wird und mit E die Potentialdifferenz: + Pol minus — Pol.

LOEB und BEUTNER verwendeten an Stelle von Glasmembranen Ölmembranen, um Membranen zu untersuchen, die besser den biologischen Verhältnissen entsprechen sollten als Glasmembranen. Die elektrischen Phasengrenzkräfte an der Phasengrenze Wasser/Öl lassen sich z. B. in folgendem Falle leicht berechnen. Gegeben sei eine Kette

$$\text{Metall} / \text{Metallsalz gelöst in Wasser} / \text{Metallsalz gelöst in Öl} / \text{Metall,}$$
$$\overset{\rightarrow}{\text{I}} \qquad\qquad \overset{\rightarrow}{\text{III}} \qquad\qquad \overset{\leftarrow}{\text{II}}$$

Nachdem sich das Verteilungsgleichgewicht des Salzes zwischen Wasser- und Ölphase eingestellt hat, muß die EMK der ganzen Kette gleich 0 sein; denn trotz der verschiedenen Konzentrationen, die das Salz offenbar in Wasser und Öl haben wird, kann keine osmotische Energie durch Konzentrationsausgleich gewonnen werden, da voraussetzungsgemäß Gleichgewicht zwischen beiden Lösungen herrscht, und demnach mangels Energiequelle kein Strom durch die Kette erzeugt werden kann. Es muß also für die drei elektromotorischen Kräfte der Kette gelten

$$\text{I} + \text{III} - \text{II} = 0, \; - \text{III} = \text{I} - \text{II}, \qquad [287]$$

d. h. die Phasengrenzkraft muß entgegengesetzt gleich sein der Differenz der Elektrodenpotentiale. Diese sind nach NERNST

$$\text{I} = \frac{R\,T}{n\,F} \ln \frac{c_1}{C_1}, \quad \text{II} = \frac{R\,T}{n\,F} \ln \frac{c_2}{C_2}, \qquad [288]$$

wenn c_1 bzw. c_2 die Konzentrationen des Metallions in Wasser bzw. Öl, C_1 bzw. C_2 die Lösungstension des Metalls gegenüber Wasser bzw. Öl bedeuten. Also ist die zu berechnende Phasengrenzkraft

$$\text{III} = \frac{R\,T}{n\,F} \ln \frac{c_2}{c_1} \text{ konst, worin konst} = \frac{C_1}{C_2}. \qquad [289]$$

Für eine Kette, die für Anionen, z. B. Cl′ reversibel ist, statt wie die angegebene für Kationen (Metallionen), erhält man wegen des umgekehrten Vorzeichens der Ladungen

$$\text{III} = \frac{R\,T}{n\,F} \ln \frac{c_1}{c_2} \text{ konst}', \text{ worin konst}' = \frac{C_2}{C_1}. \qquad [290]$$

Anstatt dieser stromlosen Kette erhält man stromgebende Ölketten, wenn man z. B. ein Öl zwischen zwei Lösungen verschiedener K-Salze gleicher Konzentration schaltet. Von den Lösungen werde mit unpolarisierbaren Elektroden unter Vermeidung eines Diffusionspotentials zwischen Lösung und Ableitungsflüssigkeit abgeleitet. Haben wir die Kette

$$\frac{n}{10}\,KNO_3 \,/\, \ddot{O}l \,/\, \frac{n}{10}\,KCl \,,$$

so erkennt man, daß die Potentialdifferenzen Öl/KNO_3 und Öl/KCl verschieden sein werden, wenn, wie es die thermodynamische Theorie verlangt, die Potentialdifferenz zwischen zwei Phasen von den Verteilungskoeffizienten ihrer Ionen auf die zwei Phasen abhängt; denn die Verteilungskoeffizienten zweier verschiedener Ionen, in unserem Falle NO_3' und Cl', werden im allgemeinen nicht gleich sein. Außerdem wird auch ein Diffusionspotential im Öl auftreten, jedoch gelang es Büchi[1] und Cremer[2] nachzuweisen, daß auch bei Ausschaltung eines derartigen Diffusionspotentials solche stromgebenden Ölketten mit diphasischen Verteilungspotentialen zustande kommen. Indes nicht nur bei Verwendung verschiedener Salze, sondern auch, wenn ein und dasselbe Salz sich rechts und links von Öl in verschiedener Konzentration befindet, erhält man stromgebende Ketten, den sog. „Konzentrationseffekt".

Dieser Befund frappiert im ersten Augenblick, weil man nach dem Nernstschen Verteilungssatz annehmen sollte, daß das Verteilungsverhältnis von Kat- und Anionen desselben Salzes auf zwei Phasen unabhängig von der Konzentration wäre, so daß sich die durch das gleiche Verteilungsverhaltnis bedingten gleichen Verteilungspotentiale gegeneinander aufheben müßten. Indes zeigt die experimentelle Untersuchung wie theorctische Betrachtung, daß bei der Verteilung von Elektrolyten auf zwei Phasen Abweichungen vom Verhalten gemäß dem Nernstschen Satz auftreten, und zwar wies besonders Cremer[3] darauf hin, daß gerade bei sehr niedrigen Salzkonzentrationen die Kat- und Anionen verhältnismäßig gut dem Verteilungsverhältnis folgen können, das ihrer spezifischen Natur entspricht, ohne daß sie durch gegenelektromotorische Kräfte daran gehindert werden, wenn Ionen des Lösungsmittels, z. B. H· und OH′, den Elektroneutralitätsausgleich besorgen, indem z. B. die vor der Verteilung neutrale Lösung schwach sauer oder alkalisch wird.

Die Versuche von Beutner wurden von Höber und Mitarbeitern (Matsuo, Mond, Deutsch[4]) nach der Richtung erweitert, daß

---

[1] Büchi: Z. Elektrochem. **30**, 443 (1924).

[2] Cremer, M.: Handbuch der allgemeinen Physiologie, Bd. 8, 2, S. 999. (1928).

[3] Cremer, M.: ibid.

[4] Literatur bei Höber, R.: Physikalische Chemie der Zelle. Leipzig 1926.

sie Eiweißsubstanzen als „Öl" verwendeten und dadurch eine noch
bessere Übereinstimmung des Verhaltens der konstruierten Ketten
mit dem Verhalten im Organismus fanden. Bedeuten diese Versuche vom physiologischen Standpunkt aus auch einen Fortschritt,
so bedingen sie doch vom physikalischen eine Komplizierung
gegenüber denjenigen Versuchen Beutners, in denen er mit einer
einfachen Ölphase arbeitete; denn die in diesen Versuchen verwendeten Eiweißsubstanzen sind zweifellos mikroheterogen. Potentialdifferenzen an derartigen mikroheterogenen Systemen bezeichnet
man als Membranpotentiale. Sie können auf sehr verschiedene
Weise zustande kommen. Man kann sich ebensogut Membranen
ausdenken, bei denen die auftretenden Potentialsprünge gegen
wäßrige Elektrolytlösungen im wesentlichen monophasische Diffusionspotentiale sind, wie Membranen, deren Potentialsprünge im
wesentlichen diphasische Verteilungspotentiale sind, wie Membranen, bei denen beide Arten Potentiale am Gesamtpotential-
sprung einen starken Anteil haben, und Membranen, an denen
noch andere Momente bedingend für die Ausbildung der auftretenden Potentialdifferenzen sind, seien es Momente chemischer
Natur oder struktureller Art oder elektrische Momente, wie die
später zu besprechenden Membranströme. Ja man erkennt, daß
selbst bei einer Membran, z. B. einer Kollodiummembran je nach
ihrem Wassergehalt die verschiedenen möglichen Momente in
verschiedenem Ausmaße beteiligt sein können, entsprechend dem
verschiedenen prozentischen Anteil der Komponenten und entsprechend der verschiedenen Struktur der Membran. Dabei haben
wir unter Verteilungspotentialen bereits diejenigen einbegriffen,
die durch Adsorption von Ionen entstehen, da man ja die Grenzfläche auch als eine besondere Phase mit besonderen Verteilungskoeffizienten auffassen kann. Derartige Membranpotentiale sind
auch die biologischen Potentialdifferenzen, aber gerade das eben
Gesagte zeigt, daß damit über ihre physikalische Natur noch nichts
entschieden ist; denn dafür kommt es eben darauf an, was für
Membranen vorliegen. Diese Frage kann nur dadurch geklärt
werden, daß systematisch die verschiedenen möglichen Membranpotentiale experimentell geklärt werden und an Hand der biologischen Erfahrung nachgeprüft wird, welchen Typen von experimentell hergestellten Membranpotentialen die biologischen entsprechen. Bei der Mannigfaltigkeit der organischen Gestaltung
ist es wahrscheinlich, daß die Zurückführung aller biologischen

Potentiale auf einen einzigen Typ von Membranpotentialen überhaupt nicht gelingen wird.

Von den zahlreichen untersuchten Arten von Membranpotentialen kommen für unsere Betrachtung nur solche in Betracht, die thermodynamischer Betrachtung zugänglich sind. Da sind in erster Linie die Donnanpotentiale (statische Membranpotentiale) zu erwähnen. Wir denken uns rechts von einer Membran eine wäßrige Lösung von NaCl, links die wäßrige Lösung eines dissoziierenden kolloiden Na-Salzes. Der Ionenradius des kolloiden Anions R' und des undissoziierten Salzes sei so groß, daß diese durch die Membran nicht hindurchdiffundieren können, auch sollen sie in der Membran unlöslich sein. Für alle anderen Ionen und Moleküle sei die Membran permeabel. Dann wird NaCl durch die Membran nach links diffundieren und wir erhalten ein Ionengleichgewicht folgender Art

$$
\begin{array}{c|c}
\text{Na·} & \text{Na·} \\
\text{R'} & \\
\text{Cl'} & \text{Cl'} \\
1 & 2
\end{array}
$$

Denken wir uns in diesem Gleichgewichtszustand δn Mole NaCl von 2 nach 1 isotherm und reversibel überführt, so muß wegen Gleichung [107] die Nutzarbeit hierbei 0 sein. Es muß also sein

$$\delta n\,R\,T\ln\frac{[\text{Na·}]_2}{[\text{Na·}]_1} + \delta n\,R\,T\ln\frac{[\text{Cl'}]_2}{[\text{Cl'}]_1} = 0\,. \qquad [291]$$

$[\text{Na·}]_2\,[\text{Cl'}]_2 = [\text{Na·}]_1\,[\text{Cl'}]_1$ [291a], wobei die eckigen Klammern die Aktivitäten bzw. bei idealem Verhalten die Konzentrationen ausdrücken sollen.

Eine elektrische Arbeit wird hierbei insgesamt nicht geleistet, auch wenn eine Potentialdifferenz zwischen beiden Lösungen besteht, da ebensoviel positive wie negative Ladungen in gleicher Richtung transportiert werden. Mit Hilfe von Gl. [291] kann man die Gleichgewichtskonzentrationen der einzelnen Ionen rechts und links von der Membran berechnen, die sich einstellen, wenn man von verschiedenen Ausgangskonzentrationen der NaCl und NaR ausgeht. Dabei ergibt sich, daß bei genügend hoher Konzentration der NaR die Diffusion des an sich permeierfähigen NaCl durch die Membran außerordentlich stark gehemmt wird, daß das NaR das NaCl am Eindringen in die Membran hindert, so daß es im Gleichgewicht außen in viel höherer Konzentration als innerhalb der

Membran sich vorfindet. Indes nicht diese Erscheinung, auf die wir noch zurückkommen, ist hier für uns wesentlich, sondern der Umstand, daß an der Membran ein Potentialsprung auftreten muß. Denkt man sich eine unendlich kleine Variation in dem System vorgenommen, indem man δn Mole $Na^\cdot$ von 2 nach 1 bringt, so beträgt die Abnahme von G, die der Abnahme des osmotischen. Potentials entspricht, wegen Gleichung [199a] $\delta n\, R\, T \ln \frac{[Na^\cdot]_2}{[Na^\cdot]_1}$ Dieser Abnahme muß, da im Gleichgewicht G im Minimum ist, eine Zunahme der arbeitsfähigen elektrischen Energie entsprechen, die, da die positive Ladung $\delta n\, F$ vom Potential der Lösung 2 auf das Potential der Lösung 1 gebracht worden ist, $E \delta n\, F$ beträgt, wenn E die Potentialdifferenz zwischen 1 und 2 darstellt. Also ist

$$E = \frac{R\,T}{F} \ln \frac{[Na^\cdot]_2}{[Na^\cdot]_1} .$$ [292]

Aus dieser Gleichung ergibt sich, wenn wir verallgemeinern, bei vereinfachenden Annahmen (vollständige Dissoziation in einwertige Ionen, gleiche Volumina von 1 und 2), wie hier nicht bewiesen wird,

$$E = \frac{R\,T}{F} \ln \left(1 + \frac{c_1}{c_2}\right),$$

worin c_1 bzw. c_2 die Konzentrationen des Kolloidelektrolyten bzw. des Salzes vor Einstellung des Gleichgewichtes bedeuten. Ist $\frac{c_1}{c_2}$ groß, so wird $\ln\left(1 + \frac{c_1}{c_2}\right) \lessgtr \ln \frac{c_1}{c_2}$ und E erhält beträchtliche Werte, z. B. für $\frac{c_1}{c_2} = 100$ 0,116 Volt. Ist $\frac{c_1}{c_2}$ sehr klein, so ist wegen $\ln(1 + x) = \frac{x}{1} - \frac{x^2}{2} \dots$ auch E sehr klein.

Eine weitere Folgerung aus Gleichung [292] ist folgende: Denken wir uns statt des $Na^\cdot$ ein Gemisch permeierfähiger Kationen, z. B. $Na^\cdot$, $K^\cdot$, $Ca^{\cdot\cdot}$, $Mg^{\cdot\cdot}$ zu beiden Seiten der Membran vorhanden, so muß, da nach Einstellung des Gleichgewichts eine bestimmte Potentialdifferenz E zwischen den beiden Lösungen bestehen muß, Gl. [292] für jedes einwertige Kation des Gemisches gelten, für jedes zweiwertige, z. B. $Ca^{\cdot\cdot}$, ergibt sich, da beim Transport der gleichen Molzahl die doppelte elektrische Arbeit geleistet wird wie bei einwertigen Ionen

$$E = \frac{R\,T}{F} \ln \frac{([Ca^{\cdot\cdot}]^{\frac{1}{2}})_2}{([Ca^{\cdot\cdot}]^{\frac{1}{2}})_1} .$$ [293]

Daraus folgt

$$\frac{[\mathrm{Na}^{\cdot}]_2}{[\mathrm{Na}^{\cdot}]_1} = \frac{[\mathrm{K}^{\cdot}]_2}{[\mathrm{K}^{\cdot}]_1} = \frac{([\mathrm{Ca}^{\cdot\cdot}]^{\frac{1}{2}})_2}{([\mathrm{Ca}^{\cdot\cdot}]^{\frac{1}{2}})_1} = \frac{([\mathrm{Mg}^{\cdot\cdot}]^{\frac{1}{2}})_2}{([\mathrm{Mg}^{\cdot\cdot}]^{\frac{1}{2}})_1} \qquad [294]$$

und wegen Gl. [291] gilt eine ganz entsprechende Gleichung nur mit vertauschten Indizes für die permeierfähigen Anionen. Die Erfüllung oder Nichterfüllung dieser Gleichung kann bei Gegebensein der notwendigen Voraussetzungen ein Kriterium dafür bilden, ob in einem speziellen Falle im Organismus ein Donnangleichgewicht mehr oder weniger angenähert realisiert ist oder nicht.

Bei den bisher betrachteten Potentialen war die Ursache der EMK die durch die Größe des Kolloidions verursachte Impermeabilität der Membran für dieses und für die Moleküle, an deren Aufbau das Kolloidion beteiligt ist. Derartige Fälle bezeichnet man als Donnanpotentiale. DONNAN selbst wies bereits darauf hin, daß die Impermeabilität einer Membran für ein Ion, die Permeabilität für andere zu entsprechenden Erscheinungen führen müsse, auch wenn die Impermeabilität eine andere Ursache hat. COLLANDER [1], MICHAELIS [2] u. a. haben durch Diffusionsversuche nachgewiesen, daß es Membranen gibt, die speziell kationen- oder anionenpermeabel sind, und daß diese Impermeabilität nicht durch zu großen Ionendurchmesser, sondern durch die elektrische Ladung der Membran bedingt ist. Diese Ladung rührt von dem Phasengrenzpotential her, das jede Membran wie jede homogene Phase gegen eine andere Phase besitzt, wobei der Verlauf des Potentialsprungs durch Adsorption von Ionen beeinflußt wird. Darauf kommen wir noch zurück. Hier sei nur erwähnt, daß es bei manchen dieser Membranen gelingt, durch Zusatz von Ionen zu der wäßrigen Phase, in die die Membranen tauchen, die Richtung des Potentialsprungs zu ändern, also durch Zusatz von positiven Ionen eine ursprünglich negativ gegen Wasser geladene Membran zu positivieren.

War die Membran vorher nur kationenpermeabel, so wird sie nach der Umladung anionenpermeabel und für Kationen impermeabel. Kationenpermeabel sind z. B. die von MICHAELIS und Mitarbeitern eingehend studierten Kollodiummembranen (nach bestimmter Behandlung). Trennt man durch eine solche Membran zwei verschieden konzentrierte Lösungen eines Elektrolyten, z. B.

---

[1] COLLANDER, R.: Kolloidchem. Beih. **20**, 273 (1925).
[2] MICHAELIS, L.: Naturwiss. **14**, 33 (1926).

HCl, so erhält man hohe Potentialdifferenzen. Die verdünnte Lösung wird dabei stets positiv. In Übereinstimmung mit der durch Diffusionsversuche nachgewiesenen Impermeabilität der Membran für Cl' ergeben sich für die Potentialdifferenzen dann die mit der Beobachtung übereinstimmenden Werte rechnerisch, wenn sie nach der Gl. [281] für das Diffusionspotential eines binären einwertigen Elektrolyten $E = RT \dfrac{u' - v'}{u' + v'} \ln \dfrac{c_2}{c_1}$ [295], berechnet werden (u' und v' Wanderungsgeschwindigkeiten von Kation und Anion in der Membran), unter der Annahme, daß $v' = 0$. Unter dieser Annahme geht, wie man erkennt, unsere Formel in die des Donnanpotentials Gleichung [292] über. Ist $v' = 0$, so findet ja praktisch keine Elektrolytdiffusion statt, und das gemessene Potential ist ein statisches. Haben dagegen u' und v' positive Werte, so tritt zwar auch ein Membranpotential auf, sofern u' und v' von u und v, den Wanderungsgeschwindigkeiten in den an die Membran grenzenden Lösungen, verschieden sind, aber, da nunmehr Diffusion stattfinden kann, ist das auftretende Potential ein dynamisches Membranpotential (SÖLLNER[1]), das mit dem Fortschritt des Ausgleichs der Konzentrationsdifferenz zwischen beiden Lösungen abnimmt. Denken wir uns eine solche Membran in einer Kette

$$\tfrac{n}{10}\ \text{KCl-Elektrode} \,/\, \tfrac{n}{10}\ \text{KCl} \,/\, \text{Membran} \,/\, \tfrac{n}{100}\ \text{KCl} \,/\, \tfrac{n}{10}\ \text{KCl-Elektrode}\,.$$
$$\quad\text{I}\qquad\quad\text{II}\qquad\qquad\text{III}\qquad\quad\text{IV}$$

Für die Berechnung der EMK brauchen die Potentialsprünge bei I und IV wegen der gleichen Wanderungsgeschwindigkeit von K· und Cl' nicht berücksichtigt zu werden, die Potentialsprünge bei II und III nicht, wenn der Elektrolyt dem NERNSTschen Verteilungssatz folgt, weil in diesem Falle nach S. 168, 169 bei II und III entgegengesetzt gerichtete gleiche Potentialsprünge auftreten und sich kompensieren. Es bleibt also nur ein monophasischer Potentialsprung in der Membran, der dadurch verursacht ist, daß innerhalb der Membran die KCl-Konzentration von links nach rechts ständig abnimmt, und für den offenbar die Gleichung [295] für das Diffusionspotential anzuwenden ist. Daraus ergeben sich auch der Beweis und die Bedingungen für die Anwendbarkeit dieser Formel im Falle $v' = 0$. Auf diese Verhältnisse und die an solchen Membranen auftretenden Kreisströme wird im biologischen Teil noch näher eingegangen.

---

[1] SÖLLNER, K.: Z. Elektrochem. **36**, 36, 234 (1930).

Außer aus osmotischer Energie können wir in galvanischen Elementen elektrische Energie reversibel aus chemischer gewinnen. Ein solches reversibles chemisches Element ist das DANIELL-Element. Es besteht aus Cu in Kupfersulfatlösung getrennt durch eine Tonzelle von Zn in Zinksulfatlösung. Verbinden wir den Zn-mit dem Cu-Pol durch einen Draht, so erhalten wir einen Strom, der im Draht vom Cu zum Zn fließt, in der Flüssigkeit in umgekehrter Richtung. Die elektrische Energie dieses Stromes wird geliefert von der arbeitsfähigen Energie des sich im Element beim Stromfluß abspielenden chemischen - Prozesses. Dieser Prozeß besteht darin, daß Zn am Zinkpol aufgelöst und eine dem aufgelösten Zn äquivalente Menge $Cu^{..}$ am Kupferpol niedergeschlagen wird, also darin, daß sich die Reaktion

$$Zn + Cu^{..} = Cu + Zn^{..}$$

abspielt. Verbindet man den $+$ bzw. $-$ Pol des Elementes mit dem $+$ bzw. $-$ Pol einer Außenleitung, wobei man die angelegte elektromotorische Gegenkraft allmählich ansteigen läßt, so erzeugt man im Element einen seinem Entladungsstrom entgegengerichteten Stromfluß, und der chemische Prozeß im Element verläuft immer langsamer. Hat die Gegen-EMK den Wert der EMK des Elementes erreicht, so herrscht Gleichgewicht, der Prozeß verläuft nur noch unendlich langsam, und bei weiterer Steigerung der Gegenspannung verläuft er im umgekehrten Sinne, es wird Cu aufgelöst und $Zn^{..}$ niedergeschlagen. EnF, worin E die EMK bei unendlich langsamem Ablauf ist, stellt also die elektrische Arbeit des DANIELL-Elementes bei reversiblem Umsatz von nF Äquivalenten dar, und, da $Cu^{..}$ und $Zn^{..}$ zweiwertig sind, $2EF$ die elektrische Arbeit bei molarem Umsatz. Da andere Arbeiten außer der elektrischen nicht in merklichem Maße geleistet werden, und die maximale Nutzarbeit einer Reaktion nach dem zweiten Hauptsatz unabhängig vom Wege ist, so ist $2EF$ gleich der maximalen Nutzarbeit der chemischen Reaktion im Element bei molarem Umsatz. Gelingt es, diese zu messen oder zu berechnen, so kann man die EMK berechnen, mißt man die EMK, so kann man die maximale Nutzarbeit der im reversiblen Element sich abspielenden Reaktion berechnen. Da die maximale Nutzarbeit einer chemischen Reaktion nach Gleichung [227] im engen Zusammenhang mit deren Gleichgewichtskonstanten bei ihr steht, so kann man aus Messungen der EMK die Gleichgewichtskonstanten chemischer Reaktionen bestimmen, vorausgesetzt, wie nochmals betont sei, daß die Ketten wirklich reversibel arbeiten. Für das DANIELL-Element, dessen Reaktion wir mit $Cu^{..} + Zn = Zn^{..} + Cu$ angegeben hatten, gilt nach Gl. [227] bei $P = 1$ und 25^0, wenn die eckigen Klammern die Aktivitäten bezeichnen, da [Cu] und [Zn] nach S. 142 gleich 1,

$$E\, n\, F = A'_n = R\, T \ln \frac{[Cu^{..}]}{[Zn^{..}]} + R\, T \ln K_c , \qquad [296]$$

folglich

$$E = \frac{R\, T}{2 \cdot 96\,494} \left(\ln \frac{[Cu^{..}]}{[Zn^{..}]} + \ln K_c \right). \qquad [297]$$

Für den Fall, daß die $Cu^{..}$ und $Zn^{..}$ in der Aktivität 1, im Standardzustand vorliegen, ergibt sich $\ln \frac{[Cu^{..}]}{[Zn^{..}]} = 0$, also

$$E^0 = \frac{8{,}3 \cdot 298}{2 \cdot 96\,494} \ln K_c . \qquad [298]$$

Da die Messung für diesen Fall $E^0 = 1{,}10$ V ergibt, ist

$$\ln K_c = \frac{2 \cdot 96\,494 \cdot 1{,}1}{8{,}3 \cdot 298} = 85{,}6$$

$$\log K_c = \frac{85{,}6}{2{,}3} = 37 \,, K_c = 10^{37}.$$

Das bedeutet also, daß sich Gleichgewicht erst einstellt, wenn $\frac{[Zn^{..}]}{[Cu^{..}]} = 10^{37}$ ist. Im Gleichgewicht ist also die Konzentration der $Cu^{..}$ so klein geworden, daß sie experimentell nicht mehr bestimmbar ist. Aus Gleichung [296] und [298] ergibt sich für die elektrische Energie von DANIELL-Elementen beliebiger Anfangsaktivitäten bei molarem Umsatz

$$A'_n = 2\, F\, E = R\, T \ln \frac{[Cu^{..}]}{[Zn^{..}]} + 2 \cdot 96\,494\, E^0 . \qquad [299]$$

Vermindert man durch Hinzufügen von KCN, das vor allem mit $Cu^{..}$ Komplexverbindungen erzeugt, die Cu-Konzentration so stark, daß die rechte Seite von Gleichung [299] einen negativen Wert erhält, so muß auch die linke negativ werden, d. h. die EMK das Vorzeichen wechseln. Das Element arbeitet nunmehr in dem Sinne, daß $Cu^{..}$ gebildet und $Zn^{..}$ niedergeschlagen werden.

Die Vorgänge, die sich an Kathode bzw. Anode abspielen, können wir vom chemischen Standpunkte aus als Reduktionen bzw. Oxydationen ansehen; denn als Reduktionen bzw. Oxydationen bezeichnet man nicht nur Sauerstoffabgabe oder Wasserstoffaufnahme bzw. Sauerstoffaufnahme oder Wasserstoffabgabe, sondern im weitesten Sinne Aufnahme bzw. Abgabe negativer Ladungen e (Elektronen), wie etwa den Übergang von Ferri- in

Ferroionen bzw. von Ferro- in Ferriionen (Fe$^{...}$ + e → Fe$^{..}$ bzw. Fe$^{..}$ → Fe$^{...}$ + e). Eine solche Aufnahme von negativen Ladungen findet aber an der Kathode statt, eine Abgabe an der Anode. Im Beispiel des DANIELL-Elementes haben wir an der Kathode die Reaktion Cu$^{..}$ + 2 e → Cu, an der Anode die Reaktion Zn → Zn$^{..}$ + 2 e. In anderen Fällen äußert sich dieser Ladungsaustausch nicht in der Bildung bzw. Entladung von Kationen, sondern es werden an der Kathode Anionen gebildet, während an der Anode Anionen in den neutralen Zustand übergehen oder es kommt nur zu Wertigkeitsänderungen der Ionen an den Elektroden. Haben wir also zunächst allgemein ausgesprochen, daß die EMK reversibler chemischer Ketten uns die Berechnung der maximalen Nutzarbeit des stattfindenden chemischen Prozesses ermöglicht, so können wir auch den spezielleren Schluß ziehen, daß sie uns die oxydierende bzw. reduzierende Kraft chemischer Reaktionen zu messen gestattet; denn, indem wir der reversiblen chemischen Kette eine EMK entgegenschalten, die die ihre gerade kompensiert, kompensieren wir ja ihre oxydierende bzw. reduzierende Kraft, während jede Verringerung der elektromotorischen Gegenkraft der chemischen Kraft Übergewicht verleiht und die Bedingungen dafür schafft, daß der Oxydo-Reduktionsprozeß mit endlicher Geschwindigkeit ablaufen kann. Derartige Oxydo-Reduktionspotentiale, Potentiale, die die oxydierende und reduzierende Kraft chemischer Reaktionen messen, bestimmt man in der Regel nicht an Elektroden, die die Ionen dieser Substanzen aufnehmen bzw. abgeben, also für diese Ionen reversibel sind, sondern an Goldoder Platinelektroden, deren reversibles Funktionieren gegenüber den gelösten oxydierenden und reduzierenden Substanzen man sich dadurch zustande kommend denken kann, daß sie in reversiblen Elektronenaustausch mit ihnen treten. Man bezeichnet sie als indifferente Elektroden.

Reduzierend wirkt z. B. Fe$^{..}$, indem es 1 Elektron abgibt gemäß der Gleichung [300]: Fe$^{..}$ = Fe$^{...}$ + e, reduzierend wirkt der Wasserstoff, indem er nach der Gleichung [301]: H$_2$ = 2 H = 2 H$^{.}$ + 2 e 2 Elektronen abgibt. Die Reduktion besteht dann in der Aufnahme des Elektrons durch den Stoff, der reduziert wird. Oxydierend wirkt umgekehrt Fe$^{...}$, indem es Elektronen wegfängt nach der Gleichung [302]: Fe$^{...}$ + e = Fe$^{..}$ oder Sauerstoff, indem er Elektronen aufnimmt nach der Gleichung [303]: $\frac{1}{4}O_2$ + $\frac{1}{2}H_2O$ + e = OH′. Jede Lösung eines oxydierenden bzw. reduzierenden

Stoffes wird auch mindestens Spuren der reduzierten bzw. oxydierten Stufe des Stoffes enthalten, und in jeder wäßrigen Lösung, die oxydierende und reduzierende Stoffe enthält, wird eine bestimmte Elektronenaktivität herrschen, die ceteris paribus mit der Stärke und Menge des Reduktionsmittels wächst, mit der des Oxydationsmittels fällt. Andererseits schreibt man auch jedem Metall nicht nur einen bestimmten Lösungsdruck für Ionen, sondern auch für Elektronen zu, und dementsprechend eine bestimmte Elektronensättigungskonzentration C_e. Taucht man also in zwei miteinander in Berührung stehende Lösungen, von denen die eine einen oxydierenden, die andere einen reduzierenden Stoff enthält — genauer ausgedrückt in zwei Lösungen, die verschiedene Gemische von oxydierenden und reduzierenden Substanzen enthalten — je einen Platindraht, so erhält man Verhältnisse, die ganz denen der $\mathrm{Ag\cdot}$-Konzentrationskette entsprechen, nur daß wir hier eine Elektronenkonzentrationskette vor uns haben. Solange die Kette offen ist, wird sich chemisches Gleichgewicht in den Lösungen nicht einstellen können; denn, wie in der offenen $\mathrm{Ag\cdot}$-Konzentrationskette das Niederschlagen von $\mathrm{Ag\cdot}$ auf der Elektrode elektromotorische Gegenkräfte hervorruft, die das Fortschreiten des Prozesses hindern, so werden hier durch das Auftreten freier Elektronen elektromotorische Gegenkräfte erzeugt, die den Fortgang der Reaktion in der Richtung auf das Gleichgewicht hemmen. Deshalb wird sich an jeder Grenzfläche Elektrode/Lösung eine Potentialdifferenz einstellen (s. S. 162), die wegen der negativen Ladung des Elektrons

$$E = -\frac{RT}{F} \ln \frac{c_e}{C_e} = \frac{RT}{F} \ln \frac{C_e}{c_e}\,, \quad \text{allgemeiner } E = \frac{RT}{F} \ln \frac{(a_e)_s}{a_e} \quad [304]$$

$[(a_e)_s = $ Sättigungsaktivität der Ionen$]$. Ist die eine Lösung z. B. ein Gemisch von $\mathrm{Fe^{\cdot\cdot}}$ und $\mathrm{Fe^{\cdot\cdot\cdot}}$, so wird $a_e = k\, \dfrac{[\mathrm{Fe^{\cdot\cdot}}]}{[\mathrm{Fe^{\cdot\cdot\cdot}}]}$, da ja die Elektronenaktivität der Aktivität der reduzierenden Stufe direkt, der der oxydierenden Stufe indirekt proportional ist (für die Aktivität verwenden wir entsprechend weit verbreitetem Brauch nach Belieben das Zeichen a oder $[\,]$), und

$$E = -\frac{RT}{F} \ln \frac{[\mathrm{Fe^{\cdot\cdot}}]}{[\mathrm{Fe^{\cdot\cdot\cdot}}]} - \frac{RT}{F} \ln k + \frac{RT}{F} \ln (a_e)_s. \quad [305]$$

Indem wir die zwei letzten Glieder, die nur Konstanten enthalten, mit konst bezeichnen, erhalten wir $E = \dfrac{RT}{F} \ln \dfrac{[\mathrm{Fe^{\cdot\cdot\cdot}}]}{[\mathrm{Fe^{\cdot\cdot}}]} +$ konst, allgemein $E = \dfrac{RT}{F} \ln \dfrac{[\mathrm{ox}]}{[\mathrm{re}]} +$ konst [306]. Da der 1. Summand gleich 0 wird, wenn die Aktivität des oxydierten ([ox]) und reduzierten ([re]) Anteils gleich ist, so ist konst der Wert der EMK für diesen Fall. Für eine Kette aus zwei Lösungen I und II von den verschiedenen Elektronenaktivitäten $(a_e)_I$ bzw. $(a_e)_{II}$ $[(a_e)_I > (a_e)_{II}$, d. h. $(a_e)_I$ die reduzierende, $(a_e)_{II}$ die oxydierende Lösung] gilt, da der Pol mit der oxydierenden Lösung den positiven Pol der Kette bildet, wegen Gl. [304] $E = -\dfrac{RT}{nF} \ln \dfrac{(a_e)_{II}}{(a_e)_s} + \dfrac{RT}{nF}$

$\ln \dfrac{(a_e)_I}{(a_e)_s} = \dfrac{RT}{nF} \ln \dfrac{(a_e)_I}{(a_e)_{II}}$ [307].

Wählen wir als I eine $\dfrac{n}{1}$ Wasserstoffionenlösung, die mit einem Platindraht in Berührung steht, der mit H_2 von $a = 1$ (etwa = 1 atm) beladen ist, und setzen E^0, das Potential dieser als „Normalwasserstoffelektrode" bezeichneten Kombination gegen den beladenen Draht, wieder gleich 0 (s. S. 163), so ist $E = -\dfrac{RT}{F} \ln$

$\dfrac{(a_e)_{II}}{(a_0)_s} + E^0$, allgemein $E = -\dfrac{RT}{F} \ln \dfrac{a_e}{(a_e)_s} + E^0$ [308]. Durch Kombination einer reversiblen Elektrode aus indifferentem Metall (Platin) und einer Lösung, in der irgendeine Elektronenaktivität, z. B. $(a_e)_{II}$ herrscht, mit einer Normalwasserstoffelektrode erhält man also einen E-Wert, der ein Maß für die betreffende Elektronenaktivität und damit für die oxydierende bzw. reduzierende Kraft der Lösung ist.

Die Elektronenaktivität ist aber, wenn sich Gleichgewicht einstellt, bei gegebener [H·] bzw. [OH'], da man $[H_2O]$ als konstant ansehen kann, wegen Gleichung [301] und [303] auch ein Maß für die Aktivität von H_2 und O_2 in der Lösung, und damit ist auch das reversible Oxydo-Reduktionspotential einer Lösung ein Maß dieser Aktivitäten. Durch systematische Messungen sind so die oxydierenden bzw. reduzierenden Kräfte von zahlreichen wäßrigen Lösungen bestimmt worden. Wir können die Elektronenaktivität auch aus unseren Gleichungen eliminieren; denn in diesen Lösungen sind stets auch H· anwesend, die mit Elektronen nach der Gleichung $H· + e = \tfrac{1}{2} H_2$ reagieren. Bezeichnet K die Gleichgewichtskonstante dieser Reaktion, so ist

$$a_e = \dfrac{(a_{H_2})^{\frac{1}{2}}}{K \cdot a_{H·}}$$

und durch Einsetzen in Gl. [308] ergibt sich $E = -\dfrac{RT}{F} \ln \dfrac{(a_{H_2})^{\frac{1}{2}}}{K \cdot (a_{H·}) \cdot (a_e)_s}$

$+ E^0 = \dfrac{RT}{F} \ln \dfrac{a_{H·}}{(a_{H_2})^{\frac{1}{2}}} + \text{konst}'$ [310], wenn man die konstanten

Glieder der rechten Seite der Gleichung zu konst′ zusammenfaßt. Bei gegebenem T und $a_{H^.}$ ist also E nur abhängig von der Größe $-\ln (a_{H_2})^{\frac{1}{2}} = \frac{1}{2} \ln \frac{1}{a_{H_2}} = \frac{2{,}3}{2} \log \frac{1}{a_{H_2}}$, d. h. bei gegebenem $a_{H^.}$ und T wird die oxydierende bzw. reduzierende Kraft einer Lösung durch den Wert von $\log \frac{1}{a_{H_2}} = \log \frac{1}{[H_2]}$ bestimmt, den man als r_H bezeichnet. Die Charakterisierung der oxydativen Kraft einer Lösung durch Angabe ihres r_H ist weit verbreitet. Sie ist, wie sich aus Vorstehendem ergibt, nur bei gleichzeitiger Angabe von $a_{H^.}$ brauchbar. In ganz analoger Weise, wie man die elektrometrische Bestimmung von $a_{H^.}$ durch eine technisch leichter anwendbare kolorimetrische p_H-Bestimmung ergänzt hat $\left(p_H = \log \frac{1}{a_{H^.}}\right)$, hat man dies für die r_H-Bestimmung, allgemeiner die Bestimmung des Oxydo-Reduktionspotentials einer Lösung gegenüber einer Normalwasserstoffelektrode, getan.

Wie wir gesehen haben, stellt der Betrag des Oxydo-Reduktionspotentials ein Maß für die oxydierende bzw. reduzierende chemische Kraft eines Systems dar. Deshalb werden zwei Redoxsysteme von verschiedenem Potential nicht im chemischen Gleichgewicht miteinander stehen, und bei genügender Reaktionsgeschwindigkeit wird das System mit dem höheren Redoxpotential das mit dem niederen solange oxydieren, bis die Potentiale beider Systeme gleich geworden sind. Wir können also einerseits aus den Beträgen von Redoxpotentialen gegebener Systeme darauf schließen, welche chemischen Prozesse zwischen diesen Systemen von selbst ablaufen können, andererseits können wir, wenn wir freiwillig ablaufende chemische Prozesse in Redoxsystemen beobachten, den Schluß ziehen, daß das Redoxpotential des Ausgangssystem höher gewesen sein muß als das des Endystems.

Leitet man durch eine wäßrige Silbernitratlösung mittels zweier Silberelektroden einen Strom, so treten an Anode und Kathode 1. Konzentrationsänderungen, 2. chemische Prozesse auf. (An der Kathode Abscheidung von Ag˙, also Übergang in Ag, an der Anode Auflösung von Ag, also Übergang in Ag˙.) Wir erhalten eine Umkehr der bei den chemischen und Konzentrationsketten besprochenen Erzeugung elektrischer Energie aus chemischer und osmotischer, nämlich die Erzeugung osmotischer und chemischer Energie aus elektrischer. Die Konzentrationsänderungen kommen erstens dadurch zustande, daß an die Kathode Ag˙ heranwandern,

NO_3' von ihr weg, dagegen an die Anode NO_3' heranwandern, $Ag^{\cdot}$ von ihr weg. Da die Wanderungsgeschwindigkeiten von Anionen und Kationen in unserem Falle verschieden sind — und das ist mehr oder weniger stets der Fall —, so sind, wie HITTORF fand und hier nicht bewiesen wird, die durch sie hervorgerufenen Konzentrationsänderungen an Anode und Kathode verschieden. Zweitens sind am Zustandekommen der Konzentrationsänderungen und der Bildung von Konzentrationsdifferenzen an Anode und Kathode die chemischen Elektrodenvorgänge beteiligt, bei denen an der Kathode $Ag^{\cdot}$ in ungeladenes Ag verwandelt wird, das nicht weiter reagiert, während an der Anode NO_3' in NO_0 verwandelt wird, das mit dem Elektrodensilber reagiert nach der Gleichung $Ag + NO_3 = Ag^{\cdot} + NO_3'$. Die durch den Strom hervorgerufene Konzentrationsdifferenz an Anode und Kathode bedingt eine EMK E_P von der Art der im Konzentrationselement $Ag/AgNO_3/AgNO_3/Ag$

$$/ \quad c_1 \quad / \quad c_2 \quad /$$

von vornherein vorhandenen, und es gilt wie für die Konzentrationskette für diese **Polarisation** genannte Erscheinung

$$E_P = \frac{R\,T}{n\,F} \ln \frac{c_1}{c_2}, \qquad [311] \ (\text{vgl. } [270])$$

wenn c_1 und c_2 die $Ag^{\cdot}$-Konzentrationen an den Elektroden darstellen. Diese Gleichung zeigt, daß die Polarisation nur dann gleich 0 sein kann, wenn $c_1 = c_2$, d. h. wenn an Anode und Kathode trotz Stromdurchgang gleiche Konzentrationen herrschen. Ganz streng ist dies nie der Fall, ideale unpolarisierbare Elektroden gibt es nicht, vielmehr sind die chemischen Vorgänge an den Elektroden oft sehr kompliziert und führen auf die mannigfaltigsten Weisen zu Polarisation. Man kann aber für praktische Zwecke ausreichend unpolarisierbare Elektroden herstellen. Man benutzt dazu „umkehrbare" (reversible) Elektroden. Ihr Wesen besteht darin, daß durch den chemischen Vorgang beim Stromfluß in ihnen nur die Konzentration eines bereits im angrenzenden Elektrolyten vorhandenen Ions geändert wird, und zwar in einer je nach der Stromrichtung entgegengesetzten Art. Solche Elektroden sind, z. B. $Ag/AgNO_3$ oder $Zn/ZnSO_4$, bei denen je nach der Stromrichtung $Ag^{\cdot}$ bzw. $Zn^{\cdot\cdot}$ aus der Lösung niedergeschlagen oder an sie abgegeben werden. Wählt man bei derartigen Elektroden die Konzentration der Metallionen sehr hoch, so wird bei geringer Stromdichte also bei geringer abgeschiedener bzw. aufgelöster Ionenmenge pro Zeiteinheit und Quadratzentimeter der Metalloberfläche die Konzentrationsänderung des Elektrolyten nur gering sein und ihr Ausgleich durch Diffusions- und Konvektionsvorgänge relativ vollkommen. Da die Differenz der Konzentrationsänderungen die Höhe von E_P bedingt, wird in unserem Falle die Polarisation nur gering und meist praktisch zu vernachlässigen sein. Bei niedriger Konzentration des Metallions würde bei gleicher Stromdichte die Konzentrationsänderung größer sein, eine solche Elektrode würde also stärker polarisierbar sein als eine mit hoher Metallionen-konzentration. Jedoch sind, z. B. auch reversible Ag-Elektroden, die als Elektroden schwach dissoziierte Silberzyanverbindungen enthalten, also nur wenig Ag˙, gering polarisierbar, weil hier die Konzentrationsänderung der Ag˙ beim Stromfluß durch Zersetzung bzw. Bildung der undissoziierten Silberzyanverbindung ausge-glichen wird.

Werden bei derartigen reversiblen Elektroden Kationen nieder-geschlagen oder in Lösung gebracht, so bezeichnet man sie als reversibel für Kationen oder als umkehrbare Elektroden erster Art. Elektroden wie die Kalomelelektroden sind reversibel für Anionen (Cl′) und heißen umkehrbare Elektroden zweiter Art. Sie bestehen aus Hg, das mit einer Schicht von festem HgCl be-deckt ist, das seinerseits mit einer KCl-Lösung überschichtet ist. Dient die Elektrode als Kathode, so werden Hg˙ aus der Kalomel-schicht am Hg niedergeschlagen, und die freiwerdenden Cl′ über-nehmen den Stromtransport in der Richtung zur Anode. Dient die Elektrode als Anode, so schlagen sich Cl′ auf ihr nieder, und vereinigen sich mit den Hg der Elektrode zu HgCl. Die Anwesenheit von HgCl als Bodenkörper bedingt, daß die Elektrode praktisch bei geringer Stromstärke unpolarisierbar ist, weil ihre Lösung stets von konstanter Konzentration, nämlich gesättigt ist; denn, wenn die Elektrode als Kathode dient, geht festes HgCl in Lösung, wenn sie als Anode dient, wird eine Konzentrationszunahme durch Aus-scheidung des gebildeten HgCl verhindert. Bei hohen Stromdichten sind die Elektroden nicht mehr unpolarisierbar, da in diesem Falle der ständige Ausgleich des durch den Stromdurchgang gestörten Konzentrationsgleichgewichtes sich nicht rasch genug vollzieht, um die Konzentrationsdifferenzen innerhalb der Elektrode praktisch verschwinden zu lassen.

Die Polarisation, die bei Beginn der Durchströmung den Wert 0 hat, wächst entsprechend der Ausbildung der Konzentrations-differenz. War die EMK, die zur Durchströmung angelegt wurde, sehr gering, so erreicht die Polarisations-EMK deren Wert und bringt damit das Fließen des Stromes praktisch zum Aufhören, da die angelegte Spannung durch die entgegengesetzt gerichtete Polarisation kompensiert wird. Einen dauernden praktisch verwendbaren Stromfluß und damit eine dauernde Zersetzung des Elektrolyten (Elektrolyse) erreicht man erst dann, wenn die angelegte EMK den Maximalwert, den die Polarisation unter den gegebenen Versuchsbedingungen erreichen kann, gerade überschreitet. Man nennt diesen Grenzwert „Zersetzungsspannung“. Die Zersetzungs- oder Abscheidungsspannung eines Stoffes aus seinem Ionenzustand ist gleich der Spannung, die dieser Stoff gegen eine Lösung hat, die ihn im Ionenzustand enthält, vorausgesetzt, daß die Ionenaktivität in beiden Fällen die gleiche ist, und die Abscheidung bzw. Auflösung des Stoffes aus bzw. in Ionenform reversibel ist. Das Vorzeichen beider Spannungen ist gleich, trotzdem sie sich kompensieren, weil die Zersetzungsspannung durch die Potentialdifferenz Lösung/abgeschiedener Stoff gemessen wird, die kompensierende Spannung durch die Potentialdifferenz Stoff/Lösung seiner Ionen. Stellt man also Ketten zusammen, deren einer Pol aus einem solchen Stoff besteht mit angrenzender Lösung, die seine Ionen in Lösung von der Aktivität 1 enthält, deren anderer Pol aus einer Normalwasserstoffelektrode besteht, so mißt die EMK dieser Kette, die sich bei Ausschaltung des Diffusionspotentials additiv aus den EMK an den beiden Elektroden ergibt, die Zersetzungsspannung dieses Stoffes aus seiner Lösung von der Aktivität 1, da ja die EMK der Normalwasserstoffelektrode willkürlich gleich 0 gesetzt wird. Man hat die Zersetzungsspannungen für eine große Anzahl von Stoffen gemessen. Mittels der dadurch gewonnenen Werte kann man dann die EMK von verschiedenen Kombinationen berechnen. So ergibt sich die Zersetzungsspannung bei Lösungen von der Aktivität 1 und 25⁰ C für

$$\text{Cu/Cu}^{\cdot\cdot}\text{-Lösung} = \quad 0,345 \text{ V} = E_1$$
$$\text{Zn/Zn}^{\cdot\cdot}\text{-Lösung} = -0,758 \text{ V} = E_2$$

und daraus für ein DANIELL-Element mit $\frac{n}{1}$-Lösungen

$$E = E_1 + (-E_2) = 1,103 \text{ V}. \qquad\qquad [312]$$

Durchströmt man eine Lösung, in der mehrere Arten Kationen und Anionen vorhanden sind, so wird Elektrolyse dann eintreten, wenn die angelegte Spannung ausreicht, um das Kation und Anion mit der niedrigsten Zersetzungsspannung zur Abscheidung zu bringen. Man hat demnach in der Elektrolyse mit bestimmten Spannungen ein Mittel zur Trennung von Stoffen (Abscheidungspolarisation).

Die Elektrolyse stellt die Umkehr der Erzeugung elektrischer Energie aus chemischer in den galvanischen Ketten dar. Wird die aufgewandte elektrische Energie in geeigneten Vorrichtungen als chemische gespeichert, und jede umkehrbare chemische Kette ist ein solcher Akkumulator, so kann die Polarisations-EMK der gespeicherten Elektrolyseprodukte wieder zur Erzeugung elektrischer Energie nutzbar gemacht werden. Wie sich das Oxydo-Reduktionspotential in galvanischen Ketten als Maß für die chemische Affinität einer Oxydation bzw. Reduktion ergab, so ist umgekehrt, wie HABER auch experimentell zeigte, die elektrolysierende Spannung ein Maß für die Oxydations- oder Reduktionsstufe, bis zu der bei einer elektrolytischen Oxydation oder Reduktion die Reaktion fortschreitet. Je höher die elektromotorische Kraft, um so größer ist die erzeugte chemische Kraft.

Wie elektromotorische Kräfte nicht nur an der Phasengrenze Metall/Elektrolyt auftreten, sondern ganz allgemein an Phasengrenzen, so auch die Polarisation. Die allgemeine Theorie dieser Erscheinung gaben NERNST und RIESENFELD, indem sie davon ausgingen, daß jedes Ion in verschiedenen Phasen im allgemeinen auch verschiedene Beweglichkeit haben mußte. Wir denken uns zunächst die aneinander grenzenden Phasen (Lösungsmittel) undissoziiert und einen in zwei Ionen zerfallenden Elektrolyten in ihnen gelöst. Sei in Phase I die Überführungszahl von Kation bzw. Anion $\dfrac{u}{u+v}$ bzw. $\dfrac{v}{u+v}$ (S. 161) mit m bzw. $1-m$, in Phase II mit n bzw. $1-n$ bezeichnet, wobei $m > n$, und sei die Kathode in II, die Anode in I, so werden beim Durchgang von $1F$ an die Grenzfläche m Äquivalente Kationen herangeführt, n von ihr weggeführt; also kommt es an der Grenzfläche zu einer Vermehrung um $m-n$ Äquivalente Kationen. Ferner werden von der Grenzfläche $1-m$ Äquivalente Anionen weggeführt, $1-n$ an sie herangeführt, also kommt es dort zu einer Vermehrung um $m-n$ Äquivalente Anionen, also insgesamt zu einer Konzentrationszunahme um $m-n$ Elektrolytmole. Schaltet man die zweite Phase zwischen zwei Lösungen, die als Lösungsmittel die erste Phase enthalten, so treten an den beiden Phasengrenzen entgegengesetzt gerichtete Konzentrationsänderungen auf, wenn das System durchströmt wird. Aus diesen Konzentrationsänderungen resultiert eine Polarisations-EMK, die RIESENFELD für verschiedene Fälle berechnet hat. Ist der Elektrolyt eine Säure oder ein Alkali, so bedingt seine Konzentrationsänderung an der Phasengrenze eine Änderung der Azidität. Aber eine solche tritt nicht nur in diesem Falle auf, sondern auch bei neutralen Salzen als Elektrolyten, wenn an der Stromleitung nicht nur die Salzionen, sondern wie bei wäßrigen Lösungen auch H' und OH' beteiligt sind. Infolge deren verschiedener Wanderungsgeschwindigkeit in den beiden Phasen kommt es dann zu Änderungen der [H'] und [OH'] an der Grenzfläche, d. h. zu Neutralitätsstörungen. Diese sind freilich vielfach so gering, daß sie sich einem experimentellen Nachweis entziehen, sie werden aber sehr leicht sichtbar, wenn man als zweite Phase gegenüber wäßrigen Salzlösungen eine Membran aus Eiweiß, Agar, Kollodium, Kohle usw. schaltet. Diese Verhältnisse haben BETHE und TOROPOFF eingehend untersucht und gefunden, daß die Konzentrations- und Neutralitätsänderungen, die sie beobachteten, in Beziehung standen zu gleichzeitig stattfindenden „elektroosmotischen" Wasserüberführungen, worauf wir noch später zu sprechen kommen. Hier sei nur noch bemerkt, daß BETHE und TOROPOFF die allgemeine Annahme von NERNST und RIESENFELD über verschiedene Beweglichkeit der Ionen in verschiedenen Phasen für die von ihnen verwendeten Membranen dahin spezialisierten, daß sie sich die Wanderungsgeschwindigkeiten der Kationen bzw. Anionen durch Adsorption in den Membranporen vermindert dachten. Demnach sollte eine Membran, die vorzugsweise Kationen bzw. Anionen adsorbiert, eine relativ erhöhte Beweglichkeit für Anionen bzw. Kationen besitzen, und die Richtung der beobachteten Konzentrationsänderungen und Neutralitätsstörungen von der Ladung der Membran abhängen. Dies ergab sich in der Tat in der erwarteten Weise, und bei umladbaren amphoteren Membranen kam es mit der Umladung auch zur Umkehr der beobachteten Polarisationserscheinungen.

Bei der Erörterung der Transformationen zwischen elektrischer und mechanischer Energie können wir gerade von denjenigen absehen, die in der Technik die wichtigste Rolle spielen, der Erzeugung von Induktionsströmen aus mechanischer Energie und der von mechanischer Energie aus Induktionsströmen (Generatoren und Motoren). Sie sind für biologische Verhältnisse, soweit wir dies heutzutage wissen, von untergeordneter Bedeutung, dagegen sind von Wichtigkeit die sog. elektrokinetischen Erscheinungen [1]. Bei diesen erzeugt entweder elektrische Energie die Bewegung einer Flüssigkeit gegen eine ruhende Phase (Elektroosmose) bzw. die Bewegung von in einer Flüssigkeit suspendierten Teilchen (Kataphorese) oder es erzeugt mechanische Energie in Form einer Flüssigkeitsbewegung gegen eine ruhende Phase Strömungspotentiale bzw. in Form von gegen eine Flüssigkeit bewegten Teilchen Potentiale durch fallende Teilchen. Zum Verständnis dieser Energietransformationen ist es erforderlich, etwas näher auf den Bau der sog. elektrolytischen Doppelschicht einzugehen.

Wie bereits erörtert, besteht ganz allgemein zwischen zwei sich berührenden Phasen eine elektrische Phasengrenzkraft. Diese Phasengrenzkraft hat ihren Sitz in einer elektrischen Doppelschicht an der Phasengrenze, deren Struktur wir erörtern wollen. Wir betrachten beispielshalber die Grenzfläche Metall/Elektrolytlösung. Prinzipiell können die folgenden Betrachtungen aber auch auf die Grenzflächen nichtmetallischer fester Stoffe gegen Elektrolyte und teilweise auch auf Grenzflächen von Systemen flüssig/flüssig und flüssig/gasförmig angewendet werden. Taucht man ein Silberblech in eine $AgNO_3$-Lösung, so lädt es sich durch Aufnahme von $Ag^{\cdot}$ positiv. Wir haben also in der Metalloberfläche die eine positiv geladene Belegung der elektrischen Doppelschicht. Diese Belegung trage die Ladung η_0 und ihr Potential sei ψ_0. Die andere, in der Flüssigkeit sitzende Belegung, deren Ladung bedingt ist durch den NO_3'-Überschuß, der infolge von Abgabe von $Ag^{\cdot}$ an die Metalloberfläche entsteht, würde der Metallbelegung unmittelbar flächenhaft gegenüberliegen, der Abstand beider Belegungen also etwa gleich einem Ionenradius sein, wenn nicht infolge der molekularen Wärmebewegung, die alle Teilchen in der Lösung gleichmäßig zu verteilen strebt, ein Teil der NO_3' entgegen der elektrostatischen Anziehung weiter ins Flüssigkeitsinnere getrieben würde. Es sitzt also ein Teil der negativen Ladung $-\eta_1$ etwa im Abstand eines Ionendurchmessers von der Metalloberfläche, ein geringerer Teil, $-\eta_2$, bildet eine diffuse Doppelschicht, deren Dichte nach dem Flüssigkeitsinnern zu asymptotisch bis auf 0 abnimmt. $\eta_1 + \eta_2$ muß gleich η_0 sein. Entsprechend der geschilderten Ladungsverteilung sinkt das Potential von der Metalloberfläche an ab. Nach der ersten an die Metalloberfläche angrenzenden

---

[1] FREUNDLICH, H.: Kapillarchemie, Bd. 1. Leipzig 1930.

molekularen Flüssigkeitsschicht sei das Potential auf ψ_1 gefallen, von dort sinkt es allmählich auf 0, wobei wir den unbekannten Wert des Potentials im Inneren der Flüssigkeit willkürlich als Nullwert nehmen. Die Potentialdifferenz $\psi_0 - 0$ wird als ε-Potential oder thermodynamischer Potentialsprung bezeichnet. Die Verhältnisse werden am besten veranschaulicht durch beistehende Abb. 14. O. STERN[1] hat die Verteilung der negativen Ladungen $-\eta_1$ und $-\eta_2$ auf die beiden Teile der negativen Belegung berechnet, auf den flächenhaft der Metalloberfläche gegenüberliegenden und auf den diffusen sich nach dem Flüssigkeitsinnern erstreckenden. Auf diese Berechnung wird hier nicht eingegangen, sondern es

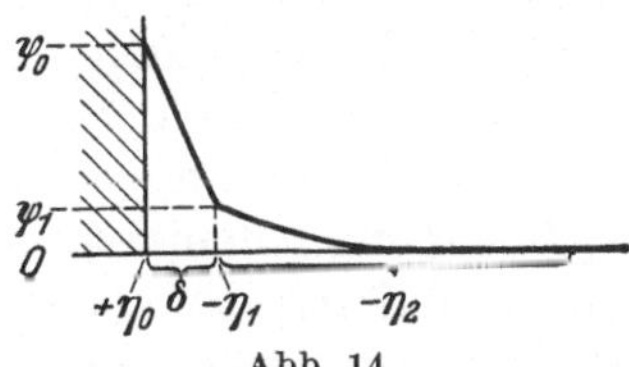

Abb. 14.   Abb. 15.

Erklärung im Text. Nach O. STERN: Z. Elektrochem. 30.

seien nur einige für das Folgende wichtige Schlußfolgerungen der Berechnungen hervorgehoben.

1. Von der Konzentration des Elektrolyten hängt die Ladungsverteilung derart ab, daß bei hohen Konzentrationen η_1 groß gegen η_2 ist, bei niedrigen η_2 groß gegen η_1. Bei hohen Konzentrationen liegt also der größte Teil der freien Ladung des Elektrolyten im Abstand etwa eines Moleküldurchmessers von der Ebene, in der die Ladung der angrenzenden Phase liegt. Dementsprechend ist bei hohen Konzentrationen ψ_1 klein gegen ψ_0.

2. Im Konzentrationsbereich, in dem η_1 sehr klein gegen η_2 ist, und das ist der Bereich bereits sehr verdünnter Lösungen, zeigt ψ_1 als Funktion von c aufgetragen ein Maximum oder Minimum.

3. Wenn die positiv geladene Wand An- und Kationen in sehr verschiedenem Maße adsorbiert, so kann der Fall eintreten, daß mehr Anionen von ihr adsorbiert werden als zur Neutralisation ihrer positiven Ladungen erforderlich sind, und infolgedessen sich hinter der Adsorptionsschicht eine Zone bilden, die an Kationen angereichert ist, also positiv gegen die adsorbierte Schicht. In diesem

---

[1] STERN, O.: Z. Elektrochem. **30**, 508 (1924).

Fall zeigt der Potentialverlauf, den Abb. 15 erläutert, einen Wendepunkt und die Potentialdifferenz $\psi_0 - 0 = \varepsilon$ hat umgekehrtes Vorzeichen wie $\psi_1 - 0$.

Nach diesen Erörterungen über den Aufbau der elektrolytischen Doppelschicht können wir uns nunmehr den elektrokinetischen Erscheinungen zuwenden. Preßt man durch eine Kapillare die Lösung eines verdünnten Elektrolyten und leitet durch Kalomelelektroden mittels KCl-Gelatine von den beiden Enden der Kapillare zu einem Elektrometer ab, so erhält man einen Ausschlag, der als Strömungspotential bezeichnet wird. Ebenso erhält man eine Potentialdifferenz, wenn man feines Pulver in einer Flüssigkeit herabfallen läßt und seitlich oben und unten von der Flüssigkeit ableitet, ohne daß die Elektroden mit den fallenden Teilchen in Berührung kommen. Nun weiß man, daß bei der Bewegung einer Flüssigkeit gegen eine Grenzfläche die dieser anliegende Schicht Flüssigkeitsmoleküle nicht mit bewegt wird, sondern fest an der Grenzfläche haftet. Das Auftreten von Strömungspotentialen und Potentialen durch fallende Teilchen beweist, daß mit der bewegten Flüssigkeit bzw. den fallenden Teilchen freie elektrische Ladungen gewandert sind; denn diese Potentiale können nur dadurch zustande kommen, daß freie Ladungen aus der Umgebung der einen Elektrode nach der der anderen transportiert worden sind. Es muß also die ruhende Flüssigkeitsschicht eine Potentialdifferenz gegen die bewegte besitzen. Diese Potentialdifferenz wird als elektrokinetische oder ζ-Potentialdifferenz bezeichnet. ζ gibt also den Wert des Potentials auf der Trennungsebene zwischen der festhaftenden und bewegten Flüssigkeitsschicht an. Haftet nur eine Molekülschicht der Flüssigkeit an der Grenzfläche, so ist offenbar ζ mit ψ_1 identisch. Haften mehrere Flüssigkeitsschichten, so wird in der Regel $\psi_1 > \zeta$, was man ohne weiteres aus der Abb. 14 ablesen kann. Die Theorie ergibt aber, daß für sehr verdünnte Lösungen ζ und ψ_1 nicht wesentlich verschiedene Werte haben. Daraus geht hervor, daß ζ nicht nur quantitativ wesentlich verschieden, nämlich kleiner als ε ist, sondern daß ζ sogar, wie ja für ψ_1 gezeigt wurde, das umgekehrte Vorzeichen wie ε haben kann. Während beim Durchpressen von Elektrolyten durch Röhren die unverschiebliche Flüssigkeitsschicht der Röhrenwand anliegt, wird sie beim Fall von Teilchen, denen sie ja ebenfalls adhäriert, mit diesen mitbewegt. Es ist also offenbar auch hier für die durch den Fall erzeugte elektrische Energie das ζ-Potential maßgebend.

Die den Potentialen durch strömende Flüssigkeiten und fallende Teilchen reziproken Erscheinungen sind die Elektroosmose und Kataphorese. Teilt man eine in einem Gefäß enthaltene Flüssigkeit durch ein poröses Diaphragma, taucht in jeden Teil eine Elektrode und schickt einen elektrischen Strom durch das System, so beobachtet man, daß die Flüssigkeit von der einen Seite des Diaphragmas zur anderen strömt und dort bis zu einer gewissen Höhe steigt, bei der dann der hydrostatische Druck der hinübergewanderten Flüssigkeitsmenge dem Bestreben des elektrischen Stromes, weitere Flüssigkeit zu überführen, das Gleichgewicht hält. Man kann das Diaphragma auch durch ein System von Kapillaren oder eine Kapillare ersetzen, so daß seine Wirkung also als die eines Systems von Kapillaren aufzufassen ist. Die Analogie der geschilderten Erscheinung mit der Osmose, bei der ja auch in einer von zwei durch ein Diaphragma getrennten Flüssigkeiten gleichen Niveaus eine Niveauverschiebung stattfindet, hat ihr den Namen Elektroosmose eingetragen. In den beschriebenen Versuchen ist das Diaphragma unbeweglich, die Flüssigkeit beweglich; den umgekehrten Fall: Bewegliches Diaphragma, ruhende Flüssigkeit, haben wir vor uns, wenn wir in der Flüssigkeit kolloid- oder grobdisperse feste Teilchen oder Tröpfchen einer nicht mischbaren Flüssigkeit suspendieren. Diese wandern dann im Potentialgefälle, und zwar, sofern sie aus derselben Substanz bestehen wie das ruhende Diaphragma bei der Elektroosmose, zur entgegengesetzten Elektrode wie zu derjenigen, zu der die Flüssigkeit beim festen Diaphragma gewandert wäre. Man nennt diese Erscheinung Kataphorese der suspendierten Teilchen. Auf Elektroosmose beruhen auch gewisse von Lemström beobachtete Erscheinungen. Lemström tauchte eine Kapillare in ein Gefäß mit Wasser. Das Wasser stand in leitender Verbindung mit der Erde. Oberhalb der Kapillare, durch eine Luftschicht von wechselnder Entfernung vom Wassermeniskus der Kapillare getrennt, befand sich eine Metallspitze in leitender Verbindung mit dem negativen Pol einer starken Influenzmaschine. Der positive Pol derselben ist geerdet. Wenn die Maschine in Wirksamkeit tritt, so geht also ein elektrischer Strom durch die Spitze, Luft, Kapillarenwasser und Wasser im Gefäß zur Erde, und es zeigen sich nach einigen Augenblicken Wassertropfen im oberen Teil der Röhre, wenn deren Innenseite vorher benetzt war. Das Wasser steigt, solange der Strom fließt, dauernd an der Wand hinauf, und nur das durch die Schwerkraft bewirkte

Wiederherabsinken verhindert, daß die heraufbeförderte Wassermenge proportional der Zeit zunimmt.

Das Auftreten von Elektroosmose und Kataphorese ist auf Grund des über die elektrische Doppelschicht Gesagten leicht verständlich. Es besteht zwischen der am Diaphragma festhaftenden Flüssigkeitsschicht und dem ihr gegenüberliegenden beweglichen Kapillareninhalt die Potentialdifferenz ζ. Wir haben also eine elektrische Doppelschicht, deren eine Belegung in die festhaftende Flüssigkeitsschicht fällt, deren andere Belegung von der ihr gegenüberliegenden beweglichen Flüssigkeit gebildet wird. Bei Anlegen eines äußeren Potentialgefälles muß die bewegliche Belegung zum ihr entgegengesetzt geladenen Pol wandern. Denken wir uns eine Elektroosmose derart ausgeführt, daß kein hydrostatischer Überdruck entsteht, so muß sich ein stationäres Gleichgewicht einstellen, bei dem die von den elektrischen Kräften geleistete Arbeit gleich ist der gegen die Reibungskräfte geleisteten mechanischen Arbeit. Während eine Anschauung sich das Wasser innerhalb der inneren Belegung der Kapillare bei der Elektroosmose mitgeführt denkt, als ob es starr mit der Belegung verbunden wäre, wird von BETHE und TOROPOFF in der besprochenen Arbeit neben oder statt dieses Modus ein anderer angenommen. Die Autoren gehen davon aus, daß die Ionen Hydratwasserhüllen besitzen. Wenn also z. B. vorwiegend die Anionen in den Membranporen festgehalten werden, so wird mit den Kationen Hydratwasser nach der Kathode transportiert, d. h. es findet Elektroosmose zur Kathode statt, während bei vorwiegender Adsorption von Kationen Elektroosmose zur Anode auftritt. Nach dieser Anschauung muß also zwischen den Konzentrationsänderungen, die an Membrangrenzen bei Durchströmung auftreten, und elektroosmotischen Erscheinungen eine ganz bestimmte Verknüpfung bestehen. Da das ζ-Potential auf Adsorptionserscheinungen beruht, so gelingt es, sein Vorzeichen durch Zusatz adsorbierbarer Ionen, z. B. H· umzukehren, und damit die Richtung der Wasserbewegung. BETHE und TOROPOFF fanden, daß, wenn die Wasserbewegung umkehrte, auch die Konzentrationszunahme von der einen Membranseite zur anderen herüberwechselte, und daß, wenn die elektroosmotische Wasserbewegung fehlte, auch die Konzentrationsänderung fehlte. Völlig klargestellt ist die Deutung all dieser Erscheinungen noch nicht.

Für das ζ-Potential gelten mindestens in dem Gebiete, in dem es dem ψ_1-Potential gleichgesetzt werden darf, natürlich dieselben

Eigenschaften, die für dieses angegeben wurden. Es sind daher alle elektrokinetischen Erscheinungen stark konzentrationsabhängig. Das ζ-Potential durchläuft wie ψ_1 bei steigender Konzentration ein Maximum oder Minimum, und wie ψ_1 kann es unter Umständen das umgekehrte Vorzeichen haben wie ε. Die Größe von ε, also die gesamte Potentialdifferenz zwischen den beiden Phasen, ist entsprechend der NERNSTschen Theorie lediglich abhängig von dem Verhältnis des Lösungsdrucks des Elektrodenmaterials zur Konzentration der Lösung an den durch Lösungsdruck erzeugten Ionen. Dagegen haben andere anwesende Ionen keinen Einfluß darauf, jedenfalls in Konzentrationsgebieten, in denen interionale Wirkungen keine Rolle spielen. In höheren Konzentrationen müssen die letzteren natürlich berücksichtigt werden, und zwar sowohl diejenigen, die die Ionen des Elektrodenmaterials in der Lösung aufeinander ausüben, wie diejenigen, die zwischen diesen Ionen und anderen anwesenden Ionen auftreten. Zur Berechnung von ε hat dann an Stelle der Konzentration der Ionen ihre Aktivität zu treten. Dagegen wird auch in verdünnten Lösungen zwar nicht die Größe, dagegen der Verlauf des Potentialsprungs zwischen den beiden Phasen auch durch andere Ionen in der Elektrolytphase bestimmt als durch die, die die Größe von ε bedingen, und zwar deshalb, weil diese Ionen Adsorptionskräften unterliegen und dadurch die Ladungsverteilung in der Doppelschicht beeinflussen. Dementsprechend finden sich auch die wesentlichsten Eigenschaften der Ionen hinsichtlich ihrer Adsorption in ihrem Einfluß auf das ζ-Potential wieder, so z. B. die starke Wirkung von gut adsorbierbaren Ionen, mehrwertigen wie H' und OH'-Ionen. Sogar zu einer Umkehr der Richtung des ζ-Potentials und damit zur Umkehr der Richtung der elektrokinetischen Erscheinungen durch Zusatz solcher Ionen kann es kommen. Da bei hohen Konzentrationen ψ_1 und demnach ζ klein gegen $\psi_0 = \varepsilon$ ist, so treten elektrokinetische Erscheinungen nur bei niedrigen Konzentrationen deutlich auf, ganz abgesehen davon, daß in höheren Konzentrationen auch die Stromleitung zum größeren Teil durch Ionen im Flüssigkeitsinnern übernommen wird, während in sehr verdünnten Lösungen die Leitfähigkeit der geladenen Grenzfläche eine überwiegende Rolle spielt.

Die Beziehung zwischen Wärme und elektrischer Energie soll hier nur kurz in dem Spezialfall reversibler galvanischer Elemente betrachtet werden. Die Abnahme der elektrischen Energie EnF

eines reversibel arbeitenden Elementes ist, wie wir sahen, gleich der maximalen Nutzarbeit, die bei molarem Umsatz des stromliefernden Prozesses gewonnen werden kann. Wir erhalten also, indem wir A'_n in der GIBBSschen Gleichung [89] durch EnF ersetzen,

$$E\,n\,F = W'_P + n\,F\,T\left(\frac{\partial E}{\partial T}\right)_P , \qquad [313]$$

worin $W'_P = \underline{\varDelta H'}$ die auf molaren Umsatz bezogene Wärmetönung des stromliefernden Prozesses ist, und $n\,F\,T\left(\frac{\partial E}{\partial T}\right)_P$ als die latente Wärme des Elementes bezeichnet wird. Wenn $\left(\frac{\partial E}{\partial T}\right)_P$ positiv ist, also E mit steigender Temperatur zunimmt, so ist die maximale Nutzarbeit, die der Strom des Elementes liefern kann, um $n\,F\,T\left(\frac{\partial E}{\partial T}\right)_P$ größer als W'_P bei gleicher Temperatur, es muß also die Wärmemenge $n\,F\,T\left(\frac{\partial E}{\partial T}\right)_P$ zugeführt werden. Bei umgekehrtem Vorzeichen von $\left(\frac{\partial E}{\partial T}\right)_P$ wird die latente Wärme bei reversiblem Ablauf vom Element abgegeben. Diese Beziehung ist bei reversiblen Ketten vielfach experimentell gut bestätigt worden. Gleichung [313] geht für den Fall, daß E temperaturunabhängig ist, also $\left(\frac{\partial E}{\partial T}\right)_P = 0$, in die einfache Form $E\,n\,F = W'_P$ über, die HELMHOLTZ und THOMSON ursprünglich als für den Zusammenhang zwischen Wärmetönung und EMK galvanischer Elemente stets gültig erwartet hatten.

Sechstes Kapitel.

Lichtenergie.

Quantentheorie S. 193. Transformierungen strahlender Energie S. 194. Nutzeffekt (φ) und Quantenverbrauch photochemischer Prozesse S. 196. EINSTEINsches Äquivalenzgesetz S. 196. Quantentheorie und biologischer Reizschwellenwert S. 199.

Die Deutung der Strahlungsvorgänge hat gerade in den letzten Jahren vielfache Wandlungen erfahren, die die ursprüngliche Quantentheorie wesentlich modifiziert haben. Auf diese Auffassungen kann hier nicht eingegangen werden, sondern wir begnügen uns mit der Feststellung, daß nach der Quantentheorie die strahlende Energie aus Energiequanten besteht, die nur als Ganzes und nicht in Bruchteilen emittiert und absorbiert werden können. Die Größe ε dieser Quanten hängt von der Schwingungszahl der strahlenden Energie ν ab, und zwar gilt die Beziehung $\varepsilon = h\nu$ [314], in der h, das elementare Wirkungsquantum, eine universelle Konstante vom Betrag $6,6 \cdot 10^{-27}$ erg sec ist. Der Energieinhalt eines Quants im kurzwelligen violetten und ultravioletten Teil des Spektrums ist also größer als der eines Quants im langwelligen roten, da ja $\nu = \dfrac{1}{\lambda}$ [315]. Dem entspricht die alte Erfahrung, daß der erstere Teil des Spektrums photochemisch wirksamer ist als der letztere. Sie ist so zu verstehen, daß Vorgänge, zu deren Durchführung in einem Molekül die Energie eines absorbierten Lichtquants im Rot nicht genügt, infolge der größeren Energie eines absorbierten Lichtquants höherer Schwingungszahl bei dessen Absorption zustande kommen können.

Wird ein Körper mit der Lichtintensität I bestrahlt, so strömt nach der Quantentheorie ihm ein Fluß von Lichtquanten zu, der pro sec $\dfrac{\mathrm{I}}{h\nu}$ Quanten mit Lichtgeschwindigkeit, also $300\,000$ km/sec bewegt. Die Absorption der Lichtquanten aus diesem Strom ist eine Funktion der Zahl der absorbierenden Molekeln, die das Licht auf seinem Wege trifft, also eine Funktion der Konzentration c und der Schichtdicke d der absorbierenden Substanz und eine Funktion der Wahrscheinlichkeit, mit der die Molekeln die betreffenden Lichtquanten absorbieren. Ein Maß dieser Wahrscheinlichkeit ist der Extinktionskoeffizient α, und die Form der Beziehung zwischen der Intensität des durchgelassenen Lichts $\mathrm{I_D}$ und der des auffallenden I gibt die Gleichung des BEERschen Extinktionsgesetztes

$$\mathrm{I_D} = \mathrm{I} \cdot 10^{-\alpha\,c\,d}. \qquad [316]$$

Die absorbierte strahlende Energie kann unter günstigen Umständen zu 100 % in Arbeit verwandelt werden, strahlende Energie und arbeitsfähige strahlende Energie haben also entsprechend dem Verhalten der elektrischen Energie und entgegen dem Verhalten der Wärmeenergie den gleichen Wert. Die absorbierte Strahlung ruft zunächst in dem Molekül bzw. Atom, das absorbiert hat, einen energiereicheren Zustand hervor, den man als „angeregten" bezeichnet. Entsprechend dem BOHRschen Atommodell stellt man sich die Anregung so vor, daß bei der Energieabsorption Elektronen aus energieärmeren inneren in energiereichere äußere Bahnen verlagert werden, während bei Lichtemission die umgekehrte Verlagerung erfolgt. Der angeregte Zustand ist instabil, seine Lebensdauer beträgt nur etwa 10^{-8} sec. Beim Übergang aus dem unstabilen in einen stabileren Zustand kann die absorbierte Energie verschiedene Transformationen erleiden, und zwar können in einer bestrahlten Substanz gleichzeitig mehrere Umwandlungen der absorbierten Energie auftreten, z. B. gleichzeitig solche in Wärme und in Fluoreszenzstrahlung.

1. Die strahlende Energie kann in elektrische transformiert werden, indem infolge der Absorption Elektronen ausgelöst werden. Diese können entweder aus der bestrahlten Substanz austreten und unter Umständen einen galvanometrisch meßbaren Strom erzeugen oder in der bestrahlten Substanz bleiben und dort eine Änderung der Leitfähigkeit erzeugen, wie z. B. im Selen.

2. Die strahlende Energie kann wieder als strahlende Energie emittiert werden. Sie wird entweder in gleicher, größerer oder kleinerer Wellenlänge wieder ausgestrahlt als in der, in der sie absorbiert wurde, also in gleich großen, kleineren oder größeren Quanten. Im ersten Fall spricht man von Resonanzstrahlung. Den zweiten Fall nennt man Fluoreszenz, das Gesetz, daß die Fluoreszenzstrahlung langwelliger ist als die Strahlung, von der sie angeregt ist, das STOKESsche Gesetz. Den dritten Fall nennt man sensibilisierte Fluoreszenz und bezeichnet ihn als Ausnahme vom STOKESschen Gesetz. Er ist dadurch möglich, daß das betreffende Molekül zur Ausstrahlung außer der absorbierten Energie auch einen Teil seiner kinetischen Energie verwendet.

3. Die strahlende Energie kann in Wärme verwandelt werden, indem bei Zusammenstößen angeregter Moleküle mit anderen die aufgenommene Lichtenergie in kinetische verwandelt wird.

4. Die strahlende Energie kann in chemische Energie verwandelt werden. Dabei erzeugt sie primär Stoffe von größerer freier Energie als der der Ausgangssubstanzen, besonders Spaltprodukte. Die Primärprodukte können dann weiter reagieren, insbesonders auch auslösend wirken und die Reaktionsgeschwindigkeit eines im Gleichgewicht befindlichen Systems vermehren. So beschleunigt das Licht die Reaktion von Chlor mit Benzol unter Bildung von Benzolhexachlorid oder führt die explosive Verbindung von Chlor und Wasserstoff zu HCl in feuchten Räumen herbei. Ferner kann ein angeregtes Molekül seine Energie auf ein nicht angeregtes im Stoß übertragen, eine als Sensibilisation bezeichnete Erscheinung. Das sensibilisierte Molekül reagiert dann photochemisch. Die eigentlichen photochemischen Vorgänge, d. h. die unmittelbar

durch die Absorption verursachten Reaktionen, sind wie diese selbst temperaturunabhängig, d. h. das Verhältnis ihrer Geschwindigkeiten bei verschiedenen Temperaturen ist gleich 1.

Wir unterscheiden am photochemischen Gesamtprozeß die primären und die sekundären Prozesse. Als Primärprozeß bezeichnen wir nicht den Vorgang der Anregung, der mit jeder Lichtabsorption verbunden ist, gleichviel ob sie photochemisch wirksam wird oder nicht, sondern den Vorgang der Umwandlung der absorbierten strahlenden Energie in chemische. Reagiert das photochemische Primärprodukt weiter, so sagt man, es wirkt als Akzeptor. Dadurch entstehen die Sekundärprozesse, die zwar mittelbar aber nicht unmittelbar von der Zufuhr von Licht abhängig sind.

Die Wirksamkeit einer Bestrahlung bei einem photochemischen Prozeß pflegt man nach zwei Gesichtspunkten zu untersuchen:

a) Man fragt: Wie groß ist der Nutzeffekt der Reaktion, ist das Verhältnis von geleisteter chemischer Arbeit zu absorbierter strahlender Energie? Dies Verhältnis, also, wenn beide Energiebeträge in cal ausgedrückt werden, die pro cal absorbierte Energie hervorgebrachte chemische Wirkung bezeichnet man als φ (E. WARBURG).

b) Man fragt: Wie groß ist das Verhältnis der Zahl der reagierenden Moleküle zur Zahl der absorbierten Quanten oder die Zahl der reagierenden Moleküle pro 1 absorbiertes Quant? Dies Verhältnis nennt man die Quantenausbeute, seinen reziproken Wert, das Verhältnis der Zahl der absorbierten Quanten zur Zahl der reagierenden Moleküle oder die zur Reaktion eines Moleküls nötige Anzahl Quanten, die Quantenempfindlichkeit oder den Quantenverbrauch.

Nutzeffekt wie Quantenverbrauch sind von den Versuchsbedingungen abhängig. So erfordert nach BODENSTEIN [1] die photochemische Zersetzung eines Moleküls NH_3 im kurzwelligen Ultraviolett bei Zimmertemperatur 4 Quanten, bei 300° C nur 1 Quant. Sowohl φ wie den Quantenverbrauch kann man auf den Primärprozeß beziehen wie auf den ganzen Prozeß, wenn sich an den Primärprozeß noch Sekundärreaktionen anschließen. Die Bezugnahme auf den ganzen Prozeß wird man immer da wählen müssen, wo der Primärprozeß selbst nicht bekannt oder faßbar ist, was

---

[1] BODENSTEIN, M.: Naturwiss. **17**, 788 (1929).

vielfach bei photochemischen Reaktionen der Fall ist. Die einfachsten Beziehungen für φ und Quantenverbrauch wird man aber dabei nicht erwarten können, sondern vielmehr da, wo man auf den Primärprozeß beziehen kann. Für die Beziehung zwischen Quantenverbrauch und Zahl der zersetzten Moleküle sind folgende zwei Fälle zu unterscheiden:

a) Die gleiche Zahl Quanten zerlegt die gleiche Zahl Moleküle unabhängig von der Wellenlänge.

b) Die gleiche Zahl Quanten zerlegt je nach der Wellenlänge verschiedene Zahlen von Molekülen.

Den Fall a) bezeichnet man als das Geltungsbereich der EINSTEINschen Äquivalentregel. In diesem Falle ist der Quantenverbrauch wie die Quantenausbeute unabhängig von der Wellenlänge, der Nutzeffekt aber proportional der Wellenlänge, also bei langwelligem Licht besser als bei kurzwelligem, da bei gleicher Zahl absorbierter Quanten die absorbierte Energiemenge bei langwelligem Licht kleiner als bei kurzwelligem ist. Dies Verhalten werden wir bei der Reduktion der CO_2-Moleküle in der grünen Pflanze innerhalb gewisser Spektralbereiche tatsächlich finden. Es ist dies kein Widerspruch zu unserer früheren Bemerkung, daß das kurzwellige Licht stärker photochemisch sei als das langwellige; denn, wie bereits hervorgehoben, bedeutet dieser Satz, daß Reaktionen, die das relativ kleine Energiequant $h\nu$ im Rot nicht erzielen kann, durch Absorption des größeren Energiequants im kurzwelligen Spektralbereich erzwungen werden können. Ein Vergleich: Ein Löwe wird durch eine Schrotkugel nicht getötet, sondern erst durch ein Geschoß größeren Kalibers, aber bei einem Sperling, bei dem eine Schrotkugel zur Tötung ausreicht, ist der Nutzeffekt der Schrotkugel viel besser als der eines großkalibrigen Geschoßes, denn man kann mit einem großkalibrigen Geschoß nur einen Sperling töten, aber mit dem gleichen Gewicht Schrotkugeln eine ganze Anzahl.

Ist für eine photochemische Reaktion die Bedingung erfüllt: Gleiche Anzahl von Quanten zerlegt unabhängig von λ gleiche Anzahl Moleküle, so sind folgende zwei Fälle möglich:

a_1) Die Zahl der verbrauchten Quanten $\dfrac{E}{h\nu}$ ist gleich der Zahl der zersetzten Moleküle N

$$N = \frac{E}{h\nu}. \qquad [317]$$

a_2) Die Zahl der verbrauchten Quanten ist proportional der Zahl der zersetzten Moleküle

$$N = k \frac{E}{h\nu}. \qquad [318]$$

In diesem Falle ist die Zahl der zur Zersetzung eines Moleküls verbrauchten Quanten entweder größer oder kleiner als 1. Sie kann größer als 1 sein, wenn bei einer Reaktion die Energie, die zur chemischen Umwandlung eines Moleküls notwendig ist, größer ist als die eines absorbierten Quants in dem Wellenbereich, der diese Umwandlung hervorruft; denn, wenn in diesem Falle die ganze aufzuwendende chemische Energie der Strahlung entstammt, so muß man annehmen, daß mehrere Quanten von diesem Molekül absorbiert werden müssen, bis die Umwandlung eintritt. Ist die Zahl der Quanten, die pro Molekül gebraucht werden, 2 bzw. 3, so ist

$$N = \frac{1}{2} \frac{E}{h\nu} \text{ bzw. } = \frac{1}{3} \frac{E}{h\nu}, \text{ also allgemein } N = k \frac{E}{h\nu},$$

worin der reziproke Wert von k die Zahl der Quanten ist, die zur Zersetzung eines Moleküls erforderlich sind, während k die Zahl der von 1 Quant zersetzten Moleküle angibt, wie sich leicht daraus ergibt, daß man die Quantenzahl $\frac{E}{h\nu} = 1$ setzt. Während bei Gültigkeit von $N = \frac{E}{h\nu} = \frac{E\lambda}{h}$ in allen Wellenbereichen N und λ direkt proportional sind, ist dies bei $N = k \frac{E}{h\nu} = k \frac{E\lambda}{h}$ möglich, aber nicht erforderlich. Es ist dann der Fall, wenn k konstant also unabhängig von λ ist. Wenn aber k sich mit der Wellenlänge ändert, so ist die Zahl der pro cal zersetzten Moleküle nur irgendeine Funktion von λ, nicht λ direkt proportional.

Aus der quantentheoretischen Betrachtung ergibt sich auch ohne weiteres für photochemische Prozesse, die der EINSTEINschen Regel, sei es auch in ihrer erweiterten Form (a_2), folgen, der BUNSEN-ROSCOEsche Satz, daß die Mengen des photochemischen Reaktionsproduktes gleich sind, wenn die Produkte aus Zeit und Lichtintensität gleicher Wellenlänge gleich sind, ein Satz, der als die photochemische Grundlage des in der pflanzlichen Reizphysiologie vielfach innerhalb ziemlich weiter Grenzen gültigen „Reizmengen-gesetzes" bei Lichtreizung betrachtet werden kann, nach dem der Schwellenwert für eine Reizung durch das Produkt aus Intensität und Einwirkungsdauer eines Reizmittels bestimmt ist.

Um einen Begriff von der Größe eines Lichtquants im Gebiet der Wellenlängen zu erhalten, die für pflanzliche Lichtreaktionen in Frage kommen, wollen wir ε für $\lambda = 500\ \mathrm{m}\mu$ berechnen, also für eine Wellenlänge, die im mittleren Teil des sichtbaren Spektrums liegt. Da $\nu = \dfrac{c}{\lambda}$, worin $c = 3 \cdot 10^{10}$ cm/sec die Fortpflanzungsgeschwindigkeit des Lichts ist, so erhalten wir

$$\nu = \frac{3 \cdot 10^{10}}{5 \cdot 10^{-5}} = 0{,}6 \cdot 10^{15}, \quad \mathrm{h}\,\nu = 6{,}6 \cdot 10^{-27} \cdot 0{,}6 \cdot 10^{15}$$

$$\varepsilon = \mathrm{h}\,\nu = 4 \cdot 10^{-12}\ \text{erg.}$$

Dieses Energiequant wollen wir mit der mittleren kinetischen Energie, d. h. der Temperatur eines Atoms eines einatomigen Gases vergleichen. Diese berechnet sich nach der kinetischen Gastheorie bei 300^0 T zu $\dfrac{3}{2}\,\mathrm{k}\,\mathrm{T} = 1{,}5 \cdot 1{,}37 \cdot 10^{-16} \cdot 300 = 6{,}1 \cdot 10^{-14}$ erg. Denken wir uns ε vollständig in Wärmebewegung eines solchen Atoms verwandelt, so würde sich die Temperatur dieses Atoms $\mathrm{T_x}$ zu $\mathrm{T} = 300$ verhalten wie $4 \cdot 10^{-12}$ zu $6 \cdot 10^{-14}$, d. h.

$$\mathrm{T_x} = \frac{4 \cdot 10^{-12}}{6 \cdot 10^{-14}} \cdot 300 = 20\,000^0.$$

Man erkennt aus diesem Wärmeäquivalenzwert, daß die Absorption eines solchen Lichtquants dem Atom eine Energiemenge zuführt, die offenbar imstande ist, auch Reaktionen von hohem Energiebedarf zu bewirken. Die Erzwingung solcher Reaktionen ist unabhängig von der Intensität der Strahlung, da ja jedes absorbierte Quant einen photochemischen Primärvorgang erzeugt. Dennoch genügt, wie wir noch sehen werden, die Absorption eines Lichtquants durch ein CO_2-Molekül nicht zur Reduktion des Kohlenstoffs auf die Reduktionsstufe, auf der er sich in den Kohlehydraten befindet.

Noch eine zweite, für biologische Verhältnisse sehr wichtige Folgerung ergibt sich aus der Quantenauffassung des photochemischen Prozesses. Wenn eine Lichtintensität bestimmter Wellenlänge gegeben ist, deren Quanten einzeln oder zu wenigen eine bestimmte Reaktion in einem Molekül, z. B. seine Spaltung gestatten, so wird der Eintritt dieser Reaktion auch schon bei minimalsten Intensitäten erfolgen, also unabhängig von der Intensität sein, denn nach der Quantenauffassung bestimmt die Lichtintensität nur die Zahl der gespaltenen Moleküle, also die Größe des Umsatzes, dagegen hängt das Zustandekommen oder Nicht-

zustandekommen einer Reaktion von der Größe der zur Verfügung
stehenden Quanten ab. Für technische Verhältnisse, wie etwa
beim gewöhnlichen photographischen Prozeß, ist natürlich stets
eine verhältnismäßig hohe Lichtintensität erforderlich, bei ihnen
müssen verhältnismäßig große Stoffmengen umgesetzt werden. In
der Pflanze dagegen genügt, wie wir wissen, oft schon das Auftreten oder Verschwinden minimaler Stoffmengen, um wesentliche
Veränderungen des gesamten Reaktionsverlaufes zu erzielen. So
wird es verständlich, daß nicht selten Bestrahlungen mit minimalen Intensitäten, z. B. bei im Dunkeln aufgezogenen Pflanzen,
außerordentlich starke biologische Wirkungen ausüben können.
Auch die Wirksamkeit der umstrittenen GURWITSCH-Strahlen wäre
nur durch die Deutung der Quantentheorie verständlich; denn
es handelt sich ja hier um Intensitäten ultravioletter Strahlung,
deren Nachweis nur mit den allerfeinsten Meßinstrumenten physikalisch möglich ist.

Siebentes Kapitel.

Grenzflächenenergie.

Grenzflächenspannung und deren allgemeine Thermodynamik S. 200.
Umwandlung von Grenzflächenenergie in mechanische und osmotische
Energie S. 203. Adsorption S. 209. Quellung S. 214. Umwandlung elek-
trischer in Grenzflächenenergie S. 216. Grenzflächenspannung und chemische
Energie S. 219.

Die Grenzschicht zweier Phasen läßt sich als eine dritte Phase
betrachten, in der spezielle Zustandsgleichungen und Reaktions-
gesetze gelten. Die Dicke dieser Phase beträgt eine oder mehrere
Molekülschichten. Daß die Teilchen in einer Phasengrenzschicht
unter anderen Bedingungen stehen als die im Innern einer Phase,
zeigt folgende Überlegung: Auf letztere wirken allseits gleiche
Kräfte von seiten der Teilchen in ihrer Umgebung, und diese Kräfte
kompensieren sich. Auf erstere wirken von der einen Seite die
Kräfte von Teilchen der einen Phase, auf der anderen Seite die
von Teilchen der zweiten Phase, und diese Kräfte werden sich
im allgemeinen nicht kompensieren. Daher tritt in solchen Grenzflächen eine Grenzflächenspannung und eine Grenzflächenenergie
auf. Wie man sich im speziellen das Zustandekommen der Grenzflächenenergie vorzustellen hat, darüber sind eine Reihe von
Theorien entwickelt worden, auf die wir nicht näher eingehen.

Erwähnt sei eine thermodynamische Theorie von VAN DER WAALS, die mit den gleichen VAN DER WAALSschen Kräften rechnet, wie sie zur Darstellung des Verhaltens verdichteter Gase und Flüssigkeiten angenommen werden, eine auf der Dipolvorstellung beruhende von DEBYE und eine Valenzvorstellung von HABER und LANGMUIR. Nach letzterer sind bei den Molekülen im Innern einer Lösung oder eines Kristalls alle Valenzkräfte abgesättigt, bei denen in der Grenzschicht ist ein Teil der in einen angrenzenden Gasraum ragenden Nebenvalenzen ungesättigt, und diese ungesättigten arbeitsfähigen Valenzen bedingen einen Energieüberschuß der Grenzfläche gegenüber dem Phaseninneren. Dem Vorhandensein dieses Energieüberschusses trägt man auch dadurch Rechnung, daß man von einem „Adsorptionspotential" ψ_i einer Grenzflächenstelle i für einen Stoff spricht. Man mißt es entsprechend dem elektrischen Potential durch die Nutzarbeit, die man aufwenden muß, wenn man 1 Mol des Stoffes aus einer Entfernung, in der Grenzflächenkräfte nicht mehr wirksam sind, in der $\psi_i^0 = 0$, isotherm und reversibel nach i überführt. Ist der Dampfdruck des Stoffes in i p_i, an der entfernten Stelle p_a, so ist

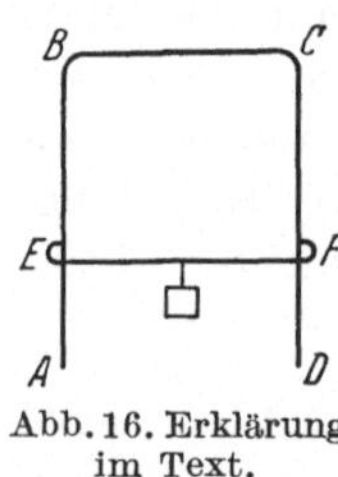

Abb. 16. Erklärung im Text.

$$\psi_1 - \psi_i^0 = \psi_i = R\,T\ln\frac{p_i}{p_a},\qquad [319]$$

bei Geltung der idealen Gasgesetze, andernfalls sind statt der Dampfdrucke die Flüchtigkeiten einzusetzen.

Der Wert der Grenzflächenspannung einer Substanz hängt, wie sich aus dem Vorhergehenden ergibt, nicht nur von ihrer Natur ab, sondern auch von der Natur der Substanz, an die sie grenzt. Wenn zwei Flüssigkeiten gegenüber Luft die gleiche Grenzflächenspannung haben — die Grenzflächenspannung, -energie usw. gegen Gase bezeichnet man auch als Oberflächenspannung usw. —, so brauchen sie keineswegs gegenüber einer dritten Substanz dieselbe Grenzflächenspannung zu haben. Spricht man von Oberflächenspannung einer Flüssigkeit schlechthin, so ist ihre Oberflächenspannung gegen ihren Dampfraum oder gegen Luft gemeint.

MAXWELL hat folgenden Versuch zur Erläuterung der grundlegenden Begriffe ersonnen, die uns in diesem Kapitel beschäftigen. An den Schenkeln A B und C D des Rahmens A B C D ist ein Querdraht E F leicht verschieblich angebracht (Abb. 16). Erzeugt man in dem Viereck BCEF eine Flüssigkeitslamelle, so bleibt diese nur dann erhalten, wenn EF mit einem bestimmten Gewicht Ge belastet wird. Fehlt das Gewicht oder ist es zu klein, so zieht sich die Lamelle zusammen. Ist es zu groß, so zerreißt sie. Es wirkt also in der Lamelle eine Kraft K, die Oberflächenkraft, die die Oberfläche zu verkleinern strebt. Wenn sich die Oberfläche konstant erhält, muß eine dieser Kraft gleiche Gegenkraft wirken. Diese wird in unserem Beispiel durch das Gewicht Ge geliefert, so daß K = Ge. Da die Kraft K längs EF angreift, so wird ihr Betrag pro Zentimeter $\dfrac{K}{EF}$ sein, wenn mit EF auch die Länge von EF in Zentimeter bezeichnet wird, und, da das Zusammenziehungsbestreben sowohl von der vorderen wie von der hinteren Oberfläche unserer Lamelle ausgeht, wird ihr Betrag pro Zentimeter und Oberfläche $\dfrac{K}{2\,EF}$ sein. Diese Größe wird als Oberflächenspannung, σ, bezeichnet. σ ist also die in Dynen gerechnete längs 1 cm einer Oberfläche wirkende Oberflächenkraft und Ge $= 2\,\sigma\,EF$. Denkt man sich den Draht EF zunächst unbeschwert, demnach durch die Oberflächenspannung bis nahe an BC heraufgezogen, nunmehr durch Belastung mit Ge die Lamelle wieder isotherm und reversibel bis zur vorigen Gleichgewichtslage ausgedehnt, so wird bei der Ausdehnung gegen die Oberflächenspannung Nutzarbeit aufgewendet. Diese ist gleich der gegen die Oberflächenkräfte aufzuwendenden Kraft mal dem Weg. Da die Erfahrung lehrt, daß die Oberflächenspannung — wenigstens für reine Flüssigkeiten und makroskopische Dimensionen — unabhängig von der Oberflächengröße ist, können wir die Kraft konstant und gleich $2\,\sigma\,EF$ setzen. Der Weg sei gleich BE, also die Nutzarbeit gleich $2\,\sigma\,EF \cdot BE = \sigma\omega$, wenn ω die erzeugte Oberfläche, das Doppelte der Fläche unserer Lamelle bezeichnet. Das Produkt $\sigma\omega$ stellt demnach die bei isothermer und reversibler Bildung der Oberfläche ω aufgewendete Oberflächennutzarbeit dar. Dadurch wird σ außer durch die bereits gegebene Definition mit der Dimension Dyn/cm auch in der Dimension Erg/cm² definiert, nämlich als diejenige Nutzarbeit, die zur Erzeugung der Oberflächeneinheit ($\omega = 1$) im Minimum nötig ist. Vielfach wird als Einheit der Oberflächennutzarbeit (= Nutzarbeit, die zur Bildung einer Oberfläche erforderlich ist) nicht die auf 1 cm² bezogene gewählt, sondern die molare Oberflächennutzarbeit, d. h. diejenige, die zur Ausbildung einer Oberfläche erforderlich ist, die einer quadratischen

Würfelfläche x desjenigen Würfels entspricht, der 1 Mol der betreffenden Substanz enthält. Ist v das Volumen der Masseneinheit der Substanz (spezifisches Volumen), M ihr Molekulargewicht, so ist Mv das Volumen dieses Würfels und, wenn mit r seine Seitenlänge bezeichnet wird,

$$M v : x = r^3 : r^2 = r^3 : (r^3)^{\frac{2}{3}}, \ x = (M v)^{\frac{2}{3}} . \qquad [320]$$

Also ist die molare reversible Oberflächennutzarbeit $\sigma (Mv)^{\frac{2}{3}}$. Je nachdem, ob die reversible isotherme Bildung bei konstantem Volumen oder bei konstantem Druck vorgenommen wird, stellt $\sigma \omega$ die gesamte aufgewendete Arbeit oder nur die aufgewendete Nutzarbeit dar, da im letzteren Falle im allgemeinen mit der Oberflächenvergrößerung auch eine Volumenveränderung verbunden sein wird und damit eine von dem konstanten Druck aufgewendete Volumenarbeit zur Oberflächennutzarbeit hinzukommt, die jedoch bei Berechnung der Nutzarbeit wieder von der Gesamtarbeit abgezogen wird. Demnach ist

$$\sigma \omega = A_n = \varDelta G, \ \sigma = \frac{A_n}{\omega} = \frac{\varDelta G}{\omega} . \qquad [321]$$

Die Anwendung der Gibbs-Helmholtzschen Formeln auf eine isotherme reversible Oberflächenvergrößerung bei konstantem Volumen bzw. Druck ergibt somit

$$(A_m)_V - \varDelta U_V = T \left(\frac{\partial A_{mV}}{\partial T} \right)_{V,\omega} , \ (\sigma \omega)_V - \varDelta U_V = T \omega \left(\frac{\partial \sigma}{\partial T} \right)_{V,\omega}$$

$$A_n - \varDelta H = T \left(\frac{\partial A_n}{\partial T} \right)_{P,\omega} , \ (\sigma \omega)_P - \varDelta H = T \omega \left(\frac{\partial \sigma}{\partial T} \right)_{P,\omega} . \qquad [322]$$

Der Index ω neben $\left(\frac{\partial A_{mV}}{\partial T} \right)$ usw. soll hierbei der Bedingung Ausdruck geben, daß die Arbeit bei zwei um dT verschiedenen Temperaturen gemessen werden soll, wenn der Vorgang von einer bei beiden Temperaturen gleichen Anfangsoberfläche zu einer bei beiden Temperaturen gleichen aber anderen Endoberfläche verläuft, wofür man z. B. auch die Schreibweise ω_1, ω_2 wählen könnte. Da bei reversiblen isothermen Oberflächenänderungen die vom Atmosphärendruck geleistete oder aufgewendete Volumenarbeit gegenüber der Oberflächennutzarbeit im allgemeinen wegen ihrer Geringfügigkeit vernachlässigt werden kann, so wird vielfach $\sigma \omega = A_n = \varDelta G$, die Zunahme des Oberflächenpotentials bei konstantem Druck der Zunahme der freien Oberflächenenergie gleichgesetzt, auch wenn der Vorgang nicht bei konstantem Volumen stattfindet, sondern bei konstantem Druck.

Die gesamte Energie- bzw. Enthalpiezunahme bei der reversiblen isothermen Oberflächenvergrößerung unter der Bedingung konstanten Volumens bzw. Drucks besteht nach Gleichung [322] in der aufgewendeten Oberflächenarbeit bzw. -nutzarbeit plus dem negativ genommenen Glied der rechten Seite von Gleichung [322]. Dieses negative Glied stellt die bei dem Vorgang stattfindende Wärmeaufnahme Q_m dar; die Erfahrung lehrt, daß $\frac{\partial \sigma}{\partial T}$ negativ ist, $-\frac{\partial \sigma}{\partial T}$ einen positiven Wert hat; bei adiabatischer Oberflächenvergrößerung kühlt sich die Oberfläche ab.

Die Oberfläche eines Körpers stellt neben Volumen, Temperatur, Druck eine Zustandsvariable dar. Wenn wir in den früheren Kapiteln, z. B. bei den thermodynamischen Betrachtungen chemischer oder elektrischer Vorgänge, diese Zustandsvariable nicht berücksichtigt haben, so haben wir zweifellos einen gewissen Fehler begangen. Indes haben wir diesen Betrachtungen im allgemeinen Systeme zugrunde gelegt, in denen sich molare Umsätze abspielten, und es läßt sich leicht zeigen, daß in der Regel der Fehler bei Nichtberücksichtigung der speziellen Verhältnisse in der Oberfläche dieser Systeme energetisch nicht sehr ins Gewicht fällt. So beträgt für Wasser die reversible Oberflächenarbeit pro Quadratzentimeter 73 Erg, die molare 506 Erg. Nun ist 1 Erg $= 2,4 \cdot 10^{-8}$ cal, 100 Erg $= 2,4 \cdot 10^{-6}$ cal. Aus diesen minimalen Kaloriewerten ergibt sich die Berechtigung, bei einer sehr großen Anzahl energetischer Prozesse die Oberflächeneffekte zu vernachlässigen, wenn man noch berücksichtigt, daß auch die Oberflächenwärme im Zimmertemperaturgebiet der Größenordnung nach ebenso kleine Werte aufweist.

Da das thermodynamische Potential bei isothermen Prozessen einem Minimum zustrebt, so gilt dies auch für $\sigma\omega$, das thermodynamische Oberflächenpotential. Sehen wir zunächst von den später zu besprechenden Fällen ab, bei denen σ sich bei konstanter Temperatur verkleinern kann, so kann $\sigma\omega$ nur durch Verkleinerung von ω abnehmen. Das thermodynamische Oberflächenpotential sucht die Ausbildung minimaler Oberflächen zu erzielen. Deshalb nimmt auch ein der Wirkung der Schwere entzogener, etwa in einer anderen Flüssigkeit suspendierter Flüssigkeitstropfen Kugelgestalt an, die Gestalt der relativ zum Volumen kleinsten Oberfläche. Bei solchen auf das Oberflächenminimum abzielenden Vorgängen kann das thermodynamische Oberflächenpotential mechanische

Arbeit leisten. Unter dem Einfluß der Oberflächenspannung wirkt auf die Oberfläche einer Flüssigkeitskugel vom Volumen V und Radius r ein Druck P_σ, den man als Kapillardruck bezeichnet, und der sich daraus berechnet, daß die Oberflächenspannung bei einer unendlich kleinen Verringerung der Kugeloberfläche ω die Volumenarbeit $-\sigma\,d\omega = -P_\sigma\,dV$ leistet. Aus den Werten $\frac{4}{3}r^3\pi$ bzw. $4\,r^2\pi$ für Volumen bzw. Oberfläche der Kugel erhalten wir

$$P_\sigma\,4\,\pi\,r^2\,d\,r = 8\,\pi\,r\,\sigma\,d\,r\,, \quad P_\sigma = \frac{2\,\sigma}{r}\,. \qquad [323]$$

Diese Gleichung gilt nicht nur für eine ganze Kugeloberfläche, sondern für jede gekrümmte Oberfläche, die sich als Teil einer Kugel-oberfläche auffassen läßt; denn wir können die gleiche Ableitung

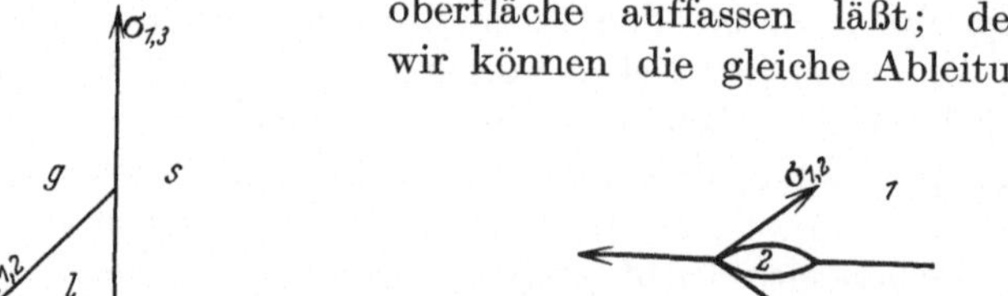

Abb. 17a. s feste, l flüssige, g gasförmige Phase, $\sigma_{1,2}\ \sigma$ zwischen g und l, $\sigma_{2,3}\ \sigma$ zwischen l und s, $\sigma_{1,3}\ \sigma$ zwischen g und s.   Abb. 17b. 1 Gas, 2 und 3 Flüssigkeiten.

auch für den Kugelsektor machen, dessen Oberfläche unsere ge-krümmte Fläche bildet, weil das Verhältnis Grundfläche : Volumen für den Kugelsektor das gleiche ist wie das von Oberfläche : Volumen der ganzen Kugel. Da wir die gleiche Betrachtung wie für eine von Wasserdampf oder Luft umgebene Wasserkugel auch für eine von Wasser umgebene kugelförmige Luft- oder Wasserdampfblase an-stellen können, gilt Gleichung [323] nicht nur für konvexe, sondern auch für konkave Flüssigkeitsgrenzflächen, die sich als Kugel-kalotten auffassen lassen. Man ersieht aus ihr, daß sich der Kapillardruck einer gekrümmten Oberfläche mit deren Krüm-mungsradius ändert, und zwar mit steigender Krümmung (ab-nehmendem Krümmungsradius) steigt. Die Oberflächenspan-nung ist aber von der Krümmung der Fläche unabhängig.

Grenzen mehrere Phasen aneinander, so sucht sich ein Gleich-gewicht einzustellen, bei dem sich die nach den verschiedenen Richtungen hin wirkenden Grenzflächenspannungen die Waage halten. Abb. 17 erläutert dies für die zwei Fälle: a) feste, flüssige, gasförmige Phase; b) zwei flüssige Phasen, eine Gasphase. Welche Massenverschiebungen dabei eintreten, hängt von der Stärke der einzelnen Komponenten ab. So kann in Fall b) die Flüssigkeit 2 linsenförmig auf 3 liegen bleiben oder sich ausbreiten, es kann im Fall a) die Flüssigkeit sich nach oben oder unten verschieben. Wir wollen näher nur die Wirkung der Oberflächenspannung in kapillaren Räumen betrachten. Diese ist entgegengesetzt, je nachdem, ob die Flüssigkeit die Kapillarwand benetzt oder nicht. Im ersten Falle hat man sich die ganze Wand einer mit ihrem unteren Ende in Flüssigkeit tauchenden Kapillare mit einer dünnen Flüssigkeitsoberfläche bedeckt zu denken. Das thermodynamische Oberflächenpotential sucht diese Oberfläche zu verkleinern und zieht deshalb Flüssigkeit in die Kapillare hinein, wodurch längs der gehobenen Flüssigkeitssäule die Grenzfläche Flüssigkeit/Luft verschwindet. Dabei leistet es die mechanische Arbeit des Flüssigkeitshubes in der Kapillare. Das nach unten ziehende Gewicht der gehobenen Flüssigkeitssäule wirkt aber der nach oben ziehenden Oberflächenspannung entgegen, und es stellt sich schließlich ein Gleichgewicht ein, in dem sich beide Kräfte das Gleichgewicht halten. Bezeichnet r den inneren Radius der Kapillare, so wirkt längs ihres Umfanges an der Flüssigkeitsoberfläche die Oberflächenspannung $2\,\pi r\sigma$. Bezeichnet h die Höhe der gehobenen Flüssigkeitssäule, s die Dichte der Flüssigkeit, g die auf die Masseneinheit 1 g wirkende Schwerkraft, so ist das gehobene Gewicht $\pi r^2 h s g$. Also ist im Gleichgewicht

$$2\pi r\sigma = \pi r^2 h s g \qquad [324]$$

eine Gleichung, mit deren Hilfe sich aus der Steighöhe benetzender Flüssigkeiten in Kapillaren die Oberflächenspannung bestimmen läßt. Die gegebene Ableitung enthält übrigens einige vereinfachende Voraussetzungen, insbesondere die, daß die Oberflächenspannung senkrecht nach oben wirkt, also der Winkel der Grenzfläche Flüssigkeit/Gas mit der Grenzfläche Kapillarwand/Flüssigkeit, der sog. Randwinkel, gleich 0 ist. Auch bei nichtbenetzenden Flüssigkeiten führt das Bestreben, das thermodynamische Oberflächenpotential zum Minimum zu bringen, zu Arbeitsleistungen, und zwar findet eine Niveausenkung des Flüssigkeitsspiegels in Kapillaren statt (Kapillardepression). Die Steighöhe ist also negativ, und wir erhalten $2\pi r\sigma = -\pi r^2 h s g$.

Gleichung [324] erlaubt eine wichtige Beziehung zwischen Oberflächenspannung, Krümmungsradius und Dampfdruck einer

Flüssigkeit abzuleiten. Wir hatten bereits bei Betrachtung der osmotischen Erscheinungen eine Beziehung zwischen relativer Dampfdruckänderung und Steighöhe kennengelernt; denn aus Gl. [151] folgt, wenn wir $\pi = \mathrm{h\,s'}$ setzen, $\dfrac{\mathrm{p_g^0 - p_g}}{\mathrm{p_g^0}} = \dfrac{\mathrm{h\,M}}{\mathrm{RT\,1000}}$ [325]. Geben wir R statt in Literatmosphären in Kubikzentimeter-Atmosphären an, und ersetzen wir M, das in dieser Gleichung das Gewicht eines Mols bedeutet, durch M g, worin g die Erdbeschleunigung bezeichnet. M nunmehr die Masse eines Mols, so geht Gleichung [325] über in

$$\frac{\mathrm{p_g^0 - p_g}}{\mathrm{p_g^0}} = -\frac{\varDelta\,\mathrm{p_g}}{\mathrm{p_g^0}} = \frac{\mathrm{M\,g\,h}}{\mathrm{R\,T}}, \qquad [326]$$

andererseits erhalten wir aus Gleichung [324]

$$\mathrm{g\,h} = \frac{2\,\sigma}{\mathrm{r\,s}} \;[327] \text{ also } -\frac{\varDelta\,\mathrm{p_g}}{\mathrm{p_g^0}} = \frac{2\,\sigma\,\mathrm{M}}{\mathrm{r\,s\,R\,T}}. \qquad [327\,\mathrm{a}]$$

Je enger der Radius der Kapillare, um so größer wird ceteris paribus die Dampfdruckerniedrigung, die sie hervorruft. Für nichtbenetzende Flüssigkeiten, die eine konvexe Oberfläche haben, ist

$$\mathrm{g\,h} = -\frac{2\,\sigma}{\mathrm{r\,s}} \text{ also } \frac{\varDelta\,\mathrm{p_g}}{\mathrm{p}} = \frac{2\,\sigma\,\mathrm{M}}{\mathrm{r\,s\,R\,T}}, \qquad [328]$$

d. h. es tritt eine Dampfdruckerhöhung ein, die ceteris paribus dem Radius der Kapillare umgekehrt proportional ist. In Gleichung [328] können wir statt $\dfrac{2\sigma}{\mathrm{r}}$ auch den bereits (Gleichung [323]) eingeführten Kapillardruck setzen und $\dfrac{\mathrm{M}}{\mathrm{s\,R\,T}} = \mathrm{k}$, wenn es sich um ein und dieselbe Flüssigkeit bei konstanter Temperatur handelt. Dann ist

$$\frac{\varDelta\,\mathrm{p_g}}{\mathrm{p_g^0}} = \mathrm{k}\cdot\mathrm{P}_\sigma = \mathrm{k}\,\frac{2\,\sigma}{\mathrm{r}}, \qquad [329]$$

d. h. die Dampfdruckerhöhung zweier Oberflächen der gleichen Flüssigkeit ist ihrem Kapillardruck proportional. Haben wir also bei gleicher Temperatur zwei Kugeln einer Flüssigkeit von verschiedenem Radius, so haben diese Kugeln verschiedenen Dampfdruck, und zwar ist ihre Dampfdruckerhöhung gegenüber einer ebenen Flüssigkeitsoberfläche um so größer, je kleiner ihr Radius ist. Für eine ebene Oberfläche, die man als Teil einer Kugeloberfläche von unendlich großem Radius auffassen kann, wird $\varDelta\,\mathrm{p_g} = 0$, während eine gekrümmte Oberfläche eine mit steigender

Krümmung steigende Dampfspannung aufweist. Bei einem Tropfenradius von 10^{-5} cm ergibt Gl. [328] für Wasser von 25^0

$$\frac{\Delta\,p_g}{p_g^0} = \frac{2\cdot 73\cdot 18}{10^{-5}\cdot 1\cdot 8,31\cdot 10^7\cdot 298} = \text{ca } 0,01\,,$$

d. h. eine 1%ige Dampfdruckerhöhung. Bei $r = 10^{-6}$ cm beträgt sie bereits 10%. Kleine Tröpfchen einer Flüssigkeit suchen deshalb zu einem größeren zusammenzudestillieren. Auch der Dampfdruck kleiner Kristalle ist infolge ihrer Oberflächenspannung gegenüber dem großer erhöht, weshalb sie instabil sind, und frisch gebildete kleine Kristalle sich allmählich in größere umwandeln.

Bei Lösungen kann das Abnahmebestreben des thermodynamischen Oberflächenpotentials nicht nur durch Verminderung der Oberfläche, sondern auch durch Verminderung von σ erfolgen, da σ eine Funktion der Konzentration ist. Es gibt Lösungen, deren σ mit **steigender** Konzentration und solche, deren σ mit **abnehmender** Konzentration sinkt. Eine Abnahme von σ und damit des thermodynamischen Oberflächenpotentials wird also bei ersteren durch Erhöhung der Konzentration in der Oberfläche (positive Adsorption) gegenüber dem Lösungsinnern erfolgen, bei letzteren durch Erniedrigung der Konzentration in der Oberfläche (negative Adsorption). In beiden Fällen leistet das thermodynamische Oberflächenpotential Arbeit, da es eine bestehende Konzentrationsgleichheit in eine Konzentrationsdifferenz verwandelt. Stoffe, die die Oberflächenspannung beträchtlich erniedrigen, bezeichnet man als oberflächenaktive, während oberflächeninaktive Stoffe σ nur wenig ändern. Als Maß der Grenzflächenaktivität benutzt man dementsprechend die auf die Einheit des Konzentrationsunterschiedes bezogene Oberflächenspannungserniedrigung $-\dfrac{\partial\,\sigma}{\partial\,c}$ oder ein ihm verwandtes, die später erörterte „spezifische Kapillaraktivität". Wenn wir im Kapitel über die osmotischen Erscheinungen für die mit Änderungen der Grenzflächen einhergehenden Verdünnungen und Konzentrierungen von Lösungen die maximale Arbeit lediglich als osmotische berechnet haben, so haben wir durch Vernachlässigung der Oberflächenarbeit eine Ungenauigkeit begangen. Diese Vernachlässigung ist jedoch in vielen Fällen berechtigt, nämlich dann, wenn bei den betrachteten Systeme die Zahl der Moleküle im Innern so ungeheuer die an der Oberfläche überwiegt, daß die speziellen thermodynamischen Vorgänge an der Grenzfläche größenordnungsmäßig gänzlich hinter denen im Innern zurücktreten. Sowie wir es jedoch mit Systemen zu tun haben, bei denen, wie z. B. bei den Kolloiden, die Größe der Oberfläche relativ zum Volumen beträchtlich ist, müssen die thermodynamischen Oberflächeneffekte berücksichtigt werden. Sie können aber auch bereits in Fällen von Wichtigkeit sein, wo die Oberfläche relativ zum Volumen gar nicht besonders entwickelt ist, aber die in der Grenzfläche auftretenden besonderen Effekte wie Adsorption und anschließende Beeinflussung eines Reaktionsverlaufes sich auswirken.

Die Abnahme des thermodynamischen Potentials bei einer sehr kleinen isothermen und reversiblen Verdünnung einer unter ihrem eigenen Dampfdruck stehenden Lösung vom osmotischen Druck π und Volumen V beträgt also, wenn sie mit einer Zunahme der Oberfläche um $d\omega$ einhergeht, nicht πdV, sondern $dG' = \pi dV - \sigma d\omega$. Da andererseits gilt

$$dG' = \left(\frac{\partial G'}{\partial V}\right)_{\omega,T} dV + \left(\frac{\partial G'}{\partial \omega}\right)_{V,T} d\omega, \qquad [330]$$

ergibt sich

$$\left(\frac{\partial G'}{\partial V}\right)_{\omega,T} = \pi, \quad \left(\frac{\partial G'}{\partial \omega}\right)_{V,T} = -\sigma \qquad [331]$$

und, da beim Differenzieren einer Funktion nach zwei Variablen die Reihenfolge gleichgültig ist,

$$\left[\frac{\partial \left(\frac{\partial G'}{\partial V}\right)_{\omega,T}}{\partial \omega}\right]_{V,T} = \left[\frac{\partial \left(\frac{\partial G'}{\partial \omega}\right)_{V,T}}{\partial V}\right]_{\omega,T}, \quad \left(\frac{\partial \pi}{\partial \omega}\right)_{V,T} = -\left(\frac{\partial \sigma}{\partial V}\right)_{\omega,T}. \qquad [332]$$

An Stelle von V führen wir in diese Gleichung die Konzentration der Lösung ein. Dabei ist zu berücksichtigen, daß, wenn n Mole in V gelöst sind, die Konzentration nicht einfach als $\frac{n}{V}$ angegeben werden darf, sondern daß von n die infolge der Oberflächenkräfte im Überschuß in die Oberfläche gegangene, adsorbierte — positive oder negative — Menge abzuziehen ist. Beträgt diese pro Quadratzentimeter u Mole, ist u also die Anzahl Mole des gelösten Stoffes pro Quadratzentimeter, die sich in der Oberfläche mehr befindet, als wenn seine Konzentration in ihr dieselbe wie im Innern wäre, so beträgt sie für die ganze Oberfläche $u\omega$ Mole und die Konzentration im Innern der Lösung $c = \frac{n - u\omega}{V}$. Daraus ergibt sich

$$\left(\frac{\partial c}{\partial \omega}\right)_V = -\frac{u}{V}, \quad \left(\frac{\partial c}{\partial V}\right)_\omega = -\frac{n - u\omega}{V^2}. \qquad [333]$$

Ferner ist

$$\left(\frac{\partial \pi}{\partial \omega}\right)_{V} = \left(\frac{\partial \pi}{\partial c}\right)_{V} \cdot \left(\frac{\partial c}{\partial \omega}\right)_{V} = -\left(\frac{\partial \pi}{\partial c}\right)_{V} \cdot \frac{u}{V} = -\left(\frac{\partial \sigma}{\partial V}\right)_{\omega} =$$

$$= -\left(\frac{\partial \sigma}{\partial c}\right)_{\omega} \cdot \left(\frac{\partial c}{\partial V}\right)_{\omega} = \left(\frac{\partial \sigma}{\partial c}\right)_{\omega} \cdot \frac{n - u\,\omega}{V^2} \qquad [334]$$

$$\frac{\left(\frac{\partial \sigma}{\partial c}\right)_{\omega}}{\left(\frac{\partial \pi}{\partial c}\right)_{V}} = -\frac{u}{c}, \quad u = -c\left(\frac{\partial \sigma}{\partial c}\right)_{\omega} \cdot \left(\frac{\partial c}{\partial \pi}\right)_{V}. \qquad [335]$$

σ ist hier die gegen den eigenen Dampf gemessene Oberflächenspannung der Lösung.

Für verdünnte Lösungen gilt $\pi = c\,RT$, also $\left(\frac{\partial c}{\partial \pi}\right)_{V} = \frac{1}{RT}$ und

$$u = -\frac{c}{RT}\left(\frac{\partial \sigma}{\partial c}\right)_{\omega}. \qquad [336]$$

Diese Gleichung wurde zuerst von GIBBS abgeleitet. Sie formuliert das bereits eingangs dieses Abschnittes Gesagte dahin, daß Stoffe, deren Lösungen mit steigender Konzentration eine zu- bzw. abnehmende Oberflächenspannung zeigen, in der Oberfläche der Lösung einen negativen oder positiven Konzentrationsüberschuß zeigen, negativ oder positiv adsorbiert werden.

Ist $\left(\frac{\partial \sigma}{\partial c}\right)_{\omega}$ konstant, ändert sich die Oberflächenspannung proportional der Konzentration — und das ist für niedrige Konzentrationen der Fall —, so ist $\left(\frac{\partial \sigma}{\partial c}\right)_{\omega} = \frac{\Delta \sigma}{\Delta c}$ [337]. $\Delta \sigma = \sigma^0 - \sigma_{L}$ bezeichnet die Zunahme, die die Oberflächenspannung erfährt, wenn man von einer Lösung von der Konzentration c (Oberflächenspannung σ_{L}) in eine von der Konzentration 0, also in reines Lösungsmittel (Oberflächenspannung σ^0) übergeht (Δc also $0 - c = -c$) oder die Abnahme von σ beim umgekehrten Vorgang, die Oberflächenspannungserniedrigung der Lösung gegenüber dem reinen Lösungsmittel. Es ist also bei Gültigkeit von Gl. [337]

$$-\frac{\Delta \sigma}{\Delta c} = \frac{\sigma^0 - \sigma_{L}}{c}, \quad u = \frac{\sigma^0 - \sigma_{L}}{RT}, \quad \Delta \sigma = u\,RT. \qquad [338]$$

Bedeutet u nicht die in 1 cm² Oberfläche adsorbierten Mole, sondern die in ω cm² adsorbierten Mole, so ist $\Delta \sigma = \frac{u\,RT}{\omega}$ [339]. Ist $u = 1$, bedeutet also ω die Oberfläche, die von 1 Mol adsorbierter Substanz eingenommen wird, so geht Gl. [339] über in

$$\Delta \sigma \cdot \omega = RT. \qquad [340]$$

Diese Formel ist ganz analog der idealen Gasgleichung $PV = RT$. Nur tritt hier an Stelle von V die Oberfläche ω, während man an Stelle von $\Delta\sigma$ einen der Oberflächenspannung entgegenwirkenden und sie dadurch erniedrigenden „zweidimensionalen Druck" einführen kann. Kinetisch kann man sich die Verhältnisse leicht durch folgende Überlegung klarmachen: Die in der Oberfläche wirkende Oberflächenspannung sucht die Oberfläche zu kontrahieren. Werden gelöste Teilchen in sie adsorbiert, so haben sie ein Bestreben, sich tangential in ihr auszubreiten und üben dadurch einen Druck in ihr aus, der der Oberflächenspannung entgegenwirkt. Je größer dieser tangentiale Druck, um so größer ist die Erniedrigung der Oberflächenspannung. Gleichung [340] gilt offenbar nur in demselben Gebiet, in dem die ideale Gasgleichung gilt, also, wenn der adsorbierte Stoff noch keine zusammenhängende Schicht bildet, sondern die Oberfläche nur unvollständig bedeckt. Bei höheren Konzentrationen muß man auch die den VAN DER WAALSschen Konstanten a und b entsprechenden Größen, einführen, um den tatsächlichen Verhältnissen Rechnung zu tragen, und zwar trägt die der Konstante a entsprechende Größe der gegenseitigen Anziehung der adsorbierten Moleküle Rechnung, die Konstante b dem Umstand, daß von der Gesamtoberfläche der Teil zu subtrahieren ist, den die Moleküle selbst infolge ihrer räumlichen Ausdehnung beanspruchen, der Eigenflächenbedarf. Bei weiterem Ansteigen der Konzentration gehen die durch Adsorption entstehenden „gasförmigen" Filme des adsorbierten Stoffes in „kondensierte" Filme über, die wiederum fest oder flüssig sein können und homogen oder inhomogen (Schollenbildung). Auch unterscheidet man zwischen gedehnten und nichtgedehnten Filmen. Die Schichtdicke ist vielfach monomolekular, jedoch kommen auch mehrfachmolekulare Schichten vor.

Es muß aber beachtet werden, daß die Fähigkeit von Stoffen, die Oberflächenspannung herabzusetzen bzw. zu erhöhen, nicht absolut, sondern nur relativ zu ein und demselben Lösungsmittel existiert. Denn die Oberflächenspannung einer Lösung ist eine Funktion der Oberflächenspannungen ihrer Komponenten. Ist z. B. die des Lösungsmittels wie die von Wasser hoch, so kann beim Lösen einer Substanz mittlerer Oberflächenspannung eine Lösung niedrigerer Oberflächenspannung entstehen als die des reinen Lösungsmittels war. Dieselbe Substanz kann aber, in einem Lösungsmittel kleiner Oberflächenspannung gelöst, eine Oberflächenspannung der Lösung erzeugen, die höher ist als die des reinen Lösungsmittels.

Man hat diese Tatbestände auch mittels des Begriffes „Polaritätsunterschied“ zwischen zwei Phasen 1 und 2 ausgedrückt, wobei man den Polaritätsunterschied entweder aus der Größe $\sigma_{1,\,2}$ ermittelt oder aus dem Verteilungskoeffizienten eines Stoffes zwischen beiden Phasen. Dann ergibt sich: $-\dfrac{\partial\sigma}{\partial c}$ nimmt für einen aktiven Stoff an der Grenze zweier Phasen mit der Größe des Polaritätsunterschiedes der Phasen zu. So werden Fettsäuren an der Grenzfläche H_2O/Kohlenwasserstoff viel stärker adsorbiert als an der Grenzfläche wäßrige Lösung/Luft, d. h. $-\dfrac{\partial\sigma}{\partial c}$ ist im ersteren Falle viel größer.

Erfahrungsgemäß hat sich für die Änderung von σ mit der Konzentration für oberflächeninaktive Substanzen die Gleichung

$$\frac{\sigma_L - \sigma^0}{\sigma^0} = m\,c \qquad [341]$$

ergeben, für oberflächenaktive

$$\frac{\sigma^0 - \sigma_L}{\sigma^0} = b\ln\left(\frac{c}{k} + 1\right), \qquad [342]$$

worin m, b, k Konstanten sind, σ^0 bzw. σ_L die Oberflächenspannung von reinem Lösungsmittel bzw. Lösung, c die Konzentration des gelösten Stoffes ist. k wird als Kapillarwert bezeichnet, sein reziproker Wert $O = \dfrac{1}{k}$ als spezifische Kapillaraktivität. Einen biologisch wichtigen Spezialfall von Oberflächenspannungserniedrigung bildet das Verhalten von Stoffen, die homologen Reihen angehören, bei denen sich das in der Reihe folgende Glied vom vorhergehenden jedesmal durch Vermehrung um ein und dieselbe Gruppe, z. B. CH_2, CH_3, C_5H_6 unterscheidet. TRAUBE fand, daß beim Lösen von Stoffen solcher Reihen in Wasser die Oberflächenspannung derart erniedrigt wird, daß man die gleiche Oberflächenspannungserniedrigung erhält, wenn man von jedem in der Reihe höher stehenden Stoff eine um ein bestimmtes Vielfaches, z. B. dreimal niedrigere Konzentration nimmt als von dem in der Reihe vorausgehenden, oder mit Hilfe der Kapillarwerte ausgedrückt

$$\frac{k_n}{k_{n+1}} = \frac{O_{n+1}}{O_n} = \text{konst}. \qquad [343]$$

Wenn man in einer Reihe von einem Glied zum nächsten fortschreitet, so nimmt das Molekulargewicht der Substanzen in

arithmetischer Reihe zu, ihre Kapillaraktivität, wie Gleichung [343]
zeigt, in geometrischer. Die TRAUBESche Regel gilt auch für die
Adsorption an festen Grenzflächen. LANGMUIR hat, wie hier nicht
bewiesen wird, durch thermodynamische Überlegungen diese Er-
fahrungsregel begründet, indem er zeigte, daß die Arbeit λ, die
erforderlich ist, um 1 Mol eines kapillaraktiven Stoffes n aus dem
Innern seiner Lösung in die Oberfläche zu bringen, um einen
konstanten Betrag Λ wächst, wenn man ein in der Reihe folgendes
höheres Homologe n + 1 wählt, und zwar fand er

$$\Lambda = \lambda_{n+1} - \lambda_n = RT\,\mathfrak{k}\,(M_{n+1} - M), \qquad [344]$$

worin M das Molekulargewicht des gelösten Stoffes und $\mathfrak{k}$ eine
Konstante bedeutet. Für die Gruppe CH_2 beträgt Λ etwa 700 cal.
Man kann also für ein beliebiges Glied einer homologen Reihe
setzen $\lambda = \lambda_0 + \Lambda \cdot n$, worin λ_0 eine für jede Stoffgruppe spezifische
Konstante, n die Zahl der CH_2 - usw. Gruppen ist.

Verteilt sich ein gelöster grenzflächenaktiver Stoff zwischen zwei
Phasen, z. B. Wasser (1) und Öl (2), und bezeichnen wir seine
Konzentration im Innern der Phasen mit c_1 bzw. c_2, so gilt für
eine kleine Konzentrationsänderung

$$-\frac{\dfrac{\partial \sigma_{1,2}}{\partial c_1}}{\dfrac{\partial \sigma_{1,2}}{\partial c_2}} = \frac{\partial c_2}{\partial c_1} \qquad [345]$$

und, da wegen des NERNSTschen Verteilungssatzes

$$\frac{\partial c_2}{\partial c_1} = \frac{c_2}{c_1} = K_{2,1}, \qquad \frac{-\dfrac{\partial \sigma_{1,2}}{\partial c_1}}{-\dfrac{\partial \sigma_{1,2}}{\partial c_2}} = K_{2,1}. \qquad [346]$$

Auf diese Beziehung zwischen Oberflächenspannungsänderung
und Verteilungskoeffizienten kommen wir im biologischen Teil noch
zurück. Hier sei nur eine Folgerung aus ihr abgeleitet. Untersucht
man die Verteilung einer homologen Reihe einer chemischen Gruppe
wie der Fettsäuren in Wasser (1) und Öl (2), so zeigt sich, daß die
Löslichkeit in Öl beim Steigen in homologer Reihe zunimmt, die
Löslichkeit in Wasser abnimmt, d. h. beim Steigen in homologer
Reihe wird der Quotient $\dfrac{c_2}{c_1}$ größer, folglich wird σ durch höhere
Homologe auf der Wasserseite stärker erniedrigt als durch niedrigere
Glieder der Reihe, auf der Ölseite durch höhere Homologe weniger
erniedrigt als durch niedrige. Dies bedingt auf der Ölseite eine

Inversion der Traubeschen Regel, da ja dort umgekehrt wie beim Wasser mehr von einem höheren Homologen adsorbiert werden muß als von einem niedrigen, um die gleiche Oberflächenspannungserniedrigung herbeizuführen.

Die Gibbssche Gleichung gibt uns weitgehenden Aufschluß über Vorgänge, die sich an Grenzflächen flüssig/gasförmig oder flüssig/flüssig abspielen. Dagegen führt ihre Anwendung auf Systeme, an deren Grenzflächen feste Phasen beteiligt sind, nicht weit, weil bei festen Phasen sowohl σ und damit $\left(\dfrac{\partial \sigma}{\partial c}\right)$ als auch die wahre Oberfläche oft sehr schwierig zu bestimmen sind. Deshalb hat Freundlich zunächst eine Erfahrungsbeziehung aufgestellt, die das Verhältnis von absorbierter Menge x zur Gewichtsmenge m des Adsorbens in seiner Abhängigkeit vom Druck bzw. der Konzentration des absorbierten Stoffes wiedergibt, je nachdem, ob die Adsorption aus einem Gas vom Druck p oder aus einer verdünnten Lösung von der Konzentration c erfolgt:

$$\frac{x}{m} = \alpha\, p^{\frac{1}{n}} \quad \text{bzw.} \quad \frac{x}{m} = \alpha\, c^{\frac{1}{n}}. \qquad [347]$$

α und n sind in dieser als Freundlichsche Adsorptionsisotherme bezeichneten Gleichung Konstanten.

Später stellte Langmuir auf Grund molekulartheoretischer Betrachtungen eine Adsorptionsisotherme auf, die die Konzentration eines Gases in seiner Grenzfläche gegen eine flüssige oder feste Phase in ihrer Abhängigkeit vom Gasdruck p in der Gasphase wiedergibt:

$$a = a_s \cdot \frac{p}{p + b}, \qquad [348]$$

worin $a = \dfrac{n}{\omega}$ den Konzentrationsüberschuß, also die adsorbierte Menge pro Einheit der Oberfläche ω darstellt, a_s und b Konstanten. Bei hohen Drucken, bei denen b gegenüber p zu vernachlässigen ist, wird $a = a_s$, d. h. bei hohen Drucken kommt es zu einem konstanten vom Druck unabhängigen Konzentrationsüberschuß, zu einer Sättigung der Oberfläche mit adsorbiertem Gas, und a_s stellt den vom Druck unabhängigen Sättigungskonzentrationsüberschuß dar. Bei sehr niedrigen Drucken, bei denen p gegenüber b' zu vernachlässigen ist, ändern sich dagegen der Druck in der Gasphase und a proportional. Handelt es sich um eine Adsorption mehrerer Stoffe, so werden dieselben nach Maßgabe ihrer Adsorbierbarkeit in die Grenzfläche aufgenommen. Haben wir also zunächst nur

einen adsorbierten Stoff, und tritt dann ein zweiter adsorptions-
fähiger hinzu, so verdrängt dieser einen Teil des ersteren aus der
Grenzfläche. Für diese Vorgänge scheint in Annäherung der Satz
zu gelten, daß die Summe der Konzentrationen aller Stoffe in der
Grenzschicht konstant ist (REICHINSTEINs[1] Verdrängungsprinzip).

Als Adsorptionserscheinung wird von vielen Autoren auch die
Quellung betrachtet, während andere sie als Lösungsvorgang
ansehen. Für die folgenden Betrachtungen ist diese Differenz
ohne Belang. Verhindert man eine Quellung, etwa indem man auf
einen wasserdurchlässigen Stempel, der Quellkörper und Wasser
trennt, einen so starken Druck ausübt, daß er eine Volumenänderung
durch Wasseraufnahme verhindert, so gibt der ausgeübte Druck ein
Maß der Quellungskraft pro Quadratzentimeter, ein Maß des
Quellungsdruckes P_Q, da er ihm ja die Waage hält. Der Quellungsdruck ist für den wassergesättigten Körper 0, steigt mit zunehmender Wasserentziehung und erreicht bei weitgehender Entwässerung Werte von mehreren tausend atm. Dabei gilt innerhalb
eines weiten Bereiches $P_Q = K\,c^n$ [349], worin K und n Konstanten, c die Konzentration in Gramm Trockensubstanz auf 1000 g
Gesamtsubstanz (quellbare Trockensubstanz + Flüssigkeit) ausdrückt. Mit zunehmender Entwässerung sinkt der Dampfdruck
des Wassers p_g im Quellkörper. Die Beziehung zwischen Quellungsdruck und Dampfdruck der Quellungsflüssigkeit finden wir auf dem
gleichen Wege, auf dem wir die Beziehung zwischen osmotischem
Druck und Dampfdruckerniedrigung fanden, unter Benutzung des
Satzes von der Unabhängigkeit der maximalen Nutzarbeit eines
isothermen Prozesses vom Wege. Wir denken uns zwei Portionen
Quellkörper a) in gesättigtem Zustand, Quellungsdruck $(P_Q)_g = 0$,
Dampfdruck des Wassers über dem Quellkörper p_g^0 (gleich dem
Dampfdruck des mit ihm im Gleichgewicht stehenden reinen
Wassers); b) in einem beliebigen ungesättigten Zustand, Quellungs-
druck P_Q, Dampfdruck des Wassers über dem Quellkörper p_g.
Wir befördern isotherm und reversibel dn Mole aus dem Zu-
stand b) in a).

1. Weg: Abpressen von den Molen H_2O aus b), aufgewendete
Nutzarbeit $A_{n1} = P_Q\,dV$, wenn dV das Volumen ist, um das der
Quellkörper unter dem Druck P_Q zunimmt, wenn ihm dn Mole
H_2O von diesem Druck zugeführt werden, da A_n für einen Vorgang

---

[1] REICHINSTEIN, D.: Grenzflächenvorgänge in der belebten und unbelebten Natur. Leipzig. 1930.

gleichen Wert hat wie A_n' für den entgegengesetzt gerichteten. Verminderung des Drucks des abgepreßten Wassers von P_Q auf $(P_Q)_g$. Da wir das Wasser als inkompressibel ansehen wollen, wird dabei keine zu berücksichtigende Nutzarbeit umgesetzt. Zuführen der dn Mole H_2O zu a), aufgewendete Nutzarbeit $A_{n2} = 0$, da der Vorgang im Gleichgewicht verläuft (Gleichung [107]). Insgesamt aufgewendete Nutzarbeit auf dem 1. Wege $P_Q dV$.

2. Weg: Isotherme Destillation von dn Molen H_2O von b) nach a). Aufgewendete Nutzarbeit (S. 103) $RT\, dn\, \ln \dfrac{p_g^0}{p_g}$.

Wegen $P_Q dV = RT\, dn\, \ln \dfrac{p_g^0}{p_g}$ ist $P_Q = RT \left(\dfrac{\partial n}{\partial V}\right)_T \ln \dfrac{p_g^0}{p_g}$, $v_1 P_Q$ $= RT \ln \dfrac{p_g^0}{p_g}$ [350], worin $v_1 = \left(\dfrac{\partial V}{\partial n}\right)_T$ das partielle Molvolumen des Wassers ist. Diese Gleichung für den Quellungsdruck entspricht Gleichung [155] für den osmotischen Druck. Es sind auch bei ihrer Ableitung die entsprechenden Vernachlässigungen gemacht wie bei Ableitung von Gleichung [155]. Nach der oben (S. 214) angeführten Auffassung, die die Quellung als Lösungsvorgang betrachtet, konnte die von uns gefundene Übereinstimmung zwischen Gleichung [350] und [155] ja auch erwartet werden. Bringt man 1 Mol H_2O einer gequollenen Substanz vom Quellungsdruck P_{Q1} reversibel und isotherm auf den Quellungsdruck P_{Q2} $(P_{Q1} > P_{Q2})$, und sind p_{g1} und p_{g2} die P_{Q1} und P_{Q2} entsprechende Wasserdampfdrucke $(p_{g1} < p_{g2})$, so ist die aufzuwendende Nutzarbeit wegen Gleichung [350]

$$\int_{P_{Q_1}}^{P_{Q_2}} v_1\, d P_Q = v_1 (P_{Q2} - P_{Q1}) = R\,T \ln \frac{p_{g1}}{p_{g2}}, \qquad [351]$$

wobei wir v_1 als druckunabhängig annehmen.

Vergleicht man die maximale Nutzarbeit bei Quellungsvorgängen mit der Änderung des Wärmeinhalts — ermittelt aus der Quellungswärme —, so findet man, daß beide Größen wenig voneinander abweichen. Das gleiche gilt, da wir es mit kondensierten Systemen zu tun haben, bei denen die Arbeit gegen den Atmosphärendruck keine Rolle spielt, für das Größenverhältnis zwischen maximaler Arbeit und Änderung der inneren Energie bei der Quellung. Die Quellungsmechanismen geben also zunächst einmal theoretisch die Möglichkeit, fast die gesamte Energieänderung bei dem Vorgang in Arbeit umzusetzen. Wieweit diese Möglichkeit ausgenutzt wird, hängt davon ab, mit wie großer Annäherung der Quellungsmechanismus reversibel geleitet werden kann. Diese Annäherung kann deshalb sehr weitgehend sein, weil ähnlich wie dem osmotischen Druck auch dem Quellungsdruck ein ihm sehr nahe kommender Gegendruck entgegengesetzt werden kann, der durch den Quellungsdruck zu überwinden ist.

Wir haben bereits im 5. Kapitel gesehen, daß an der Grenze zweier Phasen stets infolge der verschiedenen Verteilungskoeffizienten von positiven und negativen Teilchen eine elektrische Phasengrenzkraft auftritt. Die elektrischen Ladungen der Grenzfläche bedingen nun eine Herabsetzung der Grenzflächenspannung gegenüber dem ungeladenen Zustand; denn die gleichnamigen elektrischen Ladungen in der Grenzfläche suchen sich abzustoßen, und, da in

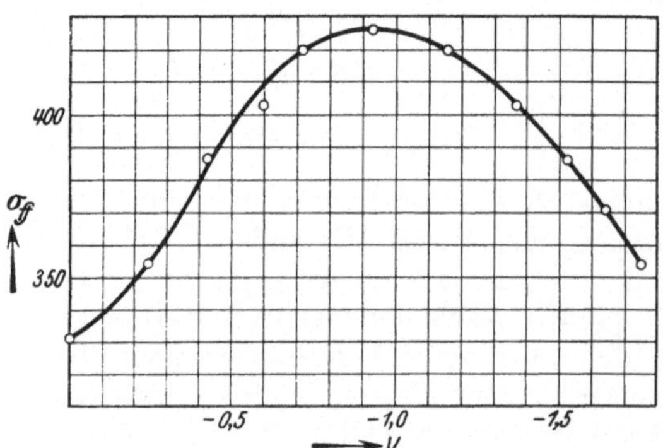

Abb. 18. Erklärung im Text. Nach FREUNDLICH, Kapillarchemie.

der Grenzfläche die Teilchen eines Ladungssinnes, sei es des positiven, sei es des negativen, überwiegen, so wirken überwiegend abstoßende elektrische Kräfte in ihr, und sie wirken der nach Verkleinerung der Grenzfläche tendierenden Oberflächenspannung entgegen. Führt man der Grenzfläche elektrische Ladungen zu, so werden diese je nach ihrem Vorzeichen deren Ladung verstärken oder vermindern und damit die Grenzflächenspannung vermindern oder erhöhen. Das Maximum der Grenzflächenspannung ist offenbar dann erreicht, wenn die Grenzfläche keine Ladung mehr hat. Von dieser Umwandlung elektrischer in Grenzflächenenergie macht man bekanntlich im Kapillarelektrometer Gebrauch, bei dem ein in Schwefelsäure tauchender kapillarer Quecksilbermeniskus durch schwache Ströme polarisiert wird, Ladungen zugeführt erhält und dadurch seine Oberflächenspannung ändert. Infolgedessen tritt eine meßbare Verschiebung des Quecksilbers in der Kapillare auf. Das ε-Potential an der Grenzfläche Hg/H_2SO_4 ist so gelagert, daß Hg positiv geladen ist, während in der Schwefelsäuregrenzfläche sich eine negativ geladene Schicht befindet. Legt man an den kapillaren Quecksilbermeniskus eine schwach negative Spannung, so verkleinert man seine Ladung und vergrößert seine Oberflächenspannung. Bei einer angelegten Spannung, die in der Nähe von — 1 Volt liegt, erreicht die Ladung des Hg-Meniskus ihr Minimum, seine Oberflächenspannung ihr Maximum. Bei weiterem Steigen der angelegten negativen Spannung wird der Meniskus negativ geladen, und die Oberflächen-spannung wächst wieder. Man erhält so die Kurve Abb. 18 für die Beziehung zwischen σ und angelegter Spannung. Beim Maximum der Oberflächenspannung ist zwar die Ladung derjenigen elektrischen Doppelschicht, die sich aus dem Lösungsdruck der Hg-Ionen bzw. ihrem osmotischen Druck ergibt, gleich 0. Trotzdem ist die Potentialdifferenz an der Grenzfläche nicht 0; es bleibt vielmehr noch eine Potentialdifferenz zwischen Hg und Lösung, die von Gouy als lyoelektrische bezeichnet wird, und die darauf beruht, daß Moleküle des Lösungsmittels oder andere in ihm enthaltene Teilchen an der Oberfläche des Meniskus adsorbiert, und, falls sie nicht schon als Dipole gebaut sind, in der Oberfläche polarisiert werden. Deshalb hängt die Oberflächenspannung am Hg-Meniskus nicht nur von der Konzentration der Hg-Ionen in der angrenzenden Lösung ab, sondern auch von der Natur des angrenzenden Lösungsmittels und von der Natur derjenigen Stoffe, die außer den Hg-Ionen in dem Lösungsmittel gelöst sind. So setzen oberflächenaktive Stoffe in diesem nicht nur die Grenz-flächenspannung des Hg herab (auch hier gilt die TRAUBEsche Regel), sondern sie können auch das Maximum der Oberflächen-spannung durch Beeinflussung der lyoelektrischen Potentialdifferenz verschieben. Auch die hier herrschenden Verhältnisse lassen sich durch die Theorie der elektrischen Doppelschicht von O. STERN[1] theoretisch begründen und voraussagen.

Hat man es mit freibeweglichen Quecksilbertröpfchen zu tun, so kann es durch Stromwirkungen zu Ortsveränderungen kommen. Liegt der Tropfen in einer Elektrolytlösung, in der er wie die Meniskusoberfläche des Kapillarelektrometers zunächst positiv geladen ist, und wird die Lösung von einem Strom durchflossen, so häufen sich an der Seite des Tropfens, die nach dem + Pol zu liegt, negative Ladungen an, verringern dadurch dort seine positive Ladung und vergrößern somit seine Oberflächenspannung. Die

---

[1] STERN, O.: l. c. S. 187.

vergrößerte Oberflächenspannung bedingt einen verkleinerten Krümmungsradius, deshalb spitzt sich der Tropfen an diesem Ende zu, während er sich am anderen, an dem es zur Verringerung von σ kommt, abflacht. Das thermodynamische Oberflächenpotential ist am spitzen Ende größer als am stumpfen, und in seinem Bestreben nach Verkleinerung leistet es Arbeit, indem es Quecksilber vom abgestumpften Ende zum zugespitzten befördert. Diese Bewegung bedingt als Gegenwirkung eine solche des Tropfens in entgegengesetzter Richtung. Bei höheren Stromstärken kommt es zu komplizierteren Erscheinungen wie Wulstbildung und Abtrennung von Tröpfchen, die sich alle aus Beeinflussung der Oberflächenspannung durch die auftretenden Ladungserscheinungen verstehen lassen. Die kapillarelektrischen Erscheinungen sind vorwiegend an der Grenzfläche Hg/Lösung untersucht worden. Jedoch lassen sie sich auch an nichtmetallischen Flüssigkeiten demonstrieren. So sind Kapillarelektrometer auch aus nichtmetallischen Flüssigkeiten konstruiert worden und an Benzoltropfen in durchströmten Elektrolytlösungen ähnliche Erscheinungen beobachtet worden wie an Hg-Tropfen.

Veränderungen des Phasengrenzpotentials durch adsorbierte Stoffe, wie wir sie soeben beim Kapillarelektrometer kennengelernt haben, sind besonders eingehend an den wäßrigen Lösungen von Fettsäuren, Estern und Aminen untersucht worden. Nach LANGMUIR liegen die Moleküle letzterer Stoffe in sehr verdünnten Lösungen flach in der Oberfläche und richten sich mit steigender Konzentration immer mehr auf, um schließlich „eine Bürste" zu bilden, bei der alle Moleküle gleich orientiert sind, also mit einer bestimmten Atomgruppe nach der Flüssigkeit, mit einer anderen nach der Luft zu liegen. Da die Moleküle ein elektrisches Moment m besitzen, so ändern sie das Phasengrenzpotential ε zwischen reinem Lösungsmittel und Luft um einen von diesem Moment und ihrem Neigungswinkel Θ gegen die Oberfläche abhängigen Betrag. Beträgt n die Anzahl der gerichteten Moleküle pro Quadratzentimeter Oberfläche, so ergibt sich

$$\Delta \varepsilon = 4\,\pi \mathrm{n m} \sin\Theta\,, \qquad\qquad [352]$$

wie hier nicht abgeleitet wird. Die für $\Delta \varepsilon$ beobachteten Werte betragen einige zehntel Volt.

Die GIBBSsche Gleichung $\mathrm{u} = -\dfrac{\mathrm{c}}{\mathrm{R\,T}} \left(\dfrac{\partial\sigma}{\partial\mathrm{c}}\right)_\omega$ ergibt eine thermodynamische Beziehung für den Wert der im Gleichgewicht an einer

Grenzfläche absorbierten Menge. Nach dem zweiten Hauptsatz muß das erreichte Gleichgewicht unabhängig vom Wege sein, auf dem man zu ihm gelangt. Statt der Adsorption kann also die Anreicherung auch durch eine direkte Lösung des Stoffes in der Grenzfläche stattfinden — eine solche wurde von VOLMER und MAHNERT[1] nachgewiesen — und, je nachdem, ob der Stoff positiv oder negativ adsorbiert wird, wird er auch eine größere oder kleinere Löslichkeit in der Grenzfläche als im Lösungsmittel im Inneren zeigen. Ein dritter Weg zur Anreicherung oder Konzentrationsverminderung in der Grenzfläche ist die Verschiebung des chemischen Gleichgewichts. Besteht ein solches im Innern einer Phase, so wird es in der Grenzfläche nach der Richtung verschoben sein, daß die Bildung der Stoffe begünstigt wird, deren Konzentrationszunahme in der Grenzfläche die Grenzflächenspannung herabsetzt. Dagegen wird die Bildung derjenigen Stoffe, deren Konzentrationszunahme die Oberflächenspannung und damit das thermodynamische Oberflächenpotential vermehren würde, in der Oberfläche gegenüber dem Phaseninnern gehemmt sein (THOMSON[2]). Den experimentellen Nachweis für solche Verschiebungen des chemischen Gleichgewichts lieferte DEUTSCH[3]. Er erhielt an den Grenzflächen wäßriger Indikatorlösungen gegen Luft oder organische Stoffe Farbumschläge, wenn bei ungeänderter Menge der Phasen durch Schütteln die Grenzflächen vergrößert wurden. Diese Farbumschläge entsprachen einer Verminderung der Dissoziation des Indikators in der Grenzfläche. An der Grenzfläche benzolischer Farblösungen gegen Wasser wurde dagegen bei entsprechender Vergrößerung der Grenzfläche ein Farbumschlag beobachtet, der einer Erhöhung der Indikatordissoziation in der Grenzfläche entspricht. Diese entgegengesetzte Verschiebung bringt DEUTSCH damit in Zusammenhang, daß in ersterem Falle aus einer Lösung von größerer Dielektrizitätskonstante an die Grenzfläche eines Stoffes kleinerer Dielektrizitätskonstante adsorbiert wird, im zweiten Falle aus einer Lösung kleinerer Dielektrizitätskonstante an die Grenzfläche eines Stoffes größerer Dielektrizitätskonstante. Während in den bisher betrachteten Fällen das Oberflächenpotential eine chemische Reaktion beeinflußte, haben wir den umgekehrten Fall bei Bewegungen von Tropfen, die einseitig mit

---

[1] VOLMER, M. u. P. MAHNERT: Z. physik. Chem. **115**, 239 (1925).

[2] THOMSON, J. J.: Applications of thermodynamics. London 1888.

[3] DEUTSCH, D.: Z. physik. Chem. **136**, 353 (1928).

Stoffen in Berührung kommen, mit denen sie chemisch reagieren. Derartige Erscheinungen sind besonders eingehend an Hg-Tropfen in Säurelösungen untersucht worden. Kommt ein solcher Tropfen an einer Seite mit einer schmalen Schicht Kaliumbichromat in Berührung, so oxydiert er sich dort, dadurch wird seine Oberflächenspannung an dieser Stelle herabgesetzt. Nun wandert Quecksilber an der Oberfläche von den Stellen niedrigerer Oberflächenspannung zu solchen höherer, nach dem Gegenwirkungsprinzip wandert deshalb der Tropfen in entgegengesetztem Sinne über das Bichromat hinweg. Dadurch kommt die Oxydstelle mit der Säurelösung in Berührung, löst sich auf, und die hohe Oberflächenspannung dieser nunmehr metallischen Oberfläche treibt den Tropfen zurück. So kommt es zu einer hin und her pendelnden Bewegung.

II. Die Anwendungen der Thermodynamik auf die Vorgänge in der Pflanze.

Achtes Kapitel.

Die Anwendung des 1. und 2. Hauptsatzes der Thermodynamik auf die Pflanze.

Übersicht über Energieformen und -transformationen in der Pflanze S. 221. Voraussetzungen einer experimentellen Bestätigung des 1. Hauptsatzes in Pflanzen S. 223. Versuche von RUBNER, RODEWALD, ALGERA S. 225. Voraussetzungen einer experimentellen Bestätigung des 2. Hauptsatzes an Pflanzen S. 230. Berechnungen von BARON und POLANYI S. 232. Experimentelle Ergebnisse an Bakterien S. 234.

I. Übersicht über die beim Lebensprozeß der Pflanze auftretenden Formen und Verwandlungen von potentieller und aktueller Energie.

Die typische Pflanzenzelle besteht aus einer Protoplasmamembran, die einen Zellsaftraum, die Vakuole, umschließt und ihrerseits von einer Zellmembran umgeben wird, die großenteils aus gequollener Zellulose und anderen Polysacchariden oder deren Derivaten aufgebaut ist. Die Vakuole enthält Salze und organische Stoffe wie Zucker, Eiweiß, Farbstoffe teils echt teils kolloid in Wasser gelöst. Das Plasma ist ein kompliziert gebautes kolloides Mischphasensystem, an dessen Aufbau Eiweiß, Fette, Kohlehydrate, Wasser und Salze beteiligt sind. Seine Struktur ist innerhalb gewisser Grenzen veränderlich, bald überwiegt in ihm der Sol- bald der Gelcharakter, bald tritt in ihm mehr Emulsionsnatur, bald mehr Suspensionsnatur zutage. Seine Grenzschicht gegen Vakuole und äußere Umgebung ist mehr oder weniger semipermeabel. Deshalb übt die Zellsaftlösung der Vakuole einen osmotischen Druck auf das Plasma aus, der sich auf die Zellmembran überträgt, und sie in einen Zustand elastischer Spannung versetzt. Das Plasma stellt die „lebende Substanz" der Zelle dar, in das Plasma werden die Stoffe aufgenommen, die der Organismus zu seiner Erhaltung, zu seinem Wachstum und zu seiner Entwicklung braucht, in ihm werden sie verarbeitet, und aus ihm werden die Stoffe abgeschieden, die als Stütz- und Speichersubstanzen dienen, und die unverwertbaren Abfallprodukte des Stoffwechsels. Mit dem Stoffwechsel ist also notwendig ständige Bewegung von Massenteilchen verknüpft, die teils sichtbar als Massenbewegung auftritt, sei es als Strömung von Plasma, Wasser oder sonstigen Substanzen, teils unsichtbar als Diffusion oder sonstige Molekularbewegung.

Schon diese kurze Übersicht zeigt, wie mannigfaltig die Energieformen und Energietransformationen sein ·müssen, die in der lebenden Pflanzenzelle auftreten. Mechanische Energie tritt uns als potentielle Energie in der elastischen Spannung der Zellmembran, als aktuelle in der Bewegung von Massenteilchen entgegen, chemische Energie als potentielle in dem chemischen Energieinhalt der Körpersubstanzen, speziell der Speichersubstanzen, als aktuelle im ständigen Stoffwechsel, osmotische Energie wirkt auf die semipermeablen Membranen und treibt ungleich verteilte Stoffe von Orten höherer Konzentration nach Orten niederer, Oberflächenenergie tritt uns in den zahlreichen Grenzflächen der Zelle entgegen, sie bewirkt Quellungen, Entquellungen, positive und negative Adsorptionen, Kontraktionen und Expansionen. An den Grenzflächen müssen elektrische Doppelschichten und damit elektrische Energiemengen auftreten, aber dies muß auch der Fall sein, wenn Plasma- oder andere Flüssigkeitsschichten sich gegeneinander bewegen, und die enge Beziehung, die in einem vielphasigen Mischphasensystem wie der Pflanzenzelle zwischen Stoffwechsel und Stoffverteilung herrscht, bedingt auch eine Verknüpfung von Stoffwechsel und Produktion elektrischer Energie in der Zelle. Daß Wärme, sei es als Reaktionswärme oder Reibungswärme, allenthalben in der lebenden Zelle auftreten muß, ist ebenso zwangsläufig, wie daß ein ständiger Wärmeaustausch zwischen Zelle und Umgebung durch Wärmeleitung und Wärmestrahlung stattfinden muß. Strahlende Energie spielt im Leben vieler Pflanzenzellen noch eine ganz besondere Rolle. Vermag doch die grüne Pflanzenzelle die strahlende Energie der Sonne zum Prozeß der Kohlensäureassimilation auszunutzen, zur Reduktion der aus der Luft aufgenommenen CO_2 auf die Reduktionsstufe des Kohlenstoffs und aus diesem Kohlenstoff Kohlehydrate und alle sonstigen Aufbaustoffe ihres Körpers zu bilden.

II. Über die Gültigkeit des 1. und 2. Hauptsatzes in der Pflanze.

Geht man vom Standpunkt des Thermodynamikers an ein System wie das geschilderte heran, so ist die erste und grundlegende Frage, die sich aufdrängt: Gilt für es der erste und zweite Hauptsatz? Der erste und zweite Hauptsatz sind Erfahrungssätze, die ihre allgemeine Geltung dem Umstand verdanken, daß bis jetzt niemals Naturerscheinungen in ihrem Geltungsbereich (makroskopische Systeme) aufgefunden worden sind, die ihnen widersprechen, und daß umgekehrt sich ihre Gültigkeit stets erwies, wo immer sich die Möglichkeit ihrer direkten oder indirekten Nachprüfung geboten hat. Nicht aus allgemeinen philosophischen Deduktionen, sondern lediglich auf Grund biologischer Experimente läßt sich also die Frage der Gültigkeit der beiden Hauptsätze für die Pflanze entscheiden. Mit dieser Feststellung ist in bezug auf diese Gültigkeit der lebenden Pflanze keinerlei Sonderstellung gegenüber der toten oder sonstigen unbelebten Systemen eingeräumt; denn, wenn die Erfahrung überhaupt je Ausnahmen vom ersten und zweiten Hauptsatz zeigen wird, so kann dies ebensowohl an unbelebten wie an belebten Objekten der Fall sein.

Prinzipiell müssen wir zur experimentellen Nachprüfung des ersten Hauptsatzes mindestens drei Energiegrößen kennen: die während des Experimentes vom System aufgenommene und die abgegebene Energie und die Änderung seiner inneren Energie. Selbstverständlich könnte dabei durch geeignete experimentelle Bedingungen die eine oder andere dieser drei Größen den Wert 0 erhalten, die experimentelle Feststellung des Wertes dieser Größe also wegfallen. Die Bestimmung der von der Pflanze während einer Versuchszeit aufgenommenen bzw. abgegebenen Energie macht grundsätzlich keine größeren Schwierigkeiten als bei unbelebten Systemen. Dagegen liegt bei der Bestimmung der Änderung der inneren Energie eines Lebewesens eine wesentliche Schwierigkeit vor. Es war der grundlegende Gedanke ROBERT JULIUS MAYERS, als er erstmalig das mechanische Äquivalent der Wärme bestimmte, daß er dazu ein System wählte, bei dem die Änderung der inneren Energie während des Versuchs Null war, nämlich die reversible Ausdehnung eines idealen Gases bei konstantem Druck durch Wärmezufuhr; denn nur diese Konstanz der inneren Energie gestattete ihm durch den Vergleich der spezifischen Wärme des Gases bei konstantem Druck und bei konstantem Volumen den Schluß zu ziehen, daß das Mehr der aufgenommenen Wärme im ersteren Falle äquivalent sei dem Mehr an abgegebener mechanischer Arbeit.

Der lebende Organismus ist, soweit man dies ohne experimentelle Prüfung beurteilen kann, offenbar kein System konstanter innerer Energie. Wir wissen ja, daß jede lebende Zelle sich ständig verändert, und daß sie mit endlicher Geschwindigkeit einem Zustand entgegengeht, in dem ihr Leben erlischt. Trotzdem kann man bis zu einem recht hohen Grade der hier vorliegenden Schwierigkeit Herr werden. Die Verhältnisse liegen in mancher Hinsicht ähnlich wie beim Glühfaden der elektrischen Birne. Wir wissen, daß dieser sich während des Brennens dauernd verändert und nach einer gewissen Brenndauer außer Funktion gesetzt wird. Dennoch: Innerhalb kürzerer Zeiten strahlt er bei Konstanz der angelegten Spannung ein gleichmäßiges Licht aus, erzeugt er eine gleichmäßige Wärme und verbraucht er einen gleichmäßigen Strom. Zwar brennt die Birne nicht absolut gleichmäßig, aber die durch Veränderung der inneren Energie des Glühdrahtes bedingte Änderung der Energieaufnahme und Licht- und Wärmeabgabe braucht doch in den meisten Fällen nicht berücksichtigt zu werden, weil sie hinreichend klein ist gegenüber dem Gesamtumsatz von aufgenommener Energie und abgegebenen Licht- und Wärmemengen. Einen derartigen Zustand „dynamischen“ Gleichgewichts stellt wenigstens in gewissen Lebensstadien annähernd auch der lebende Organismus dar, und zwar sind dies solche, bei denen trotz Sistierung von Wachstums- und Entwicklungsvorgängen die volle Lebenstätigkeit erhalten ist.

Wir haben in Kapitel 1 erörtert, daß man den Energieinhalt eines Systems nicht seinem Absolutwert nach, sondern nur relativ, nur in bezug auf einen willkürlich gewählten Nullzustand bestimmen kann. Bei der Bestimmung des relativen Energieinhalts des Organismus verwendet man als Nullzustand seine Verbrennungsprodukte. Verbrennt man also eine Portion Hefezellen im Kalorimeter, so gibt die hierbei auftretende Wärmetönung bei konstantem Volumen die Energieabnahme relativ zum Nullzustand an, und der Energieinhalt der lebenden Hefezellen war gleich dem als Wärmetönung gemessenen Energiebetrag plus einer additiven Konstante, dem unbekannten Energieinhalt der Verbrennungsprodukte. War die verbrannte Hefeportion die Hälfte einer im stationären Zustand lebenden Hefe, und verbrennen wir nach einiger Zeit, z. B. 5 Stunden, die andere Hälfte, so können wir mittels Analyse der Verbrennungsprodukte feststellen, daß wir im wesentlichen die gleichen Verbrennungsprodukte erhalten, und durch kalorimetrische Messung, daß wir im wesentlichen die gleiche Energieänderung erhalten. Der Energieinhalt der zweiten Portion hat folglich den gleichen Betrag wie der der ersten Hälfte. Wir schließen daraus, daß die innere Energie der Hefe in dem betreffenden stationären Zustand während der 5 Stunden konstant geblieben ist. Zu beachten ist freilich, daß dies nur ein Wahrscheinlichkeitsschluß ist; denn zur experimentellen Bestimmung der Differenz des Energieinhaltes gegenüber dem Nullzustand müssen wir jeweils die Zellen töten und können deshalb nicht nach 5 Stunden an den gleichen Zellen die Energieänderung gegenüber dem Nullzustand messen wie bei der ersten Bestimmung. Unter diesem Vorbehalt dürfen wir die innere Energie eines Organismus im „stationären" Zustand als konstant betrachten. Führt man einer Zelle unter solchen Bedingungen innerhalb einer bestimmten kurzen Zeit eine bestimmte Energiemenge zu, z. B. in Gestalt von Nahrung, so muß, falls der erste Hauptsatz gilt, die gesamte zugeführte Energie in dieser Zeit vom Organismus abgegeben werden, sei es in Form des Energieinhaltes von Ausscheidungsprodukten, sei es in Form von Wärme oder sonst welcher Form. Derartige Versuche hat RUBNER[1] an nichtwachsender Hefe gemacht, der als Gärmaterial Rohrzucker in waßriger Lösung geboten wurde. Die Versuche wurden in Mikrokalorimetern ausgeführt, die genaue Messung der während der Gärung abgegebenen Wärme gestatteten, und ergaben pro Gramm vergärten Rohrzuckers 0,1495 cal Wärmeabgabe. Nach RUBNER bilden sich hierbei auf 100 g Rohrzucker mit einer Verbrennungswärme von 396,80 cal

51,10 g Alkohol . . . . mit 360,25 cal		
3,40 g Glyzerin . . . . . . „ 14,38 „	Verbrennungs-	
0,65 g Bernsteinsäure . . . „ 1,99 „	wärme	
1,30 g Zucker angesetzt (fest) „ 5,15 „		
49,20 g CO_2 . . . . „ 0,00 „		

i. S. 381,77 cal

Die Differenz der Verbrennungswärmen beträgt 15,03 cal. Pro 1 g vergärten Rohrzucker berechnet sich also bei Annahme der Gültigkeit des ersten Hauptsatzes die zu erwartende Wärmeabgabe auf 0,1503 cal gegenüber dem beobachteten Wert von 0,1495 cal, pro 1 Mol (342 g) auf 51,403 cal. Die 1,3 g Zucker sind ein Korrektur-

---

[1] RUBNER, M.: Kraft und Stoff im Haushalt der Natur. Leipzig 1909. — Die Ernährungsphysiologie der Hefezelle. Leipzig 1913.

glied, das daher rührt, daß in diesen Versuchen trotz des fehlenden Wachstums der gärenden Hefe keine völlige Konstanz der inneren Energie bestand, sondern noch ein gewisser Stoffansatz stattfand. Die Differenz der Verbrennungswärmen von Gärmaterial und Gärprodukten erscheint also bis auf $^1/_2$% genau als abgegebene Gärwärme. Die gärende Hefe erzeugt weder Energie aus nichts — jedenfalls keine außerhalb der Versuchsfehler fallende mit unseren Methoden meßbare Energieform — noch bringt sie innerhalb der Versuchsfehler liegende Beträge aufgenommener Energie äquivalentlos zum Verschwinden. Ein entsprechendes Ergebnis erhielt RODEWALD[1], der die Wärmeproduktion von stärkereichen Äpfeln mit der Wärmemenge verglich, die sich aus der in gleichen Zeiten produzierten Atmungskohlensäure unter Zugrundelegung von Stärke als Atmungsmaterial rechnerisch ergab. Er fand, daß die abgegebene Wärmemenge 99,2% der rechnerisch erwarteten betrug. Das Ergebnis des biologischen Experiments entspricht also durchaus dem, was wir bei Gültigkeit des ersten Hauptsatzes auch für den lebenden Organismus erwarten dürfen. Eine Neuberechnung der einige Jahrzehnte zurückliegenden Untersuchungen von RODEWALD und RUBNER würde vermutlich auf Grund unserer heutigen Kenntnisse eine gewisse Abweichung von deren Zahlen ergeben, aber diese Abweichungen könnten höchstens den Genauigkeitsgrad der Übereinstimmung von berechneter und gefundener Wärmemenge ein wenig modifizieren, im Prinzip aber nichts am gefundenen Resultat ändern. Ähnliche Versuche wie die besprochenen sind teils von RUBNER selbst, teils von anderen Physiologen auch am ausgewachsenen Tier mit großer Exaktheit durchgeführt worden. Die aufgenommene Nahrung wird hier durch den eingeatmeten Sauerstoff oxydiert. Abgegeben werden Stoffwechselprodukte und Wärme. Bestimmt man kalorimetrisch die Verbrennungswärme von aufgenommener Nahrung und abgegebenen Verbrennungsprodukten, und bildet man die Differenz dieser Verbrennungswärmen, so erhält man die Energieabnahme bei der Verbrennung der Nahrung zu den Stoffwechselprodukten. Befindet sich der Organismus im stationären Zustand, bleibt seine innere Energie konstant, so muß der dieser kalorimetrisch bestimmten Energieabnahme entsprechende Betrag auch vom Organismus abgegeben werden. Dies ist in der Tat der Fall. Die gesamte Energieabnahme erscheint im biologischen Experiment als vom Organismus

<hr>

[1] RODEWALD, H.: Jb. Bot. **18**, 263 (1887); **19**, 221 (1888); **20**, 261 (1889).

abgegebene Wärme. Die gemessene Energiebilanz entspricht also voll den Forderungen des ersten Hauptsatzes, und dies gilt, wie ATWATER zeigte, auch für den Fall, daß der Organismus Energie nicht nur in Form von Wärme und von chemischer Energie der Stoffwechselprodukte abgibt, sondern außerdem in Form von mechanischer Arbeit. Bei Pflanzen sind derartige Energiebilanzen, bei denen die abgegebene Energie auch als vom lebenden Plasma geleistete mechanische Arbeit erscheint, noch nicht aufgestellt worden. Die hierzu erforderlichen Versuche lassen sich nämlich wegen der relativ zur Wärmeproduktion geringen Größe der meisten mechanischen Arbeitsleistungen des Pflanzenplasmas nicht leicht durchführen, entspricht doch 1 cal der Betrag von $4{,}19 \cdot 10^7$ Erg = 42690 gcm, d. h. einer sehr kleinen Wärmemenge bereits eine in bezug auf viele mechanische Leistungen der lebenden Pflanzensubstanz ansehnliche Arbeitsmenge. Doch dürften beim gegenwärtigen Stand der diesbezüglichen experimentellen Technik sich auch an pflanzlichen Objekten für derartige Messungen geeignete Versuchsbedingungen finden.

Wenden wir uns jetzt der Energiebilanz des nichtstationären Organismus zu. Auf ältere Untersuchungen sei hier nicht näher eingegangen, obwohl ihre Ergebnisse keinen Widerspruch gegen den ersten Hauptsatz ergaben; denn den meisten von ihnen haften Fehlerquellen an, wie etwa Schätzung der Atmung nach der CO_2-Abgabe ohne Berücksichtigung anderweitiger Möglichkeiten für CO_2-Produktion, und sie sind deshalb als eindeutige experimentelle Beweise des ersten Hauptsatzes nicht zu werten. Frei von dieser Fehlerquelle sind Ergebnisse ALGERAs[1] an wachsenden Schimmelpilzen. ALGERA fand, daß in Übereinstimmung mit dem ersten Hauptsatz der Energieverlust der Nährlösung einer wachsenden Kultur von Aspergillus praktisch quantitativ wiedererscheint als die Summe der während des Wachstums abgegebenen Wärme und der Energiezunahme der Pilzkultur. Folgendes Versuchsergebnis belegt dies:

Verbrennungswärme der ursprüng-
    lichen Nährlösung
	19560 cal	Verbrennungswärme
		    des Myzels . . . .
			5606 cal

Verbrennungswärme
    der übriggebliebe-
    nen Nährlösung. .
	10750 cal	Während des Versuchs
		    entwickelte Wärme.
			3299 cal

Differenz	8810 cal	Summe	8905 cal

---

[1] ALGERA, L.: Rec. Trav. bot. néerl, **29**, 47 (1932).

Die Differenz von 95 cal liegt innerhalb der von ALGERA berechneten Fehlergrenze von 1,5%.

Der erste Hauptsatz sagt nichts darüber aus, in welcher Form Energie abgegeben wird. Würde z. B. in erheblichem Ausmaß vom Organismus eine Strahlung ausgesandt werden, die nicht vom Kalorimeter absorbiert wird, so müßte, wenn dem ersten Hauptsatz Genüge geschehen soll, ein scheinbares Minus an abgegebener Wärme auftreten, entsprechend dem kalorischen Äquivalent der Strahlung. Ja, wenn einmal sich herausstellen würde, daß, z. B. bei der nichtwachsenden Hefe unter den Bedingungen der RUBNERschen Versuche, schärfer formuliert bei Konstanz der inneren Energie, eine derartige bisher unbekannte Energieabgabe in nennenswertem Maße auftritt, so müßten wir nach einer noch unbekannten Quelle für Energieaufnahme suchen, um der Forderung des ersten Hauptsatzes zu genügen. Diese früher rein theoretische Möglichkeit ist durch die Diskussion über die GURWITSCH-Strahlen deren Aussendung durch Hefezellen vielfach angenommen wird, ins Gebiet des praktisch zu Diskutierenden gerückt. Jedoch sind bekanntlich die Energiemengen dieser Strahlung, ganz abgesehen davon, daß sie vom Kalorimeter absorbiert und in Wärme verwandelt wird, so minimal, daß ihre Existenz noch vielfach angezweifelt wird. Sie spielen also für die Energiebilanz des Organismus keine direkte Rolle, so groß ihre indirekte Bedeutung hierfür auch sein könnte. Übrigens ist die Gultigkeit des ersten Hauptsatzes auch für den lebenden Organismus, wenigstens von Forschern, die grundsätzlich eine physikalisch-chemische Bedingtheit der Lebenserscheinung annehmen, wohl kaum je bezweifelt worden. Es mag dies zum Teil auf der engen Verknüpfung beruhen, die zwischen dem ersten Hauptsatz und dem Kausalitäts- bzw. Substanzprinzip besteht — RIEHL[1] gibt in seiner Philosophie der Gegenwart eine treffende Darstellung von ihr — wenngleich diese Beziehung die empirische Basis und den empirischen Beweis des Gesetzes nicht überflüssig macht.

Dagegen ist die Gültigkeit des zweiten Hauptsatzes für den Organismus mehrfach auch von nichtvitalistischen Forschern in Frage gestellt worden. Hat beim ersten Hauptsatz die Beziehung zu erkenntnistheoretischen Grundprinzipien die Überzeugung von seiner Gültigkeit oft mehr als zulässig beeinflußt, so hat anscheinend umgekehrt beim zweiten Hauptsatz die Beziehung zu Wahr-

---

[1] RIEHL, A.: Philosophie der Gegenwart, 3. Aufl. Leipzig 1908.

scheinlichkeitsbetrachtungen bisweilen zu Unrecht dahin geführt, seine Gültigkeit im Bereich des Organischen in Zweifel zu ziehen, zu Unrecht, weil die Begründung des Zweifels jedenfalls von dieser Seite her nicht stichhaltig ist. Dies ist so gemeint: Wir haben im physikalischen Teil die BOLTZMANNsche Formulierung des zweiten Hauptsatzes wiedergegeben und erläutert: „Die Natur strebt aus einem unwahrscheinlicheren Zustand in einen wahrscheinlicheren." Sehen wir nun eine einfache Eizelle sich zu einem komplizierten Organismus mit all seiner Differenziertheit und korrelativ zweckmäßigen Verknüpfung von Teilen und Funktionen entwickeln, so scheint es, daß hier aus einem wahrscheinlicheren ein unwahrscheinlicherer Zustand sich bildet. Indes, unterstellen wir dies auch ohne Beweis, unterstellen wir auch als zutreffend die notwendige Voraussetzung, daß hier der Begriff des wahrscheinlichen Zustandes im Sinne der statistischen Mechanik gebraucht sei, so würde der Entwicklungsvorgang doch in keiner Weise im Widerspruch zum zweiten Hauptsatz stehen; denn die BOLTZMANNsche Formulierung sagt ja garnichts über das Verhalten eines einzelnen Körpers aus, sondern über das der Natur, vorsichtiger ausgedrückt über das Verhalten eines sich ändernden Systems, wenn alle an den Veränderungen irgendwie beteiligten Körper in Betracht gezogen werden, über das Verhalten eines abgeschlossenen Systems. Wenn also auch der sich entwickelnde Organismus ein „ektropisches System" (AUERBACH)[1] darstellt, wenn seine dem Logarithmus der Wahrscheinlichkeit proportionale Entropie abnimmt, so ist diese Abnahme der Entropie ja nur die Abnahme der Entropie eines Teiles eines Systems, zu dem außer dem Organismus noch all die Teile der Umwelt gehören, mit denen er in direkter oder indirekter Wechselwirkung steht. Versucht man z. B. für die grüne Pflanze, die sich mit Hilfe der Sonnenenergie entwickelt, ein System festzulegen, das außer der Pflanze noch alle an ihren Veränderungen beteiligten Körper enthält, so muß man in dies System außer der Pflanze unter anderem auch die aufgenommene Sonnenenergie einbeziehen. Die Bestimmung der Entropieänderung eines lebenden Organismus, der ja niemals ein abgeschlossenes System im Sinne der Physik darstellt, könnte uns also niemals Aufschluß über die Gültigkeit des zweiten Hauptsatzes für ihn geben, gleichviel, ob sie nun Zu- oder Abnahme ergibt. Man müßte vielmehr zur Prüfung ein abgeschlossenes

---

[1] AUERBACH, F.: Die Weltherrin und ihr Schatten. Jena 1902.

System bilden, das auch die Umgebung des Organismus enthält, soweit sie an dessen Veränderungen beteiligt ist. Dann müßte man eine Aufstellung der Entropieänderungen machen, die sich innerhalb des ganzen Systems während eines bestimmten Zeitraumes abspielen. Je nachdem, ob die Summation der Entropieänderungen eine Zu- oder Abnahme der Entropie des Systems ergibt, wäre ein Beweis für die Gültigkeit oder Ungültigkeit des zweiten Hauptsatzes erbracht. Indes wir stoßen hier in verstärktem Maße auf die Schwierigkeit, die uns bereits bei der Prüfung der Energiebilanz zum Beweis der Gültigkeit des ersten Hauptsatzes für den Organismus entgegengetreten war. Dort war die Schwierigkeit, die Änderung des Energieinhaltes des Organismus zu messen, hier müssen wir die Änderung seines Entropieinhaltes messen. Die Entropieänderung bei einem Vorgang wird gemessen durch die bei reversiblem Ablauf des Vorgangs ausgetauschte Wärme dividiert durch die Austauschtemperatur. Wir können aber die Vorgänge im Organismus nicht beliebig leiten, also nicht reversibel leiten. Auch der Ausweg, die betreffenden Vorgänge außerhalb des Organismus bei gleichem T isotherm und reversibel ablaufen zu lassen, und den gefundenen Wert der Entropieänderung als Wert für den gleichen Vorgang im Organismus einzusetzen, würde uns nichts nützen, selbst wenn er praktisch durchführbar wäre; denn wir würden dann bereits annehmen, daß die Entropieänderung bei einem isothermen Vorgang unabhängig vom Wege ist (1. Weg: außerhalb des Organismus, 2. Weg: innerhalb des Organismus) und dies setzt bereits die Anerkennung der Gültigkeit des zweiten Hauptsatzes für den Organismus voraus. Daß die Entropieänderung bei einem isothermen Vorgang eine Zustandsfunktion ist, beruht ja auf dem Satz, daß die maximale Arbeit eines isothermen Prozesses unabhängig vom Wege ist. Genau die gleiche Schwierigkeit ergibt sich deshalb, wenn wir den zweiten Hauptsatz in seiner auf die freie Energie oder das thermodynamische Potential (S. 75, 76) bezüglichen Form anwenden. Wir wollen isothermen Ablauf voraussetzen. Messen und berechnen können wir die Änderung der freien Energie der Teile unseres Systems, die außerhalb des Organismus während des Lebensprozesses sich verändern, entstehen oder verschwinden, aber wir können nicht die Änderung der freien Energie bei den Prozessen im Organismus messen, weil wir sie nicht nach Belieben reversibel leiten können. Wenn wir aber Prozesse außerhalb des Organismus reversibel ablaufen lassen oder uns ablaufend denken, die von gleichen Ausgangszuständen wie im Organismus zu gleichen Endzuständen wie dort führen, die Änderung ihrer freien Energie messen oder berechnen, und den gemessenen oder berechneten Wert einsetzen für den entsprechenden Prozeß im Organismus, so setzen wir wiederum bereits voraus, daß der Satz gültig ist, daß die Änderung der freien Energie bei einem isothermen Prozeß vom Wege unabhängig ist, d. h. wir setzen den zweiten Hauptsatz, dessen Gültigkeit für den Organismus wir prüfen wollten, bereits voraus. Auch wenn wir nur „stationäre“ Zustände betrachten und voraussetzen, daß die freie Energie des Organismus selbst unverändert bleibt während der Zeit, für die wir die Änderung der freien Energie der am System beteiligten Körper außerhalb des Organismus untersuchen, können wir durch diese Methode keinen experimentellen Beweis des zweiten Hauptsatzes erbringen, denn die Richtigkeit der Voraussetzung der Konstanz der freien Energie im gewählten Zustand müßte dazu erst bewiesen werden. Wie wenig diese Konstanz etwa aus der Konstanz des Energieinhalts im stationären Zustand gefolgert werden darf, geht aus einem interessanten Versuch MEYERHOFs[1] hervor, der freilich zu anderem Zwecke unternommen wurde. MEYERHOF wollte prüfen, ob mit dem Übergang lebenden Plasmas in totes eine Energieänderung verknüpft sei. Er maß die Wärmeabgabe einer Vogelblutemulsion, vergiftete diese durch ein schnell und ohne Wärmetönung reagierendes Gift, und stellte fest, daß nach dem Abtöten die Wärmeabgabe völlig unverändert blieb. Es trat also beim Absterben keine meßbare Energieänderung auf. Es wäre aber durchaus möglich, daß die freie Energie der Vogelblutemulsion sich beim Absterben nicht unwesentlich ändert; denn der Organismus ist ja nach dem Tode nicht mehr imstande, alle die Arbeiten zu verrichten, die für ihn im Leben charakteristisch sind. Ein entsprechendes Verhalten wie Vogelblutzellen zeigen nach RUBNER Hefezellen beim Absterben, während LEPESCHKIN[2] für Hefezellen eine Wärmetönung beim Absterben gefunden haben will, jedoch sind seine Versuche methodisch unzureichend.

So bleibt denn, solange wir keine bessere Beherrschung des Organismus und keine geeigneteren Methoden zur Bestimmung der Änderung der freien Energie oder des thermodynamischen Potentials besitzen, nichts anderes übrig, als die Gültigkeit des

---

[1] MEYERHOF, O.: Pflügers Arch. **146**, 159 (1912).
[2] LEPESCHKIN: Ber. dtsch. bot. Ges. **46**, 591 (1928).

zweiten Hauptsatzes für den Organismus zunächst vorauszusetzen und nachzusehen, wieweit daraus zu ziehende Folgerungen mit der Erfahrung übereinstimmen. Würden sich Folgerungen ergeben, die dem zweiten Hauptsatz widersprechen, so brauchte dies freilich kaum ein Hinweis auf seine Ungültigkeit im Organismus zu sein; denn bei der Unabgeschlossenheit unserer biologischen Erfahrung werden derartige Folgerungen wohl stets nur unter Voraussetzungen zu ziehen sein, die erst eines Beweises bedürfen. Indes, es sind keine derartigen Erfahrungen bekannt geworden.

Die erste diesbezügliche Untersuchung wurde von BARON und POLANYI[1] angestellt. Sie bezieht sich auf den animalischen Stoffwechsel. Die Autoren berechnen die Abnahme des thermodynamischen Potentials $\Delta G'$ bei isotherm gedachtem Ablauf der Stoffwechselprozesse eines homoiothermen tierischen Organismus mit Hilfe des NERNSTschen Wärmetheorems. Dabei wird vorausgesetzt, daß die berechnete Abnahme eintritt, gleichviel ob der Weg über den Organismus oder ein beliebiger Weg gewählt wird, also Gültigkeit des zweiten Hauptsatzes. Ich erwähne dies besonders, da in der Arbeit selbst nicht erwähnt ist, daß diese Voraussetzung für die Berechnung gemacht ist und gemacht werden muß. Sie ist aber implizite in den von den Autoren genannten Voraussetzungen enthalten; denn es wird Konstanz des thermodynamischen Potentials des Organismus (stationärer Zustand) bei Ablauf von Stoffwechselprozessen vorausgesetzt, deren $\Delta G'$ unter Benutzung des zweiten Hauptsatzes berechnet wird. Der Wert von $\Delta G'$ wird mit dem ebenfalls berechneten Wert der isothermen Wärmeabgabe verglichen und ersterer stets größer als letzterer gefunden. Wäre entgegen dem zweiten Hauptsatz $\Delta G'$ bei dem von selbst verlaufenden isothermen Lebensprozeß 0 oder negativ (S. 77), so müßte die Wärmeabgabe des Organismus, die ja kleiner ist, negativ sein, d. h. es müßte Wärme aus der Umgebung aufgenommen werden. Da die Erfahrung lehrt, daß beim Lebensablauf des homoiothermen Organismus stets Wärme abgegeben wird, so führt die Annahme der Gültigkeit des zweiten Hauptsatzes zur Forderung nach dem Stattfinden eines Prozesses, der sich tatsächlich in der Natur verwirklicht findet, und es zeigt sich keine beobachtbare Tatsache, die mit dem zweiten Hauptsatz in Widerspruch steht. Den Gedankengang und die Berechnungen von BARON und POLANYI könnte man auf nichttranspirierende Pflanzen ohne weiteres über-

---

[1] BARON, J. u. M. POLANYI: Biochem. Z. **53**, 1 (1913).

tragen, da bei diesen, soweit bekannt, wie beim tierischen Organismus stets Wärmeabgabe an eine praktisch isotherme Umgebung stattfindet. Bei transpirierenden Pflanzen müßte man noch die Abnahme des thermodynamischen Potentials und die Wärmeaufnahme bei der Transpiration berücksichtigen. Dieser Gedankengang soll jedoch hier nicht weiter verfolgt werden, sondern es soll mittels eines anderen gezeigt werden, daß sich Widersprüche nicht ergeben, wenn man den zweiten Hauptsatz der Deutung der pflanzenphysiologischen Erfahrungen zugrunde legt. Wir wollen unter Verweisung auf nähere Ausführungen im Kapitel 10, das der Anwendung der Thermodynamik auf die pflanzlichen Stoffwechselprozesse gewidmet ist, die Bilanz der Änderungen von G bei einigen sogenannten autotrophen Bakterien betrachten, das sind solche, denen als einzige Quelle arbeitsfähiger Energie anorganische Substanzen wie NH_3, S, H_2S dienen. Diese Stoffe nehmen sie aus ihrer Umgebung auf und oxydieren sie, dagegen führen sie im allgemeinen weder die bei den grünen Pflanzen vorherrschende Gewinnung arbeitsfähiger Energie durch Lichtabsorption noch die vom tierischen Organismus und den sogenannten heterotrophen Pflanzen betriebene durch Aufnahme organischen Nährmaterials durch. Denken wir uns aus einem einzigen Bakterium eine größere Bakterienkolonie isotherm heranwachsend, wie sich dies im Experiment praktisch weitgehend realisieren läßt, so fordert der zweite Hauptsatz, daß dieser von selbst verlaufende Prozeß mit Abnahme von G verbunden ist, daß also $\Delta G'$ für die Umgebung größer ist als ΔG für die Bakterienmasse. Kennen wir die aus der Umgebung aufgenommene Menge von Oxydationsmaterial und die an die Umgebung abgegebene Menge von Oxydationsprodukten und die Abnahme von G beim Ablauf des Oxydationsprozesses, so kennen wir praktisch das $\Delta G'$ der Umgebung. Da der Aufbau der organischen Körpersubstanz dieser Bakterien unter Reduktion von aus der Luft aufgenommenem CO_2 etwa auf die Reduktionsstufe des C verläuft, und diese Reduktion, soweit bekannt, den bei weitem größten Teil des Arbeitsaufwands in den Zellen beansprucht, so kann der Wert von ΔG, der sich aus dem C-Gehalt der Bakterienkolonie errechnet, wenn man ΔG für die Reaktion $6\,CO_2 + 6\,H_2O = C_6H_{12}O_6 + 6\,O_2$ berechnet, wenigstens roh der Größenordnung nach, als Wert von ΔG für die gebildete Zellmasse gelten. (Für eine genauere Berechnung müßte man die chemische Zusammensetzung der betreffenden Organismen kennen und bei Aufstellung der

Reaktionsgleichung berücksichtigen.) Der Quotient $\dfrac{\Delta G}{\Delta G'}$ muß dann, sofern sich kein Widerspruch zum zweiten Hauptsatz zeigt, stets ein echter Bruch sein und gibt, mit 100 multipliziert, die prozentische Ausnutzung der arbeitsfähigen Energie des Energie liefernden Prozesses durch die betreffende Zellart. Je höher er ist, je mehr er sich dem Wert 1 bzw. 100 % nähert, um so ökonomischer verwendet die betreffende Zellart die ihr von seiten der Umgebung zu Verfügung stehende arbeitsfähige Energie, mit um so höherer Annäherung an reversiblen Ablauf muß die Kopplung zwischen Arbeit liefernden und Arbeitsaufwand erfordernden Prozessen in der Zelle erfolgen; denn bei reversiblem Ablauf herrscht Gleichgewicht, und im Gleichgewicht ist für den gesamten Prozeß x: $\Delta G_x = 0$, also muß $\Delta G_y'$ für den Arbeit liefernden Prozeß y gleich ΔG_z für den Arbeitsaufwand erfordernden Prozeß z sein, da $\Delta G_x = \Delta G_z + \Delta G_y = \Delta G_z - \Delta G_y'$. Der Wert $\dfrac{\Delta G \cdot 100}{\Delta G'}$ sei für einige autotrophe Bakterien angegeben, wobei für die Berechnung und die ihr zugrunde liegenden Voraussetzungen auf Kapitel 10 verwiesen sei. Er beträgt unter den betreffenden Versuchsbedingungen etwa für Nitritbakterien 6 %, Nitratbakterien 7 %, Thiobazillus thioxydans (Schwefelbakterie) 8 %, Bacillus pycnoticus (Wasserstoffbakterie) 28 %. $\dfrac{\Delta G \cdot 100}{\Delta G'}$ erreicht also oft nur wenige Prozent, in keinem Falle auch nur annähernd 100 %, d. h. von der der Umgebung der Bakterien verlorengegangenen Arbeitsfähigkeit finden sich nur etwa die genannten Prozentsätze als Gewinn an Arbeitsfähigkeit in den aufgebauten Organismen wieder. Indem noch darauf verwiesen sei, daß in Kapitel 10 und 14 auch die Frage verneinend beantwortet wird, ob für einzelne Prozesse in einer Pflanze, nicht nur für die Gesamtheit aller ihrer Lebensprozesse, dem zweiten Hauptsatz widersprechende Erfahrungen bekannt geworden sind, können wir das Ergebnis dieses Kapitels dahingehend zusammenfassen, daß bisher keine biologischen Tatsachen bekannt geworden sind, die auf eine Ungültigkeit des ersten oder zweiten Hauptsatzes bei Pflanzen hinweisen, und daß andererseits verschiedene experimentelle Ergebnisse und Berechnungen für die Gültigkeit der beiden thermodynamischen Hauptsätze im Bereich des pflanzlichen Lebens sprechen.

Neuntes Kapitel.

Thermodynamik der Phasenübergänge in der Pflanze.

In den Darlegungen dieses Kapitels spielt eine grundlegende Rolle der Begriff des chemischen Potentials (μ), den wir im Kapitel 2 eingeführt und in den Kapiteln 3 und 4 in Beziehung zur Aktivität, maximalen Nutzarbeit und zum Gleichgewicht gesetzt haben. Es sei hier kurz das Wesentlichste über diese thermodynamische Funktion wiederholt. Als chemisches Potential bezeichnet man das molare bzw. partielle molare thermodynamische Potential eines Stoffes, je nachdem, ob der Stoff rein oder in Mischphase vorliegt, also in unserer Bezeichnungsweise $\mu^i = g^i$ bzw. $\mu_i = g_i$. Bei den biologischen Anwendungen haben wir es in der Regel mit Mischphasen, also mit μ_i zu tun.

Das chemische Potential mißt die „chemische" Arbeitsfähigkeit eines Stoffes, die Arbeitsfähigkeit bei konstantem T, P usw. allgemein bei Konstanz aller unabhängigen Zustandsvariablen außer den chemischen (n, λ, S. 31). Eine Änderung von chemischen Zustandsvariablen tritt ein bei einer Stoffumwandlung, aber z. B. auch bei dem Übergang eines Stoffes aus einer Phase in eine andere, weil sich dabei die chemische Zusammensetzung, die Zahl der Mole der beteiligten Stoffe in jeder der beiden Phasen ändert. Der Begriff des chemischen Potentials findet daher sowohl bei chemischen Reaktionen im engeren Sinne wie bei „Übergangsreaktionen", bei Übergängen von Stoffen aus einer Phase in andere, Anwendung.

Dem Biologen wird der abstrakte Begriff des chemischen Potentials wohl am klarsten durch Vergleich mit dem des elektrischen Potentials. Wir messen die arbeitsfähige elektrische Energie, die wir gewinnen können, wenn wir eine bestimmte Elektrizitätsmenge, z. B. nF vom Potential E, auf ein Potential bringen, dem wir den Nullwert zuschreiben ($E^0 = 0$), durch das Produkt $nF (E - E^0)$ $= nFE$. Das elektrische Potential E, bezogen auf einen willkürlich gewählten Nullwert, gibt also ein Maß der spezifischen, d. h. auf die Mengeneinheit bezogenen, „elektrischen" Arbeitsfähigkeit, und die arbeitsfähige elektrische Energie wird dargestellt durch das Produkt aus einem Kapazitätsfaktor, der Elektrizitätsmenge, und einem Intensitätsfaktor, dem elektrischen Potential. Entsprechend messen wir die „chemische" Arbeitsfähigkeit einer Substanz, z. B. von n Molen gelösten Zuckers durch das Produkt aus einem Kapazitätsfaktor, der Stoffmenge n Mole, und einem Intensitätsfaktor, dem auf die Mengeneinheit, das Mol, bezogenen chemischen Potential. Wie für das elektrische Potential können wir auch für das chemische Potential eines Stoffes keinen Absolutwert bestimmen, sondern nur einen Nullwert willkürlich festlegen, auf den bezogen wir μ messen. Wie man also etwa der Normalwasserstoffelektrode das Potential 0 zuschreibt, so wählt man auch für den gelösten Zucker, allgemein für jeden Stoff, mit dessen chemischem Potential man zu tun hat, Nullzustände, so daß man wenigstens das μ des Stoffes in einem beliebigen Zustand relativ zum Nullzustand messen kann. Wir haben nach dem Vorgang von LEWIS diese Nullzustände als Standardzustände bezeichnet, und das chemische Potential eines Stoffes i in einem beliebigen Zustand, gemessen in bezug auf sein chemisches Potential im Standardzustand μ_i^0, also $\mu_i - \mu_i^0$, durch Einführung der Aktivität a zu $RT \ln a_i$ bestimmt (Gleichung [200, 201])

$$\mu_i - \mu_i^0 = RT \ln a_i. \tag{353}$$

Wir haben ferner abgeleitet (S. 135), daß für die Zunahme des thermodynamischen Potentials, $\varDelta G$, bei einer isothermen isobaren Reaktion, die durch die im Minimum zu ihrer Durchführung aufzuwendende Nutzarbeit A_n gemessen wird, allgemein gilt Gl. [213]

$$\underline{\varDelta G} = \underline{A_n} = \Sigma \nu_i \mu_i$$

und im Gleichgewicht, da in diesem keine Nutzarbeit aufgewendet oder geleistet werden kann (Gl. [214])

$$\Sigma \nu_i \mu_i = 0.$$

Die grundlegende Bedeutung, die das chemische Potential für die Arbeitsfähigkeit und die Lage des Gleichgewichts bei chemischen Reaktionen hat, läßt es erwarten, daß das chemische Potential der Reaktionsteilnehmer am Lebensprozeß der Pflanze, der ja zum großen Teil ein chemischer Prozeß ist, von wesentlichem Einfluß auf den Ablauf dieses Lebensprozesses ist. In der Tat kommt es für diesen Ablauf nicht nur auf die Stoffmengen der lebensnotwendigen Stoffe an, sondern auch auf ihre chemischen Potentiale. Das bekannte LIEBIGsche Gesetz vom Minimum der Stoffmengen, das besagt, daß zur Erhaltung des Lebens die Menge jedes notwendigen Stoffes nicht unter ein Minimum sinken darf, wird nur der materiellen Seite der Stoffaufnahme und des Stoffbedarfs gerecht. Die energetische Seite des Lebensprozesses bedingt, daß neben dieses Gesetz ein Maximum-Minimumgesetz der chemischen Potentiale tritt, das wir so formulieren können:

Das chemische Potential jedes für einen Organismus lebensnotwendigen aktiven Stoffes muß innerhalb eines bestimmten Minimums und Maximums liegen, wenn der Organismus lebensfähig sein soll.

Dabei soll dadurch, daß nicht von den chemischen Potentialen aller im Organismus auftretenden Stoffe gesprochen wird, sondern nur von den aktiven, dem Umstand Rechnung getragen werden, daß der Wert des chemischen Potentials eines Stoffes nur dann für den Organismus von Bedeutung ist, wenn der Stoff hinreichend schnell reagiert, wenn die Vorgänge, an denen er beteiligt ist, mit solcher Geschwindigkeit in der Richtung zum Gleichgewicht ablaufen, daß sie für den Lebensprozeß Bedeutung haben. Liegen dagegen so hohe Reaktionswiderstände vor, daß der betreffende Stoff „inaktiv" ist, so können noch so starke Schwankungen seines chemischen Potentials keine Bedeutung für den Lebensablauf haben. Daß ein solches Gesetz gelten muß, können wir uns am besten wieder durch Vergleich mit dem elektrischen Potential klarmachen. Wir denken uns eine durch zahlreiche Elektromotoren automatisch betriebene Fabrik, in der zahlreiche Arbeitsprozesse in den richtigen Proportionen ablaufen müssen, wenn die Fabrikation vonstatten gehen soll. Jeder der Elektromotoren ist auf einen bestimmten Spannungsbereich eingestellt. Legen wir an einen Motor eine Spannung, die jenseits dieses Bereiches liegt, so steigt oder sinkt seine Leistung, ihr korrelatives Verhältnis zu den übrigen Prozessen wird gestört, Überhitzungen,

Unterkühlungen oder sonstige Störungen treten auf und legen den Betrieb der automatischen Fabrik still. Auch der Organismus stellt insofern eine automatisch betriebene Fabrik dar, als in ihm zahlreiche korrelativ verknüpfte Vorgänge von selbst ablaufen und in bestimmten Proportionen ablaufen müssen, wenn er lebensfähig sein soll. Insbesonders kann der Organismus, dessen Erhaltung ständig Arbeitsaufwand erfordert, nur bestehen, wenn Arbeit liefernde Prozesse in hinreichendem Maße arbeitsfähige Energie liefern. An Stelle der Arbeit liefernden Elektromotoren der Fabrik treten dabei — wenigstens in sehr erheblichem Ausmaße — die Arbeit liefernden chemischen Reaktionen, und deren Vermögen, Arbeit zu leisten, hängt wiederum von den chemischen Potentialen der Reaktionsteilnehmer ab, wie das entsprechende Vermögen der Elektromotoren vom angelegten elektrischen Potential. Wenn etwa ein anaerober Organismus durch Übertragen in gewöhnliche Luft O_2 von zu hohem μ, von zu hoher Arbeitsfähigkeit aufnimmt, so gehen offenbar dank dieser Arbeitsfähigkeit in der Zelle, Oxydationen in einem Ausmaße vor sich, die die Korrelation der Prozesse stören, Stoffe, die in nichtoxydierter Form Arbeit zu leisten haben, mögen in dieser Form infolge Oxydation auf ein so niedriges μ kommen, daß ihre Arbeitsfähigkeit für ihre normale Arbeitsleistung nicht mehr ausreicht, und der Organismus geht zugrunde. Man erkennt, daß das, was für den O_2 gilt, für jeden aktiven lebensnotwendigen Stoff gelten muß. Auf die experimentellen Beweise für unser Maximum-Minimumgesetz der chemischen Potentiale kommen wir im Verlauf dieses Buches noch wiederholt zurück. Hier sei nur noch bemerkt, daß die Grenzen des chemischen Potentials natürlich je nach dem physiologischen Zustand des Organismus verschieden liegen werden, etwa im Alter anders als in der Jugend usw., und daß sie je nach der Art und dem Zustand des Organismus für einen bestimmten Stoff bald eng, bald weit gezogen sein werden (steno- bzw. pachypotential). Der Organismus kann den Wert der μ seiner Bestandteile innerhalb gewisser Grenzen regulieren. Bei den folgenden Betrachtungen wollen wir aber zunächst gerade solche Fälle ausschließen, und den Stoffübertritt von einer Phase in andere lediglich bei von selbst in der Richtung auf das thermodynamische Gleichgewicht verlaufenden Übergängen betrachten.

Es ist von grundlegender Bedeutung, daß uns die Thermodynamik ein einfaches Gesetz in die Hand gibt, nach dem sich diese Phasenübergänge vollziehen, ein Gesetz, das uns gestattet, Voraussagen über Richtung, Ausmaß und Beeinflussbarkeit der Phasenübergänge zu machen. Wir hatten als allgemeine Gleichgewichtsbedingung chemischer Reaktionen die Gleichung kennengelernt

$$\Sigma \, v_i \, \mu_i = 0,$$

in der μ_i das „chemische Potential" des an der Reaktion beteiligten Stoffes i bedeutet, v_i die Äquivalenzzahl, mit der er an der Reaktionsgleichung teilnimmt — sie hat für verschwindende Stoffe negatives, für entstehende positives Vorzeichen — und Σ, daß die Summation für alle beteiligten Stoffe a, b, ... i durchzuführen ist. Handelt es sich bei der Reaktion um die Verteilung eines Stoffes i auf verschiedene Phasen $'$, $''$ ... und setzen wir voraus, daß das Molekulargewicht von i in allen Phasen gleich ist, eine Voraussetzung, die wir stillschweigend bei allen folgenden Betrachtungen machen wollen, so geht unsere Gleichung über in

$$\Sigma v_i \mu_i = v_i' \mu_i' + v_i'' \mu_i'' = 0, \; \mu_i'' - \mu_i' = 0, \; \mu_i' = \mu_i''; \; \Sigma v_i \mu_i = v_i' \mu_i'$$
$$+ v_i''' \mu_i''' = 0, \; \mu_i''' - \mu_i' = 0, \; \mu_i''' = \mu_i'; \; \mu_i' = \mu_i'' = \mu_i'''; \; \text{denn } v_i \text{ hat}$$

ja für die Übergangsreaktion negatives Vorzeichen, wenn i aus einer Phase austritt, positives, wenn i in eine Phase hineingeht, also ist, wenn 1 Mol aus Phase $'$ in $''$ übergeht, $v' = -1$, $v'' = +1$.

In Worten: Im Gleichgewicht ist das chemische Potential eines Stoffes in allen Phasen gleich. Da nach dem zweiten Hauptsatz alle von selbst verlaufenden Vorgänge sich in der Richtung auf das thermodynamische Gleichgewicht vollziehen, so sucht sich also ein in einer Phase gelöster Stoff auf alle angrenzenden nach der Richtung hin zu verteilen, daß sein chemisches Potential in allen Phasen gleich wird. Ebenso verteilt er sich, wenn sein chemisches Potential an verschiedenen Stellen innerhalb einer Phase verschieden ist, so lange in dieser, bis es an allen Stellen der Phase das gleiche ist. Erst die Einführung des Begriffes „chemisches Potential" in die Biologie gestattet uns eine exakte Formulierung der bei den Phasenübergängen im Organismus herrschenden Gesetzmäßigkeit. Fragt man, wieweit ein permeierfähiger Stoff von außen ins Plasma oder in den Zellsaft aufgenommen wird, falls sich Gleichgewicht einstellt, so darf die allgemein richtige Antwort nicht lauten, bis er außen und innen in gleicher Konzentration vorhanden ist, auch nicht, bis er innen und außen die gleiche Aktivität hat; denn das ist nur dann zutreffend, wenn die Aktivität des Stoffes außen und innen auf den gleichen Standardzustand bezogen ist, sondern die streng richtige präzise Antwort auf unsere Frage lautet: bis zur Gleichheit des chemischen Potentials. Da das μ eines Stoffes in einer Phase mit meßbaren Größen durch gesetzmäßige Beziehungen verknüpft ist wie der Konzentration, dem Aktivitätskoeffizienten des Stoffes, und der Potentialdifferenz zwischen der Phase und Nachbarphasen, so erhalten wir auch den Weg, auf dem die Gleichgewichtskonzentrationen des Stoffes in den einzelnen Phasen wenigstens prinzipiell bestimmt werden können. Derartige Berechnungen sind kürzlich von DONNAN und GUGGENHEIM [1] für verschiedene Bedingungen durchgeführt worden.

Der Biologe wird nun weiter fragen: Wie steht es denn aber mit dem Satz von der Gleichheit des chemischen Potentials beim osmotischen Gleichgewicht? Wenn wir eine Zuckerlösung im Osmometer durch eine semipermeable Membran getrennt von reinem Wasser haben, so stellt sich doch ein Gleichgewichtszustand ein, und trotzdem ist die Konzentration des Zuckers außen 0, während sie innen mehrere Mole betragen kann. Dann ist doch offenbar, wenn wir außen und innen auf den gleichen Standardzustand des Zuckers beziehen, auch die Aktivität und demnach das chemische Potential des Zuckers innen und außen sehr verschieden. Das ist auch in der Tat der Fall. Die Differenz seines chemischen Potentials innen $^{(I)}$ und außen $^{(A)}$ $\mu^I - \mu^A$ ist nicht 0, sondern gleich der maximalen Nutzarbeit, die beim isothermen Übergang von 1 Mol Zucker aus der inneren Lösung auf die unendlich verdünnte Außenlösung gewonnen werden kann (wegen $\Delta G' = \mu^I - \mu^A = \underline{A'_n}$). Das osmotische Gleichgewicht ist eben $\underline{\text{nur ein Gleichgewicht}}$ hinsichtlich des **permeierfähigen** Stoffes, des Wassers, dessen chemisches Potential, wie im Kapitel 3 ausgeführt wurde, tatsächlich nach Einstellung des Ruhezustandes innerhalb und außerhalb der osmotischen Zelle gleich ist. Hinsichtlich des **nicht permeierfähigen** gelösten Stoffes besteht aber im „osmotischen Gleichgewicht" nur scheinbares, nur „gehemmtes" Gleichgewicht, das wir auch als ein sich nur unendlich langsam ausgleichendes Ungleichgewicht bezeichnen können, ein Zustand, der thermodynamisch ganz der Stabilität der Kohle am Sauerstoff der Luft bei Zimmertemperatur entspricht. Deshalb ist es durchaus kein Widerspruch gegen den Satz von der Gleichheit des chemischen Potentials eines Stoffes in allen im Gleichgewicht miteinander stehenden Phasen, daß im „osmotischen Gleichgewicht" nicht

---

[1] DONNAN u. GUGGENHEIM: Z. physik. Chem. A **162**, 346 (1932).

permeierfähige Stoffe verschiedenes μ in benachbarten Phasen haben.

Diese Erörterung ist um so notwendiger als sie deutlich darauf hinweist, wo die Anwendungsmöglichkeiten und wo die Grenzen der Anwendungsmöglichkeit thermodynamischer Gesetze auf den Organismus liegen. Es wäre ebenso falsch, mit dem Hinweis, daß nirgends im Organismus Gleichgewicht bestehe, jede Möglichkeit einer Anwendung thermodynamischer Erkenntnisse auf den Organismus abzulehnen, wie es falsch wäre, diese Erkenntnisse auf Zustände im Organismus anzuwenden, die mit den Voraussetzungen der betreffenden thermodynamischen Sätze in direktem Widerspruch stehen. Denn die Thermodynamik sagt uns nicht nur etwas über Gleichgewichtszustände selbst, sondern auch manches über die Veränderungen von Systemen, die nicht im Gleichgewicht sind, z. B. über die Richtung dieser Veränderungen, und diejenigen Sätze der Thermodynamik, die streng auf echte Gleichgewichte zutreffen, werden annähernd auch auf Ungleichgewichtszustände zutreffen, die dem Gleichgewicht nahekommen. Auch unsere Wärmekraftmaschinen sind ja keine Gleichgewichtssysteme, auch ihre Veränderungen sind nicht reversibel, und trotzdem wird ihr Bau und ihr Verständnis von den Sätzen der Thermodynamik beherrscht.

Beobachtungen darüber, daß die Konzentrationen einzelner permeierfähiger Stoffe außerhalb und innerhalb des Plasmas dauernd verschieden sind, liegen bereits verschiedentlich vor. Diese Befunde können entweder darauf beruhen, daß die Bedingungen des lebenden Zustandes auch die nur annähernde Einstellung des thermodynamischen Gleichgewichts verhindern, sie können aber, mit oder ohne diese Ursache, auch in folgendem begründet liegen: Da das chemische Potential der permeierfähigen Stoffe im Gleichgewicht in allen Teilen des Systems gleich sein muß, und da andererseits mit steigender Konzentration eines Stoffes sein μ steigt, so müssen, wenn im Gleichgewicht Konzentrationsdifferenzen vorliegen, irgendwelche Kräfte an den Orten höherer Konzentration wirken, die das μ des Stoffes dort so weit erniedrigen, bis sie die potentialerhöhende Wirkung der Konzentrationssteigerung kompensiert haben. Welcher Art diese Kräfte sind, ist gleichgültig. Es können chemische Kräfte oder Adsorptionskräfte sein, die eine Speicherung hervorrufen. Es können aber auch jene als Wechselwirkungen der Moleküle bzw. Ionen in Mischphasen bezeichneten Kräfte sein, es können die Kräfte elektrischer Felder sein. Vom physikalischen Standpunkt aus ist dies um so verständlicher, als ja auch die chemischen und Adsorptionskräfte elektrischer Natur sind. Betrachten wir jetzt einige Spezialfälle.

Das chemische Potential eines Stoffes in einer Lösung kann durch Zusatz eines dritten Stoffes ebensowohl erhöht wie erniedrigt werden. Setzt man einer Mischung von Alkohol und Wasser Benzol zu, so wird μ_{H_2O} dadurch erhöht. Denken wir uns also ein Alkoholwassergemisch A durch eine permeable Membran von dem Alkoholwassergemisch B getrennt, mit dem es im Gleichgewicht steht, und setzen A Benzol zu, für das die Membran undurchlässig sei, so wird zwar die Konzentration des Wassers (in Molen/Liter der Lösung) in A geringer werden als in B, trotzdem wird unter Umständen Wasser gegen das Konzentrationsgefälle von selbst nach B diffundieren, also von niederer auf höhere Konzentration. Dies wird dann der Fall sein, wenn die Erhöhung von μ_{H_2O} durch den Benzolzusatz die Erniedrigung desselben durch die mit dem Zusatz verknüpfte Konzentrationserniedrigung überkompensiert, so daß insgesamt eine Erhöhung von μ_{H_2O} eintritt. Dieser Übergang wird nicht nur ohne Energieaufwand erfolgen, er könnte sogar bei geeigneter Leitung Arbeit leisten, weil Wasser vom höheren μ auf das niedere übergeht. Derartige Erscheinungen dürften für die Erklärung mancher physiologischer Beobachtungen von Bedeutung sein.

Gerade auf dem Gebiet der Übergangsreaktionen erweist sich die thermodynamische Betrachtung biologischer Prozesse als besonders fruchtbar. Wir hatten bereits angeführt, daß der Satz von der Gleichheit von μ_i im Gleichgewicht nur auf solche Stoffe anwendbar ist, bei denen nicht bereits von vorneherein durch Reaktionshemmungen die Einstellung des echten Gleichgewichts unmöglich ist, und statt dessen bestenfalls scheinbares Gleichgewicht auftritt, d. h. unser Satz ist nur auf permeierfähige Stoffe anwendbar. Damit ist aber — wenigstens im Prinzip — ein thermodynamisches Hilfsmittel gegeben, um feststellen zu können, welche Stoffe von einer Phase in eine andere permeieren können und welche nicht. Für erstere muß sich bei geeigneten Bedingungen ein Zustand der Art einstellen, daß ihr μ innerhalb und außerhalb der Zelle annähernd gleich ist, mindestens muß, wenn kein dem Gleichgewicht auch nur annähernd nahekommender Zustand experimentell realisiert werden kann, die Tendenz der Stoffbewegung

in der Richtung nach Erreichung der Gleichheit des chemischen
Potentials der betreffenden Stoffe bestehen. Für nicht permeierfähige Stoffe wird dies nicht der Fall sein. Man kann sagen:
Ein Stoff ist bezüglich einer Membran permeierfähig,
wenn sich bei Versuchsbedingungen, die an sich einen
Ausgleich seines chemischen Potentials zu beiden Seiten
der Membran ermöglichen würden, Gleichheit des chemischen Potentials innerhalb der Versuchszeit einstellt.
In der lebenden Zelle wird es freilich vielfach nicht möglich sein,
solche Versuchsbedingungen annähernd zu realisieren, aber meist
wird man trotzdem aus dem Verhalten in realisierbaren Zuständen
Schlusse auf das Verhalten in nicht realisierbaren ziehen können.

Diese Betrachtung ist von großer Bedeutung für die Frage,
ob die Elektrolyte im wesentlichen als freie Ionen oder in elektroneutraler Form das Plasma durchwandern. (Die Bedeutung, die
wir dem Begriff „elektroneutrale Form" im folgenden zulegen,
wird noch näher erläutert.) Im ersteren Falle muß die Stoffbewegung in der Richtung auf Gleichheit des chemischen Potentials
der Ionen verlaufen, im letzteren Falle in der auf Gleichheit der
chemischen Potentiale der elektroneutralen Formen. Im ersten
Augenblick könnte es scheinen, daß diese Feststellung im Widerspruch zu dem Satze steht, daß das thermodynamische Gleichgewicht unabhängig von dem Wege sein muß, auf dem es erreicht
ist, daß derselbe Gleichgewichtszustand erreicht werden müßte,
gleichviel, ob die Elektrolyte als Ionen das Plasma durchwandern
oder z. B. als Moleküle und erst nachher im wäßrigen Medium
wieder in freie Ionen zerfallen. Dieser scheinbare Widerspruch
erklärt sich nach dem Gesagten so, daß der angezogene thermodynamische Satz nur gültig ist, soweit echtes Gleichgewicht auftritt, daß aber, solange das Plasma für einzelne Stoffe impermeabel
ist, stets hinsichtlich dieser Stoffe und damit für das System als
Ganzes nur ein scheinbares Gleichgewicht vorliegen kann, so daß
dieser Satz auf das ganze System Zelle + Medium prinzipiell nicht
angewendet werden kann.

Wir haben im vorangegangenen die Bestandteile eines Elektrolyten in Ionen und elektroneutrale Form unterschieden. Unter
elektroneutraler Form des Elektrolyten — man könnte auch
ionengebundener Form sagen — sollen sowohl die undissoziierten
Moleküle im engeren Sinne verstanden werden wie die besonders
in der Physiologie als „Ionenpaare" bezeichneten Komplexe, bei

denen zwei entgegengesetzt geladene Ionen so starke Wechselwirkung aufeinander ausüben, daß sie gemeinsam wandern und nach außen hin relativ zu der großen freien Ladung der freien Ionen annähernd elektroneutral erscheinen. Nur in diesem relativen Sinne ist das Wort „elektroneutral“ hier zu verstehen, wie man ja ganz allgemein auch dann ein Molekül im Gegensatz zu einem Ion als elektroneutral bezeichnet, wenn es elektrisch polar ist. Zu der Unterscheidung der elektroneutralen Formen eines Elektrolyten in undissoziierte Moleküle und Ionenpaare ist folgendes zu sagen. Die Grenze zwischen „undissoziierten Molekülen“ und den Zuständen, in denen das Molekül bereits als dissoziiert anzusehen ist, ist von der physikalischen Chemie nicht streng gezogen worden, vielleicht kann sie dies auch gar nicht. Zur Begründung zitiere ich Lewis und Randall[1] (S. 277): „Wir müßten nämlich zunächst wissen, wieweit die Atome einer Molekel voneinander entfernt sein müssen, damit wir berechtigt sind, die Molekel für dissoziiert zu erklären. Eine solche Abgrenzung wäre aber willkürlich, und je nach unserer Wahl des Grenzabstandes würden wir verschiedene Dissoziationsgrade finden.“ ... „Im ganzen müssen wir schließen, daß der Dissoziationsgrad und die Konzentration von Ionen Größen vorstellen, welche wir mit den zur Verfügung stehenden Mitteln nicht bestimmen können.“ Außerdem ist folgendes zu erwägen: Wir bezeichnen einen reinen Stoff vom thermodynamischen Standpunkte aus als homogen, vom molekulartheoretischen aus als inhomogen. Ebenso mag es unter Umständen zweckmäßig sein, eine vorliegende Form eines Elektrolyten von einem Standpunkt aus, z. B., wenn man seine osmotische Wirkung betrachtet, als dissoziiert anzusehen, von einem anderen aus als undissoziiert. Wenn also Osterhout[2] Permeabilität der lebenden Zellen nur für undissoziierte Moleküle und nicht für Ionen annimmt, Ruhland[3], Pirschle[4] u. a. für undissoziierte Moleküle und Ionenpaare, so scheint es mir, als ob der sachliche Gegensatz in den Auffassungen nicht sehr wesentlich zu sein brauchte.

Wesentlich für die Permeabilität ist, ob es sich um Teilchen handelt, bei deren Bewegung im elektrischen Feld sehr große (positive) elektrische Arbeit aufzuwenden ist oder um Teilchen, bei

---

[1] Lewis u. Randall, Thermodynamik. Wien 1927.
[2] Osterhout, W.: J. gen. Physiol. 8, 131 (1925).
[3] Ruhland, W., H. Ullrich, G. Yamaha: Planta (Berl.) 18, 338 (1932).
[4] Pirschle, K. u. H. Mengdehl: Jb. Bot. 74, 297 (1931).

denen der wechselseitige Einfluß der Ladungen von positivem
und negativem Ion so stark ist, daß bei der Diffusion im elektrischen
Potentialgefälle der Zelle die aufzuwendende elektrische Arbeit
relativ klein ist, also unter Umständen vernachlässigt werden kann.
Wenn die Theorie der Elektrolyte heute Stoffe, die man früher als
teilweise undissoziiert ansah, als vollständig dissoziiert bezeichnet
und den scheinbaren Dissoziationsgrad auf interioniale elektrische
Kräfte zurückführt, so erkennt man, daß in dem Maße, wie die
Freiheit zweier einzelner Ionen durch elektrische Kräfte gebunden
wird, auch eine Näherung an einen elektroneutralen Zustand
gegenüber einem äußeren elektrischen Feld einhergeht.

Das chemische Potential eines gelösten Körpers ist nach
Gleichung [353] $\mu = \mu^0 + RT \ln a$, worin μ^0 sein chemisches Potential
im Standardzustand (z. B. einmolige ideale Lösung) bezeichnet,
a seine Aktivität in dem Zustand, in dem sein chemisches Potential μ
ist. Den Wert von μ^0 brauchen wir für die folgenden, den Stoffaustausch durch Membranen betreffenden Überlegungen nicht zu
kennen; denn, wenn ein Stoff links (I) und rechts (II) von einer
Membran in wäßriger Lösung enthalten ist, so gilt für ihn $\mu_I = \mu^0 +$
$RT \ln a_I$, $\mu_{II} = \mu^0 + RT \ln a_{II}$ und für das Gleichgewicht
$\mu_I = \mu_{II}$, folglich, wenn wir auf den gleichen Standardzustand
beziehen, $RT \ln a_I - RT \ln a_{II} = 0$, $a_I = a_{II}$.   [354]

Solange also kein Gleichgewicht herrscht, muß $a_I > a_{II}$ oder
$a_I < a_{II}$ sein, und, wenn wir a_I und a_{II} im biologischen Versuch
bestimmen können, so können wir sehen, ob jedesmal eine Stoffwanderung vom höheren a zum niedrigeren eintritt, wenn a zu
beiden Seiten der Membran verschieden ist. Für dissoziierte Stoffe
gilt das Massenwirkungsgesetz, also z. B. für einen binären einwertigen Elektrolyten

$$\frac{a^+ \cdot a^-}{a_2} = K, \quad a_2 = \frac{a^+ \cdot a^-}{K}. \qquad [355]$$

Der Index 2 bezeichnet die undissoziierte Form des Elektrolyten. Nehmen wir an, daß letztere permeierfähig ist, so erhalten
wir durch Einsetzen in $a_I = a_{II}$ als Gleichgewichtsbedingung

$$a_I^+ \cdot a_I^- = a_{II}^+ \cdot a_{II}^- \quad \text{oder} \quad \frac{a_I^+}{a_{II}^+} = \frac{a_{II}^-}{a_I^-}, \qquad [356]$$

d. h. das Produkt der Ionen des betreffenden Stoffes muß zu
beiden Seiten der Membran gleich sein.

Die Permeabilitätsforschung künftiger Jahre wird zweifellos versuchen, die Gleichheit bzw. die Tendenz zur Gleichheit der chemischen Potentiale permeierfähiger Stoffe bei Phasenübergängen in den Zellen unter Berücksichtigung der Aktivitätskoeffizienten usw. so exakt wie möglich festzustellen. Vorläufig liefern uns wenigstens bei undissoziierten Teilchen die Konzentrationen ein annäherndes Maß für die chemischen Potentiale. Sofern diese Teilchen einen durch die Natur der Plasmamembran bedingten Moleküldurchmesser nicht überschreiten (RUHLAND[1], SCHÖNFELDER[2]) und wasserlöslich sind, scheinen sonstige Hemmungen gegen den Ablauf von Übergangsreaktionen, die nach Gleichheit des chemischen Potentials tendieren, im allgemeinen nicht vorhanden zu sein, während für Ionen, auf die wir später noch eingehen, die Verhältnisse komplizierter liegen. Hier seien einige Ergebnisse OSTERHOUTs angeführt, die in diesem Sinne sprechen.

OSTERHOUT[3] untersuchte Valoniazellen, deren Zellsaft ein $p_H = 5,8$ aufweist, das bei verschiedenem p_H der Außenlösung konstant bleibt. Durch Zusatz von HCl bzw. NaOH zum schwefelwasserstoffhaltigen Meerwasser, in dem sich Valonia befand, erzielte er ein Außenmedium, in dem H_2S beinahe völlig undissoziiert bzw. beinahe völlig dissoziiert war. Im ersteren Falle fand sich H_2S im Zellsaft in einer Konzentration, die nahezu der äußeren gleichkam, im letzteren Falle wurde gar nichts oder nur sehr wenig aufgenommen. Durch Versuche in einem p_H-Bereich von 5—10 in der Außenlösung wurde quantitativ festgestellt, daß stets die Innenkonzentration von H_2S der Außenkonzentration an undissoziiertem H_2S entsprach. Auch für Kohlensäure zeigte OSTERHOUT quantitativ, daß sie proportional der Konzentration ihres undissoziierten Anteils in der Außenlösung eindringt. Ist dieser in verschiedenen Außenlösungen, deren Konzentration an HCO_3' und CO_3'' variiert, gleich, so ist auch die Penetrationsgeschwindigkeit gleich. Da man auch ohne strenge Berechnung erkennen kann, daß sich die Aktivitätskoeffizienten der undissoziierten Moleküle zu beiden Seiten der Membran nicht allzu wesentlich unterscheiden werden, und, da die Potentialdifferenz zwischen außen und innen bei elektroneutralen Teilchen auf das chemische Potential ohne wesentlichen Einfluß ist, so kann man aus den OSTERHOUTschen

---

[1] RUHLAND, W. u. C. HOFFMANN: Planta (Berl.) **1**, 1 (1925).

[2] SCHÖNFELDER, S.: Planta (Berl.) **12**, 414 (1930).

[3] OSTERHOUT, W.: J. gen. Physiol. **8**, 131 (1925).

Versuchen darauf schließen, daß das chemische Potential der undissoziierten H_2S bzw. H_2CO_3 zu beiden Seiten der Membran die Tendenz zur Gleichheit zeigt.

Der Wert der thermodynamischen Betrachtungs- und Ausdrucksweise tritt besonders deutlich zutage, wenn man zu starken Elektrolyten übergeht, bei denen gar keine meßbaren Konzentrationen undissoziierter Stoffe vorhanden sind. Haben wir z. B. eine KOH-Lösung im Außenmedium einer Zelle, so können sich verschiedene Konzentrationen von undissoziiertem KOH außen und innen gar nicht ausgleichen; denn das undissoziierte KOH hat ja außen keine „Konzentration". Wohl aber hat es außen und innen ein chemisches Potential und, da wir es wegen seiner Elektroneutralität als permeierfähig ansehen, werden wir erwarten, daß ein Ausgleich stattfindet, wenn das chemische Potential des KOH außen (a) höher als innen (i) ist, wenn für KOH undiss.

wegen Gl. [353, 356] $\mu_a = \mu_0 + RT \ln \left(\dfrac{1}{K} [K^\cdot]_a [OH']_a \right) > \mu_i = \mu_0 + RT \ln \left(\dfrac{1}{K} [K^\cdot]_i [OH']_i \right)$, folglich wenn $[K^\cdot]_a [OH']_a > [K^\cdot]_i [OH']_i$.

Die Ionenprodukte außen und innen können sich, auch wenn beiderseits die Konzentration von $KOH_{undiss.}$ praktisch gleich 0 ist, um viele Zehnerpotenzen unterscheiden und dementsprechend die chemischen Potentiale des undissoziierten KOH außen und innen sehr verschieden sein. Anschaulich kann man sich die Verhältnisse so klar machen: Wenn auf einer Seite der Membran $K^\cdot$ und OH' vorhanden sind, so wird es durch Zusammenstöße immer einmal zur Bildung von undissoziiertem KOH kommen, nur eben nicht häufig genug, um eine meßbare KOH-Konzentration zu erzeugen. Die Wahrscheinlichkeit, daß es hierzu kommt, wächst mit dem Produkt $[K^\cdot] [OH']$. Ist dies Produkt auf der anderen Seite zunächst gleich 0 oder viel kleiner als auf der erstgenannten Seite, so wird auch die Wahrscheinlichkeit der KOH-Bildung auf der anderen Seite viel kleiner sein, und trotz scheinbar gleicher Konzentration des $KOH_{undiss.}$ zu beiden Seiten der Membran, nämlich der Konzentration 0, kann die „unmeßbare" Konzentration, der das chemische Potential parallel geht, auf beiden Seiten um viele Zehnerpotenzen verschieden sein. Will man sich auch noch den Ausgleich der chemischen Potentiale anschaulich vorstellen, so mag man annehmen, daß in gewissen Teilen des Plasmas infolge von niedriger Dielektrizitätskonstante die Dissoziation des KOH nicht sehr weitgehend ist, und daß mit dem Übertritt in den wäßrigen Zellsaft erst wieder die totale Dissoziation einsetzt. Jedenfalls ist es durchaus nicht notwendig ein Widerspruch, daß in den wäßrigen Lösungen beiderseits einer Membran keine meßbare Konzentration undissoziierter Moleküle eines Stoffes vorhanden ist, und doch die Tendenz zur Herstellung der Gleichheit der chemischen Potentiale des undissoziierten Anteils sich durch die Membran hindurch auswirkt. Versuche OSTERHOUTs über die Permeabilität von Valonia für KOH ergaben nun folgendes: Es stellt sich zwar kein Gleichgewicht ein, aber es findet doch stets ein analytisch feststellbarer Übergang von Kalium in der Richtung von der Seite mit höherem Ionenprodukt $[K\cdot]\,[OH']$ zu der Seite mit dem niedrigeren statt. Da im Seewasser (a) $p_H = 8$, in der Zelle (i) normal ziemlich konstant $p_H = 5{,}8$, so ist, weil im Wasser $[OH']\,[H\cdot] = 10^{-14}$ und, wie experimentell ermittelt, $[K\cdot]_a = 10^{-2}$, $[K\cdot]_i = 10^{-0,3}$, $[K\cdot]_i\,[OH']_i = 10^{-0,3}\cdot 10^{-8,2} = 10^{-8,5}$, $[K\cdot]_a\,[OH']_a = 10^{-2}\cdot 10^{-6} = 10^{-8}$, also ist kein Gleichgewicht vorhanden. Erhöht man durch Einführen von permeablen NH_3 in die Zelle das p_H der Zelle auf über 6,3, so daß $[OH']_i > 10^{-7,7}$, so ist $[K\cdot]_i\,[OH']_i > 10^{-0,3}\cdot 10^{-7,7} > 10^{-8}$, und es tritt Kalium aus der Zelle ins Seewasser aus.

Daß sich unter normalen Bedingungen bei Valonia kein Gleichgewicht einstellt, führt OSTERHOUT auf die Produktion von Kohlensäure oder anderer schwacher organischer Sauren durch die Zellatmung zurück. Bezeichnen wir diese nur wenig dissoziierten Säuren mit HA, so wird sich HA beim Eindringen von KOH so umsetzen, daß H_2O, $K\cdot$ und A' gebildet werden, ein Teil des entstehenden HA wird nach außen diffundieren, dort wegen Fehlens von A' stärker als im Innern dissoziieren, dadurch das chemische Potential von HCl im Meerwasser erhöhen, so daß HCl in die Zelle eindringt und dort dissoziiert, was im Effekt zu einem Ersatz von A'_i durch Cl'_i führt, und damit zur beobachteten Ansammlung von KCl in der Zelle. Der Energieaufwand zu dieser Ansammlung würde also dem Atmungsprozeß entstammen. Macht man eine derartige Annahme, so ist die Anwesenheit nicht permeierfähiger Moleküle oder Ionen auf einer Membranseite zur Erklärung einer Anhäufung von Stoffen gegen das Konzentrationsgleichgewicht übrigens prinzipiell nicht mehr nötig.

OSTERHOUT hat auch Diffusionsversuche an Membranmodellen gemacht, um seine Anschauungen über die Vorgänge in der Valoniazelle zu erläutern. Ein solches Modell besteht aus einer nicht-wäßrigen (Guajakol-p-Kresol) Schicht, die die Rolle des Plasmas spielt, einer alkalischen Außenlösung und einer sauren Innenlösung, die dem Zellsaft entspricht. Bemerkenswert ist, daß nach OSTER-HOUT in diesem Modell Kalium das nichtwäßrige Lager in der Form durchwandert, daß es mit einer Säure HX in dieser Schicht zu undissoziiertem KX reagiert und beim Übertritt in die saure Lösung mit der dort befindlichen Säure HA sich zu KA umsetzt, das stärker dissoziiert sein mag. Vorgänge ähnlicher Art hatte bereits RUHLAND angenommen, als er die Möglichkeit einer Stoff-aufnahme durch „doppelte Umsetzung" diskutierte. Die saure Lösung wurde in OSTERHOUTS Modellversuch ständig mit CO_2 durchperlt, und es ergab sich eine Anhäufung des Kaliums in der sauren Lösung auf das 200fache der Außenkonzentration. Gleich-zeitig stieg im Innern der osmotische Druck, und Wasser trat in das saure Lager über.

OSTERHOUT hat aus seinen Versuchen nicht nur den zweifellos richtigen Schluß gezogen, daß für undissoziierte Teilchen der von ihm untersuchten Elektrolyte das Valoniaplasma permeabel ist, sondern auch den Schluß, daß es für Ionen impermeabel ist. Wir haben bereits darauf hingewiesen, daß die Grenze zwischen un-dissoziierten und dissoziierten Teilchen nicht ohne Willkür gezogen werden kann. Aber auch abgesehen davon, zeigen doch wohl die Versuche OSTERHOUTS nur, daß in bestimmten Fällen eine Tendenz zum Ausgleich der chemischen Potentiale einer einzelnen Ionenart nicht zu erkennen ist. Dieser Befund ist auch vom thermodynamischen Standpunkt aus durchaus verständlich, wenn wir die elektrophysiologische Erfahrung berücksichtigen, daß ganz allgemein zwischen Außenlösung und Zellsaft Potentialdifferenzen auftreten. Denken wir uns z. B. den Zellsaft positiv gegen die Außenlösung, so wird beim Übergang von dn Molen eines Kations eine elektrische Arbeit aufgewandt werden müssen, und, wenn diese den osmotischen Arbeitsgewinn übersteigt, der beim Übergang von außen nach innen gewonnen werden kann, so wird der Über-gang mit einer Zunahme von G verbunden sein, also nicht von selbst ablaufen. Dagegen ist vom thermodynamischen Standpunkt aus kein Grund vorhanden, eine Ionenpermeabilität auszuschließen, sofern elektrische und osmotische Arbeit so zusammenwirken, daß insgesamt eine Abnahme von G, positives $\Delta G'$, mit dem Vor-gang verknüpft ist. Dies wird insbesonders dann der Fall sein können, wenn die Möglichkeit besteht, daß Ionen in der Form von Ionenpaaren die Membran passieren, da dann die insgesamt gegen elektrische Kräfte zu leistende Arbeit nur gering sein kann.

Daß eine derartige Ionenpermeabilität im Sinne von Ionenpaaren vorhanden ist, dafür sprechen insbesonders die Befunde von PIRSCHLE und MENGDEHL[1] wie von RUHLAND, ULLRICH und YAMAHA[2]. LUNDEGARDH[3] und BURSTRÖM nehmen auf Grund umfassender quantitativ analytischer Untersuchungen an, daß sowohl Anionen wie Kationen durch die Wurzeln aufgenommen werden, daß aber der Mechanismus der Aufnahme für beide Ionensorten verschieden sei. Anionenaufnahme ist nach ihnen mit der Atmung der Wurzeln verknüpft. Kationenaufnahme erfolgt durch Adsorption.

Der Satz von der Gleichheit des chemischen Potentials eines permeierfähigen Stoffes im Gleichgewicht in allen Phasen bildet die Grundlage für die Berechnung der Stoffverteilung im Gleichgewicht, wenn bei gegebenem T zwei „Phasen durch eine Membran, permeabel für einige Moleküle und Ionen, aber nicht für alle, abgetrennt sind". Diese Gleichgewichte bezeichnet man als DONNAN-Gleichgewichte und die angegebene Definition ist der letzten diesbezüglichen Veröffentlichung DONNANs[4] entnommen. Die Gleichgewichte, die DONNAN[5] ursprünglich behandelt hat, waren etwas enger umschrieben, „als Ionengleichgewichte, welche bei Anwesenheit einer für gewisse Ionen (und die entsprechenden Salze) nicht durchlässigen Membran entstehen müssen". Bei der Diskussion darüber, ob in einem gegebenen Falle DONNAN-Gleichgewicht vorliegt oder nicht, wird man also festlegen müssen, ob der Begriff im engeren oder weiteren Sinne gebraucht wird. Wir knüpfen hier an die älteren Ableitungen DONNANs an.

Gleichungen für DONNAN-Gleichgewichte sind zum Teil bereits im physikalischen Teil (S. 171 f.) besprochen worden. Die Gl. [291]—[294] gelten unabhängig von dem Volumenverhältnis der Lösungen zu beiden Seiten der Membran und unabhängig von dem Werte des Dissoziationsgrades der Elektrolyte. Dagegen ergeben sich nur unter der Voraussetzung der Volumengleichheit der

---

[1] PIRSCHLE, K. u. H. MENGDEHL: Jb. Bot. **74**, 297 (1931).

[2] RUHLAND, W., H. ULLRICH, G. YAMAHA: Planta (Berl.) **18**, 338 (1932).

[3] LUNDEGARDH, H. u. H. BURSTRÖM: Planta (Berl.) **18**, 683 (1933). — Biochem. Z. **261**, 235 (1933).

[4] DONNAN, F. u. E. GUGGENHEIM: Z. physik. Chem. A **162**, 346 (1932).

[5] DONNAN, F.: Z. Elektrochem. **17**, 572 (1911).

Lösungen zu beiden Seiten der Membran, idealer Lösungen und
totaler Dissoziation aus ihnen in dem S. 171 angezogenen Beispielsfalle folgende Gleichungen für die Verteilung im Gleichgewicht:

$$\frac{[NaCl] - [x]}{[x]} = \frac{[NaR] + [NaCl]}{[NaCl]} . \qquad [357]$$

Hierin bedeutet [NaCl] die Konzentration des NaCl im Ausgangszustand, bei dem es sich ganz auf einer Seite der Membran
befinde, [Na R] die Konzentration des Elektrolyten mit dem
nicht permeierfähigen Anion R', der sich auf der anderen Seite der
Membran befinde, [x] die Konzentration des übergetretenen NaCl
auf letzterer Seite, nachdem sich Gleichgewicht eingestellt hat.
Es ist nämlich dann, wenn wir mit den Indizes $_A$ bzw. $_I$ außerhalb
bzw. innerhalb der Membran bezeichnen, nach S. 171

$$[Na^{\cdot}]_A \, [Cl']_A = [Na^{\cdot}]_I \, [Cl']_I \qquad [358]$$

wegen $\qquad [Na^{\cdot}]_A = [NaCl] - [x], \quad [Na^{\cdot}]_I = [NaR] + [x]$

$$[Cl']_A = [NaCl] - [x], \quad [Cl']_I = [x]$$

$$([NaCl] - [x])^2 = ([NaR] + [x]) \, [x]$$

$$[NaCl]^2 + [x]^2 - 2 \, [NaCl] \, [x] = [NaR] \, [x] + [x]^2$$

$$[x] = \frac{[NaCl]^2}{[NaR] + 2 \, [NaCl]}, \quad \frac{[x]}{[NaCl]} = \frac{[NaCl]}{[NaR] + 2 \, [NaCl]} . \quad [359]$$

Wenn wir auf beiden Seiten Nenner minus Zähler durch Zähler
bilden:

$$\frac{[NaCl] - [x]}{[x]} = \frac{[NaR] + [NaCl]}{[NaCl]} .$$

Die linke Seite dieser Gleichung gibt das Verteilungsverhältnis
des NaCl im Gleichgewicht außerhalb und innerhalb der Membran,
und man erkennt, daß bei hohem [NaR] dies Verhältnis so liegen
muß, daß trotz der Permeabilität der Membran für Na$^{\cdot}$ und Cl'
die Konzentration von NaCl außen sehr viel höher sein muß als
innen. Man kann dies so ausdrücken, daß in diesem Falle das
NaCl von der Membranseite verdrängt wird, auf der sich NaR
befindet oder, daß das NaR eine einseitige Permeabilität für NaCl
bewirkt, nämlich eine solche in der Richtung weg vom NaR; denn
es ist natürlich für die Gleichgewichtskonzentration gleichgültig,
ob zu Beginn des Versuches das ganze NaCl auf der gleichen oder
der entgegengesetzten Seite der Membran sich befunden hat wie
das NaR. Unter den gleichen Voraussetzungen ergibt sich, wie
hier nicht abgeleitet wird, bei ungleichem Kation von Elektrolyten
mit permeierfähigem und nicht permeierfähigem Anion, z. B. bei
der Verteilung von NaR und KCl

$$\frac{[x]}{[KCl] - [x]} = \frac{[K\cdot]_I}{[K\cdot]_A} = \frac{[Na\cdot]_I}{[Na\cdot]_A} = \frac{[Cl']_A}{[Cl']_I} = \frac{[NaR] + [KCl]}{[KCl]} . \qquad [360]$$

Die linke Seite der Gleichung gibt das Verteilungsverhältnis von KCl innen (auf der NaR-Seite) und außen im Gleichgewicht. Man erkennt, daß hohe Konzentration des nicht permeierfähigen Elektrolyten im Verhältnis zum permeierfähigen K· nach innen, Cl′ nach außen drängt und somit wiederum Erscheinungen hervorruft, die man als gerichtete Permeabilität bezeichnen kann. Gleichung [357] gilt, wie erwähnt, nur bei Volumengleichheit der Lösungen rechts und links von der Membran. Wir wollen noch den Fall betrachten, daß die Lösung (Innenlösung), die den indiffusiblen Elektrolyten enthält, so groß gegenüber der anderen Lösung (Außenlösung) ist, daß durch Einstellung des Gleichgewichts von einem beliebigen Ausgangszustand aus die Konzentrationen der Innenlösung — $[KCl]_I$ und $[NaR]_I$ — praktisch nicht geändert werden. Ein derartiges Volumenverhältnis besteht etwa zwischen Bodenlösung und Wurzel, wobei die Bodenlösung, falls sie nicht permeierfähige Anionen R′ enthält, sie im Sinne unserer Bezeichnung „Innenlösung“ wäre. In diesem Falle muß, wenn Donnan-Gleichgewicht unter den bisher betrachteten Permeabilitätsbedingungen (R′ nicht permeierfähig; Na·, Cl′, K· permeierfähig) bestehen soll, gelten

$$[K\cdot]_A \ [Cl']_A = [K\cdot]_I \ [Cl']_I = [KCl]_I^2$$
$$[Na\cdot]_A \ [Cl']_A = [Na\cdot]_I \ [Cl']_I = [NaR] \ [KCl]$$
$$[Cl']_A \ [K\cdot + Na\cdot]_A = [KCl] \ ([NaR] + [KCl])$$

und, da wegen der Elektroneutralitätsbedingung $[Cl']_A = [K\cdot + Na\cdot]_A$, muß gelten

$$[Cl']_A = \sqrt{[KCl] \ ([NaR] + [KCl])} .$$

Auch hier drängt also hohe Konzentration des Salzes mit dem impermeablen Anion das Anion des permeablen Elektrolyten nach außen.

Wenn für die Stoffaufnahme von Pflanzen Vorgänge wesentlich sind, die in der Richtung auf Einstellung eines Donnan-Gleichgewichtes führen, so sollte man also erwarten, daß z. B. hohe Konzentration von Kieselsäure — mit nicht permeierfähigem Anion — in einer phosphationenhaltigen Nährlösung die Phosphationen in die Zellen drängt, d. h. daß der Kieselsäurezusatz die Phosphationenaufnahme begünstigt, wobei im Sinne der vorausgehenden Betrachtungen das Phosphation als permeierfähig betrachtet wird. Das ist durch S. und W. BUTKEWITSCH[1] auch experimentell festgestellt worden und als Folge von DONNAN-Gleichgewichten erklärt worden. Ebenso ist von SABININ[2] die Anhäufung von Elektrolyten im Blutungssaft — verglichen mit der Konzentration der gleichen Elektrolyte im Boden — als DONNAN-Gleichgewicht aufgefaßt worden. Die Untersuchungen SABININs sind mir nur durch das Referat in KOSTYTSCHEWs Pflanzenphysiologie[3] zugänglich; das, was sich aus diesem Referat entnehmen läßt, spricht aber gegen das Vorliegen von DONNAN-Gleichgewichten, zum mindesten, wenn der Begriff im engeren Sinne gebraucht wird. In einem Versuche an Zea Mays wurde gefunden ($_A$ = Außenlösung, $_I$ = Blutungssaft)

$$[PO_4''']_A = 0{,}00014 \text{ n}, \quad [K^\cdot]_A = 0{,}000322 \text{ n}$$
$$[PO_4''']_I = 0{,}00215 \text{ n}, \quad [K^\cdot]_I = 0{,}00325 \text{ n}$$
$$\frac{[PO_4''']_I}{[PO_4''']_A} = \frac{15{,}1}{1}\,, \qquad \frac{[K^\cdot]_A}{[K^\cdot]_I} = \frac{1}{10{,}1}\,.$$

Bei DONNAN-Gleichgewicht sollte man aber, da Permeabilität für $[K^\cdot]$ und $[PO_4''']$ vorausgesetzt wird, erwarten — wegen der Dreiwertigkeit des PO_4''' —

$$\frac{[PO_4''']_I^{\frac{1}{3}}}{[PO_4''']_A^{\frac{1}{3}}} = \frac{[K^\cdot]_A}{[K^\cdot]_I}\,,$$

was, wie man leicht erkennt, keineswegs der Fall ist. Zur endgültigen Beurteilung müßte man die Originalarbeit kennen.

Nun wird sich natürlich in einer blutenden Pflanze schon deswegen kein Gleichgewicht einstellen, weil ja ständig eine Wasserbewegung vor sich geht. Aber es scheint doch, daß wenigstens in sehr vielen Fällen der Stoffverteilung im Organismus und zwischen Medium und Organismus sich die tatsächlichen Voraussetzungen von den von DONNAN angenommenen in einem wesentlichen Punkte unterscheiden. Bei DONNAN ist das auftretende Membranpotential eine Folge der Stoffwanderung zwischen Außen- und Innenlösung, eine Art Diffusionspotential, das deshalb zu einem statischen Zustand führt, weil die Diffusionsgeschwindigkeit für einzelne Ionen, nämlich die nicht permeierfähigen, gleich Null ist. Die Plasmamembran ist dagegen eine aktiv chemisch tätige und

[1] BUTKEWITSCH, S. u. W.: Biochem. Z. **161**, 468 (1925).
[2] SABININ, D.: Bull. Inst. Rech. biol. Univ. Perm. **4**, Erg.-H. 2 (1925).
[3] KOSTYTSCHEW, S. u. F. WENT: Lehrbuch der Pflanzenphysiologie, Bd. 2, S. 64. 1931.

damit elektromotorisch wirksame Membran, die von sich aus, sei es durch beiderseits verschiedenen stofflichen Aufbau, sei es durch verschiedene Produktion von CO_3' und anderen Ionen, Potentialdifferenzen zwischen den sie außen und innen berührenden Lösungen erzeugen und innerhalb gewisser Grenzen regulieren kann. So könnte z. B. Atmungsenergie der Stoffaufnahme dienstbar gemacht werden[1]. Wenn sich Gleichgewicht eingestellt hat, muß natürlich auch in solchen Fällen die Gleichgewichtsbedingung $\Delta G = \Sigma v_i \mu_i = 0$ erfüllt sein, aber die Stoffverteilung im Gleichgewicht kann je nach der Tätigkeit und Wirksamkeit der Plasmamembran verschieden sein.

Schließlich sei noch eine Berechnung durchgeführt, die einen ungefähren Einblick in die Größenordnung der aufzuwendenden osmotischen Arbeiten bei der Überführung von Stoffen aus dem Medium in Zellen geben soll. Eine Anhäufung eines permeierfähigen Stoffes in einer Zelle auf das 10fache seiner Konzentration im Medium ist für biologische Verhältnisse bereits recht erheblich. Nehmen wir an, daß elektrische Arbeit bei der Überführung insgesamt nicht geleistet wird, sei es, weil der Stoff elektroneutral ist, sei es, weil durch gleichzeitige Überführung eines entgegengesetzt geladenen Teilchens eine Kompensation elektrischer Arbeiten auftritt. Nehmen wir ferner an, daß die Aktivitätskoeffizienten des Stoffes außen und innen etwa 1 oder wenigstens etwa gleichen Wert haben, so gilt für die isotherme Überführung eines Mols des Stoffes, z. B. Zucker bei $T = 25^0$ C

$$\underline{\Delta G} = \underline{A_n} = RT \ln \frac{10}{1} = 1{,}98 \cdot 298 \cdot 2{,}3 \cdot \log \frac{10}{1} = 1365 \text{ cal.}$$

Da das Molgewicht von $C_6H_{12}O_6$ 180 beträgt, so beträgt im Falle des Zuckers bei der entsprechenden Überführung von 1 mg $\Delta G = 0{,}007$ cal. Dieser Nutzarbeitsbetrag ist also im Minimum bei der isothermen isobaren Überführung des Zuckers aufzuwenden. Vergleichen wir diesen Betrag mit derjenigen Nutzarbeit, die wir bei der totalen Oxydation von 1 mg $C_6H_{12}O_6$ unter den Verhältnissen in der Pflanze gewinnen können. Pro Mol beträgt dieser nach S. 362 etwa 700000 cal, also pro mg nahezu 4 cal, d. h. mehr als 500mal so viel als der osmotische Arbeitsaufwand.

Man darf aus den bisherigen Betrachtungen nicht den Schluß ziehen, daß die Stoffaufnahme der Pflanze im wesentlichen ein einfacher Diffusionsprozeß wäre. Wir haben vielmehr umgekehrt

[1] S. Lundegardh, H. u. H. Burström: l. c. S. 250.

bisher lediglich die Diffusionserscheinungen ins Auge gefaßt. Daneben spielen Adsorptionserscheinungen eine wesentliche Rolle, besonders, sofern es sich um typisch oberflächenaktive Stoffe handelt. Aber auch die Adsorption von Ionen durch das Plasma dürfte nach den analytisch gewonnenen Kurven der Stoffverteilung eine beträchtliche Rolle spielen. Auf diese Dinge wird im Kapitel 13 etwas näher eingegangen. Hier sei nur noch bemerkt, daß nach den Befunden von SCHÖNFELDER[1] für die Permeabilität grenzflächenaktiver Stoffe durch das Plasma hindurch eine von WARBURG für narkotische Wirkungen aufgestellte Formel gilt, nach der die Wirkungen der betreffenden Stoffe sowohl von ihrer Adsorbierbarkeit wie von ihrem Flächenbedarf in der Grenzfläche abhängen.

WARBURG[2] setzt letzteren mit $(V_m)^{\frac{2}{3}}$ an, worin V_m das Molekularvolumen bedeutet, die Adsorbierbarkeit drückt er durch die FREUNDLICHsche Adsorptionsisotherme aus $\left(k\, c^{\frac{1}{n}}\right)$ und erhält eine konstante Wirkungsstärke, wenn

$$k\, c^{\frac{1}{n}}\, (V_m)^{\frac{2}{3}} = K. \qquad [361]$$

An Stelle der narkotischen Wirksamkeit tritt, wenn die Formel auf Permeiervorgänge angewendet wird, die Permeierfähigkeit.

Wenn auch SCHÖNFELDER die Frage offen läßt, an welchen Bestandteilen des Plasmas die von ihr beobachtete Adsorptionswirkung stattfindet, so spricht doch bereits die Tatsache dieser starken Adsorptionswirkung zugunsten der Vorstellung, daß mindestens neben den Eiweißstoffen in der Plasmahaut andere stark adsorptionsfähige Bestandteile vorhanden sind, und zwar deshalb, weil COLLANDER[3] zeigen konnte, daß die Permeabilität reiner Eiweißmembranen für grenzflächenaktive und -inaktive Stoffe keine wesentlichen Unterschiede zeigt. Man wird dabei in erster Linie an lipoide Substanzen denken, ohne daß man diesen eine ausschließliche Rolle bei den Adsorptionswirkungen einzuräumen braucht. Damit kommt man also zu Vorstellungen, die denen nahekommen, die zuerst von NATHANSOHN als Mosaiktheorie der Plasmaoberfläche entwickelt worden sind.

Bis jetzt haben wir nur die Aufnahme und Verteilung gelöster Stoffe thermodynamisch betrachtet, es bleibt noch die des Lösungs-

---

[1] SCHÖNFELDER, S.: l. c.
[2] WARBURG, O.: Biochem. Z. **119**, 134 (1921).
[3] COLLANDER, R.: Protoplasma (Berl.) **3**, 213 (1927).

mittels zu erörtern. Da die lebenden Zellen für Wasser mehr oder weniger gut permeabel sind[1], so muß wegen der Tendenz der Natur zum thermodynamischen Gleichgewicht und der Gleichgewichtsbedingung $\Sigma \nu_i \mu_i = 0$ die Tendenz bestehen, das chemische Potential des Wassers in allen Teilen der Pflanze und zwischen Pflanze und Umgebung auf den gleichen Wert zu bringen. Um den so wichtigen Begriff des chemischen Potentials nochmals zu präzisieren, definieren wir: Das chemische Potential des Wassers ist sein spezifisches, d. h. auf die Masseneinheit, 1 Mol, bezogenes thermodynamisches bzw. partielles thermodynamisches Potential, je nachdem, ob es rein oder in Mischphase vorliegt. Es ist seinem Absolutwert nach unbekannt, wenn wir aber das chemische Potential von Wasser im Standardzustand, bei 25^0 und 1 atm, mit $\mu^0_{H_2O}$ ansetzen, so ist es nach Gleichung [353] für Wasser von gleichem T, aber sonst beliebigem Zustand, also z. B. beliebigem Druck $\mu_{H_2O} = \mu^0_{H_2O} + $ $RT \ln a_{H_2O} = \mu^0_{H_2O} + RT \ln \dfrac{f}{f^0}$, worin f bzw. f^0 die Flüchtigkeit des Wassers im beliebigen bzw. Standardzustand bedeuten, und, wenn wir die Aktivitätskoeffizienten des gesättigten Wasserdampfs gleich 1 setzen, was für unsere biologischen Zwecke in der Regel keinen merklichen Fehler bedingt, so ist

$$\mu_{H_2O} = \mu^0_{H_2O} + RT \ln \frac{p_g}{p^0_g}, \qquad [362]$$

worin p_g bzw. p^0_g die Sättigungsdampfdrucke des Wassers im beliebigen bzw. Standardzustand bedeuten. Für p_g ist also der Sättigungsdampfdruck des Wassers unter dem jeweiligen Druck einzusetzen, unter dem das Wasser in dem bis auf die Temperatur beliebigen Zustand steht. Der Wert von $\mu^0_{H_2O}$, der nur bis auf eine unbekannte Konstante bekannt ist, wird für unsere Betrachtungen keine Bedeutung haben; denn, da er bei gegebenem T konstant ist, so variiert μ_{H_2O} nur mit dem Wert von $RT \ln a_{H_2O}$, unter unserer Voraussetzung $(f_a)_{H_2O} = 1$, $T = 25^0$ nur mit $\dfrac{p_g}{p^0_g}$.

Ist die Temperatur im beliebigen Zustand nicht gleich der des Standardzustandes 25^0 C, sondern z. B. 35^0, so ist $\mu_{308} = \mu^0_{308} + RT \ln a_{308}$, worin

$$\mu^0_{308} = \mu^0_{298} + \int\limits_{298}^{308} \left(\frac{\partial \mu^0}{\partial T} \right)_P dT \qquad [363]$$

---

[1] HUBER, B. u. R. HÖFLER: Jb. Bot. **73**, 351 (1930).

(den Index $_{H_2O}$ lassen wir weg, da er sich aus dem Zusammenhang von selbst ergibt, es bedeutet also $\mu^0 =$ chemisches Potential des reinen Wassers bei 25^0 C und 1 atm, $\mu^0_{308} =$ chemisches Potential des reinen Wassers bei 35^0 C und 1 atm). Die Zunahme des chemischen Potentials des Wassers bei Übergang aus dem Standardzustand bei 25^0 in einen beliebigen Zustand, z. B. in Wasser, das bei 35^0 C und 10 atm das Lösungsmittel einer 0,3 molaren Zuckerlösung bildet, $\mu_{308} - \mu^0_{298}$, können wir durch folgende Überlegung finden.

1. Ein Mol reines Wasser wird bei 1 atm von 25^0 auf 35^0 erwärmt. Bezeichnet $\partial\,\mu^0$ die Zunahme seines chemischen Potentials bei isobarer Erwärmung um ∂T, so ist diejenige bei Erwärmung um 1^0 $\left(\dfrac{\partial\,\mu^0}{\partial T}\right)_P$ und bei Erwärmung von $T = 298$ auf $T = 308$:

$$\int_{298}^{308} \left(\frac{\partial\,\mu^0}{\partial T}\right)_P \mathrm{d}T.$$

2. Das Mol wird isotherm und reversibel in ein sehr großes Volumen der betreffenden Lösung überführt gedacht, in der sein chemisches Potential μ_{308} ist. Die Zunahme des chemischen Potentials hierbei ist gleich der maximalen Nutzarbeit, die aufgewendet werden muß, um das Mol aus dem reinen Zustand bei 35^0 C und 1 atm in den gegebenen zu überführen. Diese beträgt

$$\mathrm{R\,T}\ln\frac{f}{f^0} = \mathrm{R\,T}\ln\frac{p_g}{p^0_g} = \mathrm{R\,T}\ln a_{308},$$

wobei alle Größen auf $T = 308$ zu beziehen sind, f^0 bzw. p^0_g auf Zustände von 1 atm, f und p_g auf solche von 10 atm.

Insgesamt ist also

$$\mu_{308} - \mu^0_{298} = \int_{298}^{308} \left(\frac{\partial\,\mu^0}{\partial T}\right)_P \mathrm{d}T + \mathrm{R\,T}\ln a_{308}$$

oder für Wasser von beliebigem T

$$\mu_T = \mu^0_{298} + \int_{298}^{T} \left(\frac{\partial\,\mu^0}{\partial T}\right)_P \mathrm{d}T + \mathrm{R\,T}\ln\frac{(p_g)_T}{(p^0_g)_T}, \qquad [364]$$

wobei $(p_g)_T$ den Sättigungsdampfdruck des Wassers im vorliegenden Zustand, in unserem Falle also in Lösung unter 10 atm, $(p^0_g)_T$ den Sättigungsdampfdruck des reinen Wassers bei T und 1 atm bezeichnet.

Wir wollen diese abstrakte Darstellung etwas konkreter zu gestalten versuchen, indem wir an dem Biologen geläufigere Vorstellungen und Beispiele anknüpfen. Bei gleichem T und P ist der Dampfdruck des Wassers über einer Lösung p_g geringer als der Dampfdruck von reinem Wasser p_g^0 (S. 93). Wir können deshalb durch Überführen von reinem Wasser in die Lösung mittels isothermer Destillation Arbeit gewinnen. Dazu verdampfen wir z. B. dx Mole Wasser unter seinem Dampfdruck, expandieren dann die dx Mole Dampf isotherm und reversibel mittels eines reibungslosen Stempels von p_g^0 auf p_g, wobei wir die Arbeit dx $RT \ln \dfrac{p_g^0}{p_g}$ gewinnen, kondensieren dann die dx Mol Wasserdampf vom Druck p_g unter diesem Druck in die Lösung. Die Arbeiten, die wir beim Verdampfen bzw. Kondensieren gewinnen bzw. aufwenden müssen, betragen dx RT, heben sich also gegeneinander auf, und es bleibt als insgesamt gewonnene Arbeit die bei der Expansion des Dampfes geleistete. Diese Arbeit ist auch gleich der maximalen Nutzarbeit bei dem Prozeß, weil nach der Überführung keine zu berücksichtigende Volumenänderung gegenüber dem Anfangsvolumen des Systems bleibt, und demnach keine Volumenarbeit gegen die Atmosphäre geleistet wird. Ein isothermes System, das eine wäßrige Lösung und reines Wasser in einem Wärmereservoir enthält, wird sich also nicht im Gleichgewicht befinden; denn im Gleichgewicht müßte nach dem zweiten Hauptsatz sein thermodynamisches Potential im Minimum sein. Dies ist aber nicht der Fall, da ja durch isotherme Destillation vom reinen Wasser zur Lösung Nutzarbeit gewonnen werden kann, d. h. eine Abnahme des thermodynamischen Potentials des Systems stattfinden kann, deren Wert durch die maximal zu gewinnende Nutzarbeit gegeben ist. Weil ein solches System nicht im Gleichgewicht ist, so wird sich in ihm ein von selbst verlaufender Prozeß in der Richtung nach dem thermodynamischen Gleichgewicht einstellen, in der Richtung, daß das thermodynamische Potential des Systems abnimmt. Dies ist dann der Fall, wenn die Dampfdruckdifferenz zwischen reinem Wasser und Lösung abnimmt, da

$$\underline{\varDelta\, G'} = RT \ln \frac{p_g^0}{p_g} \quad [365] \quad \text{für} \quad \frac{p_g^0}{p_g} = 1 \text{ Null ist.}$$

Die Lösung wird also reines Wasser anziehen, sie besitzt gegenüber dem reinen Wasser eine anziehende Kraft. Ein Maß dieser Kraft ist die Nutzarbeit, die sie beim Transport einer bestimmten Wassermenge leisten kann und deshalb die dieser Arbeit proportionale relative Dampfspannungserniedrigung

$$\frac{p_g^0 - p_g}{p_g^0} \quad \left(\text{wegen}\quad \underline{A_n'} = RT \ln \frac{p_g^0}{p_g} \cong RT \frac{p_g^0 - p_g}{p_g^0}\right).$$

Wir können diese Kraft aber auch dadurch messen, daß wir ihr eine entgegengesetzt gerichtete, gleich große entgegen wirken lassen. Wir messen also die wasseranziehende Kraft der Lösung in diesem Falle dadurch, daß wir durch eine ihr entgegengerichtete ihre Wirkung kompensieren. Dies geschieht z. B. im Osmometer durch die hydrostatische Kraft des Wassers im Steigrohr oder das Gewicht eines osmotischen Stempels. Es kann aber auch in der Form geschehen, daß wir auf das von der Lösung angezogene reine Wasser eine der Anziehungskraft gleiche Zugkraft in entgegengesetzter Richtung wirken lassen, z. B. in Gestalt des Gewichts einer angehängten Hg- oder Wassersäule, die so gewählt ist, daß sie gerade ein Eindringen von Wasser in die Lösung verhindert. Man bezeichnet daher auch die wasseranziehende Kraft der Lösung als osmotische oder Saugkraft, und, indem man ihren Wert pro Quadratzentimeter angibt, drückt man sie in Atmosphären aus (korrekt: Saugspannung = Saugkraft/cm²).

Wir denken uns jetzt in einem abgeschlossenen Wärmereservoir ein Gefäß mit reinem Wasser und auf einem Objektträger eine symmetrische typische Pflanzenzelle, deren Wassergehalt so gering sein soll, daß der Zellinhalt keine Spannung der Zellmembran bewirkt. Ihr Zellsaft wird dann also wie das reine Wasser lediglich unter Atmosphärendruck stehen — auch Oberflächendruck von seiten des Plasmas sei ausgeschlossen — und bei gleichem T werden wir genau die gleichen Verhältnisse haben wie bei dem eingangs behandelten physikalischen Beispiel von nebeneinander befindlicher wäßriger Lösung und reinem Wasser. Der Zellsaft wird wie jede andere wäßrige Lösung eine wasseranziehende Kraft gegenüber dem reinen Wasser haben, als deren Maß wir die relative Dampfspannungserniedrigung des Zellinhaltes gegen das reine Wasser oder ihren „osmotischen Druck" wählen können. Für letzteren wollen wir in der Terminologie von Ursprung sagen „osmotischer Wert", d. h. der Wert des Druckes, der die wasseranziehende Kraft gerade kompensiert, der Überdruck, den man ausüben muß, um Eindringen von Wasser in die Zelle zu verhindern, wenn der Zellsaft durch eine semipermeable wasserdurchlässige Membran von reinem Wasser gleicher Temperatur getrennt ist.

Es ist also der Wert der Saugkraft des Zellsafts gleich dessen osmotischem Wert und hängt wie dieser von der Konzentration ab. Mit der Saugkraft des Zellsaftes muß sich die des Plasmas ins Gleichgewicht setzen. Wäre letztere größer oder kleiner als erstere, so würde solange Wasser vom Zellsaft ins Plasma oder in umgekehrter Richtung wandern, bis beide Saugkräfte gleich geworden sind. Wir können also wegen der Gleichheit der Saugkraft des Zellsaftes und Plasmas einfach von der Saugkraft des Zellinhaltes sprechen. Mit der Saugkraft des Zellinhaltes wird sich auch die der Zellmembran ins Gleichgewicht zu setzen suchen, und wegen der unmittelbaren Berührung zwischen den Zellbestandteilen, der geringen Dicke und des geringen Filtrationswiderstandes der typischen Zellmembran wird dieser Ausgleich sich rasch vollziehen. Der osmotische Wert, die Saugspannung des Zellinhaltes, ist also, solange kein Wanddruck besteht, auch ein Maß der Saugspannung der ganzen Zelle S_Z. Da kein thermodynamisches Gleichgewicht besteht, destilliert Wasser in die Zelle hinein, bei direkter Berührung der Zelle mit reinem Wasser wird letzteres eingesaugt. Dadurch vergrößert sich das Volumen des Zellinhaltes, und, während nach Voraussetzung anfangs der Zellinhalt keine Spannung der Zellmembran verursachte, stellt sich eine solche nunmehr ein und sucht die Membran zu dehnen. Der gesamte Druck des Zellinhalts, der die Spannung der Zellmembran hervorruft, wird als Turgor oder Turgordruck bezeichnet, der ihm numerisch gleiche Gegendruck, den nach dem Gesetz von actio und reactio die Zellmembran der isolierten Zelle auf den Zellinhalt ausübt, als Wanddruck. Der Turgordruck kann als Komponenten auch Oberflächendrucke enthalten, von deren Berücksichtigung hier aber abgesehen werden soll. Wir wollen zunächst annehmen, daß die Zellmembran möglichst starr sei, d. h., daß bereits eine unendlich kleine Dehnung einen hohen Turgordruck erfordert, so daß auch bei Steigerung des Wanddruckes bis auf seinen Maximalwert, den wir gleich kennenlernen werden, das Volumen der Zelle und damit die Konzentration des Zellinhaltes als praktisch konstant anzusehen ist. Der Konzentration des Zellsaftes entspreche beispielshalber ein osmotischer Wert von 20 atm. In dem Maße, wie durch Hinzudestillieren von Wasser in die Zelle deren Turgor wächst, wächst auch der Wanddruck, der Zellinhalt gerät also unter steigenden Druck. Wir wissen aber, daß der Dampfdruck einer Flüssigkeit mit dem Druck zunimmt (S. 116 f.), und zwar bewirkt eine

Druckerhöhung um x atm eine Erhöhung des Dampfdrucks, die ebenso groß ist wie die Erniedrigung des Dampfdrucks, die ein osmotischer Druck von x atm erzeugt. Dies ergibt sich anschaulich aus dem Gleichgewichtszustand im Osmometer; denn, da im Gleichgewicht kein Wasser mehr einströmt, so muß der Dampfdruck des Wassers an der semipermeablen Membran in der unter dem hydrostatischen Druck stehenden osmotischen Zelle gleich sein dem Dampfdruck des reinen Wassers. Da der osmotische Druck den Dampfdruck des Lösungsmittels über der Lösung erniedrigt, der hydrostatische Druck ihn erhöht, osmotischer und hydrostatischer Druck im Gleichgewicht aber denselben Wert haben, so muß ein hydrostatischer Druck von x atm den Dampfdruck um ebenso viel erhöhen, wie ihn ein osmotischer Druck von x atm erniedrigt. Rein mathematisch ergibt sich dies auch aus den im physikalischen Teil abgeleiteten Formeln. Wir denken uns 1 Mol des als Lösungsmittel dienenden Wassers, das unter dem hydrostatischen Druck $P_1 = 1$ atm steht, unter den hydrostatischen Druck $P_2 - 21$ atm gebracht. Für die Änderung des Wasserdampfdrucks mit dem Druck ergibt sich nach Gl. [187]

$$\ln \frac{p_{g2}}{p_{g1}} = \frac{v_1\,(P_2 - P_1)}{R\,T},$$

worin v_1 das partielle Molvolumen des Wassers bedeutet. Es sind für P_2 bzw. P_1 die Drucke von 21 bzw. 1 atm einzusetzen und für p_{g1} der Dampfdruck des Wassers bei 1 atm, für p_{g2} bei $20 + 1$ atm. Also ist

$$\frac{v_1 \cdot 20}{R\,T} = \ln \frac{p_{g2}}{p_{g1}} \backsimeq \frac{p_{g2} - p_{g1}}{p_{g1}}.$$

Andererseits ist für einen osmotischen Druck $\pi = 20$ atm nach Gleichung [155].

$$\pi = 20 = \left(\frac{\partial\,n}{\partial\,V}\right)_T R\,T \ln \frac{p_g^0}{p_g}.$$

Wegen $\left(\dfrac{\partial\,V}{\partial\,n}\right)_T = v_1$ ist folglich

$$\frac{v_1 \cdot 20}{R\,T} = \ln \frac{p_g^0}{p_g} \backsimeq \frac{p_g^0 - p_g}{p_g^0},$$

$$\frac{p_{g2} - p_{g1}}{p_{g1}} = \frac{p_g^0 - p_g}{p_g^0}$$

d. h. die relative Dampfdruckerhöhung durch Druckerhöhung um 20 atm ist gleich der relativen Dampfspannungserniedrigung durch einen osmotischen Druck von 20 atm, was zu beweisen war. Hieraus ergibt sich, daß die Zelle in unserem Beispiel solange von selbst Wasser aufnehmen wird, bis der Wanddruck 20 atm — exklusive Atmosphärendruck — beträgt. In diesem Falle ist nämlich die Dampfdruckdifferenz des reinen Wassers und des Wassers in der Zelle $= 0$ geworden, und damit das thermodynamische Potential des Systems im Minimum, da nunmehr kein Vorgang von selbst stattfinden kann, bei dem Arbeit gewonnen werden könnte. Denn der Wert von $\varDelta\,G'$ für einen Übergang von Wasser zwischen Zelle und Umgebung wird ja nach Gleichung [365] für $p_g = p_g^0$ Null. In diesem Zustand ist also auch die Saugkraft der Zelle gleich Null, da, wenn noch eine Saugkraft bestünde, sie auch Arbeit leisten und das G des Systems vermindern könnte. Diese Verhältnisse sind im Prinzip bereits 1915 von Renner[1] klar erkannt worden. Renner formulierte für die Saugkraft einer Zelle S = P — T, worin P den osmotischen Wert des Zellsaftes bei 1 atm oder den praktisch gleichen unter dem Dampfdruck der Lösung bedeutet — auf die nicht belangvolle Differenz dieser Werte soll nicht eingegangen werden — T den Turgordruck. Weitere Verbreitung hat diese Gleichung in der Terminologie von Ursprung[2] gefunden. Dieser führt als „Saugkraft des Zellinhaltes (S_{Zi})" = Kraft, mit der der Zellinhalt Wasser anzuziehen strebt, eine Normalgröße ein, nämlich die Saugkraft des Zellsaftes beim Wanddruck 0, also Atmosphärendruck, gegenüber reinem Wasser von gleichem T und P. Die „Saugkraft der Zelle (S_Z)" läßt sich dann stets als Resultante dieser Normalsaugkraft des Zellsaftes und anderer Kräfte (Wanddruck W, Außendruck A) darstellen. Es ist nämlich, da ja der Wanddruck oder Außendruck wie ein hydrostatischer Druck wirken, für die isolierte Zelle $S_Z = S_{Zi}$ — W und, wenn die Zelle im Gewebeverband ist, und von seiten ihrer Umgebung einen positiven oder negativen Außendruck A erfährt (z. B. A = + 2 atm oder A = — 1 atm),

$$S_Z = S_{Zi} - (W + A), \qquad [366]$$

worin W + A gleich dem Turgordruck ist, S_{Zi} dem P Renners entspricht. Die Einführung einer solchen „Normalsaugkraft" ist zweifellos durchaus berechtigt. Sie entspricht einem in allen Teilgebieten der Naturwissenschaften üblichen und praktischen Brauch, wenn auch die spezielle Wahl der Normalgrößen meist ein mehr

---

[1] Renner, O.: Jb. Bot. **56**, 617 (1915).

[2] Ursprung, A.: Z. Bot. **23**, 183 (1930). — Ursprung, A. u. G. Blum: Biol. Zbl. **40**, 193 (1920).

oder weniger beträchtliches Moment der Willkür enthält. Ob man diese oder jene Größen als Normalgrößen wählt, dafür wird der Gesichtspunkt entscheidend sein, mit einem Minimum von Willkür ein Maximum von praktischer Brauchbarkeit zu verbinden. Es erscheint mir zweckmäßig, dem URSPRUNGschen S_{Zi} den Index ^{0} beizufügen; denn, wie Ursprung als Saugkraft der Zelle S_Z eine Kraftresultante aus S_{Zi} und $W + A$ bezeichnet, die der relativen Dampfspannungserniedrigung außen an der Zellwand proportional ist, so wird mancher geneigt sein, auch unter Saugkraft des Zellinhalts eine S_Z gleiche Größe zu verstehen, weil er die Saugkraft einer Lösung durch die isotherme Nutzarbeit mißt, die maximal beim Überführen von reinem Wasser, das unter 1 atm steht, in die Lösung gewonnen werden kann, und diese Nutzarbeit durch die Differenz des thermodynamischen Potentials des reinen Wassers gegenüber dem des Wassers in der Lösung.

Da diese Differenz nach Gleichung [362] pro Mol

$$\mu^0 - \mu = R\,T \ln \frac{p_g^0}{p_g} \cong R\,T \frac{p_g^0 - p_g}{p_g^0},$$

also der relativen Dampfspannungserniedrigung proportional ist, so wird er als Maß der Saugkraft des Zellsaftes seine Dampfspannungserniedrigung relativ zu reinem Wasser von $P = 1$ ansehen, und diese hängt vom Druck ab, wobei es gleichgültig ist, ob dieser durch eine Zellmembran, die normale oder verdichtete oder verdünnte Atmosphäre, Oberflächendruck oder sonstwie hervorgerufen wird. Die derart charakterisierte Saugkraft des Zellinhaltes könnte man dann zur Vermeidung von Verwechslungen etwa $(S_{Zi})_x$ schreiben, worin der Index x den Wert des Druckes in Atmosphären angeben soll. Die Terminologie würde zwar durch derartige Indizes noch etwas komplizierter, aber weniger mißverständlich, weil dann mit Saugkraft, sei es der Zelle, sei es des Zellinhalts, stets eine Größe bezeichnet wird, deren Maß das thermodynamische Potential des Wassers unter den betreffenden Bedingungen ist. In ganz entsprechender Weise bezeichnet der Physiker als Affinität die chemische Kraft einer Reaktion und mißt sie durch die Änderung des thermodynamischen Potentials bei molarem Umsatz.

Das Studium der Literatur (z. B. LEWIS, SCHOTTKY, ULICH) zeigt, daß die Physiker bei „relativer Dampfspannung" je nach der Problemstellung und nach ihrer Individualität eine Relation der Dampfspannung von Wasser in einem bestimmten Zustand,

z. B. in einer Lösung zu der von reinem Wasser unter gleichem Druck oder unter Atmosphärendruck ins Auge fassen. Dieser Brauch ist auch in der vorliegenden Darstellung beibehalten. WALTER[1] meint, daß die Physiker nur die erstere Relation als „relative Dampfspannung" zu bezeichnen pflegen, und hält sich an diese Terminologie.

Wir denken uns nun, um ein Bild über die Verhältnisse bei der Wasserbewegung in Pflanzen zu erhalten, als Schema eines Baumes eine 100 m lange mit reinem Wasser gefüllte Röhre mit wasserundurchlässiger Längswand, die oben und unten durch eine Zelle verschlossen ist, deren osmotischer Wert 20 atm beträgt. Die Zellmembran sei so wenig dehnbar, daß wir das Volumen der Zelle als praktisch konstant ansehen dürfen, gleichviel unter welchem Druck bzw. Zug die Membran steht. Die Luftfeuchtigkeit betrage zunächst 100%, die ganze Vorrichtung stehe in einem Wärmereservoir und es habe sich Gleichgewicht eingestellt. Die untere Zelle tauche dabei in reines Wasser entsprechend dem Bodenwasser, im übrigen rage die Röhre in die Luft. Die obere und die untere Zelle stehen in Berührung mit reinem Wasser, und ihre Saugkraft muß sich deshalb mit der des angrenzenden Wassers ins Gleichgewicht setzen. Aber die untere Zelle grenzt an Wasser, das unter Atmosphärendruck steht, und dessen Saugkraft entsprechend der fehlenden Dampfspannungserniedrigung 0 ist. Die obere Zelle aber grenzt an Wasser, an dem eine Wassersäule von 100 m hängt, und die demnach einen Zug von 10 atm ausübt, so daß das Wasser dort insgesamt unter einem Druck von $1 - 10 = - 9$ atm steht. Es hat also eine diesem Zug entsprechende relative Dampfspannungserniedrigung und Saugkraft, und, da einem Druck von $+ 1$ atm die Saugkraft 0 atm entspricht, entspricht einem Druck von $- 9$ atm die Saugkraft 10 atm. Die gleiche relative Dampfspannungserniedrigung gegenüber der Dampfspannung von reinem Wasser unter 1 atm muß auch der gesättigte Wasserdampf der Luft in dieser Höhe zeigen; denn, wäre die Dampfspannung des Wasserdampfs in der Luft an der oberen Zelle eine andere als die der Zelle, so müßte eine Wasserdampfdestillation von oder zur Zelle in die oder aus der Luft stattfinden. Da wir diese Destillation von höherem zum geringeren Druck z. B. mit Hilfe eines reversiblen Stempels Arbeit leisten lassen könnten, so wäre G nicht im Minimum, was es doch im Gleichgewicht sein muß. In der Tat haben

---

[1] WALTER: Planta (Berl.) **19**, 636 (1933).

wir schon bei der ARRHENIUSschen Ableitung der osmotischen Gesetze die Abnahme des Dampfdrucks mit der Höhe kennengelernt und sie berechnet aus dem Gewicht der Dampfsäule, die der betreffenden Höhe entspricht.

Wir wollen jetzt das statische Gleichgewicht stören, indem wir die Luftfeuchtigkeit an der oberen Zelle unter den Sättigungsgrad bringen, z. B. auf 80% relative Luftfeuchtigkeit; damit die Luftfeuchtigkeit nicht von seiten des verdunstenden Bodenwassers wieder erhöht wird, denken wir uns letzteres mit einer Schicht flüssigen Paraffins überzogen. Dann wird Wasser aus der gequollenen Zellmembran verdunsten. Deren Wassergehalt sinkt dadurch, und es entsteht ein Quellungspotential gegenüber dem Zellinhalt, das Wasser aus dem Zellinhalt in die Membran treibt. Durch den Wasserverlust des Zellinhaltes sinkt der von diesem auf die Membran ausgeübte Druck und damit der entgegengesetzt gleiche Wanddruck, dadurch steigt gemäß Gleichung [366] S_Z. Diese Steigerung der Saugkraft der Zelle können wir als Entstehen eines osmotischen Potentials gegenüber dem angrenzenden Gefäßwasser bezeichnen. Es sei jedoch darauf hingewiesen, daß es dabei nicht wesentlich auf eine Konzentrierung der Zellsäfte ankommt, denn wir haben uns ja Zellen mit kaum dehnbaren Membranen gedacht, sondern um dieselbe Erscheinung, die wir im physikalischen Teil als Abhängigkeit des osmotischen Drucks vom Druck gekennzeichnet haben. Das osmotische Potential erzeugt im Gefäßwasser ein hydrostatisches Potential; denn während im statischen Gleichgewicht oben und unten Saugkraft der Zelle und hydrostatischer Zug bzw. Druck einander äquilibrieren, überwiegt jetzt die Saugkraft der Zelle den hydrostatischen Zug, zieht Wasser in die Zelle und erzeugt dadurch eine hydrodynamische Zugkraft, die Hebungsarbeit leistet, indem sie Wasser entgegen der Schwerkraft und Reibungswiderständen hebt, wobei der unteren Zelle Wasser entzogen wird. An dieser wiederholt sich der Vorgang in umgekehrter Reihenfolge wie an der oberen Zelle. Während an letzterer das Dampfdruckpotential zwischen Membran und Wasserdampf der Atmosphäre ein Imbibitionspotential erzeugt, dies ein osmotisches, und dies ein hydrodynamisches, erzeugt in der unteren Zelle das hydrodynamische Potential ein Quellungspotential, indem der gequollenen Membran Wasser entzogen wird, das Quellungspotential erzeugt ein osmotisches, indem durch den Wasserentzug der Wanddruck sinkt, und das osmotische zieht Wasser aus der

Umgebung der Zelle in diese hinein. Die Entstehung der einzelnen Potentiale auseinander hat man sich natürlich nicht so vorzustellen, daß hintereinander erst das eine, dann das andere in seiner vollen Größe entsteht, sondern in jedem Augenblick wird ein entstehendes Potential der einen Art sich mit dem vorhandenen der anderen Art ins Gleichgewicht zu setzen suchen, indem es selbst abnimmt auf Kosten der Vergrößerung des anderen. Voraussetzung dafür, daß ein derartiger Mechanismus der Wasserhebung in der Pflanze wirksam wird, ist, daß die Kohäsion des Wassers und seine Adhäsion an den Wänden Werte erreicht, die die durch den Mechanismus auftretenden Zugspannungen übersteigen. Theoretisch berechnet sich die Kohäsion des Wassers aus seinem Binnendruck zu Werten von über 10000 atm, praktisch ist dieser Kohäsionswert, der einen „makroskopischen" Mittelwert darstellt, im Experiment niemals auch nur annähernd erreicht worden. Jedoch sind in Pflanzengeweben von RENNER[1] und URSPRUNG[2] Kohäsionszüge von etwa 300 atm nachgewiesen worden, ohne daß das Wasser gerissen wäre. Auch läßt sich durch theoretische Überlegungen[3] zeigen, daß die Kammerung der Wasserleitbahnen in mikroskopisch kleine Räume und die Struktur der Zellmembranen in hervorragendem Maße die Aufrechterhaltung von zusammenhängenden Wasserfäden in der Pflanze auch bei hohen Zugkräften begünstigen. Eine zweite Voraussetzung dafür, die Wasserhebung der Pflanzen durch die geschilderte „Kohäsionstheorie" (DIXON[4], RENNER[5]) zu erklären, ist die, daß die Leistung, Arbeit pro Zeiteinheit, deren der geschilderte Mechanismus unter den in der Pflanze, Atmosphäre und Boden herrschenden Bedingungen fähig ist, mindestens der Leistung entspricht, die die Pflanze tatsächlich bei der Wasserhebung vollführt. Anderenfalls müßten mindestens noch andere Vorgänge an der Wasserhebung beteiligt sein. Das letztere ist nun wenigstens in bestimmten Fällen sicher der Fall. Wir wissen, daß das sogenannte „Bluten" der Pflanze ein Vorgang ist, bei dem durch aktive Tätigkeit der Pflanzenzellen Wasser aus tiefer gelegenen in höher gelegene Zellen befördert wird unter beträchtlichen positiven Drucken. Das Bluten wird durch alle Bedingungen,

---

[1] RENNER, O.: l. c.
[2] URSPRUNG, A.: Ber. dtsch. bot. Ges. **33**, 153 (1915).
[3] STERN, K.: Ber. dtsch. bot. Ges. **44**, 470 (1926).
[4] DIXON, H.: Progr. Rei. Bot. **3**, 1 (1910).
[5] RENNER, O.: Flora (Jena) **103**, 171 (1911).

die auch auf die übrige Lebenstätigkeit der Zelle stark einwirken, wie Narkotika, O_2-Zufuhr usw. stark beeinflußt. Wieweit derartige Vorgänge bei der normalen Wasserhebung mitwirken, ist noch nicht völlig geklärt. So viel aber können wir sagen, daß die Leistung des Kohäsionsmechanismus im allgemeinen ausreicht, um auch ohne Annahme anderer Energiequellen die beobachteten Hubleistungen der Pflanzen zu erklären. Um dies zu zeigen, wollen wir zunächst die maximale Hebungsarbeit berechnen, die bei der Verdunstung des Wassers geleistet werden kann. Verdunstet Wasser in die Atmosphäre, so wird im allgemeinen, d. h. ohne Vorhandensein einer besonderen Vorrichtung, keine Nutzarbeit geleistet, es geht aber Arbeitsfähigkeit verloren, deren Maß die maximale Nutzarbeit ist, die bei dem Vorgang hätte gewonnen werden können. Wir können aber die Arbeitsfähigkeit des flüssigen Wassers gegenüber ungesättigtem Wasserdampf ausnutzen, wenn wir die Verdunstung so leisten, daß Atmosphäre und Wasser sich nicht unmittelbar berühren, sondern durch einen wasserleitenden Korper, z. B. ein Stückchen Holundermark, verbunden sind. Denken wir uns zunächst die Atmosphäre wasserdampfgesättigt, so muß sich auch das Holundermark sättigen, und der Wasserdampfdruck über ihm gleich sein dem des Wassers, in das sein unteres Ende tauchen möge, weil nur dann das thermodynamische Potential des Systems im Minimum ist. Sinkt die Luftfeuchtigkeit z. B. auf 80 %, so ist das Gleichgewicht zwischen dem Quellwasser des Holundermarks und dem atmosphärischen Wasserdampf gestört, und es tritt ein Verdunstungsvorgang ein, der wie jeder von selbst verlaufende Vorgang Arbeit leisten kann. Da durch die Verdunstung am oberen Ende der Quellungsgrad des Marks vermindert wird, sinkt sein Dampfdruck, und es setzt als ein nach Erreichung des thermodynamischen Gleichgewichts gerichteter Prozeß Wasserverschiebung, Wasserhebung von dem unteren Ende nach dem oberen ein. Es wird also auf Kosten der Arbeitsfähigkeit des Verdunstungsvorganges Wasser im Mark gehoben. Durch Einschalten des Holundermarks in die thermodynamische Potentialdifferenz zwischen Bodenwasser und Atmosphärenwasserdampf nützen wir diese, die bei freier Verdunstung ungenutzt verlorengeht, zur Wasserhebung aus.

Es war die von Sachs entwickelte „Imbibitionstheorie", die annahm, daß die Wasserhebung in der lebenden Pflanze sich nach diesem Schema vollzieht. Die Erfahrung lehrte, daß sie nicht richtig sein kann; denn bereits ein kurzes Stück Holundermark vertrocknet bei dieser Anordnung an seinem oberen Ende, weil der Imbibitionsmechanismus wegen der hohen Reibungswiderstände, die das Wasser in den engen Zwischenräumen zwischen den Wandmicellen findet, nicht imstande ist, mit genügender Schnelligkeit soviel Wasser nachzuheben, wie es einem stationären Gleichgewicht entsprechen würde, bei dem das Mark auch nur nahezu wassergesättigt wäre. Die gleiche Erfahrung kann man mit einem Gewebestreifen aus lebenden Zellen — ohne Leitbahnen — machen. Hier wird zwar nicht nur das Quellungspotential der Membranen, sondern auch das osmotische Potential des Zellsaftes, das sich mit dem ersteren ins Gleichgewicht setzt, Wasserhebung bewirken, aber auch dieser Mechanismus ist nicht imstande, Wassermengen über längere Strecken mit einer Geschwindigkeit zu befördern, die hinreicht, den lebensnotwendigen Wassergehalt der Gewebe über die ganze Strecke aufrechtzuerhalten. Wir haben hierfür nicht nur als übrigens völlig ausreichenden Beweis das angeführte Experiment, sondern wir können uns auch auf Grund von Saugkraftmessungen und -berechnungen (URSPRUNG[1], HUBER[2]) ein ungefähres Bild davon machen, was ein solcher Mechanismus leisten könnte, und warum er nicht mehr leistet. Vollzieht sich die Wasserhebung in der Pflanze mittels der Saugkräfte ihrer Zellen, so muß ja in jeder Pflanze unter Normalbedingungen ein Gefälle der Saugkraft bestehen, derart, daß die höheren Zellen und Gewebe höhere Saugkräfte haben als die niedrigeren Gewebe, und dieses Saugkraftgefälle muß gerade ausreichen, um den Wasserleitungsstrom über die Strecke, auf der es wirkt, mit seiner tatsächlichen Geschwindigkeit zu befördern; denn wäre es größer oder kleiner, so würde sich die Geschwindigkeit des Stromes vergrößern oder verkleinern. Es gibt also die Messung des normalen Saugkraftgefälles in einem Gewebestreifen aus lebenden Zellen, der von der Blattoberfläche zu den toten wassergefüllten Leitbahnen führt, ein Maß für das Saugkraftgefälle, das erforderlich ist, um einen Transpirationsstrom von normaler Stärke durch einen Gewebestreifen von der betreffenden Länge zu befördern. Die Messung ergibt Werte von der Größenordnung 10 atm/cm, d. h. zwischen den Enden eines 1 cm langen, in Wasser tauchenden Gewebestreifens aus lebenden Zellen muß eine Saugkraftdifferenz von

----

[1] URSPRUNG, A. u. C. HAYOZ: Ber. dtsch. bot. Ges. **40**, 368 (1922).
[2] HUBER, H.: Ber. dtsch. bot. Ges. **43**, 410 (1925).

10 atm herrschen, um eine Wasserbewegung zu erzeugen, die die Aufrechterhaltung des Normalwassergehalts der Pflanze ermöglicht, ein 10 cm langer Streifen erfordert bereits 100 atm Saugkraftdifferenz. Da 100 atm ein Wert für $S^0_{Z\,i}$ ist, der nur in ganz wenigen Pflanzenarten erreicht wird, während wir im allgemeinen für diese Werte in der Größenordnung von etwa 20 atm finden, und der Wert von $S^0_{Z\,i}$ den Maximalwert der Saugkraft der Zelle angibt, erkennt man, daß die maximal den Pflanzen zur Verfügung stehenden Saugkräfte nicht ausreichen, um allein auf dem Wege osmotischer Saugung durch lebende Zellen oder dem der Imbibitionssaugung die normale Wasserversorgung der Pflanze zu gewährleisten, also das gleiche Ergebnis, zu dem auch das direkte Experiment führt. Eine ausreichende Wasserversorgung von hohen Bäumen ist also ohne Zuhilfenahme aktiver Pumptätigkeit lebender Zellen nur dann möglich, wenn auch in den höchsten Bäumen das Wasser auf der ganzen Strecke zwischen Wurzel- und Blattoberfläche nur durch Schichten lebender Zellen von einigen Millimeter Dicke gesaugt zu werden braucht, während es über die ganze übrige Strecke in toten Leitbahnen geführt werden kann, die den lebenden Zellen gegenüber einen sehr kleinen Widerstand haben. Dieser Bedingung genügt tatsächlich der anatomische Bau der Pflanze mit seinem sich von Wurzel zu Blatt kontinuierlich hinziehenden Leitsystem aus toten Tracheen und Tracheiden (Größenordnung des Radius 10—50 μ, der Länge 0,1 bis einige Zentimeter). Die Saugkraftgefälle, die nötig sind, um in letzteren den normalen Transpirationsstrom zu treiben, betragen nur $\frac{1}{1000}$ bis $\frac{1}{10\,000}$ derjenigen, die zur Überwindung der gleichen Länge lebenden Gewebes erforderlich sind, nämlich einige tausendstel atm pro Zentimeter.

Die geschilderten physikalischen und physiologischen Verhältnisse in der Pflanze sind nicht nur die Voraussetzung für eine der Kohäsionstheorie entsprechende Wasserleitung in der Pflanze, sondern sie sind zugleich auch Bedingungen, die sie notwendig herbeiführen. Finden sich in den Zellen der Blätter Saugspannungen von vielen atm/cm² — und sie sind auf die verschiedensten Weisen, auf die wir hier nicht eingehen, im Normalzustand gefunden worden[1] — so kann nicht an diese Zellen unmittelbar angrenzendes

---

[1] RENNER, O.: Flora (Jena) **103**, 171 (1911). — URSPRUNG, A. u. versch. Mitarbeiter: Zahlreiche Arbeiten in Ber. dtsch. bot. Ges. bes. **34, 36, 37, 39, 40.**

Gefäßwasser in den Leitbahnen unter Atmosphärendruck bleiben, sondern mangels jeglicher Vorrichtung, die eine Abnahme des thermodynamischen Potentials des Systems hemmen könnte, kann dies nur unendlich wenig höher liegen als die des angrenzenden Zellwassers. Da T und stoffliche Zusammensetzung des Gefäßwassers durch die Systembedingungen innerhalb enger Grenzen gegeben sind, so kann die Abnahme seines chemischen Potentials gegenüber Gefäßwasser von Atmosphärendruck nur durch eine Druckänderung zustande gekommen sein. Es muß also unter einer Zugspannung stehen, die seinen Dampfdruck auf den Wert des Dampfdrucks des angrenzenden Zellwassers herabdrückt, unter einer Zugspannung, die gleich ist der Saugkraft der angrenzenden Zelle.

Wir sahen, daß die in den Pflanzen gefundenen Saugkräfte dazu ausreichen, die Hebung des Wassers mit den beobachteten Geschwindigkeiten bis in die höchsten beobachteten Baumgipfel durchzuführen. Wir fragen jetzt weiter: Sind die beobachteten Baumhöhen die höchstmöglichen, die bei dem gegebenen arbeitsfähige Energie liefernden Prozeß, der Abnahme des chemischen Potentials des verdunstenden Wassers, erreicht werden können? Da bei der Verdunstung der Dampfdruck des verdunstenden Wassers auf den der Atmosphäre p' sinkt, so hängt die maximale Steighöhe des Wassers offenbar von diesem ab. Setzen wir für den Dampfdruck des verdunstenden Wassers den höchst möglichen Wert ein, den des reinen Wassers bei Atmosphärendruck p_g^0, so kann maximal pro Mol verdunstenden Wassers die Arbeit $RT \ln \dfrac{p_g^0}{p'}$ geleistet werden. Beträgt die relative Luftfeuchtigkeit 90 %, so ist $\dfrac{p_g^0}{p'} = \dfrac{10}{9}$, und auf 1 g Wasser bezogen, erhalten wir (1 Mol $H_2O = 18$ g, $R = 8,3 \cdot 10^7$ Erg, 2,3 reziproker Modul des Briggschen Logarithmus) bei $T = 290$

$$\frac{1}{18} RT \ln \frac{p_g^0}{p'} = \frac{1}{18} \cdot 8,3 \cdot 10^7 \cdot 290 \cdot 2,3 \cdot \log \frac{10}{9} = 0,142 \cdot 10^9 \text{ Erg.}$$

Da 1 Erg gleich $1,02 \cdot 10^{-5}$ gm, sind dies $0,142 \cdot 1,02 \cdot 10^4$ gm $= 1450$ gm. Wenn also 1 g H_2O unter den angegebenen Bedingungen verdunstet, kann dabei maximal 1 g H_2O um 1450 m gehoben werden. Da bei unserem Kohäsionsmechanismus stets ebensoviel verdunstet wie bis zur verdunstenden Fläche gehoben wird — andernfalls müßte die Wassersäule reißen —, so stellt die Höhe 1450 m zugleich die maximale Steighöhe dar, die bei diesem Mechanismus das Wasser

erreichen kann. Wie man sieht, ergibt sich noch bei der hohen
relativen Luftfeuchtigkeit von 90% eine maximale Steighöhe, wie
sie für Pflanzen gar nicht in Frage kommt. Bei niedrigerer relativer
Luftfeuchtigkeit würde man, wie die Berechnung zeigt, noch höhere
Werte für die maximale (reversible) Steighöhe erhalten. Für
diese ist der Weg, auf dem sie erreicht wird, gleichgültig, sei es
der eines Imbibitionsmechanismus, sei es der des geschilderten
Kohäsionsmechanismus. Wir haben aber bereits gesehen, daß für
die Pflanze der Weg durchaus nicht gleichgültig ist, indem sich
zeigte, daß beim Imbibitionsmechanismus die normale Wasserversorgung nicht aufrechterhalten werden kann. Wir wollen
nunmehr dies Moment noch thermodynamisch beleuchten. Der
Kohäsionsmechanismus gestattet, wie RENNER[1] zuerst hervorhob,
höhere Leistung, der Quotient $\dfrac{\text{Hebungsarbeit}}{\text{Zeit}}$ ist viel höher als
beim Imbibitionsmechanismus. Früher nahm man an, daß die
Größe der Nährstoffaufnahme aus dem Boden und die Geschwindigkeit des Nährstofftransports in der Pflanze so eng mit der Geschwindigkeit des Transpirationsstroms verknüpft seien, daß letztere,
und infolgedessen auch die Leistung des Hebungsmechanismus,
einen nicht zu geringen Betrag haben dürfe, wenn die Pflanze nicht
verhungern und in ihrem Gesamtstoffwechsel gestört werden solle.
Es hat sich aber gezeigt, daß diese früher angenommene Verknüpfung mindestens recht locker ist. Deshalb kann man ein
aus ihr abgeleitetes Argument für die Notwendigkeit einer hohen
Leistungsfähigkeit des pflanzlichen Wasserleitungssystems kaum
als zwingend betrachten. Der wirkliche Grund für diese Notwendigkeit liegt auch offenbar in etwas anderem. Das normale
Funktionieren des Plasmas ist daran gebunden, daß das chemische
Potential aller lebensnotwendigen aktiven Stoffe einen bestimmten
Wert nicht unterschreitet und nicht überschreitet. Sinkt das chemi-
sche Potential des nicht plasmatisch gebundenen Wassers in der
Zelle ständig, so muß sich auch der Wert des chemischen Potentials
des plasmatisch gebundenen Wassers diesem Wert angleichen, weil
ja Gleichheit des chemischen Potentials in den verschiedenen
Phasen der Zelle Gleichgewichtsbedingung ist, und mangels
Hemmungen von selbst verlaufende Wasserübergänge in der
Richtung nach dem Gleichgewicht eintreten müssen. Bei genügend
erniedrigtem μ des nicht plasmatisch gebundenen Wassers wird es

---

[1] RENNER, O.: Jb. wiss. Bot. **56**, 617 (1915).

deshalb zu Wasserabspaltungen plasmatisch gebundenen Wassers kommen und damit zur Zersetzung und Ausfällung plasmatischer Bestandteile. Ebenso wie es für jeden Organismus eine untere Grenze des chemischen Potentials des O_2 gibt, die nicht dauernd unterschritten werden kann, ohne daß die Lebensfähigkeit erlischt, gibt es diese Grenze für das chemische Potential des Wassers. Diese theoretisch ableitbare Beziehung ist übrigens für Wasser bereits auf rein empirischem Wege gefunden worden; denn, wenn WALTER[1] angibt, daß das Absterben der Zellen bei einer bestimmten relativen Dampfspannungserniedrigung des Zellwassers stattfindet, so entspricht dieser Befund unserer Behauptung, da die relative Dampfspannungserniedrigung nur eine Äußerung der Erniedrigung des chemischen Potentials des Wassers ist.

Vergleichen wir zwei gleich lange Pflanzenteile, von denen der eine A lediglich einen Imbibitionsmechanismus enthalte, der andere B entsprechend unseren Gefäßpflanzen nur am Boden und Blatt eine dünne als Imbibitionsmechanismus wirkende Schicht, so wird sich — ganz grob schematisiert!! — folgendes Bild ergeben. Entsprechend dem gleichmäßigen Widerstand sinkt der Dampfdruck des Wassers bei A proportional der Länge, während bei B nach einem kleinen steilen Abfall am Boden fast über die ganze Länge des Pflanzenteils die Abnahme der Dampfspannung gering ist entsprechend dem geringen Druckabfall infolge geringen Widerstandes, und erst am Gipfel ein zweiter steiler Dampfspannungsabfall stattfindet. Schon dies grobe Schema, das noch weiter durch Berücksichtigung der Widerstandsverhältnisse von Membranen und Zellen verfeinert werden könnte, zeigt das prinzipiell Wesentliche: Der Kohäsionsmechanismus ermöglicht, daß das chemische Potential des Wassers, das ja bei isothermen Zuständen der relativen Dampfspannungserniedrigung entspricht, über die ganze Pflanze hin nur einen geringen Abfall erfährt, und erst dicht am Gipfel einen Abfall, bei dem die Unterschreitung des zulässigen Potentialwertes in Frage kommt, während beim Imbibitionsmechanismus bereits auf der halben Höhe der Potentialwert um 50% der gesamten Erniedrigung gesunken ist.

In diesem Zusammenhang sei noch auf den Hydraturbegriff WALTERs eingegangen, der durch eine Diskussion zwischen WALTER[2]

---

[1] WALTER, H.: Jb. wiss. Bot. **62**, 145 (1923); Z. Bot. **16**, 353 (1924). — Die Hydratur der Pflanze. Jena 1931.

[2] WALTER, H.: Planta (Berl.) **19**, 636, 648 (1933).

und RENNER[1] wesentlich geklärt erscheint. Der Ausgangspunkt WALTERs war, eine Maßgröße für den „Wasserzustand" — im Gegensatz zur Wassermenge — zu schaffen. Als Maß verwendet er die relative Dampfspannung des Wassers in dem zu messenden Zustand bezogen auf reines Wasser von gleichem T und P. Diese Größe nennt er „Hydratur" des betreffenden Wassers. Durch die Festlegung des Bezugszustandes auf das T und P des zu messende Zustandes verliert die Hydratur im Prinzip die Fähigkeit, beliebige Wasserzustände vergleichend messen zu können. Vielmehr kann man durch Vergleich der Hydraturen streng nur die Zustände von Wassermengen vergleichen, die unter gleichem Druck und gleicher Temperatur stehen, und Wasserbewegungen, sei es zwischen Atmosphäre und Pflanze, sei es innerhalb einer Pflanze, auf Grund von Hydraturdifferenzen ohne weiteres nur unter diesen im allgemeinen nicht gegebenen Voraussetzungen voraussagen. Nur bei gleichem T und P ist also die Hydratur eine Maßgröße des Wasserzustandes schlechthin, eine Maßgröße für das chemische Potential des Wassers, andernfalls ist sie nur das Maß einer Größe, die WALTER als „Freiheit der Wassermoleküle" bezeichnet, und die nur eine Komponente eines beliebigen Wasserzustandes ist. Sofern die Hydratur allgemein nur ein Maß für die von WALTER „Freiheit der Wassermoleküle" genannte Größe sein will, ist sie physikalisch brauchbar, wobei unerörtert bleiben mag, ob dieser Freiheit der Wassermoleküle eine reale oder nur fiktive Bedeutung zukommt. Sofern sie ein Maß des Wasserzustandes schlechthin liefern soll, wie es das von T und P und der chemischen Zusammensetzung der betreffenden Wasser enthaltenden Phase bestimmte chemische Potential liefert, erfüllt sie diese Aufgabe zwar im allgemeinen nicht korrekt, weil eben der Wasserzustand auch von T und P abhängt, kann aber doch unter speziellen Verhältnissen auch hierfür brauchbar und wertvoll sein.

WALTER findet nämlich, daß der Bereich des osmotischen Wertes des Zellsaftes bei P = 1, der der Hydratur parallel geht, eine die verschiedenen Pflanzenarten charakterisierende Größe ist, während man nach unserem Maximum-Minimum-Gesetz diesen Befund zunächst lediglich für das chemische Potential des Wassers zu erwarten brauchte. Es erklärt sich dies offenbar folgendermaßen: Weil die Pflanze in ständigem Wasseraustausch mit ihrer Umgebung steht, so muß die Tendenz nach Gleichheit von μ_{H_2O} in Pflanze

---

[1] RENNER, O.: Planta (Berl.) **19**, 644 (1933).

und Umgebung sich bis zu einem gewissen Grade auswirken und die Pflanze zwingen, ihren μ_{H_2O}-Wert dem ihrer Umgebung mehr oder weniger weitgehend anzugleichen. Die Pflanze kann, um das chemische Potential ihres Wassers zu regulieren, entweder den osmotischen Wert oder den Wanddruck regulieren. Aber die Regulationsfähigkeit des Wanddruckes ist, jedenfalls über lange Vegetationsperioden hin betrachtet, recht beschränkt. Muß die Pflanze das chemische Potential des Wassers erniedrigen, ihre Saugkraft erhöhen, so kann sie entweder den osmotischen Wert erhöhen, z. B. durch Zuckerbildung aus Stärke, oder den Wanddruck erniedrigen. Einer dauernden starken Erniedrigung desselben unter den Normalwert stehen offenbar Rücksichten auf die Erhaltung der Festigkeit, vielleicht auch bisweilen auf die Erhaltung der Wachstumsfähigkeit oder Reizbarkeit oder ähnliche Momente, entgegen, so daß anscheinend ausschlaggebend für die ökologisch in Betracht kommende Erhöhung von S_Z die Erhöhungsmöglichkeit von $S_{Z\,i}^0$ ist. Muß die Pflanze das chemische Potential des Wassers erhöhen, ihre Saugkraft erniedrigen, so kann sie entweder ihren osmotischen Wert herabsetzen oder ihren Wanddruck erhöhen. Aber auch hier ist anscheinend der letzteren Möglichkeit leichter eine Grenze gezogen als der ersteren, da einerseits die normale Pflanze unter normalen Bedingungen ja schon einen recht ansehnlichen Turgeszenzgrad aufweist, andererseits vielleicht die dauernde maximale Turgeszenz ebenfalls zu Stoffwechselstörungen führt. Die aktive Regulierung des Wanddrucks durch Veränderung der Dehnbarkeit der Membran wird in der Regel nur durch langsame Reaktionen erzielt werden können und durch Rücksicht auf Permeabilität usw. beschränkt sein.

Viel diskutiert und untersucht werden in den letzten Jahren auch die neben dem Transpirationsstrom bestehenden Saftströmungen in der Pflanze. Hier seien vor allem die Arbeiten von Münch[1] und Frey-Wyssling[2] erwähnt. Zu ihnen sei hier nur bemerkt, daß die darin angezogenen Vorstellungen und beschriebenen Tatsachen sich stets auch mit Hilfe des Begriffes des chemischen Potentials und der für diese Größe geltenden Gesetze darstellen und erklären lassen. Dies gilt zwar auch für viele thermodynamische Gebiete der Transpirationsanalyse, jedoch hat die bisherige be-

---

[1] Münch, E.: Die Stoffbewegungen in der Pflanze, 1930.
[2] Frey-Wyssling: Jb. wiss. Bot. 77, 560 (1933).

sonders von SEYBOLD[1] geförderte Behandlung dieser Fragen sich
mehr Beobachtungen und Problemen zugewandt, die anderweitige
Gebiete umfassen.

Überblicken wir den Inhalt dieses Kapitels, so tritt die hohe
Bedeutung des chemischen Potentials der Stoffe im Organismus
deutlich hervor, obwohl die hier behandelten Reaktionen sich nur
auf Phasenübergänge beziehen. Das nächste Kapitel wird die
umfassende Bedeutung dieses Begriffes für das ganze Gebiet des
Stoffwechsels noch deutlicher erweisen.

Zehntes Kapitel.

Thermodynamik chemischer Prozesse in der Pflanze.

Prozesse mit Zu- und Abnahme des thermodynamischen Potentials G
S. 276. Berechnungsmethoden der Änderung von G bei chemischen Pflanzenreaktionen S. 277.

Der Thermodynamiker unterscheidet die in der Pflanze vor-
gehenden chemischen Prozesse nach dem Vorzeichen der Änderung

---

[1] SEYBOLD, A.: Erg. Biol. 5 (1929); 6 (1930). — Die physikalische Komponente der pflanzlichen Transpiration. Berlin 1929.

des thermodynamischen Potentials in solche, die mit Zunahme ($\varDelta G$) und solche, die mit Abnahme ($\varDelta G'$) desselben verlaufen, wobei die in der Zelle herrschenden Bedingungen (Aktivitäten, P, T) vorausgesetzt sind. Der Pflanzenphysiologie unterscheidet die biochemischen Vorgänge als „Bau-" und „Betriebsstoffwechsel", je nachdem, ob ihre Aufgabe in dem Aufbau von Körpersubstanz oder der Lieferung von Betriebsenergie für Lebensprozesse besteht. Ein und derselbe chemische Prozeß, etwa die unter Abnahme des thermodynamischen Potentials verlaufende Spaltung eines komplizierten Eiweißmoleküls in einfachere Bestandteile, kann entweder dem Bau- oder dem Betriebsstoffwechsel zugehören, je nachdem, ob die gebildeten Spaltprodukte von der Pflanze als Baustoffe verwertet werden, oder ob die bei dem Prozeß freiwerdende arbeitsfähige Energie von ihr zu Arbeitsleistungen benutzt wird. Ja, der Prozeß kann offenbar sowohl ein Teil des Bau- wie des Betriebsstoffwechsels sein, wenn gleichzeitig beide Verwertungsmöglichkeiten von der Pflanze ausgenutzt werden. Schon hieraus geht hervor, daß die Einteilung der biochemischen Prozesse in Bau- und Betriebsstoffwechsel sich nicht mit der angeführten thermodynamischen Unterscheidung deckt; denn ein und derselbe Prozeß kann unter gleichen Bedingungen entweder nur mit Zu- oder nur mit Abnahme des thermodynamischen Potentials verlaufen, dagegen sowohl dem Bau- wie dem Betriebsstoffwechsel angehören.

Die scharfe Betonung des prinzipiellen Unterschiedes zwischen denjenigen Reaktionsbereichen, die durch das physiologische Einteilungsprinzip (Bau- und Betriebsstoffwechsel) und denjenigen, die durch das thermodynamische (Zu- oder Abnahme von G) abgegrenzt werden, darf indes nicht dazu verleiten, offenbar vorhandene Beziehungen zwischen beiden Bereichen zu übersehen. Diese Beziehungen bestehen zunächst einmal darin, daß die Vorgänge des Betriebsstoffwechsels im allgemeinen mit Abnahme von G verknüpft sind; denn für dessen Zwecke kommt es auf Gewinn arbeitsfähiger Energie an. Andererseits ist der Baustoffwechsel vielfach mit Zunahme von G verbunden; denn die Nährstoffe der grünen Pflanze sind CO_2, H_2O und die Salze des Bodens, die Baustoffe — abgesehen von H_2O — Eiweiß, Kohlehydrate, Fette und Derivate dieser Stoffe, und diese Baustoffe haben ein viel höheres thermodynamisches Bildungspotential als die Nährstoffe, und ihre Bildung findet unter Zunahme von G statt. Von den nicht grünen Pflanzen ist ebenfalls ein beträchtlicher Teil nicht auf organische Nahrung angewiesen, und selbst diejenigen Pflanzen, für die die Ernährung mit organischen Substanzen wesentlich und lebensnotwendig ist, müssen ihren Körper zum großen Teil derart aufbauen, daß sie zwar zunächst organische Nährsubstanzen zu einfachen Spaltprodukten, z. B. Aminosäuren, abbauen, dann aber aus diesen Spaltprodukten ihre Leibessubstanz synthetisch wieder aufbauen, wobei die Möglichkeit einer Zunahme von G gegenüber den Spaltprodukten gegeben ist.

Bevor wir zur Erörterung der Änderung von G bei den chemischen Reaktionen in der Pflanze übergehen, sei nochmals kurz auf die im physikalischen Teil besprochenen Methoden hingewiesen, mit denen diese Änderung gemessen wird. Weil diese Änderung für isotherme Reaktionen gleich der reversiblen Nutzarbeit ist, sind es die gleichen Methoden, mit denen letztere bestimmt wird. Es sind dies

1. die Messung der EMK von galvanischen Elementen, anwendbar nur bei Reaktionen, die in solchen Elementen reversibel verlaufen $(\underline{A}'_n = \varDelta \underline{G}' = E\,n\,F)$;

2. die Berechnung aus den Gleichgewichtskonstanten und den Aktivitäten der beteiligten Stoffe im Anfangs- und Endzustand, anwendbar nur bei Reaktionen, deren Gleichgewichtskonstante gemessen werden kann

$$\underline{A}_n = \varDelta \underline{G} = R\,T\ln\frac{a_c^{\nu_c}\,a_d^{\nu_d}}{a_a^{-\nu_a}\,a_b^{-\nu_b}} - R\,T\ln K = \underline{A}_n^0 + \varSigma\,\nu_i\,R\,T\ln a_i, \quad [367]$$

$$\underline{A}'_n = \varDelta \underline{G}' = R\,T\ln\frac{a_a^{-\nu_a}\,a_b^{-\nu_b}}{a_c^{\nu_c}\,a_d^{\nu_d}} + R\,T\ln K = \underline{A}_n^{'0} - \varSigma\,\nu_i\,R\,T\ln a_i; \quad [368]$$

3. die Berechnung mittels des NERNSTschen Wärmetheorems, anwendbar bei Reaktionen von Stoffen, deren spezifische Wärmen bis nahe an den absoluten Nullpunkt bekannt sind (vgl. S. 147).

Mittels dieser Methoden ist die Änderung von G für die Bildungsreaktionen einer großen Anzahl von Stoffen bestimmt und tabellarisiert worden. Diese Tabellarisierung bezieht sich auf 25^0 C, P = 1 atm und Aktivitäten 1 der beteiligten Stoffe, auf deren Standardzustände. Aus den tabellarisierten Werten für die einzelnen **Reaktionsteilnehmer** ergibt sich $\underline{A}_n^0 = \varDelta \underline{G}^0$ bei der **Reaktion im Standardzustand** als $\varSigma\nu_i\,(\underline{A}_n^0)_{B_i}$ (S. 131). Mit Hilfe der im physikalischen Teil angeführten Gleichungen für die Änderung der maximalen Nutzarbeit mit T und P kann man aus dem Wert von ΔG^0 den Wert dieser Änderung für andere T und P berechnen. Für den Botaniker wird eine derartige Berechnung hinsichtlich T und P vielfach überflüssig sein, weil der Wert $T = 25^0$ C der Normaltemperatur der Pflanze entspricht, und weil Druckänderungen von mehreren Atmosphären gegenüber Atmosphärendruck, wie sie infolge des osmotischen Druckes als Gegendrucke der Zellmembranen in der Pflanze auftreten, in kondensierten Systemen nur einen sehr geringen Einfluß auf die Änderung von G haben. Die Reaktionen im Plasma sind aber Reaktionen in einem kondensierten System. Die Aktivitäten der beteiligten Stoffe werden oft erheblich von dem Standardwert 1 abweichen. Wir gewinnen ein ungefähres Bild von der Größenordnung der notwendigen Korrekturen, wenn wir uns deren Wert für den Fall berechnen, daß ein entstehender Stoff nicht in der Aktivität 1, sondern $\dfrac{1}{1000}$ vorliegt, d. h., da bei dieser Verdünnung Aktivität und Konzentration sich meist nicht wesentlich unterscheiden werden, in $\dfrac{1}{1000}$ molarer Konzentration. Die am Standardwert der gewinnbaren Reaktionsnutzarbeit $A_n'^0$ anzubringende Korrektur ist dann pro Mol des Stoffes gleich der Nutzarbeit, die bei der reversiblen isothermen Überführung von 1 Mol der Substanz von der Aktivität 1 auf die Aktivität $\dfrac{1}{1000}$ gewonnen wird, also $- RT \ln a = RT \ln \dfrac{1000}{1} = RT \cdot 2,3 \log 1000 = RT \cdot 2,3 \cdot 3$, bei 25^0 C $= 1,985 \cdot 298 \cdot 2,3 \cdot 3$ cal pro Mol der entstehenden Substanz, also etwa 4 cal. Bei biologischen Reaktionen werden in der Regel für die Reaktionsteilnehmer Korrekturen auf niedrigere Aktivitätswerte als die Standardwerte anzubringen sein. Die Aktivitätskorrektur für die ganze gewinnbare Nutzarbeit der Reaktion ergibt sich nach Gleichung [368] als $- \Sigma \nu_i RT \ln a_i$. Je nach den Verhältnissen kann dieser Faktor größer oder infolge Kompensation kleiner sein als $- \nu_i RT \ln a_i = - \nu_i RT$ $2,3 \log a_i$ für einen einzelnen Reaktionsteilnehmer. Der immer wiederkehrende Wert von $RT \cdot 2,3$ beträgt bei $T = 25^0$ C $= 298^0$ absolute Temperatur rund 1365 cal. Wir werden bei den folgenden Betrachtungen Gase und gelöste Stoffe stets als ideale auffassen, also die Aktivitätskoeffizienten gleich 1 setzen, so daß a für gasförmige Reaktionsteilnehmer gleich deren Partialdruck, für gelöste gleich deren Konzentration wird. In denjenigen Fällen, in denen es sich um relativ geringe Partialdrucke und Konzentrationen handelt, wird dadurch überhaupt kein merklicher Fehler entstehen, in anderen ein Fehler, der mangels unserer derzeitigen unvollkommenen Kenntnis über die f_{a_i} in biologischen Flüssigkeiten vielfach nicht vermeidbar ist. Berechnungen von f_a findet man in einer Arbeit von ZSCHEILE[1]. Die folgende kleine Tabelle zeigt die nach den Methoden von LEWIS und RANDALL[2] von diesem Autor erhaltenen Werte für f_a und die Aktivitäten einiger Ionen im Zellsaft von Valonia und im Seewasser. Diese Werte sind zwar nicht ganz korrekt[3], reichen aber aus, um das für uns Wesentliche zu zeigen. Der Index 1 bedeutet Seewasser, 2 Zellsaft, c ist in Molen pro Liter angegeben, dementsprechend die Aktivität.

Tabelle 4. Valonia.

	$c_1 \cdot 10^3$	$c_2 \cdot 10^3$	f_{a_1}	f_{a_2}	$a_1 \cdot 10^3$	$a_2 \cdot 10^3$
K·	11,9	515	0,630	0,636	7,5	327
Na·	475	90,4	0,717	0,720	340	65
Ca··	11,3	17,3	0,148	0,163	1,67	2,82
Mg··	53,8	0,083	0,255	0,254	13,7	0,211
Cl′	552	595	0,630	0,636	348	378
SO$_4''$ . . .	34,7	0,0521	0,0694	0,0772	2,11	0,00402

Man erkennt, daß beim SO$_4''$ f_a so wesentlich von 1 abweicht, daß die c und a um mehr als eine Zehnerpotenz verschieden werden. Eine Verschiedenheit um eine Zehnerpotenz bedingt, wenn wir $c = a$ setzen, in RT ln a einen Fehler von 1365 cal, und die Summation solcher Fehler, sei es durch hohes v, sei es dadurch, daß an einer Reaktion mehrere Stoffe teilnehmen, für die f_a so wesentlich von 1 abweicht, wird zu erheblichen Fehlern führen können, wenn wir $\underline{A_n} = \underline{A_n^0} + \Sigma v_i \ln a_i = \underline{A_n^0} + \Sigma v_i \ln c_i$ setzen. Man erkennt aber, daß im allgemeinen der Aktivitätskoeffizient einige Zehntel beträgt. In solchen Fällen dürfte der in Frage kommende Fehler die Genauigkeit unserer Rechnungen nicht allzu wesentlich beeinflussen, weil diese Rechnungen ohnehin gegenüber den natürlichen Verhältnissen bereits vereinfachende und damit fehlerbedingende Annahmen enthalten wie etwa die Konstanz der Aktivitäten der Reaktionsteilnehmer während des Prozesses.

---

[1] ZSCHEILE, P.: Protoplasma (Berl.) 11, 481 (1930).

[2] LEWIS u. RANDALL: l. c. S. 244.

[3] JACQUES, A. and W. OSTERHOUT: J. gen. Physiol. 15, 547, Anm. (1932).

Bei Reaktionen mit sehr hohem Wert von $\underline{A_n}$ werden die vielfach wenige Kal betragenden Differenzen zwischen $\underline{A_n^0}$ und $\underline{A_n}$ oft unberücksichtigt bleiben können; denn eine Korrektur von z. B. 3 Kal macht bei einem $\underline{A_n}$ von 300 Kal nur 1% aus. Sowohl die physikalische Bestimmung des Standardwertes wie die physiologische der Reaktionsbedingungen werden aber stets ohnehin merkliche Fehler bedingen. Immerhin würde bei einer Reaktion, bei der die Ausgangsstoffe im Standardzustand (Aktivität 1) vorliegen, und bei der als Endprodukte 2 Stoffe in $\dfrac{1}{1000}$ molarer Konzentration auftreten, wenn deren $\nu = 1$, das einfache Einsetzen von $\underline{A_n'^0}$ statt $\underline{A_n'}$ einen Fehler von 8 Kal bedingen, also bei einer Reaktion mit dem schon recht erheblichen $\underline{A_n'^0} = 24$ Kal einen Fehler von 25% und bei kleinen $\underline{A_n'^0}$-Werten und extremen a-Werten kann die Nichtberücksichtigung des Faktors $\pm \Sigma \nu_i\, RT \ln a_i$ zu völlig falschen Werten führen. Wollen wir aber die Abweichung des realen Konzentrationszustandes der Reaktionsteilnehmer von ihrem Standardzustand bei Pflanzen bestimmen, so ergibt sich eine beträchtliche Schwierigkeit: Die Reaktion spielt sich im Plasma ab, und wir müßten die Aktivitäten oder mindestens Konzentrationen der Reaktionsteilnehmer im Plasma kennen, um die erforderliche Korrektur ausführen zu können. Die Aktivitäten und Konzentrationen von Stoffen im Plasma können wir aber im allgemeinen nicht messen. So scheint es zunächst, daß wir, abgesehen von Reaktionen mit sehr hohen $\underline{A_n^0}$, so gut wie nichts über die $\underline{A_n}$ der Reaktionen in Pflanzen sagen könnten. Glücklicherweise liegen aber die Verhältnisse günstiger. Betrachten wir eine Bakteriensuspension in einer Nährlösung, die mit der Atmosphäre in dauernder Berührung steht. Benötigt sei zur Berechnung von $\underline{A_n}$ für eine Zelloxydation die unbekannte Aktivität des O_2 in der Zelle. Wenn wir annehmen, daß der O_2-Gehalt in der Zelle sich im Gleichgewicht mit dem in der Nährlösung befindet, und der der Nährlösung im Gleichgewicht mit dem der Atmosphäre, so wird beim Übergang von O_2 aus der Luft in die Nährlösung und aus der Nährlösung in die Zelle keine Nutzarbeit geleistet oder aufgewendet, und wir erhalten demnach dieselbe Nutzarbeit, wenn wir bei der gewünschten Berechnung statt der nicht gemessenen Sauerstoffaktivität in der Zelle die bekannte in der Atmosphäre einsetzen.

Die Tatsache, daß sehr viele Prozesse im Organismus, die von der Konzentration von Stoffen in der Atmosphäre oder ihrer

Nährlösung abhängig sind, sich reversibel ändern, wenn man die Konzentrationen im Außenmedium ändert und wieder auf den Ausgangswert zurückbringt, weist darauf hin — allerdings nicht eindeutig —, daß sich tatsächlich ein dem Verteilungsgleichgewicht nahekommender Zustand in vielen Fällen relativ rasch herstellt. Wirkliches Verteilungsgleichgewicht wird natürlich nicht bestehen, da sonst z. B. alle Oxydationen im Organismus unendlich langsam ablaufen würden. Auch aus theoretischen Erwägungen über Geringfügigkeit des Diffusionsweges usw. wird man in vielen Fällen die Annahme des Verteilungsgleichgewichtes für einigermaßen zu treffend halten dürfen. In allen solchen Fällen können wir also zur Berechnung von ΔG bei biologischen Reaktionen statt der meist nicht bestimmbaren Aktivität der Reaktionsteilnehmer im Plasma deren bestimmbare in der Nährlösung oder in der Atmosphäre setzen, die mit der Nährlösung oder dem Organismus direkt im Gleichgewicht stehend gedacht wird. Die so berechnete maximale Nutzbarkeit ist dann zugleich die der Reaktion im Plasma. Um dies zu zeigen, denken wir uns die Reaktion so durchgeführt, daß wir die Ausgangsstoffe bzw. Endprodukte, für die wir Gleichgewicht zwischen Zelle und Atmosphäre annehmen, reversibel aus der Atmosphäre ins Plasma bzw. aus dem Plasma in die Atmosphäre überführen, und die Reaktion im Plasma reversibel ablaufend. Da bei den Überführungen ins und aus dem Plasma wegen des angenommenen Verteilungsgleichgewichtes keine Nutzarbeit umgesetzt wird, so ist die maximale Nutzarbeit der Reaktion im Plasma gleich der der ganzen Reaktion, und, wenn wir für diese A_n für irgendeinen isothermen Weg berechnen können, kennen wir auch A_n für die Reaktion im Plasma. Es ist dies ein Gedankengang, der sozusagen eine Inversion der Betrachtung ist, durch die man von der Anwendung des NERNSTschen Theorems auf kondensierte Systeme auf seine Verwertung auch für Systeme mit gasförmigen Teilnehmern kommt; denn hier schließt man aus der maximalen Nutzarbeit eines Systems mit gasförmigen Teilnehmern allgemeiner, eines Systems, dessen maximale Nutzarbeit man kennt, auf die eines kondensierten Systems, die zunächst unbekannt ist. Übrigens ist der ganze Gedankengang hier lediglich angeführt, um die vorliegenden Verhältnisse dem Verständnis des Biologen näherzubringen. Wir hätten uns auch kurz mit dem Hinweis begnügen können, daß nach S. 136 die Aktivität eines Stoffes in 2 miteinander im Gleichgewicht stehenden Phasen gleich ist, wenn man den gleichen Standardzustand wählt, proportional, wenn man verschiedenen Standardzustand wählt. Weil die Reaktionen im Plasma praktisch im allgemeinen bei konstantem Volumen ablaufen, so ist die maximale Nutzarbeit einer Plasmareaktion praktisch gleich ihrer maximalen Arbeit bei konstantem Volumen, denn die Nutzarbeit unterscheidet sich ja von dieser nur um den Betrag der gegen den bzw. vom Atmosphärendruck geleisteten Arbeit. Also ist die von uns berechnete Nutzarbeit auch gleich der Änderung der freien Energie bei dem Prozesse im Plasma. Wir müssen uns allerdings darüber klar bleiben, daß nur, solange unsere Voraussetzung des Verteilungsgleichgewichtes annähernd zutrifft, die angegebene Berechnungsweise statthaft ist. Es gibt sicherlich zahlreiche Fälle im biologischen Geschehen, in denen die Voraussetzung auch nicht annähernd zutreffend ist. Zu denken ist dabei an Vorgänge, bei denen der Organismus durch Arbeitsaufwand die Stoffverteilung zwischen sich und der Umgebung reguliert, was von verschiedenen Forschern für bestimmte Fälle bei Pflanzen angenommen wird. Zu denken ist ferner an Pufferungsvorgänge, deren Bedeutung ja gerade darin liegt, die Aktivitäten von Zellstoffen konstant und unabhängig von Schwankungen in der Zusammensetzung des Milieus zu halten, und die je nach der Art ihres Mechanismus bei Wahrung oder ohne Wahrung des Verteilungsgleichgewichts zwischen Zelle und Milieu wirksam werden können. Zu denken ist schließlich an Vorgänge wie plötzliches Ingangsetzen oder Stocken der CO_2-Assimilation durch Belichten oder Verdunkeln, bei denen die Veränderung eine gewisse Zeit wirken muß, bis sich ein den veränderten Umständen angepaßter Verteilungszustand eingestellt hat und an andere Fälle mehr. Das chemische Potential und die Aktivität der Reaktionsteilnehmer außerhalb und innerhalb der Zelle kann dann wesentlich verschieden sein. In solchen Fällen wird die maximale Nutzarbeit der „Reaktion im Plasma" verschieden sein von der maximalen Nutzarbeit der „Gesamtreaktion", die von Ausgangsstoffen in analytisch faßbaren Konzentrationen zu Endprodukten in analytisch faßbaren Konzentrationen führt (z. B. Partialdruck von CO_2 oder O_2 in der Atmosphäre, KNO_3-Konzentration in der Nährlösung). Gerade die uns interessierenden Stoffwechselprozesse, deren maximale Nutzarbeit wir im folgenden zu berechnen versuchen werden, sind indes vielfach in langdauernd unter annähernd konstanten Bedingungen verlaufenden Untersuchungen beobachtet worden, und dazu in

der Regel an einzelligen Organismen, so daß wir, solange nicht
aktive Stoffverteilungsreaktionen oder andere entgegenstehende
Momente bei ihnen nachgewiesen sind, wohl die Annahme machen
dürfen, daß die Stoffverteilung in diesen Fällen sich wenigstens
so weit dem Verteilungsgleichgewicht genähert hat, daß durch die
Annahme eines solchen für unsere Berechnungszwecke kein über-
mäßiger Fehler entsteht. Dabei ist zu bedenken, daß der oben
angegebene Fehler in A_n von 4 Kal pro Mol eines Stoffes für eine
extreme Abweichung (1000 : 1) der angenommenen von den realen
Bedingungen berechnet wurde. Selbst wenn wir die Konzentration
eines Stoffes, von dem 1 Mol in die Reaktionsgleichung eingeht,
noch doppelt zu hoch oder zu niedrig ansetzen, erhalten wir aber
nur einen Fehler von $RT \ln \dfrac{2}{1}$, das sind etwa 0,4 Kal.

Gleichung [368] zeigt uns, mit welchen Mitteln die Pflanze den
Gewinn und Verbrauch von Nutzarbeit bei chemischen Reaktionen
regulieren kann. Es ist

$$\underline{A'_n} = RT \ln K - RT\, \Sigma\, \nu_i \ln a_i = RT \left(\ln K - \ln \frac{a_c^{\nu_c}\, a_d^{\nu_d}}{a_a^{-\nu_a}\, a_b^{-\nu_b}} \right).$$

Das bedeutet, daß bei der Reaktion um so weniger Arbeit gewonnen werden kann, je näher die Pflanze den Aktivitätsquotienten
an den Wert der Gleichgewichtskonstanten heranbringt. Handelt
es sich also für die Pflanze darum, Nutzarbeit zu gewinnen, so wird
dies um so besser erreicht, je kleiner der Wert des Quotienten
$\dfrac{a_c^{\nu_c}\, a_d^{\nu_d}}{a_a^{-\nu_a}\, a_b^{-\nu_b}}$ gegen den Wert von K ist. Dies kann auf zweierlei
Weise erreicht werden, einmal, indem die Pflanze die Aktivität der
Endprodukte möglichst niedrig hält, etwa dadurch, daß sie sie
im Stoffwechsel verbraucht oder in unlösliche Speichersubstanzen
überführt, zweitens dadurch, daß die Pflanze innerhalb gewisser
Grenzen die Aktivität der Ausgangsstoffe erhöht. Dies geschieht
z. B. bei beweglichen Pflanzen dadurch, daß sie Zonen aufsuchen,
in denen die Ausgangsstoffe (Nährstoffe, Atmungsmaterial) in
hoher Konzentration vorliegen. Dieselbe Wirkung, die eine Er-
niedrigung des Wertes von $\dfrac{a_c^{\nu_c}\, a_d^{\nu_d}}{a_a^{-\nu_a}\, a_b^{-\nu_b}}$ auf den Wert von $\underline{A'_n}$ hat,
hätte, wie Gleichung [368] zeigt, eine Erhöhung des Wertes
der Gleichgewichtskonstanten. Eine solche kann z. B. dadurch

eintreten, daß die Pflanze die Reaktion aus dem wäßrigen Medium
in eine andere, etwa lipoide, Phase oder Grenzflächenphase verlegt,
da insbesondere Lösungsmittel, deren Dielektrizitätskonstante stark
von der des wäßrigen Lösungsmittels abweicht, oder freie Grenzflächenenergie starken Einfluß auf den Wert der Gleichgewichtskonstanten haben. Kommt es darauf an, eine unter Energieaufwand ablaufende Reaktion in der Pflanze mit möglichst geringer
Arbeit durchzuführen, so wird dies durch die prinzipiell gleichen
Mittel (Änderung von K und a_i) erreicht werden können. Inwieweit
die Pflanze von diesen Mitteln Gebrauch macht, wird von zahlreichen Umständen abhängen. In vielen Fällen wird ihr Betriebsenergie und Betriebsstoff so reichlich zur Verfügung stehen, daß
der Lebensprozeß auch ohne weitgehende Regulationen im Sinne
obiger Maßnahmen normal abläuft, in anderen Fällen werden
solche deshalb nicht durchgeführt werden, weil sie nur durchführbar
wären auf Kosten anderer Vorteile wie Reaktionsgeschwindigkeit.
Ein Beispiel möge aber erläutern, daß die Pflanze tatsächlich von
den theoretisch bestehenden Möglichkeiten zur Regulierung der
ihr zu Gebote stehenden Quantität arbeitsfähiger Energie Gebrauch
macht. JEGUNOFF[1] studierte bewegliche Schwefelbakterien, die
ihre Betriebsenergie durch die Oxydation von H_2S zu H_2SO_4 gewinnen. Man kultiviert sie in einem Glaszylinder mit schwefel-
wasserstoffhaltigem Wasser, dessen O_2-Gehalt durch die allmähliche
Oxydation des H_2S einerseits, Nachdiffusion von O_2 andererseits,
von oben nach unten abnimmt, während der H_2S-Gehalt von oben
nach unten zunimmt. Die Bakterien sammeln sich in einer mittleren
Zone an. Von dort wandern sie zunächst in tiefere Zonen, wo sie
mit H_2S von höherer Aktivität in Berührung kommen und sich
mit ihm beladen. Solange also die Aktivität des H_2S in ihrem
Plasma unter einem bestimmten Wert liegt, sind sie positiv chemotaktisch gegenüber höheren H_2S-Aktivitäten, negativ gegenüber
höheren O_2-Aktivitäten. Hat die H_2S-Aktivität ihres Plasmas
durch Beladung einen bestimmten Wert erreicht, so werden sie
negativ chemotaktisch gegen hohe H_2S-Aktivitäten und positiv
chemotaktisch gegen hohe O_2-Aktivitäten. Sie wandern jetzt nach
oben in Zonen reicheren Sauerstoffgehaltes, beladen sich dort mit
O_2 höherer Aktivität, und, wenn durch die Oxydation des gespeicherten H_2S dessen Aktivität im Plasma wieder unter ein
bestimmtes Maß gesunken ist, so werden sie wieder positiv chemo-

---

[1] JEGUNOFF: Zbl. Bakter. 2 II, 11, 411, 478, 739 (1896).

taktisch gegenüber höheren H_2S-Aktivitäten. Hier liegt also ein typischer Reaktionsmechanismus vor, der ganz darauf abgestellt ist, den Aktivitätsquotienten möglichst klein zu machen, wodurch ein möglichst großer Gewinn an arbeitsfähiger Energie erzielt werden kann. Da außerdem diese Bakterien in der Natur wie in Nährlösung besonders gut in kalkhaltigem Wasser gedeihen, so kann man annehmen, daß sie den Aktivitätsquotienten auch dadurch verkleinern, daß sie die gebildete H_2SO_4 rasch weiter verarbeiten, indem sie sie mit Calciumkarbonat zu löslichem und in die Umgebung ausgeschiedenem $CaSO_4$ und Kohlensäure umsetzen.

Die Abnahme von G, die maximale Nutzarbeit, die bei Ablauf eines Vorganges gewonnen werden kann, ist zwar ein Maß für die Tendenz zum Ablauf dieser Reaktion, aber sie ist kein Maß dafür, wieweit eine solche Reaktion tatsächlich abläuft, d. h., wenn ein Stoff in einem System nach verschiedenen Richtungen hin reagieren kann, so braucht nicht diejenige Reaktion abzulaufen, zu deren Ablauf die stärkste Tendenz besteht, es brauchen auch nicht die verschiedenen möglichen Reaktionen in dem Verhältnis abzulaufen, in dem die Werte der Abnahme von G stehen, sondern der tatsächliche Reaktionsverlauf wird wesentlich mitbestimmt durch das Verhältnis der Reaktionsgeschwindigkeiten, mit denen die einzelnen thermodynamisch möglichen Reaktionen unter den gegebenen Bedingungen ablaufen können, und die Reaktionsgeschwindigkeiten der einzelnen Reaktionen gehen den Abnahmen von G bei ihnen keineswegs parallel. Sehen wir doch im täglichen Leben Kohle und Zucker in Berührung mit dem Luftsauerstoff unverändert liegen, trotzdem die Oxydation mit einer sehr hohen Abnahme von G einhergeht, während etwa die Reaktion $H_2O_s \rightarrow H_2O_l$ wenig über dem Gefrierpunkt quantitativ verläuft, obwohl diese Reaktion mit einer relativ geringen Abnahme von G verbunden ist. Ein biologisches Beispiel soll das Gesagte erläutern, die Oxydation des Methans, die vom Bacterium methanicum durchgeführt wird. Für diese Oxydation sind eine Reihe von Möglichkeiten gegeben, z. B.

1. $\qquad CH_4 + 2\,O_2 = CO_2 + 2\,H_2O_l$

$(\underline{A}_n^0)_B = \qquad -12,8 \quad 0 \quad -94,26 \quad -2\cdot56,56$

$\underline{A}_n^0 = \Sigma\,\nu_i\,(\underline{A}_n^0)_{Bi} = (-94,26) + (-113,12) - (-12,8) = -195,3\ \text{Kal}$

2. $\qquad CH_4 + O_2 = HCOOH_l + H_2$

$(\underline{A}_n^0)_B = \qquad -12,8 \quad 0 \quad -84,7 \qquad 0$

$\underline{A}_n^0 = \Sigma\,\nu_i\,(\underline{A}_n^0)_{Bi} = (-84,7) - (-12,8) = -71,9\ \text{Kal}$

3.
$$CH_4 + O_2 = CH_2O + H_2O_1$$

$(\underline{A_n^0})_B = \quad -12{,}8 \quad 0 \quad -27{,}8\,[1] \quad -56{,}56$

$\underline{A_n^0} = \Sigma\, \nu_i\,(\underline{A_n^0})_{Bi} = (-84{,}4) - (-12{,}8) = -71{,}6\ \mathrm{Kal}$

4.
$$CH_4 + O_2 = \frac{1}{2}\, CH_3COOH + H_2O_1$$

$(\underline{A_n^0})_B = \quad -12{,}8 \quad 0 \quad -\frac{1}{2}\cdot 94{,}3 \quad -56{,}56$

$\underline{A_n^0} = \Sigma\, \nu_i\,(\underline{A_n^0})_{Bi} = (-47{,}1) + (-56{,}56) - (-12{,}8) = -90{,}86\ \mathrm{Kal}.$

Alle diese Reaktionen verlaufen im Standardzustand, wie man aus dem Vorzeichen von $\underline{A_n^0}$ erkennt, mit beträchtlicher Abnahme des thermodynamischen Potentials. Alle diese Standardreaktionen können also von selbst ablaufen. Die Betrachtung der Werte von $\underline{A_n^0}$ für die verschiedenen möglichen Oxydationsreaktionen gestattet noch die weitere Aussage, daß der Wert für die Reaktion 1 am negativsten ist, d. h., daß die Abnahme von G bei diesem Reaktionsablauf am größten ist. Die Tendenz zum Ablauf der Reaktion entsprechend Gleichung 1 ist also am stärksten. Darüber aber, ob die CH_4-Oxydation wirklich nach dieser Gleichung oder nach einer anderen oder nach mehreren Richtungen hin verläuft, wenn CH_4 und O_2 im Standardzustand gegeben sind, darüber kann die Thermodynamik nichts aussagen; denn dies ist nicht nur eine Frage der chemischen Triebkräfte, der Affinität, für die die Abnahme von G ein Maß ist, sondern auch eine Frage der Reaktionsgeschwindigkeit, der Reaktionswiderstände. Es wäre z. B. prinzipiell möglich, daß gerade diejenigen Reaktionsabläufe, die mit der größten Abnahme von G verbunden sind, praktisch gar nicht ablaufen, weil ihrem Ablauf zu große Reaktionswiderstände entgegenstehen, während umgekehrt derjenige Reaktionsablauf, der mit der geringsten Abnahme von G verknüpft ist, der die geringste Affinität besitzt, realisiert würde, weil bei ihm nur kleine Reaktionswiderstände auftreten. Da übrigens die Oxydation von Kohlenwasserstoffen durch Methanbakterien [2] auch mittels Methylenblau

---

[1] Nach einer Schätzung von BAAS-BECKING u. PARKS [Physiol. Rev. 7, 90 (1927)] beträgt $(\underline{A_n^0})_B$ für Formaldehyd etwa 33 Kal. Hier ist der Wert der Bildungswärme (bei konst. Volumen) $C_{\mathrm{Diamant}} + \frac{1}{2}\,O_2 + H_2 = CH_2O_g$ eingesetzt; Verbrennungswärme (bei konst. Volumen) $CH_2O_g + O_2 = H_2O_1 + CO_2$. $\Delta H' = 134{,}1$ Kal nach VON WARTENBERG, LERNER, STEINBERG [Z. angew. Chem. 38, 591 (1925)].

[2] TAUSZ, J. u. P. DONATH: Z. physiol. Chem. 190, 141 (1930).

als H_2-Akzeptor erfolgen kann, so findet sie in der Zelle vielleicht auch unter normalen Verhältnissen in einer entsprechenden Dehydrierungsreaktion und nicht nach dem Schema einer der angeführten Reaktionen statt.

Man ersieht aus dem angezogenen Beispiel die außerordentliche Bedeutung, die im Organismus allen Vorrichtungen zukommen muß, die die Reaktionsgeschwindigkeit regeln, den sogenannten katalytischen Einflüssen. Solche Vorrichtungen sind z. B. die als Enzyme bezeichneten Stoffe im Organismus. Sie verschieben, insoweit sie nur katalytisch wirken, nicht das Gleichgewicht, sie ändern nicht das $\varDelta G$ des Reaktionsablaufes — anderenfalls könnte man ein Perpetuum mobile zweiter Art konstruieren — sondern sie lenken nur die zahlreichen im Organismus möglichen Reaktionen in bestimmte Bahnen. Dabei spielen zweifellos die Hauptrolle solche katalytischen Einflüsse, die Reaktionswiderstände verringern, Reaktionsabläufe beschleunigen; denn ihre Wirkung macht es erklärlich, daß im Organismus Reaktionen unter Temperatur- und Druckbedingungen mit beträchtlicher Geschwindigkeit ablaufen, die es in vitro ohne Katalysator wegen zu großer Reaktionswiderstände nicht tun, wie etwa die Oxydation der Kohlehydrate und Fette durch Luftsauerstoff. Gerade die außerordentliche Mannigfaltigkeit der thermodynamisch möglichen Reaktionsabläufe im Organismus läßt aber erwarten, daß wir mit fortschreitender Erkenntnis der Vorgänge im Organismus erkennen werden, daß auch im normalen Stoffwechsel katalytische Einflüsse von großer Bedeutung sind, die den Ablauf bestimmter Reaktionen hemmen, Reaktionswiderstände schaffen, damit der gesamte Lebensprozeß harmonisch verlaufen kann. Soweit derartige Stoffe Fermentwirkungen hemmen, sind sie bereits bekannt und werden als Paralysatoren bezeichnet.

Im folgenden sollen eine Reihe chemischer Prozesse in den Pflanzen vom thermodynamischen Standpunkt aus beleuchtet werden. Diese Prozesse werden in zwei Gruppen behandelt, von denen die eine — überwiegend größere — sich vor allem mit den Prozessen befaßt, die unter Abnahme von G verlaufen, also in der Pflanze Arbeit leisten können, die andere vornehmlich mit solchen, die mit Zunahme von G einhergehen, Arbeitsaufwand erfordern. Da die Änderungen von G bei pflanzlichen Prozessen vielfach noch viel weniger bekannt sind als ihr Chemismus, so kann zur Zeit eine Darstellung nach unserem Einteilungsprinzip weder eine

Übersicht über die chemischen Pflanzenreaktionen geben, die der Bedeutung der verschiedenen Prozesse in der Pflanze gerecht wird, noch auch nur eine solche, die hinsichtlich der wichtigsten auf Vollständigkeit Anspruch machen könnte. Beides wurde deshalb auch gar nicht angestrebt, sondern unter gelegentlichem Hinweis auf Lücken unserer Kenntnis lediglich versucht, eine Anzahl derjenigen typischen Prozesse thermodynamisch zu behandeln, bei denen dies heutzutage bereits möglich ist. Dieser Standpunkt konnte um so leichter eingenommen werden, als wir eine Anzahl ausgezeichneter pflanzenphysiologischer und -chemischer Werke besitzen, die den hier bewußt vernachlässigten Gesichtspunkten Rechnung tragen. Selbst in dem engen Rahmen soll und kann aber das thermodynamische Einteilungsprinzip nicht streng durchgeführt werden. Dies liegt einmal daran, daß durch die naturgegebene Koppelung arbeitsfähige Energie liefernder und verbrauchender Prozesse sonst zusammengehörige Vorgänge zu sehr auseinandergerissen würden, zweitens aber liegt es in der Natur der Sache, weil die Zu- oder Abnahme von G bei einer Reaktion nicht allein durch die chemische Natur der Reaktionsteilnehmer bedingt ist, die die Reaktionsgleichung charakterisiert, sondern weil ganz abgesehen von T und P vor allem auch die Aktivitäten der Reaktionsteilnehmer das Vorzeichen von $\varDelta G$ bestimmen. Wenn auch bei Reaktionen wie der Oxydation von Kohlehydraten zu CO_2 und H_2O $\varDelta G'^0$ so groß ist, daß praktisch in $\varDelta G' = \varDelta G'^0 - \Sigma \nu_i \ln a_i$ durch den zweiten Summanden eine Umkehr des Vorzeichens von $\varDelta G'$ gegenüber $\varDelta G'^0$ nicht stattfinden wird, so gilt dies nicht von Vorgängen mit geringer Änderung von G, und wir dürfen wohl annehmen, daß die Pflanze gerade bei solchen Reaktionen, z. B. bei Hydrolysen und Kondensationen, vielfach davon Gebrauch macht, die Aktivitäten der Reaktionsteilnehmer so zu verschieben, daß die Reaktion bald in der einen, bald in der anderen Richtung mit Abnahme von G verläuft, also in der gleichen Richtung verlaufend, bald Arbeit leisten kann, bald Arbeitsaufwand zu ihrer Durchführung erfordert. Vor allem aber müssen wir im Auge behalten, daß die Bildung irgendwelcher Zellstoffe oder Reaktionsprodukte und die Verarbeitung irgendwelcher Nährstoffe sich nach sehr verschiedenen Reaktionsgleichungen und unter Mitwirkung sehr verschiedener Stoffe abspielen kann, was natürlich bedingt, daß die Bildung eines Stoffes je nach der zugrunde gelegten Reaktionsgleichung unter Zu- oder Abnahme von G erfolgt. Welche

Reaktionsgleichung wir aber hypothetisch einer Zellreaktion zugrunde legen, wird in vielen Fällen mangels hinreichender Kenntnisse recht willkürlich sein. Die folgenden Berechnungen sind also stets dahin zu verstehen, daß sie die Änderungen von G angeben, für den Fall, daß der Organismus eine der Reaktionsgleichung entsprechende Reaktion verwirklicht, ohne daß in jedem Falle diskutiert wird, ob in natura der Ablauf dieser oder einer anderen Reaktion realisiert ist.

Die Besprechung der unter Zunahme von G verlaufenden Prozesse in diesem Kapitel tritt vor allem deshalb hinter der der mit Abnahme von G verlaufenden Prozesse zurück, weil der wichtigste jener Prozesse die CO_2-Reduktion der grünen Pflanzen zu Kohlehydraten in einem eigenen Kapitel behandelt wird.

1. Chemische Prozesse in der Pflanze mit Abnahme von G.

Die Oxydationsprozesse bilden den wesentlichsten Teil der chemischen Vorgänge in der Pflanze, die mit Abnahme von G verbunden sind, und damit den wesentlichsten Teil der Betriebsstoffwechselprozesse, deren Aufgabe der Gewinn arbeitsfähiger Energie ist. Durch diesen Gewinn ergibt sich die Möglichkeit, Arbeitsaufwand erfordernde chemische, mechanische oder sonstige Prozesse durchzuführen.

Der Begriff „Oxydation" wird in dem heute üblichen Umfang verwendet, der darunter nicht nur Vorgänge versteht, die mit Sauerstoffaufnahme verbunden sind, sondern auch solche, die mit Abgabe von Wasserstoff (Dehydrierung) einhergehen, und solche, bei denen positive Ladungen aufgenommen oder negative (Elektronen) abgegeben werden. Auch ist es nebensächlich, ob freier Sauerstoff gebunden wird oder ob es sich um die Aufnahme von molekular gebundenem Sauerstoff handelt, also um Sauerstoff, der von einem Molekül oder einer Molekülgruppe unter Lösung einer bestehenden Bindung zu der neuen Bindung hinüberwechselt. Entsprechendes gilt für den an den Oxydationsvorgängen beteiligten Wasserstoff. Der Grund dafür, daß man so verschiedenartige Prozesse unter dem Begriff „Oxydationen" zusammenfaßt, ist der, daß man vielfach von ein- und demselben Ausgangsstoff zu ein- und demselben oxydierten Endprodukt auf dem Wege über jeden dieser verschiedenen Prozesse gelangen kann. Der isotherme

Übergang eines Stoffes in ein bestimmtes Oxydationsprodukt entspricht unabhängig von der Art des Weges einer bestimmten Abnahme von G, weil $\Delta G'$ für isotherme Prozesse eine Zustandsfunktion ist, eine Größe, deren Änderung bei isothermen Prozessen unabhängig vom Wege ist.

Es ist sicherlich ein Moment besonderer Eignung des Kohlenstoffs für den Aufbau von Betriebsstoffen, daß er in zahlreichen Reduktions- bzw. Oxydationsstufen vorkommt, und daß der Übergang von einer Stufe zur anderen eine feinabstufbare Skala der Größenordnung von ΔG gestattet[1]. Es ist sicherlich ein Moment besonderer Eignung des Kohlenstoffs, daß seine Verbindungen die ganze Skala verschiedener Molekulargrößen umfassen und damit einen weiten Bereich sowohl von Transportmöglichkeiten wie von Möglichkeiten der räumlichen Bindung. Indes allein aus diesen Momenten heraus kann man die Tatsache, daß die organische Welt gerade aus Kohlenstoffverbindungen aufgebaut ist, oder daß die höheren Pflanzen wie die Tiere gerade Kohlenstoffverbindungen veratmen, nicht verstehen. Das beweist der Umstand, daß zahlreiche niedere Pflanzen ihren Atmungsstoffwechsel ganz oder größtenteils durch Oxydation anorganischer Stoffe (H_2, S, Fe, Mn) betreiben, der Umstand, daß der Pflanze in der Regulationsmöglichkeit der Aktivitäten und der Reaktionsgeschwindigkeit auch andere Hilfsmittel als stufenweiser Abbau für Regulierung des Gewinns an arbeitsfähiger Energie zur Verfügung stehen, und der Umstand, daß die meisten dieser anorganischen Atmungsausgangsstoffe wie -produkte sowohl diffusibel auftreten wie gespeichert werden können.

Man unterscheidet die biologischen Oxydationen als aerobe und anaerobe, je nachdem, ob sie bei Anwesenheit und unter Mitwirkung von Luftsauerstoff ablaufen oder in sauerstofffreier Atmosphäre. Indes diese Formulierung stellt den Tatbestand nur äußerst roh dar. Der wirkliche Tatbestand ist nur vom thermodynamischen Gesichtspunkt aus richtig zu beschreiben und richtig zu deuten. Durch Messung von Oxydationspotentialen des Mediums, in dem Organismen leben, und durch Messung des Oxydationspotentials in Zellen selbst hat sich gezeigt, daß die untersuchten Organismen nur innerhalb eines bestimmten Bereiches dieses Oxydationspotentials lebensfähig sind (S. 348). Bei den aeroben Organismen liegt dieser Bereich hoch, bei den anaeroben extrem tief, und dazwischen gibt es Organismen, die ein Bereich des Oxydations-

---

[1] STOCK, A.: Naturwiss. **13**, 1000 (1925).

potentials benötigen, das irgendwo zwischen den Bereichen der extremen Gruppen liegt. Das Oxydationspotential mißt aber (S. 179) die Aktivität des O_2, analog wie die Messung des reversiblen Potentials einer Lösung von $H^{\cdot}$-Ionen deren Aktivität und damit die des mit ihnen im Gleichgewicht stehenden H_2 bestimmt. Jeder Organismus — wir dürfen das Ergebnis unbedenklich verallgemeinern — kann also nur innerhalb eines bestimmten Bereiches der O_2-Aktivität leben. Dies ist der Tatbestand thermodynamisch gesehen. Welches ist seine Deutung?

Wegen Gleichung [353] ist $- RT \ln a_{O_2} = \mu^0_{O_2} - \mu_{O_2}$, $\mu_{O_2} = \mu^0_{O_2} + RT \ln a_{O_2}$, wenn μ_{O_2} bzw. $\mu^0_{O_2}$ das chemische Potential des O_2 in der beliebigen Konzentration bzw. im Standardzustand bedeuten ($\mu^0_{O_2}$ ist bei gegebenem T und P eine Konstante). Einem bestimmten erforderlichen Aktivitätsbereich von O_2 entspricht also ein bestimmter erforderlicher Bereich des chemischen Potentials des O_2. Chemisches Potential und Aktivität bedingen aber, wie schon der Name sagt und Gleichung [213] zeigt, die Arbeitsfähigkeit eines Reaktionsteilnehmers bei seinen Reaktionen. Der biologische Tatbestand thermodynamisch gedeutet besagt also: **Der Organismus ist nur lebensfähig, wenn ihm Sauerstoff von einer bestimmten Arbeitsfähigkeit zur Verfügung steht.** Ist diese zu groß, so zerstört sie den Organismus und macht ihn arbeitsunfähig, wie eine zu hohe elektrische Spannung, die ja auch eine bestimmte Arbeitsfähigkeit bedingt, einen elektrischen Apparat zerstört oder arbeitsunfähig macht. Ist sie zu klein, so genügt sie nicht, um die zur Aufrechterhaltung des Lebens nötige Arbeit zu leisten. Diese Betrachtung läßt sich verallgemeinern. **Wir können sagen, daß das Leben der Zelle nur aufrechterhalten werden kann, wenn die chemischen Potentiale, die Arbeitsfähigkeiten, aller reagierender Zellstoffe innerhalb bestimmter Grenzen liegen.** Soweit sich zwischen einem Stoff innerhalb (I) und außerhalb (A) der Zelle Gleichgewicht einstellt — gerade bei O_2 ist dies infolge regulatorischer Vorgänge nicht immer der Fall —, sind wegen der Gleichgewichtsbedingung $\mu_I = \mu_A$ (S. 136, 239) die außen gemessenen Grenzen des chemischen Potentials für diesen Stoff auch die in der Zelle bestehenden. Die Bedeutung des chemischen Potentials eines Zellstoffes wird um so mehr hervortreten, je weniger Hemmungen der Auswirkung seiner Arbeitsfähigkeit entgegenstehen. Wenn ein Zellstoff innerhalb eines sehr weiten Bereiches seines μ nicht reagiert, und zwar wegen Reaktionshemmungen, so ist es natürlich auch praktisch für das Zelleben gleichgültig, auf welchem chemischen Potential er sich befindet.

A. Aerobe Oxydationen.

1. Oxydationen anorganischer Stoffe.

Bevor wir die biologischen Oxydationsprozesse komplizierterer organischer Stoffe behandeln, wollen wir uns mit denjenigen einiger Bakteriengruppen befassen, bei denen anorganische Stoffe oxydiert werden. Die hierbei gewonnene arbeitsfähige Energie wird direkt oder indirekt zu chemischen oder sonstigen Arbeitsleistungen verwendet, z. B. zur CO_2-Reduktion, so daß diese Bakterien auch ohne organische Kohlenstoffquelle, autotroph, ihre Körpersubstanz aufbauen und vermehren können. Die wichtigsten und am besten untersuchten Oxydationsvorgänge dieser Art sind die Oxydation von H_2, H_2S, NH_3, NO_2', $Fe^{..}$, $Mn^{..}$. Die Oxydation aller dieser Stoffe verläuft unter beträchtlicher Abnahme von G. Es handelt sich also um Prozesse, die im Prinzip von selbst verlaufen. Jedoch erhalten sie vielfach erst durch geeignete Katalysatoren die für den Betrieb des Organismus erforderliche Reaktionsgeschwindigkeit, die die notwendige Leistung (Arbeit pro Zeiteinheit) verbürgt. Die chemische Natur der Katalysatoren ist noch nicht erforscht, doch deutet der Umstand, daß meist, vielleicht stets zum Gedeihen dieser Bakterien eine gewisse Konzentration von Eisenionen im Medium unerläßlich ist, darauf hin, daß dieses Element bei ihnen eine besondere Rolle spielt. Die Rolle des Eisens als Reaktionsmittler bei Oxydationsvorgängen zu dienen, ist verständlich durch seine Fähigkeit, leicht zwischen zwei- und dreiwertigem Zustand zu wechseln, also anderen Stoffen Elektronen zu entziehen und Elektronen an andere Stoffe abzugeben. Doch könnte die Bedeutung des Eisens für die erwähnten Organismen auch lediglich in anderer Richtung liegen. Sie reduzieren nämlich mittels der bei der Oxydation gewonnenen arbeitsfähigen Energie CO_2. Die CO_2-Reduktion der grünen Pflanze wird nach den Befunden WARBURGs bereits durch HCN-Konzentrationen stark gehemmt, die die Atmung noch kaum tangieren, offenbar weil sich komplexe Eisenzyanverbindungen bilden, die die normale Funktion des Eisens beim Reduktionsprozeß unterbinden. RUHLAND zeigte, daß auch die CO_2-Reduktion der Wasserstoff oxydierenden Bakterien durch HCN leicht gehemmt wird, so daß also auch bei ihnen eine Bedeutung des Fe in seiner Funktion bei der CO_2-Reduktion liegt.

Betrachten wir jetzt die energetischen Verhältnisse bei den Hauptreaktionen der Wasserstoffbakterien. Es sind dies Bakterien, die in einer Atmosphäre, die neben CO_2 und O_2 auch H_2 enthält, auf rein anorganischen Nährböden, also autotroph, gedeihen, die aber, im Falle, daß ihnen organische Nährstoffe zur Verfügung stehen, auch diese ausnutzen können, also fakultativ heterotroph sind. Wir betrachten zunächst ihr Verhalten unter autotrophen Lebensbedingungen. Es verschwindet dann H_2 und O_2, weshalb RUHLAND[1] diese Organismen als Knallgasbakterien bezeichnet, ein Name, der nach den später zu besprechenden Arbeiten BURKs vielleicht nicht recht zutreffend ist, und es verschwindet CO_2, während die Kultur an organisch gebundenem C zunimmt. RUHLAND stellte experimentell fest, daß durch den von ihm untersuchten Bacillus pycnoticus unter günstigen Bedingungen auf 1 Mol verbrauchten H_2 0,126 Mol CO_2 reduziert werden. Diese CO_2-Menge wurde berechnet aus der Zunahme der Bakteriensubstanz an C. Allerdings stellt sie nicht die gesamte Reduktionsleistung dar; denn die Wasserstoffbakterien oxydieren einen Teil der durch die CO_2-Reduktion gebildeten Kohlehydrate wieder zu CO_2. Da dieses CO_2 wieder von neuem reduziert wird, ein Teil der CO_2-Moleküle also zweimal reduziert wird, liegt der Zahlenwert der wirklich reduzierten CO_2-Mole höher als 0,126. RUHLAND nahm folgende Reaktionen an und verglich deren Wärmetönungen

$$H_{2_g} + \frac{1}{2} O_{2_g} = H_2O_1, \qquad W_P'^0 = 68,3 \text{ Kal}$$

$$CO_{2_g} + H_2O_1 = \frac{1}{6} C_6H_{12}O_{6_s} + O_{2_g}, \; W_P'^0 = -112 \text{ Kal.}$$

Er schließt auf eine Energieausbeute von etwa 20,5%, da bei Ausnutzung des vollen Verbrennungswertes von 1 Mol H_2 0,614 Mol CO_2 statt der gefundenen 0,126 assimiliert werden könnten. Mit dieser Berechnung ist zweifellos die Größenordnung der Energieausbeute richtig angegeben; denn $W_P' = \Delta H'$, die Änderung des Wärmeinhalts, ist bei beiden Reaktionen nahezu gleich $\Delta U'$, weil $\Delta H'$ und $\Delta U'$ sich nur um die von der Atmosphäre geleistete Volumenarbeit unterscheiden — pro Mol verschwundenen Gases RT, also etwa 0,6 Kal — und diese bei unseren Reaktionen gegenüber dem Gesamtwert der Wärmetönung keine Rolle spielt. Indes,

---

[1] RUHLAND, W.: Jb. Bot. **63**, 321 (1924).

was uns vor allem interessiert, ist nicht die rechnerische Ausbeute, die sich aus dem Verhältnis der Energieänderungen bei den Reaktionen ergibt, sondern jene Größe, die sich erst bei Kenntnis der reversiblen Nutzarbeiten ergibt, die wir abgekürzt als „Nutzarbeitseffekt" bezeichnen wollen: Das Verhältnis der im Minimum zur Durchführung einer Reaktion erforderlichen Nutzarbeit zur im Maximum gewinnbaren Nutzarbeit bei Ablauf einer mit ihr energetisch gekoppelten Reaktion. Dabei lassen wir es entsprechend unserer Unkenntnis der Vorgänge im Organismus offen, ob eine Koppelung zweier Vorgänge eine direkte oder indirekte ist, und beziehen bei beiden Reaktionen auf die Umsätze, die miteinander gekoppelt sind, nicht etwa bei beiden Reaktionen auf molaren Umsatz. Bei isothermer Reaktion ist wegen $\Delta G = A_n$ dieser Nutzarbeitseffekt gleich dem Quotienten der Zunahme des thermodynamischen Potentials G bei dem Arbeitsaufwand erfordernden Prozeß durch die Abnahme von G bei dem Prozeß, der arbeitsfähige Energie liefert. Wir können deshalb bei isothermen Reaktionen statt Nutzarbeitseffekt auch „Nutzeffekt der Änderung der thermodynamischen Potentiale" sagen. Um den Unterschied dieses Nutzeffektes und des von RUHLAND berechneten Quotienten ganz klar zu machen, wollen wir einmal exempli causa und in gänzlicher Übertreibung der tatsächlichen Verhältnisse annehmen, daß die Abnahme von G bei der Wasserstoffoxydation nur 50% der Abnahme des Wärmeinhaltes aus mache, die Zunahme von G bei der Kohlensäurereduktion das Doppelte der Zunahme des Wärmeinhaltes betrage. Dann könnten auch bei optimalster Ausnutzung bei der Wasserstoffoxydation pro Formelumsatz nur etwa 34 Kal arbeitsfähige Energie gewonnen werden, während zur Reduktion von 1 Mol CO_2 etwa 225 Kal arbeitsfähige Energie gebraucht würden. Es könnten also im Maximum pro 1 Mol oxydierten Wasserstoff nur 0,15 Mol CO_2 reduziert werden und nicht, wie RUHLAND unter Zugrundelegung der Wärmetönungen (Energieänderungen) berechnet, 0,614 Mol d. h., es könnte nicht sehr viel mehr CO_2 reduziert werden, wie tatsächlich reduziert wird. Die Pflanze würde in Wirklichkeit in den RUHLANDschen Versuchen mit 83%igem Nutzeffekt gearbeitet haben; denn nur die Abnahme von G bei der Oxydation kann ja zur Reduktionsarbeit nutzbar gemacht werden, und nicht die Abnahme der Gesamtenergie $\Delta U'$ (hier praktisch gleich $\Delta H'$), und zur Reduktion eines Mols CO_2 muß die der dabei stattfindenden

Zunahme von G entsprechende Arbeit geleistet werden und nicht die der Energiezunahme entsprechende. Tatsächlich liegen bei den beiden Reaktionen unter Standardbedingungen die Differenzen der Änderungen von G und U in der Richtung unserer übertriebenen Beispielsannahme d. h. die arbeitsfähige Energie, die bei der Oxydation des Wasserstoffs gewonnen wird, ist geringer als die Wärmetönung, die arbeitsfähige Energie, die zur Reduktion der CO_2 gebraucht wird, ist größer als W_P^0 für diese Reaktion, aber die Unterschiede sind doch viel geringer als in unserem Beispiel angenommen war; denn unter Standardbedingungen ist

$$H_{2g} + \frac{1}{2} O_{2g} = H_2O_1, \quad \varDelta G^0 = -56,56, \quad W_P^0 = -68,33 \text{ Kal}$$

$$CO_{2g} + H_2O_1 = \frac{1}{6} C_6H_{12}O_{6s} + O_{2g}, \quad \varDelta G^0 = +115, \quad W_P^0 = +112 \text{ Kal.}$$

Da RUHLANDS Versuche bei 32^0 C vorgenommen wurden, hätten wir noch unsere $\varDelta G^0$-Werte auf diese Temperatur zu reduzieren. Diese Temperaturkorrektur ist aber so gering, daß wir sie hier vernachlässigen wollen; wir werden später bei den nitrifizierenden Bakterien ein Beispiel für die Durchführung einer solchen Korrektur geben. Ginge die Reaktion in der Pflanze unter Standardbedingungen vor sich, so würde für 1 Mol oxydierten O_2 maximal nur etwa 0,49 Mol CO_2 (80% von 0,614 Mol) reduziert werden können, und die reale Ausbeute von 0,126 Mol würde etwa 26% der maximalen betragen, ohne Berücksichtigung der Reduktion der Atmungskohlensäure. Gehen wir nun von den Standardbedingungen zu den realen Versuchsbedingungen über: Die Partialdrucke des H_2 und O_2 wurden in den Versuchen RUHLANDS vielfach variiert, außerdem verarbeiteten die Wasserstoffbakterien die Gase in geschlossenen Kulturkolben, so daß die Anfangspartialdrucke meist stark fielen. Als Größenordnung können wir feststellen, daß die Anfangspartialdrucke jedes der Gase unter 1 atm und über 0,01 atm lagen. Wir wollen daher zusehen, wie sich die Standardwerte $\varDelta G^0$ ändern, wenn die Partialdrucke der Gase statt 1 atm a) 0,1, b) 0,001 atm betragen. Die maximal gewinnbare Nutzarbeit des Vorgangs können wir so berechnen, daß wir uns zunächst die Gase reversibel und isotherm aus ihren Anfangszuständen in den Standardzustand (Aktivität 1) gebracht, komprimiert denken, sodann die Gase im Standardzustand zu 1 Mol H_2O_1 unter Leistung maximaler Nutzarbeit zusammentreten lassen. Die gesamte gewonnene Nutzarbeit ist dann gleich der bei der Reaktion im Standardzustand gewonnenen zuzüglich der bei der Kompression gewonnenen — negativen — Nutzarbeit. Die Aktivitätskoeffizienten setzen wir gleich 1, d. h. wir betrachten die Gase als ideal. Dann haben wir im Falle a), da es sich beim Formelumsatz um $\frac{3}{2}$ Mol Gas handelt, $\frac{3}{2}$ RT ln $10 = \frac{3}{2}$ RT 2,3 log $10 = \frac{3}{2} \cdot 591 \cdot 2,3 =$ 2,05 Kal, im Falle b) $\frac{3}{2}$ RT 2,3 log $1000 = 6,15$ Kal aufzuwenden, um die Gase isotherm und reversibel auf den Standardzustand zu bringen, d. h. die bei den Restreaktionen maximal gewinnbare Arbeit beträgt — 2,04 Kal bzw. — 6,12 Kal. Wir erhalten also

$$\left(H_{2g}\right)_{P\,=\,0,1} \quad + 0,5 \left(O_{2g}\right)_{P\,=\,0,1} \quad = \left(H_2O_l\right)_{P\,=\,1}, \quad \underline{A'_n} = 56,56 - 2,05 = 54,51$$

$$\left(H_{2g}\right)_{P\,=\,0,001} + 0,5 \left(O_{2g}\right)_{P\,=\,0,001} = \left(H_2O_l\right)_{P\,=\,1}, \quad \underline{A'_n} = 56,56 - 6,15 = 50,41.$$

Im vorstehenden wurde, um volles Verständnis bei der Berechnung zu erzielen, der Gedankengang der Berechnung ausführlich dargelegt. Wir wären zu genau dem gleichen Ergebnis durch rein schematische Anwendung der Formel $\underline{A'_n} = \underline{A'^0_n} - \Sigma\,v_i \ln a_i$ gekommen. Wir haben dann von $\underline{A'^0_n}$ die Größe $\Sigma\,v_i$ RT ln a_i abzuziehen, d. h. -1 RT ln $a_{H_2} - 0,5$ RT ln $a_{O_2} + 1$ RT ln a_{H_2O}. Die Aktivität des Wassers in der Zelle setzen wir in derartigen Berechnungen gleich der des reinen Wassers 1, was für die vollturgeszente Zelle streng richtig ist, da in dieser die durch die gelösten Salze bedingte Erniedrigung der Wasseraktivität durch den Druck der Zellmembran kompensiert wird; denn die vollturgeszente Zelle steht hinsichtlich des Wassers im Gleichgewicht mit reinem Wasser, also muß die Flüchtigkeit und — bei gleichem Standardzustand — Aktivität des Wassers in ihr gleich der des reinen Wassers sein. Wegen ln $1 = 0$ fällt der letzte Summand weg. Wir erhalten demnach bei Partialdrucken der Gase von 0,1 atm als Zusatzglied zu $\underline{A'^0_n}$, indem wir zu den dekadischen Logarithmen übergehen, wegen $a_{H_2} = 0,1$, $a_{O_2} = 0,1$

$\Sigma\,v_i$ RT ln $a_i =$ RT $\cdot 2,3$ log $10 + 0,5$ RT $\cdot 2,3$ log $10 = 1,365 +$ 0,682 = 2,047 Kal, insgesamt $\varDelta\,G' = \underline{A'_n} = 56,56 - 2,05 = 54,51$ oder $\underline{A_n} = -56,56 + 2,05 = \underline{-54,51}$ Kal.

Man erkennt, daß mit abnehmenden Partialdrucken von H_2 und O_2 die Ausbeute an arbeitsfähiger Energie abnimmt. Bei jenen analytisch nicht mehr feststellbaren, aber thermodynamisch leicht berechenbaren Werten des H_2- und O_2-Partialdruckes, bei denen diese bei Zimmertemperatur mit flüssigem H_2O im Gleichgewicht stehen, ist die gewinnbare Nutzarbeit auf 0 gesunken; denn für eine im Gleichgewicht vollzogene Umwandlung ist $\Delta G' = A'_n = O$. Es erscheint demgegenüber zunächst auffällig, wenn Ruhland in seinen Versuchen findet, daß das Verhältnis zwischen der Menge reduzierter CO_2 und der Menge verbrauchten H_2 unabhängig von den Partialdrucken von H_2 ist; denn mit abnehmenden Partialdrucken kann offenbar pro Mol oxydierten H_2 immer weniger CO_2 reduziert werden. Indes gerade unsere Berechnungen zeigen, daß innerhalb eines für physiologische Verhältnisse recht weiten Gebietes der Partialdrucke, der Wert der Änderung von G nur um einige Prozente variiert. Wenn man noch berücksichtigt, daß bei den Versuchen die Partialdrucke von relativ hohen Anfangswerten auf minimale Endwerte abnahmen, und die als verbraucht gemessenen CO_2- bzw. H_2-Mengen somit stets Mittelwerte über ein weites Bereich von Partialdrucken liefern, so haben Ruhlands Ergebnisse vom thermodynamischen Standpunkte aus gesehen nichts Unerwartetes. Dies gilt auch dann, wenn man das später besprochene Reaktionsschema von Burk für den Stoffwechsel der Wasserstoffbakterien zugrunde legt. Sollte es gelingen, entsprechende Versuche bei konstant hohen und konstant extrem niedrigen H_2-Partialdrucken ceteris paribus durchzuführen, so wäre freilich mit einem Einfluß des Partialdruckes auf das Verhältnis der reduzierten CO_2-Menge zur verbrauchten H_2-Menge zu rechnen, sofern nicht vitale Regulationsvorgänge eingreifen. Wenn andererseits bei vielen Fällen biologischer Oxydationsprozesse eine starke Abhängigkeit von — thermodynamisch gesehen — kleinen Schwankungen des Partialdruckes beobachtet wird, so dürfte dies teilweise auf einer Beeinflussung von Reaktionsgeschwindigkeiten, nicht auf solcher der arbeitsfähigen Energien beruhen.

Wir haben den „Nutzarbeitseffekt" bei der CO_2-Reduktion in den Ruhlandschen Versuchen mit 26% angegeben, wobei wir die Reaktionsteilnehmer im Standardzustand annahmen. Setzt man statt der Standarddrucke (1 atm) für die gasförmigen Reaktionsteilnehmer ihre Partialdrucke in den Versuchen, so erhält man durch eine hier nicht ausgeführte Rechnung Werte von etwa 28—29%. Der Begriff Nutzarbeitseffekt bedarf indes noch einer näheren Analyse und Präzisierung. Darauf wies zuerst und nachdrücklich D. Burk[1] hin, der entsprechend der Terminologie von

---

[1] Burk, D.: J. physic. Chem. **35**, 432 (1931).

Lewis thermodynamisches Potential als freie Energie bezeichnet und demnach von „Nutzeffekt der freien Energien" spricht. Jedoch weicht die hier gegebene Darstellung von der Burks verschiedentlich ab, zumal Burk nur direkte Koppelungen in Betracht zieht (s. auch S. 300). Nehmen wir an, eine H_2-Oxydation der Zelle stelle durch die dabei stattfindende Abnahme von G arbeitsfähige Energie zur Verfügung. Die Zelle verwende davon 1. 30% zur Reduktion von CO_2; 2. 70% zur Leistung osmotischer, elektrischer, Oberflächen- und mechanischer Arbeit, und alle diese Reaktionen mögen völlig reversibel vor sich gehen, also ohne Arbeitsverlust mit 100% Ausnutzung. Trotzdem würde doch der Nutzarbeitseffekt beim Vergleich der reduzierten CO_2-Menge mit der verbrannten H_2-Menge sich nur zu 30% errechnen. Den gleichen Quotienten würden wir aber erhalten, wenn nur 40% der bei der H_2-Oxydation gewinnbaren Nutzarbeit für die unter 2. genannten Arbeiten verwendet würden, aber zur CO_2-Reduktion 60%, jedoch in einem Prozeß, der nicht wie im ersten Fall mit 100% Ausnutzung, sondern nur mit 50% arbeiten würde, während die restlichen 50% als Wärme auftreten würden. Wir schließen daraus: Wenn im Organismus ein isothermer Prozeß unter Zunahme von G stattfindet, ein anderer unter Abnahme, wobei angenommen wird, daß die Zunahme von G in dem einen Falle auf Kosten der Abnahme im anderen Falle bewirkt wird, so gibt der bisher als „Nutzeffekt der Änderung der thermodynamischen Potentiale" bezeichnete Quotient das Verhältnis der Zunahme von G bei dem einen Prozeß zur Abnahme von G bei dem gesamten unter Abnahme von G verlaufenden Prozeß. Er gibt aber weder an, welcher Bruchteil des letzteren Prozesses tatsächlich mit dem ersteren Prozeß — direkt oder indirekt — gekoppelt ist, noch gibt er an, mit welchem Reversibilitätsgrad die Koppelung zwischen den beiden Prozessen stattfindet. Wir wollen ihn deshalb als „Rohnutzeffekt der Änderung der thermodynamischen Potentiale" (Nutzarbeitsroheffekt) bezeichnen, im Gegensatz zum „Reinnutzeffekt der Änderung der thermodynamischen Potentiale" (Nutzarbeitsreineffekt), der das Verhältnis angibt zwischen der Zunahme von G bei einem Prozeß zu der Abnahme von G bei dem Bruchteil eines anderen, mit ihm energetisch irgendwie gekoppelten, der nicht für andere Prozesse verwendet wird, sondern direkt oder indirekt der Durchführung des Prozesses dient, für den der Reinnutzeffekt bestimmt werden soll. Dieses Verhältnis ist 1, wenn die gesamte

Abnahme von G bei dem direkt oder indirekt gekoppelten Bruchteil des Arbeit liefernden Prozesses als Zunahme von G bei dem Arbeitsaufwand erfordernden Prozeß erscheint, und da die Zunahme von G bei einem isothermen Prozeß gleich ist der im Minimum zur reversiblen Durchführung des Prozesses erforderlichen Nutzarbeit, so muß mindestens eine dieser Nutzarbeit gleiche beim Ablauf des anderen Prozesses gewonnen worden sein, und das ist bei der Gleichheit der Absolutwerte von Zu- und Abnahme von G bei beiden Prozessen nur möglich, wenn auch der Arbeit liefernde Prozeß reversibel abgelaufen ist. Der Wert 1 ist der maximale Wert des Reinnutzeffektes. Da alle natürlichen Prozesse irreversibel sind, wird er bei Gültigkeit des zweiten Hauptsatzes in der Zelle stets mehr oder weniger unter 1 liegen, oder, wenn wir den Wert 1 gleich „100% reversibel" setzen, unter 100% liegen. Würde man einen Wert finden, der über 100% liegt, so würde man trotzdem nicht auf Ungültigkeit des zweiten Hauptsatzes schließen, sondern darauf, daß wir eben die Quellen für den Arbeitsaufwand des fraglichen Prozesses noch nicht vollkommen kennen. Dieser Schluß könnte zwar falsch sein, aber bei der Unabgeschlossenheit unseres biologischen Wissens und der bisherigen ausnahmslosen Bestätigung des zweiten Hauptsatzes wäre er trotzdem zur Zeit der wahrscheinlichste Schluß, es sei denn, daß sich gleichzeitig der Nachweis führen ließe, daß die betreffende Reaktion sich in so kleinen Räumen abspielt, daß eine Ungültigkeit des zweiten Hauptsatzes, der sich ja nicht auf „mikroskopische" Systeme erstreckt, im strengen Sinne gar nicht vorliegt. Auch wenn wir den Reinnutzeffekt kennen, ist uns die Größe der Arbeit, die tatsächlich bei dem Arbeit erfordernden Prozeß geleistet worden ist, unbekannt, wenn wir von dem Fall des Wertes 1 für diesen Effekt absehen. Denn wenn z. B. der Reinnutzeffekt gleich $^1/_2$ oder die Koppelung 50% reversibel ist, so liegen noch immer verschiedene Möglichkeiten vor, da wir nichts darüber wissen, ob die Koppelung zwischen Arbeit lieferndem und Arbeit erforderndem Prozeß eine direkte oder indirekte ist. In unserem Falle wäre z. B. denkbar: 1. Die bei H_2-Oxydation gewinnbare Arbeit wird praktisch 100% reversibel in elektrische Energie transformiert, die elektrische 50% reversibel zur Reduktion der CO_2 verwendet, d. h. es wird das Doppelte der reversiblen, der minimalen Arbeit aufgewendet, die erforderlich wäre, um mittels elektrischer Energie die betreffende CO_2-Menge zu reduzieren. 2. Die bei der H_2-Oxydation gewinnbare Arbeit wird, da der Prozeß nur 50% reversibel abläuft, nur zur Hälfte in elektrische Energie umgesetzt, die gewonnene elektrische Energie praktisch mit 100% zur CO_2-Reduktion verwendet.

Aus diesem Grunde erscheinen auch die Definitionen von Burk nicht besonders glücklich, abgesehen von den von ihm selbst hervorgehobenen Bedenken; denn Burk definiert unserem Reinnutzeffekt nicht ganz entsprechend eine „second law free energy officiency" als the work done (von mir gesperrt) in any specific reaction divided by the free energy dissipated by that reaction only. Hier wäre statt der geleisteten Arbeit zu setzen die im Minimum zu leistende Arbeit. Er definiert ferner „the machine free energy efficiency is the work done in any specific reaction occurring in a biological system divided by the free energy consumed by the system as a whole". Diese Definition ist insofern etwas abweichend von unserer des „Rohnutzeffektes", als ja die die Arbeit für den Prozeß liefernde Reaktion, für den wir den Rohnutzeffekt angeben wollen, nicht, wie dies bei den autotrophen Bakterien allerdings die Regel sein dürfte, die ganze vom System, von der Zelle benötigte arbeitsfähige Energie zu liefern braucht, sondern nur einen Teil, während noch andere Energie liefernde Reaktionen vorhanden sind. Der „Rohnutzeffekt der Änderung der G" (nach Ruhlands Reaktionsschema) beträgt, wie bereits angeführt, bei der CO_2-Reduktion der Wasserstoffbakterien etwa 28%. (Burk berechnet 28,4%, indem er für Ruhlands Versuchs-bedingungen für die Reduktion von 1 Mol CO_2 $\Delta G = 105{,}140$ Kal, für die Wasserstoffoxydation $\Delta G' = 54{,}230$ Kal setzt, und für 1 Mol reduzierte CO_2 6,8 Mol H_2 oxydieren läßt.) Der Reinnutzeffekt läßt sich nur berechnen, wenn man weiß, welcher Bruchteil der bei der Wasserstoffoxydation freiwerdenden arbeitsfähigen Energie für die CO_2-Reduktion verwendet wird. Für die Wasserstoff-bakterien ist dies nun nach Burk möglich, dadurch, daß man die Annahme macht, daß der gesamte von den Bakterien verbrauchte Wasserstoff zur CO_2-Reduktion benutzt wird und der als verbraucht gemessene O_2 lediglich für die Kohlehydratveratmung dient, die, wie bereits erwähnt, ebenfalls bei den Wasserstoffbakterien statt-findet. Nach dieser Auffassung tritt also keine direkte Oxydation von H_2 durch aus der Luft aufgenommenen O_2 auf. Diese An-nahme begründet Burk vor allem damit, daß bei heterotropher Ernährung (Ernährung mit kohlenstoffhaltiger Substanz) der Bazillus trotz sonst günstiger Bedingungen kein H_2 verbraucht.

Die Reaktion der Wasserstoffbakterien wäre nach BURK

$$2\,H_{2g} + CO_{2g} = \frac{1}{6}\,C_6H_{12}O_{6s} + H_2O_l, \quad \underline{A}_n^0 = 1{,}184\ \text{Kal.} \quad [369]$$

Man kann sie sich in zwei Teilreaktionen zerlegen, die unter RUHLANDschen Versuchsbedingungen lauten:

Teilreaktion 1). $\quad 2\,H_{2(0,35\ \text{atm})} + O_{2(0,06\ \text{atm})} = 2\,H_2O_l$

$$\underline{A}_n = \underline{A}_n^0 + \Sigma\nu_i\,RT\ln a_i = -2 \cdot 56{,}56 + 1{,}250 + 1{,}630 = -110{,}24\ \text{Kal.}$$

BURK fügt hier noch den Faktor $-\Sigma\nu_{i_g}\,RT$ hinzu, weil die Reaktion bei konstantem Volumen, d. h. ohne Leistung äußerer Arbeit vor sich gehe. Diese Korrektur ist unrichtig; denn nicht die durch Gl. [369] und 1) ausgedrückten Reaktionen gehen ohne Leistung äußerer Arbeit bei konstantem Volumen vor sich, sondern nur die Reaktion 1'): $2\,H_{2\,aq} + O_{2\,aq} = 2\,H_2O_l$, wobei der gelöste H_2 und O_2 mit H_2 bzw. O_2 von 0,35 bzw. 0,06 atm im Gleichgewicht steht. Die maximale Nutzarbeit letzterer Reaktion, die wegen der Volumenkonstanz gleich ihrer maximalen Arbeit ist, ist aber gleich der Nutzarbeit von 1), weil die von 1) nach dem zweiten Hauptsatz unabhängig vom Wege ist, und ein solcher Weg ist: a) reversible Lösung des H_2 und O_2 in H_2O, das H_2 und O_2 in Konzentrationen enthält, die im Gleichgewicht mit den Partialdrucken von H_2 und O_2 von 0,35 und 0,06 atm stehen, Nutzarbeit des Lösungsvorganges $(\underline{A}_n)_{a)} = 0$, weil im Gleichgewicht stattfindend. b) Reaktion der gelösten Gase nach Gleichung 1'), Nutzarbeit

$$(\underline{A}_n)_{b)} = (\underline{A}_n)_{1'}, \text{ folglich } (\underline{A}_n)_{a)} + (\underline{A}_n)_{b)} = (\underline{A}_n)_{1'} = (\underline{A}_n)_{1)}.$$

($\underline{A}_n = \Delta G$ wird bei BURK nach LEWIS ΔF geschrieben, bedeutet aber trotzdem nicht Zunahme der HELMHOLTZschen freien Energie, sondern des thermodynamischen Potentials, das LEWIS freie Energie nennt.) Wir werden später sehen, daß diese Richtigstellung eine recht interessante Folge hat.

Teilreaktion 2). $\mathrm{CO}_{2(0,06\,\text{atm})} + H_2O_l = \dfrac{1}{6}\,C_6H_{12}O_{6\,(10^{-6})} + O_{2(0,06\,\text{atm})}$.

Die Aktivitäten der Gase ergeben sich aus den Angaben RUHLANDs. Die Festsetzung der Zuckeraktivität beruht auf einer Schätzung BURKs; es sei bemerkt, daß ein Fehler in dieser Schätzung deshalb von geringer Bedeutung für das Ergebnis ist, weil für Zucker $\nu = \dfrac{1}{6}$, also jeder Fehler des Wertes von $RT\ln a_{C_6H_{12}O_6}$ nur mit $\dfrac{1}{6}$ zutage tritt. Für die Reaktion setzt BURK zunächst

$$\underline{A_n} = \underline{A_n^0} + \Sigma \nu_i \, RT \ln a_i = 114{,}3 - RT \ln 0{,}06_{CO_2} + RT \ln 0{,}06_{O_2}$$
$$+ \frac{1}{6} RT \ln 10^{-6} = 114{,}3 + 1{,}63 - 1{,}63 - 1{,}365 = 112{,}935 \text{ Kal.}$$

Dann nimmt er eine Korrektur vor, die er selbst als den unsichersten Punkt seiner Berechnung bezeichnet, indem er sagt, man müsse aus empirischen Daten schließen, daß $C_6H_{12}xO_6$ statt $C_6H_{12}O_6$ anzusetzen sei, worin $x = 0{,}931$, und berechnet statt $\underline{A_n} = 112{,}935 \ \underline{A_n} = 105{,}140$. Bei reversiblem Ablauf der gekoppelten Reaktion müßte man demnach erwarten $\Delta \lambda_{1)} \underline{A_{n\,1)}'} = \Delta \lambda_{2)} \underline{A_{n\,2)}}$, $\dfrac{\Delta \lambda_{1)}}{\Delta \lambda_{2)}} = \dfrac{A_{n\,2)}}{A_{n\,1)}'}$, wenn $\Delta \lambda_{1)}$ bzw. $\Delta \lambda_{2)}$ den Umsatz bei der Reaktion 1) bzw. 2) bedeuten; denn bei reversiblem Ablauf muß ebensoviel Nutzarbeit verbraucht wie gewonnen werden. Wegen $\Delta n_i = \nu_i \, \Delta \lambda$ (Gl. [33]) ist

$$\Delta \lambda_{1)} = \frac{\Delta n_{H_2}}{\nu_{H_2}} = - \frac{\Delta n_{H_2}}{2} \quad \text{und} \quad \Delta \lambda_{2)} = \frac{\Delta n_{CO_2}}{\nu_{CO_2}} = - \Delta n_{CO_2},$$

$$\text{also} \quad \frac{\Delta n_{H_2}}{2\,\Delta n_{CO_2}} = \frac{A_{n\,2)}}{A_{n\,1)}'} \quad \text{d. h.}$$

$$\frac{\text{Erforderliche Molzahl } H_2}{2 \cdot \text{Molzahl der reduzierten } CO_2} = \frac{105{,}14}{110{,}24} = 0{,}954 \, .$$

Dies ist der theoretische Wert des Quotienten bei reversiblem Reaktionsablauf.

BURK berechnet aus RUHLANDs Versuchen den realisierten Wert des Quotienten zu $0{,}966 \pm 0{,}012$. Für die thermodynamischen Werte setzt BURK dabei keine Fehler ein "in distinction to any other type of error". Der berechnete Wert hat also nicht etwa nur die angegebene Fehlergrenze. Es wurde demnach nur sehr wenig mehr H_2 verbraucht als bei voller Reversibilität nötig gewesen wäre. Die pro Mol H_2 wirklich reduzierte CO_2 zur maximal möglichen verhält sich wie $\dfrac{1}{0{,}966 \pm 0{,}012} : \dfrac{1}{0{,}954}$, prozentual ausgedrückt: $98{,}7 \pm 1{,}2 \%$ der maximalen Reduktionsleistung werden wirklich geleistet. Diese Zahl drückt prozentisch den Reinnutzeffekt der Änderungen von G bei der Reaktion aus, wenn man die obigen Annahmen von BURK zugrunde legt. Denn sie entspricht dem prozentischen Verhältnis der Zunahme von G bei dem Reduktionsprozeß zur Abnahme von G bei dem Oxydationsprozeß. Der Reinnutzeffekt wäre also außerordentlich hoch, aber unter 100%, also in Übereinstimmung mit dem zweiten Hauptsatz. BURK selbst berechnet wegen der erwähnten irrtümlichen Subtraktion von $\Sigma \nu_{i_g} RT$, daß weniger H_2 verbraucht wird als theoretisch nötig wäre, und infolgedessen den höheren Reversibilitätsgrad (Reinnutzeffekt) von $100,4 \pm 1,2\,\%$. Natürlich würde auch ein derartiger Reversibilitätsgrad noch keinen Widerspruch mit dem zweiten Hauptsatz bedeuten müssen. Es ist hier nicht der Ort für eine eingehende Diskussion über die Berechtigung der Annahmen BURKs. Bei flüchtiger Betrachtung könnte es scheinen, als ob folgender Befund von RUHLAND nicht mit ihnen harmoniert. RUHLAND fand das Verhältnis des verbrauchten $H_2 : O_2$ normalerweise stets größer als $2 : 1$, solange CO_2 reduziert wurde, und eine stetige Annäherung an den Wert $2 : 1$, je weniger CO_2 assimiliert wurde, wobei als Maß der Assimilation der Betrag des C-Ansatzes diente. RUHLAND deutete dies so, daß im ersteren Falle aus der CO_2-Reduktion freiwerdender O_2 den Mehrverbrauch von H_2 bedingt. Da nach BURK der gesamte analytisch faßbare O_2-Verbrauch zur Kohlehydratoxydation dient, während der O_2-Verbrauch für die H_2-Oxydation aus der reduzierten CO_2 stammt, frappiert es zunächst, daß die angeführte Beziehung existiert, sie muß aber auch nach der BURKschen Auffassung bestehen, da, wenn kein C-Ansatz stattfindet, dies nach dieser bedeutet, daß ebensoviel $C_6H_{12}O_6$ aus reduzierter CO_2 entsteht, wie durch Oxydation verbraucht wird. Da nun zur Bildung eines Mols Glukose aus CO_2 nach der BURKschen Gleichung $12\,H_2$ verbraucht werden, zur Oxydation $6\,O_2$, so muß sich wiederum das Verhältnis $H_2 : O_2 = 2 : 1$ ergeben.

Nicht alle „Anorgoxydanten" besitzen wie Bacillus pycnoticus neben der arbeitsfähigen Energie liefernden Oxydation anorganischer Substanz noch eine Oxydation organischer Stoffe. Letztere fehlt z. B. nach MEYERHOF[1] einem Teil der anorganische Stickstoffverbindungen oxydierenden „nitrifizierenden" Bakterien, und zwar fehlt sie den Nitratbakterien, die Nitrit zu Nitrat oxydieren, während die Nitritbakterien, die den bei Verwesung organischer Substanz freiwerdenden Ammoniak zu Nitrit oxydieren, nach KLEIN und SVOLBA[2] auch Kohlehydrate ihres Zellkörpers veratmen. Die nitrifizierenden Bakterien sind imstande, mittels der bei der Oxydation von anorganischen Stickstoffverbindungen gewonnenen arbeitsfähigen Energie CO_2 zu Kohlehydraten zu reduzieren und sich dadurch ihr organisches Baumaterial zu verschaffen. Im Gegensatz zu den Wasserstoff- und Methanbakterien,

---

[1] MEYERHOF, O.: Pflügers Arch. **164**, 353 (1916); **166**, 240 (1917).
[2] KLEIN, G. u. F. SVOLBA: Z. Bot. **19**, 65 (1927).

die je nach Milieubedingungen autotroph oder heterotroph leben können, sind sie sogar äußerst empfindlich gegen die Anwesenheit organischer Stoffe in ihrer Umgebung, von denen gerade sonst so beliebte Nährstoffe wie Zucker und Pepton bei ihnen bereits in geringen Konzentrationen als Gifte wirken.

Das Verhältnis der oxydierten Gramme N zu den reduzierten Grammen C ist von WINOGRADSKY[1] für die Nitritbakterien zu 35 bestimmt worden, von MEYERHOF für die Nitratbakterien zu 101—135. Die assimilatorische Leistung ändert sich nämlich mit den Lebensbedingungen und wird insbesondere während der Versuche durch die von 0 immer stärker ansteigende Konzentration der Reaktionsprodukte, der oxydierten Stickstoffverbindungen, in dem Kulturmedium verringert. Die Zahlen von WINOGRADSKY beziehen sich auf Kulturen in niedriger Nitritkonzentration, der Wert 101 von MEYERHOF entspricht 0—1,2% Nitrat, der Wert 135 0—3,5% Nitrat. Daraus ergibt sich für 1,2—3,0% etwa 175. Die assimilatorische Leistung ist also im Konzentrationsbereich 0—1,2% Nitrat fast doppelt so hoch wie bei 1,2—3,0%. Würde man bei konstanten Konzentrationen z. B. 0,2% und 3% Nitrat untersuchen, so dürften die Unterschiede noch viel erheblicher sein.

MEYERHOF gibt an, daß man für einen Vergleich seiner $\frac{N}{C}$-Werte mit denen von WINOGRADSKY am richtigsten einen Mittelwert zwischen 101 und 135 zugrunde legt. Wir wollen 117 wählen. Auf Mole umgerechnet ergibt sich, da das Molgewicht von C gleich 12, von N gleich 14, für das Nitritbakterium:

$$\text{Oxydation von } \frac{35}{14} \text{ Mole N reduziert } \frac{1}{12} \text{ Mol C}$$

$$\text{Oxydation von 1 Mol N reduziert } \frac{1\cdot14}{12\cdot35} = 0{,}033 \text{ Mole C,}$$

für das Nitratbakterium:

$$\text{Oxydation von } \frac{117}{14} \text{ Mole N reduziert } \frac{1}{12} \text{ Mol C}$$

$$\text{Oxydation von 1 Mol N reduziert } \frac{1\cdot14}{12\cdot117} = 0{,}01 \text{ Mole C.}$$

Der Nitritbildner kann also auf 1 Mol oxydierten N bezogen 3,3mal so viel C assimilieren als der Nitratbildner. Wir wollen nun sehen, in welchem Verhältnis die arbeitsfähigen Energien stehen, die, ebenfalls auf 1 Mol oxydierten N bezogen, der Nitrit- und Nitratbildner bei seinen Oxydationsprozessen gewinnen kann. Wir legen dabei die Zahlen der Tabelle 3 zugrunde.

---

[1] WINOGRADSKY, S.: Ann. Inst. Pasteur 4/5 (1890/91).

1. Reaktion des Nitritbildners.

$$NH_4^{\cdot} \; + \; OH' + \; \frac{3}{2}\,O_2 \; = H^{\cdot} + NO_2' + \; 2\,H_2O_1$$

$(\underline{A_n^0})_B$	$-18{,}93$	$-37{,}45$	0	0	$-8{,}5-2\cdot56{,}56$

$$\underline{A_n^0} = \Sigma\,\nu_i\,(\underline{A_n^0})_B = \underline{\varDelta\,G^0} = -65{,}24$$

$(\overline{W_P^0})_B$	$-31{,}72$	$-54{,}53$	0	0	$-25{,}6-2\cdot68{,}33$

$$W_P^0 = \Sigma\,\nu_i\,(W_P^0)_B = --76{,}01$$

Aus dem Wert von $\underline{\varDelta\,G^0}$ erhalten wir die Änderung des thermodynamischen Potentials unter den MEYERHOFschen Versuchsbedingungen $\underline{\varDelta\,G} = \underline{\varDelta\,G^0} + \Sigma\,\nu_i\,RT\ln a_i$, wenn wir die Werte der Aktivitäten der Reaktionsteilnehmer unter den Versuchsbedingungen kennen. Setzen wir wieder alle $f_{a_i} = 1$, so lassen sich nach den Angaben MEYERHOFs etwa folgende durchschnittliche a schätzen:

$$a_{NH_4} = 0{,}005; \quad a_{OH^{\cdot}} = 10^{-6}; \quad a_{O_2} - 0{,}2;$$
$$a_{H^{\cdot}} = 10^{-8}; \quad a_{NO_2'} = 10^{-1}; \quad a_{H_2O} = 1.$$

Also ist

$$\Sigma\,\nu_i\,RT\ln a_i = 2{,}3\,RT\,(-\log 0{,}005 -$$
$$\log 10^{-6} - \frac{3}{2}\log 0{,}2 + \log 10^{-8} + \log 0{,}1 + \log 1) =$$
$$2{,}3\,RT\,(2{,}301 + 6 + 1{,}0485 - 8 - 1) = 1{,}365\cdot0{,}35 = 0{,}48\,\text{Kal}$$
$$\underline{\varDelta\,G} = \underline{A_n} = -65{,}24 + 0{,}48 = -64{,}76\,\text{Kal}, \quad \underline{A_n'} = 64{,}76\,\text{Kal}.$$

2. Reaktion des Nitratbildners.

$$NO_2' \quad + \frac{1}{2}\,O_2 \; = \; NO_3'$$

$(\underline{A_n^0})_B$	$-8{,}5$	0	$-26{,}5$

$$\underline{A_n^0} = \Sigma\,\nu_i\,(\underline{A_n^0})_B = \underline{\varDelta\,G^0} = -18\,\text{Kal}$$

$(W_P^0)_B$	$-25{,}6$	0	$-49{,}79$

$$W_P^0 = \Sigma\,\nu_i\,(W_P^0)_B = -24{,}19\,\text{Kal}.$$

Nach MEYERHOFs Angaben schätzen wir

$$a_{NO_2'} = 10^{-2}; \quad a_{O_2} = 0{,}2; \quad a_{NO_3'} = 10^{-1}$$
$$\Sigma\,\nu_i\,RT\ln a_i =$$
$$= 2{,}3\,RT\left(-\log 10^{-2} - \frac{1}{2}\log 0{,}2 + \log 10^{-1}\right) = 1{,}365\cdot1{,}35 = 1{,}83\,\text{Kal}$$
$$\underline{\varDelta\,G} = \underline{A_n} = -18 + 1{,}83 = -16{,}17\,\text{Kal}; \quad \underline{A_n'} = 16{,}17\,\text{Kal}.$$

Berücksichtigen wir ferner noch, daß MEYERHOFs Versuche bei 35^0 ausgeführt wurden, so haben wir eine kleine Temperaturkorrektur durchzuführen, da sich unsere Werte auf 25^0 beziehen. Dies kann mittels der Gl. [231]

$$\frac{(A_n)_T}{T} - \frac{(A_n)_{T_0}}{T_0} = - \int_{T_0}^{T} \frac{W_P}{T^2}\, dT$$

geschehen, in der $T = 308$, $T_0 = 298$, $(A_n)_T$ die maximale Nutzarbeit der Reaktion bei T bedeutet, W_P ihre irreversible Reaktionswärme bei konstantem Druck, die wir in dem kleinen Temperaturintervall von 10^0 als konstant und gleich der bei 298^0 ansetzen dürfen. Dieser Wert bezieht sich auf Standardzustände, für Verdünnungswärmen wären auch hier unbedeutende Korrekturen anzubringen, wenn auf die realen Zustände bezogen werden würde, unbedeutend deshalb, weil der Standardzustand einer Lösung stets ideal gewählt wird, und in den realen Zuständen die Konzentrationen bereits so verdünnt sind, daß sie nicht mehr allzuweit vom idealen Zustand entfernt sind. Für ideale Lösungen sind aber die Verdünnungswärmen 0. Wir erhalten also für die Reaktion der Nitritbildung

$$\frac{(A_n)_{308}}{308} = - \frac{64,76}{298} + 76,01 \left(\frac{1}{298} - \frac{1}{308} \right),$$

woraus sich $(A_{n1})_{308} = -64,29$ ergibt, so daß sich die rechnerische Ausführung der Korrektur insbesondere in Anbetracht der Ungenauigkeit der Aktivitätswerte als ziemlich zwecklos erweist. Entsprechend ergibt sich für die Nitritoxydation

$$(A_{n\,2})_{308} = - 15,91 \text{ und hieraus bei } T = 308$$

$$\frac{\Delta G'_{1)}}{\Delta G'_{2)}} = \frac{64,29}{15,91} = 4,04; \qquad \frac{W'^0_{P1)}}{W'^0_{P2)}} = \frac{76,01}{24,19} = 3,14.$$

Man ersieht, daß das Verhältnis der Abnahmen von G bei den Formelumsätzen der Oxydationen der beiden nitrifizierenden Bakterientypen (4,04) der Größenordnung nach dem Verhältnis der von ihnen reduzierten Mole CO_2 (3,33) nahekommt, woraus sich ergibt, daß der Rohnutzeffekt der Änderungen von G bei der gekoppelten Stickstoffoxydation-Kohlensäurereduktion bei den Nitrit- und Nitratbakterien trotz des verschiedenen Oxydationsprozesses nicht allzu verschieden ist. Das Verhältnis der Wärmetönungen (3,14) wurde deshalb ebenfalls berechnet, weil MEYERHOF seinerzeit (1916) wie RUHLAND bei den Wasserstoffbakterien nur die Wärmetönungen beider Prozesse verglichen hatte, da damals noch nicht die Bildungspotentiale aller Reaktionsteilnehmer $(A_n^0)_B$

bekannt waren. MEYERHOF hat übrigens bereits hervorgehoben, daß man zwar die Änderungen der freien Energien vergleichen müsse, daß aber ein wesentlicher Unterschied des Quotienten der Änderungen der freien Energien gegenüber dem der Wärmetönungen nicht zu erwarten sei.

Berechnen wir jetzt noch den Rohnutzeffekt der Änderungen von G. Dazu nehmen wir an, daß durch die bei der Stickstoffoxydation gewonnene arbeitsfähige Energie CO_2 zu Kohlehydraten reduziert wird, lassen aber die Frage offen, wie weit noch andere Arbeitsleistungen aus der arbeitsfähigen Oxydationsenergie bestritten werden. Als Wert von $\varDelta G = A_n$ bei der Reduktion von 1 Mol CO_2 auf die Reduktionsstufe der Kohlehydrate setzen wir (S. 362) bei $T = 298$ 118 Kal. Für 35^0 berechnet sich $(\underline{A_n})_{308}$ auf Grund der Gleichung [231]

$$\frac{(\underline{A_n})_{308}}{308} = \frac{(\underline{A_n})_{298}}{298} - \int_{T_0}^{T} \frac{W_P}{T^2}\, dT = \frac{118}{298} - 112{,}08 \left(\frac{1}{298} - \frac{1}{308} \right)$$

zu $121{,}54 - 3{,}76 = 117{,}78$ Kal, wobei wir entsprechend dem Näherungscharakter der Rechnung W_P konstant und mit seinem Standardwert angesetzt haben. Da der Nitratbildner pro Mol oxydierten N_2 0,033 Mole C reduziert und für diese Reduktion $A_n = \dfrac{117{,}78 \cdot 33}{1000} = 3{,}89$ Kal, während bei der Oxydation des Mols N_2 $A'_n = 64{,}29$, so ist der Nutzeffekt der Änderungen von $G \dfrac{3{,}89}{64{,}29} = 0{,}06$, d. h. 6%. Da der Nitritbildner pro Mol oxydierten N_2 0,01 Mole C reduziert, beträgt für ihn wegen $(A'_{n\,2})_{308} = 15{,}91$, der entsprechende Quotient $\dfrac{1{,}18}{15{,}91} = 0{,}07$, d. h. 7%.

Es sei noch erwähnt, daß neuere Untersucher[1] für das Verhältnis der Molzahlen von oxydiertem N zu reduziertem C teilweise Werte gefunden haben, die von den hier zugrunde gelegten stark abweichen. Dieser Befund ist leicht verständlich; denn je nach den benutzten Stämmen und Kulturbedingungen wird man nicht nur mit der Annäherung an optimale Verhältnisse, sondern selbst unter solchen Differenzen in der Ausnutzung der zur Verfügung stehenden arbeitsfähigen Energie erwarten. Die hier berechneten Nutzeffekte sind also zunächst nur für die gewählten Beispielsfälle

---

[1] ENGEL, H.: Planta (Berl.) 8, 423 (1929). — NELSON, D.: Zbl. Bakter. II. 83, 280 (1931).

gültig, und dies gilt auch für entsprechende Fälle, die im folgenden behandelt werden.

Eine weitere Gruppe von Anorgoxydanten bilden die Schwefelbakterien (im engeren Sinne), die Schwefelwasserstoff und Schwefel zu H_2SO_4 oxydieren und zeitweise Schwefel als Betriebsstoff in sich ablagern wie die höheren Pflanzen Stärke und Zucker. Sie leben autotroph und beschaffen sich den zum Aufbau ihres Körpers nötigen Kohlenstoff durch Reduktion von atmosphärischer CO_2, als Stickstoffquelle dienen ihnen Ammonsalze. Die farblosen Arten, z. B. Beggiatoa Thiotrix, Achromatium leben aerob und reduzieren CO_2 rein chemosynthetisch mittels der bei der Schwefeloxydation gewonnenen arbeitsfähigen Energie. Die Oxydation denken wir uns in zwei Stufen vor sich gehend. Im folgenden sind diese Stufenreaktionen (1,2) und die Gesamtreaktion (3) nebst $\underline{A}_n^0$- und W_P^0-Werten angegeben.

$$1. \qquad 2\,H_2S_g \;+\; O_{2g} \;=\; 2\,H_2O_l \;+\; 2\,S_l\,.$$

$$(\underline{A}_n^0)_B \quad -2\cdot 7{,}84 \quad 0 \quad -2\cdot 56{,}56 \quad 2\cdot 0{,}09$$

$$(\overline{W}_P^0)_B \quad -2\cdot 4{,}76 \quad 0 \quad -2\cdot 68{,}33 \quad 2\cdot 0{,}36$$

Für den thermodynamischen Effekt ist der Weg, auf dem sich die Reaktion 1. vollzieht, belanglos. Gleichung 1. steht also z. B. nicht im Widerspruch zu der gelegentlichen Annahme von BAAS-BECKING[1], daß HS′ unter Mitwirkung von Glutathion dehydriert wird. Diese Annahme bezieht sich auf den Weg der Schwefelbildung, unsere Gleichung nur auf die Bilanz.

$$2. \qquad 2\,S_l \;+\; 3\,O_{2g} + 2\,H_2O_l = 2\,H_2SO_{4\,\text{aq. diss. 2. St.}}$$

$$(\underline{A}_n^0)_B \quad 2\cdot 0{,}09 \quad 0 \quad -2\cdot 56{,}56 \quad -2\cdot 176{,}5$$

$$(\overline{W}_P^0)_B \quad 2\cdot 0{,}36 \quad 0 \quad -2\cdot 68{,}33 \quad -2\cdot 212{,}4$$

$$3. \qquad 2\,H_2S_g \;+\; 4\,O_{2g} = 2\,H_2SO_{4\,\text{aq. diss. 2. St.}}$$

$$(\underline{A}_n^0)_B \quad -2\cdot 7{,}84 \quad 0 \quad -2\cdot 176{,}5$$

$$(\overline{W}_P^0)_B \quad -2\cdot 4{,}76 \quad 0 \quad -2\cdot 212{,}4$$

Für 1. ist $\varDelta G^0 = A_n^0 = \Sigma\,v_i\,(A_n^0)_{Bi} = -2\,(56{,}47 - 7{,}84) = -\,97{,}26$

Für 2. ist $\overline{\varDelta G^0} = \overline{A_n^0} = \Sigma\,v_i\,(\overline{A_n^0})_{Bi} = -2\,(176{,}5 - 56{,}47) = -240{,}06$

Für 3. ist $\overline{\varDelta G^0} = \underline{A_n^0} = \Sigma\,v_i\,(\overline{A_n^0})_{Bi} = -2\,(176{,}5 - 7{,}84) = -339{,}96$

Die Werte sind so groß, daß, wenn nicht abnorm niedrige Konzentrationen der Reaktionsteilnehmer auftreten, die Größenordnung der $\Sigma\,v_i\,(\underline{A}_n^0)_{Bi}$-Werte auch für die Werte unter den realen Bedingungen bleibt. Ich entnehme BAVENDAMM, der Schwefel-

---

[1] BAAS-BECKING, L.: Ann. of Bot. **39** (1925).

bakterien in Reinkultur züchtete, als Kulturbedingungen: Partialdruck $H_2S = 25$ mm, $O_2 = 5{,}2$ mm Hg. Die Konzentration der
H_2SO_4 wird wesentlich unter der einer Lösung mit der Aktivität 1
liegen, jedoch erhöht ja niedrige Aktivität eines Endproduktes
einer Reaktion sein $\underline{A'_n}$. Die Berechnung für $\underline{A_n}$ unter experimentellen oder natürlichen Bedingungen soll hier nicht durchgeführt
werden. Man ersieht aus den Zahlenwerten, daß auch die Oxydation des gespeicherten Schwefels noch sehr bedeutende Mengen
arbeitsfähige Energie ergibt, so daß die Bakterien in diesem Material
einen ausgezeichneten Vorratsstoff für Betriebsenergie haben. Dies
ist offenbar auch insofern von Bedeutung, als dadurch für diejenigen Bakterien, die H_2S zu S oxydieren können, die Möglichkeit
gegeben ist, in beträchtlichem Maße arbeitsfähige Energie zu
speichern, ohne ihr Milieu zu säuern. Ein Zuviel von freier Schwefelsäure wird natürlich nicht vertragen, weshalb man den Kulturmedien säurebildende Stoffe wie Kalziumkarbonat zusetzt, um
üppiges Wachstum zu erzielen. Der Rohnutzeffekt der Änderungen
der G ist, soweit man dies aus den spärlichen Daten entnehmen
kann, nur wenige Prozent. Nach STARKEY[1] reduziert der autotrophe Thiobazillus thioxydans $1 \text{ g} = \dfrac{1}{12}$ Mol C, während er
$32 \text{ g} = 1$ Mol S oxydiert. Legen wir zur Reduktion von 1 Mol CO_2
unter den experimentellen Bedingungen wieder $\underline{A_n} = 118$ Kal zugrunde, so ergibt sich, wenn wir für die Schwefeloxydation in
Annäherung $\underline{\varDelta G'_{2)}} = \underline{\varDelta G''^{0}_{2)}}$ setzen, der „Rohnutzeffekt" zu $\dfrac{118 \cdot 2}{12 \cdot 240}$,
das sind etwa 8%.

Nach VAN NIEL[2] und MÜLLER[3] vollzieht sich der Stoffwechsel
gewisser purpurner und grüner Schwefelbakterien nach folgender
Gleichung, in der AH_2 einen Wasserstoffdonator, CO_2 den
H-Akzeptor darstellt:

$$CO_2 + 2\,AH_2 = CH_2O + H_2O + 2\,A.$$

Dabei kann AH_2 entweder eine anorganische Substanz wie
H_2S sein, oder eine organische wie Natriumsalze organischer
Säuren (Brenztrauben-, Bernstein-, Essigsäure).

Die Reaktion geht nur am Licht vor sich. Wir setzen die
Gleichung beispielshalber an als

[1] STARKEY, L.: J. Bacter. **10**, 165 (1925).

[2] NIEL, C. VAN: Arch. Mikrobiol. **3**, 1 (1931).

[3] MÜLLER, F.: On the metabolism of the Purple Sulphur Bacteria. Proefschrift Berlin 1933.

$$CO_{2\,g} + 2\,H_2S_g = \frac{1}{6}\,C_6H_{12}O_{6\,s} + H_2O_1 + 2\,S_{rh}$$

$(\underline{A_n^0})_B \quad -94,26 \quad -2\cdot 7,84 \qquad -36 \qquad\quad -56,56 \qquad 0$

$\underline{A_n^0} = \Sigma\,\nu_i\,(A_n^0)_{Bi} = 17,38\ \text{Kal}\,.$

Die Reaktion erfordert also im Standardzustand Arbeitsaufwand. Berücksichtigt man, daß CO_2 und H_2S unter den realen Bedingungen in viel niedrigeren Aktivitäten als den Standardaktivitäten vorliegen, während wir für die Reaktionsprodukte vielleicht die Standardaktivitäten einsetzen dürfen, — die Kohlehydrate bauen ja den Körper der Bakterien auf — so kommt man zu dem Schluß, daß das Licht wie bei der CO_2-Reduktion der grünen Pflanze bei diesen Bakterien chemische Arbeit leistet, vorausgesetzt, daß die Reaktion entsprechend unseren Annahmen abläuft.

Den Schwefelbakterien im engeren Sinne stehen die aeroben Thiosulfatbakterien (z. B. Thiobacillus thioparus) und die denitrifizierenden Schwefelbakterien (z. B. Thiobacterium denitrificans) nahe. Erstere, von NATHANSOHN[1] entdeckt, oxydieren Natriumthiosulfat und reduzieren mit der gewonnenen arbeitsfähigen Energie CO_2, so daß sie mit dieser als einziger Kohlenstoffquelle auch im Dunkeln gedeihen. Die Oxydationen werden anscheinend in Reaktionen folgender Typen vollzogen:

$$3\,S_2O_3'' + 5\,O_g = 2\,SO_4'' + S_4O_6''$$

$(\underline{A_n^0})_B \quad -3\cdot 125,11 \quad 0 \qquad -2\cdot 176,5 \quad ?$

$(\overline{W}_P)_B \quad -3\cdot 141 \qquad 0 \qquad -2\cdot 209,79 \quad ?$

$$S_2O_3'' + O_g = SO_4'' + S$$

$(\underline{A_n^0})_B \quad -125,11 \qquad 0 \qquad -176,5 \qquad 0$

$(\overline{W}_P)_B \quad -141 \qquad\quad 0 \qquad -209,79 \qquad 0$

$$6\,NO_3' + 5\,S + 2\,CO_3'' = 5\,SO_4'' + 2\,CO_{2\,g} + 3\,N_{2\,g}$$

$(\underline{A_n^0})_B \quad -6\cdot 26,5 \qquad 0 \qquad -2\cdot 125,76 \quad -5\cdot 176,5 \quad -2\cdot 94,26 \qquad 0$

$(\overline{W}_P^0)_B \quad -6\cdot 49,79 \qquad 0 \qquad -2\cdot 161,1 \quad\; -5\cdot 209,79 \;-2\cdot 94,25 \qquad 0$

$\underline{A_n^0} = -660\ \text{Kal};\quad W_P^0 = -612\ \text{Kal}.$

Die denitrifizierenden Sulfatbakterien, auf die sich das Schema der letzten Gleichung bezieht, leben anaerob, sie verschaffen sich, wie die Reaktionsgleichung zeigt, den zur Oxydation des S nötigen Sauerstoff durch Reduktion von Nitraten zu freiem Stickstoff — dieser Vorgang der Entbindung von freiem Stickstoff aus seinen Verbindungen wird als Denitrifikation bezeichnet — und mit der

---

[1] NATANSOHN, A.: Mitt. zool. Staatsinst. Neapel **15**, 655 (1902).

bei der Gesamtreaktion gewonnenen arbeitsfähigen Energie reduzieren sie CO_2 und bauen damit die Kohlenstoffverbindungen ihres Körpers auf.

Von weiteren Anorgoxydanten seien noch angeführt:

1. **Die Eisenbakterien** (Spirophyllum). Sie oxydieren Eisenoxydulkarbonat zu Eisenoxydhydrat ($Fe^{..}$ zu $Fe^{...}$), leben autotroph, reduzieren mittels der bei der Eisenoxydation gewonnenen arbeitsfähigen Energie CO_2 und verwenden es als Körperbaustoff.

2. Die von POTTER[1] studierten **Kohlebakterien**. Sie oxydieren festen Kohlenstoff zu CO_2. Daß es sich hierbei wirklich um einen biologischen Prozeß handelt, ergibt sich daraus, daß die CO_2-Produktion aufhört, sobald supravitale Temperaturen überschritten werden. Sofern also, wie dies POTTER angibt, durch die Vorbehandlung der Kohle usw. wirklich jede Möglichkeit einer anderen Kohlenstoffquelle aus dem Substrat oder Luft ausgeschlossen war, dürfte das weitere Studium dieser Bakteriengruppe insofern von Bedeutung sein, als die unter starker Abnahme von G vor sich gehende Bildungsreaktion der CO_2 ($\underline{\varDelta G^0_B} = -94{,}26$ Kal) bei Zimmertemperatur eines Katalysators bedarf, den diese Bakterien anscheinend besitzen. Die Technik verfügt aber zur Zeit über keinen derartigen Katalysator, obwohl ein solcher für die Ausnutzung der arbeitsfähigen Energie der Kohle von größter Bedeutung wäre.

2. Oxydationen organischer Stoffe.

Die Oxydationen aller organischen Substanzen durch Sauerstoff vom Partialdruck in der Atmosphäre verlaufen unter Abnahme von G, mit positivem $\underline{\varDelta G'}$, und die Zahl der organischen Stoffe, die zur Gewinnung arbeitsfähiger Energie von verschiedenen Pflanzenarten oxydiert werden, ist sehr groß. Wir treffen dieselben Stoffe an, deren sich auch die Technik bedient. Die Methan verarbeitenden Bakterien sind bereits erwähnt. Ihnen schließen sich auf Petroleumfeldern lebende Bakterien an, die aromatische Kohlenwasserstoffe oxydieren. Erwähnt seien die von TAUSSON[2] studierten Bakterien, die Toluol und Benzol verarbeiten. Den auf mit Benzol gesättigten wäßrigen Lösungen gedeihenden Bakterien dient die Oxydation des Kohlenwasserstoffs als einziges

---

[1] POTTER, M.: Proc. Roy. Soc. Ser. B. **80**, 739 (1908).
[2] TAUSSON, W.: Planta (Berl.) **7**, 735 (1929).

Oxydationsmaterial. Mit der gewonnenen arbeitsfähigen Energie reduzieren sie CO_2. Da die Aktivität des Benzols in der gesättigten wäßrigen Lösung (bezogen auf reines Benzol als Standardzustand) gleich der Aktivität des reinen Benzols ist, da es ja mit ihm im Gleichgewicht steht, so berechnet sich $\underline{A_n}$, falls totale Oxydation stattfindet, folgendermaßen:

$$C_6H_6 + 15\,O_2 = 6\,CO_2 + 3\,H_2O$$

$$(\underline{A_n^0})_B \quad 28{,}85 \qquad 0 \qquad -\,6 \cdot 94{,}26 \;-\; 3 \cdot 56{,}56$$

$$\underline{A_n^0} = -\,764{,}1;\quad \underline{A_n} = \underline{A_n^0} + \Sigma\,\nu_i\,RT\ln a_i = -\,764{,}1 - 15 \cdot 1{,}365 \cdot$$
$$\overline{\log}\;0{,}2 + 6 \cdot 1{,}365 \cdot \log\;0{,}0003 = -\,729{,}3\;\text{Kal (wegen } a_{O_2} = 0{,}2$$
$$\text{und } a_{CO_2} = 0{,}0003).$$

Es kann also bei der vollständigen Oxydation des Benzols in der Zelle pro Mol eine Arbeit gewonnen werden, die etwa zur Reduktion der bei der Oxydation gewonnenen CO_2 zu Glukose ausreicht. Sollte es einmal möglich sein, den „Reinnutzeffekt" der gekoppelten Reaktion bei den Benzolbakterien zu bestimmen, so wird sich vielleicht ähnlich wie bei den Wasserstoffbakterien ein hoher Wert ergeben. Vorläufig wissen wir aber noch nicht einmal, ob die Oxydation des Benzols in den Zellen überhaupt vollständig ist oder nicht.

Wenn auch einzelne Pflanzenarten ihre Betriebsenergie durch Oxydation der gleichen Stoffe gewinnen, deren sich die Technik bedient, der Kohle, der gasförmigen und flüssigen Kohlenwasserstoffe (Gas- bzw. Ölmotoren), so hat sich doch die Mehrzahl, insbesondere die höheren Pflanzen, auf die Oxydation komplizierterer Kohlenstoffverbindungen eingestellt, insbesonders der Kohlehydrate, Fette und Eiweißkörper. Während die von den Eisenbakterien durchgeführte Oxydation des zweiwertigen zum dreiwertigen Fe als eine Ionenreaktion auch bei Zimmertemperatur mit großer Geschwindigkeit verläuft, wie manche Oxydations- und Reduktionsprozesse in der Zelle, gehören die genannten organischen Stoffe zu denjenigen, die unter den Temperatur- und Druckbedingungen des Organismus nur unmeßbar langsam oxydiert werden, sofern nicht durch die Anwesenheit besonderer Katalysatoren (Fermente) eine Erhöhung der Reaktionsgeschwindigkeit eintritt.

Die Wirkung der Katalysatoren kann auf verschiedenen Ursachen beruhen, auf die hier nicht näher eingegangen wird. Wohl die wichtigste ist die, daß der Katalysator Atomgruppen der reagierenden Stoffe aktiviert, wozu eine gewisse Verschiebung innerhalb der betreffenden Moleküle erforderlich ist. Die Katalysatoren für die Oxydation der genannten Stoffe sind, wie WARBURG nachwies, nicht frei im Plasma gelöst, sondern an deren Strukturteile gebunden. Nach WARBURG[1] ist im Tier- und Pflanzenreich ein Atmungsferment weit verbreitet, das seiner chemischen Natur nach ein Hämin ist, eine gewissen Chlorophyllderivaten verwandte Substanz. Seine Wirkung beruht darauf, daß es in organischer Bindung $Fe^{..}$ enthält, das bei Berührung mit O_2 in die dreiwertige Form übergeht, und, indem es bei Kontakt mit organischer oxydabler Substanz wieder in den zweiwertigen Zustand zurückkehrt, den O_2 auf letztere überträgt. Dieses Atmungsferment aktiviert und überträgt also nach dieser durch Modell- wie Zellversuche (vollständige Oxydation von Aminosäuren, Fruchtzucker an den eisenhaltigen Stellen von Blutkohle, spektroskopische Untersuchung der am Licht dissoziierenden Verbindung des Atmungsfermentes mit CO, Atmungshemmung durch geringe HCN- und CO-Konzentration) gut fundierten Vorstellung Sauerstoff.

Dagegen sieht WIELAND[2] das Wesen der typischen Oxydation im Organismus in der Aktivierung von Wasserstoff und der Übertragung des aktivierten Wasserstoffs auf Luftsauerstoff, wobei zunächst H_2O_2 gebildet wird. Er stützt diese Auffassung auf Versuche, nach denen Zellen statt Sauerstoff auch Methylenblau und andere Wasserstoffakzeptoren geboten werden können (nach LIPSCHÜTZ[3] z. B. o-Nitrophenylhydroxylamin), wobei die gleichen Oxydationsprodukte auftreten wie bei Sauerstoffzutritt, z. B. bei den Alkohol oxydierenden Essigsäurebakterien Essigsäure. Diese Dehydrierungsoxydation ist ziemlich unempfindlich gegen HCN oder CO[4]. Den Einfluß der Blausäure auf die Zelloxydationen erklärt WIELAND als Hemmung des den gebildeten H_2O_2 spaltenden Fermentes Katalase. Wichtig ist der Befund von KUHN[5], daß auch Schwermetallkatalysen unempfindlich gegen HCN sein können, z. B. die Häminkatalyse der Oxydation unlöslicher Fettsäuren. KEILIN[6] und andere nehmen eine vermittelnde Stellung ein, indem sie die normale Kohlehydrat- usw. Oxydation als einen

[1] WARBURG, O.: Die katalytischen Wirkungen. Berlin 1928.
[2] WIELAND, H.: Ber. dtsch. chem. Ges. **45**, 2606 (1912); **55**, 3639 (1922).
[3] LIPSCHÜTZ u. OSTERROTH: Pflügers Arch. **205**, 354 (1924).
[4] WIELAND, FREYE and ROSENFELD: Ann. Chem. **437**, 1, 32 (1929).
[5] KUHN: Z. physik. Chem. **185**, 193 (1929).
[6] KEILIN: Proc. roy. Soc. London Ser. B. **104**, 206 (1929).

komplizierten Vorgang betrachten, an der sowohl Dehydrasen wie Warburgsches Atmungsferment beteiligt sind. Haber und Willstätter[1] haben eine Theorie der Oxydationsfermentwirkung entwickelt, die auf Kettenreaktionen unter Beteiligung von Radikalen beruht.

Vom thermodynamischen Standpunkt aus ist die heute im Mittelpunkt des physiologisch-chemischen Interesses stehende Diskussion der Wege der physiologischen Oxydation sekundär; denn bei gegebenen Ausgangs- und Endprodukten ist der maximale Gewinn arbeitsfähiger Energie unabhängig vom — isotherm gedachten — Wege. Deshalb soll in eine Diskussion der verschiedenen Atmungstheorien hier nicht eingetreten werden. Dagegen erscheint es von unserem Betrachtungsstandpunkt aus wichtig, sich etwas näher mit den Begriffen 1. Oxydations- (Reduktions-, Oxydo-Reduktions-) Potential, 2. Aktivierung, 3. Katalyse und ihrem gegenseitigen Verhältnis zu befassen, da in der physiologisch-chemischen Literatur diese Begriffe meist sehr wenig präzis und vielfach falsch verwendet werden.

1. Das Oxydationspotential mißt die EMK an einer reversiblen indifferenten Elektrode (Platin-, Goldelektrode) gegenüber einer Wasserstoffelektrode von der H$\cdot$-Aktivität 1. Weil es die EMK einer reversiblen elektromotorischen Kette mißt, mißt es die maximale Nutzarbeit, die ein Stoff bei seiner Reaktion mit einer Standardvergleichssubstanz liefert, und die Oxydationspotentiale verschiedener Stoffe liefern eine Skala der Nutzarbeit, die maximal gewonnen werden kann, wenn man sich die in der Skala aufgenommenen Stoffe der Reihe nach reversibel und isotherm mit ein und derselben Vergleichssubstanz reagierend denkt. Ist das Potential negativ gegen die Standardwasserstoffelektrode, so spricht man statt von Oxydationspotential von Reduktionspotential und, da bei jeder derartigen reversiblen Kette Oxydation und Reduktion miteinander gekoppelt sind, und jede oxydierende oder reduzierende Substanz stets mehr oder weniger unrein, d. h. mit anderen reduzierten oder oxydierten Stufen derselben Stoffe vermischt ist, spricht man auch generell vom Oxydo-Reduktionspotential eines Systems oder eines Substanzgemisches (Näheres s. Kapitel 5, 11).

Ob in einem Substanzgemisch eine chemische Reaktion vor sich gehen kann, hängt davon ab, ob Vorgänge in ihm möglich sind, die mit Abnahme des thermodynamischen Potentials verbunden

---

[1] Haber, F. u. R. Willstätter: Ber. dtsch. chem. Ges. **64**, 2844 (1931).

sind, die Nutzarbeit liefern können; denn im Gleichgewicht gilt
ja $\Delta G = 0$. Deshalb kann der Betrag des Oxydo-Reduktionspotentials einer Substanz ein Maß liefern, ob sie einen anderen
oxydieren bzw. reduzieren kann oder nicht. Ist das Oxydationspotential eines Stoffes zu niedrig, um die Oxydation eines zweiten
zu bewirken, so kann es durch eine chemische Veränderung erhöht
werden, und die gebildete Substanz vom höheren Oxydationspotential mag nunmehr imstande sein, die gegebene Substanz zu
oxydieren. Wenn aber eine gegebene Substanz mit einer zweiten
nicht reagiert, so braucht dies nicht daran zu liegen, daß beide
Stoffe auf gleichem Potential sind, daß keine Nutzarbeit bei
ihrer Reaktion gewonnen werden kann, sondern, wie z. B. der
Fall Zucker/Luftsauerstoff beweist, kann der Eintritt einer Reaktion
auch dann ausbleiben, wenn sie mit einer sehr bedeutenden Abnahme des thermodynamischen Potentials verlaufen würde, sofern
nämlich ein hoher Reaktionswiderstand vorliegt. Man kann sich
die vorliegenden Verhältnisse sehr gut am Beispiel von Wasser-
massen klarmachen, die durch einen Staudamm am Herabströmen
gehindert werden. Der Staudamm entspricht dem Reaktionswiderstand; beim Herabfließen des Wassers (entsprechend dem
Eintreten der chemischen Reaktion) kann viel Nutzarbeit gewonnen
werden, das Wasser hinter dem Staudamm hat an sich ein aus-
reichendes Potential (entsprechend dem ausreichenden Oxydationspotential einer oxydierenden Substanz). Den Reaktionswiderstand
können wir uns auf verschiedene Weise beseitigt denken, z. B.
durch Öffnen von Schleusen im Staudamm. In diesem Falle tritt
ohne jede Erhöhung des „Potentials“ des Wassers die Reaktion
ein. Wir können aber auch bei geschlossenem Staudamm dies
Herabfließen, die Reaktion, eintreten lassen. Dazu bedarf es noch
eines Potentialhubes, der z. B. in Form einer Erdhebung hinter
dem Staudamm den Wasserspiegel über das Hindernis hinweghebt
und so die Reaktion ermöglicht, für deren Eintritt das vorhandene
Potential an sich ausreichte, wenn nicht ein zu hemmender Reaktionswiderstand eingeschaltet wäre. Nach dieser Erörterung der
tatsächlich vorliegenden Verhältnisse müssen wir wieder etwas
„thermodynamische“ Sprachstudien treiben.

In der Literatur wird bezeichnet als Erhöhung des Oxydationspotentials:

I. a) Der Vorgang der chemischen Veränderung einer Substanz,
durch den sein reversibles Potential gegenüber der Normalwasser-

stoffelektrode erhöht wird. Beispiel: Das Oxydationspotential des in der Wassermolekel gebundenen O_2 wird erhöht, wenn er durch Elektrolyse in freien Sauerstoff verwandelt wird, das Oxydationspotential von Ferroeisen wird erhöht, wenn es in Ferrieisen verwandelt wird.

b) Der Vorgang des Potentialhubes, der lediglich zur Überwindung eines Reaktionswiderstandes dient. Man nennt diesen Vorgang auch Aktivierung, die aufgewandte Energie Aktivierungsenergie. Beispiel: Man sagt: Das Oxydationspotential des Sauerstoffs wird erhöht durch Aktivierung.

II. In der Literatur wird bezeichnet als Aktivierung

a) der unter I. b) genannte Atomvorgang;

b) der allgemeinere Vorgang, daß ein Stoff, der zunächst nur langsam — eventuell unmeßbare langsam — reagiert, zu schnellerer Reaktion gebracht wird, ohne daß dabei irgend etwas über den Weg ausgemacht wird, auf dem die Beschleunigung zustande kommt. In diesem Sinne gebraucht z. B. häufig WARBURG das Wort Aktivierung. Außer der Aktivierung im engeren Sinne können an einer Aktivierung im weiteren Sinne von II. b) noch zahlreiche verschiedene andere Momente beteiligt sein (Konzentrationserhöhung, Stoffe, die die bei Zusammenstößen freiwerdende, sonst hinderliche Energie aufnehmen usw.). Wenn die Reaktionsbeschleunigung durch Vermittlung von Stoffen erfolgt, die selbst nicht in der Reaktion verbraucht werden, spricht man von Katalyse, andernfalls von Induktion.

Nach dieser Abschweifung wenden wir uns wieder der totalen Oxydation der Kohlehydrate, Fette und Eiweißsubstanzen zu. Die Änderung von G dabei wird vielfach gleich dem W_P bei den betreffenden Reaktionen gesetzt, da wegen der hohen Wärmetönungen dieser Reaktionen das Glied $T \varDelta S$ in Gl. [103] klein gegen $\varDelta H$ und bei Annäherungsrechnungen zu vernachlässigen. Indes ist es auf Grund des NERNSTschen Wärmetheorems und von Messungen spezifischer Wärmen organischer Substanzen bis zu tiefsten Temperaturen in neuerer Zeit auch möglich geworden, die Änderung von G für einen Teil dieser Prozesse einigermaßen exakt, für einen anderen Teil (Fette, Eiweiß) annäherungsweise mittels der NERNSTschen oder anderer Annäherungsformeln zu berechnen. Zum ersten Male sind derartige Berechnungen in einer Arbeit von Baron und Polanyi[1] durchgeführt worden. Die totale Oxydation des Zuckers vollzieht sich nach der Gleichung

$$C_6H_{12}O_{6\,s} + 6\,O_{2\,g} = 6\,H_2O_l + 6\,CO_{2\,g}$$

$(A_n^0)_B$ —216   0   —6 · 56,56 —6 · 94,26, $A_n^0 = -688{,}92$ Kal

$(\overline{W}_P^0)_B$ —303   0   —6 · 68,33 —6 · 94,25, $\overline{W}_P^0 = -672{,}48$ Kal.

Für eine Umrechnung dieser Werte vom Standardzustand in den realen Zustand müssen wir berücksichtigen, daß $P_{O_2} = 0{,}2$ atm, $P_{CO_2} = 0{,}0003$ atm. Wir erhalten also für den hinzuzufügenden Faktor $\Sigma\,\nu_i\,RT \ln a_i$ 6 · 1,365 (0,7 — 3,52) $= -23{,}1$ Kal. $A_n = -688{,}92 - 23{,}1 = -712{,}02$, für die Verbrennung von $\frac{1}{6}$ Mol Zucker (Bildung von 1 Mol CO_2) ergibt sich $A_n' = 118{,}67$. Nimmt man an, daß nicht fester Zucker, sondern gelöster oxydiert wird, so muß man die einzusetzende Aktivität schätzen und $\underline{A_n}$ etwa gemäß Gl. [370] S. 362 berechnen. Die dort durchgeführte Berechnung bezieht sich zwar auf den umgekehrten Prozeß der CO_2-Reduktion zu Zucker, aber die für diese Reaktion sich ergebenden $\underline{A_n}$-Werte sind ja die $\underline{A_n'}$-Werte der in umgekehrter Richtung ablaufenden Reaktion. Es ergibt sich also für die Verbrennung von 1 Mol Zucker von $a = 0{,}001\ A_n' = -708$, für die von $\frac{1}{6}$ Mol 118 Kal.

Für die Verbrennung von Fetten legen wir die totale Oxydation von Tristearin nach der Gleichung

$$C_{57}H_{110}O_{6\,s} + 81{,}5\,O_{2\,g} = 57\,CO_{2\,g} + 55\,H_2O_l$$

zugrunde. Den Standardwert der Bildungsnutzarbeit für Tristearin finden wir nicht tabellarisiert, wir berechnen daher den ΔG^0-Wert für obige Reaktion mit Hilfe der Nernstschen Näherungsgleichung. 1 g Tristearin liefert 9,5 Kal Verbrennungswärme. Das Molekulargewicht beträgt 890, also liefert 1 Mol $W_P'^{\,0} = 8455$ Kal. Nach der Nernstschen Näherungsgleichung ist, wenn wir $-\Delta G^0 = -\underline{A_n^0} =$ RT 2,3 log K_p gemäß Gleichung [260] in Gleichung [259] einführen,

$$-\Delta G^0 = -W_P^0 + RT\,2{,}3\,(\Sigma\,\nu_{i_g}\,1{,}75 \log T + \Sigma\,\nu_{i_g}\,C)$$

$-W_P^0 = 8455$ Kal, $\Sigma\,\nu_{i_g} = -24{,}5$, weil ja nach S. 154 nur auf die gasförmigen Reaktionsteilnehmer zu beziehen ist, ferner nach Nernst $C_{CO_2} = 3{,}2$, $C_{O_2} = 2{,}8$, folglich $\Sigma\,\nu_{i_g}\,C = 57 \cdot 3{,}2 - 81{,}5 \cdot 2{,}8 = -45{,}8$ und $\Sigma\,\nu_{i_g}\,1{,}75 \log T = -24{,}5 \cdot 1{,}75 \log 298 = -42{,}87 \cdot 2{,}4742 = -104$.

$$-\Delta G^0 = 8455 - 1{,}365\,(104 + 45{,}8) = 8250{,}25 \text{ Kal.}$$

[1] Baron, J. u. M. Polanyi: Biochem. Z. **53**, 1 (1913).

Gehen wir vom Standardwert unserer Verbrennungsreaktion zu realen Bedingungen über, so haben wir zu $-\varDelta G^0 = A_n'^0$ noch den Faktor $-\mathrm{RT}\,\varSigma\nu_i\ln a_i$ hinzuzufügen, also, da $a_{O_2} = 0,2$ und $a_{CO_2} = 0,0003$,

$$1,365\ (81,5\log 0,2 - 57\log 0,0003) = 196\ \mathrm{Kal}.$$
$$\underline{A_n'} = 8446,25\ \mathrm{Kal}.$$

Auf die Änderung des thermodynamischen Potentials bei der Eiweißspaltung soll hier nicht näher eingegangen werden; denn derartige Berechnungen sind nicht nur recht kompliziert, sondern auch ziemlich unsicher, teils wegen der Ungewißheit über die Natur der einzusetzenden Spaltprodukte, teils wegen der Fehler, die die Schätzung der Änderung von G bei diesen Stoffen bedingt, da die zur exakten Bestimmung notwendigen Messungen der spezifischen Wärmen bei diesen Stoffen noch nicht vorliegen. Immerhin läßt sich sagen: Die Unterschiede zwischen W_P und $\varDelta G$ sind bei den Eiweißspaltungen nicht sehr groß. BARON und POLANYI[1] berechnen für die Spaltung von Eiweiß im tierischen Organismus pro Gramm $A_n' = 4,4\ \mathrm{Kal}$, $W_P' \doteq 4,1\ \mathrm{Kal}$.

B. Spaltstoffwechsel, anaerobe und oxydative Gärungen.

1. Spaltstoffwechsel.

Die Oxydation der Fette in der Pflanzenzelle geht wohl in der Regel so vor sich, daß diese zunächst unter Sauerstoffaufnahme in Kohlehydrate verwandelt und dann letztere oxydiert werden. Der respiratorische Quotient $\dfrac{\varDelta n\,CO_2}{-\varDelta n\,O_2}$, der bei der Kohlehydratatmung (totale Oxydation) theoretisch 1 ist, ist also bei der Fettveratmung < 1. Die Oxydation der Kohlehydrate erfolgt vermutlich nicht direkt, sondern erst nach deren Spaltung in Dreikohlenstoffkörper (Methylglyoxal, Brenztraubensäure). Abgesehen von dieser Spaltung tritt jedoch auch bei normaler Sauerstoffversorgung in der Pflanzenzelle ein Spaltungsstoffwechsel — ohne Sauerstoffverbrauch — auf, eine intramolekulare Oxydation, bei der Spaltprodukte auftreten, die teils höher, teils niedriger oxydiert sind, als der gespaltene Körper. Als Spaltprodukte finden sich Alkohol, Milchsäure, Buttersäure usw. Es wird also gespalten gemäß den Gleichungen

---

[1] BARON, J. u. M. POLANYI: Biochem. Z. **53**, 1 (1913).

$$C_6H_{12}O_6 = 2\ CH_3CH_2OH + 2\ CO_2\,,$$
$$C_6H_{12}O_6 = 2\ CH_3CHOHCOOH\,,$$
$$C_6H_{12}O_6 = CH_3CH_2CH_2COOH + 2\ CO_2 + 2\ H_2.$$

Der Spaltstoffwechsel tritt aber bei normaler Sauerstoffversorgung in höheren Pflanzen meist nicht hervor, weil die gebildeten Spaltprodukte wieder zur Ausgangssubstanz resynthetisiert werden, und zwar, wie aus den Arbeiten von MEYERHOF[1] und GENEVOIS[2] hervorgeht, auf Kosten der arbeitsfähigen Energie, die bei der totalen Oxydation eines Teils des Oxydationsmaterials gewonnen werden kann. Jedoch läßt sich in quellenden unverletzten Samen auch ein beträchtlicher Spaltungsstoffwechsel nachweisen, da die O_2-Versorgung in ihnen unzureichend ist, so daß die totale Oxydation, soweit sie stattfindet, nicht genügend arbeitsfähige Energie liefert, um den gesamten Spaltstoffwechsel durch Resynthese wieder rückgängig zu machen. In der Regel werden durch totale Oxydation von 1 Molekül Zucker etwa 5 Moleküle Zucker aus Spaltprodukten resynthetisiert, jedoch ist der Quotient $\dfrac{\text{verschwundener Spaltungsumsatz}}{\text{dazu benötigte totale Oxydation}}$, beide Größen auf Mole Zucker umgerechnet, je nach den Lebensbedingungen der Zellen verschieden, so daß anscheinend keine stöchiometrische, sondern nur eine energetische Koppelung der Prozesse bei der Resynthese durch totale Oxydation besteht. Diese energetische Koppelung kann, wie GENEVOIS fand, durch Blausäure aufgehoben werden. Es tritt dann bei Blausäurekonzentrationen, die die totale Oxydation noch nicht wesentlich hemmen, auch bei höheren Pflanzen in Luft der Spaltstoffwechsel zutage. Es hat sich gezeigt, daß im tierischen Organismus der Spaltstoffwechsel von besonderer Bedeutung für die Arbeitsaufwand erfordernden Leistungen ist, insbesondere für das Wachstum (Tumorarbeiten von WARBURG[3]). Nach den Ergebnissen von GENEVOIS gilt dies vielleicht auch für Pflanzen. Dafür spricht jedenfalls, daß jugendliche wachsende Teile einen relativ hohen Spaltstoffwechsel haben. Es scheint durchaus möglich, daß auch die bekannte Wirkung der Blausäure auf das Frühtreiben der Sprosse mit der von GENEVOIS gefundenen Wirkung der Blausäure auf den Oxydationsspaltstoffwechsel zusammenhängt. Normalerweise wäre der

---

[1] MEYERHOF, O.: Ber. dtsch. chem. Ges. **58**, 991 (1925).

[2] GENEVOIS, L.: Rev. gén. Bot. **40**, 654, 736 (1928); **41**, 49 etc. (1929); Biochem. Z. **186**, 461 (1927); **191**, 147 (1927).

[3] WARBURG, O.: Über den Stoffwechsel der Tumoren. Berlin 1926.

das Austreiben bedingende Spaltstoffwechsel wegen der resynthetisierenden Koppelung mit Oxydationsvorgängen gehemmt, bei Blausäurebehandlung würde der Spaltstoffwechsel übernormal fortschreiten und das embryonale Wachstum, das Austreiben, bedingen[1].

Bringt man höhere Pflanzen unter sehr niedrigen Sauerstoffpartialdruck oder in sauerstofffreie Atmosphäre, so verschiebt sich das Verhältnis zwischen totaler Oxydation und Spaltstoffwechsel, bei dem vorher erstere überwog, zugunsten des letzteren; denn bei fehlendem O_2 kann ja weder die totale Oxydation, noch eine durch sie bedingte Resynthese von Spaltprodukten ablaufen. Die wechselseitige Beziehung von Oxydations- und Spaltstoffwechsel, daß nämlich erhöhte Atmung den Spaltstoffwechsel herabsetzt, die sogenannte PASTEURsche Reaktion, besteht ganz allgemein. Dagegen variiert, je nach der Pflanzenart und Lebensbedingung, das Verhältnis, in dem ceteris paribus Oxydations- und Spaltstoffwechsel zueinander stehen. Bei höheren Pflanzen liegt es unter normalen Lebensbedingungen praktisch ganz auf Seiten der Oxydation, bei vielen niedrigen Pflanzen, z. B. bei den untergärigen Kulturhefen, ist dagegen im Gegensatz zu den höheren Pflanzen beim O_2-Partialdruck der Atmosphäre die totale Oxydation minimal, der Spaltstoffwechsel, der Alkohol erzeugt, sehr groß, das Verhältnis Oxydation : Spaltung unter Normalbedingungen etwa 1 : 99. Selbst unter den günstigsten Durchlüftungsbedingungen werden $^4/_5$ des umgesetzten Zuckers vergoren und nur $^1/_5$ veratmet (GILTAY und ABERSON[2]). Damit sind wir zu dem Gärungsstoffwechsel gelangt, der, jedenfalls im Bereich der echten, anaeroben Gärungen, nichts anderes ist als der dem Spaltstoffwechsel der höheren Pflanzen entsprechende Prozeß.

2. Die anaeroben Gärungen.

Die echten Gärungen sind anaerobe, ohne Zutritt von Luftsauerstoff ablaufende Spaltungsprozesse organischer Substanzen, in deren Verlauf a) Spaltprodukte auftreten, die höher oxydiert sind als die Ausgangssubstanzen, und zwar auf Kosten anderer reduzierter Spaltprodukte; b) Spaltprodukte insofern oxydiert werden, als in einzelnen Atomgruppen derselben der Kohlenstoff höher oxydiert wird als er es im Gärungsmaterial ist, auf Kosten

---

[1] BORESCH, K.: Z. Krebsforsch. **28**, 1 (1929).
[2] GILTAY u. ABERSON: Jb. Bot. **26**, 543 (1894).

der Reduktion des Kohlenstoffs in anderen Atomgruppen der Spaltprodukte. Im folgenden sind für einige Gärungen Bilanzgleichungen und die thermodynamischen Standardwerte angegeben. Die Gleichungen beziehen sich jeweils auf einen bestimmten Gärprozeß, aber nicht jeweils auf die Gärung eines bestimmten Organismus; denn jeder Gärungserreger produziert zahlreiche Gärprodukte, d. h. er vergärt gleichzeitig das Gärmaterial zu verschiedenen Stoffen, er gärt gleichzeitig „nach verschiedenen Gleichungen". Weiteres Material zur Thermodynamik von Gärungen findet man bei BUCHANAN und FULMER[1].

Die alkoholische oder Hefegärung

$$C_6H_{12}O_{6\,s} = 2\,CH_3CH_2OH_l + \qquad 2\,CO_{2g}$$

$(\underline{A_n^0})_B$	-216	$-2\cdot41{,}74$	$-2\cdot94{,}26$
$(\overline{W_P^0})_B$	-303	$-2\cdot66{,}34$	$-2\cdot94{,}25$

$\underline{A_n^0} = -56\,Kal,\; W_P^0 = -18\,Kal.$

Die Buttersäuregärung

$$C_6H_{12}O_{6\,s} = CH_3CH_2CH_2COOH + \quad 2\,CO_{2g} \; + 2\,H_{2g}$$

$(\underline{A_n^0})_B$	-216	$-93{,}1^2$	$-2\cdot94{,}26$	0
$(\overline{W_P^0})_B$	-303	$-130{,}4$	$-2\cdot94{,}25$	0

$\underline{A_n^0} = -65{,}6\,Kal,\; W_P^0 = -15{,}9\,Kal.$

Die Butylalkoholgärung

$$C_6H_{12}O_{6\,s} = CH_3CH_2CH_2CH_2OH_l + 2\,CO_{2g} \; + H_2O_l$$

$(A_n^0)_B$	-216	$-40{,}8^3$	$-2\cdot94{,}26$	$-56{,}56$
$(W_P^0)_B$	-303	-80	$-2\cdot94{,}25$	$-68{,}33$

$\underline{A_n^0} = -69{,}9\,Kal,\; W_P^0 = -33{,}9\,Kal.$

Die anaerobe Essigsäuregärung

$$C_6H_{12}O_{6\,s} + 2\,H_2O_l = 2\,CH_3COOH_l + \quad 2\,CO_{2g}$$

$(\underline{A_n^0})_B$	-216	$-2\cdot56{,}56$	$-2\cdot94{,}3$	$-2\cdot94{,}26$
$(\overline{W_P^0})_B$	-303	$-2\cdot68{,}33$	$-2\cdot117$	$-2\cdot94{,}25$

$A_n^0 = -48\,Kal,\; W_P^0 = +17{,}16\,Kal.$

Die Größe $\underline{A_n^0}$ bezieht sich auf den Standardzustand. Der Wert unter realen Bedingungen weicht davon um die Größe $\Sigma\,\nu_i\,RT\ln a_i$

---

[1] BUCHANAN, E. and E. FULMER: Physiol. and Biochem. of Bacteria. London 1930.

[2] n-Buttersäure.

[3] n-Butylalkohol.

ab. Diese Größe wird im allgemeinen den Wert des Gewinnes an arbeitsfähiger Energie noch etwas vermehren; würde der Zucker aus gesättigter Lösung im Plasma veratmet, so würde, da diese ja im Gleichgewicht mit festem Zucker steht, und infolgedessen für den Übergang $C_6H_{12}O_{6\,s} \rightarrow C_6H_{12}O_{6\,aq.\,ges.}$ $\underline{A_n} = 0$ ist, für den Zucker keine Korrektur anzubringen sein, und das Glied $\Sigma \nu_i RT \ln a_i$ gleich der — negativen — Arbeit sein, die mindestens aufgewandt werden muß, wenn man sich die Gärprodukte isotherm von der Aktivität 1 auf ihre reale Aktivität gebracht denkt, also mehrere Kal. Wäre der Zucker in einer Konzentration im Plasma, die etwa $\dfrac{1}{100}$ seiner Sättigungskonzentration entspricht, so wäre zu $\underline{A_n}$ noch RT 2,3 log 100 = 2,7 Kal zu addieren, von $\underline{A_n'}$ also zu subtrahieren. Tatsächlich können die Gärungsorganismen meist in sehr hohen Zuckerkonzentrationen (Hefe bis 60% Glukose) gären. Hefe läßt man selbst in der Technik oft auf 25% Zuckerlösungen gären. Andererseits treten die Gärprodukte in Konzentrationen auf, die ganz wesentlich unter ihrer Standardkonzentration liegen. Das gilt in erster Linie von den als Gase auftretenden Stoffen; denn CO_2 und H_2 treten meist unter den kleinen Partialdrucken auf, die sie in der Atmosphäre haben. Dadurch wird die gewinnbare arbeitsfähige Energie noch um einige Kal vergrößert und auch beim „gedachten" Übergang der kondensierten Gärprodukte wie Alkohol aus dem Standardzustand in den realen Zustand gewinnen wir Arbeit. Die angegebenen Standardwerte werden also im allgemeinen noch einen kleineren Gewinn an arbeitsfähiger Energie anzeigen, als er unter realen Bedingungen erzielt wird. Wir haben als Standardzustand des entstehenden wäßrig gelösten Alkohols nicht wie im allgemeinen für gelöste Stoffe die 1molige Lösung, sondern den reinen flüssigen Alkohol gewählt, weil für diesen Zustand $(\underline{A_n^0})_B$ ohne Rechnung aus Tabellen zu entnehmen ist. Eine Berechnung von $\varDelta G = \underline{A_n}$ für den realen Zustand führen wir nicht aus, FULMER und LEIFSON[1] geben für die Rohrzuckergärung der Hefe die Zunahme des Gewinns an arbeitsfähiger Energie gegenüber dem Standardzustand zu 22,08 bzw. 23,36 bzw. 24,95 Kal an, wenn bei $a_{C_{12}H_{22}O_{11}} = 0{,}5$ und $a_{CO_2} = 0{,}0003$ die Aktivität des Alkohols $2{,}1 \cdot 10^{-1}$ bzw. $2{,}1 \cdot 10^{-2}$ bzw. $2{,}1 \cdot 10^{-4}$.

---

[1] FULMER, E. and E. LEIFSON: Lowa State Coll. J. Sci. **2**, 159 (1928). Die Arbeit war mir leider nicht zugänglich.

Wir können demnach aus den angegebenen A_n^0-Werten schließen: Bei den betrachteten Gärungen beträgt der Gewinn an arbeitsfähiger Energie mehrere 100 % des Betrages der Wärmetönung. Diese außerordentliche Höhe des möglichen Arbeitsgewinns gegenüber der Änderung des Wärmeinhalts bei den anaeroben Gärungen — bei der anaeroben Essigsäuregärung ist sogar das Vorzeichen von W_P und ΔG verschieden — ist vom ökonomischen Standpunkte von hervorragender Bedeutung. Sie bedingt eine besondere Eignung dieser Reaktionen als arbeitsliefernde Prozesse. Zugleich zeigt sie, daß die älteren auf dem Vergleich von Wärmetönung bei totaler Oxydation und Gärung aufgebauten Anschauungen über das Verhältnis der Leistungsfähigkeit beider Prozesse sehr zugunsten der Gärung revidiert werden müssen; denn bei der totalen Oxydation des Zuckers sind ja $\Delta G'$ und W_P' fast gleich. Freilich ist der pro Mol vergorenen Zuckers für die Zelle mögliche Gewinn an Nutzarbeit noch nicht 10 % des möglichen Gewinns bei der vollständigen Oxydation des Zuckers durch Luftsauerstoff (S. 317). Das macht den relativ hohen Verbrauch an Gärmaterial gegenüber dem bei der totalen Oxydation mit Luftsauerstoff verständlich. Indessen wäre es von hohem Interesse, bei Organismen, die zu beiden Arten der Energiegewinnung befähigt sind, festzustellen, inwieweit bei gleichem $\Delta G'$ in beiden Fällen auch die dadurch bewirkten Nutzarbeitsleistungen gleich oder verschieden sind, ob in beiden Fällen die gewonnene Arbeitsfähigkeit gleich gut ausgenützt werden kann oder nicht.

Zu den anaerobiontisch lebenden Gärungserregern gehören auch die Zellulose vergärenden Bakterien. Bei dieser Gärung treten Essigsäure, Buttersäure, CO_2, daneben je nach der Art der Bakterien H_2 oder CH_4 auf. Da alle genannten Stoffe wiederum im Stoffwechsel anderer Bakterien als Bau- oder Betriebsmaterial Verwendung finden können, so ist ihre Bedeutung in der Natur sehr groß; denn sie sorgen, ebenso wie die Pektin und Chitin vergärenden Organismen, dafür, daß die im Stoffwechsel der Pflanzen gebildeten und beim Absterben in den Boden übergehenden Stoffe wieder von Pflanzen ausgenutzt werden können. Die gleiche Wirkung hat die Tätigkeit der großen Gruppe der Fäulniserreger, die Eiweißstoffe abbauen, wobei NH_3, N, H_2, H_2S, anorganische Phosphorverbindungen usw. auftreten.

3. Die oxydativen Gärungen und unvollständigen Oxydationen.

Viele Organismen oxydieren bei Sauerstoffgegenwart organisches Brennmaterial nicht bis zu CO_2 und H_2O, sondern nur zu weniger oxydierten Endprodukten, z. B. organischen Säuren. Der unvollständigen Oxydation entspricht ein im Vergleich zur vollständigen Oxydation des Materials geringer Gewinn an arbeitsfähiger Energie. Demnach ist, wie bei echten Gärungen, ein verhältnismäßig großer Stoffumsatz für diese Organismen charakteristisch. Von den zahlreichen verschiedenen Arten oxydativer Gärungen sei nur die oxydative Essigsäuregärung erwähnt, die von zahlreichen Bakterien, z. B. Bacterium aceti, durch Oxydation von Äthylalkohol durchgeführt wird. Schematisch verläuft der Vorgang im Standardzustand nach

I. $CH_3CH_2OH + O_2 = CH_3COOH_1 + H_2O$

$(\underline{A}_n^0)_B$ $-41{,}74$ 0 $-94{,}3$ $-56{,}56$, $\underline{A}_n^0 = -109{,}12$ Kal

$(\overline{W}_P^0)_B$ $-66{,}34$ 0 -117 $-68{,}33$ $\overline{W}_P^0 = -119$ Kal.

Um den Unterschied des Gewinns an arbeitsfähiger Energie bei dieser Reaktion und bei vollständiger Oxydation des Alkohols zu zeigen, führen wir auch die Gleichung für letztere Reaktion an

II. $CH_3CH_2OH_1 + 3\,O_2 = 2\,CO_2 + 3\,H_2O_1$

$(\underline{A}_n^0)_B$ $-41{,}74$ 0 $-2 \cdot 94{,}26$ $-3 \cdot 56{,}56$, $\underline{A}_n^0 = -316{,}5$ Kal

$(\overline{W}_P^0)_B$ $-66{,}34$ 0 $-2 \cdot 94{,}25$ $-3 \cdot 68{,}33$, $\overline{W}_P^0 = -327{,}2$ Kal.

Die bei der Gärungsreaktion I gewonnene arbeitsfähige Energie beträgt also nur etwas über ein Drittel der bei der Reaktion II gewonnenen. Immerhin ist absolut genommen der Gewinn an Arbeitsfähigkeit bei der oxydativen Gärung recht beträchtlich.

Die Gärung der Essigsäurebakterien ist von WIELAND und BERTHO[1] überaus eingehend studiert und als besonders gute Stütze ihrer Dehydrierungstheorie angesehen worden. Der Vorgang vollzieht sich — schematisch — nach deren Auffassung folgendermaßen:

$$CH_3CH_2OH + H_2O = CH_3COOH + 2\,H_2$$
$$H_2 + O_2 = H_2O_2, \quad H_2O_2 + H_2 = 2\,H_2O$$

In der Bilanz kommt dieser Weg auf die Gleichung I. heraus, und deshalb muß auch auf ihm ΔG^0 den zu -109 Kal berechneten Wert haben. Der freie O_2 dient nach diesen Gleichungen nur als

---

[1] WIELAND, H. u. A. BERTHO: Liebigs Ann. **467**, 95 (1928).

Wasserstoffakzeptor, und er kann im Experiment durch Methylenblau oder Chinon ersetzt werden, die dabei in Leukomethylenblau oder Hydrochinon übergehen. Auch Zucker, der von den Essigsäurebakterien bei O_2-Zutritt zu Oxalsäure oxydiert wird, kann von ihnen sauerstofflos durch zugesetzte Wasserstoffakzeptoren oxydiert werden.

Es wurde schon erwähnt, daß die Gärungsvorgänge der Gärungserreger keineswegs nach dem Schema einer einzigen Reaktionsgleichung ablaufen, sondern, daß stets eine ganze Reihe von Gärungsvorgängen abläuft, die zu zahlreichen Gärprodukten führen, wobei in manchen Fällen ein Gärprodukt in überragender Menge gegenüber den Mengen der anderen Gärprodukte entsteht. WILSON und PETERSON[1] haben unter Berücksichtigung der experimentell gefundenen Mengen aller Gärprodukte die Änderung des thermodynamischen Potentials für die Gärungen einer Reihe von Gärungsorganismen berechnet. Das Ergebnis ist prinzipiell das gleiche wie bei den obigen Berechnungen.

Wie bei den oxydativen Gärungen, so treten auch im Stoffwechsel höherer Pflanzen organische Säuren häufig als Oxydationsprodukte auf. Dies gilt insbesondere von der Oxalsäure. Obwohl deren Bildung, wie die folgende Gleichung zeigt, hohen Energiegewinn bringen kann, liegt doch die Bedeutung dieses Prozesses in vielen Fällen auf anderen Gebieten (osmotische-, Schutzwirkungen usw.), von denen hier nur eine näher erörtert werden mag. Eine Anhäufung organischer Säuren findet nachts in den Blättern der Succulenten statt, dickblättriger Pflanzen mit erschwerter CO_2-Versorgungsmöglichkeit. Bei der morgendlichen Belichtung zerfallen nun die Säuren unter CO_2-Bildung und liefern dadurch der Pflanze Reduktionsmaterial für die Kohlensäureassimilation.

$$C_6H_{12}O_{6\,s} + 4\,\tfrac{1}{2}\,O_2 = 3\cdot(COOH)_{2\,s} + 3\,H_2O_l$$

$$(\underline{A_n^0})_B \quad -216 \qquad 0 \qquad -3\cdot166 \qquad -3\cdot56{,}56,$$

$$\underline{A_n^0} = -452\ \text{Kal.}$$

II. Chemische Prozesse in der Pflanze mit Zunahme von G.

1. Die Bildung stickstofffreier Substanzen: Kohlehydrate und Fette.

a) Die Bildung von Kohlehydraten erfolgt vor allem durch Reduktion von Kohlensäure. Diese Reduktion kommt zustande:

---

[1] WILSON, P. and W. PETERSON: Chem. Rev. 8, 427 (1931).

I. Durch Aufwand chemischer Energie. Derartige Fälle sind bei den Besprechungen der Oxydationsprozesse, die die zu dem Prozeß erforderliche Energie liefern, wiederholt diskutiert worden. Es sei nur erinnert an das bei Besprechung der Wasserstoff- und nitrifizierenden Bakterien darüber Gesagte.

II. Durch Aufwand strahlender Energie. Diesem Vorgang ist der größte Teil des Kapitel 12 gewidmet.

Als Primärprodukt der CO_2-Reduktion wird meist Formaldehyd angenommen, der dann zu Hexosen, vermutlich vor allem Glukose, kondensiert wird. Zum Aufbau des Pflanzenkörpers werden die Hexosen zu Polysacchariden und deren Abkömmlingen (Zellulose, Pektin usw.) kondensiert und umgebaut. Diese Stoffe bilden den wesentlichsten Teil der pflanzlichen Zellmembranen. Ein beträchtlicher Teil der primär gebildeten Hexosen wird auch als Speicherstoff verwendet, sei es in Form der praktisch unlöslichen Stärke, sei es in Form von löslichen Disacchariden wie Rohrzucker, um später für Aufbau oder als Lieferant von Betriebsenergie dienen zu können. Die Zunahme von G bei allen diesen Umwandlungen der primär gebildeten Kohlehydrate ist nicht sehr beträchtlich, weshalb sie zum großen Teil auch leicht in umgekehrter Richtung ablaufen können; die einfachsten Umwandlungen bestehen ja nur in einer mit Dehydration einhergehenden Kondensation. Sehr genaue zahlenmäßige Angaben lassen sich aber nicht geben, da die zur Berechnung notwendigen thermischen Daten für die in Frage kommenden Stoffe noch nicht bis zu hinreichend tiefen Temperaturen gemessen sind.

b) Die Bildung von Fetten erfolgt durch Umwandlung von Kohlehydraten. Auf den Chemismus soll nicht näher eingegangen werden, sondern es sei nur darauf hingewiesen, daß bei dieser Umwandlung ein O_2-Verlust, z. B. in Form von O_2 oder CO_2-Abspaltung, stattfindet. Wir wollen ΔG^0 bei der Umwandlung des bereits bei den Oxydationen behandelten Tristearins berechnen unter Zugrundelegung einer hypothetischen Reaktionsgleichung, bei der die Fettbildung nur unter Abspaltung von O_2 und H_2O vonstatten geht. Würde man eine Reaktionsgleichung annehmen, bei der auch CO_2 abgespalten würde, so würde sich das Ergebnis, wie im folgenden gezeigt wird, wesentlich verschieben können.

Zur Durchführung der Rechnung müssen wir zunächst $(\underline{A_n^0})_B$ für Tristearin kennen. Dies ergibt sich aus der Gleichung

$$C_{57}H_{110}O_{6\,s} + 81,5\ O_{2\,g} = \quad 57\ CO_{2\,g} \quad + \quad 55\ H_2O_l$$

$$(\underline{A_n^0})_B \qquad x \qquad\qquad 0 \qquad\quad -57 \cdot 94,26 \quad -55 \cdot 56,56$$

$\underline{A_n^0} = \Sigma\,\nu_i\,(\underline{A_n^0})_{Bi} = -8250,25$ Kal (S. 317), also $x = -57 \cdot 94,26$
$-55 \cdot 56,56 + 8250,25 = -233,37$ Kal.

Denn bei gegebener Temperatur ist die zur Bildung der Ausgangsstoffe einer Reaktion aufgewandte reversible Nutzarbeit, da vom Wege unabhängig, gleich der reversiblen Nutzarbeit, die zur Bildung der Endprodukte aufzuwenden ist, abzüglich der reversiblen Nutzarbeit, die beim Ablauf der Reaktion aufzuwenden ist, oder zuzüglich der reversiblen Nutzarbeit, die beim Ablauf der Reaktion in umgekehrter Richtung aufzuwenden ist. Die Bildungswärme des Tristearin berechnet sich analog zu $(W_P)_B = -57 \cdot 94,25$ $-55 \cdot 68,33 + 8455 = -675,40$ Kal. Nunmehr können wir die Zunahme von G und W_P bei der Umwandlung von Glukose in Fett berechnen, wenn wir der Reaktion die Gleichung zugrunde legen:

$$19\ C_6H_{12}O_{6\,s} - 2\ C_{57}H_{110}O_{6\,s} + \quad 4\ H_2O_l + 4\,O_{2\,g}$$

$$(\underline{A_n^0})_B \quad -19 \cdot 216 \qquad -2 \cdot 233,62 \qquad -4 \cdot 56,56 \quad\ 0$$

$$(\underline{W_P^0})_B \quad -19 \cdot 303 \qquad -2 \cdot 675,40 \qquad -4 \cdot 68,33 \quad\ 0$$

$\underline{A_n^0} = 3410,52$ Kal
$\underline{W_P^0} = 4132,88$ Kal.

Zur Berechnung des Faktors $\Sigma\,\nu_i\,RT \ln \alpha_i$ brauchen wir nur $RT\,\nu_{O_2} \ln \alpha_{O_2} = -1,365 \cdot 4 \cdot 0,699 = -3,82$ Kal zu bilden, da für die übrigen Reaktionsteilnehmer wegen $\ln \alpha = \ln 1 = 0$ die Summation fortfällt. Es ist also $\underline{A_n} = 3410,52 - 3,82 = 3406,70$ Kal.

Da das Molekulargewicht des Tristearins 890, weil bei der Reaktion 2 Mole desselben gebildet werden, so ist pro Gramm gebildeten Tristearins $\Delta H = 2,32$ Kal. Ferner ist pro Gramm Tristearin $A_n = 1,91$ Kal.

Wie man sieht, ist die Zunahme des Wärmeinhalts bei der Fettbildung um etwa 20% größer als die Zunahme des thermodynamischen Potentials. Mit den von uns berechneten Werten wollen wir die Ergebnisse experimenteller Beobachtungen von Terroine[1] und Mitarbeitern über die Ausnutzung von Fettnahrung vergleichen. Diese Forscher züchteten den Pilz Sterigmatocystis a) auf fettreichem, b) auf glukosereichem Nährsubstrat und bestimmten aus den Verbrennungswärmen des verbrauchten Zuckers

---

[1] Terroine, E.: Bull. Soc. Chim. biol. Paris **9**, 597 (1927).

bzw. Fettes in beiden Fällen die Kalorienzahlen, die aufgewendet werden müssen, um ein und dieselbe Zunahme des Energieinhaltes des Pilzes zu erhalten. Aus ihrem Ergebnis schließen sie, daß durch die bei Fetternährung stattfindende Umwandlung von Fett in Kohlehydrate ein Energieverlust von etwa 20—25% entsteht. Es sei bemerkt, daß derselbe Energieverlust sich nach den experimentellen Ergebnissen der genannten Forscher auch für die Fettumwandlung in höheren Pflanzen berechnen läßt. $W_P'^0 = 8455$ Kal bei der Tristearinverbrennung im Standardzustand (S. 317) ist praktisch gleich W_P' bei der Verbrennung unter den realen Bedingungen ($a_{O_2} = 0,2$, $a_{CO_2} = 0,0003$), weil der Energieinhalt idealer Gase vom Volumen unabhängig ist. Da wir A_n' für die Verbrennung unter realen Bedingungen zu 8446,25 Kal berechneten, ist Wärmetönung und maximale Nutzarbeit bei der Reaktion praktisch gleich. Gleiches gilt nach S. 370 für die Oxydation der Kohlehydrate. Also gibt der Wert TERROINES für den Energieverlust auch den Wert für den Verlust an Arbeitsfähigkeit beim Ersatz der Kohlehydrate durch Fette an.

Voraussetzung für die Richtigkeit aller im vorstehenden bezüglich der Fettumwandlung in der Pflanze gezogenen Schlußfolgerungen ist freilich, daß das von uns angenommene Reaktionsschema im wesentlichen den realen Zellreaktionen entspricht. Das ist nicht der Fall, wenn wir uns die Fettbildung aus Glukose unter CO_2-Abspaltung erfolgt denken, wie dies bereits mehrfach angenommen wurde. Wir wollen dieser Art Fettbildung eine von TAMIYA[1] gewählte Reaktionsgleichung zugrunde legen:

$$145\ C_6H_{12}O_{6\,s} = 12\ C_{51}H_{58}O_{6\,s} + 258\ CO_{2\,g} + 282\ H_2O_1.$$

Die thermodynamischen Effekte dieser Tripalmitinbildungsreaktion können wir ganz analog dem soeben behandelten Falle der Tristearinbildung behandeln. Setzen wir die Verbrennungswärme von 1 g Fett mit 9,5 Kal an, so ist die von 1 Mol $C_{51}H_{98}O_6$ (Molgewicht 806 g) $W_P'^0 = 7657$ Kal. Daraus errechnet sich für die Verbrennungsreaktion

$$C_{51}H_{98}O_{6\,s} + 72,5\ O_{2\,g} = 51\ CO_{2\,g} + 49\ H_2O_1$$

$$(\underline{A_n^0})_B \qquad x \qquad 0 \qquad -51 \cdot 94,26 \quad -49 \cdot 56,56$$

$$(\overline{W_P^0})_B \qquad y \qquad 0 \qquad -51 \cdot 94,25 \quad -49 \cdot 68,33$$

nach Gleichung [259] und den S. 317 gemachten Angaben

$$-\varDelta G^0 = 7657 - 1,365\ (21,5 \cdot 1,75 \log 298 + 40) = 7476\ \text{Kal.}$$

[1] TAMIYA, H.: Acta phytochim. (Tokyo) **6** (1932); **7**, 27 (1933). — TAMIYA, H. u. S. YAMAGUTCHI: Acta phytochim. (Tokyo) **7**, 43 (1933).

Mit diesem Wert können wir $A_{\underline{n}}^0$ für Tripalmitin errechnen, indem
wegen $-\underline{\varDelta G^0} = -\varSigma\,v_i\,(A_{\underline{n}}^0)_{Bi}$

x = 7476 — 51 · 94,26 — 49 · 56,56 = — 102 Kal

y = 7657 — 51 · 94,25 — 49 · 68,33 = — 497 Kal, worin x bzw. y
$(A_{\underline{n}}^0)_B$ bzw. $(W_P^0)_B$ für Tripalmitin darstellen.

Diese Werte ermöglichen uns die Berechnung von $\underline{\varDelta G^0}$ und W_P^0
für die Fettbildungsreaktion nach der Gleichung

$$145\ C_6H_{12}O_{6s} = 12\ C_{51}H_{98}O_{6s} + 258\ CO_{2g} + 282\ H_2O_l$$

$(A_{\underline{n}}^0)_B$ —145 · 216   —12 · 102   —258 · 94,26   —282 · 56,56

$(\overline{W_P^0})_B$ —145 · 303   —12 · 497   —258 · 94,25   —282 · 68,33

$A_{\underline{n}}^0 = -$ 10173 Kal, $W_\Gamma^0 = -$ 5615 Kal.

Dies sind die kalorischen Werte für die Bildung von 12 Molen =
9672 g Tripalmitin, für 100 g errechnen sich daraus Werte von
$A_{\underline{n}}^0 = -$ 105 Kal, $W_P^0 = -$ 58 Kal. Es ergibt sich also bei diesem
Mechanismus der Fettbildung keine Wärmeaufnahme, sondern
Wärmeabgabe und keine Zunahme, sondern eine Abnahme des
thermodynamischen Potentials, d. h. die Fettbildung erfordert
keinen Aufwand an Nutzarbeit, sondern kann bei entsprechender
Leitung sogar beträchtliche Nutzarbeit leisten; denn die Betrachtung
der Zahlenwerte lehrt, daß auch bei im Organismus möglichen
und wahrscheinlichen Aktivitäten das Ergebnis in gleicher Richtung
liegt wie unter den berechneten Standardbedingungen.

Wie die Fettbildung aus Kohlehydraten nach diesem Reaktionsschema unter Energieabgabe verläuft, so soll nach TAMIYA
auch der Aufbau des Pilzkörpers von Aspergillus auf
Glukoselösungen mit CO_2- und Energieabgabe verlaufen,
im Gegensatz zu der allgemein verbreiteten Annahme, daß der
Aufbau von Körpersubstanz aus Nährstoffen stets unter Energieaufnahme erfolge. Demnach wäre bei auf Glukose wachsenden
Pilzkulturen höhere Wärme- und CO_2-Abgabe zu erwarten als
sie nach der Atmungsgröße auftreten dürfte. Das ist auch in der
Tat der Fall: TAMIYA berechnet für die Pilzkörpersubstanz als
Ganze eine Bruttoformel: $C_{86}H_{160}O_{45}N_7$. Ist die Nährsubstanz,
aus der der Pilzkörper gebildet wird, weniger oxydiert als dieser
— als Maß der Oxydationsstufe benutzt TAMIYA den theoretischen
respiratorischen Quotienten, den er Verbrennungsquotienten CQ
nennt — so wird beim Wachstum O_2 aufgenommen und der faktisch
beobachtete respiratorische Quotient ist kleiner als der theoretische
Verbrennungsquotient des betreffenden Nährmaterials, weil eben

ein Teil des aufgenommenen O_2 nicht zur Veratmung, sondern zum Aufbau von Pilzkörper verwendet wird. Ist die Nährsubstanz höher oxydiert als der Pilzkörper, ist also ihr CQ höher als CQ für den Pilzkörper (0,875), so ist der beim Wachstum beobachtete faktische respiratorische Quotient größer als dem CQ der Nährsubstanz entspricht, weil ein Teil der CO_2-Ausscheidung nicht von der Atmung herrührt, sondern von der Umwandlung von Nährsubstanz in Pilzkörper unter CO_2-Abgabe. Bei nichtwachsenden Pilzkulturen fehlen diese Abweichungen des realen vom theoretischen respiratorischen Quotienten, andererseits zeigen die bei wachsenden Pilzen auf verschiedenen Nährsubstraten beobachteten Differenzen der beiden Quotienten ausgezeichnete Übereinstimmung mit den Differenzen, die sich nach der Theorie von TAMIYA berechnen. Wir kommen auf die Anschauungen dieses Forschers noch im letzten Kapitel zurück und erwähnen nur noch, daß nach seinen Berechnungen für den Aufbau von 1 g Pilztrockensubstanz 1,46 g Glukose „Bausteinzucker" erforderlich sind, nicht 1 g, wie sonst in der Regel roh angenommen wird.

2. Die Bildung stickstoffhaltiger Substanzen.

Die Pflanzen benötigen zum Aufbau von Eiweißsubstanzen Stickstoff in den Reduktionsstufen -NH_2, NH_3, $NH_4^{\cdot}$. Geboten in der Natur ist ihnen der Stickstoff vielfach oder teilweise ausschließlich in der Form von Stickstoffsauerstoffverbindungen wie NO_3'. Diese müssen also, um nutzbar zu werden, einer Reduktion unterliegen, und diese Reduktion erfordert unter den vorliegenden Aktivitäts- und Temperaturbedingungen Arbeitsaufwand. Dieser Arbeitsaufwand wird bestritten durch arbeitsfähige Energie, die bei der Oxydation von Kohlehydraten verfügbar wird. Man kann dies besonders leicht in Dunkelversuchen nachweisen. Es zeigt sich in diesen, daß bei Nitraternährung „Extrakohlensäure" abgegeben wird gegenüber Versuchen, in denen N in Form von $NH_4^{\cdot}$ geboten wird, und zwar entfallen nach WARBURG und NEGELEIN[1] etwa auf 1 Mol reduziertes NO_3' 2 Mol gebildete Extrakohlensäure. Wir haben also einerseits einen Gewinn an arbeitsfähiger Energie gemäß Gleichung

$$\frac{1}{3} C_6H_{12}O_{6\,s} + 2\,O_{2\,(0,2\,\text{atm})} = 2\,CO_{2\,(0,0003\,\text{atm})} + 2\,H_2O_l$$

$$\varDelta G' = \underline{A_n'} = \frac{1}{3} \cdot 708 = 236 \text{ Kal (S. 362)}$$

---

[1] WARBURG, O. u. E. NEGELEIN: Biochem. Z. 110, 66 (1920).

andererseits muß Arbeit aufgewandt werden, deren Minimalwert unter den WARBURGschen Versuchsbedingungen zu berechnen ist als $\Delta G = \underline{A_n}$ der Reaktion

$$NO'_{3\,(0,1\,m)} + H_2O_1 + 2\,H^{\cdot}_{(0,01\,m)} = NH^{\cdot}_{4\,(0,005\,m)} + 2\,O_{2\,(0,2\,atm)}.$$

Es ist im Standardzustand für

$$NO'_3 + H_2O_1 + 2\,H^{\cdot} = NH^{\cdot}_4 + 2\,O_{2\,g}$$

$(\underline{A^0_n})_B$ $-26,5$ $-56,56$ 0 $-18,93$ $0,$ $\underline{A^0_n} = 64,13$ Kal.

Dazu kommt $\Sigma\,\nu_i\,RT\ln a_i = 1,365$ (log $0,005 + 2 \cdot$ log $0,2 -$ log $0,1 - 2 \cdot$ log $0,01) = + 0,86$, $\underline{A_n} = 64,99 =$ rund 65 Kal. Daraus ergibt sich ein Reinnutzeffekt der Nitratreduktion von $\frac{65}{236}$ oder $27,5\%$. Unter besonders günstigen Versuchsbedingungen kann dieser Effekt sogar noch steigen. Der Rohnutzeffekt, d. h. der Nutzeffekt der ΔG, wenn wir die Nitratreduktion nicht nur auf die Extrakohlensäure, sondern auf die gesamte ausgeschiedene CO_2 beziehen, beträgt, wie hier nicht berechnet wird, nur etwa 10%. Im Licht wird die Geschwindigkeit der Nitratreduktion katalytisch gesteigert.

Die arbeitsfähige Energie für die Nitratreduktion liefert, auch wenn diese im Dunkeln vor sich geht, in letzter Hinsicht die Sonnenenergie, die bei vorausgehender Belichtung CO_2 zu den Kohlehydraten reduziert haben muß, durch deren Oxydation dann unmittelbar die Reduktionsenergie beschafft wird. Während aber bei der Nitratreduktion im Dunkeln die Energielieferung durch die Sonne und der Energieverbrauch durch die Reduktion zeitlich getrennte Vorgänge sind, fallen sie zeitlich zusammen, wenn die Nitratreduktion in belichteten grünen Pflanzen stattfindet. Man beobachtet dann keine Ausscheidung von Extrakohlensäure, da die durch Oxydation von Kohlehydraten entstehende CO_2 sogleich wieder unter CO_2-Abspaltung auf die Reduktionsstufe der Kohlehydrate gebracht wird.

Große Mannigfaltigkeit hinsichtlich der Reduktion von Stickstoff-Sauerstoffverbindungen zeigen verschiedene Formen von Bakterien. Bei deren Reduktionsprozessen tritt nämlich nicht nur statt Ammoniak auch Nitrit auf, — das als Zwischenprodukt der Nitratreduktion auch bei höheren Pflanzen sich findet — sondern vor allem N_2. Die Entbindung von molekularem N_2 durch bakterielle Reduktionsprozesse wird als „Denitrifikation" bezeichnet. Sie würde eine wesentliche Verarmung des Bodens an gebundenem Stickstoff verursachen, wenn ihr nicht die Bindung des molekularen N_2 durch andere Bakterien entgegenarbeiten würde. Die erforderliche Reduktionsenergie beschaffen sich diese Organismen teils wie die höheren Pflanzen durch Oxydation von Zucker und anderen organischen Stoffen, teils durch gleichzeitige Oxydation anorganischer Stoffe wie Schwefel und niedrig oxydierte Schwefelverbindungen. Reaktionsgleichungen für derartige Prozesse werden von BEIJERINCK[1] und LIESKE[2] angegeben, etwa derart:

$$6\ KNO_3 + 4\ S + 2\ CaCO_3 = 2\ K_2SO_4 + 2\ CaSO_4 + 2\ CO_2 +$$
$$2\ N_2 + 2\ KNO_2\quad \text{bzw.}\quad 5\ Na_2S_2O_3 + 8\ KNO_3 + 2\ NaHCO_3 =$$
$$6\ Na_2SO_4 + 4\ K_2SO_4 + 4\ N_2 + 2\ CO_2 + H_2O.$$

Von BAAS-BECKING und PARKS[3] werden die Abnahmen der thermodynamischen Potentiale bei diesen Vorgängen auf mehrere Hundert Kal geschätzt.

Der auf die Ammoniakstufe reduzierte Stickstoff kann mit Ketosäuren zu Aminosäuren zusammentreten, z. B. mit Brenztraubensäure zu Alanin, und die Aminosäuren werden zu Eiweißsubstanzen gekoppelt[4]. Alle diese Reaktionen bedingen nur einen geringen Arbeitsaufwand und mögen bei geeigneten Aktivitätsbedingungen sogar unter Abnahme von G stattfinden. Darauf deuten die Beobachtungen von KLEIN[5] und Mitarbeitern, nach denen Schimmelpilze durch Ausscheidung von Enzymen Nitrate im Außenmedium bis zu Aminosäuren reduzieren und diese Reduktionsprodukte dann in ihre Zellen aufnehmen. Genaue Werte von $(\underline{A}_n^0)_B$ von Aminosäuren fehlen aber, so daß für derartige Reaktionen höchstens Gleichungen für $\varDelta \overline{H}$ angesetzt werden können. Z. B. ist für die erwähnte Alaninbildung

$$CH_3COCOOH + NH_4^{\cdot} + OH' = CH_3CHNH_2COOH + H_2O_1 + \frac{1}{2}\,O_2;$$
$$W_P = 22{,}6\ Kal.$$

Den hier besprochenen Stoffwechselreaktionen reihen wir die Bindung des atmosphärischen N_2 durch stickstoffbindende Bakterien an, obwohl der eigentliche Prozeß der Bindung des Stickstoffes

---

[1] BEIJERINCK, M. W.: Proc. roy. Soc. Amsterdam **22**, 899 (1920).

[2] LIESKE, R.: Sitzgsber. Heidelberg. Akad. Wiss., Math.-naturwiss. Kl. B. **6** (1912).

[3] BAAS-BECKING, L. and. S. PARKS: Physic. Rev. **7**, 85 (1927).

[4] KLEIN, G. u. J. KISSER: Sitzgsber. Akad. Wiss. Wien, Math.-naturwiss. Kl. Abt. 1, **134**, 101.

[5] KLEIN, G., EIGNER, MÜLLER: Hoppe-Seylers Z. **159**, 201 (1926).

nach den Untersuchungen von BURK[1] keinen Arbeitsaufwand erfordert. Daß im Boden Organismen leben müssen, denen die Fähigkeit zukommt, freien Stickstoff der Atmosphäre in Verbindungen
zu überführen, hat BERTHELOT bereits vor 50 Jahren aus der
Tatsache gefolgert, daß sich der Vorrat an gebundenem Stickstoff
im Boden ziemlich konstant erhält trotz der großen Verluste daran,
die er durch Abernten von Pflanzen und aus anderen Ursachen
erfährt. WINOGRADSKY und BEIJERINCK haben gezeigt, daß tatsächlich verschiedenen im Boden lebenden Bakterien diese Fähigkeit zukommt. Einige davon leben frei im Humus, wie Azotobacter
und Clostridium, andere, wie Bacterium radicicola wandern aus dem
Boden in die Wurzeln von Leguminosen ein, deren Zellwände sie
durch Sekrete auflösen, und verursachen die sogenannten Wurzelknöllchen, die Stickstoff assimilieren. Auch ein in den Wurzeln
von Vaccinia lebender Pilz, Phoma, hat die Fähigkeit hierzu, und
vermutlich auch ein Bakterium, das in den Blättern tropischer
Rubiaceen Knötchenbildung hervorruft. Azotobacter enthält einen
grün fluoreszierenden Farbstoff, lebt aerob, indem er Zucker und
organische Säuren oxydiert, die aus der Verwesung von Pflanzenresten freiwerden, und soll durch Licht in seinem Gedeihen gefördert
werden. Clostridium lebt anaerob und deshalb in der Natur vergesellschaftet mit Sauerstoff verzehrenden Bakterien, vergärt
Zucker zu Buttersäure und braucht zum Leben Luftstickstoff.
Wie vollzieht sich nun die biologische Stickstoffbindung? Nach
BURK[1] bildet sich in den Zellen eine Verbindung des aus der
Atmosphäre bezogenen N_2 mit einem Zellstoff in reversibler Weise
nahezu ohne Änderung von G. Letzteres ist vor allem durch den
Befund BURKs wahrscheinlich, daß zwei Kulturen von Azotobacter,
die bei gleicher Wachstumsgeschwindigkeit entweder gebundenen
Stickstoff im Nährmedium oder freien Stickstoff in der Atmosphäre
als N_2-Quelle zur Verfügung gestellt erhalten, aus gleichen Quantitäten Glukose als Energiequelle gleiche Trockengewichte Bakteriensubstanz aufbauen. Würde die N_2-Bindung wesentlichen Arbeitsaufwand erfordern, so wäre im zweiten Falle weniger Trockensubstanz zu erwarten. Es spricht weiter für die Anschauung
BURKs, daß bei Azotobacter durch Oxydation von 1 g Glukose
1 g Trockengewicht Bakteriensubstanz erzeugt werden kann, wobei
0,1 g atmosphärischer N_2 gebunden wird, während die meisten

---

[1] BURK, D.: Proc. Int. Soil. Sc. Congr. Leningrad 1930. Mir nicht
zugänglich.

aeroben Bakterien zum Aufbau der gleichen Substanzmenge mehr als 1 g Glukose verbrauchen; denn, wenn die N_2-Bindung viel Arbeitsaufwand erfordern würde, könnte man ja umgekehrt erwarten, daß Azotobacter mehr Glukose verbraucht als die mit gebundenem Stickstoff ernährten anderen aeroben Bakterien. Die chemische Natur des primären Produktes der N_2-Bindung ist nicht bekannt. Sicher ist zwar, daß die betreffenden Bakterien bei ihrer Tätigkeit NH_3 bilden und in ihr Kulturmedium abgeben, vor allem bei alkalischer Reaktion des letzteren (WINOGRADSKY[1], KOSTYTSCHEW[2]). Nicht völlig sichergestellt aber ist, ob dieser NH_3 das Primärprodukt ist oder ein sekundäres Stoffwechselprodukt, wenngleich die Befunde WINOGRADSKYs sehr zugunsten ersterer Auffassung sprechen. So viel können wir allerdings aus den Befunden BURKs folgern, daß wir gewisse Reaktionen, die im Standardzustand sehr große Zunahmen von G ergeben, als mögliche Bindungsreaktionen ausschalten können; denn, wenn auch durch genügende Entfernung der Aktivitäten der Reaktionsteilnehmer vom Standardzustand schließlich jede Reaktion theoretisch dahin gebracht werden kann, daß sie ohne Änderung von G, im Gleichgewicht, abläuft, so zeigt sich doch, daß bei den real vorliegenden Aktivitäten der Reaktionsteilnehmer, die wir teils kennen, teils schätzen können, die betreffenden Reaktionen weit entfernt vom Gleichgewichtszustand sind. Das gilt z. B. für die wiederholt als möglich diskutierte Bindungsreaktion

$$\frac{1}{2} N_{2g} + \frac{3}{2} H_2O_l = NH_{3aq} + \frac{3}{4} O_{2g}$$

$$(\underline{A}_n^0)_B \quad 0 \quad -\frac{3}{2} 56{,}56 \quad -6{,}3 \quad 0 \quad \underline{A}_n^0 = 78{,}54 \text{ Kal.}$$

Wenn wir setzen $a_{N_2} = 0{,}8$, $a_{H_2O} = 1$, $a_{NH_3} = 0{,}001$, $a_{O_2} = 0{,}2$ (a_{NH_3} geschätzt von MEYERHOF und BURK aus dem Gehalt von 1,4 mg gebundenem Stickstoff in 100 ccm Versuchsflüssigkeit), so ist

$$\underline{A}_n = 78{,}54 + \Sigma \nu_i \, RT \ln a_i = 78{,}54 +$$
$$+ RT \, 2{,}3 \left(\log 0{,}001 + \frac{3}{4} \log 0{,}2 - \frac{1}{2} \log 0{,}8 \right) = 73{,}8 \text{ Kal.}$$

Wir wissen ferner, daß, falls primär NH_3-Bildung stattfindet, dies ohne aus der Atmosphäre aufgenommenen H_2 geschehen kann, denn in Versuchen von BURK und MEYERHOF[3] in kleinen Luft-

---

[1] WINOGRADSKY, S.: C. r. Acad. Sci. Paris **190**, 661 (1930).

[2] KOSTYTSCHEW, S.: Z. physik. Chem. **111**, 172 (1920).

[3] BURK und MEYERHOF: Z. physik. Chem. A **139**, 117 (1928).

volumina zeigte sich, daß mehr als das 100fache an N_2 gebunden wurde als mit Hilfe des in der Luft in etwa 0,001 Volumenprozent enthaltenen Wasserstoffs hätte maximal gebunden werden können.

Elftes Kapitel.

Thermodynamik elektrischer Vorgänge in der Pflanze.

Größe der Potentialdifferenzen S. 336. Arbeitsfähigkeit der Potential-differenzen S. 338. Die Lutherkette S. 338. Ettischs Amoebakette S. 339. Kat- und anionenpermeable Membranen S. 342. Beutners Ketten S. 343. Theorie von Lund S. 345. Oxydo-Reduktionspotentiale von Zellen S. 347. Membranströme S. 353.

In den physikalischen Kapiteln wurde gezeigt, wie elektrische Energie aus osmotischer, chemischer, mechanischer und Grenz-flächenenergie, aus Wärme und Licht entstehen kann. Alle diese Energieformen stehen auch der Pflanze zur Verfügung, und die Erfahrung wie die theoretische Erwägung lehrt, daß es unter den in der Pflanze gegebenen Bedingungen auch zur Produktion elektrischer Energie kommen kann und muß. Da die Pflanze ein vielphasiges System darstellt, in dem im Laufe des Lebensprozesses Phasen produziert und resorbiert werden, so müssen auch in ihr Phasengrenzpotentiale bestehen, entstehen und verschwinden. Da sich die Zusammensetzung der einzelnen Phasen durch den Stoff-wechsel ändert, so muß sich der Verlauf dieser Potentiale ändern. Diffusionspotentiale müssen durch die ständig infolge des Stoff-wechsels sich bildenden Konzentrationsdifferenzen von Elektrolyten auftreten, Strömungen von Plasma und Wasserbewegungen müssen Strömungspotentiale erzeugen, und auch das Licht ist — schon auf dem Wege über seine starken photochemischen Wirkungen — ein Faktor in den Ursachen der pflanzlichen Elektrizitätsproduktion.

Da die meisten Teile der Pflanze gute Leiter der Elektrizität sind, und der ständige Austausch von Elektrolyten mit der Um-gebung und die Wanderung der Elektrolyte in der Pflanze zeigt, daß eine auch nur annähernd vollkommene elektrische Isolation in ihr im allgemeinen nicht existiert, so muß es auch wenigstens teilweise zum Ausgleich der erzeugten Potentiale kommen; denn der ständige Fortgang des Lebensprozesses zeigt ja an, daß der lebende Organismus kein Gleichgewichtssystem darstellt, sondern sich fortwährend durch von selbst verlaufende Vorgänge verändert. Die elektrophysiologische Erfahrung steht im Einklang mit dem, was die Thermodynamik erwarten läßt. Sie hat nicht nur die Existenz und die Veränderungen elektrischer Potentiale in der Pflanze nachgewiesen, sondern auch deren Größenordnung in Übereinstimmung mit den zu erwartenden Werten gefunden. Damit ergibt sich die weitere Frage: Welche Bedeutung hat die elektrische Energie im Energiewechsel der Pflanze, wird sie und wie wird sie für die Pflanze verwertet? Zur Beantwortung dieser Frage werden wir so vorzugehen haben, daß wir uns zunächst auf Grund thermodynamischer Kenntnisse die Frage vorlegen: Welche Bedeutung könnte der elektrischen Energie im Energiewechsel der Pflanze zukommen? und daß wir dann durch die biologische Erfahrung herauszubekommen suchen, ob und wieweit die sich theoretisch ergebenden Möglichkeiten von der Pflanze ausgenutzt werden. Es sei schon hier bemerkt, daß die biologische Erfahrung diese Frage noch kaum beantworten kann.

Nach diesem allgemeinen Überblick über das Stoffgebiet, das wir zu behandeln haben, sollen eine Reihe von Punkten und Fragen, die im vorstehenden nur angedeutet waren, näher besprochen werden. Die Spannungsdifferenzen, die an Pflanzen beobachtet worden sind, betragen weniger als 1 Volt, oft mehrere Hundertstel, bisweilen mehr als 0,1 Volt. Letzteren Wert erreichen Diffusionspotentiale innerhalb einer Phase (monophasische Potentiale) nur unter besonders günstigen Umständen: sehr konzentrierte Lösungen gegen äußerst verdünnte, große Differenzen in der Wanderungsgeschwindigkeit von An- und Kationen. Die beobachteten Potentialdifferenzen scheinen also meist diphasische zu sein. Da man in der Frühzeit der Elektrophysiologie diphasische Potentiale, an deren Zustandekommen Elektrolytlösungen beteiligt sind, wie es in der Pflanze der Fall ist, nur kannte, wenn die zweite Phase ein Metall war, so entstand durch das Fehlen metallischer Elektroden einerseits, das Auftreten biologischer Potentialdifferenzen von der Größenordnung eines Zehntel Volt andererseits ein Problem, dessen prinzipielle Klärung erst durch die Arbeiten von OSTWALD, NERNST und RIESENFELD gegeben wurde. Diese Arbeiten zeigten, daß auch an nichtmetallischen Grenzflächen gegen Elektrolyte Potentialsprünge von der Größenordnung der biologischen auftreten können, sei es, daß die Grenzflächen von mikroheterogenen Phasen (semipermeable Membranen) gebildet werden, sei es von homogenen Phasen.

Spannungsdifferenzen, die über die Größenordnung von 1 Volt hinausgehen, sind nur bei elektrostatischer Aufladung von Organen mit gut isolierenden Membranüberzügen (Wachs usw.) beobachtet worden. In solchen Fällen kann man durch Reibung so hohe Aufladungen erzielen, daß es möglich ist, aus den betreffenden Organen Funken zu ziehen. Aber diese Spannungen haben mit dem normalen Lebenslauf nichts zu tun. Darauf sei hingewiesen, weil vor einigen Jahren eine von Keller[1] aufgestellte „Hochspannungstheorie" des Organismus viel Mißverständnis unter den Biologen hervorgerufen hat. Wenn Keller von „Hochspannungen" sprach, so meinte er nicht das Auftreten von hohen Spannungen gegenüber dem Erdpotential, sondern er meinte, daß in der Zelle Spannungsgefälle von der Größenordnung auftreten wie bei Hochspannungsapparaten, also nicht hohe Voltwerte, sondern hohe Werte für die anders dimensionierte Größe Volt pro Zentimeter; denn, da die elektrischen Doppelschichten, wie die Ausführungen S. 186 ergeben, nur auf wenige Moleküllagen verteilt sind, so erhalten wir für die Spannungsgefälle an den Phasengrenzen des Organismus wie außerhalb des Organismus Werte etwa von der Größenordnung 10^{-1} V pro 10^{-6} cm, also 10^5 Volt pro Zentimeter. Diese Tatsache war den Elektrophysiologen von Helmholtz bis auf die Gegenwart durchaus bekannt. Sie hat z. B. stets bei der Diskussion der Ionenpermeabilität eine Rolle gespielt. Hierbei wurde immer wieder darauf hingewiesen, daß eine merkliche Trennung der Ionen eines Salzes an einer Membrangrenze nicht lediglich dadurch stattfinden könne, daß ein permeables Ion durch die Membran permeiere, ein nicht permeables von der Membran zurückgehalten werde, weil die ungeheure Feldstärke, das hohe Potentialgefälle der elektrischen Doppelschicht, die beim Abwandern eines Ions an der Membran auftrete, das Fortschreiten der Trennung bis zu analytisch nachweisbaren Differenzen hindere. Dennoch sollte nicht nur der inkorrekte Ausdruck „Hochspannungen", sondern auch der korrekte „Hochspannungsgefälle" auf die Potentialdifferenzen im Organismus nicht verwendet werden, da diese Bezeichnung leicht zu Irrtümern führen kann und viel zu Irrtümern geführt hat. So hat man aus den hohen Feldstärken, die innerhalb der elektrischen Doppelschichten herrschen, hohe Feldstärken über viele Zentimeter weite Strecken gemacht. Sodann hat man bei

---

[1] Keller, R.: Biochem. Z. **168**, 94 (1926). — Neueste Darstellung: Keller, R.: Elektrizität in der Zelle, 3. Aufl. Mährisch-Ostrau 1932.

dem Ausdruck „Hochspannungsgefälle im Organismus" nicht nur daran gedacht, daß eine Übereinstimmung der Größenordnung des Spannungsgefälles im Organismus und in einem Hochspannungsapparat ausgedrückt werden soll, sondern auch angenommen, daß mit diesem Ausdruck eine bestimmte hohe Leistungsfähigkeit der Potentialdifferenz für den Organismus ausgedrückt werden soll, eine Leistungsfähigkeit, wie sie etwa die Potentialdifferenz zwischen den Polen einer geladenen Influenzmaschine bietet. Durch die Feststellung der Existenz von Hochspannungsgefällen im Organismus wird aber zunächst noch nichts über deren Verwendbarkeit für den Organismus ausgesagt.

Um dies ganz klarzumachen, betrachten wir eine zuerst von LUTHER diskutierte Kette. Sie besteht aus zwei Zinkstäben, von denen der eine in eine wäßrige Zinksulfatlösung taucht, der andere in eine an die wäßrige Lösung angrenzende und mit ihr im Gleichgewicht stehende ätherische Zinksulfatlösung. Die EMK des Elementes setzt sich additiv aus den drei Potentialsprüngen

Zn/wäßr. Lösung, wäßr./äther. Lösung, äther. Lösung/Zn zusammen.
$\mathrm{Zn_A/A}$ $\qquad$ A/B $\qquad$ $\mathrm{B/Zn_B}$

Verbindet man die Zinkpole, so muß die Kette stromlos bleiben, d. h. $E = E_{\mathrm{Zn_A/A}} + E_{\mathrm{A/B}} + E_{\mathrm{B/Zn_B}} = 0$. Würde Strom fließen, so würde sich die Verteilung des Zinksulfats in dieser Konzentrationskette ändern, wie die Verteilung des $AgNO_3$ sich bei Stromfluß in der $AgNO_3$-Kette (S. 156) ändert, und durch einen von selbst verlaufenden Prozeß würde sich das gestörte Verteilungsgleichgewicht zwischen wäßriger und ätherischer Lösung wieder herzustellen suchen. Dadurch könnte der Prozeß dauernd weitergehen, und wir hätten einen isothermen Kreisprozeß, in dem nichts anderes geschehen würde, als die Verwandlung von Wärme der Umgebung in elektrische Energie, in Arbeit, was nach dem zweiten Hauptsatz unmöglich ist. Wir können auch sagen, diese Konzentrationskette kann keinen Strom liefern, weil kein osmotischer Prozeß möglich ist, der Arbeit liefert.

Was der Biologe zunächst aus dieser Kette lernen kann, ist dies: Wir haben in der geschlossenen LUTHER-Kette ein System leitender Stoffe vor uns, in dem an drei Stellen Potentialsprünge auftreten, drei „Hochspannungsgefälle", und dennoch kann das System keine elektrische Arbeit leisten. Wenn also in der Pflanze auch Potentialsprünge auftreten, so besagt dies zunächst, an und für sich, noch nichts darüber, ob die Pflanze elektrische Energie nutzbringend in ihrem Stoffwechsel verwendet, ja auch nur darüber, ob in ihr elektrische Ströme fließen. Solange in dem System, in dem die Potentialdifferenzen auftreten, Gleichgewicht herrscht, solange, in der Terminologie Wi. Ostwalds ausgedrückt, die Potentialdifferenzen kompensiert sind, können sie keine Arbeit leisten. Nur insoweit dies nicht der Fall ist, können sie Arbeit leisten. Die biologische Erfahrung lehrt, daß der Organismus keinen Gleichgewichtszustand darstellt, daß in ihm ständig irreversible Veränderungen vor sich gehen, und daß mit diesen Veränderungen Änderungen der elektrischen Potentiale verknüpft sind. Wir dürfen und müssen daher annehmen, daß mindestens ein Teil der Potentialdifferenzen, die im Organismus auftreten, nicht Gleichgewichtszuständen entsprechen, aber irgendeine generelle Aussage über die Bedeutung der Potentialdifferenzen für die Arbeitsleistung beim Lebenslauf können wir nicht machen.

In diesem Zusammenhang sind von hohem Interesse Untersuchungen von Ettisch[1], die, obwohl an einem tierischen Einzeller, Amoeba terricola, ausgeführt, vielleicht auch die Verhältnisse an manchen, wenn auch sicher nicht an allen Pflanzenzellen zutreffend demonstrieren. Ettisch maß mittelst Mikrokalomelelektroden die EMK der Kette

Hg/ HgCl/ 0,1 n KCl	Außenlösung (Aqua destillata oder KCl-Lösung verschiedener Konzentration)	Amöbenzelle	Hg/ HgCl/ 0,1 n KCl.

Da in allen Phasen dieser Kette Cl′ enthalten ist, kann man sie als Cl′-Konzentrationskette auffassen, die den im physikalischen Teil besprochenen diphasischen Ketten mit Öl entspricht.

$$\text{Elektrode/Phase 1 (Außenlösung)/Phase 2 (Amöbe)/Elektrode}$$
$$\text{I} \qquad\qquad \text{III} \qquad\qquad \text{II}$$

Die EMK dieser Kette ist die Summe der EMK I, III, — II (II = Potentialdifferenz Elektrode/Amöbe) an den drei Phasengrenzen E = I + III — II. Die Messung ergab, daß sich die EMK der Kette stets auf 0 einstellte, wenn als „Außenlösung" destilliertes Wasser oder KCl-Lösungen verschiedener physiologischer Konzentrationen gewählt wurden, d. h. die Kette verhielt sich dann wie die stromlose Luther-Kette. Die Einstellung der EMK auf 0

---

[1] Ettisch, G.: Z. physik. Chem. **139**, 516 (1928).

vollzog sich innerhalb weniger Minuten, wenn ETTISCH von destilliertem Wasser als Ausgangslösung ausging und durch Auflösen eines KCl-Kristalls eine KCl-Lösung als Außenmedium erzeugte, wodurch zunächst eine kurz dauernde negative Aufladung der Zelle auf einige zehntel Volt erfolgte. Bei der Verdünnung des Außenmediums wird die Zelle vorübergehend positiv gegen dieses und nach kurzer Zeit stellt sich die EMK ebenfalls wieder auf 0 ein. Wenn die EMK der Kette gleich 0 ist, so kann sie keine elektrische Arbeit leisten, ihr thermodynamisches Potential ist also im Minimum. Die Verteilung der Cl′ zwischen Außenmedium und Plasma muß dann einem Gleichgewichtszustand entsprechen, und, wenn die Konzentration der Cl′ im Außenmedium geändert wird, ändert sich auch die Konzentration der Cl′ im Innern des Plasmas, so daß wieder Verteilungsgleichgewicht herrscht.

Auch über den Wert der Potentialdifferenz Außenmedium/Amöbenplasma, die ETTISCH die „natürliche" Potentialdifferenz nennt, kann die Thermodynamik eine Aussage machen; denn, wenn $E = 0$, so ist $-III = I - II$, und nach Gleichung [290]

$$III = \frac{RT}{nF} \ln \frac{c_1}{c_2} \text{ konst}',$$

allgemeiner

$$III = \frac{RT}{nF} \ln \frac{f_{a_1} c_1}{f_{a_2} c_2} \text{ konst}',$$

worin c_1 ($f_{a_1} c_1$) bzw. c_2 ($f_{a_2} c_2$) die Konzentration (Aktivität) der Cl′ in Außenmedium bzw. Plasma bedeutet, konst′ gleich dem Quotienten der Lösungstension der Elektrode für Cl′ im Plasma zu der entsprechenden Lösungstension gegenüber Wasser ist. Da wir konst′ nicht kennen, so können wir freilich mittels dieser Formel den Absolutwert von III nicht bestimmen. Etwas komplizierter wird der thermodynamische Ausdruck für die natürliche Potentialdifferenz, wenn wir uns als Zwischenphase zwischen Außenlösung und Plasma noch eine Plasmahaut eingeschaltet denken, doch soll dies hier nicht näher ausgeführt werden.

Als wesentlich muß noch hervorgehoben werden, daß die schnelle Einstellung des Verteilungsgleichgewichts — gemessen durch den 0-Wert der EMK der Kette — nur bei lebenden Zellen stattfindet, nicht bei toten. Die Thermodynamik gestattet uns also hier eine wichtige Aussage über die Regulationsfähigkeit des Organismus. Während diese in den besprochenen Versuchen überraschend groß gefunden wurde, ergibt sie sich im allgemeinen wesentlich geringer;

denn im allgemeinen findet sich bei einer Versuchsanordnung, die
der Ettichs im Prinzip entspricht, nicht nur eine kurz dauernde
Potentialdifferenz, die in wenigen Minuten auf 0 absinkt, sondern
eine lang dauernde, oft mehr oder weniger stationär erscheinende
Potentialdifferenz zwischen Plasma und Außenmedium. Der Unterschied dieser Befunde gegen die von Ettisch mag physikalisch-
chemisch gesehen als graduell erscheinen, biologisch gesehen ist
aber die graduelle Differenz in der Geschwindigkeit des Ausgleichs
von Potentialdifferenzen wesentlich.

Das Plasma erweist sich gegen Zellsaft und ähnlich zusammen-
gesetzte oder konzentrierte Lösungen im allgemeinen als negativ.
Umrath[1] gibt z. B. für das Plasma von Nitella bei 25° einen
Mittelwert von —101 M-V gegen Wasser an. Negativität des
Plasmas gegen das normale Außenmedium oder nicht zu verdünnte
Lösungen finden auch Jost[2] bei Chara und Gicklhorn und
Umrath[3] bei Pollenschläuchen von Tulipa.

Sucht man sich über die Natur und Ursache der an pflanzlichen
Geweben auftretenden EMK ein Bild zu machen, so muß man
wie bei der Untersuchung eines beliebigen Mechanismus, der
elektrische Energie erzeugt, zwei Fragen beantworten. Aus was
für Bestandteilen ist der Elektrizitätserzeuger aufgebaut, und
welcher Vorgang in ihm erzeugt die elektrische Energie? Dementsprechend beschäftigt sich die elektrophysiologische Forschung
der letzten Jahre eingehend mit dem Versuch, dasjenige oder diejenigen Membranmodelle herauszufinden, die die elektrophysiologischen Merkmale der lebenden Membranen am besten wider-
spiegeln. Schaltet man lebendes Gewebe zwischen verschieden
konzentrierte Lösungen eines Elektrolyten, so erhält man eine
EMK („Konzentrationseffekt"), die der entspricht, die man erhält,
wenn man zwischen dieselben Lösungen eine Öl-, Eiweiß- oder
Kollodiumphase schaltet, wie dies S. 167 ff. besprochen wurde.
Michaelis[4] und andere[5] sind auf Grund derartiger Modellstudien
und im Anschluß an von Bethe und Toropoff entwickelte Vorstellungen dazu gelangt, in den lebenden Membranen kationen-
permeable Porenmembranen zu sehen, die für Anionen mehr oder

---

[1] Umrath: Protoplasma (Berl.) **9**, 576 (1930).
[2] Jost: Sitzgsber. Akad. Wiss. Wien, Math.-naturwiss. Kl. **1927**, 13. Abh.
[3] Umrath: Protoplasma (Berl.) **4**, 228 (1928).
[4] Michaelis, M.: Naturwiss. **14**, 33 (1926).
[5] Mond, R.: Protoplasma (Berl.) **9**, 318 (1930).

weniger undurchlässig sind. Die Membranporen sollen, sei es durch Adsorption negativer Ladungen oder Abdissoziation positiver, negativ geladen sein und infolge ihrer Engporigkeit starke elektrostatische Wirkungen auf die gleichnamig geladenen Anionen des Mediums ausüben, die deren Diffusion durch die Membran hindurch hemmen. Zu dieser Hemmung durch die Ladung der Membran gesellt sich eine weitere, die durch die Ladung des Anions bedingt ist. Letztere verursacht die Bildung einer „Wasserhülle", einer Ansammlung von Wassermolekeln in der Nähe des Anions, die wie eine Vergrößerung des Ionenradius auf den Diffusionswiderstand wirkt, ja sogar noch stärker, wenn Moleküle dieser Wasserhülle deshalb an dem Mitwandern mit dem Ion gehindert werden, weil sie im Bereich der Adhäsionskräfte der Membransubstanz liegen. Schaltet man eine Kollodiummembran oder Apfelschale zwischen eine konzentrierte und eine verdünnte KCl-Lösung (Ableitung mit Kalomelelektroden) und berechnet man den an der Membran auftretenden Potentialsprung als Diffusionspotential des KCl unter der Annahme, daß die Wanderungsgeschwindigkeit des Anions Cl′ in der Membran gleich 0 ist, so stimmen berechnetes und beobachtetes Potential gut überein. Ebenso spricht für die angeführte Deutung die Beobachtung, daß, wenn man eine derartige Membran zwischen zwei gleichkonzentrierte Lösungen verschiedener Elektrolyte schaltet, die Natur des Anions ohne Bedeutung ist, und die der Kationen rechts und links von der Membran den Betrag und die Richtung des Membranpotentials bestimmen.

Schließlich konnten MOND und HOFFMANN[1] zeigen, daß man sowohl Kollodium- wie Blutkörperchenmembranen durch Rhodamin positiv umladen kann, und daß die an solchen Membranen beobachteten Erscheinungen ganz dem entsprechen, was man an anionenpermeablen aber kationenimpermeablen Membranen erwarten kann. Hier zeigt sich also wenigstens eine Seite der möglichen Bedeutung der bioelektrischen Potentiale, die Bedeutung als Regulatoren des Stoffaustausches zwischen Zelle und Medium.

CREMER[2] und BEUTNER deuten die Ergebnisse von MICHAELIS auch ohne Annahme eines Porencharakters der Membran durch Annahme verschiedener Verteilungskoeffizienten der Ionen in der

---

[1] MOND, R. u. HOFFMANN: Pflügers Arch. **219**, 467 (1928).

[2] CREMER, M.: Handbuch der normalen und pathologischen Physiologie, Bd. 8, S. 999. 1928.

als lösende Phase oder lösendes Phasengemisch aufgefaßten Membran. BEUTNER[1] versucht in einer erst zum Teil publizierten Versuchsreihe, die Natur der für die bioelektrischen Erscheinungen maßgebenden Membranen im Anschluß an einen Gedanken von C. W. CRILE zu präzisieren. Danach wird jede neutrale wasserunlösliche Flüssigkeit elektropositiv auf Zusatz einer öllöslichen Säure, elektronegativ bei Zusatz von öllöslicher Base. Die Positivität ist stets mit Basophilie, die Negativität mit Azidophilie verbunden. Schaltet man also eine Kette

+	Olivenöl	Olivenöl	—
Salzlösung	+ Ölsäure	+ Amylamin	Salzlösung
$p_H = 7,4$	(basophil)	(azidophil)	$p_H = 7,4$

so liegt der positive Pol auf Seiten der basophilen Mischung. An deren Stelle kann auch Gelatine (Eiweiß) + wäßriges Alkali (ebenfalls basophil) treten, an Stelle der Amylaminmischung Gelatine + wäßrige Säure (azidophil), ohne daß sich die Richtung der EMK ändert. Eine Vorkoppelung von Vorstellungen nach Art der von MICHAELIS und BEUTNER ist natürlich leicht möglich. Es liegen ganz ähnliche Verhältnisse vor wie bei den Permeabilitätstheorien. Hier wie dort gibt es Forscher, die das Wesentliche der Membranwirkung in Porenwirkungen sehen, und solche, die es in durch „Ölnatur" bedingten Verteilungswirkungen sehen. Hier wie dort kann man eine vermittelnde Stellung im Sinne der NATHANSOHNschen „Mosaikmembranen" einnehmen und annehmen, daß beide Wirkungen eine Rolle spielen, die je nach der Natur der beteiligten Stoffe und Prozesse, Membranen und Lebenszustände bald für den Poren- bald für den Verteilungsmechanismus mehr oder weniger bedeutsam ist. BEUTNER sieht die Begründung dafür, daß die genannten Substanzen Modellsubstanzen der lebenden bioelektrisch wirksamen Membranen seien, darin, daß sich auch basophiles Gewebe im elektrophysiologischen Versuch stets positiv erweise, ferner darin, daß sich mit diesem Modellsystem verschiedene physiologische und damit verknüpfte bioelektrische Erscheinungen wie die bei der Ermüdung nachahmen lassen.

Mit den angeführten Vorstellungen über den Bau der bioelektrischen Elemente ist zugleich bis zu einem gewissen Grade bereits eine Beantwortung der Frage nach der Natur der elektrische

---

[1] BEUTNER, R. u. div. Mitarbeiter: Protoplasma (Berl.) **10**, 1 (1930); **12**, 52, 145, 380, 481, 498 (1931); **14**, 97 (1932).

Energie liefernden Prozesse gegeben. Nach der Vorstellung von MICHAELIS, die eine Erweiterung und Vertiefung der BERNSTEINschen Membrantheorie ist, bilden dynamische Membranpotentiale einen Hauptfaktor in der biologischen Elektrizitätsproduktion, nach der von BEUTNER Verteilungspotentiale. In beiden Fällen kann man also von einer Umwandlung osmotischer in elektrische Energie sprechen. Demgegenüber sieht LUND[1], dessen Anschauungen wir sogleich besprechen werden, die Quelle der Bioelektrizität in Oxydationsprozessen. Beide Anschauungen sind freilich weniger scharf zu trennen als es auf den ersten Blick scheint; denn, wenn man nach der Quelle der osmotischen Energie fragt, die in elektrische verwandelt wird, so ergibt sich wenigstens zu einem beträchtlichen Teil der chemische Lebensprozeß, und umgekehrt werden wir sehen, daß die chemischen Reaktionen vermutlich über osmotische zur Produktion elektrischer Energie führen.

Die elektrophysiologische Erfahrung lehrt, daß die Produktion elektrischer Energie durch die Pflanze zu einem beträchtlichen Teil durch die Lebenstätigkeit der Zelle bedingt ist; denn von Ausnahmefällen abgesehen sind die Potentialdifferenzen an lebenden Geweben verschieden und wesentlich höher als an toten. Die typische Spannungsverteilung, die wir im allgemeinen an lebenden Pflanzenteilen beobachten, fehlt an toten ganz oder nahezu, und Reize aller Art, besonders mechanische und chemische, die das Plasma beeinflussen, aber nicht tote Membranen, haben starke elektromotorische Wirkungen. Welche Vorgänge im Plasma aber sind es, die die Produktion elektrischer Energie bedingen, die uns in Form von stationären oder transitorischen Potentialen entgegentritt? Hier setzen die Versuche und Erwägungen LUNDs ein. Betrachten wir zunächst die stationären Zustände. LUND konnte an Wurzelspitzen von Allium, Eichhornia und Narcissus bei Ableiten mit unpolarisierbaren Elektroden zu einem Elektrometer zeigen, daß die Zone stärkster Atmungsintensität — gemessen an der CO_2-Ausscheidung — zugleich die Zone stärkster Elektropositivität ist. Es besteht also offenbar ein Zusammenhang zwischen Oxydationsprozessen und bioelektrischen Potentialen, wie dies übrigens bereits HAAKE[2] fand. Worauf es dabei nach LUND ankommt, ist nicht die absolute Geschwindigkeit und der absolute

---

[1] LUND, E. and W. KENYON: J. of exper. Zool. 48, 333 (1927). — LUND, E.: J. of exper. Zool. 51, 265, 291, 327 (1928).

[2] HAAKE, O.: Flora (Jena) 75, 455 (1892).

Umsatz bei der Atmung, sondern das Verhältnis der Aktivitäten von Endprodukten und Ausgangsstoffen der Oxydationsreaktion, genauer gesagt die Größe

$$\frac{a_3^{\nu_3}\, a_4^{\nu_4}}{a_1^{-\nu_1}\, a_2^{-\nu_2}},$$

wobei 3 und 4 die Oxydationsprodukte, 1 und 2 die oxydablen Ausgangsstoffe bedeuten sollen. Je größer der Wert dieses Quotienten an einer Stelle A im Verhältnis zu dem Wert des Quotienten an einer benachbarten B ist, um so negativer wird A gegen B, und je kleiner dieser Quotient bei A relativ zum Werte des Quotienten bei B, um so positiver wird A gegen B. Wenn also die Zone größter Atmungsgeschwindigkeit an der Wurzelspitze elektropositiv gegen Nachbarzonen ist, so bedeutet dies nach LUND, daß dort trotz des großen Oxydationsumsatzes das Verhältnis von Endprodukten zu Ausgangsstoffen der Atmung, exakter ausgedrückt, der soeben angeführte Aktivitätskoeffizient, kleiner ist als in der Nachbarschaft. Die LUNDsche Anschauung betrachtet also die bioelektrischen Potentiale als Potentiale einer chemischen Kette, in der die bei der Oxydation organischer Substanzen gewonnene arbeitsfähige Energie die beobachtete elektrische Energie liefert; denn für eine solche Kette, in der die Reaktion $\nu_1\, 1 + \nu_2\, 2 = \nu_3\, 3 + \nu_4\, 4$ sich abspielt, ist ja nach Gleichung [227, 261]

$$\underline{A_n'} = E\, n\, F = R\, T \ln \frac{a_1^{-\nu_1}\, a_2^{-\nu_2}}{a_3^{\nu_3}\, a_4^{\nu_4}} + R\, T \ln K.$$

Nehmen die Reaktionsteilnehmer im Standardzustand an der Reaktion teil ($a = 1$), so fällt das erste Glied rechts fort (wegen $\ln 1 = 0$) und für die EMK unter dieser Bedingung, E^0, gilt

$$E^0 = \frac{R\,T}{n\,F} \ln K, \text{ folglich } E = E^0 - \frac{R\,T}{n\,F} \ln \frac{a_3^{\nu_3}\, a_4^{\nu_4}}{a_1^{-\nu_1}\, a_2^{-\nu_2}}.$$

Da LUND in nicht erforderlicher Spezialisierung auf die WIELANDsche Atmungstheorie die Reaktion $AH_2 + O = A + H_2O$ schreibt, geht unsere Gleichung in seiner Schreibweise über in

$$E = E^0 - \frac{R\,T}{n\,F} \ln \frac{[A]\,[H_2O]}{[AH_2]\,[O]}.$$

Dies ist genau die von LUND gegebene Gleichung, wenn wir noch berücksichtigen, daß er die Aktivität von Wasser gleich 1 setzt und demgemäß nicht einsetzt.

Die Voraussetzung der Anwendbarkeit dieser Gleichung ist aber das Vorhandensein reversibler Elektroden, an denen sich die

Reaktion abspielt. E ist ja nicht das Potential eines Reaktionsgemisches, in dem sich die Oxydationsreaktion abspielt; denn dieses Potential kann jeden beliebigen Wert haben. Sondern, wenn wir einem Gewebe, in dem sich eine Oxydationsreaktion abspielt, ein Oxydationspotential zuschreiben, so bedeutet dies: Wenn wir eine indifferente reversible Elektrode in das Gewebe einführen würden, dann würde zwischen Elektrode und Gewebe sich eine Potentialdifferenz einstellen, die, gemessen gegen eine Vergleichsstandardelektrode, den Wert hat, den wir das Oxydationspotential des Gewebes nennen. Da Lund bei seinen Versuchen nicht mit indifferenten Elektroden ableitet, sondern mit $PbCl_2/Pb$-Elektroden, also keine Oxydo-Reduktionspotentiale mißt, so fragt man sich, mit welchem Recht er von Oxydationspotentialen spricht, und wie er sich die Verknüpfung zwischen Oxydation und beobachteter Potentialdifferenz denkt. Darüber findet man in seiner Arbeit keine Erörterung. Wir wollen zwei Möglichkeiten diskutieren:

1. Plasmatische Membranen wirken wie indifferente Elektroden. Dann würde die Ableitung mit unpolarisierbaren Elektroden dasselbe bedeuten wie die Ableitung mit solchen von den indifferenten Polen einer Oxydo-Reduktionskette. Nimmt man an, daß sich die Potentialsprünge Elektrode/Gewebe an den zwei Ableitungsstellen annähernd kompensieren, so wäre die gemessene Potentialdifferenz die der Oxydo-Reduktionskette des zwischenliegenden Gewebes.

2. Weniger willkürlich wäre es, den Zusammenhang zwischen Oxydationsreaktion und beobachteter EMK so zu interpretieren, daß die Oxydoreduktionen der Zellen die Aktivitäten von Stoffen bedingen, deren Verteilung im Gewebe Verteilungs- oder dynamische Membranpotentiale hervorruft. Mit dieser Auffassung wäre zugleich eine Einsicht in den möglichen Geltungsbereich der Lundschen Anschauung gegeben. Die Reaktionsteilnehmer der Oxydo-Reduktionsprozesse sind offenbar nicht die einzigen elektromotorisch wirksamen Zellbestandteile, aber sie mögen, wenigstens unter bestimmten physiologischen Verhältnissen, ausschlaggebend für Richtung und Höhe der beobachteten EMK sein, während unter anderen Versuchsbedingungen wieder durch Stoffaufnahme oder -abgabe bedingte Potentiale in den Vordergrund treten werden.

Die transitorischen Potentialänderungen, die bei Reizungen auftreten, und bei denen die gereizte Stelle im allgemeinen negativ wird, erklärt Lund damit, daß mit der Reizung ein erhöhter Sauerstoffverbrauch und damit Vergrößerung des maßgeblichen

Quotienten $\frac{[Ox]}{[Red]}$ eintrete (Ox = Oxydations-, Red = Reduktionsprodukte). Der erhöhte O_2-Verbrauch bei Reizung ist in der Tat
in Einzelfällen nachgewiesen worden. Eine der LUNDschen Vorstellung sehr nahekommende hat sich WALLER[1] gebildet. Nach
dieser Anschauung bedingt das Verhältnis von Reduktion und
Oxydation einer Säure Positivität und Negativität derart, daß
der Oxydation Negativität, der Reduktion Positivität entspricht.
Sie steht in guter Übereinstimmung mit unseren Anschauungen
bezüglich des Elektronenmechanismus der Oxydation und Reduktion, nach der ja diese Prozesse als Abgabe bzw. Aufnahme
von Elektronen aufzufassen sind, so daß also einer Oxydation
eine erhöhte Elektronenaktivität entspricht.

Allein die Tatsache, daß verschiedene Theorien der biologischen
Elektrizitätserzeugung auf Betrachtungen der Oxydo-Reduktionsprozesse in der Zelle aufgebaut sind, würde es wichtig erscheinen
lassen, Oxydo-Reduktionspotentiale in Zellen experimentell zu
bestimmen. Wesentlicher aber für die Durchführung derartiger
Messungen ist die bereits in den Kap. 5, 10 ausgeführte Tatsache,
daß uns die Kenntnis dieser Potentiale die Kenntnis der maximalen
Nutzarbeit einer Oxydo-Reduktion vermittelt, und daß deshalb
— ganz unabhängig von allen bioelektrischen Theorien — derartige Messungen die Möglichkeit eröffnen, Aussagen über die
Arbeitsfähigkeit chemischer Prozesse in Zellen zu machen, Aussagen
darüber, ob und wie stark Zellsäfte oxydierend oder reduzierend
wirken können, sei es, daß wir die gemessenen Redoxpotentiale
mit gleich großen bekannter Stoffgemische in vitro vergleichen,
sei es, daß wir aus gemessenen Potentialen Änderungen des thermodynamischen Potentials berechnen.

Im speziellen Falle erweist sich freilich die Deutung der gemessenen Oxydo-Reduktionspotentiale meist als sehr schwierig
oder unmöglich. Bestimmt worden sind sie teils direkt mittels
indifferenter Elektroden, teils und zwar häufiger indirekt, kolori-
metrisch, wobei sich zwischen den Ergebnissen beider Methoden
vielfach eine befriedigende Übereinstimmung ergab. Dabei zeigte
sich, daß das Plasma im allgemeinen reduzierend ist, auch der bei
der photolytischen CO_2-Reduktion abgegebene O_2 ändert daran
anscheinend nichts Wesentliches. Nach AUBEL, MAURIAC und

---

[1] WALLER, J. C.: New Phytologist **28**, 291 (1929).

AUBERTIN[1] beträgt das Oxydo-Reduktionspotential von Zellen etwa —0,1 V in Anaerobiose und + 0,2 V in Aerobiose bei $p_H = 7$, für Amöba geben COHEN, CHAMBERS, REZNIKOFF[2] —0,125 V in Anaerobiose, + 0,127—0,210 V in Aerobiose bei $p_H = 7$ an. Stehen Zellen längere Zeit mit einem Medium in Berührung, so stellt sich im allgemeinen Übereinstimmung zwischen dem Oxydo-Reduktionspotential von Zellen und Medium ein, mindestens in der Nähe der Grenzflächen, und eine jede Zellsorte reduziert, in Medien von verschiedenem Oxydationspotential gebracht, diese Medien bis auf ein für die betreffende Zellspezies charakteristisches Potential. Zum Teil mag dies mit der Ausscheidung von Zellstoffen und Enzymen zusammenhängen, so daß außerhalb und innerhalb der Zelle derselbe chemische Prozeß die Einstellung des Potentials verursacht, so daß sich hieraus die Übereinstimmung des extra- und intrazellulären Potentials ergibt. Allgemein ist aber eine derartige Annahme überflüssig, vielmehr ist das Verhalten thermodynamisch verständlich aus dem Wesen des Oxydo-Reduktionspotentials, das ein Maß der maximalen Nutzarbeit einer Oxydo-Reduktion ist, damit ein Maß des chemischen Potentials und der Aktivität des O_2 bzw. H_2 unter den gegebenen Versuchsbedingungen ($r_H = - \log a_{H_2}$, $\mu_{H_2} - \mu_{H_2}^o = RT \ln a_{H_2}$ vgl. S. 180, 236).

Die beobachtete Tatsache bedeutet also, daß sich ein echtes oder scheinbares Gleichgewicht (stationärer Zustand) zwischen der Aktivität des O_2 bzw. H_2 außerhalb und innerhalb der Zelle einzustellen sucht, und daß dieses für jede Zellart spezifisch ist. Sie ist völlig verständlich, wenn wir uns der Darlegungen über das Maximum-Minimumgesetz der chemischen Potentiale erinnern. So gärt Hefe in einem Medium, dessen Oxydo-Reduktionspotential bei $p_H = 7$ etwa —0,16 V, Anaerobionten in Medien, deren Potential etwa —0,42 V bei $p_H = 7$ beträgt. In Medien, deren Oxydo-Reduktionspotential zu hoch liegt, etwa über —0,06 V bei $p_H = 7$, können obligate Anaerobionten nicht gedeihen; denn das erhöhte Oxydo-Reduktionspotential ist der Ausdruck für erhöhtes chemisches Potential des O_2, für erhöhtes Oxydationsvermögen des Mediums, und dies bedingt offenbar Vernichtung des Zellapparates. Ist das chemische Potential des O_2 zu hoch, so gehen wohl gewisse Zellprozesse zu beschleunigt und zu weitgehend vor sich, als daß die zum Ablauf des Lebensprozesses notwendige Harmonie der

---

[1] AUBEL, E. MAURIAC and AUBERTIN: Ann. de Physiol. 5, 310 (1929).
[2] COHEN, CHAMBERS, REZNIKOFF: J. gen. Physiol. 11, 585 (1928).

Reaktionen aufrechterhalten werden könnte, sei es, daß Stoffe in schädigenden Konzentrationen entstehen, sei es, daß Stoffe verbraucht werden, die für andere Reaktionen nötig sind. Je nach der Natur des Mechanismus, je nach der Zellart, wird der Bereich des harmonischen Ablaufes zwischen verschiedenen O_2-Potentialen liegen. Ist doch auch die Metallfadenlampe ein solcher Mechanismus, der nur bei niedrigem O_2-Potential funktioniert, während bei Überschreiten eines gewissen O_2-Potentials der Mechanismus in kurzem zerstört wird. So ist es auch zu verstehen, daß echte Anaerobionten auch in an Luft stehenden Medien gedeihen, wofern nur durch Zusatz reduzierender Stoffe zum Medium dessen O_2-Potential genügend erniedrigt wird. Im übrigen darf die regulatorische Befähigung des Organismus nicht außer acht gelassen werden, die vielfach auf eine Pufferung der chemischen Potentiale von Zellstoffen hinarbeiten wird gegenüber den durch den Wechsel des Wertes chemischer Potentiale in der Außenwelt hervorgerufenen Tendenzen zur Veränderung der μ der Zellstoffe, und die in vielen Fällen auch einen dauernden Ungleichgewichtszustand, eine dauernde Differenz der chemischen Potentiale eines Stoffes außerhalb und innerhalb einer Zelle ermöglichen wird.

Es ist bereits im vorhergehenden angedeutet worden, daß die gemessenen Oxydo-Reduktionspotentiale, deren Werte hier angeführt wurden, wohl nicht immer echten Gleichgewichten entsprechen. Wir müssen des weiteren noch hinzufügen, daß sich im Laufe der zukünftigen Erforschung dieses Gebietes zweifellos immer klarer ergeben wird, daß die Zuordnung eines bestimmten Potentials zu einer ganzen Zelle oder einem ganzen Gewebe zu schematisch ist, und daß wir in jeder Zelle verschiedene Oxydo-Reduktionssysteme mit verschiedenen Potentialen kennenlernen werden[1]. Schließlich muß noch betont werden, daß selbst, wenn wir für ein bestimmtes System ein bestimmtes wahres Oxydo-Reduktionspotential festgestellt haben und damit ein bestimmtes Maß arbeitsfähiger Oxydo-Reduktionsenergie, damit nur etwas gesagt ist über die mögliche Reaktionsfähigkeit des Systems, z. B. daß es gewisse Reaktionen ausführen könnte, andere nicht, weil sie zu viel arbeitsfähige Energie erfordern, daß aber damit nichts darüber gesagt ist, inwieweit eine thermodynamisch mögliche Oxydation oder Reduktion eines beliebigen Stoffes nun auch in

---

[1] Vgl. z. B. R. Wurmser: Oxydations et Reductions. Paris 1930.

der Zelle stattfindet. Dies ist, wie wir bereits im Kapitel 10 erörtert haben, im wesentlichen eine Frage der vorhandenen Katalysatoren.

Wenn auch nicht bezweifelt werden kann, daß es in der Pflanze vielfach zum Ausgleich von Potentialdifferenzen, zu elektrischen Strömen, kommen wird, so zeigt doch gerade die LUTHER-Kette (S. 338), wie vorsichtig man in der Deutung der von den Elektrophysiologen beobachteten Erscheinungen sein muß. Leitet man von zwei asymmetrischen Stellen einer Pflanze mit gleichen unpolarisierbaren Elektroden zu einem hochempfindlichen Galvanometer ab, — ein Vorschaltwiderstand ist oft wegen des hohen Widerstandes des Pflanzenteils überflüssig — so erhält man Ströme, die bei einem Pflanzenwiderstand von etwa 10^6 Ω etwa 10^{-8} Amp. betragen, entsprechend einer EMK von 10^{-2} Volt. Derartige Spannungsdifferenzen stellt man auch bei Ableiten zu Elektrometern fest. Man ist sich zwar in der Regel darüber klar gewesen, daß derartige abgeleitete Ströme keine Aussagen über die Stärke oder den Verlauf elektrischer Ströme im Pflanzeninnern gestatten, hat sie aber doch meist als Nebenschlüsse eines präexistierenden Stromes aufgefaßt, der eben seine Präexistenz durch die Tatsache beweise, daß man beim Anlegen der Elektroden einen ableitbaren Strom erhält. Es muß nachdenklich stimmen, daß man derartige Ströme oder Potentialdifferenzen im allgemeinen nicht erhält, wenn man von anscheinend symmetrischen Stellen der Pflanze ableitet; denn dieser Befund weist darauf hin, daß man sich auch die Frage vorlegen muß, ob nicht etwa die Potentialdifferenzen oder Ströme, die man mißt, großenteils nur durch das Anlegen der Elektroden geschaffen werden.

Betrachten wir wieder unsere geschlossene LUTHER-Kette, die aus drei verschiedenen Phasen, Zn, wäßrige und ätherische Zinksulfatlösung, besteht. Leiten wir von einer dieser Phasen mit zwei Elektroden ab, so bekommen wir keinen Strom bzw. keine Potentialdifferenz. Wir leiten in diesem Falle symmetrisch ab, und wir können daraus für die Deutung der elektrophysiologischen Beobachtung zunächst einmal den Schluß ziehen, daß, auch wenn wir an einem Organ bei symmetrischer Ableitung keinen Strom bzw. keine Potentialdifferenz feststellen können, dies gar nichts darüber besagt, ob und wieviele Potentialdifferenzen in dem betreffenden Organ ihren Sitz haben. Leiten wir nun von der LUTHER-Kette unsymmetrisch ab, z. B. mit zwei Kalomelelektroden, indem wir eine Elektrode dem Zink anlegen, die andere einer der

Lösungen, so werden wir nunmehr einen Strom und eine Potentialdifferenz erhalten, trotzdem gar kein Strom präexistierte, weil die
gleichen Elektroden an ihren Berührungsstellen mit den zwei
verschiedenen Phasen, Zink und Lösung, verschiedene Potentialdifferenzen erzeugen werden, so daß im allgemeinen eine un-
kompensierte Potentialdifferenz für den ganzen Stromkreis Elek-
trode/Zink/Zinksulfatlösung/Elektrode übrigbleiben wird. Wir
erhalten somit bei asymmetrischer Ableitung von der stromlosen
LUTHER-Kette einen Strom bzw. eine Potentialdifferenz, bei symmetrischer Ableitung nicht, ganz entsprechend dem typischen
Verhalten bei Ableitung von asymmetrischen und symmetrischen
Stellen eines Pflanzenteils. Wir müssen daraus den Schluß ziehen,
daß das Auftreten von Potentialdifferenzen oder Strömen beim
Ableiten von Pflanzenteilen an sich durchaus nichts über die
Präexistenz von elektrischen Strömen in der Pflanze beweist,
und daß demgemäß durchaus nicht aus dem typischen Auftreten
von derartigen Strömen auf ein typisches Auftreten, geschweige
denn auf eine besondere Bedeutung elektrischer Ströme in der
Pflanze geschlossen werden darf. Das besagt natürlich nicht,
daß man nicht unter ganz bestimmten Verhältnissen und Kautelen
auch aus Potential- oder Strommessungen in Pflanzen Schlüsse
auf die Existenz von Strömen in Pflanzen ziehen kann. Eine
Ergänzung deren Nachweises durch andere Methoden ist aber
offenbar sehr wünschenswert.

Es sind deshalb gewisse Beobachtungen von SSAWOSTIN[1] von
Interesse, die freilich noch sehr einer Nachprüfung und weiteren
kritischen Bearbeitung bedürfen. Sie gehen aus von der Erscheinung der rotierenden Plasmabewegung. Diese Plasmarotation,
die besonders deutlich in den Zellen von CHARA und ELODEA auftritt, besteht darin, daß eine innere Schicht des Plasmas sich in
rotierender Bewegung relativ zu einer ruhenden äußeren Plasma-
schicht befindet, die der Zellmembran anliegt. SSAWOSTIN glaubt,
wenn er die Zellen in ein homogenes Magnetfeld von 3000 und
7000 GAUSS bringt, eine von der Orientierung der Zellen im Felde
abhängige Änderung der Rotationsgeschwindigkeit feststellen zu
können. Unter der Annahme, daß mit der Plasmarotation das
Fließen eines Kreisstromes in der Zelle verknüpft ist, berechnet
er aus den Geschwindigkeitsänderungen bei seinen zwei verschiedenen magnetischen Feldstärken die Stärke dieses elektrischen

---

[1] SSAWOSTIN, P. W.: Planta (Berl.) **11**, 683 (1930).

Stromes und findet sie in den beiden Fällen zu 0,25 bzw. $0,39 \cdot 10^{-5}$ Amp. Aus dieser guten Übereinstimmung der Größenordnung schließt er darauf, daß seine Annahme richtig ist. Vorläufig steckt die Erforschung dieses Gebietes noch ganz in Kinderschuhen, aber es erscheint möglich, daß von diesen Untersuchungen aus eine wichtige Entwicklung unserer Kenntnis über die Verteilung und eventuelle Bedeutung elektrischer Ströme in Pflanzen ausgehen wird.

Untersuchen wir, zu welchen Leistungen die Pflanze elektrische Ströme heranziehen könnte, so ergibt sich die Antwort aus der Tatsache, daß die elektrische Energie in jede beliebige andere Energieform verwandelbar ist. Die Pflanze könnte also mittels elektrischer Energie 1. chemische Reaktionen durchführen, die nur unter Arbeitsaufwand ablaufen; 2. Elektrolyte von niedriger auf höhere Konzentration bringen; 3. elektroosmotische Wasserbewegungen und kataphoretische Massenbewegungen hervorbringen, also mechanische Energie gewinnen; 4. Grenzflächenenergie gewinnen. Prinzipiell könnte natürlich auch elektrische Energie zur Wärme-produktion oder zur Erzeugung strahlender Energie verwendet werden. Über letzteren Punkt wissen wir nichts, über erstere ist folgendes zu sagen: Die Aufrechterhaltung der Lebenstätigkeit der Pflanze ist nicht wie die des homoiothermen Organismus an einen engen Temperaturbereich ihres Körpers gebunden, sondern im wesentlichen dadurch gewährleistet, daß in den Vegetationszeiten die Temperatur der Umgebung nur etwa in den Grenzen schwankt, in denen auch die Temperatur der lebenstätigen Pflanze schwanken kann. Deshalb dürfte die Produktion von Wärme kaum eine Aufgabe sein, die der elektrischen Energie der Pflanze zufällt, zumal diese Aufgabe ja leicht durch chemische Vorgänge gelöst werden kann. Man wird sogar vom Standpunkte des Thermodynamikers aus geneigt sein, eventuell nötige Wärmeproduktion der Pflanze sich eher durch irreversiblen Ablauf chemischer Reaktionen vollzogen zu denken als durch Verwandlung von elektrischer Energie in Wärme; denn vom Standpunkt des Thermodynamikers ist gerade der Gedanke der Verwendung elektrischer Energie im Betriebe der Pflanze deshalb verlockend, weil die elektrische Energie relativ leicht annähernd reversibel, also ohne Verlust von Arbeitsfähigkeit, in andere Energieformen verwandelt werden kann.

Überlegen wir also, ob in der Pflanze die Bedingungen dafür gegeben sind, daß mittels elektrischer Energie chemische Arbeitsleistungen vollbracht werden, Arbeitsleistungen der Art, wie sie z. B. die elektrochemische Technik außerhalb des Organismus vollbringt. Auf den ersten Blick scheinen die Voraussetzungen, wie sie für den Ablauf einer technischen Elektrolyse gegeben sind, im Organismus kaum gegeben zu sein, weder Spannungen von mehreren Volt, noch die Stromzuführung durch gegenüberliegende Elektroden, durch die die zu elektrolysierende Flüssigkeit in einen geschlossenen Stromkreis eingeschaltet wird. Es gibt indessen einen Reagenzglasversuch, der eine typische elektrolytische Metallabscheidung unter Bedingungen zeigt, die denen im Organismus ganz wesentlich näherkommen. Das ist der sogenannte BECQUEREL-Versuch. Man füllt ein am Boden mit Sprüngen durchsetztes Reagenzglas mit $Cu(NO_3)_2$-Lösung und taucht es in eine Na_2S-Lösung. Beim Eintauchen bildet sich in den Sprüngen eine Niederschlagsmembran aus CuS, und nach einiger Zeit treten an dieser Membran auf der Seite der $Cu(NO_3)_2$-Lösung Cu-Kristalle auf, während die fortschreitende Vertiefung der Gelbfärbung der Na_2S-Lösung die Bildung von Polysulfiden anzeigt. Es findet also eine typische Elektrolyse mit Oxydation und Reduktion zu beiden Seiten der Membran statt, ohne daß von außen eine Spannung an sie angelegt wird. Die Erscheinung erklärt sich durch die Annahme von Kreisströmen, die innerhalb der Membran auftreten[1]. Die Niederschlagsmembran besteht aus einem festen CuS-Gerüst und Poren, die mit Lösung von $NaNO_3$ gefüllt sind. So entsteht eine Kette: $CuS/Cu(NO_3)_2$-Lösung$/NaNO_3$-Lösung$/Na_2S$-Lösung/CuS, deren EMK etwa 1 Volt beträgt, und die auf der Seite des $Cu(NO_3)_2$ $Cu^{··}$ zu Cu reduziert, auf der Seite des Na_2S S'' nach der Gleichung

$$S'' + Na_2S = Na_2S_2 + 2e$$

oxydiert. An nicht porösen und schlecht leitenden Membranen tritt unter ähnlichen Verhältnissen Metallabscheidung nicht auf. Die Erscheinung der Metallabscheidung durch Membranströme ist also eine ziemlich spezielle Erscheinung. Dagegen wissen wir durch die Untersuchungen von SÖLLNER[2], daß das Auftreten von Kreisströmen in Porenmembranen eine sehr allgemeine Erscheinung ist. Zu solchen Kreisströmen kommt es, wie wir sogleich sehen werden, in diesen, wenn sie ein gewisses Maß von Ionenpermeabilität

---

[1] BIKERMANN, J.: Z. physik. Chem. A **153**, 451 (1931).

[2] SÖLLNER, K.: Z. Elektrochem. **36**, 36, 241 (1931). — SÖLLNER, K. u. A. GROLLMANN: Z. Elektrochem. **38**, 274 (1932).

besitzen, ihre Porenweite ungleichmäßig ist, und wenn sie beiderseits an verschiedene Elektrolytlösungen grenzen.

Wir hatten im physikalischen Teil bereits die dynamischen Membranpotentiale erwähnt, die besonders Michaelis untersucht hat, und deren äußere Erscheinung darin besteht, daß bei Einschalten einer mehr oder weniger permeablen Membran zwischen zwei verschiedene Elektrolytlösungen sich die Potentialdifferenz zwischen den Lösungen, das Diffusionspotential in freier Lösung, ändert. Wir tragen hier noch nach, daß das auftretende dynamische Membranpotential um so mehr von dem freien Diffusionspotential abweicht, je engporiger die Membran ist. Es erklärt sich dies — schematisch betrachtet — daraus, daß die in dem festhaftenden Teil der elektrolytischen Doppelschicht längs der Membranporen befindlichen Ionen sehr wenig beweglich sind, und die Stromleitung in der Membranpore im wesentlichen in dem beweglichen Teil deren Flüssigkeitsinhaltes vor sich geht. Ist die Membran, die z. B. negativ geladen sei, sehr engporig, so sitzen fast alle negativen

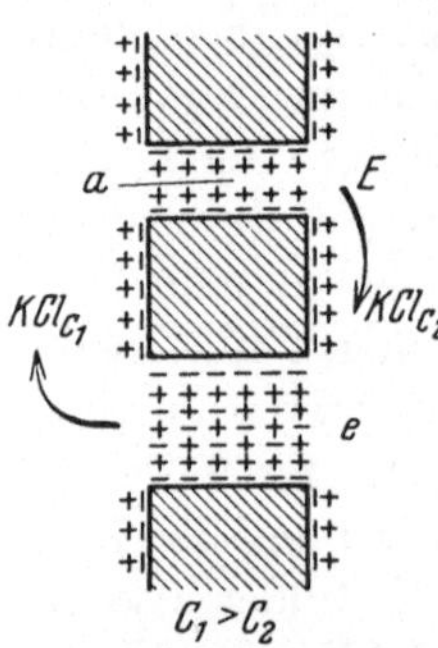

Abb. 19. Erklärung im Text. Nach Söllner: Z. Elektrochem. 36.

Ionen in der festhaftenden Schicht, die positiven in der engen beweglichen Flüssigkeitsschicht; es ist also die Wanderungsgeschwindigkeit der Anionen in der Membran fast 0, und demnach hat der Quotient $\dfrac{u' - v'}{u' + v'}$ (u' bzw. v' Wanderungsgeschwindigkeit von Kat- bzw. Anion), mit dessen Wert nach Gleichung [295] ceteris paribus das Membranpotential steigt, annähernd seinen Höchstwert. Ist die Membran großporiger, so wird der bewegliche Teil der Flüssigkeit in der Pore auch negative Ionen enthalten, v' also größer, $\dfrac{u' - v'}{u' + v'}$ und das Membranpotential kleiner als vorher sein. Abb. 19 erläutert die Verhältnisse, die auftreten, wenn eine derartige ungleichmäßige Membran, deren Porenwand, um einfache Verhältnisse zu erhalten, nicht leitend angenommen wird, einerseits an eine $\dfrac{n}{10}$ KCl-Lösung, andererseits an eine $\dfrac{n}{1000}$ KCl Lösung grenzt.

An der engen Pore entsteht eine höhere EMK als an der weiten. Da das System elektrolytisch leitet, kommt es deshalb nach

Söllner zu einem Kreisstrom innerhalb der Flüssigkeit im Sinne des Pfeils, wobei die höhere EMK an der engen Membranpore, die niedrigere EMK an der weiteren Pore überkompensiert. Ein System derartiger Kreisströme in der Membran wird nach den Ausführungen S. 189 unter Umständen zu einer elektroosmotischen Wasserbewegung führen können und damit anomale Osmose hervorrufen, d. h. eine solche, die zu der auf dem osmotischen Druck beruhenden hinzutritt. Je nachdem, ob sie der normalen Osmose gleich- oder entgegengesetzt gerichtet ist, werden wir sie als anomale positive oder negative Osmose zu bezeichnen haben. Auf die Bedingungen, unter denen solche anomale Osmose in merklichem Maße auftreten kann, und von denen ihre Richtung abhängt, gehen wir nicht näher ein, sondern verweisen auf Söllner[1] u. a.

Wir können freilich heute noch nicht sagen, ob die lebenden Membranen der Zelle Porenmembranen sind oder nicht, und ob die von Söllner abgeleiteten Erscheinungen auch an lebenden Membranen auftreten werden. Unterstellt man aber derartige Annahmen, so wird man auf Grund der geschilderten Verhältnisse auch in den Plasmamembranen Kreisströme annehmen dürfen. Derartige Kreisströme könnten vielleicht, wie Nathansohn hervorgehoben hat, trotz ihrer niedrigen Spannung auch elektrochemisch wirksam werden, wenn sich zu beiden Seiten der Membran Depolarisatoren finden, Stoffe, die die Reaktionsprodukte der Elektrolyse durch chemische Reaktion beseitigen. Wir haben ja im physikalischen Teil den Begriff der Zersetzungsspannung (S. 183) kennengelernt, die die Mindestspannung angibt, die man aufwenden muß, um eine bestimmte elektrolytische Abscheidung, den Fortgang einer bestimmten Elektrolyse zu erreichen, und festgestellt, daß diese Zersetzungsspannung auf dem Auftreten der elektromotorischen Kraft der Polarisation beruht, die der angelegten Spannung entgegengesetzt gerichtet ist. Befinden sich nun an den Elektroden Stoffe, die mit den polarisierend wirkenden Produkten der Elektrolyse chemisch reagieren und dadurch ihre Konzentration vermindern, so kann die Elektrolyse bereits bei niedrigerer Spannung als der normalen Zersetzungsspannung durchgeführt werden. Das Ausmaß der möglichen Spannungsverminderung hängt offenbar von der Wirksamkeit des Depolarisators ab. Inwieweit derartige

---

[1] Söllner: l. c. S. 353. — Brauner, L.: Jb. Bot. **73**, 513 (1930). — Metzner, P.: Ber. dtsch. bot. Ges. **48**, 207 (1930).

Erscheinungen eine Rolle in der Pflanze spielen, ist aber noch ungeklärt. Dies gilt auch hinsichtlich der Möglichkeit, daß die Pflanze elektrische Energie in osmotische verwandelt, insbesonders auch elektroosmotische Wasserbewegungen durchführt.

Es sind keine Fälle bekannt, wo mit Sicherheit an lebenden Membranen das Auftreten anomaler Osmosen als Folge von lokalen Kreisströmen erwiesen ist, während es an toten Membranen besonders von LOEB und BARTELL[1] eingehend studiert werden konnte. Ebensowenig existiert irgendein Nachweis dafür, daß in der Pflanze von elektrischen Strömen Konzentrierungsarbeit in praktisch belangreichem Maße durch Transport von Elektrolyten gegen das natürliche Konzentrationsgefälle geleistet wird.

Es braucht nicht hervorgehoben zu werden, daß natürlich nicht nur Kreisströme in plasmatischen oder nichtplasmatischen Membranen chemische, osmotische und kataphoretische Leistungen hervorbringen könnten, sondern auch Ströme innerhalb einer ganzen Zelle, eines ganzen Gewebes oder ganzen Organismus. Nach dieser Richtung hin haben vor allem die elektrischen Polaritätserscheinungen an ganzen Organen und Organismen immer wieder das Interesse der Biologen auf sich gezogen und zu theoretischen und experimentellen Versuchen über ihre Bedeutung geführt. Wirkliche Beweise dafür, daß elektrische Polarität primär die chemische Polarität bestimmt, und nicht umgekehrt chemische die elektrische, liegen indes nicht vor. Die von LUND[2] gefundene interessante Tatsache, daß man durch Anlegen eines Stromes, der die natürliche elektrische Polarität des Fucuseis umkehrt, auch eine Umkehr der morphologischen und chemischen Polarität erzielt, beweist natürlich nicht, daß die Ursache der ursprünglichen morphologischen und chemischen Polarität elektrisch ist. Beweist doch die Umkehr der Bewegungsrichtung eines durch die Schwerkraft auf einer schiefen Ebene herabgleitenden Magnetstäbchens durch die überkompensierende Kraft eines starken Magnetes auch nicht, daß die erste Bewegung magnetischer Natur war. Das gleiche scheint mir von den Überlegungen und Experimenten WENTs[3] zu gelten, der polare Färbungen mit basischen und sauren Farbstoffen und deren Umkehr durch entsprechend angelegte Potentialdifferenzen

---

[1] LOEB, J.: J. gen. Physiol. 1—5 (1919—22). — BARTELL u. Mitarbeiter: J. amer. chem. Soc. 36, 646 (1916); 38, 1029 (1916); 42, 593 (1920).

[2] LUND, E.: Bot. Gaz. 76, 288 (1923).

[3] WENT, F. W.: Jb. Bot. 76, 528 (1932).

erzielte. Auch hier scheint mir die Frage, wie weit die ursprüngliche polare Färbung elektrischer Natur ist, nicht eindeutig beantwortet, da die Pflanze doch zweifellos nicht nur elektrisch, sondern auch sonst nach den verschiedensten Richtungen hin chemisch und physikalisch polar gebaut ist.

Es gibt aber doch recht zahlreiche Befunde, die sehr dafür sprechen, daß an der Stoffwanderung von elektrisch geladenen Teilchen im Organismus die elektrischen Potentialdifferenzen, die in ihnen auftreten, einen wesentlichen Anteil haben. Dafür sprechen vor allem die sehr zahlreichen, von KELLER und Mitarbeitern[1] (GICKLHORN, UMRATH usw.) erhobenen Befunde über Gleichsinnig keit von Färbbarkeit mit der Richtung von Potentialdifferenzen. Nach den Stellen, an denen überschüssige positive bzw. negative Ladungen sitzen, wandern saure bzw. basische Vitalfarbstoffe. Es sprechen ferner die bereits erwähnten Versuche F. W. WENTs dafür, nach denen Farbstoffe, Alkaloide usw. in Hypokotylen derart wandern, daß die Farbstoffanionen nach der Basis, die -kationen nach der Spitze zu gehen, während die Basis gegen die Spitze anscheinend elektrisch positiv ist. WENT verknüpft mit seinen Beobachtungen die Annahme, daß der von KÖGL und HAAGEN SMIT dargestellte Wuchsstoff, der eine Säure ist, nach elektrisch positiven Stellen wandere, und sucht damit eine allgemeine elektrische Polaritäts- und Wachstumstheorie zu begründen. Zur Zeit fehlt noch das hinreichende Erfahrungsmaterial, um die Berechtigung derartiger Anschauungen klarzustellen.

In diesem Zusammenhang sei auch auf die Beobachtungen BRAUNERs[2] hingewiesen, nach denen die Schwerkraft elektrische Polarität an Pflanzenteilen hervorruft, deren räumliche Lage verändert wird. Die Unterseite wird einige Millivolt (bisweilen über 20 MV) positiv gegen die Oberseite. Der Effekt ist auch durch Zentrifugalkräfte und an toten Membranen zu erzielen. Das besagt aber nichts gegen seine möglicherweise hohe Bedeutung in der Kette der durch Schwerkraftwirkung hervorgerufenen Erscheinungen an Pflanzen.

Daß die elektrische Energie von der Pflanze auch in mannigfachster Weise zu Regulationszwecken verwendet werden könnte, sei es durch direkte Beeinflussung mit Strömen (Korrelationen),

---

[1] KELLER u. Mitarbeiter: „Die Elektrostatik in der Biochemie." Kolloidchem. Beih. **28**, 208 (1929).

[2] BRAUNER, L.: Jb. Bot. **66**, 381 (1927); **68**, 711 (1928).

sei es „drahtlos", ist des öfteren hervorgehoben worden (z. B. Lund, Keller, Fürth[1]). Betrachten wir schließlich noch kurz die Verwandlung elektrischer Energie in Grenzflächenenergie in der Pflanze. Die zahllosen Grenzflächen des Organismus stellen ebenso zahlreiche Orte des Auftretens von Grenzflächenenergie dar und, da es sich um Grenzflächen elektrolythaltiger Phasen handelt, muß die Größe der Grenzflächenenergie in Zusammenhang mit der Zusammensetzung, speziell dem Elektrolytgehalt, der Phasen stehen und sich mit dessen Änderung ändern. Auch auf diesem Gebiete müssen wir uns aber zur Zeit noch auf derartige formale Aussagen beschränken, während uns spezielle Kenntnisse über derartige Energietransformationen fehlen.

Zwölftes Kapitel.

Thermodynamik der CO_2-Assimilation.

Berechnung von $\varDelta G$ für die CO_2-Reduktion unter den Bedingungen in der Pflanze S. 360. Licht- und Dunkelreaktion S. 366. Fluorescenz und Assimilation S. 368. Nutzeffekte bei verschiedenen Wellenlängen S. 369. Verhältnis von assimilatorischer Leistung zur einfallenden Lichtenergie S. 372. Quantenverbrauch S. 373. Vorstellungen Wurmsers darüber S. 375.

Der wichtigste Umwandlungsprozeß strahlender Energie in der Pflanze ist die CO_2-Assimilation, die photochemische Reduktion der CO_2 auf die Reduktionsstufe der Kohlehydrate. Ihre Bedeutung für die grüne Pflanze ist stofflicher und energetischer Natur. Sie liefert den zum Aufbau notwendigen Kohlenstoff und — letzten Endes — die zum Betrieb des Lebensprozesses notwendige arbeitsfähige Energie. Auf die arbeitsfähige Energie kommt es der Pflanze an. Den ungeheuren Energievorrat, der in der Wärme ihrer Umgebung vorhanden ist, kann sie nicht beliebig in Arbeit verwandeln, genau so wenig wie der Mensch, weil diese Energie bereits in einem sehr wahrscheinlichen Verteilungszustand vorliegt. Dagegen ist die ungeheure Temperaturdifferenz zwischen Sonne und Erde ein äußerst unwahrscheinlicher Zustand. Indem sich die Pflanze in den Ausgleichsvorgang einschaltet, der diesen so unwahrscheinlichen Zustand in den wahrscheinlicheren der Temperaturgleichheit zwischen Sonne und Erde allmählich überführt, hat sie die Möglichkeit, recht unwahrscheinliche Formen

---

[1] Fürth, R.: Erg. Physiol. **27**, 864 (1928).

und Verteilungen der Energie zu bilden; denn die thermodynamischen Gesetze schreiben nur den Endzustand des thermodynamischen Gleichgewichtes vor, sie gestatten aber, daß der Weg von einem sehr unwahrscheinlichen Zustand in den wahrscheinlichsten nicht in einem Schritt, sondern in vielen Schritten genommen wird über Zustände, die selbst noch unwahrscheinlich sind, wenn auch wahrscheinlicher als der Ausgangszustand. Die in der Pflanze auftretenden unwahrscheinlichen Zustände liefern dann beim Übergang in wahrscheinlichere die arbeitsfähige Energie, die die Pflanze zur Durchführung ihrer Lebensprozesse bedarf. Indes, der Gewinn arbeitsfähiger Energie allein genügt nicht zur Inganghaltung des Lebensprozesses, auch Form und Verteilung der arbeitsfähigen Energie muß zweckentsprechend sein. Den Pflanzen wäre nicht damit gedient, wenn sie die arbeitsfähige Energie des Sonnenlichtes nur in die Form transformieren könnten, in der diese sich in hochexplosiven Verbindungen befindet, wenn die transformierte Sonnenenergie wieder mit rapider Geschwindigkeit dem wahrscheinlichsten Verteilungszustand zustreben würde, wenn sie infolgedessen fast nur verwertbar wäre zu den gleichen Zeiten, zu denen die Sonne strahlt, fast nur verwertbar wäre an den gleichen Teilen ihres Körpers, die vom Licht getroffen werden[1]. Aber die grüne Pflanze ist in besserer Lage, und daß sie es ist, daß sie die arbeitsfähige Energie der Sonnenstrahlung in jeder Zeit und jeden Orts verwertbare Form bringen kann, das verdankt sie der CO_2-Assimilation. Der bei dieser gebildete Zucker speichert die zugestrahlte und transformierte Sonnenenergie. Durch seine Bildung macht sich die Pflanze unabhängig vom Wechsel der Energiezufuhr der Sonne bei Tag und Nacht. Durch seinen Transport macht sie sich unabhängig vom Ort der Absorption der strahlenden Energie, und durch seinen allmählichen regulierbaren Abbau erzielt sie die notwendige Relation zwischen der erforderlichen und der gelieferten Quantität an arbeitsfähiger Energie.

Die CO_2-Assimilation vollzieht sich nach der Gleichung

$$6\,CO_2 + 6\,H_2O = C_6H_{12}O_6 + 6\,O_2.$$

Diese Gleichung stellt die analytisch-chemisch faßbare Bilanz eines Prozesses dar, der vielleicht auf recht kompliziertem Wege über zahlreiche Zwischenstufen verläuft. Wir kommen später auf den mutmaßlichen Weg dieser Reaktion zurück und behandeln

---

[1] NATHANSON, A.: Stoffwechsel der Pflanze. Leipzig 1910.

zunächst ihre vom Wege unabhängigen thermodynamischen Effekte.
Für den Standardzustand der Reaktion

$$6\,CO_{2\,g}\ +\ 6\,H_2O_l\ =\ C_6H_{12}O_{6\,s} + 6\,O_{2\,g}\quad \text{ergibt sich}$$

$$(\underline{A^0_n})_B\quad -6\cdot 94{,}26\quad -6\cdot 56{,}56\quad -216\qquad 0,$$

$$(W^0_P)_B\quad -6\cdot 94{,}25\quad -6\cdot 68{,}33\quad -303\qquad 0,$$

$$\underline{A^0_n} = \underline{\varDelta\,G^0} = 688{,}92\ \text{Kal},\quad W^0_P = 672{,}48\ \text{Kal}.$$

Um aus dem Standardwert der Änderung von G bei diesem
Prozeß den Wert $\varDelta\,G$ bei realen Konzentrationsbedingungen zu
erhalten, müssen wir noch die Größe $\varSigma\,\nu_i\,RT \ln a_i$ bilden. Dazu
treffen wir folgende Feststellungen: Die Aktivität von H_2O setzen
wir auch im realen Zustand gleich 1. Diese Annahme ist vollkommen zutreffend, wenn die assimilierende Zelle maximal
turgeszent ist, d. h. im Gleichgewicht mit reinem Wasser steht.
Die Partialdrucke von CO_2 bzw. O_2 in Luft betragen 0,0003 bzw.
0,2 atm. Einer besonderen Diskussion bedarf der Wert von a für
Glukose. Der Zucker kommt im Zellsaft und Plasma gelöst vor,
trotzdem haben wir ihn in der Gleichung des Standardzustandes
als fest angenommen, weil nämlich nur für diesen Zustand und
nicht für die ideal gedachte Lösung von 1 Mol Glukose in 1000 g
H_2O $(\underline{A^0_n})_B$ tabellarisiert vorliegt. Wir könnten zwar diesen Wert
berechnen, wollen aber davon absehen, da der im folgenden ein-
geschlagene Weg zur Berechnung der Größe $RT \ln a_{C_6H_{12}O_6\,aq.}$
implizit den Weg zu dieser Berechnung enthält. Wenn wir als
Standardzustand des gelösten Zuckers nicht seine 1molige ideale
Lösung wählen, sondern reinen festen Zucker, so dürfen wir auch,
nach S. 136, selbst wenn die betreffende Zuckerlösung ideal ist,
nicht mehr c statt a setzen, sondern müssen auf die ursprüngliche
Bedeutung der Aktivität als relative Flüchtigkeit zurückgehen.
Es ist also dann die Aktivität des gelösten Zuckers gleich seiner
relativen Flüchtigkeit, d. h. seiner Flüchtigkeit über der Lösung
dividiert durch seine Flüchtigkeit im Standardzustand, dem Zucker
im reinen festen Zustand. Da die Flüchtigkeit im letzteren Zustand
gleich der Flüchtigkeit des Zuckers über einer gesättigten Lösung
ist — andernfalls würde kein Gleichgewicht zwischen Bodenkörper
und Gelöstem bestehen (S. 137) —, so können wir auch durch
die Flüchtigkeit des Zuckers über der gesättigten Zuckerlösung
dividieren. Verhalten sich die gelösten Teilchen des Zuckers ideal,
was wir vernachlässigend annehmen wollen, so verhalten sich nach
dem NERNSTschen Verteilungssatz die Flüchtigkeiten wie die

Konzentrationen, d. h. wir haben als Aktivität des gelösten Zuckers, wenn wir als seinen Standardzustand reinen festen Zucker bei 25^0 C wählen, zu setzen $\dfrac{c}{c_{ges.}}$, worin der Zähler die bei 25^0 C vorliegende Konzentration des Zuckers bedeutet, dessen Aktivität bestimmt werden soll, der Nenner die Konzentration der bei 25^0 gesättigten Zuckerlösung. Weniger abstrakt führt zu dem gleichen Ergebnis folgender Gedankengang: Würde der Zucker in gesättigter Lösung entstehen, so wäre die aufzuwendende Nutzarbeit gleich der Nutzarbeit, die zur Bildung festen Zuckers aufgewendet werden muß; denn der Übergang vom festen Zucker in die gesättigte Lösung erfordert ja keine Nutzarbeit, so daß wir uns auch zunächst 1 Mol $C_6H_{12}O_{6\,s}$ entstanden denken können und dann ohne Änderung von G in gesättigte Lösung überführt, statt direkt 1 Mol in gesättigter Lösung entstehen zu lassen. Ist in der Zelle der Zucker in geringerer Konzentration, so können wir uns zunächst gesättigte Zuckerlösung entstanden denken, und diese sodann reversibel und isotherm auf die real vorliegende Verdünnung gebracht. Hierbei haben wir unter Annahme idealen Verhaltens pro Mol die — negative — Arbeit aufzuwenden $RT \ln \dfrac{c}{c_{ges.}}$, und nach dem Gesetz von der Unabhängigkeit der maximalen Nutzarbeit isothermer Prozesse vom Wege ist die bei diesem Umweg über den festen Zucker gewonnene Nutzarbeit, die wir berechnen können, gleich der gesuchten unbekannten, wenn der Zucker direkt in der Konzentration entsteht, in der er real in der Zelle vorliegt. Diese reale Konzentration wird natürlich je nach den Lebensumständen verschieden sein. Da aber die Glukose teils zu Disacchariden weiter verarbeitet wird, teils in den oxydativen und Spaltstoffwechsel einbezogen wird, so wollen wir einmal die Konzentration exempli causa mit 0,005 Mol pro 1000 g H_2O ansetzen. Nach einer langen Dunkelperiode wird wohl zunächst die Zuckerkonzentration sehr niedrig sein, während sie im Laufe lang dauernder Assimilation unter optimalen Bedingungen und möglichst schlechten Bedingungen für Ableitung und Verarbeitung der Glukose wohl bis zu sehr hohen Werten ansteigen könnte. Zur Begründung der hier gewählten Zuckerkonzentration mag noch dienen, daß SAPOSCHNIKOFF[1] fand, daß bei Zuckerkonzentrationen von etwa 6—8% die Assimilation völlig sistiert wird; die hohe Zuckerkonzentration wurde dabei

---

[1] SAPOSCHNIKOFF, W.: Ber. dtsch. bot. Ges. **9**, 293 (1891).

durch Belichten abgeschnittener, also an der Ableitung der Assimilate verhinderter Blätter erreicht. Kurz nach dem Abschneiden fand er etwa 1%. Nehmen wir an, daß der Zucker als Glukose vorlag (Molekulargewicht 180), so bedeutet 1% etwa 0,05 Mol. Der gewählte Wert bedeutet also einen Durchschnittswert aus normalen Zuckerkonzentrationen und minimalen, wie sie vielleicht nach längerer Verdunklung usw. auftreten. Die von SAPOSCHNIKOFF gefundenen Konzentrationen geben infolge des relativ kleinen Plasmavolumens wohl etwa die im Zellsaft herrschenden Konzentrationen an. Für unsere Frage ist es gleichgültig, ob im Plasma davon abweichende Werte auftreten, sofern nur annähernd Verteilungsgleichgewicht für den Zucker zwischen Plasma und Zelle angenommen werden darf. Die Konzentration der gesättigten Glukoselösung bei 25^0 C beträgt etwa 5 Mol (bei 15^0 enthält gesättigte Glukoselösung 81,68 g auf 100 g H_2O, bei 25^0 etwa 5% mehr). Da es sich nur um eine Annäherungsrechnung handelt, setzen wir die Aktivitätskoeffizienten gleich 1. Dann ist für die Assimilationsreaktion

$$\Sigma\nu_i\,R\,T\ln a_i = R\,T\,2{,}3\,(\log a_{C_6H_{12}O_6} + 6\log a_{O_2} - 6\log a_{CO_2} -$$

$$- 6\log a_{H_2O}) = R\,T\,2{,}3\left(\log\frac{0{,}005}{5} + 6\log 0{,}2 - 6\log 0{,}0003 - 0\right) =$$

$$= 1{,}365\,(-3 - 6\cdot 0{,}7 + 6\cdot 3{,}52) = 1{,}365\cdot 13{,}92 = 19\ \text{Kal.}\quad [370]$$

Somit wäre für die angenommenen realen Bedingungen $\underline{\Delta G} = \underline{\Delta G^0} + \Sigma\nu_i\,R\,T\ln a_i = 688{,}92 + 19 = 707{,}92$ Kal = rund 708 statt 688,92 im Standardzustand, und pro Mol reduzierter CO_2 wären im Minimum 118 Kal aufzuwenden. Man sieht aus der Berechnung, daß für die Abweichung vom Standardwerte wesentlich der niedrige Partialdruck der CO_2 in der Atmosphäre und das hohe $\nu_{CO_2} = -6$ ist. Eine Änderung der Zuckerkonzentration um das Hundertfache des hier zugrunde gelegten Wertes würde dagegen nur eine Korrektur von $\underline{\Delta G}$ um $\pm 2\cdot 1{,}365$ Kal bedingen. Aus derartigen Berechnungen geht mit Sicherheit hervor, daß WALTERs[1] Befund, daß Wasserentzug durch osmotische Mittel die Assimilation bis zur völligen Ausschaltung hemmen kann, nicht etwa mit vermehrtem Energieaufwand für die CO_2-Reduktion zusammenhängt; denn die Änderung der Aktivität des Zellwassers ist hierbei viel zu gering, um einen wesentlichen Einfluß auf den Arbeitsaufwand auszuüben. Man könnte hier fragen: Wir wissen

---

[1] WALTER, H.: Protoplasma (Berl.) **6**, 113 (1929).

doch durch die Untersuchungen von WILLSTÄTTER und STOLL[1],
daß im Blatt CO_2 gespeichert wird, müssen wir da nicht einen
höheren Partialdruck für CO_2 einsetzen, der einen anderen Wert
für $\varDelta G$ ergibt? Die Antwort muß lauten: Nein; denn die im
Minimum aufzuwendende Nutzarbeit ist unabhängig vom Wege,
sofern der Prozeß nur isotherm auf den verschiedenen Wegen
geleitet wird. Die Wirkung der CO_2-Anreicherung im Blatt ist
zunächst eine Reaktionsbeschleunigung der in der Zelle verlaufenden Reaktion, da allgemein die Geschwindigkeit eines
Reaktionsablaufes der Konzentration der Ausgangsstoffe proportional ist. Darüber hinaus kann sie freilich unter Umständen
bewirken, daß der Anteil, den am Gesamtarbeitsaufwand das
Licht, chemische, Oberflächen- oder sonstige arbeitsfähige Energie
liefernde Prozesse haben, sich verschiebt. Prinzipiell steht z. B.
der Annahme nichts im Wege, daß sich zunächst in der Zelle ein
Partialdruck gelöster CO_2 einstellt, der im Gleichgewicht mit dem
p_{CO_2} der Atmosphäre steht, daß sodann durch irgendeine Leistung
von chemischer oder Oberflächenarbeit eine Erhöhung des chemischen Potentials der CO_2 stattfindet, so daß der Arbeitsaufwand
des Lichtes zur Reduktion geringer ist, als wenn das chemische
Potential der CO_2 nicht über den Wert erhöht wäre, den es in
der Atmosphäre hat. Es ist vielleicht nützlich, zu betonen, daß
auch, wenn keine Erhöhung von μ_{CO_2} stattgefunden hat, die
Konzentration der CO_2 in einzelnen Phasen der Zelle sehr hoch
sein kann. Im Verteilungsgleichgewicht zwischen zwei Phasen
muß das chemische Potential des sich verteilenden Stoffes in beiden
gleich sein, gleiches ν vorausgesetzt, das Verhältnis der Gleichgewichtskonzentrationen kann aber sehr weit von Gleichheit verschieden sein, also einer sehr niedrigen Konzentration in der Gasphase eine sehr hohe in einer damit im Verteilungsgleichgewicht
stehenden flüssigen oder festen Phase entsprechen. Für die späteren
Betrachtungen über den Nutzeffekt des Lichtes ist es von Wichtigkeit, zu erörtern, ob wir, wie dies allgemein geschieht, annehmen
dürfen, daß das Licht im wesentlichen die gesamte Arbeit der
Assimilationsreaktion zu leisten hat oder nur einen Teil, z. B. 50%
davon, während 50% auf Kosten von arbeitsfähiger Grenzflächenenergie, elektrischer oder chemischer Energie geleistet würden;
denn im letzteren Falle würde ceteris paribus die Ausnutzung des

---

[1] WILLSTÄTTER, R. u. A. STOLL: Untersuchung über die Assimilation
der Kohlensäure. Berlin 1918.

Lichtes nur die Hälfte von der im ersteren Falle sein. Die Berechtigung der ersten Annahme folgt daraus, daß ein mächtiger Pflanzenkörper von wenigen grünen Zellen aufgebaut werden kann, ohne daß, soweit bekannt, außer der Sonnenenergie wesentliche Quellen arbeitsfähiger Energie in die wachsende Pflanze eingeführt werden, und daß nichts darüber bekannt ist, daß die Pflanze sich etwa bei Atomzerfall oder ähnlichen Prozessen freiwerdende Energiemengen nutzbar macht, so daß die Quantität arbeitsfähiger Energie, die die Zellen des Keimlings liefern können, verschwindend klein ist gegenüber der Quantität, die zum Aufbau des großen Pflanzenkörpers erforderlich ist.

Es ist von Interesse, aus dem Wert von $\underline{A}_n^0$ die Gleichgewichtskonstante der Reaktion zu berechnen, weil wir mit ihrer Hilfe auch diejenige Zuckerkonzentration berechnen können, die mit CO_2 und O_2 unter deren Partialdrucken in der Atmosphäre im Gleichgewicht steht. Nach S. 142 ist

$$\underline{A}_n^0 = 688{,}92 \ \mathrm{Kal} = -\,\mathrm{R\,T\,ln\,K} = \mathrm{R\,T\,ln} \frac{\left(\underline{a}_{CO_2}\right)^6 \left(\underline{a}_{H_2O}\right)^6}{\left(\underline{a}_{C_6H_{12}O_6}\right) \left(\underline{a}_{O_2}\right)^6} . \quad [371]$$

Setzen wir wieder zur Vereinfachung alle Aktivitätskoeffizienten gleich 1, was nebenbei für die Gase und H_2O keine merkliche Vernachlässigung bedeutet, so brauchen wir nur für die Aktivitäten der Gase in Gleichung [370] ihre Partialdrucke in der Atmosphäre und für $\underline{a}_{H_2O}$ den Wert 1 einzusetzen, um $\underline{a}_{C_6H_{12}O_6}\,aq$ berechnen zu können und damit diejenige Zuckerkonzentration, die mit CO_2 und O_2 der Atmosphäre bei 25^0 im Gleichgewicht steht. Aus Gleichung [371] folgt

$$-\log \mathrm{K} = \log \frac{0{,}0003^6 \cdot 1^6}{\left(\underline{a}_{C_6H_{12}O_6\,aq}\right) \cdot 0{,}2^6} ,$$

$$\frac{688{,}92}{1{,}365} = 506 = \log \frac{0{,}0015^6}{\left(\underline{a}_{C_6H_{12}O_6\,aq}\right)} ,$$

$$\log \underline{a}_{C_6H_{12}O_6\,aq} = 6 \cdot \log 0{,}0015 - 506 = -\,6 \cdot 2{,}82 - 506 = -\,523,$$

$$\underline{a}_{C_6H_{12}O_6}\,aq = 10^{-523} .$$

Da die gesättigte Zuckerlösung 5 Mole enthält, so ist, wenn wir alle $f_a = 1$ setzen, die gesuchte Zuckerkonzentration c_x (wegen $\underline{a}_{C_6H_{12}O_6}\,aq = \dfrac{c_x}{c_{ges.}}$) $5 \cdot 10^{-523}$. Das bedeutet, daß bei jeder möglichen Konzentration des Zuckers dieser die Tendenz zur Oxydation mit Luftsauerstoff zu CO_2 und Wasser haben wird; denn selbst nur ein einziges Zuckermolekül in einem riesigen Versuchsgefäß würde noch immer eine molare Konzentration haben, die, obwohl bereits rein fiktiv, noch weit über der errechneten fiktiven Konzentration für den gelösten Zucker liegen würde, bei der dieser im Gleichgewicht mit Luftsauerstoff stehen würde.

Die Kohlensäureassimilation ist gebunden an das Vorhandensein von Chlorophyll, Licht und lebendem Plasma (Wellenlängen etwa von 390—770 m μ). Sie kann unter den Bedingungen, unter denen sie sich in der grünen Pflanze vollzieht, in vitro noch nicht nachgeahmt werden. MOLISCH[1] hat zwar mit der Leuchtbakterienmethode nachgewiesen, daß auch tote Chloroplasten im Licht Sauerstoff abspalten, aber seine Schlußfolgerung, daß es sich hierbei um O_2 handelt, der durch Reduktion von CO_2 entstanden ist, hat er nicht zu beweisen versucht. Ein solcher Beweis könnte vielleicht durch interferometrische Messung der CO_2-Konzentration geführt werden, die entsprechend der O_2-Produktion abnehmen müßte. Solange er nicht vorliegt, wird man zunächst daran denken müssen, daß der von MOLISCH gefundene O_2 durch das Licht im toten Chloroplasten aus labileren Verbindungen als CO_2 abgespalten wird. Solche Spaltungen sind in vitro schon lange bekannt wie die lichtkatalytische Sauerstoffabspaltung aus H_2O_2. Befunden von EISLER und PORTHEIM[2] über O_2-Abspaltung aus CO_2 durch Eiweiß-Chlorophyllösungen widersprechen die negativen Ergebnisse einer Nachprüfung durch DOLK und VAN VEEN[3]. BALY und Mitarbeiter glaubten durch ultraviolettes Licht CO_2 zu Formaldehyd reduziert zu haben, aber es stellte sich heraus, daß der entstandene Formaldehyd der Oxydation einer Methylgruppe des als Sensibilisator verwandten Malachitgrüns entstammte. Auf die verschiedensten Weisen versuchte BAUR[4] die CO_2-Assimilation im Modell nachzuahmen, aber alle Versuche verliefen negativ. Obwohl wir also außerhalb der grünen Zelle den Assimilationsvorgang noch nicht nachmachen können, sind wir doch dank den Untersuchungen von BLACKMANN[5], WILLSTÄTTER und STOLL[6], WARBURG[7] und NOACK

---

[1] MOLISCH, H.: Z. Bot. **17**, 577 (1925).

[2] EISLER u. PORTHEIM: Biochem. Z. **135**, 293 (1923).

[3] DOLK u. VAN VEEN: Biochem. Z. **185**, 165 (1927).

[4] BAUR, E.: Z. physik. Chem. **131**, 143 (1928).

[5] BLACKMANN, F.: Ann. of Bot. **19**, 281 (1905). — BLACKMANN, F. and G. MATTHAEI: Proc. roy. Soc. B **76**, 402 (1905).

[6] WILLSTÄTTER u. STOLL: l. c.

[7] WARBURG, O.: Biochem. Z. **166**, 386 (1925); Naturwiss. **14**, 167 (1926). — WARBURG, O. u. E. NEGELEIN: Z. physik. Chem. **102**, 235 (1922); **106**, 191 (1923).

in der Erkenntnis dieses Vorganges wesentlich über die grundlegenden Erfahrungen des 19. Jahrhunderts hinausgekommen. Trotz großer Kenntnislücken im einzelnen kennen wir doch soviel Grundlegendes über den Assimilationsprozeß in der Pflanze, daß seine Erforschung geradezu als Musterbeispiel für die erfolgreiche Anwendung chemischer und physikalisch-chemischer Methoden auf das Studium der Lebensprozesse bezeichnet werden kann.

Vor allem wissen wir, daß der Assimilationsprozeß sich aus zwei Teilvorgängen zusammensetzt, einer Licht- und einer Dunkelreaktion. Dies geht hervor aus dem Befunde von BLACKMANN, daß die Assimilationsgeschwindigkeit bei niedriger Lichtintensität temperaturunabhängig ist, bei hoher Lichtintensität aber temperaturabhängig wird. Da nach einem Satz der Reaktionskinetik stets der langsamste Teilprozeß die Geschwindigkeit eines zusammengesetzten Vorgangs bestimmt, können wir sagen: Bei niedrigen Intensitäten bestimmt eine photochemische Reaktion als langsamster Teilprozeß die Geschwindigkeit der Assimilation; denn in diesem Bereich ist sie

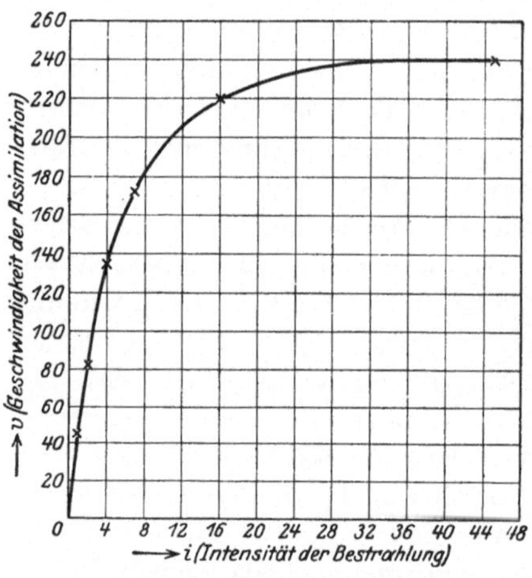

Abb. 20.
Erklärung im Text. Aus O. WARBURG:
Die katalytischen Wirkungen.

temperaturunabhängig wie die photochemischen Prozesse, bei hohen Intensitäten bestimmt ein temperaturabhängiger Dunkelvorgang als langsamster Teilprozeß die Geschwindigkeit der Assimilation. Dem entspricht der Verlauf der Geschwindigkeitskurve der Assimilation bei verschiedenen Lichtintensitäten; denn wird die Assimilationsgeschwindigkeit bei steigenden Lichtintensitäten gemessen, und zwar bei konstantem T und Kohlensäureüberschuß, so ergibt sich die Kurve der Abb. 20. Bei niedrigen Intensitäten steigt die Assimilationsgeschwindigkeit proportional mit der Intensität, bei steigenden Lichtintensitäten wird sie immer unabhängiger von der Lichtintensität. Gemäß der BLACKMANNschen Annahme ist dies Verhalten dahin zu deuten, daß die Assimilationsgeschwindigkeit bei niederen Intensitäten von der

Geschwindigkeit der Energielieferung abhängig ist (photochemische Reaktion geschwindigkeitsbestimmend), während sie bei höheren von ihr unabhängig wird (Dunkelreaktion geschwindigkeitsbestimmend). Aber man kann, worauf HOLLUTA[1] hinwies, nicht allein aus diesem Geschwindigkeitsverlauf auf den Wechsel einer geschwindigkeitsbestimmenden Reaktion bei der Assimilation mit steigender Lichtintensität schließen; denn wenn man annimmt, daß der Lichtintensität die Konzentration eines aktivierten Zellbestandteils entspricht, der an der Assimilation beteiligt ist, so würde ein dem beobachteten Verlauf entsprechender auch ohne Wechsel der geschwindigkeitsbestimmenden Reaktion sich aus reaktionskinetischen Gründen ergeben. Es gilt nämlich allgemein für Reaktionen höherer Ordnung — und eine solche ist die Assimilation, da mindestens CO_2, O_2, Chlorophyll und Lichtquanten an ihr beteiligt sind — daß ihre Geschwindigkeit immer unabhängiger von der Konzentration eines Reaktionsteilnehmers wird, wenn diese, in unserem Falle die der Lichtquanten, in aufeinanderfolgenden Versuchen gesteigert wird. Da wir aber aus Gründen der verschiedenen Temperaturabhängigkeit der Assimilationsgeschwindigkeit wissen, daß bei niedrigen und hohen Lichtintensitäten verschiedene Vorgänge geschwindigkeitsbestimmend sind, so benötigen wir auch gar nicht eine entsprechende Schlußfolgerung aus ihrer Lichtintensitätsabhängigkeit.

Die Temperaturabhängigkeit der Assimilation bei hohen Lichtintensitäten, also die der Dunkelreaktion, entspricht zwischen 10 und 20° C der Größenordnung nach der R-G-T-Regel von VAN'T HOFF, nach der eine Temperatursteigerung um 10° etwa eine Verdoppelung der Reaktionsgeschwindigkeit zur Folge hat. Das weist darauf hin, daß der Dunkelvorgang eine chemische Reaktion ist. Dieser Schluß wird noch dadurch gestützt, daß Diffusionsgeschwindigkeit der CO_2 zum Reaktionsort nach den Versuchsbedingungen, unter denen YABUSOE[2] bei WARBURG diesen Temperaturkoeffizienten ermittelte, als geschwindigkeitsbestimmender Faktor nicht in Frage kommt; denn bei den benutzten Suspensionen einzelliger grüner Algen (Chlorella) in Nährlösung ist der Diffusionsweg von der Umgebung zum Chloroplasten nur Bruchteile eines μ.

---

[1] HOLLUTA, J.: Die physikalisch-chemischen Grundlagen der Kohlensäureassimilation. Brünn 1929. Z. physik. Chem. **121**, 429 (1926).

[2] YABUSOE, M.: Biochem. Z. **152**, 498 (1924).

Auf die zahlreichen mehr oder weniger hypothetischen Vorstellungen über den Reaktionsverlauf des Assimilationsprozesses braucht hier nicht näher eingegangen zu werden. In der letzten Zeit sind sie stark beeinflußt worden durch die Erfahrungen über die Fluoreszenz des Chlorophylls in vitro und in der Pflanze. Nachdem einwandfrei festgestellt worden war, daß das Chlorophyll in den Blättern auch bei Beleuchtung mit Spektralbezirken des sichtbaren Lichtes fluoresziert[1], lag es nahe, eine Verknüpfung der Fluoreszenz, die ja eine Energieabgabe vorher absorbierter Lichtenergie darstellt, mit der CO_2-Assimilation zu suchen. Für eine solche Verknüpfung sprachen zunächst Befunde NOACKs[2], daß fluoreszierende Farbstoffe bei Belichtung im Organismus photooxydative Wirkungen ausüben. Daß die photooxydative Wirkung des Chlorophylls auf einer Übertragung absorbierter Lichtenergie an O_2 und dessen dadurch bedingte Aktivierung beruht, ist durch Versuche von KAUTSKY[3] und Mitarbeitern sehr wahrscheinlich gemacht worden. WILLSTÄTTER[4] hat kürzlich ein diese Erfahrungen verwertendes Schema für den Reaktionsvorgang bei der CO_2-Assimilation entworfen, bei dem durch belichtetes Chlorophyll aktivierter O_2 Chlorophyll zu Monodehydrochlorophyll dehydriert.

Nach diesen Vorstellungen sollte man erwarten, daß die Fluoreszenzintensität bei starker Assimilation abnimmt, bei gehemmter zunimmt, da in ersterem Falle die absorbierte Lichtenergie zu einem höheren Bruchteil in chemische umgewandelt wird als in letzterem. Voraussetzung dafür ist freilich, daß bei gehemmter Assimilation die absorbierte Lichtenergie nicht zu anderen chemische Arbeitsleistungen verwendet wird. KAUTSKY und Mitarbeiter konnten derartige Tilgungen und Anstiege der Fluoreszenzintensität entsprechend ungehemmter und — durch HCN oder Kälte — gehemmter Assimilation wenigstens in gewissen Stadien der Lebenstätigkeit der Blätter nachwiesen. In anderen Stadien ist ein Einfluß von HCN oder Kälte auf die Fluoreszenzhelligkeit nicht vorhanden, so daß die positiven Erfahrungen der genannten Autoren möglicherweise nicht in direktem Widerspruch mit diesbezüglichen früheren negativen von I. C. MÜLLER[5] und dem Ver-

---

[1] STERN, K.: Z. Bot. **13**, 193 (1921).

[2] NOACK, K.: Z. Bot. **17**, 481 (1925).

[3] KAUTSKY, H., A. HIRSCH u. F. DAVIDSHÖFER: Ber. dtsch. chem. Ges. **65**, 1762 (1932).

[4] WILLSTÄTTER, R.: Naturwiss. **21**, 252 (1933).

[5] MÜLLER, I. C.: Jb. Bot. **9**, 42 (1873).

fasser stehen. Auch wird noch zu entscheiden sein, ob nicht bei der Deutung derartiger Versuche dem Übergang von fluoreszierenden in nicht fluoreszierendes kolloides Chlorophyll, Chloroplastenverlagerungen oder anderen physiologischen Momenten irgendwie Rechnung getragen werden muß.

Wir wollen jetzt den Nutzeffekt der Assimilation betrachten. Während er bei hohen Lichtintensitäten entsprechend der Unabhängigkeit der Assimilationsgeschwindigkeit von der Lichtintensität keine konstante, sondern eine ständig abnehmende Größe ist, ist er im Gebiete der niedrigen Lichtintensitäten eine konstante und damit für die photochemische Reaktion charakteristische Größe; denn in diesem Falle sind O_2-Abspaltung und Lichtintensität proportional. WARBURG bezeichnet diesen Nutzeffekt mit φ_0. Er bestimmte φ_0 bei niedrigen Intensitäten — etwa $3 \cdot 10^{-5}$ cal cm^{-2} t^{-1}, d. i. etwa 0,001 der Lichtintensität der Sonnenstrahlung an der Erdoberfläche — in verschiedenen Spektralbezirken, und erhielt die in den folgenden Tabellen niedergelegten Ergebnisse

<table>
<tr><td colspan="3" align="center">Tabelle 5.</td></tr>
<tr><td>Spektralbezirk</td><td>$\dfrac{\text{Mole } CO_2}{\text{cal}}$ (φ_0)</td><td>$\dfrac{\text{cal}}{\text{cal}} \cdot 100\ (\varphi_0)$</td></tr>
<tr><td>Rot 610 bis 690 mμ</td><td>$5,3 \cdot 10^{-6}$</td><td>59</td></tr>
<tr><td>Gelb 578 mμ</td><td>$4,8 \cdot 10^{-6}$</td><td>54</td></tr>
<tr><td>Grün 546 mμ</td><td>$4,0 \cdot 10^{-6}$</td><td>44</td></tr>
<tr><td>Blau 436 mμ</td><td>$3,0 \cdot 10^{-6}$</td><td>34</td></tr>
</table>

<table>
<tr><td colspan="4" align="center">Tabelle 6.</td></tr>
<tr><td>$\dfrac{\varphi_0\ 660}{\varphi_0\ 578}$</td><td>1,1</td><td>$\dfrac{\lambda\ 660}{\lambda\ 578}$</td><td>1,1</td></tr>
<tr><td>$\dfrac{\varphi_0\ 578}{\varphi_0\ 546}$</td><td>1,2</td><td>$\dfrac{\lambda\ 578}{\lambda\ 546}$</td><td>1,1</td></tr>
<tr><td>$\dfrac{\varphi_0\ 578}{\varphi_0\ 436}$</td><td>1,6</td><td>$\dfrac{\lambda\ 578}{\lambda\ 436}$</td><td>1,3</td></tr>
<tr><td>$\dfrac{\varphi_0\ 660}{\varphi_0\ 436}$</td><td>1,8</td><td>$\dfrac{\lambda\ 660}{\lambda\ 436}$</td><td>1,5</td></tr>
</table>

WARBURGs φ_0 stellt den Quotienten der Zahl der zersetzten Mole CO_2 und der absorbierten Energie dar oder, in cal ausgedrückt, den Quotienten der Zahl der zur Zersetzung der CO_2 im Minimum erforderlichen cal und der Kalorienzahl der dabei absorbierten Lichtenergie. Die zur Zersetzung von 1 Mol CO_2 erforderlichen cal setzt WARBURG gleich der Wärmetönung bei der Reduktion von 1 Mol CO_2 zu Zucker und Wasser und, wie wir sehen werden, ist die Wärmetönung so wenig von der Änderung des thermodynamischen Potentials bei der gleichen Reaktion verschieden, daß sich hieraus kein in Betracht kommender Fehler ergibt. Es entspricht also φ_0 praktisch unserem im Kapitel 10 ausführlich besprochenen Quotienten $\frac{A_{n\,1)}}{A'_{n\,2)}} = \frac{\varDelta G_{1)}}{\varDelta G'_{2)}}$, wobei sich $\varDelta G_{1)}$ auf einen bestimmten Umsatz der CO_2-Reduktion bezieht, $\varDelta G'_{2)}$ auf die gleichzeitig stattfindende Lichtabsorption, auf das mit Abnahme von G einhergehende Verschwinden von Lichtenergie. WARBURG hat zur Berechnung seiner φ_0-Tabelle den Wert von 112,3 Kal pro Mol zersetzter CO_2 zugrunde gelegt, den Wert der Wärmetönung der Reaktion; denn damals war der Wert der Änderung von G noch nicht bekannt, dagegen konnte man bereits annehmen, daß bei Reaktionen so hoher Wärmetönung der unbekannte Wert der Größenordnung nach mit dem der Wärmetönung übereinstimmen würde. Wir wollen sehen, welche Korrektur einzuführen ist. In WARBURGs Versuchen war die Luft mit CO_2 angereichert, der Partialdruck betrug etwa 6%. Dadurch ergibt sich in Gleichung [370] statt des Gliedes log 0,0003 log 0,06, folglich statt 6 · 3,52 6 · 1,2. Ferner war die Temperatur nur 10^0 C, also haben wir für RT 2,3 statt 1,365 1,298 zu setzen und statt $\varSigma \nu_i$ RT ln a_i in Gleichung [370] 1,298 (—3—6·0,7 + 7,2) = 0. Da $\varSigma \nu_i$ RT ln $a_i = 0$, so brauchen wir nur $\varDelta G^0 = 688{,}92 =$ rund 689 auf 10^0 C zu korrigieren, und zwar mittels der Gleichung [231]

$$\frac{(A_n)_T}{T} - \frac{(A_n)_{T_0}}{T_0} = - \int_{T_0}^{T} \frac{W_P}{T^2}\, dT\,.$$

W_P können wir in dem kleinen Temperaturintervall von $T_0 = 283$ bis $T = 298$ als konstant 672 ansetzen, folglich

$$\frac{(A_n)_{T_0}}{T_0} = \frac{689}{298} - 672\,\frac{283-298}{283\cdot298} = 2{,}43, \quad (A_n)_{T_0} - 688 \text{ Kal.}$$

Pro Mol zersetztes CO_2 ist also ein Nutzarbeitsaufwand von 114,6 Kal erforderlich. Dieser Wert unterscheidet sich nur um 2% von dem von WARBURG eingesetzten von 112,3 Kal, so daß angesichts der Fehlerquellen bei den biologischen Versuchen wie bei der Bestimmung von $\varDelta$ G eine Umrechnung der WARBURGschen Tabellen sich erübrigt.

Tabelle 5 lehrt, daß der Nutzeffekt der CO_2-Assimilation unter den Versuchsbedingungen WARBURGs ein sehr hoher ist, bei Rot etwa 60%, und daß er mit abnehmender Wellenlänge abnimmt. Würde für den Vorgang die EINSTEINsche Äquivalentregel gelten, so müßte nach S. 197 φ_0, da es ja der Anzahl N der zersetzten Moleküle proportional ist, der Wellenlänge proportional abnehmen, also das Verhältnis der λ und der φ_0 zweier verschiedener Wellenlängen das gleiche sein. In Tabelle 6 sind unter Benutzung der φ_0-Werte von Tabelle 5 einige Quotienten von φ_0 und den dazugehörigen λ gebildet. Man ersieht daraus, daß für Rot, Gelb und Grün die Quotienten tatsächlich sehr gut übereinstimmen, daß also in diesem Gebiete die Assimilation sich entsprechend der EINSTEINschen Äquivalentregel verhält, daß dagegen die Ausbeute im Blau geringer ist als bei Gültigkeit der EINSTEINschen Regel zu erwarten wäre, aber doch in der zu erwartenden Richtung liegt. Eine Beziehung zwischen φ_0 und der Stärke der Absorption durch die Farbstoffe in den verschiedenen Wellenbezirken besteht nicht. Nun absorbieren im Blau auch die gelben Begleitstoffe des Chlorophylls der Algenzelle, während sie im Rot, Gelb, Grün nicht absorbieren. WILLSTÄTTER hat gefunden, daß bei Ausschalten des violetten Teils des Spektrums, den nur die gelben, nicht die Chlorophyllfarbstoffe absorbieren, die Assimilationsleistung von Blättern unverändert bleibt, und daraus geschlossen, daß die gelben Farbstoffe eine **direkte** Rolle bei der Assimilation nicht spielen, sondern höchstens eine indirekte, z. B. als Lichtschutz für Chlorophyll. Stellt man sich auf diesen Standpunkt, daß die von den gelben Farbstoffen absorbierte Energie gar nicht zur Reduktionsarbeit herangezogen wird, so darf man zur Berechnung von φ_0 im Blau nur den Anteil der absorbierten Energie benutzen, der vom Chlorophyll absorbiert wird, und das sind 70 %. Der Nutzeffekt in diesem Fall $(\varphi_0)_{\text{Chl}}$ wäre also nach Tabelle 5 bei 436 mμ

$$(\varphi_0)_{\text{Chl}} = \frac{100}{70} \cdot 3 \cdot 10^{-6} \text{ und } \frac{(\varphi_0)_{\text{Chl } 578}}{(\varphi_0)_{\text{Chl } 436}} = 1{,}1 \, , \, \frac{(\varphi_0)_{\text{Chl } 660}}{(\varphi_0)_{\text{Chl } 436}} = 1{,}3 \, .$$

Die Abweichungen von den dazugehörigen Werten für die Quotienten der λ 1,3 bzw. 1,5 würden also entgegengesetzt liegen wie in Tabelle 6, d. h. der Nutzeffekt im Blau wäre besser als er nach der EINSTEINschen Regel zu erwarten wäre. Indes hat SCHMUCKER[1], der an höheren Wasserpflanzen die Energieausnutzung der verschiedenen Spektralbezirke untersucht und mit WARBURGs Befunden ausgezeichnet übereinstimmende Werte gefunden hat, festgestellt, daß bei seinem Objekt die Karotinoide doch durch das von ihnen absorbierte Licht eine Assimilationssteigerung bewirken. Die Assimilation wird herabgesetzt, wenn man die Spektralbezirke aus der Lichtquelle entfernt, die von den gelben Farbstoffen absorbiert werden.

---

[1] SCHMUCKER, TH.: Jb. Bot. **73**, 824 (1930).

Die Ergebnisse von WARBURG und SCHMUCKER stehen der Größenordnung nach in Übereinstimmung mit den nach anderer Methode von WURMSER[1] an Wasserpflanzen erhaltenen Werten. Für Landpflanzen liegen spezielle Untersuchungen nicht vor. Was bei diesen bestimmt wurde, ist das Verhältnis von assimilatorischer Leistung zur auf die Pflanze unter natürlichen Bedingungen einfallenden Lichtenergie. Es schwankt je nach den Bedingungen und der Natur der Versuchspflanze zwischen wenigen Zehntel Prozent und etwa 8% (BROWN und ESCOMBE[2] 0,44—4,48%; PURIEWITSCH[3] 7,7%). Berücksichtigt man den zur Transpiration verwendeten und den durchgelassenen und reflektierten Bruchteil, so kommt man auf eine Ausnutzung von etwa 20%. (Die Werte, die für die Trockensubstanzzunahme pro Quadratmeter und Stunde angegeben werden, schwanken je nach der Versuchsmethode, den -bedingungen und -pflanzen zwischen wenigen Zehntel Gramm und einigen Gramm[4].) Wesentlich niedrigere Werte als 20% erhält man, wenn man die assimilatorische Leistung von kultivierten Böden — gemessen durch die Verbrennungswärme der produzierten organischen Substanz — vergleicht mit der Lichtenergie, die diesen Flächen während der Entwicklung der Pflanzen zugeströmt ist. SCHRÖDER[5] schätzt für die im Laufe eines Jahres auf ein Areal auftreffende Lichtenergie eine Ausnutzung von 1% durch die darauf kultivierten Pflanzen. In einzelnen Fällen wird dieser Wert aber wesentlich überschritten, beim Rotklee beträgt er etwa 6%. Neben anderen Faktoren spielt für die geringe Ausnutzung eine Rolle, daß besonders bei hoher Lichtintensität der geringe CO_2-Gehalt als begrenzender Faktor wirkt und eine bessere Ausnutzung verhindert.

Schon aus dem $\underline{\Delta G}$-Wert der CO_2-Reduktion läßt sich entnehmen, daß mehrere Quanten zur Reduktion jedes Kohlensäuremoleküls erforderlich sind, falls die ganze Reduktionsarbeit vom Licht geleistet wird. Denn $\underline{\Delta G}$ pro Reduktion von 1 Mol CO_2 beträgt 114,6 Kal, die Energie von 1 Mol Lichtquanten, $N_0\,h\,\nu$, im sichtbaren Licht ist aber bedeutend geringer. Für die von WARBURG benutzten Wellenlängen ist

---

[1] WURMSER, R. O.: Oxydations et Reductions. Paris 1930.
[2] BROWN and ESCOMBE: Proc. roy. Soc. Lond. **76**, 69 (1905).
[3] PURIEWITSCH, K.: Jb. Bot. **53**, 209 (1914).
[4] BOYSEN-JENSEN, P.: Bot. Tidskr. **16**, 219 (1918).
[5] SCHRÖDER, H.: Die Arbeitsleistung der grünen Pflanze. Stuttgart 1931.

Tabelle 7.

λ	$N_0\,h\,\nu$	$\dfrac{114,6}{N_0\,h\,\nu}$
660 mμ	43,0 Kal	2,7
578 mμ	49,2 Kal	2,3
436 mμ	65,1 Kal	1,8

Also sind im Blau theoretisch zwei, im Rot und Gelb drei Quanten zur Reduktion eines Kohlensäuremoleküls erforderlich, oder stets drei, wenn man annimmt, daß im ganzen von WARBURG untersuchten Wellenlängenbereich ein und dieselbe Quantenzahl pro Molekül erforderlich ist. Da das Chlorophyll in den lebenden Zellen rot fluoresziert, also ein Teil der absorbierten Energie als strahlende wieder emittiert wird und nicht als chemische gespeichert wird, so kann nicht der maximale chemische Nutzeffekt der absorbierten Quanten erzielt werden. Immerhin ließe, da die Energie des nicht ausgenutzten Fluoreszenzlichtes unbekannt und möglicherweise gering ist, die Differenz der ganzzahligen Werte zwei bzw. drei gegen die theoretischen Werte der dritten Spalte unserer Tabelle 7 die Möglichkeit einer Quantenempfindlichkeit von zwei bzw. drei nicht als ausgeschlossen erscheinen, wenn wirklich alle absorbierenden Moleküle ihre Energie auf CO_2 übertragen würden. Tatsächlich ist aber die Quantenempfindlichkeit geringer als die theoretisch berechnete. Das kann z. B. darauf beruhen, daß der Anteil emittierten Fluoreszenzlichtes verhältnismäßig hoch ist, oder darauf, daß ein Teil der vom Chlorophyll absorbierten Energie in Wärme oder in sonstige Energieformen verwandelt wird, ohne für die CO_2-Reduktion nutzbar zu werden, etwa durch Zusammenstöße der lichtaktivierten Moleküle mit anderen als denen des zu reduzierenden Stoffes in der Grenzfläche. Die tatsächliche Quantenempfindlichkeit der Assimilation berechnen wir mit Hilfe der Gleichung $N = k\dfrac{E}{h\,\nu}$ [318]. Wenn wir beiderseits durch die AVOGADROsche Zahl N_0 dividieren, erhalten wir $\dfrac{N}{N_0} = k\dfrac{E}{N_0\,h\,\nu}$, $k = \dfrac{N}{N_0\,E}\,N_0\,h\,\nu$. $\dfrac{N}{N_0}$ gibt die Zahl der zersetzten Mole an, durch E dividiert also die Zahl der pro absorbierte cal zersetzten Mole, d. h. φ_0, also $k = \varphi_0\,N_0\,h\,\nu$. Die folgende Tabelle gibt die aus den φ_0-Werten der Tabelle 1 berechneten Werte von k bzw. $\dfrac{1}{k}$ für die verschiedenen Spektralbezirke, außerdem noch aus Höchstwerten von φ_0 berechnete k und $\dfrac{1}{k}$ Werte. Für Blau geben die oberen Zahlen Werte, die unter Berücksichtigung des von den

Tabelle 8.

λ in $m\mu$	$\varphi_0\left[\dfrac{\text{Mole}}{\text{cal}}\right]$ Mittelwerte	$\varphi_0\left[\dfrac{\text{Mole}}{\text{cal}}\right]$ Höchstwerte	$N_0\,h\,\nu$	k	$\dfrac{1}{k}$	k	$\dfrac{1}{k}$
				aus Mittelwerten berechnet		aus Höchstwerten berechnet	
660	$5{,}25\cdot 10^{-6}$	$5{,}67\cdot 10^{-5}$	43 000	0,226	4,4	0,244	4,1
578	$4{,}75\cdot 10^{-6}$	$5{,}42\cdot 10^{-5}$	49 200	0,234	4,3	0,267	3,8
436	$3{,}01\cdot 10^{-6}$	$3{,}26\cdot 10^{-5}$	65 100	0,196	5,1	0,213	4,7
	$4{,}30\cdot 10^{-6}$	$4{,}66\cdot 10^{-5}$		0,280	3,6	0,303	3,2

gelben Farbstoffen absorbierten Anteils berechnet sind, die unteren die korrigierten Werte also nach Abzug des Strahlenanteils, der von den gelben Farbtsoffen absorbiert ist.

Wir wollen die Zahl der zur Zersetzung eines Moleküls CO_2 erforderlichen Quanten, wie sie sich aus den Versuchen errechnet, vergleichen mit denen, die theoretisch erforderlich sind. Der Wert von drei Quanten ist der theoretische Minimalwert. Ob der Vorgang wirklich so verläuft, daß nur drei Quanten pro Molekül CO_2 verbraucht werden, oder z. B. vier, läßt sich aber nicht sagen. Sicher ist nur, daß nicht mehr als vier Quanten verbraucht werden; denn sonst könnten die von WARBURG berechneten Werte für $\dfrac{1}{k}$ nicht unter fünf liegen. Wenn diese Werte zwar unter fünf, aber teilweise über vier liegen, so besagt dies, daß nicht die ganze absorbierte Energie der Quanten zur Reduktionsarbeit herangezogen wird, sondern, daß ein Teil anders, z. B. als Fluoreszenzstrahlung oder Wärme, abgegeben wird.

Die Vorstellung, daß bei der photochemischen Reduktion der CO_2 pro reduziertes Molekül mehrere Quanten absorbiert werden müssen, ist vom physikalischen Standpunkt aus nicht sehr befriedigend; denn bei dem hohen Nutzeffekt der Reaktion müßte es der Regelfall sein, daß dann ein und dasselbe Chlorophyllmolekül drei bis vier Quanten absorbiert, bis es die zur gesamten Reduktion erforderliche arbeitsfähige Energie erhalten hat. Das ist aber reaktionskinetisch betrachtet nicht eben wahrscheinlich und ohne Schwierigkeit verständlich, wenngleich WARBURG durch den Hinweis, daß das Chlorophyllmolekül in einer Grenzfläche fest absorbiert liege, dies Verhalten etwas begreiflicher gemacht hat. Immerhin hat es nicht an Versuchen gefehlt, diese Schwierigkeit auf andere

Weise zu umgehen (z. B. HOLLUTA[1]), von denen ein von WURMSER[2] herrührender etwas näher erörtert sei.

Wir hatten festgestellt, daß im wesentlichen das Licht die gesamte Arbeit zu leisten hat, die zur Durchführung der Assimilationsreaktion aufzuwenden ist. Wenn dieser Prozeß ein chemischer Reduktionsprozeß ist, bei dem O_2 und $C_6H_{12}O_6$ in den real vorliegenden Aktivitäten entstehen, so können wir die ganze aufzuwendende Nutzarbeit als chemische betrachten. Denkbar wäre aber auch, daß zunächst im Reduktionsprozeß O_2 in sehr viel niedrigerer Aktivität entstünde und dann durch einen osmotischen Vorgang auf die vorliegende Aktivität gebracht würde. Der ganze Vorgang würde dann aus einer chemischen und einer osmotischen Nutzarbeitsleistung sich zusammensetzen, die beide durch die arbeitsfähige Lichtenergie bestritten würden, und, da die maximale Nutzarbeit eines isothermen Prozesses vom Wege unabhängig ist, würde die chemische Reduktionsnutzarbeit des Lichts im zweiten Falle kleiner sein als im ersten Falle. Der 2. Fall ist nach WURMSER, der sich auf Messungen von Reduktionspotentialen grüner Zellen stützt, vielleicht realisiert. Die Messungen ergaben für grüne, assimilierende Zellen ein r_H von 14—17. Ist $r_H = 14$, so bedeutet dies, daß der Wasserstoff in den grünen Zellen mit einer Wasserstoffaktivität $[H_2] = 10^{-14}$ im Gleichgewicht steht, weil $r_H = \log \dfrac{1}{[H_2]} = -\log 10^{-14} = 14$ ist. Da andererseits nach dem Massenwirkungsgesetz zwischen der Aktivität von H_2, O_2 und H_2O ein konstantes Verhältnis besteht, so entspricht einer bestimmten Aktivität des H_2, mit der die Zelle im Gleichgewicht steht, auch eine bestimmte Aktivität des O_2. Diese Aktivität können wir berechnen. Nach dem Massenwirkungsgesetz und Gleichung [225] gilt für die Reaktion

$$H_{2\,g} + \frac{1}{2}\,O_{2\,g} = H_2O_g, \quad \Delta G^0 = -RT\ln K = -RT\ln \frac{[H_2O_g]}{[H_2]\,[O_2]^{\frac{1}{2}}}$$

ΔG^0 ist gleich der reversiblen Bildungsnutzarbeit der Reaktion, also gleich $(A_n^0)_B$ für H_2O_g in Tabelle 3. Der Dampfdruck des gesättigten Wasserdampfes in der Luft ist bei 25^0 23,8 mm Hg, d. h. 0,03 atm. Da wir bei so niedrigem Dampfdruck den Dampf als ideal betrachten können, stellt der Dampfdruckwert auch die Wasserdampfaktivität $[H_2O_g]$ dar. Also setzen wir $[H_2O_g] = 0,03$.

[1] HOLLUTA: l. c. S. 366.

[2] WURMSER, R.: C. r. Soc. Biol. Paris **95**, 1237 (1926).

Dann ergibt sich

$$-\frac{\Delta G^0}{RT\,2{,}3} = \log K = \frac{54{,}5}{1{,}365} = 40 = \log 0{,}03 - \log 10^{-14} -$$

$$-\log [O_2]^{\frac{1}{2}}, \log [O_2]^{\frac{1}{2}} = -40 - 1{,}5 + 14 = -27{,}5. \quad [O_2] = 10^{-55}.$$

Das von Wurmser gemessene Reduktionspotential besagt also, daß der O_2 in dem gemessenen System der Zelle mit O_2 von der Aktivität 10^{-55} im Gleichgewicht steht, vorausgesetzt, daß es ein echtes thermodynamisches Reduktionspotential ist. Gibt es aber in der Zelle ein derartiges Reduktionssystem, so liegt der Gedanke nahe, daß der bei der CO_2-Reduktion entstehende O_2 nicht in einer Aktivität entsteht, die im Gleichgewicht mit der des O_2 in der Atmosphäre steht, sondern in der Aktivität, die der des O_2 in dem Wurmserschen Reduktionssystem entspricht. Wir hätten dann bei unserer Berechnung von ΔG für die CO_2-Reduktion für $\log a_{O_2}$ nicht $-0{,}7$, sondern -55 einzusetzen, und würden statt Gleichung [370] erhalten

$$\Sigma \nu_i\,RT \ln a_i = 1{,}365\,(-3 - 6 \cdot 55 + 6 \cdot 3{,}52) = -1{,}365 \cdot 311{,}88 =$$

$$= -426. \text{ und } \underline{\Delta G} = \Delta G^0 + \Sigma \nu_i\,RT \ln a_i = 688{,}92 - 426 = 262{,}92.$$

Pro Mol reduzierter CO_2 wäre also $\Delta G = 43{,}82$ Kal. (Wurmser berechnet mit einer graphischen Methode einen etwa 15 % kleineren Wert. Die Differenz beruht zum größten Teil darauf, daß sich seine Berechnung nicht wie unsere auf eine angenommene reale Zuckeraktivität (0,001) bezieht). Der berechnete Wert entspricht aber gemäß Tabelle 8 ziemlich genau dem Energiegehalt von 1 Mol Lichtquanten bei 660 m μ, also im langwelligen Teil, in dem die Lichtquanten niedrige Werte haben, und er entspricht annähernd dem entsprechenden Wert bei der Wellenlänge 770 m μ, in deren Nähe vermutlich die Grenzwellenlänge liegt, die für die Assimilation erforderlich ist. Angaben über Assimilation im Ultrarot liegen zwar vor, sind aber nicht unwidersprochen geblieben. Eine Nachprüfung der Grenzwellenlänge wäre wünschenswert, da man nach der Quantentheorie wenigstens unter bestimmten geeigneten Versuchsbedingungen eine scharfe Grenze erwarten könnte. Dies gilt auch dann, wenn man nicht das wirkliche Aufhören der Assimilation, sondern nur den Kompensationspunkt bestimmen kann, an dem die O_2-Ausscheidung durch die Atmung gerade äquilibriert wird. Die Wurmsersche Hypothese schafft also das Problem der Absorption mehrerer Quanten durch ein Chlorophyllmolekül beiseite; denn die Energie eines Lichtquants in den

Bereichen des sichtbaren Lichts bis herab zur Grenzwellenlänge würde zur Reduktion eines Moleküls CO_2 ausreichen, wenn O_2 in einer Aktivität von etwa 10^{-55} entstünde. Sie setzt aber dafür das neue Problem, wie die Lichtenergie mit so hohem Nutzeffekt in osmotische verwandelt wird: denn der entstandene O_2 muß ja von der Aktivität 10^{-55} auf die $10^{-0,7}$, die Aktivität des O_2 in der Luft, gehoben werden, da er bei der Assimilation dauernd ausgeschieden wird. Außerdem muß man annehmen, daß nur der O_2 von 10^{-55} in die chemische Reaktion zwischen CO_2, H_2O, Zucker und O_2 eintritt, daß er dagegen inaktiv wird, wenn er diese Aktivität überschreitet. So kann vorläufig die Hypothese WURMSERs wohl als anregender und gerade vom thermodynamischen Standpunkte aus interessanter Versuch gewürdigt werden, inwieweit ihr die Realität entspricht, muß aber noch geklärt werden.

Dreizehntes Kapitel.

Thermodynamik der Grenzflächenerscheinungen in der Pflanze.

Mechanische Leistungen des Oberflächenpotentials S. 377. Verdrängung und Harzaustritt S. 380. Kapillarkondensation S. 383. Eiweißfilme S. 384. Bedeutung direkter Lösung fester Teilchen in Grenzflächen für Bodenaufschließung S. 386. Osmotische Leistungen des Oberflächenpotentials in der Pflanze S. 387. Adsorptionen bei Chemotaxis S. 390. Narkose S. 391. Quellungserscheinungen bei hygroskopischen Mechanismen S. 393. Beziehungen zwischen elektrischer und chemischer Energie und Oberflächenpotential S. 395.

I. Mechanische Leistungen des Oberflächenpotentials.

Die Leistungen des Oberflächenpotentials in der Pflanze sind äußerst mannigfaltig. Wir beginnen mit den mechanischen. Diese bestehen in Wirkungen auf die Fortbewegung ganzer Zellen oder einzelner Zellbestandteile. Die Wanderung kleiner Teilchen unter dem Einfluß von Oberflächenkräften läßt sich gut an Modellen in vitro beobachten. An ein in Wasser schwebendes Tröpfchen aus Öl und Chloroform wird ein Sodakristall mit einer Pinzette einseitig herangebracht[1]. Das zur Tropfenoberfläche diffundierte Alkali verseift sich mit der dort vorhandenen Ölsäure, und die entstandene Seife vermindert an der betreffenden Seite des

---

[1] SPECK, J.: Handbuch der normalen und pathologischen Physiologie, Bd. 8, S. 1. 1925.

Öltropfens dessen Oberflächenspannung. Das thermodynamische Oberflächenpotential ist also an dieser Tropfenseite kleiner als an der entgegengesetzten, und, da von selbst verlaufende Vorgänge sich in der Richtung auf das thermodynamische Gleichgewicht vollziehen, und Gleichgewicht nur herrscht, wenn das thermodynamische Potential im Minimum ist, so wandern in der Oberflächenschicht die Teilchen in der Richtung nach der Seite mit dem höheren σ, wodurch σ dort erniedrigt wird. Der ganze Tropfen aber wandert wie ein Ruderboot nach dem Prinzip der Actio und Reactio in entgegengesetzter Richtung auf den Sodakristall zu. Sorgt man durch dessen Fortbewegen in der Wanderungsrichtung des Tropfens für längere Aufrechterhaltung der Oberflächenspannungsdifferenz zu beiden Seiten des Öltropfens, so folgt dieser dem Kristall in seiner Bewegung. Da an der Seite mit höherer Oberflächenspannung ein höherer Kapillardruck herrscht, so spitzt sich dieses Ende zu, während sich das andere Ende vorwölbt. Die ganze Erscheinung hat man mit der amöboiden Bewegung unbehäuteter Plasmazellen verglichen, bei der ja auch Vorwölbungen, Plasmafortsätze, in der Bewegungsrichtung ausgestreckt werden. Es hat sich indessen gezeigt, daß die biologische Erscheinung doch wesentlich komplizierter ist, daß vor allem Sol- und Gelbildung in den Grenzschichten und Druck des Zellinhaltes auf diese an ihr wesentlich beteiligt sind, während Erscheinungen analog dem Schema des Modellversuchs höchstens eine sekundäre Rolle bei dem Mechanismus spielen. Das dürfte auch für manche zytologische Prozesse gelten, für die die Oberflächenspannung als erklärendes Moment herangezogen worden ist[1]. Freilich sind auch Sol- und Gelbildung und die mit ihr verbundene Quellung und Entquellung komplexe Erscheinungen, an denen arbeitsfähige Grenzflächenenergie wesentlich mitwirkt.

An dieser Stelle sei auf Arbeiten von RASHEWSKY[2] hingewiesen, die die Beziehung zwischen Zellteilung und σ auf thermodynamischer Grundlage folgendermaßen entwickeln: Teilung tritt ein, wenn die Summe der thermodynamischen Oberflächenpotentiale der zwei Halbzellen kleiner ist als das der Mutterzelle. Ein solcher Zustand muß sich nach RASHEWSKY in jeder Zelle ausbilden, in der eine wachstumsbedingende chemische Reaktion abläuft, wenn die Zelle eine bestimmte Größe erreicht hat. Er errechnet für diese

---

[1] McCLENDON: J. Arch. Entw.mechan. **37**, 233 (1913).
[2] RASHEWSKY: Protoplasma (Berl.) **16**, 387 (1932).

kritische Größe und für die Zeit, die eine Zelle braucht, um in diesen Zustand zu gelangen, Werte, die größenordnungsmäßig mit den beobachteten übereinstimmen.

Auch von der Geißelbewegung, deren sich zahlreiche Gruppen von Pflanzenzellen bedienen, können wir sagen, daß die Verwandlung von Oberflächenenergie in mechanische sicherlich eine bedeutsame Rolle in ihrem Mechanismus spielt, ohne jedoch diese Rolle im einzelnen präzisieren zu können[1]. Soweit es sich um Strömungen im Plasma handelt, gilt das gleiche wie für die Bewegungen ganzer unbehäuteter Zellen. Wir können uns sehr wohl denken, daß z. B. durch lokale chemische Sekretion lokale Änderungen von σ im Plasma vorkommen, und daß diese Änderungen die beobachteten Plasmaströmungen im Gefolge haben. Indes lassen sich andere Erklärungsmöglichkeiten, z. B. solche, die auf der Wirkung elektrischer Energie beruhen, nicht mit Sicherheit ausschalten. Dagegen ist dies möglich bei den Bewegungserscheinungen, die abgeschnittene Blätter oder Blatteilchen von ölführenden Pflanzen auf Wasseroberflächen zeigen[2]. An der Schnittfläche tritt etwas Öl auf die Wasseroberfläche und erniedrigt dort die Grenzflächenspannung. Dadurch entsteht eine Differenz der Grenzflächenspannungen an den verschiedenen Seiten der Berührungsfläche des Blattes mit der Flüssigkeitsoberfläche, und das Blatt wird in der Richtung von der niedrigeren zu der höheren Grenzflächenspannung fortgerissen. Man kann zur Zeit noch nicht sagen, ob man den Vorgang so zu deuten hat, daß Wasser in der Grenzfläche nach den Orten höherer Grenzflächenspannung gezogen wird und das Blatt mitreißt, oder so, daß die Bewegung eine direkte Druckwirkung des sich ausbreitenden Ölfilms ist, oder ob vielleicht eine Art Rückstoßwirkung der aus dem Blatt in die Flüssigkeit übertretenden Ölteilchen das Blatt in die Richtung treibt, die der Richtung des Ölaustritts entgegengesetzt ist[3], oder ob derartige Ursachen am Zustandekommen der Bewegung zusammenwirken. Diese ist offenbar deshalb ruckartig, weil Öltröpfchen aus der angeschnittenen Grenzschicht des Blattes diskontinuierlich auf die Oberfläche austreten, und die Bewegung kann etwa so lange dauern, bis die ganze Oberfläche mit einem Ölfilm bedeckt ist.

---

[1] METZNER, P.: Biol. Zbl. **40**, 49 (1920).
[2] LIÉGEOIS: Arch. de Physiol. I **35**, 236 (1868).
[3] DUCCESCHI, V.: Kolloid.-Z. **54**, 13 (1931).

In diesem Zusammenhang sind auch Modellversuche zu erwähnen, die solche mechanischen Oberflächenspannungswirkungen demonstrieren, die scheinbar der Aufnahme und Abgabe fester Partikel in und aus dem Plasma entsprechen, einem Vorgang, der bei der Nahrungsaufnahme und -abgabe wie dem Membranbau zahlreicher Zellgruppen von Bedeutung ist. Das wesentliche dabei ist die Verdrängung einer Phase 1 von der Oberfläche einer Phase 2 durch Hinzutritt einer Phase 3. Der Vorgang setzt sich aus drei Teilvorgängen zusammen.

1. Es wird neugebildet eine Grenzfläche 2/3;
2. eine Grenzfläche 1/3;
3. es verschwindet eine Grenzfläche 1/2.

Dieser Prozeß kann von selbst nur ablaufen, wenn dabei eine Abnahme des thermodynamischen Potentials stattfindet. Wir nehmen an, daß die verschwindenden wie die entstehenden Oberflächen je 1 qcm messen, und bezeichnen die bei den drei Teilvorgängen im Minimum aufzuwendenden — teils positiven, teils negativen — Arbeiten mit $A_{n\,1/2}$, $A_{n\,1/3}$, $A_{n\,2/3}$. Dann ist wegen $\omega = 1$ nach Gleichung [321]

für 1. $A_{n\,2/3} = \sigma_{2/3}$, für 2. $A_{n\,1/3} = \sigma_{1/3}$, für 3. $A_{n\,1/2} = -\,\sigma_{1/2}$

und $\Delta G = A_n = A_{n\,2/3} + A_{n\,1/3} + A_{n\,1/2} = \sigma_{2/3} + \sigma_{1/3} - \sigma_{1/2}$.

Die Bedingung für die Verdrängung ist, daß ΔG einen negativen Wert hat, d. h. $\sigma_{1/2} > \sigma_{2/3} + \sigma_{1/3}$. Ein biologisch interessierendes Modell solcher Verdrängungserscheinungen ist in folgendem Versuch RHUMBLERs[1] gegeben, bei dem natürlich geeignete Größenverhältnisse der beteiligten Phasen vorausgesetzt sind. Ein Chloroformtropfen wird unter Wasser an einen mit Schellack überzogenen Glasfaden herangebracht. Er verdrängt das Wasser von dessen Oberfläche und nimmt ihn in sich auf. Das Chloroform löst nun den Schellack, und dadurch ändern sich die Oberflächenspannungsverhältnisse so, daß das Wasser wieder das Chloroform von der Glasoberfläche verdrängt, d. h. der Glasfaden wird aus dem Chloroformtropfen ausgeschieden. Die biologischen Verhältnisse bei der Aufnahme und Abgabe ungelöster Stoffe durch unbehäutete Zellen sind aber wenigstens in vielen Fällen komplizierter, so daß die geschilderten Wirkungen des Oberflächenpotentials an ihnen wohl unter Umständen wirksam werden, aber nicht als generelles Erklärungsprinzip für äußerlich analoge Erscheinungen herangezogen

---

[1] RHUMBLER, L.: Erg. Physiol. **14**, 474 (1914).

werden dürfen. Dagegen scheint es mir, daß die Oberflächenverdrängung eine Erklärung abgibt für die Sekretion des Harzes in die Harzgänge aus lebenden Zellen.

Das Harz, ein Stoffwechselprodukt des lebenden Plasmas, ist, wie HANNIG[1] nachwies, in kleinen Tröpfchen auf der Plasmaoberfläche der an Intercellularen grenzenden Zellen mikroskopisch nachweisbar. Es muß, um in die Intercellularen zu gelangen, eine wasserdurchtränkte Membran passieren. HANNIG erwägt, daß es diosmotisch in die Intercellularen gelangt, wobei der „Turgordruck" des Plasmas die Bewegung unterstützen soll, indem er einen nach außen gerichteten Druck auf die Harztröpfchen ausübt. Diese Erklärung erscheint deshalb nicht sehr glücklich, weil der diosmotische Transport nach den Intercellularen höchstens so lange verständlich wäre als diese noch an Harz „ungesättigt" wären. Das Harz häuft sich ja aber dort an! Für die Rolle des Turgordrucks ist aber zu beachten, daß doch nicht nur der Zellinhalt einen nach außen gerichteten Druck auf das in der Oberfläche liegende Harz ausübt, sondern auch die Zellmembran einen nach innen gerichteten Gegendruck. Die Erscheinung erklärt sich leicht, wenn man annimmt, daß das Harz das Wasser von der Berührungsfläche Membranwandsubstanz wäßriger Poreninhalt verdrängt und ebenso die Luft von der Grenzfläche Luft/Membran in den Intercellularen. Angesichts der hohen Viskosität, die das Harz vermutlich auch in der tropfigen Form hat, in der es in der Plasmaoberfläche auftritt, und der Enge der Membranporen, scheint für die Wanderung des Harzes ein Befund von VOLMER und ADIKHARI[2] von Bedeutung. Diese fanden, daß die Ausbreitungsgeschwindigkeit von Benzophenon auf der Oberfläche einer Flüssigkeit etwa 100mal größer ist als die Diffusionsgeschwindigkeit gleich großer Moleküle in wäßriger Lösung, bezogen auf ein gleich großes Konzentrationsgefälle. Wegen der außerordentlichen Ausdehnung der biologischen Grenzflächen scheint hier ein für die Wanderungsgeschwindigkeit von Stoffen im Organismus recht bedeutsames Moment vorzuliegen. Vielleicht sind die Beobachtungen SCHUMACHERs[3] über die hohe Wanderungsgeschwindigkeit fluoreszierender Farbstoffe im Plasma in diesem Sinne zu deuten, und werden zahlreiche entsprechende Beobachtungen

---

[1] HANNIG, E.: Z. Bot. **14**, 385 (1922).
[2] VOLMER, M. u. ADIKHARI: Z. Physik **35**, 170, 722 (1926).
[3] SCHUMACHER, W.: Jb. Bot. **77**, 685 (1933).

folgen, wenngleich natürlich die Beobachtungen VOLMERs nicht ohne weiteres auf jede biologische Grenzfläche und auf jeden in der Grenzfläche sich ausbreitenden Stoff übertragen werden können. Jedenfalls ist die Möglichkeit relativ schneller Ausbreitung von Stoffen in Grenzflächen ein weiteres Beispiel für die mögliche biologische Bedeutung der Umwandlung arbeitsfähiger Grenzflächenenergie in mechanische.

Wir haben bereits im Kapitel 9 auf die Rolle des Oberflächenpotentials beim Saftsteigen hingewiesen. Durch die Wasserverdunstung aus den Poren der an Luft grenzenden Membranen, z. B. denen der Epidermis der Blätter, wird der Krümmungsradius des Wassermeniskus in den Membranporen verkleinert, dadurch steigt deren nach der Luft zu gerichteter Kapillardruck und hebt Wasser nach. Ist die Verdunstungsgeschwindigkeit relativ zur Nachlieferungsgeschwindigkeit des Wassers groß — letztere hängt bei gleicher kapillarer Hubkraft von dem Reibungswiderstand der Membran für die Wasserbewegung ab —, so wird es zur Entquellung der Membran kommen, und das Oberflächenpotential auch als Quellungspotential wasserfördernd wirken. Von besonderer Bedeutung ist der Kapillardruck des Wassers in den Membranporen derjenigen Zellen der Wasserleitungsbahnen, die durch Reißen ihres negativ gespannten Wasserinhalts sich von Flüssigkeit entleert haben und nur noch wasserdampfgesättigte verdünnte Luft enthalten; denn er verhindert, daß das Gas aus diesen Zellen in benachbarte eindringt, obwohl in diesen das Wasser unter negativem Druck (Zugspannung) stehen mag, während das Gas natürlich positiven Druck ausübt. Dies erklärt sich so, daß zwar das Wasser im Lumen der angrenzenden Zellen unter negativem Druck stehen mag, daß aber durch die arbeitsfähige Oberflächenenergie der Grenzfläche Wasser/Gas an der Grenzfläche gequollene Zellmembran/Gas ein so hoher Kapillardruck entsteht, der Wasser in die Membranporen treibt, daß er den Zug des Wassers, der Wasser aus den Membranporen herauszuziehen sucht, überkompensiert. Ist der negative Zug z. B. 30 atm, so muß der Kapillardruck diesen Wert mindestens kompensieren, wenn das Wasser nicht aus der Membran herausgezogen werden soll, und das Gas sich nicht über die Membrangrenze hinaus verbreiten soll. Da $P_\sigma = \dfrac{2\sigma}{r}$ [323], so muß, wenn wir für σ den runden Wert 75 Erg (Wasser gegen Wasserdampf), für 1 g den runden Wert 1000 Dynen einsetzen, r mindestens $\dfrac{150\ \mathrm{Erg}}{30 \cdot 10^6\ \mathrm{Dyn}} = 0,05\,\mu$,

$2\,\mathrm{r} = 0,1\,\mu$ sein. Das bedeutet: Bereits Poren, die nur wenig unter der mikroskopischen Sichtbarkeit liegen, entwickeln einen Kapillardruck, der Kohäsionszügen das Gleichgewicht halten kann, die die in der Regel beobachteten bereits erheblich übersteigen. Andererseits muß man, wie RENNER[1] betont, in den Fällen, in denen Zellmembranen, die einerseits an Gas, andererseits an Zellinhalt grenzen, mikroskopisch sichtbare Poren haben ($2\,\mathrm{r} > 0,5\,\mu$), annehmen, daß eine Abdichtung dieser Poren durch das Plasma lebender Zellen stattfindet, wenn das Wasser dieser Poren auch bei Beanspruchung durch Zugkräfte von vielen atm nicht aus der Membran herausgezogen werden soll.

Ebenso wie ein osmotisches Potential Wasser entweder direkt bewegen kann wie in der osmotischen Zelle oder auf dem Wege über seine Dampfphase — isotherme Destillation vom höheren zum niedrigeren Dampfdruck —, so auch das Oberflächenpotential. Die pflanzenphysiologische Bedeutung des ersten Falles haben wir soeben besprochen, die des zweiten zeigt sich besonders deutlich bei der Wasseraufnahme der „Luftwurzeln", d. h. frei in der Luft wachsender Wurzeln, wie sie z. B. viele tropische auf Bäumen wachsende Pflanzenarten ausbilden, und wie man sie auch leicht an unserer bekannten Ampelpflanze Tradescantia beobachten kann. Diese Wurzeln vertrocknen nicht nur nicht an der Luft, sie nehmen sogar aus der Luft Wasser auf, trotzdem sie in einer nicht ganz wasserdampfgesättigten Atmosphäre wachsen, und sie können dies dank der als „Kapillarkondensation" bezeichneten Wirkung des Oberflächenpotentials. An der Grenzfläche der wasserführenden Poren der Zellmembranen treten Menisken auf und an diesen, wie S. 206 ausgeführt, eine Dampfspannungserniedrigung. Dadurch kann der Dampfdruck über ihnen noch immer kleiner sein als der in der umgebenden Luft, auch wenn diese selbst nicht wasserdampfgesättigt ist. Folglich muß eine Wasserdampfdestillation aus der Luft zu den Membranen stattfinden, und, wenn deren Oberflächenpotential durch osmotische Wegsaugung von Wasser aus den Membranporen oder Quellungsenergie innerer Schichten aufrechterhalten wird, so kann dieser Vorgang immer weitergehen. Der durch derartige Kapillarkondensation aufgenommene Wasserdampf ist nach den Untersuchungen von MÄGDEFRAU[2] aus-

---

[1] RENNER, O.: Ber. dtsch. bot. Ges. **43**, 207 (1925).
[2] MÄGDEFRAU, K.: Z. Bot. **24**, 417 (1931).

reichend, um zahlreiche Samen, z. B. die der Getreidearten, zum Keimen zu bringen (bei Luftfeuchtigkeit von 100—98%), und bei älteren Keimlingen können die in feuchter Luft befindlichen Wurzeln so viel Wasserdampf aufnehmen, daß damit bei Vorhandensein organischer Reservestoffe sogar ein schwaches Wachstum unterhalten werden kann. Auch für die Wasseraufnahme der Wurzeln aus dem Boden dürfte unter geeigneten Bedingungen der geschilderte Modus nicht ohne Bedeutung sein.

Zur Erörterung einiger weiterer biologisch wichtiger mechanischer Wirkungen des Oberflächenpotentials müssen wir etwas näher auf die Struktur von Grenzschichten eingehen. Daß Eiweißlösungen an der Grenze gegen Luft Membranen bilden, ist längst bekannt. Primär findet dabei eine positive Adsorption von Eiweiß in der Grenzfläche statt, der dann je nach der Konzentration des Eiweiß, etwaiger anwesender Salze usw. weitere Prozesse wie Koagulationserscheinungen folgen können. Eiweiß erniedrigt also die Oberflächenspannung des Wassers gegen Luft. Die Oberflächenspannungserniedrigung sollte nach der Gleichung [342] mit wachsender Konzentration stets zunehmen. Du Noüy[1] zeigte in ausgedehnten Versuchsreihen, daß dies nicht der Fall ist. Vielmehr erhielt er für die Abhängigkeit der Oberflächenspannungserniedrigung von Eiweißlösungen mit der Konzentration Kurven, die ein Minimum aufwiesen. Dieses Minimum entsprach, wie hier nicht begründet wird, der Bildung von monomolekularen Filmen orientierter Eiweißmoleküle (Dicke etwa 4 mμ). Damit es zur Bildung dieser monomolekularen Filme kommt, muß nicht nur eine bestimmte Eiweißkonzentration, sondern bei einer bestimmten Konzentration ein bestimmtes Verhältnis Oberfläche : Volumen der Lösung vorhanden sein. Für unverdünntes Serum errechnet sich dies Verhältnis aus den Versuchen Du Noüys zu 137000, für auf 0,0001 verdünntes Serum zu 13,7. Da wir in der organischen Natur vielfach dünne Lamellen finden, bei denen das Verhältnis Oberfläche : Volumen sehr groß ist, so sind die Voraussetzungen zur Bildung derartiger monomolekularer Eiweißfilme in ihr anscheinend im Prinzip gegeben. Die Einstellungsgeschwindigkeit des Gleichgewichts zwischen Eiweißlösung und Grenzfläche steigt entsprechend der Abnahme des zurückzulegenden Weges mit abnehmender Dicke der Schicht. Für eine Serumkugel vom Durch-

---

[1] Du Noüy, L.: Protoplasma (Berl.) **6**, 494 (1929). — Science (N. Y.) **63**, 284 (1926).

messer 3 mm betrug sie nach den Versuchen von DU NOÜY etwa 20 Minuten, für ein Serumtröpfchen von $3\,\mu$ würde sie nur etwa 1 Sekunde erfordern. Auch diese zeitlichen Verhältnisse sprechen für die mögliche biologische Bedeutung der geschilderten Erscheinungen. Weitere wichtige Beobachtungen an monomolekularen Eiweißfilmen machten GORTER und GRENDEL [1].

Sie erzeugten solche aus Hämoglobin und Kasein. Die Filmdicke betrug im isoelektrischen Punkt 9 Å, während der Durchmesser der Proteinteilchen in der Lösung — nach den verschiedensten Methoden bestimmt — etwa 20—50 Å beträgt. Das Oberflächenpotential deformiert dabei nach ZOCHER und STIEBEL [2] die Moleküle zu flachen Scheiben von 9 Å Dicke, während GORTER und GRENDEL nur ein Flachliegen scheibenförmiger Moleküle annehmen. Durch seitlichen Druck auf den Film steigt seine Dicke, während der Flächenbedarf pro Molekül in der Oberfläche sinkt. Die biologische Bedeutung dieser mechanischen Wirkung des Oberflächenpotentials ist vermutlich recht groß; denn sie ermöglicht vielleicht auch Teilchen die Wanderung durch Membranen, für die man dies auf Grund ihres Teilchendurchmessers in Lösung, bei dessen Berechnung wohl in der Regel annähernde Kugelform unterstellt wird, nicht annehmen sollte, sei es, daß diese Teilchen unter dem Einfluß von Oberflächenspannungskräften gestreckt und durch Membranen hindurchgequetscht werden, sei es, daß sie entsprechend gerichtet werden. Ein Beispiel hierfür sind vielleicht die Beobachtungen von LIESEGANG und MASTBAUM [3], die zeigen, daß Hämoglobin in Gelatine diffundiert, deren Porenweite unter der des Hämoglobindiameters in der Lösung liegt. Auch für die Reizphysiologie dürfte das über die gerichtete Lagerung und eventuelle Deformation von Molekülen unter dem Einfluß von Grenzflächenkräften Gesagte noch große Bedeutung gewinnen; denn es handelt sich bei diesen vielfach primär um Membranvorgänge (elektrische, mechanische Reizung), und die gedehnten Moleküle oder Filme würden einen Betrag potentieller mechanischer Energie enthalten, der unter geeigneten Umständen in kinetische umgesetzt werden könnte.

Monomolekulare Oberflächenfilme bilden sich aber nicht nur aus Stoffen, die aus dem Innern einer Lösung an dessen Oberfläche

---

[1] GORTER u. GRENDEL: Biochem. Z. **192**, 431 (1928); **201**, 391 (1928).

[2] ZOCHER u. STIEBEL: Z. physik. Chem. A **147**, 401 (1930).

[3] LIESEGANG u. MASTBAUM: Biochem. Z. **205**, 451 (1929).

adsorbiert werden, sondern können, wie VOLMER und MAHNERT [1] zeigten, auch bei Berührung einer festen Substanz mit einer Flüssigkeitsoberfläche entstehen, indem die Substanz direkt in die Oberfläche der Flüssigkeit geht, nicht auf dem Wege über Verdampfung oder Lösung in der Flüssigkeit und nachträgliche Anreicherung in der Grenzfläche. Daß die Ausbreitungsgeschwindigkeit solcher Filme gegenüber der Diffusionsgeschwindigkeit sehr hoch sein kann, wurde bereits erwähnt. Der Befund von VOLMER und MAHNERT scheint mir vor allem für die Aufnahme von Stoffen aus dem Boden in die Wurzeln von Bedeutung zu sein. Bisher nahm man an, daß die Wurzeln nur gelöste Stoffe aus dem Boden aufnehmen können, und versuchte die Aufnahme schwerlöslicher Stoffe aus dem Boden, die Fähigkeit der Wurzeln, Steinplatten anzuätzen, und ähnliche Erscheinungen durch die Lösung der betreffenden Substanzen durch ausgeschiedene Säuren zu erklären. Wenn auch zweifellos die infolge der Wurzelatmung ausgeschiedene Kohlensäure und vielleicht auch andere ausgeschiedene Säuren bei der Aufschließung des Bodens eine beträchtliche Rolle spielen, so braucht man doch auf Grund der erwähnten direkten Lösung fester Substanzen in Grenzflächen heute einen derartigen Mechanismus nicht mehr prinzipiell zur Erklärung eines jeden diesbezüglichen Falles zu fordern. Man kann annehmen, daß die weitere Durchforschung der Bodenaufschließung unter dem hier gegebenen Gesichtspunkt manches Interessante ergeben wird, um so mehr als verschiedene Untersucher der einschlägigen Verhältnisse zu dem Ergebnis gekommen sind, daß die Wurzelausscheidungen keineswegs eine befriedigende Erklärung des Ausmaßes der Aufschließungstätigkeit der Wurzeln im Boden geben. Die Wirksamkeit des hier herangezogenen Prinzips wird noch dadurch erhöht, daß im Gegensatz zu den Verhältnissen beim einfachen Modellversuch bei der Pflanze durch Verbrauch des aus dem festen Stoff in ihre Grenzfläche übergegangenen Materials die Möglichkeit zur dauernden Fortführung des Prozesses gegeben ist. Auch der Feinheitsgrad der Körnung der betreffenden Bodenteilchen dürfte von Bedeutung für die in Frage stehende Leistung sein; denn sehr feine Körnung ermöglicht ein günstiges Verhältnis der Größe der Kontaktflächen zur Menge der zu lösenden Substanz.

Noch eine zweite Wirkung der Grenzflächenenergie ist übrigens für die physiologische Bedeutung der Korngröße im Boden wichtig.

---

[1] VOLMER u. MAHNERT: Z. physik. Chem. **115**, 239 (1925).

Wir haben im physikalischen Teil erwähnt, daß und warum der Dampfdruck kleiner Kristalle größer ist als der großer. Daraus folgt, daß die Löslichkeit einer Substanz größer ist, wenn sie in kleinen Kristallen vorliegt, als wenn sie nur in groben Teilchen vorhanden ist; denn die Sättigungskonzentration ist diejenige, bei der der Dampfdruck der gelösten Substanz gleich dem des ungelösten Bodenkörpers ist, andernfalls könnte man einen im Widerspruch zum zweiten Hauptsatz stehenden isothermen Kreisprozeß konstruieren (S. 84). Die Lösung, die mit kleinen Kristallen im Gleichgewicht steht, muß also einen höheren Partialdampfdruck, folglich eine höhere Konzentration des gelösten Stoffes haben als diejenige, die grobe Kristalle als Bodenkörper hat. So findet HULETT[1], daß gesättigte Gipslösung bei 25° C 15,3 Millimol enthält, wenn $CaSO_4$ von 2 μ Teilchengröße Bodenkörper ist, dagegen 18,2 Millimol, wenn die Teilchengröße nur 0,3 μ beträgt. Daneben beruht übrigens die physiologische Wirkung verschiedener Korngröße noch auf mehreren anderen Momenten, deren Besprechung nicht hierher gehört.

II. Osmotische Leistungen des Oberflächenpotentials.

Wir haben schon bei Besprechung der mechanischen Wirkungen des Oberflächenpotentials die Adsorptionserscheinungen gestreift, auf denen z. B. die Bildung der monomolekularen Eiweißfilme beruht. Die Adsorption, die, energetisch betrachtet, eine Umwandlung von arbeitsfähiger Oberflächenenergie in osmotische (Konzentrationsenergie) ist, muß offenbar von außerordentlicher Bedeutung für die Vorgänge in der Pflanze sein; denn deren Körper besteht ja im wesentlichen aus Lösungen, die durch Membranen getrennt sind, wobei oft außerordentlich große Grenzflächen auftreten. Die Membranen selbst weisen wiederum riesige Grenzflächen in ihrem Innern auf, die teils mikroskopisch sichtbar, teils submikroskopisch sind, und die Pflanzen grenzen mit Membranen an das komplizierte Mischphasensystem des Bodens oder an Elektrolyte und Nichtelektrolyte führendes Wasser oder an das Gasgemisch der Luft. Durch die Membrangrenzen findet ein fortgesetzter Austausch von aufgenommenen und ausgeschiedenen Stoffen statt, sowohl im Innern der Pflanze wie gegen die Umwelt.

Die ersten Jahrzehnte nach der Entdeckung der osmotischen Gesetze glaubte man freilich, daß der gesamte Stoffaustausch im

---

[1] HULETT: Z. physik. Chem. **37**, 385 (1901).

wesentlichen durch osmotische Kräfte bestimmt werde, daß das Ausschlaggebende für alle Stoffbewegungen die Diffusion von den Orten höherer zu den Orten niederer Konzentration sei, und daß gegenüber diesem Faktor alle anderen Möglichkeiten des Stofftransports ziemlich bedeutungslos wären. Wir haben bereits in einem früheren Kapitel gesehen, daß die Thermodynamik lehrt, daß als maßgebender Faktor für den Stofftransport statt der Konzentration bzw. der Konzentrationsdifferenz eines Stoffes das chemische Potential bzw. die Differenz seines chemischen Potentials an zwei verschiedenen Orten einzusetzen ist. Das chemische Potential eines Stoffes hängt aber bei gegebenem P und T nicht nur von seiner Konzentration ab, sondern, wenn außerdem Oberflächen- und elektrische Kräfte als Zustandsvariable vorliegen, auch von diesen. Unterliegt der Stoff in einer Grenzphase solchen Kräften, während sie im Innern einer angrenzenden Lösung nicht auf ihn wirken, so kann bei gegebenem P und T im Gleichgewicht die Konzentration gar nicht gleich sein, weil sonst das chemische Potential des Stoffes in beiden Phasen nicht gleich wäre, und umgekehrt ist es verständlich, daß trotz niedrigerer oder wesentlich höherer Konzentration eines Stoffes in der Grenzphase gegenüber dem Inneren der Lösung der Stoff in beiden Phasen im Gleichgewicht ist. Diese Erscheinung ist ebenso eine Folge des Satzes von der Gleichheit des chemischen Potentials eines Stoffes in allen Phasen im Gleichgewicht wie das besprochene DONNAN-Glcich-gewicht mit seinen Konzentrationsverschiedenheiten zu beiden Membranseiten. Eine weitere Folge des Satzes ist die Austausch-adsorption und die Verdrängung von Stoffen aus Oberflächen. Wenn also auch bereits theoretische Erwägung erwarten läßt, daß in der Stoffbewegung des Organismus keineswegs rein osmotische Vorgänge ausschlaggebend sein werden, so bedarf diese Erwägung doch der experimentellen Ergänzung, um ein Bild über das Ausmaß zu gewinnen, in welchem neben osmotischer Energie andere Energieformen wie Grenzflächen- und elektrische Energie in die Stoffverteilungsvorgänge eingreifen.

Die neueren experimentellen Befunde über die Aufnahme gelöster Salze in die Wurzel zeigen, daß dieser Vorgang sich wenigstens unter bestimmten Versuchsbedingungen einigermaßen befriedigend durch eine Adsorptionsisotherme darstellen läßt. Dies fand, z. B. v. WRANGELL[1] bei Untersuchung

---

[1] WRANGELL, M. v.: Z. physik. Chem. A **139**, 351 (1928).

der Aufnahme von Phosphat- und Ammonionen durch die Wurzeln
von Mais und anderen Cerealien aus Nährlösungen. In diesem
Fall tritt also offenbar die Salzaufnahme durch Diffusion an Bedeutung hinter der Salzaufnahme durch Adsorption zurück. LUNDE-
GARDH und BURSTRÖM[1] kommen auf Grund experimenteller Untersuchungen zu dem Ergebnis, daß die Kationenaufnahme durch die
Wurzeln ein Adsorptionsprozeß ist, die Anionenaufnahme ein
durch Transformation von Atmungsenergie bewirkter Vorgang sei.
Befunde von PANTANELLI[2] und RIPPEL[3], die eine weitgehende
Unabhängigkeit der Aufnahme von Kat- und Anionen, Ionenaus-
tauschprozesse und Stoffwanderungen gegen das Konzentrationsgefälle nachgewiesen haben, wurden ebenfalls als Stütze für die
Annahme des Adsorptionscharakters der Salzaufnahme herangezogen. Jedoch ist zu bedenken, daß derartige Vorgänge auch als
Diffusionsprozesse an selektiv permeablen Membranen auf Grund
der Tendenz nach Gleichheit des chemischen Potentials aufgefaßt
werden können. Mit diesen Befunden ist natürlich keineswegs
ausgeschlossen, daß nicht unter geeigneten experimentellen Bedingungen auch das Verhältnis von Salzaufnahme durch Diffusion
zu Salzaufnahme durch Adsorption umgekehrt so sehr zugunsten
der Diffusion verschoben liegen kann, daß der Vorgang als mehr
oder weniger reine Diffusion erscheint, ohne daß sich Adsorptionscharakter geltend macht. Es erübrigt sich hier in eine nähere
Diskussion über die Bedingungen einzutreten, unter denen der eine
oder andere Faktor mehr hervortreten wird, da für uns die Feststellung der Tatsache genügt, daß in vielen Fällen Adsorption, also
Oberflächenenergie, bei der Stoffaufnahme wesentlich beteiligt ist.

Schwierig ist in vielen Fällen zu entscheiden, ob physiologische Wirkungen oberflächenaktiver Stoffe auf Adsorption oder
Verteilung (Löslichkeit) des Stoffes beruhen. Wegen der besprochenen Beziehungen zwischen Grenzflächenaktivität und Verteilungskoeffizienten erkennt man, daß die Unterscheidung zwischen
Lösung und Adsorption an Schärfe verliert in Fällen, in denen
die zweite Phase, in der der oberflächenaktive Stoff sich löst,
nur eine sehr dünne Oberflächenschicht einnimmt, wie es etwa
die Lipoidtheorie für die Lipoide in der Plasmahaut annimmt.
Vorgänge dieser Art liegen vermutlich gewissen Wirkungen

---

[1] LUNDEGARDH u. BURSTRÖM: Planta (Berl.) **18**, 683 (1933).

[2] PANTANELLI, E.: Protoplasma (Berl.) **7**, 129 (1929).

[3] RIPPEL, A.: Jb. Bot. **65**, 819 (1926).

oberflächenaktiver Stoffe zu Grunde, die chemotaktische Bewegungen auslösen und narkotische Zustände im Gefolge haben. Ein besonders interessanter Fall ersterer Art ist die Chemotaxis der Schwärmsporen von Plasmopora viticola, des Parasiten unseres Weins, die hier nach den Untersuchungsergebnissen von ARENS [1] besprochen sei. Die Sporen dieses Pilzes fallen auf das Blatt, keimen dort zu Schwärmsporen, setzen sich über den Spaltöffnungen fest und treiben von dort ihren Keimschlauch ins Blatt. Die Deutung dieses Vorgangs wird durch das Ergebnis folgender Versuche nahegelegt: Während die Schwärmer in einem Uhrgläschen mit Wasser nach allen Richtungen hin herumschwimmen, sammeln sie sich sofort an der Oberfläche des Wassers, sowie man auf dieses eine Spur von Fettsäuren, Butyl-, Propyl-, Amylalkohol, Lecithin oder Cholesterin bringt. Taucht man aber die Fettsäuren in einseitig verschlossenen Kapillaren in das Wasser, so bleibt die Reaktion aus. In der Wasseroberfläche sind die Fettsäuren polar orientiert, ihre OH-Gruppen ragen ins Wasser, und die einseitige Beeinflussung durch diese Gruppen ruft anscheinend die Reaktion hervor. Aus der Kapillare diffundieren die Fettsäuren, haben aber im Flüssigkeitsinnern keine bestimmte Orientierung der OH-Gruppen, deren Wirkung daher nur sehr viel weniger als an der Grenzfläche zur Geltung kommen kann. Positiv chemotaktisch wirken auch OH′ und Phosphationen, negativ, also repulsiv, H˙. Die Blätter können Phosphatide oder ähnliche Stoffe abgeben, diese Stoffe werden sich also auch in der Blattoberfläche finden und positiv chemotaktisch auf die Schwärmsporen wirken. Daß letztere an die Spaltöffnungen dirigiert werden, beruht vielleicht darauf, daß die Abgabe der Phosphatide lokal durch Ca˙˙ gehemmt wird, das über bestimmten Zellwänden, den Antiklinien, abgegeben wird.

Wie bei den chemotaktischen Erscheinungen, so hat man auch bei den narkotischen Vorgängen Grenzflächenadsorption als erklärendes Prinzip herangezogen. Zunächst einmal findet man, daß vielfach gerade grenzflächenaktive Stoffe gute Narkotika sind, z. B. die Urethane. Dabei müssen wir uns erinnern, daß der Ausdruck „grenzflächenaktiver Stoff" strenggenommen nur im Hinblick auf eine bestimmte Grenzfläche einen Sinn hat. So ist z. B. Chloroform sehr wenig grenzflächenaktiv an der Grenzfläche Wasser/Luft, dagegen nach TRAUBE stark an der Grenzfläche

---

[1] ARENS, K.: Jb. Bot. **70**, 93 (1929).

Wasser/Öl. (LAZAREW und Mitarbeiter [1] geben freilich an, daß homopolare Narkotika wie Chloroform auch an Grenzflächen Wasser/Olivenöl oder Wasser/Benzol fast inaktiv sind.) Indes treten nach TRAUBE, WEBER und GUIRINI [2] beträchtliche Unterschiede in der Grenzflächenaktivität im allgemeinen nur bei kolloid gelösten Stoffen wie Chloroform auf, während für Lösungen molekulardispers gelöster Stoffe die Grenzflächenspannung an der Grenze wäßrige Lösung/Luft der an der Grenzfläche wäßrige Lösung/Ölsäure und wäßrige Lösung/Paraffin in der Regel parallel gehen soll (s. S. 210). Die Stärke der narkotischen Wirkung geht vielfach der Grenzflächenaktivität der Narkotika symbat. Es gilt dann bei Verwendung von Narkoticis in homologen Reihen für die narkotische Wirkung die TRAUBESche Regel wie bei Adsorptionserscheinungen für die grenzflächenspannungserniedrigende Wirkung. Freilich gilt diese Regel auch für die Verteilung der betreffenden Narkotika zwischen Wasser und Öl. Trotzdem wird die von H. MEYER und OVERTON ausgesprochene Ansicht, daß die Narkose auf der Verteilung des Narkotikums in Zellipoiden beruht, nicht allen beobachteten Tatsachen gerecht.

Es lassen sich nämlich auch in vitro narkotische Wirkungen erzielen, die denen im Organismus ganz entsprechen, und bei denen ölige Substanzen teils sicher, teils höchst wahrscheinlich nicht vorhanden sind. Hier ist zu erwähnen die Hemmung der Oxalsäureoxydation, die an der Grenzfläche von Blutkohle in Wasser stattfindet. Diese Hemmung wird durch Urethane erreicht, und die Wirkung erfolgt in der homologen Reihe der Urethane entsprechend der TRAUBESchen Regel [3]. Die katalytische Wirkung von Platin und anderen Schwermetallen, z. B. bei der H_2O_2-Spaltung wird ebenfalls durch Narkotika gehemmt, und der Adsorptionscharakter der Hemmung äußert sich hier besonders deutlich darin, daß nach einer Beobachtung von MEYERHOF [4] die im Ultramikroskop beobachtbare Teilchenzahl sich durch den Zutritt des Narkotikums nicht ändert. Diese Versuche führen zu der Auffassung, daß viele narkotische Erscheinungen primär auf einer Adsorption des Narkotikums beruhen. Wie dadurch die beobachtete Hemmung zustande kommt, dafür sind offenbar zahlreiche Möglichkeiten vorhanden

[1] LAZAREW usw.: Biochem. Z. **217**, 454 (1930).
[2] TRAUBE, WEBER, GUIRINI: Biochem. Z. **217**, 400 (1930).
[3] WARBURG, O.: Pflügers Arch. **155**, 547 (1914).
[4] MEYERHOF, O.: Pflügers Arch. **157**, 201 (1914).

und auch realisiert. So kann es sich einfach darum handeln, daß die Hemmung einer Reaktion deshalb eintritt, weil Reaktionsteilnehmer durch die Adsorption des Narkotikums verdrängt werden, es kann aber auch das in die Grenzfläche adsorbierte Narkotikum dort mit Reaktionsteilnehmern eine reversible physikalische oder chemische Reaktion eingehen. So ist z. B. beobachtet worden, daß der narkotischen Wirkung auf bestimmte Fermentlösungen Fermentfällungen parallel gehen. In anderen Fällen sind der Narkose parallel gehende Permeabilitätsänderungen in Zellen oder Änderungen der elektrischen Zellpotentiale beobachtet worden, deren Mechanismus natürlich wiederum sehr verschieden sein kann. Reversible Funktionsstörungen können durch die verschiedenartigsten reversiblen physikalischen und chemischen Vorgänge stattfinden, und die Mannigfaltigkeit des Zellgetriebes wie der chemischen und physikalischen Konstitution der narkotisch wirkenden Stoffe spricht durchaus dagegen, „die Narkose“ als einen in allen Fällen einheitlich verlaufenden Vorgang anzusehen. Wie der Mechanismus der Permeabilität oder der Aggregatzustand des Plasmas ist eben auch hier die Mannigfaltigkeit des Vitalen nicht auf ein Schema reduzierbar. Auch der Primärvorgang der Narkose mag nicht in allen Fällen eine Grenzflächenerscheinung sein, worauf die narkotische Wirkung der nicht grenzflächenaktiven Substanzen wie Azetylen und Stickodyl hindeutet [1], wenngleich die Entscheidung dieser Frage voraussetzt, daß eine Grenzflächenaktivität dieser Stoffe auch nicht an irgendwelchen Zellgrenzflächen stattfindet. Werden doch z. B. O_2 und NH_3 an der Grenzfläche Wasser/Petroläther adsorbiert, obwohl diese Stoffe an der Grenzfläche Wasser/Luft inaktiv sind.

Wie bei der Aufnahme und Abgabe von gelösten Stoffen zwischen Pflanze und Medium und innerhalb der Pflanze sowohl Adsorptions- wie Diffusionswirkungen eine wesentliche Rolle spielen, so auch bei der Bewegung des Wassers. Als eine Wasserdiffusion stellen sich die osmotischen Wasserbewegungen dar, als eine Wasseradsorptionserscheinung dürfen wir die Quellung betrachten. In welchem Maße bei der Wasseraufnahme der Pflanzen Quellungsenergie neben osmotischer wirksam ist, das ist je nach den physiologischen und physiko-chemischen Bedingungen verschieden. Eine

---

[1] MEYER, K.: Biochem. Z. **208**, 1 (1929).

besonders große Rolle spielt die Quellung offenbar bei der Wasseraufnahme vieler niedriger Pflanzen wie Algen, Flechten und Moose, ferner bei der Keimung der Samen. Die Quellungsenergie wird vielfach zu mechanischen Arbeitsleistungen verwendet. Besonders ausdrucksvoll äußert sich ihre Wirkung dort, wo über kurze Strecken eine hohe Kraft überwunden werden muß; gerade dazu ergibt sich ja die Möglichkeit aus der Fähigkeit quellbarer Substanzen, außerordentlich hohe Quellungsdrucke zu entwickeln. Hier sei nur auf die bekannte Tatsache hingewiesen, daß die wasseranziehende Kraft von Pflanzengeweben imstande ist, Felsen zu sprengen. Dabei dürfte es übrigens im allgemeinen keineswegs zu Quellungsdrucken von über 100 atm kommen; denn in lebenden Geweben ist der Kontakt von quellbaren Zellmembranen, Plasma und Zellsaft so eng und die Größenverhältnisse derart, daß meist die Dampfspannungsunterschiede zwischen benachbarten Schichten nicht allzu beträchtlich werden können. Da andererseits die Wasserdampfspannung des lebenden Plasmas ohne schädigende Wirkung nicht wesentlich unter die Werte fallen kann, die den höchst beobachteten osmotischen Werten der Zellsäfte bei 1 atm entsprechen — Größenordnung 100 atm —, so können auch die erzielten Quellungsdrucke in lebendem Gewebe im allgemeinen nicht wesentlich diesen Wert überschreiten.

Auf Quellungs- bzw. Entquellungserscheinungen der Zellmembranen von in der Regel abgestorbenen Membranen beruhen zahlreiche pflanzliche Mechanismen, die der Sporen- bzw. Samenverbreitung und -befestigung dienen. Man bezeichnet sie als Schrumpfungsmechanismen. Energetisch betrachtet beruhen sie darauf, daß die bei der Wasserverdunstung, dem Übergang von Wasser von höherem auf niedrigeren Dampfdruck, gewinnbare arbeitsfähige Energie zur Arbeit gegen Grenzflächenkräfte verwendet wird, und daß das so geschaffene Grenzflächenpotential sich in potentielle und kinetische mechanische Energie von Gewebespannungen und Bewegungen umsetzt. Messungen über den Nutzeffekt dieser Energieumsetzungen liegen zwar nicht vor. Wir können aber annehmen, daß er unter geeigneten Bedingungen sehr hoch sein kann; denn, wie im physikalischen Teil ausgeführt wurde, ist erstens bei den Quellungserscheinungen $\Delta U'$ sehr nahe gleich A'_m, d. h. bei reversiblem Ablauf findet kein wesentlicher Verlust durch Quellungswärme statt, zweitens kann ein annähernd reversibler Ablauf anscheinend relativ leicht realisiert werden, da man die betreffenden biologischen Schrumpfungsmechanismen wie die bei einem Hygrometer auch in umgekehrtem Sinne ablaufen lassen kann.

Bei der Schrumpfung kann es zu einer ohne oder mit Krümmung einhergehenden Kontraktion kommen, je nachdem, ob die gegenüberliegenden Flanken des Organs um gleiche oder ungleiche Beträge schrumpfen. Letzteres ist bei den biologisch wichtigen Schrumpfungsmechanismen die Regel. Die ungleiche Schrumpfung der gegenüberliegenden Flanken kann auf sehr mannigfache Weisen zustande kommen, von denen einige hier beispielshalber genannt seien.

a) Die gegenüberliegenden Schichten einer Membran zeigen verschiedene, z. B. gekreuzte Lagen ihrer Schrumpfungsachsen. Liegt die Achse der größten Schrumpfung in der äußeren Schicht vertikal, in der inneren horizontal, so muß bei Austrocknung die betreffende Membran sich nach außen krümmen. Einen derartigen Mechanismus haben wir in den Peristomzähnen mancher Laubmoose vor uns, die am oberen Rande der Kapsel sitzen und den Weg für die Sporenentleerung bei trockenem Wetter durch Auswärtskrümmung freimachen, bei feuchtem durch Einwärtskrümmung infolge Quellung verschließen.

b) Die Schichten verschiedener Schrumpfung liegen in verschiedenen Membranen. Dies ist z. B. bei den Ästen der sog. „Rose von Jericho" (Anastatica hierochuntica) der Fall, die sich beim Eintrocknen unter Kontraktion nach einwärts krümmen. Die faserförmigen, den Schrumpfungsmechanismus bedingenden Zellen der Oberseite sind quergetüpfelt, die Tüpfel der Unterseite sind steilschief zu denen der Oberseite gekreuzt. Da, wie die Erfahrung ergeben hat, ganz allgemein in der Richtung der Tüpfel die Schrumpfung am geringsten ist, so kontrahiert sich die Unterseite bei Schrumpfung in der Längsrichtung weniger als die Oberseite, und dadurch kommt die Einwärtskrümmung zustande. Während bei Anastatica die Lagerung der Zellen auf Ober- und Unterseite die gleiche ist, also die Längsachsen der Zellen parallel sind, und der Mechanismus auf der verschiedenen Richtung der Schrumpfungsachsen von Zellen der Ober- und Unterseite beruht, ist in anderen Fällen der mizellare Bau der Zellen der antagonistischen Flanken gleich, aber die Lagerung der Zellen antagonistisch, sind also die Längsachsen nicht parallel, sondern gekreuzt. Dies Prinzip zeigen z. B. die Klappen der Papilionaceenhülsen.

Daß durch solche und ähnliche, vielfach miteinander kombinierte Prinzipien im Bau der Schrumpfungsmechanismen auch schraubige Kontraktionen erreicht werden können, wie wir sie bei manchen Geraniaceen und Grasgrannen finden, liegt auf der Hand. Schrumpfungskontraktionen an Zellen mit lebendem Inhalt finden sich vor allem an Moosen und bei Selaginella.

III. Beziehungen zwischen elektrischer und chemischer Energie und dem Oberflächenpotential.

Im physikalischen Teil wurde erörtert, wie die Grenzflächenspannung sich mit der elektrischen Ladung der Grenzfläche ändert, und wie derartige Änderungen zu Bewegungen führen können. Die Produktion elektrischer Energie durch die Pflanze oder das Heranbringen elektrischer Ladungen, z. B. getragen von Ionen, werden also auch die Grenzflächenspannungen an den Phasengrenzen der Zellen beeinflussen, und die so hervorgerufenen Änderungen des Oberflächenpotentials werden mechanische, osmotische und chemische Arbeit leisten können. Umgekehrt mögen chemische Prozesse in der Zelle Änderungen der Oberflächenspannung hervorbringen, die in elektrische Energie transformiert werden. Auch die Verschiebungen des chemischen Gleichgewichts in Grenzflächen wurden bereits S. 219 erörtert. So kann die Verschiebung des Gleichgewichts in Grenzflächen es ermöglichen, daß Stoffe, deren Konzentration im Innern einer Lösung praktisch so gering ist, daß sie als nicht darin vorhanden betrachtet werden können, in der Grenzfläche dieser Lösung in merklicher Konzentration gebildet werden. Vielleicht bedient sich die Zelle vielfach dieses Prinzips, indem sie durch Bildung von Grenzflächen die Bedingung zur Synthese von Stoffen schafft, die in freier Lösung nicht in merklichen oder für den Lebensprozeß erforderlichen Konzentrationen auftreten (DEUTSCH[1]). Sicherlich sind gerade die Prozesse, auf die in den voranstehenden Zeilen hingewiesen wurde, von außerordentlicher Bedeutung im Organismus. Aber es liegt in der Natur der Sache, daß wir gerade über diese Zellvorgänge vorläufig lediglich Mutmaßungen anstellen können, während reale Kenntnisse fehlen. Wir wollen die in Frage kommenden Hypothesen nicht näher erörtern, um so mehr als die Anwendungsmöglichkeiten des im physikalischen Teil diesbezüglich Gesagten

---

[1] DEUTSCH, D.: l. c. S. 219.

auf Plasmabewegungen und -chemismus sich von selbst ergeben. Dagegen seien kurz einige Beobachtungsergebnisse angeführt, die zwar vorläufig keinen Einblick in die Beziehung zwischen σ und biochemischen Vorgängen geben, vielleicht aber einmal Ansatzpunkte für einen solchen werden können.

So ist nach HERCIK[1] die Oberflächenspannung des Preßsafts etiolierter Pflanzen niedriger als grüner, das Produkt aus Oberflächenspannung des Preßsaftes und Oberfläche der erzeugten Pflanze soll konstant sein, und das gesteigerte Wachstum der etiolierten Pflanzen auf der Erniedrigung der Oberflächenspannung beruhen. Bevor man eine derartige Schlußfolgerung zieht, müßte allerdings, um nur einen Punkt zu erwähnen, mindestens klargestellt werden, ob nicht gesteigertes Wachstum und Größe der Oberflächenspannungserniedrigung des Preßsaftes nur Ausdruck ein und derselben wachstumsbestimmenden chemischen Differenz zwischen etiolierten und belichteten Pflanzen sind. Bei Bakterienarten ermöglichen nach FORBISHER[2] geringe Differenzen in der Oberflächenspannung des Nährmediums eine erfolgreiche Differenzierung zwischen verschiedenen Bakterienarten. Nach PIZARRO[3] sollen aber die entwicklungsbeeinflussenden Stoffe chemisch, nicht durch ihre Grenzflächenaktivität wirken. Nach MUDD[4] unterscheiden sich die säurefesten Bakterien von allen übrigen dadurch, daß von ihrer Oberfläche Wasser durch hinzutretendes Öl, Tricaprylin, verdrängt wird. Wird aber eine Suspension der Bakterien im Serum angesetzt, dann das Serum mit Salzlösung ausgewaschen, so ist die Bakterienoberfläche so verändert, daß nunmehr Wasser von der Oberfläche nicht mehr verdrängt wird. Durch geeignete Behandlung kann die normale Oberfläche wiederhergestellt werden. Das Verhalten der säurefesten Bakterien wird auf die Anwesenheit von Lipoiden und Eiweiß in deren Oberfläche zurückgeführt. Nach FONTAINE[5] soll die Herabsetzung von σ durch Gallensalze eine Verminderung der Cl′-Aufnahme aus einer $CaCl_2$-Lösung bewirken, doch fehlt in der Arbeit der Nachweis, daß chemische Wirkung nicht in Frage kommt. Arbeiten, die Beeinflussung des Wachstums

---

[1] HERCIK, F.: Massaryk Univ. **1926**, 1.

[2] FORBISHER, M.: J. inf. Dis. **38**, 66 (1926).

[3] PIZARRO, O.: J. of Bacter. **13**, 387 (1927).

[4] MUDD, S. u. E.: J. of exper. Med. **40**, 647 (1924); Biochem. Z. **186**, 378 (1927).

[5] FONTAINE, M.: C. r. Soc. Biol. Paris **95**, 1484 (1926).

und der verschiedensten Lebensprozesse als Wirkungen der Beeinflussung der Oberflächenspannung des Mediums — hervorgerufen durch Zusätze — behaupten, sind außerordentlich zahlreich, jedoch der Nachweis, daß keine andere Erklärungsmöglichkeit vorliegt, wohl ziemlich ausnahmslos nicht befriedigend geführt[1].

Vierzehntes Kapitel.

Allgemeine Thermodynamik physiologischer Leistungen der Pflanze.

Beziehungen zwischen Wachstum, Energieverbrauch und Atmung S. 397. Nutzeffekte beim Wachstum S. 400. Verbrauch arbeitsfähiger Energie für äußere Arbeitsleistungen S. 402. Allgemeines über Nutzeffekte und Energiepotentiale bei Pflanzen S. 403.

Die Beziehungen zwischen Wachstum, Energieverbrauch und Atmung bei Pflanzen wurden bis vor kurzem ziemlich allgemein folgendermaßen formuliert: Zum Wachstum ist Arbeitsaufwand erforderlich, und zwar 1., weil die chemischen Reaktionen bei der Bildung des Pflanzenkörpers aus der Nahrung im ganzen betrachtet unter Zunahme von G und U erfolgen; 2. weil die Schaffung der Bedingungen für den Ablauf dieser Reaktionen sowie für den Einbau der gebildeten Substanzen in den Körper, vielleicht auch der Einbau selbst, Arbeitsaufwand bedingt. Die erforderliche arbeitsfähige Energie liefert die Atmung. Trifft diese Vorstellung zu, dann muß der zur Bildung von Pflanzensubstanz verbrauchte Teil der Atmungsenergie im Pflanzenkörper festgelegt werden, kann also nicht als Wärmeabgabe wiedererscheinen, während letzteres für den zu 2. verbrauchten Anteil mehr oder weniger vollständig der Fall sein könnte. Wird doch auch die zur Überwindung von Reibungswiderständen in einem System aufgewendete Arbeit nicht in diesem gespeichert, sondern als Reibungswärme abgegeben.

Gegenüber diesen Anschauungen bedeutete es eine grundlegende Feststellung, als MOLLIARD [2] an wachsenden Aspergilluskulturen den Befund erhob, daß praktisch die gesamte nach der CO_2-Produktion zu erwartende Atmungsenergie als Wärme wiedererscheint, daß kein merklicher Teil von ihr im wachsenden Pilz

---

[1] Vgl. FULMER and BUCHANAN: Physiol. a. Bioch. of Bacteria, Vol 2.
[2] MOLLIARD, M.: C. r. Soc. Biol. Paris **87**, 219 (1922).

gespeichert wird. Zu dem gleichen Schlusse wurde ALGERA [1] durch kalorimetrische Messungen an Aspergillus geführt und trotz mancher Abweichungen in der Deutung der einzelnen Beobachtungen MOLLIARDs und ALGERAs kommt zu prinzipiell übereinstimmendem Ergebnis TAMIYA [2]. Ja, er geht noch darüber hinaus, indem er, wie S. 329 dargelegt, sogar den chemischen Prozeß der Bildung von Pilzkörper aus Glukose als exothermen Vorgang aufzeigt und demnach die gesamte Wärmeabgabe des wachsenden Pilzes als Summe der abgegebenen Atmungswärme und der abgegebenen Reaktionswärme bei der Reaktion Glukose—Pilzkörper auffaßt. In diesem Sinne spricht auch, daß in den Versuchen ALGERAs die abgegebene Wärme sogar größer ist als die errechnete Atmungswärme, sofern man nur der Berechnung der Atmungsgröße den Verbrauch an O_2 und nicht die CO_2-Produktion zugrunde liegt. Letzteres ist nach TAMIYA deshalb unzulässig, weil auch der chemische Prozeß der Umwandlung von Glukose in Pilzkörper mit CO_2Abgabe verbunden ist, und deshalb der Schluß von der Größe der CO_2-Abgabe auf die Größe der Atmung einen scheinbaren und übergroßen Atmungsumsatz vortäuscht.

Es erscheint nicht unwichtig, zu den Betrachtungen von MOLLIARD, ALGERA und TAMIYA eine prinzipielle Bemerkung zu machen: Die bloße Tatsache, daß ein Organismus mehr Energie abgibt als seiner Atmung entspricht, beweist an sich noch nicht, daß nicht Teile der Atmungsenergie gespeichert werden; denn diese Energiespeicherung könnte ja überkompensiert werden durch Energieabgabe, die im Zusammenhang mit anderen als Atmungsprozessen erfolgen. Indes zeigen die verschiedenen von TAMIYA auf Grund seiner Theorie vorausberechneten Ergebnisse eine so gute Übereinstimmung mit der Erfahrung, daß für die Annahme einer derartigen versteckten Speicherung von Atmungsenergie wenigstens zur Zeit kein Bedürfnis besteht.

Denkt man sich die Differenz: Energieinhalt des gebildeten Pflanzenkörpers minus Energieinhalt des zu seinem Aufbau verbrauchten Materials gebildet, so sind drei Fälle möglich und anscheinend in der Natur realisiert:

1. Fall. Die Differenz hat einen positiven Wert. Es findet Energiezunahme beim Wachstum statt. Beispiel: Wachstum

---

[1] ALGERA, L.: Rec. Trav. bot. Néerl. **29**, 47 (1932).

[2] TAMIYA, H.: Acta phytochim. (Tokyo) **6**, 1 (1932); **7**, 27 (1933). — ID. u. YAMAGUTCHI: Acta phytochim. (Tokyo) **7**, 43 (1933).

grüner Pflanzen, die vor allem aus CO_2 und H_2O mittels Aufnahme von strahlender Energie gebildet werden.

2. Fall. Die Differenz hat einen negativen Wert. Es findet Energieabnahme beim Wachstum statt. Dies ist z. B. bei den auf Glukose wachsenden Schimmelpilzen der Fall.

3. Fall. Er kann als Spezialfall von 1. oder 2. betrachtet werden. Der Wert der Energiedifferenz: Energieinhalt des gebildeten Pflanzenkörpers minus Energieinhalt des zu seinem Aufbau verbrauchten Materials ist praktisch zu vernachlässigen. Mag auch MOLLIARDs[1] diesbezügliche Beobachtung anders zu deuten sein, so ist doch zu erwarten, daß man einen derartigen Fall z. B. bei einem solchen Organismus realisieren kann, der abgesehen von photosynthetischer Ernährung auch organisches Material verbraucht.

Selbst wenn aber von der bei der Atmung freiwerdenden arbeitsfähigen Energie nichts vom wachsenden Organismus gespeichert wird, so besagt dies nicht, daß zwischen Wachstum und Atmung keine Beziehung besteht. Es besagt nur, daß die Bedeutung der Atmung für das Wachstum in diesem Falle nicht darin besteht, ein Defizit zwischen dem Inhalt an arbeitsfähiger Energie der zugewachsenen Teile und der Baustoffe zu decken, wie dies offenbar eine wesentliche Aufgabe der Oxydation anorganischen Materials beim Stoffwechsel vieler autotropher Anorgoxydanten ist. Es läßt aber die Möglichkeit offen, daß die Atmung andere Arbeitsleistungen beim Wachstum übernimmt, bei denen die aufgewendete Arbeit nicht gespeichert, sondern wieder als Wärme abgegeben wird. Daß dies wirklich der Fall ist, und nicht nur eine vage Möglichkeit, muß freilich erst bewiesen werden und läßt sich beweisen.

Zunächst weist schon der Umstand, daß eine enge Beziehung zwischen Wachstums- und Atmungsgeschwindigkeit besteht, darauf hin. Beide Größen laufen nämlich im allgemeinen parallel, mit steigender bzw. sinkender Wachstumsgeschwindigkeit steigt bzw. sinkt die Atmungsgeschwindigkeit. Das ist eine von Tier- wie Pflanzenphysiologen immer wieder gemachte und im Sinne einer Verknüpfung von Atmung und Wachstum gedeutete Erfahrung. Sie konnte auch von TAMIYA[2] an Schimmelpilzen bestätigt werden. Darüber hinaus konnte letzterer aber zeigen, daß ein Teil der

---

[1] MOLLIARD, M.: l. c. S. 397.
[2] TAMIYA, H.: l. c. S. 398.

Atmung eines wachsenden Organismus für das Wachstum, den Aufbau des Pflanzenkörpers verwendet wird, während ein anderer Teil lediglich der Erhaltung des Organismus dient, und zwar betrug die für den Aufbau von 1 g Pilztrockengewicht veratmete Zuckermenge 0,16—0,67 g. Für die Berechnungsmethoden sei auf die Originalarbeit verwiesen, in der sich auch hypothetische Erörterungen über den möglichen Verwendungszweck dieser Aufbauatmung finden.

Nachdem wir im vorstehenden die Beziehungen zwischen Wachstum, Energieaufwand und Atmung dargelegt haben, können wir versuchen, einige Nutzeffekte beim Wachstumsprozeß zu diskutieren. Wir haben im Kapitel 9 die Begriffe „Rohnutzeffekt" und „Reinnutzeffekt" der Änderung der thermodynamischen Potentiale eingeführt. Wenden wir diese Begriffe auf den Wachstumsprozeß an, so können wir definieren: Rohnutzeffekt der Änderung von G beim Wachstum ist das Verhältnis der Zunahme von G beim Aufbau einer Zellmasse zu der Abnahme von G, die insgesamt beim Lebensprozeß während der Wachstumszeit auftritt. Reinnutzeffekt der Änderung von G beim Wachstum ist das Verhältnis der Zunahme von G beim Aufbau einer Zellmasse zu derjenigen Abnahme von G, die lediglich bei den für das Wachstum verwendeten Teilprozessen der Lebenstätigkeit auftritt.

Nun ist die Zunahme von G beim Wachstum von Organismen eine Größe, die wir zur Zeit nur schätzen können. Wir haben, z. B. S. 234, derartige Schätzungen angeführt, wobei aus dem analytisch ermittelten C-Gehalt des Organismus die Zunahme von G berechnet wurde. Dabei nahmen wir an, daß wir dies $\varDelta G$ so ansetzen dürfen, als hätte sich die Bildung des organisch gebundenen Kohlenstoffs nach der Gleichung $6\,CO_2 + 6\,H_2O = C_6H_{12}O_6 + 6\,O_2$ (unter den Kapiteln 10 und 11 diskutierten Bedingungen) vollzogen. Das so errechnete $\varDelta G$ haben wir unter Betonung des rohen Schätzungscharakters dieses Verfahrens als das $\varDelta G$ bei der Bildung lebender Substanz entsprechenden C-Gehaltes angesehen.

Solange man aber nur Schätzungswerte aufstellen will und kann, ist es auch zulässig, statt der Zu- und Abnahme von G die Zu- und Abnahmen des Energieinhaltes U zu setzen. Zweifellos wird bei diesem Ersatz von G und U — wobei man in beiden Fällen die gleichen Reaktionen in Betracht zieht — eine gewisse Fehlerquelle eingeführt, deren Richtigstellung die Prozentsätze der berechneten

Nutzeffekte modizifieren würde, aber zur Zeit müssen wir uns mit derartigen Fehlerquellen abfinden, die, wie verschiedene Berechnungen im Kapitel 10 zeigen, im allgemeinen das Wesentliche des Ergebnisses nicht verfälschen.

Rohnutzeffekte beim Wachstum sind erstmals von RUBNER für Bakterien berechnet worden, die auf verschiedenen C-Quellen gezüchtet wurden, und zwar bestimmte RUBNER den Quotienten

$$\frac{\text{Verbrennungswärme der gebildeten Zellmasse}}{\text{Verbrennungswärme der verbrauchten C-Quelle}} =$$

$$= \frac{\text{gr-Zahl der gebildeten Zellmasse}}{\text{gr-Zahl der verbrauchten C-Quelle}} \cdot \frac{\text{Verbrennungswärme von 1 gr Zellmasse}}{\text{Verbrennungswärme von 1 gr C-Quelle}} \cdot$$

Der erste Faktor des Produkts der rechten Seite der Gleichung wird auch als ökonomischer Koeffizient (Pfeffer) bezeichnet und ist zuerst von PASTEUR an Hefen gemessen worden.

Bei Anorgoxydanten lautet der entsprechende Quotient

$$\frac{\text{Verbrennungswärme der gebildeten Zellmasse}}{\text{Wärmetönung der Energie liefernden Reaktion} \cdot \text{Zahl der molaren Umsätze}} \cdot$$

Der Aufbau der autotrophen Anorgoxydanten erfordert die Bildung der energiereichen Zellbausteine aus CO_2 und H_2O und anorganisch gebundenem Stickstoff, die mit hohem Energieaufwand verknüpft ist. Dieser Energieaufwand ist bei den auf organischen Kohlenstoffquellen gedeihenden Organismen klein, er kann sogar negativ sein. Dagegen haben wir keine Ursache, den sonstigen Energieverbrauch für das Wachstum bei beiden Organismentypen als wesentlich verschieden anzusehen. Demnach werden wir für den ersten Typ relativ kleine, für den zweiten relativ hohe Rohnutzeffekte erwarten. Das bestätigt auch im großen und ganzen die Erfahrung. Die Rohnutzeffekte für Nitrat-, Nitrit-, Schwefelbakterien betragen meist nur wenige Prozent (vgl. Kapitel 8, 10). Demgegenüber sind bei heterotrophen Pilzen Rohnutzeffekte von 40—60% die Regel (Hefe nach RUBNER[1] 40%, Aspergillus nach MOLLIARD[2], TERROINE und WURMSER[3], TAMIYA[4] etwa 55%)[5].

---

[1] RUBNER, M.: l. c. S. 225.
[2] MOLLIARD, M.: l. c. S. 397.
[3] TERROINE u. WURMSER: Bull. Soc. Chim. biol. Paris **4**, 14.
[4] TAMIYA, H.: l. c. S. 398.
[5] Die gleichen Rohnutzeffekte findet man übrigens bei wachsenden tierischen Geweben: Foetus 40%, Hühnerei 57%.

Auf die Reinnutzeffekte beim Wachstum, die nur unter hypothetischen Annahmen diskutiert werden könnten, soll hier ebensowenig eingegangen werden wie auf die Mechanik des Wachstums und andere mechanische Arbeitsleistungen der Pflanze, da diese Themen in den Lehrbüchern der Pflanzenphysiologie hinreichend behandelt werden, nachdem in W. PFEFFERs „Studien zur Energetik der Pflanze"[1] die Grundlagen dieses Gebietes geschaffen wurden.

Die Höhe des Verbrauchs arbeitsfähiger Energie für äußere Arbeitsleistungen ist in der Regel gering im Vergleich zu der Abnahme an arbeitsfähiger Energie, die der Organismus insgesamt durch den Ablauf von Reaktionen mit positiven $\Delta G'$ erfährt. So beträgt das kalorische Äquivalent der mechanischen Energie der Bewegungsleistungen bei Bakterien höchstens wenige Zehntel Prozent der „Erhaltungsenergie", der Abnahme der arbeitsfähigen Energie bei der Atmung nicht wachsender Bakterien. Diese Erhaltungsenergie wird auf 500 cal pro Gramm Frischgewicht Bakteriensubstanz und Tag geschätzt, die Bewegungsenergie — bezogen auf gleiche Zeiten und Massen — auf weniger als 0,5 cal bei langsamen, auf 1—2 cal bei schnellen Bakterien[2]. Leistet eine wachsende Wurzel gegen hohe Außendrucke, z. B. gegen 10 atm Bodenwiderstand Arbeit, so beträgt doch das kalorische Äquivalent der bei der Schaffung eines Raumes von 1 ccm für die zuwachsende Zellmasse gegen diesen Außendruck im Minimum erforderlichen Arbeit von 10 ccm-atm nur 0,24 cal. Würde der Vorgang mit 60% Nutzeffekt ablaufen, so würde sie 0,4 cal betragen, und diese 0,4 cal entsprechen dem möglichen Gewinn an arbeitsfähiger Energie (S. 254) bei der unter Zellbedingungen stattfindenden Veratmung von nur 0,1 mg Glukose.

Ein hoher Nutzeffekt bei den mechanischen Leistungen des Wachstums ist möglich, da der Prozeß sehr langsam verläuft, und die Pflanze vor allem durch Regulation der osmotischen Werte und Wandspannungen ihren Druck auf die Umgebung so regulieren kann, daß er den Druck der Umgebung auf sie nur ganz wenig übersteigt. Die Pflanze bedient sich hier desselben Prinzips, das die Physiker zur Erläuterung reversibler Leistung äußerer Arbeit verwenden, z. B. bei der Expansion von Gasen (S. 27). Auch der osmotische Stempel des Thermodynamikers findet sein

---

[1] PFEFFER, W.: Studien zur Energetik der Pflanze. Leipzig 1892.
[2] ANGERER, V.: Arch. f. Hyg. 88, 139 (1919). — WILSON, P. u. W. PETERSON: Chem. Rev. 8, 427 (1931).

Gegenstück in dem System der Zelle: Osmotisch wirksamer Zellsaft, semipermeable Plasmamembran, durch elastischen Druck wirkende Zellmembran. Gute Annäherung an reversiblen Verlauf gestatten der Pflanze offenbar auch verschiedene Quellungsmechanismen, die im Prinzip ähnlich dem reversiblen Quellungsstempel (S. 214) wirken mögen. Hohe Nutzeffekte bei chemischen Leistungen zeigte uns die photochemische CO_2-Reduktion (S. 370) der Wachstumsstoffwechsel bei Heterotrophen (S. 401), und sie konnten wahrscheinlich gemacht werden bei der chemosynthetischen CO_2-Reduktion durch die Wasserstoffbakterien (S. 302).

Für die Pflanze wesentlich ist, daß die Energietransformationen in ihr nicht nur ohne übergroßen Verlust an arbeitsfähiger Energie ablaufen können, sondern, daß die verwendeten Energieformen auch als potentielle Energie, als Energiepotentiale gespeichert werden können, die bereit stehen, um unter geeigneten und leicht herstellbaren Bedingungen in aktuelle Energie überführt zu werden. Mit Recht wies PFEFFER [1] darauf hin, daß der Wert derartiger Energiepotentiale in keinem festen Verhältnis stünde zu dem Wert des Arbeitsaufwandes für ihre Herstellung; denn Energie, freie Energie, thermodynamisches Potential sind ja Zustandsfunktionen, und sind als solche unabhängig vom Wege, auf dem man zu ihnen gelangt. Deshalb kann auch ein arbeitsfähiges Energiepotential geschaffen werden bei Ablauf sowohl einer unter Abnahme wie einer unter Zunahme von G erfolgenden Reaktion. Z. B. kann die Schaffung eines osmotischen Potentials erfolgen sowohl bei einer mit negativem ΔG erfolgenden Spaltung von Substanzen mit hohem Molgewicht in solche mit niedrigem wie bei der mit positivem ΔG erfolgenden Reduktion von CO_2 zu gelöstem Zucker.

Es ist aber keineswegs ein Widerspruch zu den PFEFFERschen Ausführungen, wie wohl manchmal angenommen wurde, wenn NATHANSOHN [2] darauf hinweist, daß bei einem Vorgang, z. B. einer Spaltung, die mit Schaffung eines arbeitsfähigen Potentials, z. B. eines osmotischen verbunden ist, mindestens um soviel weniger arbeitsfähige Energie gewonnen werden kann, wie der Arbeitsfähigkeit dieses Potentials entspricht; denn die dieser Arbeitsfähigkeit entsprechende Nutzarbeit mußte im Minimum zur Bildung des Potentials verbraucht werden, und die Abnahme von G ist —

---

[1] PFEFFER, W.: l. c. S. 402.

[2] NATHANSOHN, A.: l. c. S. 359.

bei isothermen Prozessen, die wir hier ins Auge fassen — unabhängig vom Wege. Nathansohns Hinweis ist deshalb kein Widerspruch zu Pfeffers Darlegung, weil Pfeffer nur behauptet hatte, daß kein festes Verhältnis zwischen Arbeitsaufwand zu der Schaffung eines Potentials zum Werte von dessen Arbeitsfähigkeit besteht, aber nicht, daß überhaupt keine Beziehung zwischen Arbeitsfähigkeit eines Potentials und Arbeitsaufwand zu dessen Herstellung besteht. Gerade eine solche Beziehung formuliert aber Nathansohn, nämlich eine Bedingung, die unserer allgemein ausgesprochenen (S. 29) entspricht, daß die reversible Arbeit die minimale ist, die wir zur Durchführung eines Arbeitsaufwand erfordernden Prozesses brauchen. Sie legt einen Minimalwert für den Arbeitsaufwand bei der Bildung des Potentials fest. Oberhalb dieses Minimalwertes ist aber jeder beliebige Wert des Arbeitsaufwandes dabei möglich, und deshalb besteht kein festes Verhältnis zwischen Arbeitsaufwand bei der Bildung eines Potentials und dessen Arbeitsfähigkeit.

Namenverzeichnis.

Sachverzeichnis.